程　杰　曹辛华　王　强　主编

中国花卉审美文化研究丛书

15

蘋、蓬蒿、芦苇等草类文学意象研究

张俊峰　张　余　李　倩　高尚杰　姚　梅　著

北京燕山出版社

图书在版编目（CIP）数据

蘋、蓬蒿、芦苇等草类文学意象研究 / 张俊峰等著
. -- 北京 : 北京燕山出版社 , 2018.3
ISBN 978-7-5402-5113-0

Ⅰ . ①蘋… Ⅱ . ①张… Ⅲ . ①草本植物－审美文化－研究－中国②中国文学－文学研究 Ⅳ . ① Q949.4
② B83-092 ③ I206

中国版本图书馆 CIP 数据核字 (2018) 第 087838 号

蘋、蓬蒿、芦苇等草类文学意象研究

责任编辑： 李涛
封面设计： 王尧
出版发行： 北京燕山出版社
社　　址： 北京市丰台区东铁营苇子坑路 138 号
邮　　编： 100079
电话传真： 86-10-63587071（总编室）
印　　刷： 北京虎彩文化传播有限公司
开　　本： 787×1092 1/16
字　　数： 541 千字
印　　张： 47
版　　次： 2018 年 12 月第 1 版
印　　次： 2018 年 12 月第 1 次印刷
ISBN 978-7-5402-5113-0
定　　价： 800.00 元

内容简介

本论著为《中国花卉审美文化研究丛书》之第15种，由张俊峰硕士学位论文《中国古代文学蘋意象研究》、张余硕士学位论文《中国古代文学蓬蒿意象研究》、李倩硕士学位论文《中国古代文学芦苇意象和题材研究》以及高尚杰硕士学位论文《中国古代咏草诗赋研究》组成。

草木关情，草意象是古代文学中抒发情志、比兴寄托的重要载体。本著44万字，分别就蘋、蓬蒿、芦苇三种草意象以及古代咏草诗赋的审美发展、情感内涵、文化象征等方面进行梳理研究，以展示其丰富的历史情景和文学价值。《中国古代文学蘋意象研究》探讨古典文学中的蘋意象，勾勒其审美认识的过程，并透过此意象考察时代精神特征与社会文化心理。《中国古代文学蓬蒿意象研究》就中国古代文学蓬蒿意象的发展和演变、蓬蒿意象的审美特征和表现意义以及相应的文化象征进行全面、系统的梳理和论述。《中国古代文学芦苇意象和题材研究》就古代文学中芦苇意象和题材的创作情况和审美表现等进行全面的梳理和阐发。《中国古代咏草诗赋研究》就中国古代咏草类诗歌和赋作的创作情况、发展演变、审美表现和主题内容进行了较为全面的整理和论述。

作者简介

张俊峰，1980年3月生，河南省安阳市人，2008年毕业于南京师范大学古代文学专业，获文学硕士学位。现工作于苏州市吴中区城南街道办事处。曾在《中南大学学报（社会科学版）》2007年第4期发表《幽人空山，过雨采蘋》等论文。

张余，1984年6月生，辽宁省葫芦岛市人，2010年南京师范大学中国文学与文化专业硕士毕业。曾在南京市和沈阳市高中从教3年，现在中国民用航空辽宁安全监督管理局工作。曾发表《〈复雅歌词〉佚语一则》（《江海学刊》2009年第4期）等论文。

李倩，1988年10月生，湖北省枣阳市人。2013年毕业于南京师范大学古代文学专业，获文学硕士学位。现在湖北省襄阳市襄州区人民代表大会常务委员会工作。曾发表《中国艺术中的芦苇》（《阅江学刊》2013年第1期）等论文。

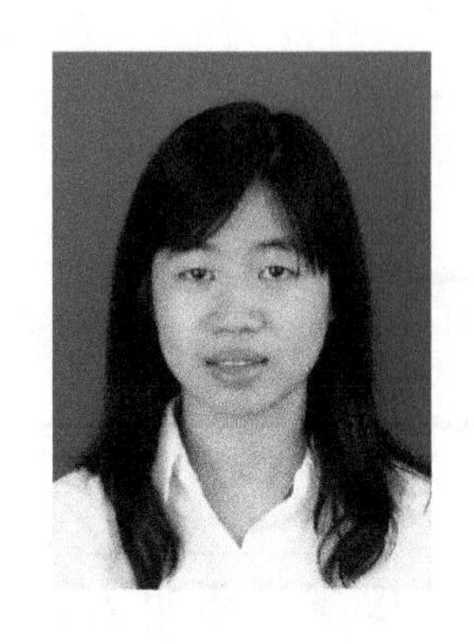

姚梅，1989年3月生，江苏省扬中市人。2011、2014年先后毕业于南京师范大学文学院，获文学学士、硕士学位，著有硕士学位论文《京口名胜的文化研究》。现工作于江苏省扬中市委政法委。

高尚杰，1992年2月生，山西省太原市人。2018年毕业于南京师范大学文学院中国古代文学专业，获文学硕士学位。曾发表《论古代咏萱诗赋的形象书写及其主题表达》（《湖北文理学院学报》2017年第12期）等论文。

《中国花卉审美文化研究丛书》前言

所谓“花卉”，在园艺学界有广义、狭义之分。狭义只指具有观赏价值的草本植物；广义则是草本、木本兼而言之，指所有观赏植物。其实所谓狭义只在特殊情况下存在，通行的都应为广义概念。我国植物观赏资源以木本居多，这一广义概念古人多称“花木”，明清以来由于绘画中花卉册页流行，“花卉”一词出现渐多，逐步成为观赏植物的通称。

我们这里的“花卉”概念较之广义更有拓展。一般所谓广义的花卉实际仍属观赏园艺的范畴，主要指具有观赏价值，用于各类园林及室内室外各种生活场合配置和装饰，以改善或美化环境的植物。而更为广义的概念是指所有植物，无论自然生长或人类种植，低等或高等，有花或无花，陆生或海产，也无论人们实际喜爱与否，但凡引起人们观看，引发情感反应，即有史以来一切与人类精神活动有关的植物都在其列。从外延上说，包括人类社会感受到的所有植物，但又非指植物世界的全部内容。我们称其为“花卉”或“花卉植物”，意在对其内涵有所限定，表明我们所关注的主要是植物的形状、色彩、气味、姿态、习性等方面的形象资源或审美价值，而不是其经济资源或实用价值。当然，两者之间又不是截然无关的，植物的经济价值及其社会应用又经常对人们相应的形象感受产生影响。

“审美文化”是现代新兴的概念，相关的定义有着不同领域的偏倚和形形色色理论主张的不同价值定位。我们这里所说的“审美文化”不具有这些现代色彩，而是泛指人类精神现象中一切具有审美性的内容，或者是具有审美性的所有人类文化活动及其成果。文化是外延，至大无外，而审美是内涵，表明性质有限。美是人的本质力量的感性显现，性质上是感性的、体验的，相对于理性、科学的“真”而言；价值上则是理想的、超功利的，相对于各种物质利益和社会功利的“善”而言。正是这一内涵规定，使“审美文化”与一般的“文化”概念不同，对植物的经济价值和人类对植物的科学认识、技术作用及其相关的社会应用等“物质文明”方面的内容并不着意，主要关注的是植物形象引发的情绪感受、心灵体验和精神想象等“精神文明”内容。

将两者结合起来，所谓“花卉审美文化”的指称就比较明确。从“审美文化”的立场看“花卉”，花卉植物的食用、药用、材用以及其他经济资源价值都不必关注，而主要考虑的是以下三个层面的形象资源：

一是“植物”，即整个植物层面，包括所有植物的形象，无论是天然野生的还是人类栽培的。植物是地球重要的生命形态，是人类所依赖的最主要的生物资源。其再生性、多样性、独特的光能转换性与自养性，带给人类安全、亲切、轻松和美好的感受。不同品种的植物与人类的关系或直接或间接，或悠久或短暂，或亲切或疏远，或互益或相害，从而引起人们或重视或鄙视，或敬仰或畏惧，或喜爱或厌恶的情感反应。所谓花卉植物的审美文化关注的正是这些植物形象所引起的心理感受、精神体验和人文意义。

二是“花卉”，即前言园艺界所谓的观赏植物。由于人类与植物尤其是高等植物之间与生俱来的生态联系，人类对植物形象的审美意识可以说是自然的或本能的。随着人类社会生产力的不断提高和社会财富的不断积累，人类对植物有了更多优越的、超功利的感觉，对其物色形象的欣赏需求越来越明确，相应的感受、认识和想象越来越丰富。世界各民族对于植物尤其是花卉的欣赏爱好是普遍的、共同的，都有悠久、深厚的历史文化传统，并且逐步形成了各具特色、不断繁荣发展的观赏园艺体系和欣赏文化体系。这是花卉审美文化现象中最主要的部分。

三是“花”，即观花植物，包括可资观赏的各类植物花朵。这其实只是上述“花卉”世界中的一部分，但在整个生物和人类生活史上，却是最为生动、闪亮的环节。开花植物、种子植物的出现是生物进化史的一大盛事，使植物与动物间建立起一种全新的关系。花的一切都是以诱惑为目的的，花的气味、色彩和形状及其对果实的预示，都是为动物而设置的，包括人类在内的动物对于植物的花朵有着各种各样本能的喜爱。正如达尔文所说，“花是自然界最美丽的产物，它们与绿叶相映而惹起注目，同时也使它们显得美观，因此它们就可以容易地被昆虫看到”。可以说，花是人类关于美最原始、最简明、最强烈、最经典的感受和定义，几乎在世界所有语言中，花都代表着美丽、精华、春天、青春和快乐。相应的感受和情趣是人类精神文明发展中一个本能的精神元素、共同的文化基因；相应的社会现象和文化意义是极为普遍和永恒的，也是繁盛和深厚的。这是花卉审美文化中最典型、最神奇、最优美的天然资源和生活景观，值得特别重视。

再从“花卉”角度看“审美文化”，与“花卉”相关的“审美文化”则又可以分为三个形态或层面：

一是“自然物色”，指自然生长和人类种植形成的各类植物形象、风景及其人们的观赏认识。既包括植物生长的各类单株、丛群，也包括大面积的草原、森林和农田庄稼；既包括天然生长的奇花异草，也包括园艺培植的各类植物景观。它们都是由植物实体组成的自然和人工景观，无论是天然资源的发现和认识，还是人类相应的种植活动、观赏情趣，都体现着人类社会生活和人的本质力量不断进步、发展的步伐，是“花卉审美文化”中最为鲜明集中、直观生动的部分。因其侧重于植物实体，我们称作“花卉审美文化”中的“自然美”内容。

二是“社会生活”，指人类社会的园林环境、政治宗教、民俗习惯等各类生活中对花卉实物资源的实际应用，包含着对生物形象资源的环境利用、观赏装饰、仪式应用、符号象征、情感表达等多种生活需求、社会功能和文化情结，是“花卉”形象资源无处不在的审美渗透和社会反应，是“花卉审美文化”中最为实际、普遍和复杂的现象。它们可以说是“花卉审美文化”中的“社会美”或“生活美”内容。

三是“艺术创作”，指以花卉植物为题材和主题的各类文艺创作和所有话语活动，包括文学、音乐、绘画、摄影、雕塑等语言、图像和符号话语乃至于日常语言中对花卉植物及其相应人类情感的各类描写与诉说。这是脱离具体植物实体，指用虚拟的、想象的、象征的、符号化植物形象，包含着更多心理想象、艺术创造和话语符号的活动及成果，统称“花卉审美文化”中的“艺术美”内容。

我们所说的“花卉审美文化”是上述人类主体、生物客体六个层面的有机构成，是一种立体有机、丰富复杂的社会历史文化体系，包含着自然资源、生物机体与人类社会生活、精神活动等广泛方面有机交融的历史文化图景。因此，相关研究无疑是一个跨学科、综合性的工作，需要生物学、园艺学、地理学、历史学、社会学、经济学、美学、文学、艺术学、文化学等众多学科的积极参与。遗憾的是，近数十年相关的正面研究多只局限在园艺、园林等科技专业，着力的主要是园艺园林技术的研发，视角是较为单一和孤立的。相对而言，来自社会、人文学科的专业关注不多，虽然也有偶然的、零星的个案或专题涉及，但远没有足够的重视，更没有专门的、用心的投入，也就缺乏全面、系统、深入的研究成果，相关的认识不免零散和薄弱。这种多科技少人文的研究格局，海内海外大致相同。

我国幅员辽阔、气候多样、地貌复杂，花卉植物资源极为丰富，有“世界园林之母”的美誉，也有着悠久、深厚的观赏园艺传统。我国又是一个文明古国和世界人口、传统农业大国，有着辉煌的历史文化。这些都决定我国的花卉审美文化有着无比辉煌的历史和深厚博大的传统。植物资源较之其他生物资源有更强烈的地域性，我国花卉资源具有温带季风气候主导的东亚大陆鲜明的地域特色。我国传统农耕社会和宗法伦理为核心的历史文化形态引发人们对花卉植物有着独特的审美倾向和文化情趣，形成花卉审美文化鲜明的民族特色。我国花卉审美文化是我国历史文化的有机组成部分，是我国文化传统最为优美、生动的载体，是深入解读我国传统文化的独特视角。而花卉植物又是丰富、生动的生物资源，带给人们生生不息、与时俱新的感官体验和精神享受，相应的社会文化活动是永恒的“现在进行时”，其丰富的历史经验、人文情趣有着直接的现实借鉴和融入意义。正是基于这些历史信念、学术经验和现实感受，我们认为，对中国花卉审美文化的研究不仅是一项十分重要的文化任务，而且是一个前景广阔的学术课题，需要众多学科尤其是社会、人文学科的积极参与和大力投入。

我们团队从事这项工作是从 1998 年开始的。最初是我本人对宋代咏梅文学的探讨，后来发现这远不是一个咏物题材的问题，也不是一个时代文化符号的问题，而是一个关乎民族经典文化象征酝酿、发展历程的大课题。于是由文学而绘画、音乐等逐步展开，陆续完成了《宋代咏梅文学研究》《梅文化论丛》《中国梅花审美文化研究》《中国梅花名胜考》《梅谱》（校注）等论著，对我国深厚的梅文化进行了较为全面、系统的阐发。从 1999 年开始，我指导研究生从事类似的花卉审美文化专题研究，俞香顺、石志鸟、渠红岩、张荣东、王三毛、王颖等相继完成了荷、杨柳、桃、菊、竹、松柏等专题的博士学位论文，丁小兵、董丽娜、朱明明、张俊峰、雷铭等 20 多位学生相继完成了杏花、桂花、水仙、蘋、梨花、海棠、蓬蒿、山茶、芍药、牡丹、芭蕉、荔枝、石榴、芦苇、花朝、落花、蔬菜等专题的硕士学位论文。他们都以此获得相应的学位，在学位论文完成前后，也都发表了不少相关的单篇论文。与此同时，博士生纪永贵从民俗文化的角度，任群从宋代文学的角度参与和支持这项工作，也发表了一些花卉植物文学和文化方面的论文。俞香顺在博士论文之外，发表了不少梧桐和唐代文学、《红楼梦》花卉意象方面的论著。我与王三毛合作点校了古代大型花卉专题类书《全芳备祖》，并正继续从事该书的全面校正工作。目前在读的博士生张晓蕾、硕士生高尚杰、王珏等也都选择花卉植物作为学位论文选题。

以往我们所做的主要是花卉个案的专题研究，这方面的工作仍有许多空白等待填补。而如宗教用花、花事民俗、民间花市，不同品类植物景观的欣赏认识、各时期各地区花卉植物审美文化的不同历史情景，以及我国花卉审美文化的自然基础、历史背景、形态结构、发展规律、民族特色、人文意义、国际交流等中观、宏观问题的研究，花卉植物文献的调查整理等更是涉及无多，这些都有待今后逐步展开，不断深入。

“阴阴曲径人稀到，一一名花手自栽”（陆游诗），我们在这一领域寂寞耕耘已近20年了。也许我们每一个人的实际工作及所获都十分有限，但如此络绎走来，随心点检，也踏出一路足迹，种得半畦芬芳。2005年，四川巴蜀书社为我们专辟《中国花卉审美文化研究书系》，陆续出版了我们的荷花、梅花、杨柳、菊花和杏花审美文化研究五种，引起了一定的社会关注。此番由同事曹辛华教授热情倡议、积极联系，北京采薇阁文化公司王强先生鼎力相助，继续操作这一主题学术成果的出版工作。除已经出版的五种和另行单独出版的桃花专题外，我们将其余所有花卉植物主题的学位论文和散见的各类论著一并汇集整理，编为20种，统称《中国花卉审美文化研究丛书》，分别是：

1.《中国牡丹审美文化研究》（付梅）；

2.《梅文化论集》（程杰、程宇静、胥树婷）；

3.《梅文学论集》（程杰）；

4.《杏花文学与文化研究》（纪永贵、丁小兵）；

5.《桃文化论集》（渠红岩）；

6.《水仙、梨花、茉莉文学与文化研究》（朱明明、雷铭、程杰、程宇静、任群、王珏）；

7.《芍药、海棠、茶花文学与文化研究》（王功绢、赵云双、孙培华、付振华）；

8.《芭蕉、石榴文学与文化研究》（徐波、郭慧珍）；

9.《兰、桂、菊的文化研究》（张晓蕾、张荣东、董丽娜）；

10.《花朝节与落花意象的文学研究》（凌帆、周正悦）；

11.《花卉植物的实用情景与文学书写》（胥树婷、王存恒、钟晓璐）；

12.《〈红楼梦〉花卉文化及其他》（俞香顺）；

13.《古代竹文化研究》（王三毛）；

14.《古代文学竹意象研究》（王三毛）；

15.《蘋、蓬蒿、芦苇等草类文学意象研究》（张俊峰、张余、李倩、高尚杰、姚梅）；

16.《槐桑樟枫民俗与文化研究》（纪永贵）；

17.《松柏、杨柳文学与文化论丛》（石志鸟、王颖）；

18.《中国梧桐审美文化研究》（俞香顺）；

19.《唐宋植物文学与文化研究》（石润宏、陈星）；

20.《岭南植物文学与文化研究》（陈灿彬、赵军伟）。

我们如此刈禾聚把，集中摊晒，敛物自是快心，乱花或能迷眼，想必读者诸君总能从中发现自己喜欢的一枝一叶。希望我们的系列成果能为花卉植物文化的学术研究事业增薪助火，为全社会的花卉文化活动加油添彩。

程　杰

2018 年 5 月 10 日

于南京师范大学随园

总　目

中国古代文学蘋意象研究

张俊峰 著

目　录

引　言

意象是构成诗歌的最小单位，当我们沉醉于古代文学的诗情画意中时，最容易触动我们的神经，引起我们无限遐想的就是这些灿若群星的意象。作为诗歌等文学作品中最重要的要素，它们或迷离恍惚，或清新如画，或色彩斑斓，或清淡如禅，虽然因人、因事、因时、因境而千变万化，但总是恰到好处地表达着作者的思想情感，引发我们去寻找精神的共鸣和认同。在意象的世界中，“一枝一叶总关情”[①]，中国古代诗歌对意象的重视由来已久，早在六朝时，刘勰在《文心雕龙·神思》中就提出“独造之匠，窥意象而运斤”[②]的说法。此后历朝历代讨论意象者不乏其人，但大多是片段式的三言两语穿插在各类文学论述中，侧重的是抽象的理论见解和阐发。随着时间的推移，现在人们对古代文学意象的研究已经更加全面化、系统化、深入化、精细化，研究的范围、对象、广度、深度较古代都有了质的提升和跨越，特别是在具体意象的历时性发生、发展过程和其演变的梳理上更是硕果累累、竞相绽放。而以其中植物意象来看，又以桑、柳、梅、兰、竹、菊、桃等植物为最，对于今天已经不为人们熟知甚至渐渐淡忘，但在古代文学作品中曾经引人注目、有过重要影响的植物意象则关注较少。蘋就是这样的一类意象，目前为止，国内尚无专门以古代文学作品中蘋

① ［明］郑板桥著《郑板桥集》，上海古籍出版社 1979 年新 1 版，第 156 页。

② 詹锳撰《文心雕龙义证》，上海古籍出版社 1989 年版，第 980 页。

意象为研究对象的成果论述。有鉴于此，本文拟就探讨古代文学中的蘋意象，总结勾勒其审美认识的过程，并透过该意象考察相应时代精神特征与社会文化心理，使这一意象得到应有的重视，复其原貌。

蘋，亦作賓，蘋科，系多年生水生蕨类植物，李时珍在《本草纲目》中对其描述较为详细，《草八 · 蘋》:“蘋乃四叶菜也。叶浮水面，根连水底。其茎细于蕈莕，其叶大如指顶，面青背紫，有细纹，颇似马蹄决明之叶，四叶合成，中折十字。夏秋开小白花，故称白蘋。其叶攒簇如萍，故《尔雅》谓大者为蘋也。”[①]在现代植物学分类上，蘋与萍一为蘋科，一为浮萍科，是两种不同科属的植物，《尔雅》中用浮萍来释蘋，是从其叶片拥簇集聚的特点上看到了二者的相似性。在古代文学作品中，从一些描写花卉的诗句中我们也可以找到蘋花的影子，获得一个大体的认知和感受。例如宋代诗人杨万里在《三花斛三首 · 水仙》中曾写到：“生来体弱不禁风，匹似蘋花较小丰。”[②]这首诗是描写水仙花的，被誉为凌波仙子的水仙花现在已经家喻户晓，深受人们的喜爱。但作为一种外来花卉，宋代时人们对水仙花的认知度、熟悉度以及水仙花本身的普及度是远远不及随处可见的本土水植蘋花的，所以诗人杨万里用当时最常见的蘋花来形容水仙花，却在千百年后让我们又从描写水仙花的诗句中看到了蘋花的曼妙仙姿。

古代文学作品中的蘋意象最早出现在《诗经》当中，《诗经 · 召南》有《采蘋》篇，此外，《楚辞》中也多次出现蘋意象。在中国古代文学的这两大源头之下，蘋意象在长期文学发展历程中逐步获得了审美上

---

① ［明］李时珍编著，张守康校注《本草纲目》，中国中医药出版社 1998 年版，第 588 页。

② 傅璇琮等主编、北京大学古文献研究所编《全宋诗》，北京大学出版社 1991—1998 年版，第 42 册，第 26455 页。

的体验，并积淀形成诸多象征意义，成为表达丰富情感的重要载体，这正是本文的研究内容。鉴于与古代文学传统作家、作品、流派、思潮研究的体例和方式方法有所不同，以及蘋意象在文学作品中呈现的发展脉络特征，本文在内容上共分为三章，每章四节，每节围绕一个专题展开论述。

第一章，“采蘋藻兮幽涧，艺兰杜兮芳邱”——《诗经》《楚辞》系统下的蘋意象。这一章以研究《诗经》《楚辞》两大文学系统下的蘋意象源起为主。《诗经》中有《采蘋》篇，《楚辞》中多次出现和使用蘋意象，这些古典典籍都说明蘋很早就为人们所熟知。作为我国文学的两大源头，《诗经》和《楚辞》对后代文学有着深远而又不同的影响，蘋意象的文学审美发展史就明显体现出这一特点。《诗经》系统下的蘋意象带有浓厚的文化内涵，《采蘋》是一首反映先民祭祀活动的诗歌，蘋就是这种祭祀活动所采用的重要祭品。采蘋主要由女子来完成，这也直接奠定了蘋与女子之间的内在联系，进一步延伸为女子贞洁孝顺的象征符号。同时，《采蘋》也被列入封建社会的礼乐系统中，成为循法守度的标尺。《楚辞》影响下的蘋意象则体现出更多的文学色彩，在《楚辞》中多次出现的蘋意象被视为屈原“香草美人”系统中的一种，引发了其文学审美历程，成为典型的“楚物”，为蘋意象的江南化色彩夯实了基础、埋下了渊源。

第二章，“素艳拥行舟，清香覆碧流”——蘋的物色之美与象征意义。这一章主要研究蘋在文学作品中所获得的物色之美和象征意义。人们对蘋花的欣赏主要体现在蘋香、蘋色以及蘋的动态美感等方面。蘋花花色无奇，却有着诱人的生香，其香气给人最大的感受和体验就是幽香，与“遥知不是雪，为有暗香来”的梅花颇有几分相似之处。蘋花色彩主要体现的是素色之美，特别是与雪的形似和神似，充分展现出一尘不染、洁白无瑕的高贵品质，与红蓼、绿荷等植物的色彩搭配上，显示出相得益彰的自然风貌。动态蘋则以描写风吹蘋动和流水青蘋为主，极富生机意趣。在象征意义上，文人采蘋多在静谧的傍晚或月夜进行，采蘋成为文人自洁自励的象征；宋代文人发掘了老蘋意象，与春蘋意象相对立，老蘋意象体现着文人心境的沉着和落寞，带有明显的社会文化心理和时代精神特征；另外，蘋与爱情、友情也有着密切联系，是引发相思离别的触媒，积淀和体现着复杂多样的情感内涵。

第三章，“仿佛吴兴骑马处，江南风色白蘋洲”——白蘋洲意象分析。白蘋洲是蘋意象的衍生意象，也是古代文学作品中一个重要的地理意象，与若耶溪、镜湖、兰溪等都是典型江南水乡的象征，本章主要对白蘋洲意象形成演变与内涵进行梳理分析。文学作品中的白蘋洲最初是指吴兴（今浙江湖州）白蘋洲，后来又从这一实指演变为泛指开满蘋花的洲渚。吴兴白蘋洲得名于柳恽的名作《江南曲》，经过历代修亭建馆、兴修土木，到唐宋时期，白蘋洲已经成为以亭台楼馆为特色的一方胜迹，文人墨客流连忘返，对其吟咏蔚然成风，久而久之其象征意义与感情色彩日渐浓厚。因为是江南风貌的代表，所以白蘋洲意象首先反映出南方文人怀乡恋土之情，又因北宋灭亡的巨大变故，在怀乡恋土之上又增加了一层沉重的故国之思；而文人们往来白蘋洲畔，携手相游，诗酒相酬，使白蘋洲意象承载了对友情的追忆和回味；白蘋洲上的酣畅淋漓、潇然世外更代表了文人渴望亲近自然、远离喧嚣，保持内心宁静、追求精神解脱的美好理想。随着白蘋洲意象的声名鹊起，山水画作也深受其影响，元明清时期不少画家都选取白蘋洲意象题诗入画，使其在水墨丹青、氤氲渲染中继续演绎着经久不衰的生命力和回味无穷的韵味。

第一章　“采蘋藻兮幽涧，艺兰杜兮芳邸”

——《诗经》《楚辞》系统下的蘋意象

蘋，一名田字草，取四叶合成一叶如田字形也，又名破铜钱、四叶菜、十字草等，是中国古代文学作品中常见的水草意象之一，具有丰富的文学文化内涵。蘋意象最早出现在《诗经》当中，在另一部重要文学典籍《楚辞》中也多次出现。闻一多先生曾认为“中国文学有两个截然不同的传统，一个是《诗经》，一个是《楚辞》。”[①]就蘋意象而言，《诗经》奠定了蘋与女子之间的类比关系，成为古代女子四德的象征，《采蘋》也被纳入礼乐系统，成为礼乐所奏音乐，维护着等级森严的封建礼教制度和统治秩序，《诗经》对蘋意象的影响更多地体现在文化内涵方面。与之相比，在浪漫主义诗歌总集《楚辞》影响下，蘋获得了更多的文学观照，成为《楚辞》众多“香草”系统中的一种，文学色彩初步呈现，不仅有了物色方面的表现，同时逐渐积淀出多种象征意义。本章主要是对蘋的《诗经》《楚辞》原型意象进行研究，从意象发生学的角度溯本求源，探讨蘋意象在先秦文学作品中出现的条件和因素，及其对后来中国文学与文化所造成的影响。

① 闻一多撰《屈原问题——敬次孙次舟先生》，《闻一多全集 · 楚辞编》，湖北人民出版社 1993 年版，第 24 页。

第一节 “晨昏定省礼数将，采蘋南涧供蒸尝”

——虔诚的祭品与妇德的象征

在先秦文学典籍中，蘋意象最早见于《诗经》。《召南·采蘋》云：

> 于以采蘋？南涧之滨。于以采藻？于彼行潦。于以盛之？维筐及筥。于以湘之？维锜及釜。于以奠之？宗室牖下。谁其尸之？有齐季女。①

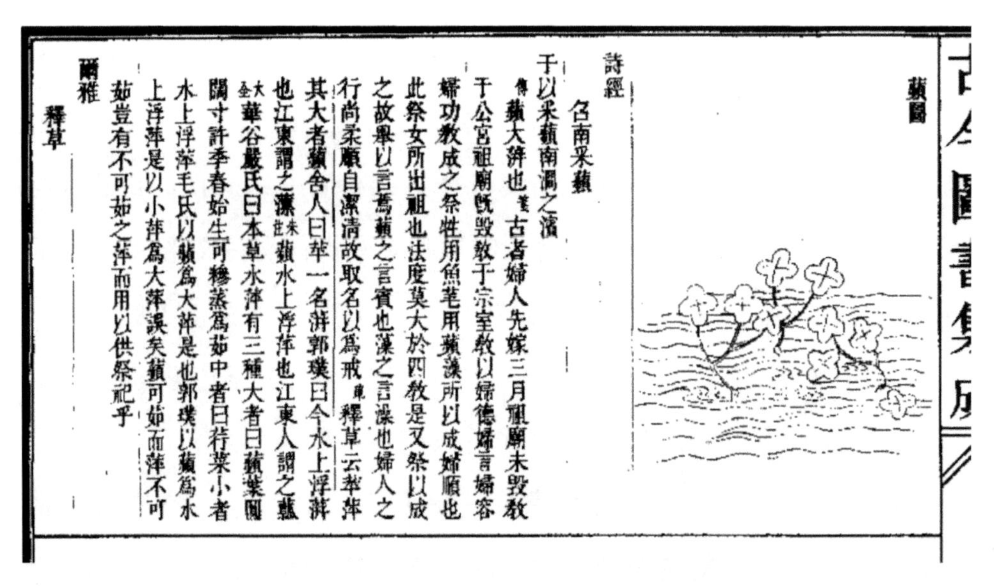
古今圖書集成

蘋圖

詩經

召南采蘋

于以采蘋南澗之濱

傳 蘋大蓱也 箋 古者婦人先嫁三月祖廟未毀教于公宮祖廟既毀教于宗室教以婦德婦言婦容婦功教成之祭牲用魚芼用蘋藻所以成婦順也此祭女所出祖也法度莫大於四教是又祭以成之故舉以言焉蘋之言賓也藻之言澡也婦人之行尚柔順自潔清故取名以為戒 疏 釋草云苹蓱其大者蘋舍人曰苹一名蓱郭璞曰今水上浮蓱也江東謂之薸 朱注 蘋水上浮萍也江東人謂之薸 大全 華谷嚴氏曰本草水萍有三種大者曰蘋葉圓闊寸許季春始生可糝蒸為茹中者曰荇菜小者水上浮萍毛氏以蘋為大蓱是也郭璞以蘋為水上浮萍是以小蓱為大萍誤矣蘋可茹而萍不可茹豈有不可茹之萍而用以供祭祀乎

爾雅

釋草

图 01 《古今图书集成·草木典》书影。

《诗经》作为一部记载原始先民生活的教科书，保存了不少生产劳动场景，采撷活动就是其中极其重要的内容之一。在《诗经》三百零

① ［清］方玉润撰《诗经原始》，中华书局 1986 年版，第 100 页。

五篇中，涉及采摘活动的诗歌有二十六首之多，直接以采摘植物为篇名的诗歌有八首，分别是《小雅·采薇》《小雅·采菽》《小雅·采绿》《小雅·采芑》《召南·采蘋》《召南·采蘩》《王风·采葛》《唐风·采苓》。除了这些以采摘植物为主题的诗歌外，在《关雎》《卷耳》《芣苢》《草虫》《谷风》《桑中》等其他十六首诗歌中还有采荇、采葑、采菲、采桑、采艾、采肃、采苦、采唐、采莫等大量关于采摘活动的记载。从人类认识史的一般规律来看，生物学的、经济的价值总是先为其他种类的价值提供最为便当的隐喻。[1]在原始社会落后的劳动生产力下，采摘活动更多、更直接的目的是为了食用或是药用，追求其实用价值。而采蘋和采蘩两种采摘活动则有些与众不同，虽然它们也有较强的实用价值，但明显已经脱离了常见的单纯农事活动范畴，而是原始先民祭祀活动的重要环节，《采蘋》与《采蘩》两篇就描述了整个采摘祭祀活动过程。

《采蘋》一诗分三章，每章四句，第一章描写少女采摘蘋藻等祭品的地点，第二章写盛放采摘来的祭品器皿及加工祭品的方法，第三章写祭祀的地点和主祭人，整个祭祀活动非常完整，有始有终，井然有序，层次分明。对于这首诗的主旨，历来说法不一。《诗小序》曰："《采蘋》，大夫妻能循法度也，能循法度则可以承先祖，共祭祀矣。"《毛传》对《诗小序》的解说提出质疑，其对诗文的笺释曰："奠，置也。宗室，大宗之庙也。大夫士祭于宗庙，奠于牖下。尸，主。齐，敬。季，少也。蘋、藻，薄物也。涧、潦，至质也。筐、筥、锜、釜，陋器也。少女，微主也。古之将嫁女者，必先礼之于宗室，牲用鱼，芼之以蘋藻。"[2]

① ［英］贡布里希《艺术中价值的视觉隐喻》，载《艺术与人文科学——贡布里希文选》，范景中编选，浙江摄影出版社1989年版。

② ［清］阮元校刻《十三经注疏》，中华书局1980年版，第286页。

郑玄亦引《礼记·昏义》云："古者妇人先嫁三月，祖庙未毁，教于公宫，祖庙既毁，教于宗室，教以妇德、妇言、妇容、妇功。教成，祭之，牲用鱼，芼之以蘋藻，所以成妇顺也。此祭女所出祖也。"[①]此后对该诗的解读也大致围绕这两种观点展开。孔颖达在《毛诗正义》中申说郑义，认为《诗小序》说美大夫妻能循法度，而经文所述则是大夫妻为女时于父家之事，并引《仪礼·士昏礼》之说，指出毛氏"传以教成之祭与礼女为一"[②]之误。宋代朱熹《诗集传》认为此诗之旨为"南国被文王之化，大夫妻能奉祭祀，而其家人叙其事以美之也"。清代方玉润在《诗经原始》中，力主毛亨、郑玄之说，并且更进一步认为这首诗的主旨"乃教女者告庙之词""女将嫁而教之，以告于其先也"[③]。近代学者多从此说。如程俊英认为："这是一首叙述女子祭祖的诗，诗里描写了当时的风俗习尚。"[④]袁梅亦认为："古代奴隶主嫁女，必先到宗庙去祭祀祖宗以示饮水思源之意。"[⑤]高亨的《诗经今注》也认为："古代贵族的女儿临出嫁前，要祭祀她家的宗庙，由女奴们给她办置菜蔬类的祭品。这首诗正是叙写女奴们办置祭品的劳动。"[⑥]结合《礼记·昏义》的相关内容来看，毛亨、郑玄将《采蘋》一诗视为女子出嫁前教成四德祭祀祖先的看法更为贴近这首诗的本意。《昏义》云："教成，祭之，牲用鱼，芼之以蘋藻，所以成妇顺也。"[⑦]郑玄《礼记·昏义》注云："鱼、蘋、藻皆水物，阴类也。"即鱼、蘋、藻均是生在水中的动

---

① ［清］阮元校刻《十三经注疏》，第 286 页。

② ［清］阮元校刻《十三经注疏》，第 287 页。

③ ［清］方玉润撰《诗经原始》，第 100 页。

④ 程俊英撰《诗经译注》，上海古籍出版社 1985 年版，第 26 页。

⑤ 袁梅撰《诗经译注》，齐鲁书社 1980 年版，第 105 页。

⑥ 高亨撰《诗经今注》，上海古籍出版社 1980 年版，第 19 页。

⑦ ［清］孙希旦撰《礼记集解》，中华书局 1989 年版，第 1421 页。

植物，在古人的阴阳观念中，它们与女性同为阴类，具有阴柔的属性。而闻一多曾在《说鱼》一文中谈到："在原始人类的观念里，婚姻是人生第一大事，而传种是婚姻的唯一目的。"[①]同时也讲到："鱼在中国语言中有生殖繁盛的祝福含义。"因此，在妇德、妇言、妇容、妇功四教教成之际，选择蘋、藻、鱼作为祭品的祭祀活动，不仅希望出嫁女子品行如蘋藻般洁清柔顺，而且还暗含着对出嫁女子多子多福的祈愿。

先秦时代，"国之大事，在祀与戎"[②]，祭祀与战争是被视为国家最重要的大事要事来对待的，祭祀活动尤为庄重严肃，关于各种祭祀的礼节与仪式、器皿的使用，祭品的选取都有着严格的规定。在《采蘋》所描写的祭祀活动中，蘋能够进入先民的视野并被供奉为祭品，是有着多方面原因的。首先，最基本的前提就是它的可食性。蘋的可食性不仅见于《采蘋》本篇,在先秦及后来的文献典籍中也多有记载。如《左传·隐公三年》:"蘋蘩薀藻之菜……可荐于鬼神，可羞于王公。"[③]又《吕氏春秋》亦云:"菜之美者,昆仑之蘋。"[④]再如《毛诗草木鸟兽虫鱼疏》云:"蘋，今水上浮萍是也。其粗大者谓之蘋，小者曰荓，季春始生，可糁蒸以为茹，又可用苦酒淹以就酒。"[⑤]但是，可食性仅仅是其成为祭品的一个基本前提，因为即使是在生产力低下的先秦时期，可食性植物也是不少的，所以除了这个物理属性之外，更多地是与当时的原始观念、风尚习俗紧密相关的。《礼记·郊特牲》载:"周人尚臭，灌用鬯臭，

① 闻一多撰《闻一多全集 · 神话编》，第 248 页。

② 李梦生撰《左传译注》，上海古籍出版社 1998 年版，第 578 页。

③ 李梦生撰《左传译注》，第 12 页。

④ [战国] 吕不韦著《吕氏春秋》，上海古籍出版社 1989 年版，第 104 页。

⑤ [三国吴] 陆玑撰《毛诗草木鸟兽虫鱼疏》卷上，上海古籍出版社 1987 年《影印文渊阁四库全书》第 70 册，第 4 页。

郁合鬯,臭阴达于渊泉。灌以圭璋,用玉气也。既灌然后迎牲,致阴气也。萧合黍稷,臭阳达于墙屋。故既奠,然后焫萧合膻、芗。凡祭,慎诸此。”[1]该处据孔颖达《五经正义》的阐释：臭，谓鬯气也，未杀牲，先酌鬯酒灌地以求神，是尚臭也。郁，郁金草也，鬯，谓鬯酒，煮郁金草和之，其气芬芳调鬯也，又以捣郁汁和合鬯酒，使香气滋甚。孔颖达于此处引卢植注云：“言取草芬芳香者，与秬黍郁和酿之，成必为鬯也。”由此可见，周朝人在举行祭祀沟通阴阳时是非常重视和崇尚香气的，以香气来驱散浊气，利用香气营造令人神清气爽不同于寻常的祭祀环境和氛围，香气越浓郁对祖先神灵越虔诚，基于此，古人对具有芬芳之气的香草情有独钟，蘋自然而然为先民所重视。此外，选择蘋作为祭品还有一个重要原因，就是先秦时期原始朴素的审美意识。郑玄讲：“蘋之言宾也,藻之言澡也,妇人之行,尚柔顺,自洁清,故取名以为戒。”[2]蘋系多年生草本植物，茎细长，匍匐泥中，叶浮水面，根基不稳，往往随波而动，从感官上就给人以卑弱柔顺的感受，这与高大挺拔的水杉、杨柳等陆生植物让人产生的仰视感是截然不同的。所以,在以祭祀先祖、祈福妇德为主题的祭祀活动中，采蘋为祭最合适不过，这也直接奠定了蘋与女子在形神气质上的类比关系，顺理成章进入以引类譬喻为特征的《诗经》当中。

自汉代儒家将《诗经》奉为经典之后，其影响力远远超过其他典籍，在“罢黜百家，独尊儒术”的政治环境下，《诗经》也越来越多地被统治者用于王治教化，《诗序》与传笺都被附加上许多特定的道德内容，在稳定封建社会秩序上发挥了重要作用。在《诗经》中登场亮相

① ［清］阮元校刻《十三经注疏》，第1457页。

② ［清］阮元校刻《十三经注疏》，第287页。

的蘋意象被赋予的一个重要教化功能就是以贞、节、孝、顺为核心的妇德妇行。郑玄所处的东汉，是一个重视伦理秩序、提倡贞妇守节的时代，其时不仅有荀爽的《女诫》、班昭的《女诫》、蔡邕的《女诫》《女训》等众多女训著述问世，政府还颁布法令，对守节者予以大力褒奖、公开倡导，如汉安帝元初六年（119 年）赐“贞妇有节义十斛，甄表门闾，旌显厥行”[①]。

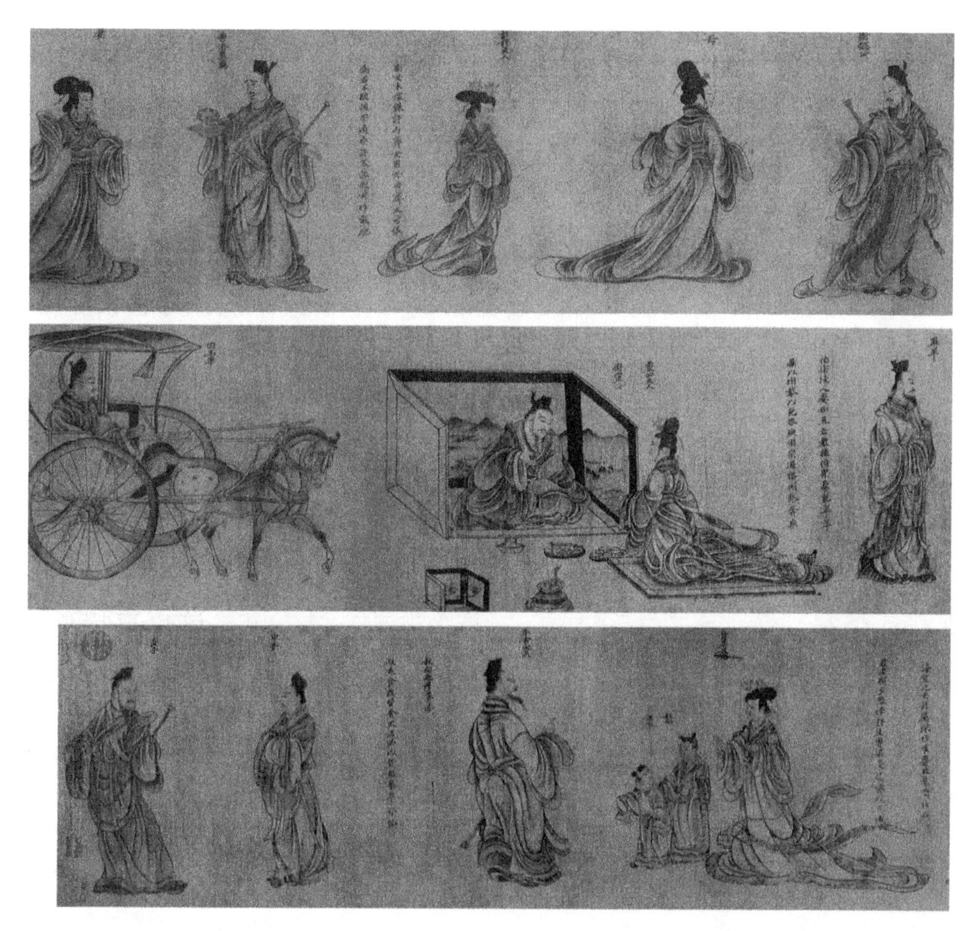

图 02　晋代顾恺之《列女图》，宋人摹本，绢本设色，北京故宫博物院藏。此画根据汉刘向所著的《古列女传》人物故事而创作，内容多颂扬古代妇女的明智美德。

① ［南朝宋］范晔撰《后汉书》卷五，中华书局 1965 年版，第 230 页。

在这种社会风气之下，贞妇烈女开始大量出现。晋常璩的《华阳国志》卷十《先贤士女赞》中就记载了东汉时不少恪守妇德、从一而终的例子，而在《先贤士女总赞论》中，则首次使用蘋蘩等词汇来赞美这些贞妇品行，其云："忠臣孝子，烈士贤女，高劭足以振玄风，贞淑可以方蘋蘩者，奕世载美。"①

自此，蘋蘩一词开始跳出了传统经文释义解字的窠臼，作为具有鲜明文化指向的词汇直接应用到各类作品中，尤其是在各个时期的诔文与墓志铭等实用性文体中，蘋俨然已成为譬喻妇女贞德懿形的代名词，如：

夫人资于事亲，躬奉训诫，教于宗室，足闻诗礼。及乎言归，肃恭如事，蘋藻维敬。纮綖是勤，内位克谐，中闺以睦。(北周庾信《周大都督阳林伯长孙瑕夫人罗氏墓志铭》)②

某官母某氏，节茂采蘋，德昭流荇。夙彰妇顺，克振闺风。(宋余靖《母王氏赠鄂国太夫人》)③

其为妇也，顺而正，可谓有采蘋之行；其为母也，慈以均，可谓有鹊巢之德。(宋张方平《徐国太夫人墓志铭》)④

除上述两种应用文体外，在祝寿词中蘋作为高频词汇也在频频出现和使用。如宋程节斋《木兰花》(寿伯母)中的："有砌底芝兰，涧

① ［晋］常璩撰，任乃强校注《华阳国志校补图注》，上海古籍出版社 1987 年版，第 521 页。

② ［清］严可均辑《全上古三代秦汉三国六朝文》，中华书局 1958 年版，第 3970 页。

③ ［宋］余靖撰《武溪集》卷一一，《影印文渊阁四库全书》第 1089 册，第 108 页。

④ ［宋］张方平撰《乐全集》卷三八，《影印文渊阁四库全书》第 1104 册，第 449 页。

边蘋藻，淑德方高。”[①]明沈錬在《寿赵孺人七十序》中也写到："诗言采蘋采蘩，其咏妇人之德昭著矣。”[②]

《宋史》中还记载了一则感人的故事。《宋史》卷四六〇所载《韩氏女》云:"韩氏女，字希孟，巴陵人，或曰丞相琦之裔，少明慧知读书。开庆元年，大元兵至岳阳，女年十有八，为卒所掠，将挟以献其主将。女知必不免，竟赴水死。越三日得其尸，于练裙带有诗曰：'我质本瑚琏，宗庙供蘋蘩。一朝婴祸难，失身戎马间。宁当血刃死，不作衽席完。汉上有王猛，江南无谢安。长号赴洪流，激烈摧心肝。'”[③]宁可以身赴死也不肯屈身受辱的韩希孟，在诀别诗中尚以供奉宗庙的蘋藻来自比，由此也可以看出蘋蘩的比德象征意义对古代女子的教化影响是非常深远的，实际上已经成为女子所具有的美好品行的象征。与之相比，白居易《井底引银瓶》中描写的经历坎坷的女子,在“聘则为妻奔是妾”的封建观念下，其自身的美好品质全部被抹杀了，“不堪主祀奉蘋蘩”[④]的结局令人叹惋不已。

因为《采蘋》与女子出嫁之间的深远渊源，后来的文学作品中，经常会使用蘋蘩或采蘋等词语来代指婚事。如唐刘商的《赋得射雉歌送杨协律表弟赴婚期》中就写到："昔日才高容貌古，相敬如宾不相睹。手奉蘋蘩喜盛门，心知礼义感君恩。”[⑤]在求婚书之类的文体中，更喜欢直接采用《诗经》采蘋之意，既告以婚事，又美赞待嫁少女，如：

---

① 唐圭璋编《全宋词》，中华书局 1965 年版，第 3547 页。

② [明]沈錬撰《青霞集》卷一，《影印文渊阁四库全书》第 1278 册，第 25 页。

③ [元]脱脱等撰《宋史》卷一四二，中华书局 1977 年版，第 13492 页。

④ [唐]白居易撰，谢思炜校注《白居易诗集校注》，中华书局 2006 年版，第 419 页。

⑤ [清]彭定求等编《全唐诗》(25 册本)，中华书局 1960 年版，第 10 册 3448 页。

某女方妙年龄，未闭警戒，采蘋南涧。（宋晁补之《代谢求亲启》）[1]

即诹柬楚之期，若节春秋，遂获采蘋之助。（宋洪适《潭倅婚书》）[2]

恭惟令爱采蘋南涧，夙依季女之尸。（明史鉴《聘陶氏婚启》）[3]

因为蘋的比德意义和褒义属性，蘋字在女子姓名中也成为常用字，文学作品中亦不乏记载。如唐明皇的宠妃梅妃，据唐曹邺《梅妃传》载："梅妃，姓江氏，莆田人，年九岁能诵二南。语父曰：'我虽女子，期以此为志。'父奇之，名曰采蘋……"[4]又如清代女诗人王采蘋，著有《读选楼诗稿》，其妹采蘩、采藻等也都能诗。此外，宋代时有不少歌妓也喜用蘋字来作小名，晏几道在其《小山词自序》中就记载了友人家一位名叫蘋的歌妓："始时沈十二廉叔，陈十君龙家，有莲、鸿、蘋、云，品清讴娱客，每得一解，即以草授诸儿。"[5]其《临江仙》中"记得小蘋初见，两重心字罗衣"就是追忆与小蘋初次见面的动人场景，其他如江开《浣溪沙》中"手捻花枝忆小蘋，绿窗空锁旧时春。"[6]高翥《赵仲庄都铃山居》中"小蘋低唱花间曲，何广高吟李下诗"[7]也都记述了

① ［宋］晁补之撰《鸡肋集》卷五九，《影印文渊阁四库全书》第1118册，第893页。
② ［宋］洪适撰《盘洲文集》卷六四，《影印文渊阁四库全书》第1158册，第676页。
③ ［明］史鉴撰《西村集》卷六，《影印文渊阁四库全书》第1259册，第823页。
④ ［明］陶宗仪撰《说郛》，中国书店1986年版，第6册卷三八。
⑤ 金启华等编《唐宋词集序跋汇编》，江苏教育出版社1990年版，第25页。
⑥《全宋词》，第3172页。
⑦《全宋诗》第55册，第34126页。

与彼此交往相识的名字中带蘋的歌妓。

蘋在《诗经》中作为少女采摘的祭品，本来是用于特定性质的祭祀活动，但在后人的眼中，其祭祀属性却被推而广之、大而化之，跳出了特定的祭祀范围，并且由于其自身分布广泛、易于采撷的特点，一跃成为表达各种情感祭祀时都能用的通用祭品，如：

幽径滋芜没，荒祠幂霜霰。垂钓想遗芳，掇蘋羞野荐。(唐洪子舆《严陵祠》)[①]

焚香入深洞，巨石如虚空。夙夜备蘋藻，诏书祠张公。(唐李栖筠《张公洞》)[②]

猿愁鱼踊水翻波，自古流传是汨罗。蘋藻满盘无处奠，空闻渔父扣舷歌。(唐韩愈《湘中》)[③]

清湘吊屈原，垂泪撷蘋蘩。(唐许浑《太和初靖恭里感事》)[④]

停车日晚荐蘋藻，风静寒塘花正开。(唐刘沧《长洲怀古》)[⑤]

锦官城外祠堂下，应采蘋花荐武侯。(明边贡《送史少参》)[⑥]

这些诗歌作品中，采摘蘋蘩、蘋藻来祭祀追念古人或是怀古，建立的感情基础是对古人高洁人格、伟岸功业的钦佩与认同，同时也有着割舍不断的怀古之情，正如晋傅季友《为宋公修张良庙教一首》所说:“蘋蘩行潦，以时致荐。抒怀古之情，存不刊之烈。”[⑦]值得注意的是，除了民间及个体的采蘋相祭外，庄重的宗室宗族等群体祭祀活动也往往

① 《全唐诗》第 4 册，第 1081 页。

② 《全唐诗》第 6 册，第 2246 页。

③ ［唐］韩愈撰《韩愈全集》，上海古籍出版社 1997 年版，第 17 页。

④ 《全唐诗》第 16 册，第 6065 页。

⑤ 《全唐诗》第 18 册，第 6787 页。

⑥ ［明］边贡撰《华泉集》卷六，《影印文渊阁四库全书》第 1264 册，第 108 页。

⑦ ［明］梅鼎祚编《宋文纪》卷八，《影印文渊阁四库全书》第 1398 册，第 638 页。

把蘋作为重要的祭品，如《左传·襄公二十八年》:“济泽之阿，行潦之蘋藻，置诸宗室，季兰尸之，敬也。”[①]此后，“敬奠蘋藻，式罄虔襟。洁诚斯展，伫降灵歆”[②];“大礼虔申典册，蘋藻敬荐翘襟”[③]等，在这些郊祀和庙祭所使用的乐章记载中，蘋藻已经成为不可或缺的重要祭品，蘋的祭祀功用也从先秦时代历经千百年而不衰，直至最后固定化、模式化、符号化。

第二节 “初听采蘋之章，共调白羽”

——礼乐系统下的《采蘋》

闻一多在谈及《诗经》对我国古代社会的影响时说:“诗似乎也没有在第二个国度里，像它在这里发挥过的那样大的社会功能。在我们这里，一出世，它就是宗教，是政治，是教育，是社交，它是完全的生活。维系封建精神的是礼乐，阐发礼乐意义的是诗，所以诗支持了那整个封建时代的文化。”[④]的确如闻一多所言，《诗经》对我国整个封建社会产生了巨大的影响，尤其在意识形态领域，自周公制礼作乐，以诗乐作为弘扬周王朝德政和进行政治教化的手段之后，便与乐一起构成了我国封建社会礼教系统的基础，潜移默化地影响到社会生活的各个方面。关于诗入乐的问题，清代马瑞辰在《毛诗传笺通释》卷一《诗入乐说》中所论甚详，先秦典籍也有记载，如《左传》襄公十九年所

① 李梦生撰《左传译注》，第854页。
② 《郊庙歌辞·武后享清庙乐章十首·第四迎神》，《全唐诗》第1册，第126页。
③ 《郊庙歌辞·武后崇先庙乐章》，《全唐诗》第1册，第147页。
④ 闻一多撰《神话与诗·文学的历史动向》，《闻一多全集·文学史编》，第17页。

载季札于鲁观诗，《史记》所载诗三百篇孔子皆弦歌之，以求合于韶武雅颂等。乐与诗、礼之间的关系非常密切，孔子在《泰伯》中就说过："兴于诗，立于礼，成于乐。"[①]而且"礼非乐不行，乐非礼不举"，以乐配诗不仅体现着周王朝统治者的礼制思想，也是一种理想化的社会等级制度的反映，《周礼》和《仪礼》之中就集中记载了西周时期的礼乐制度。作为典章仪式的乐歌，《采蘋》主要用在射礼、燕礼及乡饮酒礼中的合乐一节中，因此，《周礼》与《仪礼》中多次记述了《采蘋》一章，如：

凡射，王以《驺虞》为节，诸侯以《狸首》为节，大夫以《采蘋》为节，士以《采蘩》为节。(《周礼·乐师》)[②]

王以六耦射三侯，三获三容，乐以《驺虞》，九节五正；诸侯以四耦射二侯，二获二容，乐以《狸首》，七节三正；孤卿大夫以三耦射一侯，一获一容，乐以《采蘋》，五节二正；士以三耦射豻侯，一获一容，乐以《采蘩》，五节二正。(《周礼·夏官司马》)[③]

工歌《鹿鸣》《四牡》《皇皇者华》……笙入立于县中，奏《南陔》《白华》《华黍》……乃间歌《鱼丽》，笙《由庚》。歌《南有佳鱼》，笙《崇丘》，歌《南山有台》，笙《由仪》。遂歌乡乐《周南》:《关雎》《葛覃》《卷耳》;《召南》:《鹊巢》《采蘩》《采蘋》。(《仪礼·燕礼第六》)[④]

工歌《鹿鸣》《四牲》《皇皇者华》。卒歌，主人献工……

① 杨树达著《论语疏证》，上海古籍出版社 1986 年版，第 191—192 页。
② [清]阮元校刻《十三经注疏》，第 793 页。
③ [清]阮元校刻《十三经注疏》，第 845 页。
④ [清]阮元校刻《十三经注疏》，第 1021 页。

笙入堂下，磬南，北面立，乐《南陔》《白华》《华黍》……乃间歌《鱼丽》，笙《由庚》；歌《南有嘉鱼》，笙《崇丘》；歌《南山有台》，笙《由仪》。乃合乐：周南：《关雎》《葛覃》《卷耳》；召南：《鹊巢》《采蘩》《采蘋》。工告于乐正曰："正歌备"。乐正告于宾，乃降。(《仪礼 · 乡饮酒礼第四》)[①]

"名位不同，礼亦异数"[②]，从上述例证中，不难看出，王、诸侯、卿大夫、士四个不同级别和身份的人在燕礼、射礼、饮酒礼等不同场合下所使用的音乐是严格不同的。《采蘋》是卿大夫级别所演奏的音乐，这种等级严明的音乐也代表着特定的道德意义和伦理秩序，正如《礼记 · 乐记》所谓的"乐者，通伦理者也"。而《礼记 · 射义》在对射礼进行说明时不仅指出了射礼与燕礼和乡饮酒礼的关系，而且也指明了这些不同等级的诗乐所包含的道德教化目的，如：

古者诸侯之射也，必先行燕礼；卿、大夫、士之射也，必先行乡饮酒之礼。故燕礼者，所以明君臣之义也。乡饮酒之礼者，所以明长幼之序也。故射者，进退周还必中礼，内志正，外体直，然后持弓矢审固，持弓矢审固，然后可以言中。其节：天子以《驺虞》为节，诸侯以《貍首》为节，卿大夫以《采蘋》为节，士以《采蘩》为节。《驺虞》者，乐官备也。《貍首》者，乐会时也。《采蘋》者，乐循法也。《采蘩》者，乐不失职也。是故天子以备官为节，诸侯以时会天子为节，卿大夫以循法为节，士以不失职为节。故明乎其节之志，以不失其事，则功成而德行立。德行立则无暴乱之祸矣。功成则国安，故曰

① ［清］阮元校刻《十三经注疏》，第 986 页。
② 李梦生撰《左传译注》，第 138 页。

射者，所以观盛德也。[1]

射义所论述的宗旨就是要以德立国，而在各种仪式中所用到的诗乐就是一种教化百官及民众遵循法度、合乎礼节的措施和手段。《采蘋》一章在射礼中就被明确赋予了循法的意义，而且与《诗经 · 周南》和《诗经 · 召南》中的其他五篇乐章共同维系着对礼制的尊崇。比如在这些诗乐影响之下，原本应当体现尚武精神的射箭活动就被改造成一种“射不主皮”的礼射，比赛的胜负反倒不是最重要的，最重要的是要在射箭中体现出温文尔雅、循规蹈矩、遵守等级次序的礼法精神，如果行为举止稍有差错、不合礼法就会受到责难。唐韦述的《对不以采蘋为节判》，就是针对有人因为礼射时不合《采蘋》之节而被有司加罪所做的辩护。

《采蘋》等六篇二《南》中的诗歌即使在普遍被认为礼崩乐坏的春秋战国时期也是可以用乐器伴奏来歌唱的，经过秦朝焚书坑儒，到汉代时已基本不能伴乐而歌。《大戴礼记·投壶》中就记载了这一情况:“凡雅二十六篇。其八篇可歌,歌《鹿鸣》《貍首》《鹊巢》《采蘩》《采蘋》《伐檀》《白驹》《驺虞》；八篇废，不可歌。”[2]又据《隋书 · 音乐志》载：“汉末大乱，乐章沦缺，魏武平荆州，获杜夔，以为军谋祭酒，使创雅乐。”[3]杜夔是汉末晋初人，其所传之乐是否就是西周雅乐已难以考证，但即使是他本人所传授的四首雅乐也被后人反复改易。《宋史》当中尚有关于二《南》诗谱的记载:“二《南》《国风》诗谱:《关雎》《葛覃》《卷耳》《鹊巢》《采蘩》《采蘋》皆用无射清商，俗呼为越调。”[4]但朱熹对

① ［清］孙希旦撰《礼记集解》，第 1438—1439 页。

② 王聘珍撰《大戴礼记解诂》，中华书局 1983 年版，第 244 页。

③ ［唐］魏徵等撰《隋书》卷一五，中华书局 1973 年版，第 350 页。

④ ［元］脱脱等撰《宋史》卷一四二，中华书局 1977 年版，第 3340 页。

此诗谱已经提出疑问,其云:“此谱,相传即开元遗声也。古声亡灭已久,不知当时工师何所考而为此。窃疑古乐有唱、有叹。唱者,发歌句也;和者,继其声也。诗词之外,应更有叠字、散声,以叹发其趣。故汉、晋间旧曲既失其传,则其词虽存,而世莫能补。如此谱直以一声协一字,则古诗篇篇可歌。又其以清声为调,似亦非古法,然古声既不可考,姑存此以见声歌之仿佛,俟知乐者考焉。”[1]由此可以看出,尽管仍有二《南》诗谱存世,但《采蘋》等六篇乐章是不是原汁原味的正宗西周雅乐已经无从知晓了。虽然如此,在礼乐观念的影响下,《采蘋》等乐章作为礼乐仪式却从汉代时开始固定下来,在后代的射箭、饮酒等场合中仍然会演奏《采蘋》等雅乐。如元稹在《观兵部马射赋》中就写到:“初听《采蘋》之章,共调白羽;次逞穿杨之妙,忽纵青丝。”[2]而对《采蘋》等西周雅乐的研究也一直吸引着后代学者,明代魏校在《与吕仲木》中所写道:“然或传开元诗乐直以一声叶一字文,公深疑之,此殆神解。谨奉《采蘋谱》一篇,试求知音者布之八音。”[3]就是一则当时学者探讨研究音谱的例子。此外,受礼乐系统的影响,宗庙祭祀活动中敬奠蘋蘩也成为合乎礼仪的象征,如郊庙祭祀乐章中所写到的:“蘋蘩礼著,黍稷诚微。”[4]“礼备其容,乐和其变。肃肃亲享,雍雍执奠。明德惟馨,蘋蘩可荐。”[5]等,蘋与封建礼仪制度已经牢牢地绑在了一起。

① [元]脱脱等撰《宋史》卷一四二,第3341页。
② [唐]元稹撰《元稹集》,中华书局1982年版,第325页。
③ [明]魏校撰《庄渠遗书》卷四,《影印文渊阁四库全书》第1267册,第772页。
④《全唐诗》第1册,第87页。
⑤《全唐诗》第1册,第118页。

第三节　“采蘋花以作脯兮，汲清流以荐觞”

——《楚辞》影响下的蘋意象及其审美历程

作为我国古代文学的两个源头，《诗经》与《楚辞》中都出现了大量的植物意象，但这些植物意象在两部典籍中出现的原因、表达的感情和所起的作用都是有所不同的。《诗经》在很大程度上体现着农耕文明的智慧成果，具有较强的写实性、叙事性，其作品中出现的植物意象很多是农业生活和农事活动中最常见和实际接触的对象，在作品中也是以起兴作用为主。与之不同，在南方文化土壤和江湘风雨滋润下所诞生的《楚辞》是一部浪漫主义文学的代表，其作品中所出现植物意象经过了精心撷取，尤其是众多香草更是能够成为让人入眼随心、赏心悦目以至寄托高洁情操的重要载体，有着强烈的象征意义。正如东汉王逸在《楚辞章句·离骚经序》中讲到的：“善鸟香草，以配忠贞；恶禽臭物，以比谗佞；灵修美人，以媲于君；宓妃佚女，以譬贤臣；虬龙鸾凤，以托君子；飘风云霓，以为小人。”[①]因此，在《楚辞》系统下的蘋意象所受到的影响与《诗经》相比有明显不同。蘋意象在《楚辞》中共出现三次，分别是《湘君》：“鸟何萃兮蘋中？”[②]《橘颂》中：“蘋蘅槁而节离兮，芳以歇而不比。”[③]《招魂》：“献岁发春兮，汩吾南征，

① ［宋］洪兴祖撰《楚辞补注》，中华书局 1983 年版，第 2—3 页。（以下简称《楚辞补注》）

② 《楚辞补注》，第 65 页。

③ 《楚辞补注》，第 158 页。

菉蘋齐华兮白芷生。”[①]除了《湘君》中的蘋意象是单独使用外，另外两处均是与蘅、菉等同类香草意象并列出现的。屈原拿香草来自比是《楚辞》最引人注目的特征之一，宋代朝洪兴祖在《楚辞补注》中就认为“蘋蘅槁而节离兮，芳以歇而不比”就是用来“喻己年衰，齿随落也”[②]。与其他香草一样，《楚辞》中的蘋意象并没有引起诗人对其外在形态上的细腻描摹，它在《楚辞》中出现的最大意义就是纳入了屈原精心择取构建的香草系统，从而引起后代文人的广泛关注。自《楚辞》起，蘋意象便更多地从《诗经》中的农事活动和祭祀活动中走了出来，开始了其在文学审美历程上的大步快进。

屈原之后，关注到蘋并将其写进作品中的是战国时期文人宋玉。宋玉在《风赋》一文中与楚襄王论及风的源起时写到："夫风生于地，起于青蘋之末。”[③]这句话意思就是说风在大地上形成，从青蘋的末梢升起，这是与文中风形成之后“飘忽淜滂，激飏熛怒。耾耾雷声，回穴错迕，蹶石伐木，梢杀林莽”的暴虐恣肆做对比，强调和形容的是大风成形之初并不引人注意，只在非常微小的植物如蘋叶上有所反应。这个典故跟现代人们常说的蝴蝶效应是异曲同工的，只不过这里蝴蝶的翅膀换成了青蘋的叶子。风蘋之典的意义在于首次把风与蘋联系起来，并且在文学作品中反复运用，进而形成大量的风蘋之间的固定搭配。如“曾风激兮绿蘋断，积石闭兮紫苔伤”[④]“看取清风起蘋末，片帆欻

① 《楚辞补注》，第 213 页。
② 《楚辞补注》，第 158 页。
③ ［南朝梁］萧统编《文选》卷一三，中华书局 1997 年版，第 191 页。
④ ［南朝］江淹《应谢主薄骚体》，［明］胡之骥注《江文通集汇注》，中华书局 1984 年版，第 173 页。

过五湖秋”[①]等。在宋代，𬞟末与风之间已经基本画上了等号。此外，风𬞟之典也引发了一些更深更广的寓意。如南朝江淹的《萧重让扬州表》中有 :“图骄虑满，护守私吝，不能青𬞟引风，阳燧要景。”[②]此处“不能青𬞟引风”即被引申为德薄才寡能力有限之意。在当代，毛泽东同志在 1958 年中国共产党八大二次会议上引用到宋玉的《风赋》这篇作品时，特意分析了“起于青𬞟之末”这句话的政治内涵，以此来告诫全党当事物处在“青𬞟之末”的萌芽状态时，就要见微知著，认清事物的发展方向，并引导其走向正确的发展方向。

汉代时，𬞟意象在文人的笔下并不多见，受文学体裁的限制，它主要出现在汉赋中，成为博物炫知的产物。如枚乘《七发》:“周驰兮兰泽，弭节乎江浔，掩青𬞟，游清风，陶阳气，荡春心。”[③]关于“掩青𬞟”的解释，据李善引《方言》注云 :“掩，息也。”“掩青𬞟”实际就是停留止息于长满青𬞟的江边。此外又如杨雄的《蜀都赋》:“其浅湿则生苍葭蒋蒲，藿芓青𬞟，草叶莲藕，茱华菱根。”[④]班固《东都赋》:“发𬞟藻以潜鱼，丰圃草以毓兽。”[⑤]等，在物色之上都缺乏细腻的描写和观察。

魏晋南北朝时期，𬞟意象开始受到较多的关注，在文学作品中出现的频率也渐渐多起来。从体裁上来看，首先延续了文赋中对哦意象的使用。如曹植《七启》:“然后采菱华，擢水哦”[⑥]；晋左思的《蜀都

① ［宋］许景衡《次江文韵》，《全宋诗》第 23 册，第 15583 页。

② ［明］胡之骥注《江文通集汇注》，第 261 页。

③《文选》，第 481 页。

④ ［清］陈元龙编《历代赋汇》，凤凰出版社 2004 年版，第 137 页。

⑤《文选》，第 32 页。

⑥《文选》，第 487 页。

赋》:“其沃瀛则有攒蒋丛蒲，绿菱红莲，杂以蕴藻，糅以蘋蘩。”[①]南朝齐张融的《海赋》:“蘋藻留映,荷芰提阴。扶容曼彩,秀远华深。”[②]等，但是随着创作体裁向诗歌的转变，更多的蘋意象开始出现在诗歌当中，甚至被作为主体意象来吟咏，如魏刘桢的《赠从弟三首》其一：

泛泛东流水，磷磷水中石。蘋藻生其涯，华叶纷扰溺。采之荐宗庙，可以羞嘉客。岂无园中葵，懿此出深泽。[③]

刘桢的《赠从弟三首》全是咏物诗，采用比兴的手法托物言志，而这首诗表面咏蘋藻，实质是借蘋藻来比拟从弟出身名门，品质无瑕兼具栋梁之才，同时也有自勉自励之意。这首诗中还使用园中葵来反衬蘋藻，园中葵意象来自汉乐府民歌《长歌行》(青青园中葵)。《长歌行》中的青葵也是一种寓意美好的植物，但在诗人眼中，其价值与蘋藻相比显然是有高下之分，无法相提并论的。再如谢灵运《斤竹涧越岭溪行一首》中写到：“蘋萍泛沉深，菰蒲冒清浅。”[④]虽然只是作为溪行途中的环境描写，但已经包含了作者的观察体验，较之赋体中仅仅作为博物名称已经有所进步。除了诗歌之外,在水文地理著作《水经注》中也观察到了蘋意象，其卷九在描述沁水植物时写到：“蘋藻茭芹，竞川含绿。”这些都表明在魏晋南北朝时蘋已经作为常见的植物意象出现在文学作品中。

纵观魏晋南北朝时期，蘋意象的运用呈现两个明显的特点，第一是春蘋意象美的发现，蘋作为报春的植物意象而出现，文人开始多关注其春晖的属性；第二是蘋意象与其他植物意象的搭配使用，这两个特

① 《文选》，第78页。

② ［清］陈元龙编《历代赋汇》，第102页。

③ 逯钦立辑校《先秦汉魏晋南北朝诗》，中华书局1983年版，第371页。

④ 逯钦立辑校《先秦汉魏晋南北朝诗》，第1167页。

点又明显受到了《楚辞》的影响。春华秋实，蘋作为春草可以追溯到《楚辞》。《招魂》中有“献岁发春兮，汩吾南征，菉蘋齐华兮白芷生”之句，这句诗中菉蘋齐华显然是把蘋当作春天物候来描写的。魏晋南北朝时期，蘋的这一属性得到进一步张扬。陆机在《短歌行》中首先写道：“时无重至，华不再扬。蘋以春晖，兰以秋芳。”[①]以春蘋秋菊相对举，将二者作为春秋两季典型的植物意象，极大提升了春蘋的美誉度和影响力。此后，关于春蘋的描写越来越多，也越来越常见。如谢灵运《登上戍石鼓山》：“白芷竞新苕，绿蘋齐初叶。”[②]江淹的《咏美人春游》：“江南二月春，东风转绿蘋。”[③]萧子显的《燕歌行》：“风光迟舞出青蘋。兰条翠鸟鸣发春。”[④]沈约的《悲哉行》：“时嚶起稚叶，蕙气动初蘋。”[⑤]这些诗句不仅表明文人对蘋的审美聚焦，同时也将蘋意象拉进了伤春悲秋的古代文学传统母题当中。尤其在《短歌行》《悲哉行》这类作品中出现的蘋意象，在展示春蘋美好动人、生气勃勃的一面时，也映射着作者对人生苦短、日月如梭的慨叹与感伤，而这与魏晋的时代精神特征是紧密相关的。王瑶在谈到魏晋时期的诗歌时就曾写道：“我们念魏晋人的诗，感到最普遍、最深刻、最激动人心的，便是那在诗中充满了时光飘忽和人生短促的思想与感情。”[⑥]

这个时期，蘋意象与其他植物意象的搭配使用也产生了较为明显的特点，简单说就是呈现出物以类聚的用法。以蘋与荷为例，两者天

① 逯钦立辑校《先秦汉魏晋南北朝诗》，第 651 页。

② 逯钦立辑校《先秦汉魏晋南北朝诗》，第 1164 页。

③ ［明］胡之骥注《江文通集汇注》，第 170 页。

④ 逯钦立辑校《先秦汉魏晋南北朝诗》，第 1817 页。

⑤ 逯钦立辑校《先秦汉魏晋南北朝诗》，第 1621 页。

⑥ 王瑶《中古文学史论》，北京大学出版社 1998 年版，第 139 页。

然生长在同一生态环境中，观察和描写其中一个时，必然会注意到另一个，并收眼底，纳入笔下。同时，两者又都是《楚辞》香草系统中的植物，有着相近的人格象征意义，因此文人们也乐于将其放在一起观察描摹，如：

图 03　溪水清清漾青蘋，网友提供。（此图从网络引用，以下但凡从网络引用图片，除查实作者或明确网站外，均只称“网友提供”。因本著为学术论著，所有图片均为学术引用，非营利性质，所以不支付任何报酬，敬祈谅解。对图片的摄者、作者和提供者致以最诚挚的敬意和谢意）

白蘋齐素叶，朱草茂丹华。微风摇茝若，层波动芰荷。（晋张华《杂诗》其二）[①]

春色卷遥甸，炎光丽近邑。白蘋望已骋，缃荷纷可袭。（齐

① 逯钦立辑校《先秦汉魏晋南北朝诗》，第 620 页。

谢眺《夏始和刘潺陵》)[1]

莲花泛水，艳如越女之腮，蘋叶漂风，影乱秦台之镜。(梁萧统《蕤宝》)[2]

在这种搭配使用过程中，蘋意象自然而然开始获得审美上的关照体验。如形体上蘋花与荷花高低掩映，荷花亭亭玉立，不蔓不枝，而白蘋则匍匐水面，密密簇簇，颜色上这两种花红白相间，对比鲜明，给人一种明快清爽的自然美感。

魏晋南北朝时期还出现了一首对蘋意象发展很重要的作品，这就是柳恽的《江南曲》。《江南曲》本属乐府《相和曲歌词》，据《乐府解题》:“江南古辞，盖美芳辰丽景，嬉游得时。”[3]而“江南古辞”即脍炙人口的“江南可采莲，莲叶何田田”章，此章勾画出江南水乡女子采莲时流连嬉戏的欢快场面,正合《乐府解题》之旨。而柳恽的这首《江南曲》却是借江南旧题，谱写了一曲闺妇相思恨离的哀婉怨歌，使《江南曲》多了一层感伤色彩。这首作品中的采蘋女成为诗歌的亮点之一，其形象后来融化到更多的诗歌当中，并触发了采蘋与爱情相思、苦恨离别之间的联系。更重要的是柳恽的这首《江南曲》使白蘋洲得以成名，从而在唐代文学作品中形成了白蘋洲意象，与“若耶溪”“镜湖”等一起成为典型的江南水乡代表，像顾况《白蘋洲送客》、皎然《新秋同卢侍御、薛员外白蘋洲月夜》、杜牧《题白蘋洲》、李郢《和湖州杜员外冬至日白蘋洲见忆》等诗歌，都是描写与白蘋洲生活有关的作品。

唐代时，随着诗词创作的繁荣，蘋意象也进入了其审美发展的重

---

① 逯钦立辑校《先秦汉魏晋南北朝诗》，第 1441 页。

② ［清］严可均辑《全上古三代秦汉三国六朝文》，第 3062 页。

③ ［宋］郭茂倩编《乐府诗集》，中华书局 1979 年版，第 384 页。

要阶段，首先表现在其江南属性的确立上。经过《楚辞》以来至汉魏六朝的漫长积淀，到唐代时蘋已经成为典型的江南风物。在文人眼中，冉柔的白蘋与江南水乡的婉约静美气质是相合相配的，在文学作品中使用到蘋意象时不仅常常与江南联系在一起，而且受柳恽《江南曲》的影响，还往往会具化到潇湘、洞庭等典型江南地理意象中。柳恽的《江南曲》在唐代影响很大，唐人作品中追和其诗或化用其典的例子俯拾即是。如孟郊《汝州南潭陪陆中丞公宴》"谁言柳太守，空有白蘋吟"；李贺《追和柳恽》"汀洲白蘋草，柳恽乘马归"；李商隐《寄太原卢司空三十韵》"罗含黄菊宅，柳恽白蘋汀"等。这一时期，魏晋六朝时文学作品中较少出现的采蘋活动开始引起文人的极大兴趣，在文人的参与下变得更加生动和富有诗情画意，时人清雅脱俗的时代精神也跃然纸上。司空图在《二十四诗品 · 自然》中就以"幽人空山，过雨采蘋"这一空灵静雅的意境来形容文人心目中的自然本相。当然，作为文人雅兴高趣的体验，除了常见的采蘋之外，还有诸如观蘋、赏蘋、咏蘋等多种形式，其性质都是一样的。采蘋的主体也很广泛，涉及不同的阶层，既有身居高位的宰相，如王涯、李德裕、元稹等，也有著名的文人韩愈、柳宗元、白居易等，另外还有皎然等僧人隐士。

初唐时期，唐人沿袭六朝的看法，注重蘋作为春天风信的象征，在作品中出现大量描写春蘋的诗句。此时的蘋意象处处彰显着春天的勃勃生机、欣欣向荣，也透射着初唐文人们蓬勃向上、积极进取的精神状态。经历过安史之乱后，杜甫在《清明二首》中首开春蘋引发愁闷苦叹的先例，其写道："风水春来洞庭阔，白蘋愁杀白头翁。"[1]清仇兆

① ［清］仇兆鳌注《杜诗详注》，中华书局 1989 年版，第 5 册，第 1970 页。

鳌《杜诗详注》中引用鹤注："当是大历四年春初到潭州时作。"[①]大历四年（769年）即杜甫去世的前一年。杜甫一生漂转如秋蓬，晚年更是贫病交加，在这首诗中诗人就写到自己"此身漂泊苦西东，右臂偏枯半耳聋"。因此，尽管看到生机盎然的白蘋，却丝毫没有感受到春天的气息，反而联想到自己的满头白发，迟暮之感顿生，感情一下子变得低沉不畅。但诗歌等文学作品中用春蘋来表达消极情感的例子是相对少见的。杜甫另一首名作《丽人行》描写曲江暮春之景很独特,其云："杨花雪落覆白蘋，青鸟飞去衔红巾。"[②]后人多认为这是借北魏胡太后《杨白花》的典故来讽刺虢国夫人与杨国忠兄妹之间明来暗往、私情相通的暧昧之事。杨花与蘋花皆为白色，杨花漫天飞絮的时节恰恰也是白蘋初长成的时节，大片杨花随风散落水中覆盖白蘋，使人误以为是蘋花盛开，把杨花蘋花当作一物，难辨彼此。但杜甫却用一个"覆"字间接表明了自己的态度，蘋花之贞、杨花之浮又怎能因为色同倾覆而混为一谈？诗人的贬与褒、抑与扬在轻描淡写中悄然完成，这句诗其实也可以看做是对蘋花比德属性的妙用。中唐时白居易在《秋池二首》中则借物抒情，以秋池中的蘋与芰来比喻依附权贵的小人，认为"一旦恩势移，相随共憔悴"[③]，把蘋视为泛泛之徒，但这种用法仅是个案，而且在白居易的《秋池二首》中，凡是依水而生的植物几乎都被赋予同样的贬义。晚唐五代时，出现了徐铉的《秋日泛舟赋蘋花》，这是第一首以蘋花为题的专咏之作，诗中表现出对蘋花素艳之美的欣赏，直接影响到宋人对蘋花的审美观。

---

① ［清］仇兆鳌注《杜诗详注》，第1969页。

② ［清］仇兆鳌注《杜诗详注》，第160页。

③《白居易诗集校注》，第114页。

入宋之后，蘋意象在文学作品中的使用得到进一步提升，无论是诗中还是词中都大量出现。周师厚《洛阳花木记》所记的“水花十七种”中就记载了白蘋，而苏轼次韵《定惠院寓居月夜偶出》中也记载了在徐州与张师厚、王子立兄弟饮酒时以蘋字为韵作诗的情景。而以《全宋诗》所收的各家诗歌来看，蘋意象在陆游诗中出现达 54 次之多，在范成大诗歌中出现 17 次，黄庭坚诗歌中有 16 次，苏轼、张耒、梅尧臣等人的诗歌中亦多次出现，此外还出现了韩琦的《长生蘋》和梅尧臣的《孤汀蘋》等专门的咏蘋之作。在宋代这样一个道德意识高涨的时代，众多学者型的文人对花卉的欣赏都有着自己独到的见解，邵雍的《善赏花吟》就谈到了宋人的赏花观，其云 :“人不善赏花，只爱花之貌。人或善赏花，只爱花之妙。花貌在颜色，颜色人可效。花妙在精神，精神人莫造。”[①]可见宋人赏花已经超越了外在的形态之美而更加注重其内在的精神气质，追求与人的性情气质相通之处。因此，花卉在宋代的比德意义很明显，凡是此类形质相通的花卉诸如梅花、莲花都受到极大的关注，莲花更是因为周敦颐的《爱莲说》而备受人们的喜爱，南宋时甚至形成花中“十友”“十客”的说法。遗憾的是，蘋花虽为传统香草，却没能跻身这些“十友”“十客”的行列，而且也没有得到像莲花、梅花那样的交口称赞，但这也丝毫没有影响到文人对它的喜爱，如黄庭坚在《濂溪诗并序》中就毫不吝惜地写到 :“非青蘋白鸥兮谁与同乐。”[②]

宋人对蘋意象的一个贡献是秋蘋与老蘋意象的发掘。虽然唐代时已

① 《全宋诗》第 7 册，第 4559 页。

② ［宋］黄庭坚撰、［宋］任渊等注《黄庭坚诗集注》，中华书局 2003 年版，第 1414 页。

经开始有秋蘋的描写，但宋代时表现得更加突出和集中，这与宋人的心态是相关的。在蘋意象的物色观察上，宋人追求一种色彩上的对比，白蘋与红蓼的搭配在宋代也发展到了极致，而与露水的搭配则体现出宋人对蘋的一种冷艳美的认识，此外，宋人还较多地描写了动态蘋意象，重视其情趣的表现，如鱼戏蘋中、风吹蘋叶等场景。经过唐宋两代作品的积淀，到元明清时期，蘋已经成为各种情感触发的媒质，尤其是采蘋活动已经深入人心，除了诗歌中出现的采蘋描写，许多题画诗中也出现了采蘋的描述，如元代倪瓒《题曹云西画》："鼓柁长吟采蘋去，新晴风日更清酣。"[①]明代王恭《高漫士为许宗显作山水图》："烛前瞥见三湘意，便欲牵裳行采蘋。"[②]明代刘嵩《题江亭秋望图》："欲采蘋花愁远客，白鸥飞去水茫茫。"[③]等，均说明了文人对采蘋活动的认同，以及采蘋影响之深远。

第四节　"以此江南物，持赠陇西人"
——蘋意象江南化色彩的形成

蘋是一种生命力顽强的植物，其分布并没有什么地理上的特殊之处，我国大江南北处处可见，但在文学作品中，蘋意象则带有强烈的江南化色彩，属于典型的江南风物。考索这一过程，可以发现，蘋的江南化色彩并不是一朝一夕完成的，更不是偶然形成的，而是有着深

① [元] 倪瓒撰《清閟阁全集》卷七，《影印文渊阁四库全书》第1220册，第264页。
② [明] 王恭撰《白云樵唱集》卷二，《影印文渊阁四库全书》第1231册，第123页。
③ [明] 刘嵩撰《槎翁诗集》卷八，《影印文渊阁四库全书》第1227册，第548页。

刻的历史渊源，在社会、人文等复杂因素的长期碰撞发酵中慢慢积淀定型的。

蘋在《诗经》当中，就隐含着江南化色彩的倾向。《采蘋》出现在《诗经·召南》中，诗中少女采蘋的地点是在召南的某处涧水边。而召南的地理界定则牵涉到对二《南》问题的解说上，二《南》本身就存在南化、南音、南国、南土、南乐、诗体等多种说法，目前，学术界普遍认同南为地理概念一说，并且越来越多地发现二《南》与巴楚之间千丝万缕的联系，因此，在召南中出现的蘋意象也从底子上就蕴含着一种南方风物的属性。

蘋意象在《楚辞》中的使用则使其江南化的属性进一步显现出来。宋人黄伯思在《新校楚辞序》中说："盖屈宋诸骚，皆书楚语，作楚声，纪楚地，名楚物，故可谓之《楚辞》。若些、只、羌、谇、蹇、纷、侘傺者，楚语也；顿挫悲壮或韵或否者，楚声也；沅、湘、江、澧、修门、夏首者，楚地也；兰、茝、荃、药、蕙、若、蘋、蘅者，楚物也。"[①] 从这段论述中可以看出，《楚辞》系统中的蘋是具有明显地域特点的楚物中的一员，《楚辞》确立了蘋作为楚物的属性，这也为其江南化色彩的形成扎牢了根基，因为楚国与江南有着地理上的传承关系。古楚国的疆域非常辽阔，据《战国策·楚策一》载："楚，天下之强国也。大王，天下之贤王也。楚地西有黔中、巫郡，东有夏州、海阳，南有洞庭、苍梧，北有汾陉之塞、郇阳，地方五千里。"[②]《淮南子·兵略训》也谈道："楚人地南卷沅、湘，北绕颖、泗，西包巴蜀，东裹郯、淮、颍汝以为洫，

① ［明］贺复征编《文章辨体汇选》卷二九四，《影印文渊阁四库全书》第1405册，第577页。

② ［汉］刘向撰《战国策》，上海古籍出版社1978年版，第500页。

江汉以为池，垣之以邓林，绵之以方城，山高寻云，溪肆无景。”[①]虽然不无夸饰成分，但也说明楚国疆域之辽阔，而这些古楚国疆域的大部分后来都融进到了江南这一地理范围中。江南并不是一个明确统一的概念，其地域所指各代有所不同，但在长期的历史发展进程中，人们还是形成了一个大致的认识。以唐代来看，据唐徐坚《初学记》载："江南道者，《禹贡》扬州之域，又得荆州之南界，北距江东际海，南至岭，尽其地也。"[②]这相当于现在长江以南的广大地区，包括湖南、江西、浙江、福建全省和贵州省大部、广西北部以及安徽、湖北和江苏等省长江以南的部分，而古楚国的疆域则恰恰涵盖了这些地方，因此，被视为楚物的蘋天生具备了江南化的内在根基，在诗歌中能够频频与楚、江南等地方意象联系在一起也就不难理解了。

蘋的江南化色彩的确立与历史发展进程也是息息相关的。从历史的发展进程来看，东晋以来江南地区的大开发，已经极大地提升了南方经济的发展，使其成为富饶的鱼米之乡，而且士族的南迁也极大地促进了江南地区文化氛围的形成。《晋书·王导传》记载："洛京倾覆，中州士女避乱江左者十六七。"[③]此后，隋朝大运河的开通使南北文化的交流日益频繁，"安史之乱"又造成"避地衣冠尽向南"[④]的局面，士人因避难贬谪等原因而流寓江南的也越来越多，这使江南地区社会文化日渐发达，形成良好的文化基础。就自然条件来说，江南多水，江河纵横，湖泊罗布，交通工具亦多用舟筏，同时暖湿的气候特征也

① ［汉］刘安等编著、［汉］高诱注《淮南子》，上海古籍出版社 1989 年版，第 163 页。

② ［唐］徐坚等编著《初学记》（一），中华书局 1962 年版，第 186 页。

③ ［唐］房玄龄等编撰《晋书》卷六五，中华书局 1974 年版，第 1746 页。

④ ［唐］崔峒《送王侍御佐婺州》，《全唐诗》第 9 册，第 3349 页。

使蘋的存活期更长，生长更为迅速，这些都使蘋较之北方地区更容易进入诗人们的视野。此外，更为重要的是蘋与南方文学的特质是相符合的，《隋书 · 文学传序》云："江左宫商发越，贵于清绮；河朔词义贞刚，重乎气质。"[1]这是对南北文学差异的一个总体描述，江南文学的一个重要特征就是偏于柔美，这是与江南的地理环境分不开的。古诗文中描写到江南时给人们留下的一个重要的印象就是芳辰丽景、明丽多姿，如南朝梁丘迟《与陈伯之书》所描写的"江南三月，暮春草长。杂花生树，群莺乱飞"。这些妩媚迷人的风物无疑也陶冶着江南文人的气质，影响着他们对审美对象的认知与取舍。《文心雕龙 · 物色》篇云："山沓水匝，树杂云合。目既往还，心亦吐纳。春日迟迟，秋风飒飒。情往似赠，兴来如答。"[2]遇之于目，动之于心，蘋作为江南随处可见的水草，其匍匐泥中的细长根茎，漂浮水面的柔嫩绿叶，无不与"杏花春雨"般的江南自然环境相融合，也无不符合江南文人的审美意识，自然也在诗人们一往情深的观察体验中加重了其江南化的地方色彩，并不断地得以积淀定型，直至成为唐人心中江南风物的完美象征。这正如陈植锷的《诗歌意象论》所论述的："物质世界的'象'一旦根据作家的'意'被反映到一定的语言组合之中并且用书面文字固定下来之后，便成为一种心灵化的意象。"[3]

较早在诗中将蘋意象与江南明确联系在一起的是在六朝时期，江淹的《咏美人春游》中"江南二月春，东风转绿蘋"之句就已经开其端倪。而对蘋江南化属性形成影响更大的则是柳恽的《江南曲》，其中有"汀

---

① ［唐］魏徵等撰《隋书》，第 1730 页。

② 詹锳撰《文心雕龙义证》，第 1761 页。

③ 陈植锷著《诗歌意象论》，中国社会科学出版社 1990 年版，第 15 页。

洲採白蘋，日落江南春。洞庭有归客，潇湘逢故人”[①]之句。尽管这首诗只是借采蘋来抒发思妇的哀怨，但是从中也可以看出采蘋已经是一种江南女子常见的活动，蘋的江南化属性进一步增强。这首诗还写到了洞庭与潇湘这两个具体的江南地理意象，这两个地方典故很多，著名者如《水经注 · 湘水》“大舜之陟方也，二妃从征，溺于湘江，神游洞庭之渊，出入潇湘之浦”[②]，后世常常采撷作典。自柳恽这首《江南曲》始，文人笔下的蘋意象在展现其江南化的同时，也频频具化到了“洞庭”“潇湘”“越溪”“钱塘”等江南地方意象中，如：

渌水明秋月，南湖采白蘋。(李白《渌水曲》)[③]

今年十月温风起，湘水悠悠生白蘋。(戴叔伦《代书寄京洛旧游》)[④]

钱塘湖上蘋先合，梳洗楼前粉暗铺。(元稹《酬乐天雪中见寄》)[⑤]

越王宫里如花人，越水溪头采白蘋。白蘋未尽人先尽，谁见江南春复春。(冷朝光《越溪怨》)[⑥]

到唐代，蘋的江南化属性和色彩已经得到确立。初唐骆宾王《在江南赠宋五之问》中就写到置身江南欲要采蘋相赠的情景，而到刘希夷《江南曲》中“以此江南物，持赠陇西人”[⑦]时，蘋的江南化属性和

① ［宋］郭茂倩编《乐府诗集》，第 385 页。
② ［北魏］郦道元著，王国维校《水经注校》，上海人民出版社 1984 年版，第 1199 页。
③ ［唐］李白撰、［清］王琦注《李太白全集》，中华书局 1997 年版，第 346 页。
④ 《全唐诗》第 9 册，第 3110 页。
⑤ ［唐］元稹撰《元稹集》，第 325 页。
⑥ 《全唐诗》第 22 册，第 8767 页。
⑦ 《全唐诗》第 3 册，第 884 页。

色彩已经毋庸置疑，与生于南国的红豆、“江南无所有”的梅花共同成为了江南风物的代表。此后的文人也深受影响，不仅在诗歌中处处体现着蘋的江南化色彩，就是在记文中也会写到蘋的江南化属性，如宋人在黄裳在《延平阁记》中就直接写道:“高真乘兴，多在溪山;况有江南，白蘋红蓼。”[1]可见，江南之蘋已经成为文人的一种普遍认识和体验。

① ［宋］黄裳撰《演山集》卷一五,《影印文渊阁四库全书》第 1120 册,第 118 页。

第二章　“素艳拥行舟，清香覆碧流”

——蘋的物色之美与象征意义

在中国这样一个花卉众多同时又有着悠久花卉文化历史的国度，蘋实在跟名花贵草搭不上关系。在鉴赏家的眼中，蘋充其量不过是花卉中的末流，如明代高濂在其《高子草花三品说》中，蘋就被列入下乘的倒数第三，勉强成为“铅华粗具，姿度未闲，置之篱落池头，可填花林疏缺者”[①]。从高濂的品评以及长期在文人心目中形成的花中十客、十仙、十友等认识中，不难看出，蘋在物色之上显然是与“色态幽闲，丰标雅淡，可堪盆架高斋，日共琴书清赏者”[②]的上品花卉是不能相提并论的。这使其在物色上的关照远不如兰花、丹桂、莲荷等上乘花卉，但《诗经》《楚辞》所赋予其香草比德的属性却使更多的文人高士对其情有独钟，甚至还留下“区区为蘋花，移去溪上住”[③]这样的诗句。而唐代以来咏物诗对“窥情风景之上,钻貌草木之中”的六朝“文贵形似”风气的沿袭[④]，也使文人在对蘋进行长期的观察和体验中，不仅对其物色之美形成一定的认识，而且蘋花作为多种情感的载体也渐渐得以稳定下来，本章即探讨蘋花的物色之美及其象征意义的表现。

① ［明］高濂著《遵生八笺》卷七，甘肃文化出版社 2003 年版，第 200 页。

② ［明］高濂著《遵生八笺》卷七，第 200 页。

③ ［宋］周文璞《太湖》，《全宋诗》第 54 册，第 33748 页。

④ 詹锳撰《文心雕龙义证》，第 1747 页。

第一节 “白蘋生水中，绿叶牵紫茎”

——蘋的自然物色美

图04 清姿丽影自动人，网友提供。

园艺学者通常将花卉美概括为“色”“香”“姿”“韵”四个方面，“色”“香”“姿”是人们对植物自然形态美的欣赏，而“韵”则包含着欣赏者主观情感的映射，是欣赏者将自己的感情意志移情于物，使其超越了单纯的形态美而获得的一种象征内涵。就蘋来说，其自然形态美主要体现在颜色、香气以及动态摇摆的姿态上，总体上呈现出一种素寒淡雅的自然美感。

一、蘋色

蘋花色白，是自然界最普通的一种颜色，李渔在《闲情偶记》中曾讲：“花之白者尽多，皆有叶色相乱”，蘋花色亦白，却未必如李渔所言。早在晋代张华就有过“白蘋开素叶”的描写，蘋花的花瓣淡雅寒素，在四片绿叶的衬托下更显出冰清玉洁之质，毫无叶色杂乱之感。进入唐代以后，随着咏物诗的发展，文人对花色的描写更趋于形象化，往往借助熟知的事物使其色彩特点更具可感性。如张谓《早梅》诗云：“一树寒梅白玉条，迥临村路傍溪桥。不知近水花先发，疑是经冬雪未销。”[①]诗人将早开之梅疑为经冬之雪，既反映出梅花早开的物候特点，更强调了梅与雪在本体和喻体上的相似性。

唐人梅花似雪的审美认识并不局限于梅花，蘋花就被赋予了同样的认识并收到了异曲同工之妙，如“惊谓汀洲白蘋发，又疑曲渚前年雪”[②]相较而言，蘋花比梅花更具似雪的特征，梅的木本植物属性，使其单株所占空间较大，群体生长时植株之间需要一定的空间距离，所以即使盛开之时也不能将彼此间的空隙连片覆盖，因而梅花似雪更使人想见的是没有消融的片片残雪抑或大雪初落时未覆满大地时的场景。而蘋聚生的生长习性使其在开花之际，往往茫茫一片，更似无垠之雪。如杜牧诗中曾写道“看著白蘋芽欲吐，雪舟相访胜闲行”[③]。蘋芽初发，尚未花开成片即已让人想见了雪夜访戴的高兴雅致，蘋花似雪的运用了无痕迹。席元明《三月三日宴王明府山亭》中“沼蘋白带，

---

① 《全唐诗》第 6 册，第 2022 页。

② ［唐］刘商《泛舒城南溪赋得沙鹤歌奉饯张侍御赴河南元博士赴扬州拜觐仆射》，《全唐诗》第 10 册，第 3449 页。

③ ［唐］杜牧《湖南正初招李郢秀才》，杜牧撰《樊川文集》，上海古籍出版社 1978 年版，第 61 页。

山花紫苞”①同样用比喻的手法表现出蘋花洁白似雪的色彩特征和连片聚生的生长特性。

图 05　张大千 1931 年画作《白蘋红蓼伴清幽》，网友提供。

唐人蘋花似雪的审美认识被宋人所继承和延续。如苏颂在《送达夫同年殿丞宰吴江》中就写道："鱼登盘俎霜萦缕，蘋满洲汀雪吐花。"②雪即是花，花亦是雪，已经融为一体难以辨出是花似雪还是雪似花。蘋花也被文人们视为香雪，如石孝友在《菩萨蛮》中首句就用“雪香白尽江南陇”③来形容白蘋盛开之景，此句极易使人误认为或解读为冰雪消融或是梅花落尽，但紧跟的一句“暖风绿到池塘梦”以及词末“不见浣花人。汀洲空白蘋”，已经明暗互现地提示出作者所描写的正是白蘋开遍江南的春景，而能够产生这种以假乱真使人难以辨别的效果也充分说明了白蘋与白雪在色彩上的一致性和可比性。在不同的环境中，蘋的色彩也呈现出不同的变化，如宋代刘一止在《念奴娇》（中秋后一夕泊舟城外）中描写

① 《全唐诗》第 3 册，第 785 页。

② 《全宋诗》第 10 册，第 6360 页。

③ 《全宋词》，第 2042 页。

了月下的蘋，其云：“水烟收尽，望汀蘋千顷，银光如幂。”[①]在水烟散尽，明月皎皎的条件下，白色的蘋花也借着各种光线反射出银光闪闪的迷人色彩。

文人们还往往通过与其他颜色的对比来凸显蘋的色彩。如刘沧的《秋日山寺怀友人》：“风生寒渚白蘋动，霜落秋山黄叶深。”[②]温庭筠的《题丰安里王相林亭》：“白蘋安石渚，红叶子云台。”[③]吕岩的《题黄鹤楼石照》：“黄鹤楼前吹笛时，白蘋红蓼满江湄。”[④]张先的《惜琼花》：“汀蘋白，苕水碧”[⑤]等，白蘋与黄叶、红叶、红蓼、绿水等不同色彩的意象放在一起，色彩反差对比明显，给人的印象更深刻、刺激感更强烈。尤其是宋人，在欧阳修“深红浅白宜相间”观念的影响下，对红白色彩的搭配异常感兴趣，红蓼白蘋的搭配使用也被宋人发挥到了极致,成为宋代文学作品中最常见的植物意象搭配之一。明代吴宽在《咏水红花》中还写道：“垂穗岂殊香稻粒，映丛惟少白蘋花。”[⑥]以没有白蘋相映衬而使水红花穗虽似香稻却乏稻香之感而颇为遗憾。

此外，白蘋与露水的搭配使用也是值得关注的，不少诗歌把白蘋与清露两种意象放在一起使用，如“无波杠渚若堪凭，白露青蘋更可陵”[⑦]“船窗帘卷萤火闹，沙渚露下蘋花开”[⑧]“清露蘋花坼，斜阳燕子

① 《全宋词》，第 793 页。

② 《全唐诗》第 18 册，第 6791 页。

③ 刘学锴撰《温庭筠全集校注》，中华书局 2007 年版，第 628 页。

④ 《全唐诗》第 24 册，第 9701 页。

⑤ 《全宋词》，第 82 页。

⑥ ［明］吴宽撰《家藏集》卷二四,《影印文渊阁四库全书》第 1255 册,第 180 页。

⑦ ［宋］晁说之《近作小池颇有野意日晚临流吟柳浑独不见慨然有作》，《全宋诗》第 21 册，第 13723 页。

⑧ ［宋］陆游《泊公安县》，陆游撰《陆放翁全集》（中），中国书店 1986 年版，第 164 页。

回”[①]等。蘋与露是两种冷色调的组合，露只在清晨或夜晚温度降低时才形成，露水晶莹透彻，本是无色之物，但古人却偏偏认为露是白色的，在二十四节气当中不仅有白露，而且在诗歌中白露的使用也非常多，如杜甫《月夜忆舍弟》中“露从今夜白”即是如此。而蘋花色素，因此露水凝聚在蘋花之上的情形，在清晨或夜晚这个特定的时间段，更让人感到蘋花的萧清冷艳。

二、蘋香

宋代何薳在《春渚纪闻》中对花有过这样的评述：“历数花品，白而香者十花八九也。”[②]蘋即如此，花色无奇，却有着诱人的生香。而在古人眼中，“山之光，水之声，月之色，花之香”又都是“足以摄招魂梦，颠倒情思”之美事[③]，所以在文学作品中描写蘋香的句子就比较多，对蘋香的认识体验也更加丰富多彩。因为是水生植物，又具有群体聚生的生长特点，所以蘋在花开之际往往香气四溢，整个水面上都会弥漫着一股清香，行舟出游之人对此印象最为深刻，诗歌中有不少这方面的描写。如严维的《送丘为下第归苏州》“皦日媚春水，绿蘋香客船”[④]、徐铉的《秋日泛舟赋蘋花》“素艳拥行舟，清香覆碧流”[⑤]、释行海的《送思上人归霅上》“长安城外别垂杨，溪上蘋花满棹香”[⑥]、于立的《行春桥》“轻舟载酒出城去，白蘋花开秋水香”[⑦]。正是香覆河面，香满棹舟，所以白蘋在诗人们的眼中甚至成为香气的无尽藏，很多时候都要借助

---

① ［宋］陆游《地僻》，陆游撰《陆放翁全集》（下），第937页。
② ［宋］何薳撰《春渚纪闻》，中华书局1983年版，第113页。
③ ［清］张潮撰《幽梦影》，黄山书社2005年版，第28页。
④《全唐诗》第8册，第2923页。
⑤《全唐诗》第22册，第8603页。
⑥《全宋诗》第66册，第41373页。
⑦ ［明］袁华编《玉山纪游》，《影印文渊阁四库全书》第1369册，第501页。

白蘋的香气，如杜甫的《湘夫人祠》“晚泊登汀树，微馨借渚蘋”[①]；又如宋迪《龙池春草》中“翻叶迎红日，飘香借白蘋”[②]等。而白蘋生长的池塘也被形象地称为香池，如陆龟蒙《奉和袭美太湖诗二十首·圣姑庙》:“殷勤拨香池，重荐汀洲蘋。”[③]香气的挥发散逸需要空气的流动，而风是传送蘋香的最好媒介，故而风蘋在诗词中的搭配也就不足为奇了。如白居易《小舫》:“黄柳影笼随棹月，白蘋香起打头风。”[④]顾非雄《题永福寺临淮亭》:“水气侵衣冷，蘋风入座馨。”[⑤]曹组《渔家傲》:“平沙暖。花风一阵蘋香满。”[⑥]不仅如此，由于蘋与风之间渊源已久，白蘋风进而成为香风的代称，而且从自然界的蘋香过渡到了女子身上，如黄庭坚的《忆帝京》(私情):“人醉曲屏深，借宝瑟、轻招手。一阵白蘋风，故灭烛、教相就。”[⑦]又如贺铸的《东吴乐》(尉迟杯):“人如秾李。泛襟袂、香润蘋风起。”[⑧]都是用白蘋风来代指女子身上的香味，蘋的女性化色彩也更加浓厚了。

就香气而言，白蘋香给人的感觉是一种大自然的清雅幽香，而不是浓烈的香气，如许浑的《送人归吴兴》:“箬叶沉溪暖，蘋花绕郭香。”[⑨]温庭筠《东郊行》:“绿渚幽香生白蘋，差差小浪吹鱼鳞。”[⑩]陈允平《木

---

① ［清］仇兆鳌注《杜诗详注》，第1955页。
② 《全唐诗》第22册，第8835页。
③ 《全唐诗》第18册，第7124页。
④ ［唐］白居易撰，谢思炜校注《白居易诗集校注》，第1909页。
⑤ 《全唐诗》第15册，第5789页。
⑥ 《全宋词》，第803页。
⑦ 《全宋词》，第394页。
⑧ 《全宋词》，第511页。
⑨ 《全唐诗》，第16册，第6069页。
⑩ 刘学锴撰《温庭筠全集校注》，第136页。

兰花慢》(和李篔房题张寄闲家圃韵):“一掬蘋香暗沼,半梢松影虚坛。”[①]这几例诗词中，前两例在描写蘋香时分别使用“绕”字和“幽”字说明蘋花自香、细腻绵长，后一例则是闻香识物，在不为人注意的暗沼之中传来的缕缕香气引起诗人的注意，这是诗人从蘋生长的环境入手突出其香气之幽。从上引例证中也能看出，文人体验蘋香的机缘较多，汀洲、客船、堤岸、城郭、池沼，凡是近水之处，几乎都能闻到或浓或淡的蘋香。在表现蘋香的写作手法上，尽管多采取直观的正面描写，但也不乏一些别出心裁的，如刘禹锡《寄怀》“蘋芳遭燕拂，莲坼待蜂寻”[②]，不言蘋香如何醉人，却用飞燕拂嗅来从侧面展现蘋香之远，颇有“踏花归去马蹄香”的味道。在表达蘋香意境上也有不少传神的诗句，如白居易《巴水》中的一联“影蘸新黄柳，香浮小白蘋”[③]，这两句诗的意象选取十分简单，却营造出引人入胜的动人景致：堤岸边，条条柳丝的倒影在微微荡漾,水面上一股幽香缓缓浮起,又轻轻地弥漫开去,整幅画面清幽静谧,而又静中含动,将暗香浮动的过程写的含蓄而朦胧。

文人们对蘋香的体验是深刻的，在他们的眼中，即使是老蘋其香气也是不曾衰减的,自有一番老熟的味道。如苏轼在《渔家傲》中写道:“鸟散馀花纷似雨，汀洲蘋老香风度。”[④]王易简在《庆宫春》(谢草窗惠词卷）中也写道：“庭草春迟，汀蘋香老，数声珮悄苍玉。”[⑤]正是蘋香的可喜，才使其在文学作品中获得较多的观察和体验，而词牌《白蘋香》

① 《全宋词》，第 3100 页。

② ［唐］刘禹锡《乐天是月长斋鄙夫此时愁卧里闾非远云雾难披因以寄怀遂为联句所期解闷焉敢惊禅》，刘禹锡著《刘禹锡集》，上海人民出版社 1975 年版，第 342 页。

③ ［唐］白居易撰，谢思炜撰《白居易诗集校注》，第 1469 页。

④ 《全宋词》，第 287 页。

⑤ 《全宋词》，第 3422 页。

的形成与“明朝飞棹下钱塘，心共白蘋香不断”[1]的诗句更是显示出蘋香对文人们强烈的吸引力。

三、动态蘋

作为水草植物，蘋的根、茎大都匍匐泥中，水面之上所能见到的只有叶、花和露出水面很短的一段的茎，而园艺工作者眼中的姿态美其实更多地是对植物枝干的体验，蘋在形体上的先天不足使其姿态美在文学作品中无法得到充分展示，只能借助于动态描写来发掘其姿态上的美感。

蘋在形态上给人的一个突出印象就是纤细柔弱，唐代陈至在《赋得芙蓉出水》中就刻画出了蘋的这一特点，其诗云：“下覆参差荇，高辞苒弱蘋。”[2]“苒弱”二字可谓一语中的，极其贴切，其实关于蘋的各种动态描写都是围绕这一特点展开的。如殷尧藩《忆家二首》中“新霁飏林初，蘋花贴岸舒”[3]，从蘋花贴岸舒展的描写中就可见一斑，而最为明显的就是有关风蘋的描写。南朝梁萧统在《蕤宾》中曾有“莲花泛水，艳如越女之腮；蘋叶飘风，影乱秦台之镜”的名句。这句描写非常生动传神，清风拂动，蘋叶翩翩起合，在荡漾的绿波之中，蘋叶的倒影飘摆不定，此例在描写风吹蘋动、摇摆不已的姿态时，不仅借助蘋影凌乱来形象地展示其晃动程度，而且还引用秦镜的典故突出了蘋弱不禁风的特点。据《西京杂记》卷三咸阳宫异物条所载：“有方镜广四尺，高五尺九寸，表裹有明，人直来照之，影则倒见，以手扪心而来，则见肠胃五脏，历然无硋。人有疾病在内，则掩心而照之，则知病之所

① ［宋］汪莘《玉楼春》（赠别孟仓使），《全宋词》，第 2201 页。
② 《全唐诗》第 15 册，第 5500 页。
③ 《全唐诗》第 15 册，第 5573 页。

在。又女子有邪心，则胆张心动。秦始皇常以照宫人，胆张心动者则杀之。”[1]以秦镜之明锐尚不能捕捉到风中舞动的蘋影，对风蘋的刻画可谓淋漓尽致了。此后，这一情形在诗人词人的眼中变得渐渐富有生趣，许多诗歌在写到风蘋时往往采用拟人化的手法，使蘋的人性化情感特征更加明显。如陈著的《如梦令》(舟泊咸池) 中“晚泊江湾平处。楚楚蘋花自舞”[2]，释行海的《送思上人归霅上》“雨边斜照犹衔岭，风后余凉自舞蘋”[3]，就都是将风中蘋花看做翩翩起舞的少女。而顾况的《初秋莲塘归》“如何白蘋花，幽渚笑凉风”[4]，宋祁的《和李屯田西湖寻春》“留阴岸雨溥红杏，送暖汀风恼绿蘋”[5]，更是遗貌取神，用笑、恼等人类特有的动作和情感来形容风中之蘋，使舞动的风蘋更加可爱动人。

蘋的动态美的另一个表现就是流水青蘋的发现，宋李光的《九月二日自公馆迁居双泉风物幽胜作双泉诗二十韵》中描写到流水涵动青蘋的景致：“皎皎涵青蘋，累累涌珠串。”[6]此句写流水浸润青蘋之态，泉水清泠，珠串翻动，浮于水面之上的青蘋在粼粼的波光中更加柔媚动人，而流水涵动青蘋的这一美好景致其实源于苏东坡《月夜与客饮酒杏花下》中“褰衣步月踏花影，炯如流水涵青蘋”[7]。苏东坡此句是用“流水涵青蘋”来比喻月下杏花之影娇柔朦胧之美，此句一出即引来众多赞誉，叶寘认为是古今描写月中物影的入神之笔，而方岳在《深雪偶

① ［汉］刘歆撰、［晋］葛洪集，向新阳校注《西京杂记校注》，上海古籍出版社 1991 年版，第 134 页。
② 《全宋词》第 3043 页。
③ 《全宋诗》第 66 册，第 41373 页。
④ 《全唐诗》第 8 册，第 2934 页。
⑤ 《全宋诗》第 4 册，第 2483 页。
⑥ 《全宋诗》第 25 册，第 16384 页。
⑦ ［清］王文诰辑注《苏轼诗集》，中华书局 1982 年版，第 926 页。

谈》中也评价道："流水青蘋之喻，景趣尽矣，前人未尝道也。"[1]南宋赵鼎等人甚至以"炯如流水涵青蘋"为韵分字赋诗。从本体与喻体之间的关系来看，显然喻体应当比本体更胜一筹，因此苏东坡在使月下杏花获得一种新的审美认识的同时，也使流水青蘋的景趣更加深入人心，此后吴文英、张炎等词人在词中也多用其例。

此外，诸如"花蝶辞风影，蘋藻含春流"[2]"夜潮冲老树，晓雨破轻蘋"[3]"桂枝斜汉流灵魄，蘋叶微风动细波"[4]"枝上鸟惊朱槿落，池中鱼戏绿蘋翻"[5]等，或描流水涵动轻蘋之态，或写雨珠穿透密蘋之景，或书风起蘋末的晃动，或言鱼戏蘋扰的喧闹，都是从不同的角度对蘋进行细微的动态观察描写，同时也从侧面反衬出蘋的柔美苒弱的特点。

第二节 "叹老堪衰柳，伤秋对白蘋"

——老蘋美的发现及其情感内涵

蘋意象在文学中的审美发展有着这样一个较为明显的特点，即经历了从初蘋美到老蘋美的认识过程。老蘋美的发现是与初蘋美相对而言的，就蘋本身来看，作为一种柔软的水生植物，既无杨柳的挺拔之姿，也无桃花的灼灼之貌，与高大的乔木相比，其形体显得微不足道，乏善可陈，因而对它的观察和体验并非是从其本体直接入手的，而是从

① ［明］陶宗仪纂《说郛》卷二〇（下），《影印文渊阁四库全书》第877册，第185页。
② ［唐］杨续撰《安德山池宴集》，《全唐诗》第2册，第453页。
③ ［唐］李端《送宋校书赴宣州幕》，《全唐诗》第9册，第3260页。
④ ［唐］刘沧《八月十五日夜玩月》，《全唐诗》第18册，第6791页。
⑤ ［唐］蔡瓌《夏日闺怨》，《全唐诗》第22册，第8764页。

其物候的特点开始的，这也直接导致了春蘋即初蘋意象的产生，这个阶段主要发生在魏晋南北朝时期，如南朝宋鲍照《送别王宣城诗》中所写的“既逢青春献，复值白蘋生”[1]，就是此类代表，此时的文学作品中初蘋意象凸显，形成了“蘋以春晖，兰以秋芳”的重要审美认识。到初唐时期，蘋意象仍然延续着春信的特征和用法，如杜审言的《和晋陵陆丞早春游望》：

> 独有宦游人，偏惊物候新。云霞出海曙，梅柳渡江春。
>
> 淑气催黄鸟，晴光转绿蘋。忽闻歌古调，归思欲沾巾。[2]

此诗主题是唱和早春游望，诗人选取的都是最具典型意义的早春物候，其中既有“兔园标物序，惊时最是梅”的春梅，也有在剪刀般的二月春风里已经开始抽丝吐芽的垂柳，还有黄鸟即黄莺，又名仓庚，《礼记·月令》有：“(仲春二月) 仓庚鸣。”与这些动植物意象同样进入诗人眼帘的就是绿蘋。“淑气”两句谓春天的和气催动黄莺兴奋啼鸣，明媚的春光落在初生的蘋叶上，熠熠生辉，让人感到春意满眼，生机盎然，蘋的春晖属性得到充分而完美的观察和展示，至今我们依然可以从这两句诗中感觉到春蘋所蕴含的勃勃生机。此外，诸如李康成《江南行》中“杨柳青青莺欲啼，风光摇荡绿蘋齐”[3]、司空曙《早春游慈恩南池》“新柳丝犹短，轻蘋叶未成”[4]等诗句中的春蘋意象也都与整首诗明丽轻快的感情基调相一致的。而经历过安史之乱，国运中衰之后，唐人首先在诗歌中用老蘋意象表达出伤秋之情，如本节标题“叹老堪

---

① 逯钦立辑校《先秦汉魏晋南北朝诗》，第 1288 页。
② 《全唐诗》第 3 册，第 734 页。
③ 《全唐诗》第 6 册，第 2129 页。
④ 《全唐诗》第 9 册，第 3311 页。

衰柳，伤秋对白蘋”[①]即出自唐李嘉佑的《九日》。但唐人只是开其端，真正在诗词作品中对老蘋意象的描写与运用并不是很普遍，到宋代时，老蘋意象才开始在诗词作品中大量出现并获得审美关照。

丹纳在《艺术哲学》中讲道："作品的产生取决于时代精神和周围的风格。"[②]非但作品如此，构成作品的意象同样也体现着这种时代精神和周围风格。蘋意象在宋代如雨后春笋般地涌现正是时代精神和审美趣味的转变与体现。宋代社会普遍呈现出一种对时不我与的老境晚景的审视，在宋人文学作品中，"老"字出现的频率相当高，以词为例，"老"字在苏轼词中出现 59 次，黄庭坚词中 33 次，晁补之词中 38 次，朱敦儒词中 54 次，辛弃疾词中 149 次，张炎词中 95 次。[③]不仅如此，清人赵翼在《陔余丛考》第四十三卷中还列举了宋人字名多用老字的特例，正是在宋人这种敏感的生命意识之下，老蘋意象应运而生。自然界的荣枯变化，寒暑更迭最易引起创作主体情感的变化，刘勰在《文心雕龙·物色》中对此问题有过细致的论述："春秋代序，阴阳惨舒，物色之动，心亦摇焉。"[④]老蘋就属于能够让人"心亦摇焉"的事物，老蘋大多是秋蘋或初冬的冬蘋，经历过春蘋的芳华而走向了枯败，在"喜柔条于芳春，悲落叶于劲秋"的中国传统审美体验中，老蘋意象自然融进了悲秋的母题中。从宋初柳永在《玉蝴蝶》中使用老蘋意象时，老蘋意象就带有着强烈的悲秋色彩，其词云：

望处雨收云断，凭阑悄悄，目送秋光。晚景萧疏，堪动宋玉悲凉。水风轻、蘋花渐老，月露冷、梧叶飘黄。遣情伤。

---

① 《全唐诗》第 6 册，第 2157 页。

② ［法］丹纳著《艺术哲学》，广西师范大学出版社 2000 年版，第 64 页。

③ 童盛强撰《宋词中的生命意识》，《学术论坛》1997 年第 5 期。

④ 詹锳撰《文心雕龙义证》，第 1728 页。

故人何在，烟水茫茫。[①]

这首词建立在感怀伤情的基调上，其中的“蘋花渐老”与“梧叶飘黄”不仅有力地渲染了秋日的萧索，而且还借用宋玉悲秋的典故写出自己的伤秋心境，这样的用法在宋词中较为常见，例如：

江头白蘋老波底，尺书不来空相望。(秦观《拟李白》)[②]

白尽汀蘋老，黄雕岸草秋。西风正萧瑟，何处不堪愁。(晁公遡《遣愁》)[③]

云低野泽号新雁，露湿芳洲老白蘋。(陆游《舟中望禹祠兰亭诸山》)[④]

烟雨迷衰草，汀洲老白蘋。(陆游《秋兴》)[⑤]

零落汀蘋露气清，北窗昨夜已秋声。(陆游《张功甫许见访以诗坚其约》)[⑥]

北渚秋风凋白蘋，流年冉冉默伤神。(陆游《新秋感事》)[⑦]

莼菜梦回千里月，蘋花老却一江秋。(方岳《次韵吴殿撰多景楼见寄》)[⑧]

在这些诗句中，与老蘋经常同时出现的带有拟人化感情色彩的词语有“泣”“残”“衰老”“哀”“愁”等，这些表达主观情感的词语直

① 《全宋词》，第 40 页。

② ［宋］秦观撰，周义敢等编注《秦观集编年笺注》，人民文学出版社 2001 年版，第 282—283 页。

③ 《全宋诗》第 35 册，第 22446 页。

④ ［宋］陆游撰《剑南诗稿》，《陆放翁全集》(中)，中国书店 1986 年版，第 419 页。

⑤ ［宋］陆游撰《剑南诗稿》，《陆放翁全集》（下），第 889 页。

⑥ ［宋］陆游撰《剑南诗稿》，《陆放翁全集》（中），第 270 页。

⑦ ［宋］陆游撰《剑南诗稿》，《陆放翁全集》（中），第 386 页。

⑧ 《全宋诗》第 61 册，第 38397 页。

指意象背后的作者。实质上，老蘋意象就是叹老惜时的表现，老蘋不仅是蘋花的自然老去，也是在暗示人的无形衰老。以宋代诗歌作品中运用老蘋意象次数最多的陆游为例，其《秋景》云：

雨泣蘋花老，风摇稗穗长。昏林喧宿鸟，秋院咽啼蛩。

旧学成迂阔，初心堕渺茫。颓龄尚余几，谁与问苍苍。[1]

此诗借写秋天景物表达作者怅恨流光飞逝，岁月倏忽，功业不就，老大空悲的感情，开篇首句就已奠定了全诗的基调。“雨泣蘋花老”用拟人手法表现出对蘋花老去的深深叹惋，“雨泣”一词即已融入作者主观情感，反映出作者无可奈何花落去、空老伤悲不自禁的凄苦心境，诗中用“昏林”“宿鸟”“旧学”“渺茫”“颓龄”等词汇更是加剧了这种心境的渲染，诗中的蘋花在某种程度上可以看作是诗人陆游的自比。

诗如此，词亦如是。在词中，借秋蘋、老蘋来暗示韶华易逝的词句也比比皆是。如吴文英的《永遇乐》（乙巳中秋风雨）：“红叶流光，蘋花两鬓，心事成秋水。”[2]再如其《惜红衣》：“鹭老秋丝，蘋愁暮雪，鬓那不白。”词下小序交代了这首词的写作背景：“余从姜石帚游苕霅间三十五年矣，重来伤今感昔，聊以咏怀。”[3]这两首词都是借用秋蘋的与白发之间的色同来感叹时光飞逝，人生苦短。此外，像《瑞鹤仙》“看雪飞、蘋底芦梢，未如鬓白”[4]，也是同样的用法。显然易见，秋蘋、老蘋在多愁善感的文人眼中总是能引起心灵的触动，带来悲秋伤时的品味。但有时也不尽然，如理学家程颢《题淮南寺》写道：“南去北来

---

① ［宋］陆游撰《剑南诗稿》，《陆放翁全集》（下），第651页。

② 《全宋词》，第2910页。

③ 《全宋词》，第2903页。

④ 《全宋词》，第2875页。

休便休，白蘋吹尽楚江秋。道人不是悲秋客，一任晚山相对愁”[1]的诗句，面对一江秋蘋却心如止水，不为所动，显示出超然物外的心态。

宋人对老蘋意象的使用除用“老”字来形容以及与白发作比外，还往往通过与同类物象搭配的方法来展示。如“蘋花零落莼丝老”[2]“蘋花零乱秋亭暮”[3]“对触目凄凉，红凋岸蓼，翠减汀蘋”[4]等，零落、零乱传递的都是深秋肃杀的气息,搭配上“莼丝老”“秋亭暮”“红蓼凋”等应景的物象，直接把老蘋所带来的沉闷衰败氛围给烘托出来。而老蘋意象最极端的表现就是初冬时的枯死，如“远岸冷沙衔坠叶，浅滩寒水卧枯蘋”[5]“枫林飒飒凋寒叶。汀蘋败蓼遥相接。景物已非秋”[6]。老蘋意象在后代文学作品中也得到了传承和运用，如明代青峩居士姚氏《溪屋》中“漫看前汀浸寒月，蛩声凄老白蘋花”[7]等。总之，伴随着历代文人的心境变化，老蘋意象也在恰如其分地传递着自身的情感内涵和价值。

第三节　“春风无限潇湘意，欲采蘋花不自由”

——采蘋的象征意义

采蘋在古代文学中作品中经历了从古老的农事活动向女子嬉游与

①《全宋诗》第12册，第8236页。
②［宋］陆游《菩萨蛮》，《全宋词》，第1596页。
③［宋］葛长庚《虞美人》，《全宋词》，第2582页。
④［宋］秦观《木兰花慢》（过秦淮旷望），《全宋词》，第470页。
⑤［宋］周弼《罗家洲》，《全宋诗》第60册，第37762页。
⑥［宋］赵长卿《菩萨蛮》（初冬旅思），《全宋词》，第1803页。
⑦［清］沈季友辑《槜李诗系》卷三四，《影印文渊阁四库全书》第1475册，第820页。

文人雅趣的转变，而在这种转变过程中，随着采𬞟主体、采𬞟目的的不同也形成了不同的情感意义，采𬞟活动具有了多重象征意义，其中最为重要和最有文学价值的就是文人的采𬞟活动。

文人的采𬞟活动与《楚辞》中的采摘香草有着一脉相承的渊源，采摘香草是《楚辞》的一个传统，楚辞中随处可见采摘鲜花的描写，如“朝搴阰之木兰兮，夕揽洲之宿莽”[①]“采薜荔兮水中，搴芙蓉兮木末”[②]等。《楚辞》中采摘鲜花芳草，不仅是屈原外美加内修的志行追求，同时是与“惟草木之零落兮，恐美人之迟暮”的政治热情和理想抱负联系在一起的。风姿绰约、品行高洁的美人却盛年独处，空采鲜花，这本身就已经表达出君臣遇合无期，美政理想无法实现的苦闷和无奈，折射着无限感伤色彩。这种借采𬞟以表政治心迹的手法在文人采𬞟活动中也得到了继承。如唐代柳宗元《曹侍御过象县见寄》中：“春风无限潇湘意，欲採𬞟花不自由。”历来对其寄托之意猜测不已，沈德潜《唐诗别裁》卷二：“欲采𬞟花相赠，尚牵制不能自由，何以为情乎？言外有欲以忠心献之于君而未由意，与上萧翰林书同意，而词特微婉。”[③]黄生《唐诗摘抄》：“言已为职事所系，不得自由，特托采𬞟寄兴，言欲涉潇湘采𬞟，而不得往，此意空与湘水俱深也，离骚以香草比君子，此盖祖之。”陆时雍《诗镜》曰：“语有骚情。”沈骐曰：“托意最深。”[④]虽然历代学者对采𬞟的寓意理解有所不同，但诗中欲采𬞟花的寄托之

① ［宋］朱熹撰，蒋立甫校点《楚辞集注》，上海古籍出版社、安徽教育出版社 2001 年版，第 4 页。

② ［宋］朱熹撰，蒋立甫校点《楚辞集注》，第 33 页。

③ ［清］沈德潜编《唐诗别裁集》，中华书局 1975 年版，第 270 页。

④ 黄生、陆时雍、沈骐三处引文均引自《柳宗元诗笺释》，［唐］柳宗元著，王国安笺释，上海古籍出版社 1993 年版，第 373—374 页。

意却是毋庸置疑的，这首七绝精品也因这两句诗而备受推崇，传诵吟咏至今。

但文人最开始的采蘋活动却带有一种悠游嬉戏的性质，鲍照在《三日游南苑》中首开文人采蘋的先河，其诗云："采蘋及华月，追节逐芳云。"[1]从题目中就不难看出，这首诗的重点在游玩，采蘋活动是整个游玩嬉戏的一部分，带给人的是游玩之趣和身心轻松，并没有明显的象征意义。整个六朝时期，文人采蘋都很少见于文献记载中，直至唐代，文人性质的采蘋活动才得以多见和普及，如司空曙在《和李员外与舍人咏玫瑰花寄徐侍郎》中就讲道"如传采蘋咏，远思满潇湘"[2]，这首诗中看竹、观棠均不及赏玩玫瑰，而赏玩玫瑰又远远不及采蘋的情感韵味，由此可见采蘋对唐代文人的影响是深远的。而至晚唐司空图在其《诗品·自然》中举出"幽人空山，过雨采蘋"这样的例子来诠释诗中的自然之旨时，文人采蘋在唐代已经蔚然成风。同时，从唐代开始，文人采蘋活动的象征意义也开始明朗起来。

文人采蘋目的之一是表达对远方友人的思念，这与《楚辞》"搴汀洲兮杜若，将以遗兮远者"是完全相同的。采蘋相赠与传统的折柳话别有着较大的不同，从产生的时间来看，折柳赠别渊源已久，《三辅黄图·六·桥》载："灞桥在长安东，跨水作桥。汉人送客至此桥，折柳赠别。"[3]受此习俗的影响，汉代以后的文学作品中杨柳意象便成为文人笔下叙写离别时的首选意象。蘋与赠别之间没有如此深远的关联，它成为文人笔下送别时的常用意象，是与当时社会的发展离不开的。

---

① 逯钦立辑校《先秦汉魏晋南北朝诗》，第1285页。

② 《全唐诗》第9册，第3310—3311页。

③ 何清谷撰《三辅黄图校释》，中华书局2005年版，第356页。

唐代之后江南地区日益发达，水路交通已成为出行时的一个重要选择，水岸送别时，水面之上最常见的植物就是蘋，不仅如杜甫所言“处处青江带白蘋”[①]，而且归途之中是“归舟一路转青蘋”[②]，甚至在船到达目的地时，也是“门前多白蘋”[③]，正是蘋就地取材的天生优势和传统香草属性，才使文人采蘋相赠的机缘大大增加，直至习以为常。如初唐骆宾王《在江南赠宋五之问》中写道：“秋江无绿芷，寒汀有白蘋。采之将何遗？故人漳水滨。”[④]这里欲采蘋相赠是对友人的深切思念，又如上文所举柳宗元《曹侍御过象县见寄》，朱东润在注释“欲採蘋花不自由”时即云：“写相思不能相见之情……不自由，是说采蘋相赠的愿望无由达到。”[⑤]再如元代沈梦麟《送乌程县丞秦曼卿》：“采蘋表中素，买莲剥新菂。何以写别离，有酒甜如蜜。”[⑥]中素，亦作“中愫”，犹衷情，采蘋与买莲对举来表达深情厚谊，而莲与“怜”的谐音更是体现朋友间的难舍难分。之所以采蘋相赠，就在于朋友之间的志同道合和相知相惜，宋代仇远《菩萨蛮》对此写得非常生动，其词云：

瑶琴欲把相思谱。殷勤难写相思语。人在碧苕滨。相思烟水深。鳞波流碎月。荏苒年芳歇。何处寄相思。白蘋秋一枝。[⑦]

古人有瑶琴七不弹之说，其中一说即不遇知音者不弹，开篇欲把

① ［清］仇兆鳌注《杜诗详注》，第1106页。
② ［唐］韩翃《送王少府归杭州》，《全唐诗》第8册，第2751页。
③ ［唐］马戴《送顾非熊下第归江南》，《全唐诗》第17册，第6429页。
④ 《全唐诗》第3册，第830页。
⑤ 朱东润《中国历代文学作品选》中编，上海古籍出版社1980年版，第1册，第170页。
⑥ ［元］沈梦麟撰《花溪集》卷二，《影印文渊阁四库全书》第1221册，第63页。
⑦ 《全宋词》，第3411页。

相思付瑶琴直接表明作者此刻思念的不是情人而是友人，是至交知己。《菩萨蛮》只有短短八句，却出现了四次“相思”一词，可见作者对友人念之深、思之切，而连瑶琴都难以排遣的思念之情，只有通过采蘋相寄才聊以缓解，可见采蘋相遗也是表达情感、珍视友情的最好方式。再如钱起诗中所写到的：“点翰遥相忆，含情向白蘋。”[1]王沂孙《踏莎行》还有：“空留离恨满江南，相思一夜蘋花老。”[2]都是对这一象征意义的充分肯定和娴熟运用。

文人采蘋另一层象征意义是对芳洁品格、高尚情操的追求，对人格的自励与勖勉，这与《楚辞》中屈原采摘芳草的行为模式更加相似。这种采蘋活动涉及的文人很多，各个阶层都有，既有王涯、李德裕、元稹等身居高位的宰相，也有韩愈、柳宗元、苏东坡、黄庭坚、陆游等著名的文人，还有更多没有留下名姓的普通大众。因为是人格的自励与勖勉，所以这类采蘋活动以幽芳孤赏为主，如“芳洲动幽兴，自起采蘋花”[3]，这与“红兰浦暖携才子，烂醉连题赋白蘋”[4]的文人集体嬉游活动有较大不同。但从作品来看，不管是单独的个体还是群体，对采蘋活动都秉持一种积极的态度，如宋晁公溯在《中岩十八咏 · 望江亭》中写道:“偶来俯沧波,遥见生白蘋。望望不得上,笑彼涉江人。”[5]诗人遥见白蘋花开就想涉江去采，却因置身亭内身边无舟而不得不望江兴叹。正是长期的采蘋经验，使得文人对采蘋的季节与时间有了敏

① ［唐］钱起《送严士良侍奉詹事南游》，《全唐诗》第 8 册，第 2660 页。

② 《全宋词》，第 3366 页。

③ ［明］孙一元《发澧河》，《太白山人漫稿》卷四，《影印文渊阁四库全书》第 1268 册，第 817 页。

④ ［唐］齐己《寄澧阳吴使君》，《全唐诗》第 24 册，第 9563 页。

⑤ 《全宋诗》第 35 册，第 22420 页。

感而准确的把握，如钱起在《江行无题·其十三》中就写道："箭漏日初短，汀烟草未衰。雨微虽更绿，不是采蘋时。"[①]

在采蘋的时间节点上，文人多数喜欢在傍晚时分，江河湖面结束了一天的喧嚣繁闹渐趋安静下来的时候，如"采蘋无限兴，烟水晚苍茫"[②]"日暮相看兴无尽，漫从舟畔采蘋花"[③]"日晚水仙祠下去，青山影裹采蘋花"[④]等，这种采蘋的雅致适合在相对安静的环境中才能得以持续，而最好的时间地点莫过于月华如水的江汀河畔，因此，诗词作品中不少有关采蘋或赏蘋的描写都是在月下水边进行的，如唐代王涯《春江曲》"摇漾越江春，相将看白蘋。归时不觉夜，出浦月随人"[⑤]唐代徐夤《萍》"密行碧水澄涵月，涩滞轻桡去采蘋"[⑥]宋代陆游《夜泛西湖示桑甥世昌》"举手邀素月，移舟采青蘋"[⑦]宋代居简"帆落水晶宫未晓，素花开尽一汀蘋"[⑧]等，这些月下采蘋或赏蘋都以意趣为主而不以体物为工，重在遗貌取神，唤起联想，而不是一味描摹比附，因而对环境的烘托很重视，侧重心境体验和感受。月夜往往营造出一种宏阔静谧的氛围，皓月当空，清辉万里，浮舟水面之上，整个心境也为之淡泊恬静，月的皎洁清泠和水的澄澈明净在粼粼的波光中交相辉

---

① 《全唐诗》第 8 册，第 2677 页。

② [明]李昌祺《次衡州》，《运甓漫稿》卷三，《影印文渊阁四库全书》第 1242 册，第 465 页。

③ [明]邵宝《过舍弟小庄复用前韵》，《容春堂后集》卷一二，《影印文渊阁四库全书》第 1258 册，第 377 页。

④ [清]厉鹗《四月十日湖上作》，《樊榭山房集》卷二，《影印文渊阁四库全书》第 1328 册，第 21 页。

⑤ 《全唐诗》第 11 册，第 3875 页。

⑥ 《全唐诗》第 21 册，第 8178 页。

⑦ [宋]陆游撰《剑南诗稿》，《陆放翁全集》(中)，第 300 页。

⑧ 梁申威编著《禅偈真趣》，山西人民出版社 2006 年版，第 197 页。

映，更加衬托出蘋花的清贞素雅，超凡脱俗，蘋花的香味也更加细腻隽永，时有时无、似有还无，回味无穷，整个环境氛围使人超然物外，陶醉其中。此时，主体的情感已深深地沉浸于自然物象之中，花即是人，人亦是花，花的素洁与人的冰清玉洁已经相通互融，蘋的人格自励功能和心灵净化功能就在物我合一、相忘无形中得以升华。对于参禅悟道之人而言，这种环境下赏蘋或采蘋还充满着禅趣，春江花月之夜，既静又净，使人绝尘世外，万虑皆息，而月下蘋花素叶渐开，幽香暗送，则微妙地传达出宁静旷远却又生机流动的禅境，比起独居幽室焚香静坐而言，这种容身自然参佛悟道显然更为纯粹。

采蘋是有明显的象征意义的，除采蘋之外，种蘋、看蘋、赏蘋、咏蘋等其他方式同样可以激发象征意义，起到人格自勉自励的作用。像李建勋《和致仕沈郎中》“欲谋休退尚因循，且向东溪种白蘋”[①]、顾非熊《送杭州姚员外》“静理更何事，还应咏白蘋”[②]、储嗣宗《晚眺徐州延福寺》“今日惜携手，寄怀吟白蘋”[③]等，虽然表现方式不同，但象征意义与采蘋是不无二致的。有时候因为环境的限制，无法泛舟采蘋，只能对蘋咏叹，如韩愈在《和席八十二韵》中就写道：“傍砌看红药，巡池咏白蘋。”[④]

归根结底，正是由于蘋本身比德之花的属性，才使历代文人们对它的热情从未有过衰减，无论是赏蘋、咏蘋还是采蘋，这一过程都是乐以忘忧的，是摆脱了生活中的繁冗而获得的精神上的愉悦，更是对任

---

① 《全唐诗》第 21 册，第 8432 页。
② 《全唐诗》第 15 册，第 5782 页。
③ 《全唐诗》第 18 册，第 6883 页。
④ ［唐］韩愈撰《韩愈全集》，第 84 页。

性逍遥的自由生活方式的向往，而“兴因孤屿起，心为白𬞟留”[①]“前溪更有忘忧处，荷叶田田间白𬞟”[②]等诗句所流露出的对𬞟的钟爱，再次说明了采𬞟对文人精神世界与精神生活影响的普遍与深远。

第四节　“红渠绿𬞟芳意多，玉灵荡漾凌清波”
——𬞟与爱情相思

当一个意象渐渐为人们所熟悉，并在某种场景或环境中被反复使用的时候，它也就获得了一种稳定的象征意义，成为这种情感的触媒，并且折射出与这种环境相融合的情感体验。𬞟意象在长期的发展中，不仅具有了人格自励、思念朋友等方面的象征意义，同时也是爱情等情感的触媒。

早在《诗经》中，采𬞟的背后就晃动着一群年轻女子的身影，尽管如此，采𬞟与爱情之间的关联却形成较晚。柳恽在《江南曲》中塑照了一位采𬞟怀远的思妇形象，开始了文学作品中借采𬞟来表达爱情别离与相思的主题。到唐代时，采𬞟已经可以非常明确地传递出男女爱情的象征之意，以刘希夷《江南曲》为例，其诗云：

君为陇西客，妾遇江南春。朝游含灵果，夕采弄风𬞟。果气时不歇，𬞟花日自新。以此江南物，持赠陇西人。空盈万里怀，欲赠竟无因。[③]

这首表达闺情的作品中，年轻女子采𬞟不是为了佩戴赏玩，而是

① ［唐］无名氏《晦日同志昆明池泛舟》，《全唐诗》第22册，第8876页。
② ［唐］皎然《答张乌程》，《全唐诗》第23册，第9239页。
③ 《全唐诗》第3册，第884页。

要献给远在千里之外的心上人，表达自己的爱情相思，“蘋花日自新”是以蘋花自喻，有芳华自赏之意，其背后暗含着“过时而不采，将随秋草萎”[①]的话中话，明明白白地表明了与心上人长相厮守的渴盼。唐末五代时徐夤在《览柳浑汀洲采白蘋之什因成一章》中也写道：“采尽汀蘋恨别离，鸳鸯鸂鶒总双飞。”[②]再如元代吴莱《江南曲寄周公甫》:“江南女子木兰舟,却采蘋花泛流水。水流花发春光好,失时不采花应老。”[③]都是沿用旧题，把采蘋跟爱情表达紧密联系在了一起。

在这类作品中，采蘋的主体大多是年轻的女子，采蘋象征着她们对美好爱情的渴望和对情人的思念，如：

底事春来减玉肌，藁砧一去杳无期。定知玉筯偷垂处，正在金钱暗掷时。握粟几朝空出卜，采蘋何地重相随。下阶羞见宜男草，背立东风听子规。[④]

三月正阳春，中流共采蘋。妾居江下久，不记上江人。[⑤]

上述诗句中，“采蘋何地重相随”表明了女子曾经拥有过与情郎共同涉江采蘋的美好爱情经历,采蘋正是表达爱情的象征,而女子发出“采蘋重相随”的愿望也正是对美好爱情的祈盼。另一首诗“中流共采蘋”同样表达着对爱情的期望，因为这是与“空惆怅，无人共采蘋花”[⑥]的孤独相对立的。此外，从男子的视角也可以反映出女子采蘋的爱情象

① ［宋］郭茂倩编《乐府诗集》，第 1044 页。

②《全唐诗》第 21 册，第 8151 页。

③ ［元］吴莱撰《渊颖集》卷四,《影印文渊阁四库全书》第 1209 册，第 71 页。

④ ［明］凌云翰《金钱卜欢》,《柘轩集》卷二,《影印文渊阁四库全书》第 1227 册，第 804 页。

⑤ ［清］毛奇龄《钱清江和韵》，《西河集》卷一四六，《影印文渊阁四库全书》第 1321 册，第 521 页。

⑥ ［宋］萧允之《渡江云》（春感用清真韵），《全宋词》，第 3559 页。

征意义，如汪莘的《乳燕飞》：“念往日，佳人为偶，独向芳洲相思处，采蘋花杜若，空盈手。”①

在以采蘋表达爱情的作品中，男子作为采蘋主体的情况较为少见，但也有个例，如明代陈翼飞《武昌西门》：“郎采白蘋花，侬开青箬酒。夜宿武昌城，朝折西门柳。”②男子采蘋献花，女子开酒相酬既是两厢情愿、投桃报李，更是卿卿我我情到深处的流露，而情郎采蘋相赠无疑增添了一笔更加浪漫多情的色彩。

图06　今浙江湖州采蘋桥，网友提供。

采蘋最初作为农事活动时，采蘋女的身份是较为明确的。但随着文学作品中采蘋女形象的渐丰，数量的渐多，文学色彩的渐浓，其身份问题也成为一个引人关注的问题。从文学作品中来看，跃然纸上的虽然不乏普通的农家采蘋女，但是不少细节描写却指向了越来越多的

① 《全宋词》，第2190页。

② ［清］朱彝尊辑录《明诗综》，《影印文渊阁四库全书》第1460册，第518页。

娼家女。如宋代田锡《江南曲》“金蝉饰绿云，细靥蕊黄新。南浦解清珮，西溪采白蘋”[①]；宋代穆修的《秋浦会遇并序》中“绣羽来穿柳，妆鬟去采蘋。画船江泛泛，铜鼓野鼘鼘”[②]。从这些采蘋女的妆扮、出行的场景来看，显然不是一般的农家女，而宋代陈三聘在《鹧鸪天》（指剥春葱去采蘋）中更是用“巫峡路，忆行云。几番曾梦曲江春”[③]来暗示其身份特征。不仅如此，从宋人的笔记中也可以考索探查其身份属性。赵德麟《侯鲭录》载：“张子野云：往岁吴兴守滕子京席上见小妓兜娘，子京赏其佳色。后十年，再见于京口，绝非顷时之容态，感之，作诗云：‘十载芳洲採白蘋，移舟弄水赏青春。当时自倚青春力，不信东风解误人。’”[④]宋人的这则笔记则写明了这些在诗词中频繁出现的采蘋女的身份，也正是这些姿色艳丽却又“摇荡春光不自由”[⑤]的娼家女才对真挚的爱情有着超乎寻常的渴望，也造就了诗词作品中无数妩媚动人的采蘋女形象。

---

① 《全宋诗》第 1 册，第 479 页。

② 《全宋诗》第 3 册，第 1619—1620 页。

③ 《全宋词》，第 2028 页。

④ ［宋］赵令畤撰《侯鲭录》，中华书局 2002 年版，第 71 页。

⑤ ［元］方行《江南词》，［清］顾嗣立编《元诗选》三集，中华书局 1987 年版，第 439 页。

第三章 “仿佛吴兴骑马处，江南风色白蘋洲”

——白蘋洲意象分析

白蘋洲意象是古代文学作品中的一个经典意象，提到白蘋洲，首先会让人想到大词人温庭筠那首有名的词作《梦江南》：“梳洗罢，独倚望江楼。过尽千帆皆不是，斜晖脉脉水悠悠。肠断白蘋洲。”[①]这首词以短短27字为我们勾勒出一幅明净清丽又余韵悠远的画面：含情脉脉的女子整日独倚江楼，极目远望，企盼情人早日归来，然而从早到晚，千帆过尽，斜晖渐起，也没能看见意中人的影子，眼前唯有悠悠江水、萋萋芳洲伴随着思妇的哀愁。

作为温庭筠的传世名作，这首小词历来受到人们的激赏，尤其是对“过尽千帆皆不是，斜晖脉脉水悠悠”两句品评最多、肯定最多，但对于末句“肠断白蘋洲”却见仁见智、褒贬不一。有的学者批评它意尽，一语点实，没有余韵，如：“然如飞卿此词末句，真如画蛇添足，大可重改也。‘过尽’二语，既极怊怅之情，‘肠断白蘋洲’一语点实，便无余韵，惜哉，惜哉！”[②]又有：“《梦江南》最末一句‘肠断白蘋洲’，过去就有些人批评它，说是‘意尽’。本来若是在‘过尽千帆皆不是，斜晖脉脉水悠悠’处便结束了，正是言有尽而意无穷，当得起隐美之

① 刘学锴撰《温庭筠全集校注》，第1018页。

② 李冰若撰《栩庄漫记》，转引自张红编著《温庭筠词新释辑评》，中国书店2003年版，第256页。

图 07 《望江南·梳洗罢》，引 360 百科。（图片网址：http://baike.so.com/doc/6011601—6224588.html）

作，但是为迁就这《梦江南》词调，不得不足上五个字去，这么一来，就成画蛇添足了。”[①]与之相反，也有的学者认为“至此，景物的描绘，感情的抒发，气氛的烘托，都已成熟，最后弹出了全曲的最强音：‘肠断白蘋洲’”[②]。这些文学点评大都是从词作赏析的角度展开的，直到王穆之在《温词〈梦江南〉二首的两个问题》一文中才开始从意象承袭演变的角度来关注末句的白蘋洲。该文列举了从楚辞到宋代的文学作品中出现蘋意象的一系列诗句，以之来辅助对末句白蘋洲意象的解读，并得出“‘肠断白蘋洲’并不是词人为合于词调格式而作的蛇足之笔，自有其深长悠远的意味”[③]这一认识，相较单纯地从艺术技巧上来品评“肠断白蘋洲”当放不当放显然有所进步，但美中不足的是对白蘋洲意象渊源传承及其在词中所形成的情感内涵没有展开论述。

白蘋洲意象在古代文学作品中有着清晰的发展脉络，文学作品中

① 傅庚生著《文学鉴赏论丛》，陕西人民出版社 1981 年版。

② 高国平撰《情真意切，清丽自然——读温庭筠〈梦江南〉》，《唐宋词鉴赏集》，人民文学出版社 1983 年版，第 36 页。

③ 王穆之撰《温词〈梦江南〉二首的两个问题》，《山西师大学报》，1991 年第 1 期。

的白蘋洲意象既有确指也有泛指，其中确指可查的有三处：一处是湖州的白蘋洲，这是记载最多、影响最大的一处；另一处是四川青城山的白蘋洲，为青城山一百零八景之一，明代杨慎《蜀志补罅》云："青城山有一百八景，风日佳时登储福宫，望之历历可数……曰白蘋洲。"[①] 还有一处位于今天湖南宁远县一带，据《大清一统志》载："白蘋洲，在零陵县西，潇水中。洲长数十丈，水横流如峡，旧产白蘋最盛。"[②] 除此三处确指的白蘋洲外，其他遍布大江南北开满蘋花的洲渚也都以白蘋洲之名出现在众多文学作品中，这些实指和泛指的白蘋洲共同构成了古代文学作品中的白蘋洲意象，并在诗词书画中绵延传唱了千年之久。

第一节 "得句柳刺史，筑亭颜鲁公"

——湖州白蘋洲的源起及亭馆之胜

不管是确指的白蘋洲还是泛指的白蘋洲，它们在文学作品中都有共同的源头，即湖州白蘋洲。在湖州白蘋洲出现之前，白蘋洲一词作为专有地名未见于文献记载。湖州白蘋洲的得名源自柳恽的《江南曲》，据白居易《白蘋洲五亭记》所载："湖州城东南二百步，抵霅溪。溪连汀洲，洲一名白蘋。梁吴兴守恽于此赋诗云'汀洲采白蘋'因以为名也。"[③]北宋乐史的《太平寰宇記》也有相似的记载：

> 白蘋洲，在霅溪之东南，去州一里，洲上有鲁公颜真卿芳亭，

---

① [明]曹学佺撰《蜀中广记》卷六，《影印文渊阁四库全书》第591册，第79页。

② [清]和珅等撰《大清一统志》卷二八二，《影印文渊阁四库全书》第480册，第531页。

③ [清]董诰等编《全唐文》，中华书局1983年影印本，第6912页。

内有梁太守柳恽诗云：‘江州采白蘋，日晚江南春。’因以为名，州内有池，池中旧有千叶莲，今惟地名故址存焉。[①]

柳恽，字文畅，生于泰始元年（465年），卒于天监十六年（517年），是南朝齐梁间最有成就的诗人之一，曾两任吴兴（今浙江湖州）太守。正是柳恽在吴兴时所作《江南曲》，后人才把湖州霅溪附近的汀洲称为白蘋洲。白蘋洲得名的具体时间已无从考证，但唐人文献中已经有明确记录，颜真卿曾任湖州刺史，在《颜鲁公文集》卷一三有《吴兴地记》一文，其中“山川”一门，就已经记有霅溪、白蘋洲等名目；同期湖州诗僧皎然的诗中也经常出现白蘋洲这一地名，由此可知，在颜真卿、皎然之前，湖州白蘋洲作为专有地名早已产生存在。但是在唐代之前，湖州白蘋洲并没有引起太多的关注，只是南方一个无名的小洲渚。到唐代时，随着颜真卿、皎然、张志和等文人雅士人在湖州作诗酬唱，白蘋洲才逐渐受到文人的重视，而随着众多亭馆建筑的建成，白蘋洲最终成为文人墨客流连忘返的一方胜地。《诗话总龟》载：“封特卿为湖州军倅，与同年李大谏诗酒唱酬，以疾阻欢。及愈，有诗曰：‘已负数条红画烛，更辜双带绣香球。白蘋洲上风烟好，扶病须拼到后筹。’”[②]封特卿为唐宣宗时户部尚书封敖之侄，登进士第，曾任职湖州，这首酬唱诗中抱着“扶病须拼到后筹”的态度恰恰反映出白蘋洲的强大吸引力。宋代时，湖州白蘋洲俨然已是“东南名胜”[③]，迁客骚人、游宦学者、隐逸遗民，凡过吴兴者，无不登舟相访，往来于白蘋洲畔，寻幽探胜，吊古抒怀，

① ［宋］乐史撰《太平寰宇记》卷九四，《影印文渊阁四库全书》第470册，第48页。

② ［宋］阮阅辑《诗话总龟》卷二三，人民文学出版社1987年版，第244页。

③ ［宋］赵蕃《蕃来湖州连与叔骥和叔明父叔宝相从又从和叔获见先给事遗墨辄赋二首》其一，《全宋诗》第49册，第30711页。

形成了“白蘋洲上著骚客之风流”[1]的千古盛况。与此相对应的是，泛指的白蘋洲意象在宋代文学作品中大量出现，远多于唐代，这些由湖州白蘋洲所演化出的众多泛指意象，在情感指向上与湖州白蘋洲是相通互融的。此后元明清时期，白蘋洲意象基本上承袭了唐宋时期所形成的情感内涵，并且随着山水画的发展而大量出现在题画诗中，一直影响到近代。

纵观整个白蘋洲意象发生发展过程，湖州白蘋洲都起到了举足轻重的核心作用，而它的成名也得益于多方面的综合因素。作为距湖州城只有两百步之遥的一处洲渚，它是吴兴山水不可分割的一部分，具有得天独厚的自然生态优势。吴兴山水素以清远著称天下，宋代叶适《北村记》载：

余尝评天下山水之美，虽质文变态各异，而吴兴特为第一。其山脉地络，融液而浸灌者，莫非气之至清。渟止演漾，澄莹绀澈，数百千里，接以太湖，蒲荷蘋蓼，盛衰荣落，无不有意。而来鸥去鸟，风帆浪楫，迭肆渺莽，不知其所穷。[2]

又《经鉏堂杂志》所记雪川云：

盖平波漫流，有水之利而无水之害，群山环列，秀气可掬，卜居于此，殆复何加？谚曰“放尔生，放尔命，放尔湖州作百姓。”此乃唐末五代之语，是时天下皆被兵，独湖州获免，至于本朝，太平又二百年。靖康、建炎复免兵厄，今尚有唐末五代时屋宇。夫为湖之百姓，尤为至幸，况为士大夫乎？[3]

① ［宋］葛胜仲《湖州到任谢两府启》，《丹阳集》卷五，《影印文渊阁四库全书》第1127册，第451页。

② ［宋］叶适撰《叶适集》，中华书局1961年版，第173页。

③ ［宋］倪思撰《经鉏堂杂记》，辽宁教育出版社2001年版，第67—68页。

从上述文字记载可以看出湖州处处青山连绵，绿水环绕，茭菰丛生，凫鹤朋游，是难得的世外桃源，而且霅水的平波漫流使湖州很少遭受洪水或干旱等自然灾害，其地理位置又使其避免于兵祸连结的社会动乱，成为文人士大夫乃至普通百姓所向往的桃源之地。

图08 ［元］赵孟頫《吴兴清远图卷》，现收藏于上海博物馆。

就人文环境来说，“六代吴兴守，常须第一流”[①]。自六朝开始，出守吴兴者的官员不乏风流名士，唐顾况的《湖州刺史厅壁记》记载了这一盛况：

> 江表大郡，吴兴为一。夏属扬州，秦属会稽，汉属吴郡，吴为吴兴……其冠簪之盛，汉晋以来，敌天下三分之一。其刺史沿革不同，或称太守，或称内史，或称都督，他州或否，如鲁史晋乘，侯牧一也。其鸿名大德，在晋则顾府君秘，秘子众、陆玩、陆纳、谢安、谢万、王羲之、坦之、献之；在宋则谢庄、张永、褚彦回；在齐则王僧虔；在梁则柳恽、张谡；在陈则吴明彻；在隋则李德林。国朝则周择从令闻也，颜鲁公忠烈也，

① ［清］王士祯《送吴园次湖州太守》，［清］嵇曾筠等监修、［清］沈翼机等编纂《浙江通志》卷二七四，《影印文渊阁四库全书》第526册，第483页。

袁给事高谠正也，刘员外全白文翰也。[1]

实际上远远不止文中所举，仅以颜真卿时期为例，与他大致同期在湖州为官或做客的就有陆羽、张志和、刘长卿、皇甫曾、顾况、张籍、白居易、李绅等人。这些文人名士担任地方官员不仅营造了浓厚的人文气息，对当地的文学创作有着直接的促进作用，而且大都喜欢兴修园林馆亭，作为憩息游乐之所，久而久之就成为古迹胜景。如柳恽任吴兴太守时所建西亭，颜真卿《梁吴兴太守柳恽西亭记》云：

吴均《入东记》云："恽为郡，起西亭毗山二亭，悉有诗"今处士陆羽《图记》云："西亭，城西南二里，乌程县南六十步，跨苕溪为之。"昔柳恽文畅再典吴兴，以天监十六年正月所起，以其在吴兴郡理西，故名焉。文畅尝与郡主簿吴均同赋西亭五韵之作，由是此亭胜事弥著。[2]

正是这种独特的自然条件和浓厚的人文环境才使湖州白蘋洲在唐代时脱颖而出，为人瞩目。白居易在《白蘋洲五亭记》中大致勾勒出白蘋洲声名鹊起的过程：

大凡地有胜境，得人而后发；人有心匠，得物而后开。境心相遇，固有时耶？盖是境也，实柳守滥觞之，颜公椎轮之，杨君绘素之，三贤始终，能事毕矣。[3]

白蘋洲虽然得名于柳恽，但与唐代颜真卿、杨汉公等人的精心经营是分不开的，正是这些地方官员独具匠心而又持之以恒地兴修馆阁亭台等建筑，才使白蘋洲逐步有了亭馆之盛，并在"唐宋时以园亭之

---

① ［清］董诰等编《全唐文》，第 5372 页。

② ［唐］颜真卿撰《颜鲁公集》，上海古籍出版社 1992 年版，第 83 页。

③ ［清］董诰等编《全唐文》，第 6912 页。

胜埒宛洛”[1]的吴兴亭馆中占有了一席之地。

图09　今浙江湖州霅溪馆，网友提供。

最早在白蘋洲兴建亭馆可以追溯到南朝梁，除柳恽所建西亭外，当时吴兴太守萧琛也在白蘋洲西南置白蘋馆，唐开元年间韦颢改为开政馆，大历九年（774年）湖州刺史颜真卿改名霅溪馆，僧皎然有《霅溪馆送韩明府章辞满归》一诗。唐大中五年（851年）八月，杜牧卸任湖州刺史时，从州衙移居霅溪馆，感而做诗：

万家相庆喜秋成，处处楼台歌板声。千岁鹤归犹有恨，一年人住岂无情。夜凉溪馆留僧话，风定苏潭看月生。景物登临闲始见，愿为闲客此闲行。（《八月十二日得替后移居霅溪馆，

① ［明］王世贞《聚芳亭卷》，王世贞撰《弇州四部稿》卷一二九，《影印文渊阁四库全书》第1281册，第163页。

因题长句四韵》)[1]

这年杜牧 59 岁，是他多才多艰人生的最后岁月，次年便溘然而逝了,这首暮年作于白蘋洲上的诗包含着复杂的感情因素。大中四年（850年）杜牧出任湖州刺史，根据缪钺先生《杜牧年谱》所论，此次自请外任是由于杜牧不满于当时朝政,心中隐患难吐,以为在朝亦难有作为,故自愿外任。就历史进程来看，当时的唐王朝已是日趋没落，早已不复初唐的蓬勃朝气和盛唐的宏大气象，朝廷上下内外交困，矛盾重重，宦官专权，党争倾轧，这对以济时命世为己任的杜牧来说无疑是沉重的打击，郁郁不得志的苦闷在心中埋下了难以挥去的阴影，与其在朝中无所作为，还不如到地方做些实际的工作，缓解心中的压抑和苦闷，因此杜牧在湖州任上还是多有善政的。然而从大中四年（850 年）秋出任湖州刺史到次年秋离任也只有一年而已，此时正是白蘋洲畔喜获秋收，万家忙碌欢庆之时，白蘋洲上处处楼台歌管，本应与民同乐共享丰收喜悦的杜牧却因为即将离任而感到了一丝伤感，而从署衙迁居霅溪馆更触动了这份离情，短短一年的白蘋洲生活无疑在杜牧心中留下了深刻难忘的印象，使其在诗中发出“愿为闲客此闲行”的愿望。

进入唐代以后,白蘋洲的亭台修建蔚为壮观。先是大历十一年（776年）刺史颜真卿在白蘋洲上作八角亭和茅亭，并上书柳恽《江南曲》于亭内。其次，贞元十五年（799 年）刺史李锜增设大亭一，小草亭二，并用洲名命为“白蘋”。李直方在《白蘋亭记》所记甚详：

公於是相显爽之宜，立卑高之程，据洲之阳，揆日之正，揭大亭一焉；修廊双注，北距于霅，浮轩辙流，峩水亭二焉。大可以施筵席，小可以容宴豆，凡栋宇之法，轮奂之美，铦

[1] ［唐］杜牧撰《樊川文集》，第 54 页。

刮密石，用成翚飞，施宏壮而有度，备彤紫而不踏。内则庭除朗洁，弥望铺雪；曲沼逶迤以中贯，飞梁夭矫而对起；紫桂翠篁，辛荑木兰；碧枝丹实，蛇走珠缀；鲜飙暗起，萦叶振蕊；落英飘飒，洒空浮水；天目神池之上，多不名之卉；洞庭水府之下，产怪状之石。嶙峋乎玉容，葳蕤乎瑶芳，众荣偶植，罗列布濩。外则差以白蘋，间之红蕖，川与天远，百里如组。[①]

李锜所建的白蘋亭飞檐斗拱、雕梁画栋、气势非凡，亭中不仅可以闲看风云、静心养神，也能把酒临欢、开怀畅饮，亭子周边景色秀丽，香花美草遍布其间，白蘋红莲临水可观，颇有一番味道，也为后人所看重。开成三年（838年）刺史杨汉公又在白蘋洲上疏浚四渠、二池，筑成三园，修建白蘋、集芳、山光、朝霞和碧波等五亭，并请白居易作《白蘋洲五亭记》，描述了白蘋洲水光山色、舟桥廊室的胜景：

至开成三年，弘农杨君为刺史，乃疏四渠，濬二池，树三园，构五亭，卉木荷竹，舟桥廊室，洎游宴息宿之具，靡不备焉。观其架大溪跨长汀者，谓之白蘋亭；介二园阅百卉者，谓之集芳亭；面广池目列岫者，谓之山光亭；玩晨曦者，谓之朝霞亭；狎清涟者，谓之碧波亭。[②]

宋代徐仲谋的《白蘋洲》就专门咏此：“风流人物两相逢，白傅高文纪汉公。三圃五亭装郡景，千花万卉媚春风。”[③]此外，唐贞元年间湖州刺史李词在白蘋洲西边建有射堂，颜真卿为之作记，杜牧建有碧

① ［清］董诰等编《全唐文》，第6244页。
② ［清］董诰等编《全唐文》，第6912页。
③《全宋诗》第7册，第4903页。

澜堂，等等。白蘋亭、五亭、碧澜堂等众多亭堂馆阁作为白蘋洲的知名景致，不断被记述和出现在后来的诗歌作品中，如“船在白蘋亭下过，有无传语晒渔蓑”[①]“白蘋溪湛五亭寒，物象全宜谢守闲”[②]“嫋嫋吴兴柳满城，春光浓处白蘋亭”[③]等。进入宋朝之后，李景和在白蘋亭北又建有叠翠亭、三汇亭，太守赵希苍在葺新白蘋亭的同时又在其旁边建造胜赏楼，叶适作《湖州胜赏楼记》。白蘋洲上亭台楼阁的修建逐步达到了高潮顶峰，慕名而来游玩者络绎不绝，相关题材的吟咏作品也最多。元明时期，白蘋洲上的亭馆楼台开始日趋没落，到明代中后期，再也找不到昔日的繁华盛景，王世贞在《聚芳亭卷》中慨叹：“欲求亭馆卉木之跡于其墟而不可得，得人之片言而若新。”[④]至此，享有盛名的白蘋洲亭台堂榭，在历经数百年风雨剥蚀和世事变迁之后大多已经废为土灰，直至湮没无闻，踪迹难觅了。

第二节　“白蘋洲畔同君坐，雅咏还如柳恽无”

——文人对白蘋洲的吟咏

“天下之至不易久存者，人耳，其次则亭馆卉木耳”[⑤]，作为以亭阁建筑而著称的白蘋洲，对其亭阁的吟咏自是一项重要的内容，而最

① ［宋］宋伯仁《别朱冷官》，《全宋诗》第 61 册，第 38163—38164 页。

② ［宋］赵湘《寄湖州刁殿丞》，《全宋诗》第 2 册，第 880 页。

③ ［宋］任希夷《杨柳》，《全宋诗》第 51 册，第 32088 页。

④ ［明］王世贞《聚芳亭卷》，王世贞撰《弇州四部稿》卷一二九，《影印文渊阁四库全书》第 1281 册，第 163 页。

⑤ ［明］王世贞《聚芳亭卷》，王世贞撰《弇州四部稿》卷一二九，《影印文渊阁四库全书》第 1281 册，第 163 页。

早对这些亭阁作出赏味品评的就是修建时所作的记文。每次兴修建筑，兴建者“恐年祀久远，来者不知”，都会请人“名而字之”[①]。这些记文往往篇幅较长，文字优美，不仅不惜笔墨详述整个兴建过程的前因后果、来龙去脉，还对当地的民风民俗、地理环境、四周景物都所记甚详，其中最有文学性的是对周边环境及景物的描写，如白居易的《白蘋洲五亭记》：

> 五亭间开，万象迭入，向背俯仰，胜无遁形。每至汀风春，溪月秋，花繁鸟啼之旦，莲开水香之夕，宾友集，歌吹作，舟棹徐动，觞咏半酣，飘然怳然。游者相顾，咸曰：“此不知方外也，人间也。又不知蓬瀛、昆阆，复何如哉？”[②]

杨汉公修建五亭时，白居易正在洛阳做官，这篇记文是按照杨汉公所寄来的五亭图纸“按图握笔,心存目想”之作。虽然白居易自谦“十不得其二三”，但文字之间却使人身临其境，浮想联翩，仿佛置身于五亭之上，将吴兴美景一览无余。此外，也有记文对亭台落成时欢庆一堂的场面及命名之意也有详述，如李直方《白蘋亭记》：

> 亭成之日，三吴之贤大夫集焉，公用鼓钟羽钥以乐之，然后使臣之临，重客之来，获游是者，怳乎有遗区之叹，则为邦之成绩，作亭之良规，参合二美，游扬四海；坐驰而逝，与厩置偕，矧蘋之为用，《风》有季女之奠，骚有放臣之望。夫以涧溪之贱微，而可充王公之殷荐，是故君子重之。今扶赞胜赏也如彼，哲贤咏歌也如此，则是亭凭眺之外，又有传

① ［唐］白居易《白蘋洲五亭记》，［清］董诰等编《全唐文》，第6912页。
② ［清］董诰等编《全唐文》，第6912页。

经之道焉。[①]

除这些时人所作的记文之外，留下更多的是后人对这些亭堂的吟咏，而且日积月累、规模宏大，甚至形成专门的题材之作，作品体裁也呈现多样化特征，有绝句、律诗、排律、古体诗甚至到元代时还出现了陈时中《碧澜堂赋》等相关赋体。如以白蘋亭为题者：

苕水夸空阔，蘋花笑泬寥。楼台溪上女，杨柳岸边桥。凉月明烟渚，春水称画桡。晚来鱼一跃，带雨识鱼跳。（宋袁说友《白蘋亭》）[②]

得句柳刺史，筑亭颜鲁公。二贤虽异代，千古有遗风。苕水永不尽，蘋洲今半空。老怀多感慨，访古意无穷。（宋王炎《题白蘋亭》）[③]

城郭俯寒碧，水木摇青华。双双翡翠羽，低拂白蘋花。如何杨刺史，不向此为家？（元黄玠《白蘋亭》）[④]

又如以碧澜堂者入题者：

碧澜堂下白蘋洲，鸟影翩翩鱼阵游。想见太湖湖更好，西风吹浪一天秋。（宋韩滤《泊舟碧澜堂，即白蘋洲也》）[⑤]

六客高风久已无，花间谁对谪仙壶？星躔一夕光芒动，知有仙舟入画图。一樽相对眼俱明，细话同僚旧日情。汉世郎官亦华发，恨无诗句似君清。（宋王十朋《次韵钱郎中豫六客堂、

① ［清］董诰等编《全唐文》，第 6244 页。

② 《全宋诗》第 48 册，第 29917 页。

③ 《全宋诗》第 48 册，第 29799—29800 页。

④ ［元］黄玠撰《弁山小隐吟录》卷一，《影印文渊阁四库全书》第 1205 册，第 24 页。

⑤ 《全宋诗》第 52 册，第 32766 页。

碧澜堂二绝》)[①]

但这些吟咏之作大多视野开阔、内容丰富，并不侧重于对亭堂馆舍等建筑本身的观察描摹，而是重在借景抒情、借题表意。如袁说友的《白蘋亭》就描写了溪水、蘋花、楼台、柳岸、明月烟渚等寻常生活画面，表达的是作者对白蘋洲诗画般生活的由衷喜爱，而王炎的《题白蘋亭》更是借先贤修亭的典故来追慕古人，对白蘋亭的风貌及样式形态连只言片语都没有提及。

“审美的欣赏并非对于一个对象的欣赏，而是对于一个自我的欣赏，它是一个位于人自己身上的直接的价值感觉。”[②]就文学作品的作者来说，他们在欣赏自然物象时总会去捕捉符合自己审美心态和情感内涵的意象，将内心的感情寄托和反映在这些物象上。同样，文人笔下的白蘋洲意象也反映着作者的价值追求和精神理念，如：

山鸟飞红带，亭薇拆紫花。溪光初透彻，秋色正清华。静处知生乐，喧中见死夸。无多珪组累，终不负烟霞。(唐杜牧《题白蘋洲》)[③]

层城郁迢迢，长溪贯双流。喧然阛阓中，乃有白蘋洲。兹晨杖策往，秀色散我忧。窅渺蛟龙窟，澄明鸥鹭秋。开花照白日，接叶暗渔舟。凉风起其末，客衣薄飕飗。我欲携童稚，具此双钓钩。高歌绿水曲，散发洲上头。安能随世人，负我平生游。(明张羽《白蘋洲》)[④]

---

① ［宋］王十朋撰《王十朋全集》，上海古籍出版社 1998 年版，第 476 页。

② ［德］里普斯《移情作用、内摹仿和器官感觉》，伍蠡甫主编、朱光潜译《现代西方文论选》，上海译文出版社 1983 年版，第 4 页。

③ ［唐］杜牧撰《樊川文集》，第 52 页。

④ 《御选明诗》卷一七，《影印文渊阁四库全书》第 1442 册，第 449 页。

这两首诗虽然同样以白蘋洲为题，但是所表达出的心理情感和价值取向却是不同的。杜牧诗中选取的景物都是展示秋光清华之物，如溪水、紫花、红日等，虽然诗中也有飞、拆等动词，但是诗歌意境和画面充满了静谧安闲，体现着作者“静处知生乐，喧中见死夸”的审美理想，这正是与杜牧晚年宁静淡泊的心态相吻合的，在杜牧眼中，白蘋洲是以静为美的。第二首诗的作者张羽，是元末明初人，“吴中四杰”之一。这首诗同样写白蘋洲秋景,但却处处洋溢着浓浓的生活气息。诗人不仅杖策携童饱览美景，还随性而歌，看到清溪流涧，还想取竿而钓，句末“安能随世人，负我平生游”更是显示出旷达不羁、特立独行、无拘无束的处世态度，在张羽眼中，白蘋洲是以动制胜，充满活力的。同是白蘋洲畔，一幅是静美的自然画卷，一幅是跳动的生活记录，既是两种人生价值和生活态度的写照，也表明白蘋洲是可以包容和传递多种情感的复合载体。

第三节 “非是白蘋洲畔客，还将远意问潇湘”

——白蘋洲多极意指的形成与发展

白蘋洲上的名胜景致引发了文人的反复吟咏，也一遍遍加深着历代文人对白蘋洲的认知和印象，经过千锤百炼，当最终达到“坐遣目前无限意，笔端风起白蘋洲”[①]这样的一种文学自觉和潜意识时，白蘋洲意象也就成为了超越实体的心灵化意象，具备了丰富深沉的情感内涵。

① ［宋］史尧弼《泛舟回邑次韻》，《全宋诗》第43册，第26912页。

一、“何时归故国，访我白蘋洲”——思乡念国之情

作为典型的江南水乡，白蘋洲的温山秀水不知迷倒了多少文人墨客，“平生五湖兴，梦想白蘋洲”[①]“心期应共汝，投老白蘋洲”[②]“君是三旌恩独异，白蘋洲上肯思归”[③]，这些诗中所流露出对白蘋洲的喜爱和眷恋，很难将白蘋洲与怀乡恋土联系在一起，但白蘋洲恰恰是表达思乡之情的一大载体。最早借白蘋洲表达思乡之情的是张籍的《霅溪西亭晚望》：

霅水碧悠悠，西亭柳岸头。夕阴生远岫，斜照逐回流。

此地动归思，逢人方倦游。吴兴耆旧尽，空见白蘋洲。[④]

这首诗是作者在湖州揽古访胜时所作，彼时倦游已久，白蘋洲上也不见了往日繁盛和名士风流，因而动起归思。五代南唐时，李中《思九江旧居三首》使白蘋洲与思乡之情联系更加密切，其一云：

无机终日狎沙鸥，得意高吟景且幽。槛底江流偏称月，檐前山朵最宜秋。遥村处处吹横笛，曲岸家家系小舟。别后再游心未遂，设屏惟画白蘋洲。[⑤]

李中是江西九江人，这首诗是他出外做官时思念九江故居所作。诗人笔下的故居不仅山水清幽，秋色宜人，闲暇之时还可泛舟溪上，卧听牧笛，醉赏烟霞，放怀娱乐，与世外桃源白蘋洲如出一辙，诗人久别故乡欲回乡重游而不得，只能将白蘋洲图画于屏风之上，以慰思

---

① ［宋］管鉴《水调歌头》，《全宋词》第 1564 页。

② ［明］许相卿《宿石门山房》，《云村集》卷二，《影印文渊阁四库全书》第 1272 册，第 136 页。

③ ［明］黎民表《王使君元美招同吕光禄游砚山亭》，《瑶石山人稿》卷一二，《影印文渊阁四库全书》第 1277 册，第 147 页。

④ 《全唐诗》第 12 册，第 4311 页。

⑤ 《全唐诗》第 21 册，第 8508 页。

乡之情。这里的白蘋洲显然是借来代指自己九江故居。正是由于江南水乡风貌气质的相似性，使白蘋洲极易被人们所接受和认同，进而成为思乡的触媒。如宋代程大昌在《感皇恩》（代妹答）词中就写到："画舸白蘋洲，如归故里。"[①]再如明代佘翔《送张证性之粤》："何时归故国，访我白蘋洲？"[②]

北宋灭亡是中国历史中的一件大事。国破家亡、动荡不安的历史现实给时人留下了惨痛的记忆，对爱国文人的心理创伤和影响也是深刻的。在亲身经历这一巨大变故的文人眼中，安定太平的白蘋洲也难以抚平亡国之痛，白蘋洲非但不能让人乐不思蜀，反而会触发浓厚的故国之思。如南宋诗人庞谦孺，字祐甫，单州成武人（今属山东菏泽），南渡后，曾寓居吴兴。诗人何铸就对寓居吴兴的朋友写下了《庞祐甫卜居白蘋洲走笔寄感》：

君爱白蘋洲，携家面碧流。皇程惟百里，宦迹只扁舟。

过尽江淮地，何如宛洛游。行宫催种柳，禾黍满神州。[③]

在何铸看来，庞谦孺卜居白蘋洲是欣慕留恋这片世外桃源。事实上，乐以忘忧的白蘋洲也早已不再是方外乐土，庞谦孺在《答何中丞伯寿》中就写道：

三载皇舆驻武林，宫前新柳渐成阴。西湖风月愁难度，艮岳峰峦梦枉寻。

老马惊思归汴路，寒江吼激破胡心。白蘋洲上怀乡久，夜夜啼鹃卧未深。[④]

---

① 《全宋词》，第 1527 页。

② ［明］畬翔撰《薜荔园诗集》卷二，《影印文渊阁四库全书》第 1288 册，第 43 页。

③ 《全宋诗》第 29 册，第 18891 页。

④ 《全宋诗》第 27 册，第 23398 页。

从庞谦孺的应答可以看出，诗人并不是醉情山水，寄情花月，而是饱含爱国之心。答诗中不仅对以宋高宗为首的南宋朝廷苟安杭州表示不满，还表达出抵抗金兵侵略，收复河山的爱国激情，结尾更是表达出全诗最强音：即使置身白蘋洲上，也无法忘怀故国之思，长恨绵绵犹如杜鹃啼血，卧不能眠、夜不能寐。此诗中，白蘋洲已经成为思乡念国的重要载体。除了湖州白蘋洲被用来传递这一情感，其他泛指的白蘋洲也同样具备这样的情感寄托，如韩玉所作《水调歌头》：

有美如花客，容饬尚中州。玉京杳渺天际，与别几经秋。家在金河堤畔，身寄白蘋洲末，南北两悠悠。休苦话萍梗，清泪已难收。

玉壶酒，倾潋滟，听君讴。伫云却月，新弄一曲洗人忧。同是天涯沦落，何必平生相识，相见且迟留。明日征帆发，风月为君愁。[①]

作者于题下自注云："自广中出，过庐陵，赠歌姬段云卿。"韩玉本已是金国之人，宋隆兴二年（1164 年）年毅然携家南归，他的词作有不少抒发爱国之思。诗中白蘋洲只不过是江西吉安一个不知名的洲渚，是代指歌姬段云卿临时生活居所，与它相对应的是早已沦陷的北方金河堤畔的家乡。颠沛流离、居无定所的文人将自身的苦难遭遇和情感寄托全部融进了白蘋洲里，白蘋洲所承载的思乡念国之情也因此而凝重了许多。

二、"空对遗编想容止，休论往事记从游"——别离伤悼之痛

江淹在《别赋》中曾写到"黯然销魂者，唯别而已矣"[②]，《颜氏家训》

① 《全宋词》，第 2054 页。

② ［南朝梁］萧统编、［唐］李善注《文选》，中华书局 1977 年版，第 237 页。

亦云："别易会难，古人所重，江南饯送，下泣言离。"[1]古往今来，离情别绪都是人们情感世界中最重要的方面之一，尤其在交通和信息传递都不发达的古代，一别数载、十几载的情况是很多的。因此，古人在离别之际，往往依依不舍，诗酒饯行，而在这类送别场景中出现的经典意象除了众所周知的灞桥、南浦之外，还有白蘋洲意象。

送别诗中较早出现白蘋洲意象的是孟浩然的《送元公之鄂渚寻观主张骖鸾》，诗中写到"赠君青竹杖，送尔白蘋洲"[2]。从诗中出现的其他地理意象来看，这首诗中的白蘋洲很难坐实为湖州白蘋洲，似以泛指白蘋洲为妥。但这只是个例，事实上和灞桥、南浦等地理意象一样，白蘋洲成为离别时常用的泛指意象也需要经过实指到泛指的演变过程。

自湖州白蘋洲成为一方名胜之后，文人墨客往来如云，因此留下不少有关白蘋洲送别的诗篇，而且很多文人的诗题当中就明确点明送客的地点就是白蘋洲，如唐代皎然的《白蘋洲送洛阳李丞使还》《同杨使君白蘋洲送陆侍御士佳入朝》、顾况的《白蘋洲送客》等。对文人而言，白蘋洲上与友人诗酒相酬，携手相游是人生的一大快事，而别后再会却遥遥无期，因此，这类送别诗中都含有不少感慨唏嘘，如僧皎然的《白蘋洲送洛阳李丞使还》：

蘋洲北望楚山重，千里回轺止一封。临水情来还共载，看花醉去更相从。

罢官风渚何时别，寄隐云阳几处逢。后会那应似畴昔，

① ［北齐］颜之推撰，王利器集解《颜氏家训集解》，上海古籍出版社1980年版，第91页。

② ［唐］孟浩然撰，佟培基笺注《孟浩然诗集笺注》，上海古籍出版社2000年版，第276页。

年年觉老雪山容。[①]

这些白蘋洲畔送客的情景极大地强化了白蘋洲在送别时的影响力，尤其是江南处处都有开满蘋花的洲渚，并且送客地点也以水边居多，因此，白蘋洲意象开始大量进入送别诗，进而使它积淀为虚指和泛指的诗词意象，成为众所周知的江南水路送客之地。如唐代李益《杨柳送客》“青枫江畔白蘋洲，楚客伤离不待秋”[②]、唐代陈翊《送别萧二》“橘花香覆白蘋洲，江引轻帆入远游”[③]、唐代马戴《将别寄友人》“霜风红叶寺，夜雨白蘋洲”[④]、宋代彭汝砺《先赴东流因寄虞蒋诸君》“回头望车马，目断白蘋洲”[⑤]、元代杜本《廉州阻风》“离别不堪成怅望，雁孤飞起白蘋洲”[⑥]、明代陈全《秋江别意》“西风萧瑟白蘋洲，江上离人赋远游”[⑦]、清代朱柔则《登烟雨楼》“一片离愁似烟雨，西风吹满白蘋洲”[⑧]等。

离别产生的愁绪关键在于颜之推所说的“别易会难”，尤其当时过境迁，物是人非，却又故地重游之际，更容易让人感伤。湖州白蘋洲由于演绎了太多的风流雅事，因而不仅成为泛指的送客之地，同时成为感怀往事、伤悼亲友的情感载体，如秦观的《雪上感怀》：

七年三过白蘋洲，长与诸豪载酒游。旧事欲寻无处问，

① 《全唐诗》第 23 册，第 9220 页。
② 《全唐诗》第 9 册，第 3226 页。
③ 《全唐诗》第 10 册，第 3467 页。
④ 《全唐诗》第 17 册，第 6427 页。
⑤ 《全宋诗》第 16 册，第 10611 页。
⑥ [清] 顾嗣立编《元诗选》三集，《影印文渊阁四库全书》第 1469 册，第 246 页。
⑦ [明] 曹学佺编《石仓历代诗选》，《影印文渊阁四库全书》第 1391 册，第 399 页。
⑧ [清] 沈季友编《槜李诗系》，《影印文渊阁四库全书》第 1475 册，第 970 页。

雨荷风蓼不胜秋。[①]

据《秦观集编年校注》,《霅上感怀》作于宋元丰二年(1079年)八月,同年四月,诗人与苏轼同至湖州,五月别去,至越州省亲。七月,苏轼下诏谕。八月,作者渡江至湖州问讯,感怀而赋此。不仅湖州白蘋洲,即使是泛指的白蘋洲也能够表达这种情感,如明于慎行《送李棠轩年兄上南少司空二首》:

前年同赋秣陵秋,隔岁怜君访旧游。风雨独过朱雀桁,烟波还记白蘋洲。

两都文物归仙吏,八座声华满帝州。莫恋江南好风景,直庐空锁凤池头。[②]

对往事的追忆其实更多地是对人的怀念,尤其是当亲友离逝,自己形影相吊时,白蘋洲就成为他们寄托哀思的重要载体,如:

政成身没共兴衰,乡路兵戈旅榇回。城上暮云凝鼓角,海边春草闭池台。经年未葬家人散,昨夜因斋故吏来。南北相逢皆掩泣,白蘋洲暖百花开。(唐许浑《伤故湖州李郎中》)[③]

吴兴好在白蘋洲,先友云亡不那愁。空对遗编想容止,休论往事记从游。吾翁甚欲流传远,贱子常疑埋没休。赢得虚名付残断,风流终古藉西畴。(宋韩淲《昔先公欲刊白蘋集今教授刊之》)[④]

一身去国苦流离,壮志无成亦数奇。疠鬼有灵终殄贼,吴

① [宋]秦观撰,周义敢等编注《秦观集编年笺注》,第74页。

② [明]于慎行《穀城山馆集》卷一三,《影印文渊阁四库全书》第1291册,第120页。

③《全唐诗》第16册,第6095页。

④《全宋诗》第52册,第32673页。

师贵恨未鞭尸。波连落日羁魂泣，冢断秋风马鬣悲。几度白蘋洲渚暮，老怀酸涩泪如丝。(明刘炳《吊故侄》)[①]

这些诗歌大都情深意切，感人肺腑。诗中的白蘋洲意象或出现在首联或出现在尾联，诗人用其衬托出一种悲伤的氛围来，也是感情着力点所在。如许浑的诗中就用丽景写悲情，末联写到白蘋洲上又是春暖花开，万物复苏，而诗人的朋友却已客死他乡，经年未葬，强烈的反差令人潸然泪下；又如韩滤的诗，首句就肯定了吴兴风光好在白蘋洲上，可是纵然风景依旧，却也是物是人非，故友仙去，唯有空对遗编怀念其音容笑貌。这两首诗中的白蘋洲意象都是实指，诗中的人物都在白蘋洲畔有过长期的生活经历，属于一方水土一方人。而刘炳的《吊故侄》中则使用了泛指的白蘋洲意象，所选取的时间是日暮时分，天色开始暗淡发黑，时空上给人以压抑感，心情难以舒缓，在开满白蘋花的洲渚之上，面对一抔黄土，白发人凭吊黑发人，巨大的反差不禁让人悲从中来、难以自拔，而“几度”这个程度副词又加重了这种悲戚感，白蘋洲畔此时已是不堪回首的伤心之地。

三、“谁对紫微阁下，我对白蘋洲畔”——山林归隐之乐

在唐代文学作品中，白蘋洲始终是令人赏心悦目的名胜之地，不仅在记文中描写的景致令人心驰神往，就是文人唱和诗中也能处处让人感受到芳辰丽景、摇曳多姿。如薛逢的《送庆上人归湖州因寄道儒座主》和李郢《和湖州杜员外冬至日白蘋洲见忆》：

上人今去白蘋洲，霅水苕溪我旧游。夜雨暗江渔火出，夕阳沉浦雁花收。闲听别鸟啼红树，醉看归僧棹碧流。若见

---

① ［明］刘炳撰《春雨轩集一》，［清］史简编《鄱阳五家集》卷一二，《影印文渊阁四库全书》第1476册，第441—442页。

儒公凭寄语，数茎霜鬓已惊秋。[①]

白蘋亭上一阳生，谢眺新裁锦绣成。千嶂雪消溪影绿，几家梅绽海波清。已知鸥鸟长来狎，可许汀洲独有名。多愧龙门重招引，即抛田舍棹舟行。[②]

这两首诗都反映了白蘋洲上美不胜收的景致，也写出置身白蘋洲的安闲适意。事实上，并不仅仅是白蘋洲的自然条件使人身心愉悦，它具备成为文人士大夫眼中集会乐土的多种因素和条件。吴兴乌程美酒自古有名，唐李贺有“樽有乌程酒，劝君千万寿”[③]的诗句；吴兴茶事亦源远流长，南朝宋山谦《吴兴记》载：“乌程县西二十里，有温山，出御荈”[④]，唐朝时茶圣陆羽就隐居湖州，著述《茶经》；此外，吴兴武康县前溪又是南朝习乐之所，唐崔颢有诗曰：“舞爱前溪绿。歌怜子夜长。”[⑤]湖州乐妓就多出于此。对文人士大夫来说，山、水、茶、酒、乐一一俱全，既能够吟风赏月，挥毫泼墨，又能饮酒品茗，兼享歌舞之乐，实现了“四美具、二难并”的难得际遇。正是这些独一无二的条件，才使白蘋洲成为唐代文人向往的乐土，而柳宗元在《得卢衡州书因以诗寄》中写道：“非是白蘋洲畔客，还将远意问潇湘。”[⑥]将自己排除在枕玩于白蘋洲畔的文人墨客之外，就是一种政治信念的寄托，指不能放弃自己的政治理想和追求。

宋代时白蘋洲意象开始成为文人亲近自然，淡泊名利，保持内心

① 《全唐诗》第 16 册，第 6331 页。
② 《全唐诗》第 18 册，第 6850 页。
③ 《全唐诗》第 12 册，第 4426 页。
④ ［明］陶宗仪纂《说郛》，第 11 册卷八三。
⑤ 《全唐诗》第 4 册，第 1327 页。
⑥ ［唐］柳宗元撰《柳宗元集》，中华书局 1979 年版，第 1167 页。

宁静，追求精神解脱的情感载体。如苏轼在《送孙著作赴考城兼寄钱醇老李邦直二君于孙处有书见及》中写道："使君闲如云，欲出谁肯伴。清风独无事，一啸亦可唤。来从白蘋洲，吹我明月观。"[①]诗中的白蘋洲意象代表着文人的闲逸与雅致。又如理学家周行已的《次渠仅老韵四首》：

鸟暮已归宿，吾今行亦休。百年能几许，万事不胜愁。

贫贱须行乐，功名可枕流。鲈鱼秋兴远，风起白蘋洲。[②]

周行已曾师事程颐，传其学，开永嘉学派之先。这首诗中作者认为人生苦短，应当及时行乐，白蘋洲就是人生尽兴的忘忧之所。白蘋洲的这种指向和内涵，刘克庄在《碧波亭》中写得更加直接明了："了却文书上马迟，白蘋洲畔有心期。"[③]

北宋灭亡的巨大变故增加了白蘋洲意象新的情感内涵，特别是对拥有政治抱负、充满抗金激情的诗人来说，白蘋洲不再是公事之余追求精神愉悦的象征，而是逐渐演化出归隐山林、不问政事的退仕内涵，反映出志不能达的消沉心理状态，如：

山村水馆参差路。感羁游、正似残春风絮。掠地穿帘，知是竟归何处。镜里新霜空自悯，问几时、鸾台鳌署。迟暮。谩凭高怀远，书空独语。

自古。儒冠多误。悔当年、早不扁舟归去。醉下白蘋洲，看夕阳鸥鹭。菰菜鲈鱼都弃了，只换得、青衫尘土。休顾。早收身江上，一蓑烟雨。[④]

---

① ［宋］苏轼撰、［清］王文诰辑注《苏轼诗集》，中华书局1982年版，第974页。

② 《全宋诗》第22册，第14368页。

③ 《全宋诗》第58册，第36146页。

④ ［宋］陆游《真珠帘》，《全宋词》，第1564页。

且尽一杯酒，莫问百年忧。胸中多少磊块，老去已难酬。见说旄头星落，半夜天骄陨坠，玉垒阵云收。世运回如此，稳泛辋川舟。

鸥鹭侣，猿鹤伴，为吾谋。主人归也，正是重九月如钩。便把三程为两，更趱两程为一，尚恐是悠悠。旁有渔翁道，肯负白蘋洲。①

这两首词中都出现了鸥鸟意象。与白鸥盟，典出《列子 · 黄帝》：“海上之人有好沤鸟者，每旦之海上，从沤鸟游，沤鸟之至者百住而不止。其父曰：‘吾闻沤鸟皆从汝游，汝取来，吾玩之。’明日之海上，沤鸟舞而不下也。”②这个典故是说人无机诈之心，则鸥鸟也乐于与之为友，它表达的是一种至真至纯的精神追求，魏晋以后又多指隐居生活，含有了江湖隐逸的特定内涵。陆游在词中用此典故，也是英雄坐老，报国无门的愤激之语。陆游一生坎坷，壮志难酬，他曾省试、礼试两次第一而被秦桧黜落，入朝之后力主抗战却又以“交结台谏，鼓唱是非”③的罪名被罢免。由于一贯坚持抗金的主张，又多次被罢黜。吴潜，曾官拜参知政事，且历官直言敢谏，积极主张抗金，与辛弃疾等人多有诗歌唱和。这首《水调歌头》表达出对世事沧桑的无奈与解甲归田的心愿，与陆游的诗歌有着相近的情感。这些曾有报国之志的文人士大夫，之所以在词中会流露出避世的念头，是与当时的社会背景分不开的。由于南宋朝廷的软弱无能，对外苟且偷安，对内压制打击主战派，所以造成国势日益衰微。而深受儒家“邦有道则仕，邦无道，则

① ［宋］吴潜《水调歌头》，《全宋词》，第 2769 页。

② 杨伯峻撰《列子集释》，中华书局 1979 年版，第 67—68 页。

③ ［元］脱脱等撰《宋史》卷三九五，第 12058 页。

可卷而怀之”[1]思想影响的传统文人士大夫，在无所作为、英雄无用武之地时自然就会产生这种退隐的消极思想。在表达这类感情的文学作品中，白蘋洲意象往往作为中心意象来使用，与夕阳鸥鹭、菰菜鲈鱼、扁舟渔歌等意象群同时出现，构成一幅幅、一幕幕山樵暮归、云水渔家、江行棹歌、竹泉松壑等闲散自然的理想画面。但文人士大夫毕竟是难以忘怀国事的，因此这种平和逍遥的生活只有置身其中的人才体会最深、写得最真，如南宋释文珦的《渔艇》：

炊菰青芦丛，钓鱼白蘋洲。扁舟不用楫，荡漾随春流。斜枕绿蓑衣，醉眠呼不醒。午夜天无云，月满孤篷顶。[2]

诗中自然无拘的江湖生活充满野趣，让人感受到隐遁避世生活的诱人，白蘋洲与青芦丛明显是与市井生活有别的江湖生活。由宋入元的词人张炎在词作中直接将白蘋洲视为山林隐逸的象征，其云：

白发已如此，岁序更骎骎。化机消息，庄生天籁雍门琴。颇笑论文说剑，休问高车驷马，衮衮□黄金。蚁在元无梦，水竟不流心。

绝交书，招隐操，恶圆箴。世尘空扰，脱巾挂壁且松阴。谁对紫微阁下，我对白蘋洲畔，朝市与山林。不用一钱买，风月短长吟。[3]

张炎在词中极力追求老庄哲学的虚静无为，视荣华富贵为过眼烟云，而且紫微阁与白蘋洲对举，分别代表朝市与山林，面对两种截然不同的道路和生活，作者毅然选择白蘋洲畔，摆脱尘世纷扰，俨然是

① 杨树达著《论语疏证》，上海古籍出版社 1986 年版，第 377 页。

② 《全宋诗》第 63 册，第 39646 页。

③ ［宋］张炎《水调歌头 · 寄王心父》，《全宋词》，第 3509 页。

一位避官不仕的闲散隐者。其实这与个人的生活经历是有很大关系的，张炎出身名门贵族，从小生活优渥，南宋灭亡时其祖父张濡被杀，家产全部被没收，国破家难使他的生活发生了前易后难的巨大变故。舒岳祥在《赠玉田序》中说："玉田张君，自社稷变置，凌烟废堕，落魄纵饮，北游燕、蓟，上公车，登承明有日矣。一日，思江南菰米莼丝，慨然襆被而归。"[①]虽然曾应召北上，但面对国恨家仇最终还是采取了与元朝统治者不合作的态度，避世隐居"三十年汗漫南北数千里"[②]。这期间对故国的深挚怀念成为他最重要的情感，反复出现在其作品中，而白蘋洲意象也不止一次出现在他的词中，如："朦胧清影里，过扁舟。行行应到白蘋洲。烟水冷，传语旧沙鸥。"[③]"浊浊

图 10　[明]王绂《隐居图》，现收藏于北京故宫博物院。此图描写文人隐居山林之情景。左部山峰高大巍峨，山下树木苍郁葱茏，山脚下水波荡漾，远方山水平静，秀润幽雅。

① [宋]张炎著《山中白云词》，中华书局 1983 年版，第 165 页。
② [宋]郑思肖《山中白云词序》，[宋]张炎著《山中白云词》，第 164 页。
③ [宋]张炎《小重山·题晓竹图》，《全宋词》，第 3507 页。

波涛江汉里，忽见清流如此。枝上瓢空，鸥前沙净，欲洗幽人耳。白蘋洲上，浩歌一棹春水。”[①]这些词中的白蘋洲意象不仅仅是作为隐逸的象征符号和生活方式的选择，更见证着一位南宋遗民冰清玉洁的人格情操。

四、“斜晖脉脉水悠悠，肠断白蘋洲”——爱情相思之苦

白蘋洲意象与女性闺怨相思联系在一起也与柳恽的《江南曲》密不可分。《江南曲》本属乐府《相和曲歌词》，此题以描写江南女子水乡采莲时留恋嬉戏的欢快场面为旨，而柳恽的这首《江南曲》却是借江南旧题，谱写出一曲闺妇相思的哀婉怨歌，诗中的白蘋洲意象也成为表达爱情相思题材时经常用到的经典意象之一。如唐代女诗人薛涛的《酬杜舍人》:“双鱼底事到侬家，扑手新诗片片霞。唱到白蘋洲畔曲，芙蓉空老蜀江花。”[②]据张篷舟先生所作《薛涛诗笺》，此诗是薛涛为杜牧所寄《白蘋洲》一诗而作的和诗，以往多从此说，但这种说法已经不断被学者所质疑。如朱德慈在《薛涛考异三题》中就分别从诗的写作口吻，酬唱诗所遵循惯例以及杜牧任中书舍人的时间等三个方面提出质疑，并进一步提出杜舍人应为杜元颖。根据缪钺先生的《杜牧年谱》，《题白蘋洲》一诗当作于大中四年（850 年）庚午，是杜牧于这年秋天到湖州任上时所作，这一年薛涛早已去世，因此这首诗应该不是寄与薛涛之作。

薛涛的《酬杜舍人》也并非仅仅是朋友间的酬唱之作，这首诗更像是情人之间的唱答。薛涛字洪度，是中唐时期著名女诗人，与李冶、鱼玄机齐名，一生经历颇富传奇色彩。薛涛生自官宦之家，从小聪慧

---

① ［宋］张炎《湘月·赋云溪》，《全宋词》，第 3483 页。

② 《全唐诗》第 23 册，第 9045 页。

多才、姿容动人，因为父亡家穷，16岁便没入乐籍，脱乐籍后终身未嫁，后定居成都浣花溪，与当时名士元稹、牛僧孺、白居易、张籍、刘禹锡、杜牧、张祜、段文昌等都有唱酬交往。薛涛这位多才多艺、蕙质兰心的官宦女落入乐籍，实属身世不幸，而年复一年周旋于男权世界中使她充满对纯真爱情的渴望，陈文华在《唐女诗人集三种》所注“唱到白蘋洲畔曲”乃是化用柳恽《江南曲》的诗意是可取的[①]。这首诗既有收到异性友人新诗后的喜悦，更流露出年华渐老、爱情无果的怅惘。此诗使用白蘋洲意象非常恰当，不仅表达出柳恽《江南曲》的余韵，而且成都青城山确有白蘋洲这一景观，白蘋洲畔也可代指自己的居所，可以说虚实互见、一语双关。

图11　今四川成都薛涛纪念馆薛涛井古迹，网友提供。

晚唐五代，花间词的创作开始兴盛起来，与诗比较，“诗贵庄而词

① ［唐］李冶、薛涛、鱼玄机著，陈文华校注《唐女诗人集三种》，上海古籍出版社1984年版，第72页。

不嫌佻，诗贵厚而词不嫌薄，诗贵含蓄而词不嫌流露”[①]，所以描写女性生活和心理的词作大量出现，大词人温庭筠的《梦江南》就开其先河，这篇广为传颂的小词对白蘋洲与爱情相思的绑定起到了推波助澜的作用。入宋之后，词的创作开始达到高潮，而受诗庄词媚、词为艳科等观念的影响，宋人在词中大胆而热烈地展示着世俗生活的方方面面，甚至是风花雪月、男欢女爱的情感生活。正如钱钟书所讲："宋人在恋爱生活里的悲欢离合不反映在他们的诗里，而常常出现在他们的词里……爱情，尤其是在封建礼教眼开眼闭的监视之下那种公然走私的爱情，从古体诗里差不多全部撤退到近体诗里，又从近体诗里大部分迁移到词里。"[②]白蘋洲意象也随着爱情词的兴盛而大量出现在宋词中，并且在使用白蘋洲意象时往往能够看到柳恽《江南曲》和温庭筠《梦江南》带来的影响，如：

一叶忽惊秋。分付东流。殷勤为过白蘋洲。洲上小楼帘半卷，应认归舟。　　回首恋朋游。迹去心留。歌尘萧散梦云收。惟有尊前曾见月，相伴人愁。[③]

美人家在江南住。每惆怅、江南日暮。白蘋洲畔花无数。还忆潇湘风度。　　幸自是、断肠无处。怎强作、莺声燕语。东风占断琴筝柱。也逐落花归去。[④]

值得注意的是这些词中所出现或隐含的多情而美丽的女子大都是没有自由的歌妓，所过的不过是秦楼楚馆般的生活，宋人李石的《捣

① ［清］田同之撰《西圃词说》，唐圭璋编《词话丛编》，中华书局 1986 年版，第 1452 页。

② 钱钟书《宋诗选注》序，人民文学出版社 1989 年版，第 7—8 页。

③ ［宋］贺铸《浪淘沙》，《全宋词》第 539 页。

④ ［宋］汪莘《杏花天 · 有感》，《全宋词》，第 2198 页。

练子》较为真实地对她们的生活进行了描述：

心自小，玉钗头。月娥飞下白蘋洲。水中仙，月下游。

江汉佩，洞庭舟。香名薄幸寄青楼。问何如，打泊浮。[①]

此外，刘焘《树萱录》也有一条内容相似的记载，其云："张确尝游霅上白蘋洲，见二碧衣女子携手吟咏云：'碧水色堪染，白莲香正浓。分飞俱有恨，此别几时逢？藕隐玲珑玉，花藏缥缈容。何当假双翼，声影暂相从。'确逐之，化为翡翠飞去。"[②]无论是月娥还是碧衣女子，都不过是朦胧的面纱,其真实身份都指向了歌妓。作为一个特殊的群体，她们的感情往往更加细腻，内心世界更加丰富，所以当文人从男性视角来观察和描写这些女性时，除了在外貌、体态、动作上的进行描摹之外，也更加注重展示其内心情感世界。这些歌妓们大都是妙龄少女，温柔多情却又寂寞苦闷，一旦遇上知心人，很容易会海誓山盟、以身相许，然而没有人身自由的她们又不得不面对现实，唯一能做的就是把对爱的渴望深埋心底。事实上歌妓们的这种期待大多数是无果而终，但是这种"感君恩爱一回顾，使我双泪长珊珊"[③]的感情深度、纯度、广度却是不容抹杀和质疑的，在文人笔下她们就是一个个柳恽《江南曲》中采蘋女的化身，因此白蘋洲无可取代地成为她们苦恨相思之地，元代张翥的《唐多令》(寄意箜篌曲) 就完整地展示出了这一幕：

花下钿箜篌。尊前白雪讴。记怀中、朱李曾投。镜约钗盟心已许，诗写在，小红楼。

忍泪上云兜。断魂随彩舟。等闲间、惹得离愁。欲寄长

---

① 《全宋词》，第 1301—1302 页。

② ［明］陶宗仪纂《说郛》，第 1 册卷三。

③ 《全唐诗》第 12 册，第 4378 页。

河鱼信去，流不到，白蘋洲。[①]

箜篌曲，所依典故“公无渡河”出自晋人崔豹《古今注·音乐》，它演绎着一段悲凉凄美的爱情故事，历来箜篌曲，传达出的都是万般哀怨，一种离愁，这首寄意箜篌曲的《唐多令》就非常细腻地反映出歌妓们心灵和感情所受到的伤害，“小红楼”与“白蘋洲”这对矛盾交织的意象在歌妓们心中是永远的痛。元明清三代的诗词中，都承袭了白蘋洲意象在爱情相思方面的情感内涵。如元代杨维桢《漫成》：“小娃家住白蘋洲，只唱舍郎如莫愁。风波不到鸳鸯浦，承恩曷用沙棠舟。”[②]明代杨宛《次止生七夕见怀韵》：“遥遥望断白蘋洲，惟见银河一派流。那得闲情还乞巧，梦魂寻遍木兰舟。”[③]清代宋琬《闺怨四首》其三：“儿家门对白蘋洲，夫婿经年事远游。杨柳青青古渡头，恨轻舟，不载郎归载妾愁。”[④]如此种种，不一而论。

第四节　“林外渔樵黄叶渡，水中亭馆白蘋洲”

——题画诗中的白蘋洲意象

在我国古代文学与文化中，诗与画一直有着密切的联系，他们相互影响，相互交融，共同引导着文人审美内涵与审美风格的追求，白蘋洲意象出现在题画诗中就是体现着这样一个发展过程。唐代白蘋洲意象大量出现在文人的诗词作品中，也影响画家对它的关注，作为以

① ［元］张翥撰《蜕岩词》卷下，《影印文渊阁四库全书》第1488册，第677页。
② ［元］杨维桢撰《铁崖古乐府》卷一〇，《影印文渊阁四库全书》第1222册，第74页。
③ ［清］朱彝尊辑录《明诗综》，中华书局2007年版，第4540页。
④ ［清］宋琬著《宋琬全集》，齐鲁书社2003年版，第781页。

亭闻名的白蘋洲，在画中的反映也是从亭开始的，据《宣和画谱》所载，唐五代著名画家荆浩有《白蘋洲五亭图》一幅。宋代时，据《绘事备考》所记："王元通，沧州人，工画山水，专学李成，为人豪迈，笔势迅拔，每画毕大声叫绝者，必得意之作也。画之传世者：野渡横舟图一；远山图一；风雨荷蓑图一；山家图一；白蘋洲图一。"[①]《白蘋洲图》成为王元通传世作品之一，但是这些以白蘋洲为对象的山水画相对来说是较少见的，更多的则是题画诗中所出现的白蘋洲意象，这又以元明清时期最为突出。

元代之前，人们普遍崇尚自然，山水画艺术也以忠于自然原貌为准则。如北方水墨山水画的代表人物荆浩，在其《笔法记》中就讲究"贵似得真"，其所画也多以太行山真实景色为主，大多表现北方的崇山峻岭，突出其硬瘦苍劲的特点。进入元代以后，"由于文人画兴盛并主宰画坛，写实已变得不那么重要，而把山水作为载体来抒发画家的情感和追求笔墨意趣却成为主流。人们由向往自然而融入了自然。山水画风格发生了巨大转变：继承了一直不为重视的董、巨的南方山水风格……由宋画的重'理'变为元画的重'意趣'，诗、书、画融为一体。"[②]以董源、巨然为代表的南方山水画派笔墨秀润，技法娴熟，其创作多以江南山水为背景，着力展现江南水乡的烟雾溟蒙，林木清幽，洲渚掩映，这就为白蘋洲在题画诗中的大量出现提供了良好的机缘。而文人画的兴起以及诗、书、画融为一体的书画发展趋势，使得元明清时期的题画诗蔚为大观，白蘋洲意象也在题画诗中有了更多的呈现，

① [清]王毓贤撰《绘事备考》卷五（下），《影印文渊阁四库全书》第826册，第239页。

② 史新粉撰《中国古代山水画的风格演变》，《衡水师专学报》2001年第3卷第2期。

而且诗画集于一体也使白蘋洲给人的印象更加深刻、想象空间更大，如：

钱郎笔底秋万斛，苍茫染出苕溪曲。苕花吹老鲤鱼风，石底沙茸出丛绿。野桥横岸向何处，浮玉山前水如玉。宛然柳恽乘马归，望入溪山吟不足。我来江北见此画，快意频挼双倦目。顿令幽思满吴中，舒卷烟云慰羁束。自然新句赠霜叶，几度诗成鞭影矗。相期归去白蘋洲，手采秋茸葺为屋。(元张翥《秋岸行旅卷》)①

沙鸟飞鸣晚未休，棹歌声在白蘋洲。题诗每恨无佳句，欲翦横塘一片秋。(元曹元用《题周曾秋塘图卷》)②

渚兰汀草乱春愁，病里何心更出游。独立斜阳溪上望，采芳人在白蘋洲。(明李东阳《春草图二绝》)③

望远时登黄叶寺，采芳多竚白蘋洲。相看独有南州士，高卧孤山百尺楼。(明张甯《为徐时用题谢廷循画》)④

遥山澹抹近山遮，一棹飘然水一涯。似有风声随雨到，忽疑雨势受风斜。白蘋洲畔年年客，黄叶村边处处家。(清查慎行《题元人风雨归舟图》)⑤

嫩草如秧水似油，犍疏闲放白蘋洲。画师最得华阳趣，不取黄金写络头。(清查慎行《题费晓城同年牧牛图》)⑥

---

① [元]顾瑛编《草堂雅集》卷四，《影印文渊阁四库全书》第1369册，第267—268页。

② [清]顾嗣立编《元诗选》三集，中华书局1987年版，第168页。

③ [明]李东阳撰《李东阳集》第一卷，岳麓书社1984年版，第605页。

④ [明]张甯撰《方洲集》卷八，《影印文渊阁四库全书》第1247册，第293页。

⑤ [清]查慎行著《敬业堂诗集》，上海古籍出版社1986年版，第849—850页。

⑥ [清]查慎行著《敬业堂诗集》，第886页。

这些题画诗大多是诗人们为别人画作所题写，也有个别是自画自题的，但不管哪一种类别，诗歌都不是对画面的简单提炼和溢美，而是一种再创作的过程，这其中起主导作用的是诗人自己的情感意识，而选择白蘋洲意象入诗，也并非仅仅因为画中的山水景致与白蘋洲相仿，实质是白蘋洲意象所积淀形成的情感内涵与画面的契合重生。如同是元代张翥，其《泛舟青镇至姚师善庄夕回韩庄》中写道："勋业生无取，田园老可谋。悠然发清咏，思绕白蘋洲。"[①]这与其题画诗中的"相期归去白蘋洲，手采秋茸茸为屋"的感情内涵是没有多少差别的，两诗中的白蘋洲意象都代表着对自由闲适、无拘无束田园生活的向往和追求。其他如"沙鸟飞鸣晚未休，棹歌声在白蘋洲""扁舟乘兴去，应过白蘋洲"之类题画诗中的白蘋洲意象，与同一时期大量诗文中出现的白蘋洲意象在情感指向上也是相通共融的。这种以情炼意，大量选取白蘋洲意象的题画诗对后代画家也有较深的影响。直到近代，画家周怀民在其画作《荡舟访友图》中，还引用了明代黄姬水的一首题画诗，其诗云：

图 12　周怀民《荡舟访友图》，网友提供。

短棹轻舟载夕阳，独寻新句下横塘。白鸥疑是催诗使，

① ［元］张翥撰《蜕庵集》卷二，《影印文渊阁四库全书》第1215册，第29页。

飞掠蘋洲醉墨香。[1]

不难看出，黄姬水的这首诗放在《荡舟访友图》中并没有因为相隔数百年的时代落差而显示出丝毫的隔阂陌生感，诗与画相得益彰、浑然一体。诗中的白蘋洲意象已经是一种超越形迹和现实的心灵自由，直指远山近水、江村渔舟、鸥鸟芦花所带来的豁达悠远，处处洋溢着融通自然、妙不可言的生活情趣，白蘋洲意象不仅在这香墨淋漓的图画中引发了诗人与画家的心理共鸣，也在山水题画诗中传承着自身的价值与内涵。

① ［明］汪砢玉撰《珊瑚网》卷三八，《影印文渊阁四库全书》第818册，第723页。

征引文献目录

说　明：

1. 凡本学位论文征引的各类专著、文集、资料汇编及论文均在此列；

2. 征引文献目录按书名首字汉语拼音排序；

3. 学位论文及期刊论文以作者姓名首字母排序。

一、书籍类

1.《本草纲目》，[明]李时珍编著，张守康校注，中国中医药出版社，1998年。

2.《白居易诗集校注》，[唐]白居易撰，谢思炜校注，中华书局，2006年。

3.《初学记》，[唐]徐坚等编著，中华书局，1962年。

4.《春渚纪闻》，[宋]何薳撰，中华书局，1983年。

5.《楚辞补注》，[宋]洪兴祖撰，中华书局，1983年。

6.《楚辞集注》，[宋]朱熹集注，上海古籍出版社，1979年。

7.《词话丛编》，唐圭璋编，中华书局，1986年。

8.《禅偈真趣》，梁申威编著，山西人民出版社，2006年。

9.《杜诗详注》，[清]仇兆鳌注，中华书局，1979年。

10.《大戴礼记解诂》，王聘珍撰，中华书局，1983年。

11.《樊川文集》，[唐]杜牧撰，上海古籍出版社，1978年。

12.《后汉书》，[南朝宋]范晔撰，中华书局，1965年。

13.《淮南子》，[汉]刘安等编著、[汉]高诱注，上海古籍出版社，1989年。

14.《华阳国志校补图注》，[晋]常璩撰，任乃强校注，上海古籍出版，1987年。

15.《韩愈全集》，[唐]韩愈著，上海古籍出版社，1997年。

16.《侯鲭录》，[宋]赵令畤撰，中华书局，2002年。

17.《晋书》，[唐]房玄龄等编撰，中华书局，1974年。

18.《经鉏堂杂记》，[宋]倪思撰，辽宁教育出版社，2001年。

19.《江文通集汇注》，[明]胡之骥注，中华书局，1984年。

20.《敬业堂诗集》，[清]查慎行著，上海古籍出版社，1986年。

21.《吕氏春秋》，[战国]吕不韦著，上海古籍出版社，1989年。

22.《陆机集》，[晋]陆机撰，中华书局，1982年。

23.《柳宗元集》，[唐]柳宗元撰，中华书局，1979年。

24.《刘禹锡集》，[唐]刘禹锡著，上海人民出版社，1975年。

25.《陆放翁全集》，[宋]陆游撰，中国书店，1986年。

26.《李东阳集》，[明]李东阳撰，岳麓书社，1984年。

27.《礼记集解》，[清]孙希旦撰，中华书局，1989年。

28.《历代赋汇》，[清]陈元龙编，凤凰出版社，2004年。

29.《李太白全集》，[清]王琦注，中华书局，1977年。

30.《列子集释》，杨伯峻撰，中华书局，1979年。

31.《论语疏证》，杨树达著，上海古籍出版社，1986年。

32.《明诗综》，[清]朱彝尊辑录，中华书局，2007年。

33.《孟浩然诗集笺注》，佟培基笺注，上海古籍出版社，2000 年。

34.《全唐诗》，[清] 曹寅、彭定求等编，中华书局，1960 年。

35.《全唐文》，[清] 董诰等编，中华书局影印，1983 年。

36.《全上古三代秦汉三国六朝文》，[清] 严可均辑，中华书局，1958 年。

37.《全宋词》，唐圭璋编撰，中华书局，1965 年。

38.《全宋诗》,北京大学古文献研究所编,北京大学出版社,1995 年。

39.《秦观集编年校注》，[宋] 秦观撰，周义敢等编注，人民文学出版社，2001 年。

40.《隋书》，[唐] 魏徵等撰，中华书局，1973 年。

41.《诗话总龟》，[宋] 阮阅辑，人民文学出版社，1987 年。

42.《四书集注》，[宋] 朱熹集注，岳麓书社，1987 年。

43.《山中白云词》，[宋] 张炎著，中华书局，1983 年。

44.《宋史》，[元] 脱脱等撰，中华书局，1977 年。

45.《说郛》，[明] 陶宗仪纂，中国书店，1986 年。

46.《诗经原始》，[清] 方玉润撰，中华书局，1986 年。

47.《诗三家义集疏》，[清] 王先谦撰，中华书局，1987 年。

48.《宋琬全集》，[清] 宋琬著，齐鲁书社，2003 年。

49.《十三经注疏》，[清] 阮元校刻，中华书局，1980 年。

50.《苏轼诗集》，[清] 王文诰辑注，中华书局，1982 年。

51.《水经注校》，[北魏] 郦道元著，王国维校，上海人民出版社，1984 年。

52.《宋诗选注》，钱钟书著，人民文学出版社，1989 年。

53.《诗经今注》，高亨撰，上海古籍出版社，1980 年。

54.《诗经译注》，程俊英撰，上海古籍出版社，1985 年。

55.《诗经译注》，袁梅撰，齐鲁书社，1980 年。

56.《诗歌意象论》，陈植锷著，中国社会科学出版社，1990 年。

57.《三辅黄图校释》，何清谷撰，中华书局，2005 年。

58.《唐宋词集序跋汇编》，金启华等编，江苏教育出版社，1990 年。

59.《唐宋词鉴赏集》，人民文学出版社编辑部编，人民文学出版社，1983 年。

60.《唐女诗人集三种》，[唐] 李冶、薛涛、鱼玄机著，陈文华校注，上海古籍出版社，1984 年。

61.《文选》，[南朝梁] 萧统等编，中华书局，1997 年。

62.《王十朋全集》，[宋] 王十朋撰，上海古籍出版社，1998 年。

63.《闻一多全集》，闻一多撰，湖北人民出版社，1993 年

64.《文心雕龙义证》，詹锳撰，上海古籍出版社，1989 年。

65.《温庭筠全集校注》，刘学锴撰，中华书局，2007 年。

66.《文学鉴赏论丛》，傅庚生著，陕西人民出版社，1981 年。

67.《温庭筠词新释辑评》，张红编著，中国书店，2003 年。

68.《先秦汉魏晋南北朝诗》，逯钦立辑校，中华书局，1983 年。

69.《西京杂记校注》，[汉] 刘歆撰、[晋] 葛洪集，向新阳校注，上海古籍出版社，1991 年。

70.《现代西方文论选》，伍蠡甫主编，上海译文出版社，1983 年。

71.《元稹集》，[唐] 元稹撰，中华书局，1982 年。

72.《颜鲁公集》，[唐] 颜真卿撰，上海古籍出版社，1992 年。

73.《叶适集》，[宋] 叶适撰，中华书局，1961 年。

74.《乐府诗集》，[宋] 郭茂倩编，中华书局，1979 年。

75.《幽梦影》，[清] 张潮撰，黄山书社，2005 年。

76.《元诗选》，[清] 顾嗣立编，中华书局，1987 年。

77.《颜氏家训集解》，[北齐] 颜之推撰，王利器集解，上海古籍出版社，1980 年。

78.《影印文渊阁四库全书》，[清] 永瑢、纪昀等编纂，上海古籍出版社，1987 年。

79.《艺术与人文科学—贡布里希文选》，范景中编，浙江摄影出版社，1989 年。

80.《艺术哲学》，[法] 丹纳著，广西师范大学出版社，2000 年。

81.《战国策》，[汉] 刘向撰，上海古籍出版社，1978 年。

82.《郑板桥集》，[明] 郑板桥著，上海古籍出版社，1979 年新 1 版。

83.《遵生八笺》[明] 高濂著，甘肃文化出版社，2003 年。

84.《中古文学史论》，王瑶著，北京大学出版社，1998 年。

85.《中国历代文学作品选》，朱东润编，上海古籍出版社，1980 年。

86.《左传译注》，李梦生撰，上海古籍出版社，1998 年。

二、论文类

1. 史新粉《中国古代山水画的风格演变》，《衡水师专学报》2001 年第 3 卷第 2 期。

2. 童盛强《宋词中的生命意识》，《学术论坛》1997 年第 5 期。

3. 王穆之《温词〈梦江南〉二首的两个问题》，《山西师大学报》1991 年第 1 期。

中国古代文学蓬蒿意象研究

张　余著

目　录

引　言

孔子曾教育其弟子：“小子，何莫学夫诗？诗，可以兴，可以观，可以群，可以怨。迩之事父，远之事君；多识于鸟兽草木之名。”(《论语·阳货》)“兴观群怨”成了古代诗论的重要论题，至于“多识于鸟兽草木之名”的教诲也为许多文人所接受，如三国吴陆玑《毛诗草木鸟兽虫鱼疏》就是最具代表性的著作。当代学者邓云乡《草木虫鱼——中国养殖文化》对此也有着较详细的说明，“细思人类草木虫鱼的学问，第一是实用方面的，第二是认识方面的，第三是艺术情趣方面的。实用方面是为了生活生存的需要，人能于草木植物中分出谷物与草；于木本中分出可食者与不可食者等，这是实用方面的。在草中、木中、虫中，又能分出不同种类，好的、可利用的，不好的，有害的，其细微形状、特性、生长情况等，这是认识方面的。懂得看花的光芒色彩，听鸟声、虫声，思大树之年龄，感草色之芬芳，凡此等等，这又是艺术情趣方面的。”我们所做的研究正是在认识蓬蒿等植物的基础上，就其在文学中的形貌神意、文化意趣等方面加以阐释。

结合吉发涵发表的《“蓬”与“飞蓬”解》一文，我们可以归纳出蓬在古代文献中所表现出的生物形象特征：首先，蓬是中国固有的植物种类而非“舶来品”，这点从《诗经》中已有蓬身影的出现就可看出，因为人类的认识总是由低到高逐步发展的，在蓬进入诗文之前，其应是在日常生活中为人们所熟知的，这可以作为蓬是“国产货”的证明。

其次，蓬分布广泛；蓬是指一种草，而非指蓬草的花；蓬是陆生植物而非水生。蓬是一种常见的草类植物，田地中、房前屋后、荒野等处都有其身影。如魏曹操《却东西门行》:“田中有转蓬，随风远飘扬，长与故根绝，万岁不相当。”晋陆云《答兄平原诗》有 :“华堂倾构，广宅颓墉。高门降衡，修庭树蓬。”其三，蓬末大于本，也就是分枝较多，枝叶茂盛，根部相对较细，头重脚轻；蓬表现出杂生、丛聚生长的生物特征。在古代诗文中关于飘蓬的描写，多有“飘蓬离本根”类似内容的表达，这正是 :“譬之犹秋蓬也，孤其根而美枝叶，秋风一起，偾且揭矣。”(《晏子春秋·内篇杂上》) 蓬枝叶的发达给人一种蓬乱的形象，再加上其杂聚生长，则更能体现出蓬勃旺盛的生命力。

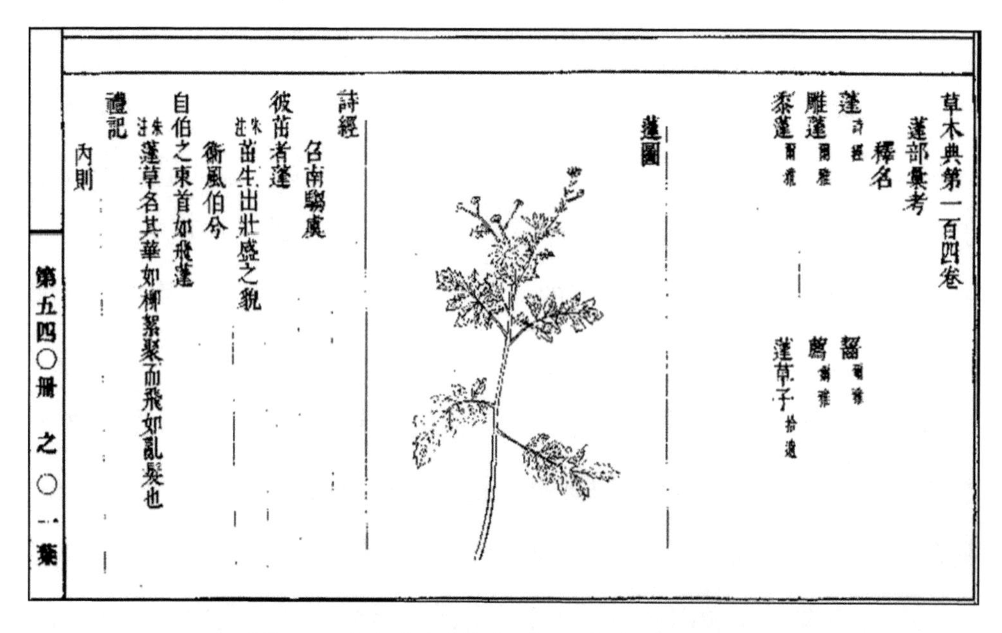
草木典第一百四卷
蓬部彙考
釋名
蓬 詩經　齧 爾雅
雕蓬 爾雅　薦 爾雅
黍蓬 爾雅　蓬草子 拾遺

詩經
名南騶虞
彼茁者蓬
朱注 茁生出壯盛之貌
衛風伯兮
自伯之東首如飛蓬
朱注 蓬草名其華如柳絮聚而飛如亂髮也
禮記
內則
第五四〇冊之〇一葉

图 01 《古今图书集成 · 草木典》书影。

在诗歌意象研究中，单个意象在诗作中复现次数的统计是一种必要的研究方法。首先在纵向上，我们通过对中国古代部分总集中蓬意象数量的统计，揭示出蓬意象在中国古代文学（宋代及以前）各个时期的沿袭演变。宋前部分总集中蓬意象数量统计（不含“蓬莱”等仙境之意“蓬”）：

书名	总数	蓬意象	约占百分比
《先秦汉魏晋南北朝诗》	约 10800（不含两句以内断章残句）	138	1.278%
《全上古三代秦汉魏晋南北朝文》	10000 余	167	1.67%
《全唐诗》及补编	约 55000	692	1.258%
《全唐文》《唐文拾遗》和《唐文续拾》	约 23000	330	1.434%
《全唐五代词》（曾昭岷等著）	约 2800	7	0.25%
《全宋词》及补辑	约 21050	170	0.807%

我们从中看出一种趋势就是蓬意象复现频率文高于诗，诗高于词。唐宋词中蓬意象出现频率不高，主要是由于蓬没有花卉类植物的“色”“香”“姿”“韵”，只是颇低微的普通草类，作为“艳科”的词没有青睐于它也是情有可原。而诗文所涵盖的范围更广泛，当然也就会有蓬的一席之地。

就横向而言，我们选取具有代表性的《全唐诗》和《全宋词》进行统计比较。对《全唐诗》及补编中蓬等草类植物意象进行粗略统计，其中含有“茅”字单句有 808 句（不含三茅君之意“茅”19 句），“蓬”692 句（不含蓬莱、蓬岛等表示仙境之意“蓬”），“蒲”486 句（不含蒲萄 27 句，蒲桃12句，蒲葵22句，蒲柳14句，蒲州10句，蒲海9句)，“蘋”414句（含“苹”48句）句，“芦”368句（另外“苇”158句，“芦苇”并称25句，“蒹葭”100句，单含“葭”63句，不含“芦笋”13句，“芦竹”1句)，“萍”327句（不含青萍剑之意“萍”18句)，“蒿”274句，“菱”265句，“莎”252句（不含莎鸡9句，莎衣1句)，“藜”181句，“荻”118句，“芸”113句，“蓼”108句，“萱”106句（含忘忧草7句)，“薤”71句，“蕨”69句，“艾”64句（不含“邓艾”“沛艾”“功未艾”等15句)，“荇”62句，“葵”59句（不含蒲葵22句)，“萁”52句，“蓍”27句。

我们采用与上面相同的统计标准，就《全宋词》及孔凡礼补辑中含有的草类意象进行一下数量统计，词句中包含“苹”字的单句255句，“茅”236句，“蒲”203句，“萍”176句，“蓬”170句，“菱”166句，“芦”146句（又“苇”59句，“芦苇”2句，“蒹葭”51句，单含“葭”32句)，“萁”129句，“萱”109句（含忘忧草5句)，“蓼”93句，“藜”74句，“葵”69句，“荻”65句，“艾”49，“莎”42句，“芸”30句，“蒿”25句，“荇”14句，“蕨”10句，“薤”4句，“蓍”2句。

需要加以说明的是，我们的统计标准是对总集中草类意象进行统计，所以力图在数据中剔除含有此草类意象单字而不含草类意象之意的单句，如《全宋词》中含“蓬”单字的有近千句，但其中与蓬草相关者只有170句。

“诗庄词媚”，一般来说诗词在题材和主题方面各有偏爱，蓬的平凡卑贱更适合在相对正统的诗歌中来表达，而与词“娱宾遣兴”和“浅斟低唱”的普遍需要不甚相合，这一点我们从横向的统计数据比较中也可以看出来，《全唐诗》中蓬的位置排在第二，《全宋词》中则落至第五，如果将“芦苇”的各种表达看成一体，蓬则排在第六。总体看来，茅、芦苇、蓬、蒲、蘋（苹）和萍在排名中是处于相对稳定且靠前的位置上，我们从中看出了蓬在中国文学草类意象中的重要地位。

蓬作为文学意象最早见于《诗经》中的“首如飞蓬”，可以说是有着悠久传统的植物意象。本文将以三章内容来讨论文学中蓬蒿的种种情形，力求能较为透彻地论述蓬蒿在中国古代文学和文化中所表现出的独特风范。

第一章，主要讨论飘蓬在唐宋以前文学中的轨迹。飘蓬意象从《诗经》时代就开始进入文学领域，隋唐之前是飘蓬意象的发生、发展时期。飘蓬意象经曹操、曹植两父子之手正式成为文人笔下的常见意象，此时飘蓬意象多是出现在边塞和送别等题材的诗作中。有唐一代，诗歌的发展可谓繁盛，表现手法也多彩纷呈，文人对于飘蓬意象也有着不断的翻新，“师前人之意而易其象”，飘蓬家族也多了萍蓬之类的组合。两宋时期，飘蓬意象已经完全成为漂泊内涵的代表性符号，广大文人对此在诗文中有着较一致的看法。

第二章，蓬蒿给人的印象主要是低微和丛芜，这主要是因为蓬蒿本身的生物特征；蓬蒿带给人一种漂泊思家之感和对家国、人生的沧桑感慨之情；同时蓬蒿带有儒家文化、道家文化和平民文化的特征。蓬蒿的低微和荒芜形象，营造出简陋的居住环境，贤人君子借此表现出自己固穷守道、谦卑有礼的情感，其中代表人物有原宪和颜回等；隐士高士借此表达出亲近自然、超尘脱俗的情感，代表性人物有张仲蔚、蒋诩和陶渊明等。蓬蒿与平民一样都极平凡普通、地位低微，同时它又很接地气，有着蓬勃旺盛的生命力，这与普通民众有着较高的相似度，平民百姓自称“草民”“草根”也是对此的认同。蓬蒿不像梅兰竹菊代表着阳春白雪的高雅文化倾向，正相反它是下里巴人的代表，是通俗的平民文化象征。

第三章，蓬首、蓬头和蓬鬓在所要表达的内涵上有相通之处，都是可以表达出蓬乱的意思，但是在实际应用中它们却又各自有着明显不同的倾向。蓬首主要表现在思妇的愁怨形象上，这与其《诗经》的传统颇有渊源，此外蓬首也多出现在墓志铭文当中，是未亡人等形象的代表。蓬头因其更加口语化，多是用来描绘鬼神、文人、士兵和孩童等人的形象。而蓬鬓则更多地用来表现衰老之态，头发的稀疏、衰乱、斑白等都是蓬鬓表达衰老的常用组合方式。另外就是蓬矢和蒿矢，由于蓬蒿本身都具有避邪的能力，所以蓬矢和蒿矢最开始都具有避邪功用。蓬矢进入了儒家经典《礼记》，所以确立了其作为男儿志向的象征性事物，也就成了诗文中的常见用语，而蒿矢则是逐渐返归其不称职弓箭的本来面目。

第一章　宋代及以前文学中飘蓬意象的发展和流变

关于“飘蓬”的解释，《晏子春秋》卷五《内篇杂上》第五载：“昭公对曰：‘……譬之犹秋蓬也，孤其根而美枝叶，秋风一至，偾且揭矣。’”[①]程瑶田《释草小记》的“释蓬”更具体的解释为：“蓬之干，草本也。枯黄后其质松脆，近本处易折，折则浮置于地……大风举之，乃戾于天，故言飞蓬也。”[②]这些都是对飘蓬形象的生动描绘。飘蓬随风飘荡、无依无靠，诗人将此物的情状与自己的身世遭遇相联系就生发出身世漂泊之叹。这种传统一确定下来，就得到了广大文人的拥护，以至中国古代文学中“飘蓬”意象表达身世漂泊的写法颇为普遍。

第一节　飘蓬意象的确立

一、先秦两汉魏晋时期

据可见文献，“飘蓬”意象最早的表现形式为“飞蓬”，见于《诗经》卷三《卫风》之《伯兮》篇，其云：“自伯之东，首如飞蓬。岂无膏沐，谁适为容？”朱熹注为：“蓬，草名，其华似柳絮，聚而飞，如乱发也。”[③]朱熹认为飞蓬是指蓬草的花，并将其解释成柳絮的行状，

① 张纯一著《晏子春秋校注》，世界书局 1935 年版，第 140 页。

② ［清］程瑶田著《释草小记》，《续修四库全书》第 191 册，第 486 页。

③ ［宋］朱熹注《诗集传》，中华书局 1958 年版，第 40 页。

以便让它与乱发相似。正如前文提及的《晏子春秋》和程瑶田所指出的飞蓬应是指蓬草的植株枯折后随风飘走,而非蓬的花。再有,《商君书》中“禁使第二十四”载:“今夫飞蓬遇飘风,而行千里,乘风之势也。”[1]又《管子》载:“飞蓬之问,不在所宾;燕雀之集,道行不顾。”[2]所谓“飞蓬之问”是指没有根据的言论,这正是从飞蓬遇风飘摇不定引申而来。飞蓬就此进入了诗文当中,是飘蓬意象的滥觞,不过此时飘蓬并不带有漂泊的内涵。

图 02　飞蓬,网友提供。(此图从网络引用,以下但凡从网络引用图片,除查实作者或明确网站外,均只称“网友提供”。因本著为学术论著,所有图片均为学术引用,非营利性质,所以不支付任何报酬,敬祈谅解。对图片的摄者、作者和提供者致以最诚挚的敬意和谢意)

① 高亨注译《商君书注译》,中华书局 1974 年版,第 173 页。

② 周瀚光、朱幼文、戴洪才撰《管子直解》,复旦大学出版社 2000 年版,第 16 页。

两汉时期，诗作的总体数量较少，有飘蓬的诗作有两首。《古八变歌》云："北风初秋至，吹我章华台。浮云多暮色，似从崦嵫来。枯桑鸣中林，纬络响空阶。翩翩飞蓬征，怆怆游子怀。故乡不可见，长望始此回。"[①]逯钦立从文献传承的角度指出此诗可疑，我们采纳其说法，这首诗不算在内。东方朔《沉江》:"离忧患而乃寤兮,若纵火于秋蓬。"[②]秋天的蓬草，若在其中放火则无法施救，这是对蓬草形象的真实描述。又《后汉书》卷二《显宗孝明帝纪》第二有载："昔应门失守，《关雎》刺世；飞蓬随风，微子所叹。"[③]注称此处的飞蓬正是《管子》中"飞蓬之问"的意思。应劭《风俗通义》的"佚文"有载："后嘉问掾：'声音何类太守？何州里邪？'掾曰：'本犍为武阳人，蓬转流宕到此。'"[④]家在别处,蓬转流宕于此,正是身世漂泊的表达无疑。徐淑《又报嘉书》载："昔诗人有飞蓬之感，班婕妤有谁荣之叹。素琴之作，当须君归；明镜之鉴，当待君还。"[⑤]徐淑是黄门郎秦嘉之妻，这封妻子给丈夫的信中要表达就是《诗经》"首如飞蓬"的思妇般的思念，可以说是"首如飞蓬"的一种简省表达。两汉时期的"飘蓬"既有东方朔的实指秋蓬，也有徐淑的"首如飞蓬"等用法，还有身世之叹内涵的使用，并不十分统一，我们也可以看出此时"飘蓬"还只是偶然一见，且并未完全带上漂泊的感情色彩。

魏晋时期,是文学自觉的时期,这时有曹氏父子等领文学之风骚者，

① 逯钦立辑校《先秦汉魏晋南北朝诗》，中华书局 1983 年版，第 288—289 页。
② [宋]洪兴祖撰、白化文等点校《楚辞补注》（重印修订本），中华书局 1983 年版，第 241 页。
③ [南朝宋]范晔撰、[唐]李贤等注《后汉书》，中华书局 1965 年版，第 111 页。
④ [汉]应劭撰、王利器校注《风俗通义校注》，中华书局 1981 年版，第 594 页。
⑤ [清]严可均校辑《全上古三代秦汉三国六朝文》，中华书局 1958 年版，第 991 页。

他们的文学创作掀开了中国文学崭新的篇章。飘蓬意象的漂泊内涵在曹操诗中得到确立。曹植由于政治生活的不得意，心中郁结，颇多怀才不遇、身世飘零的情绪，飘蓬正符合此种情绪表达的需要，所以曹植在诗文中多次用到飘蓬这一意象，为飘蓬意象在后世诗文的发展奠定了基础。

建安时期，曹操作为政治领袖同时也引领着文坛，其“登高必赋，及造新诗”，《却东西门行》云：

鸿雁出塞北，乃在无人乡。举翅万里余，行止自成行。冬节食南稻，春日复北翔。田中有转蓬，随风远飘扬，长与故根绝，万岁不相当。奈何此征夫，安得去四方。戎马不解鞍，铠甲不离旁。冉冉老将至，何时反故乡。神龙藏深渊，猛兽步高冈。狐死归首丘，故乡安可忘。[①]

这首诗先是以鸿雁和飘蓬起兴，要表达出将士老将至而不得归故乡的愁绪。转蓬的随风飘扬，正是征夫各处征战情形的写照；转蓬之所以四处飘走，是由于其与“故根绝”，植物没有了根只会无所依傍，人离开了故乡这条根，则会更加愁苦，因为对故乡的不断思念让人愈加显得形单影只。飘蓬意象的漂泊内涵就此在诗作中确立下来，曹操不失为“一个改造文章的祖师”。

“才高八斗”却怀才不遇的曹植，极具文人的典型面目，因此其诗作对后世产生了巨大的影响，在“飘蓬”意象方面也不例外。曹植《吁嗟篇》云：

吁嗟此转蓬，居世何独然。长去本根逝，宿夜无休闲。东西经七陌，南北越九阡。卒遇回风起，吹我入云间。自谓

① 曹操撰《曹操集》，中华书局 1974 年版，第 19—20 页。

终天路，忽然下沉泉。惊飚接我出，故归彼中田。当南而更北，谓东而反西。宕若当何依，忽亡而复存。飘遥周八泽，连翩历五山。流转无恒处，谁知吾苦艰。愿为中林草，秋随野火燔。糜灭岂不痛，愿与株荄连。[1]

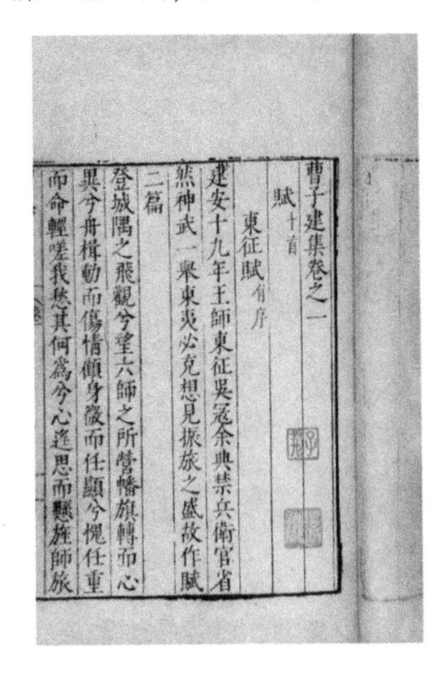

曹子建集卷之一

賦十首

東征賦有序

建安十九年王師東征吳寇余典禁兵衛官省
然神武一舉東夷必克想見振旅之盛故作賦
二篇

登城隅之飛觀兮望六師之所營幡旗轉而心
異兮舟楫動而傷情顧身微而任顯兮愧任重
而命輕嗟我愁其何為兮心遂思而懸旌師旅

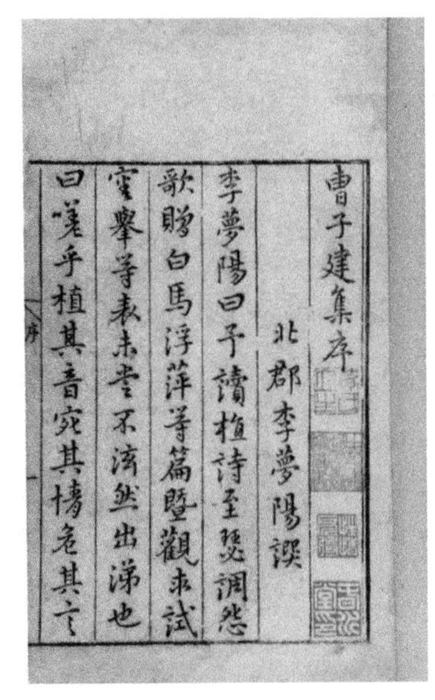

曹子建集序

北郡李夢陽譔

李夢陽曰予讀植詩至瑟調怨
歌贈白馬浮萍等篇暨觀求試
審舉等表未嘗不泫然出涕也
曰嗟乎植其音宛其情危其言

图03　曹植诗文集，网友提供。

曹植的这首诗实则为专咏“飘蓬”的诗，这是目前所见中国古代文学史上最早的专咏“飘蓬”诗。诗中对蓬飘转情形的描写十分细致，转蓬周八泽、历五川，流转不息，这都是因为蓬脱离了本根的缘故。曹植用第一人称来写作这首诗，所以它既是一首专咏“飘蓬”的诗，同时也是诗人的自喻，带有浓重的个人身世之叹。曹植有很高的文学造诣，但是在政治上始终未能有得意之时，据《三国志》卷十九《魏书》

① ［三国魏］曹植著、赵幼文校注《曹植集校注》，人民文学出版社 1984 年版，第 382—383 页。

十九《任城陈萧王传》第十九曹植传得知建安十六年,曹植被封平原侯。十九年,徙封临菑侯。黄初二年,贬爵安乡侯,其年改封鄄城侯。三年,立为鄄城王。四年,徙封雍丘王。太和元年,徙封浚仪。二年,复还雍丘。三年,徙封东阿。六年二月,以陈四县封植为陈王。如此,我们就可以理解为什么曹植要嗟叹飘蓬,因为曹植的一生迁徙不定,这正与飘蓬的四处漂泊无依极为相似,可以说是“同病相怜”,所以他最后呼号着愿意同野草一般被火毁灭也不愿离开自己的“本根”。

《吁嗟篇》主要运用“索物以托情”的“比”的手法,运用比兴手法的诗还有《盘石篇》载:“盘盘山巅石,飘遥涧底蓬。我本泰山人,何为客淮东。”[①]又:“仰天长太息,思想怀故邦。乘桴何所志,吁嗟我孔公。”[②]以盘石和飘蓬对比起兴,抒发客乡游子的愁苦。赵幼文认为:“曹植远封雍丘,自伤废弃,辞中叙述雍丘之贫瘠,沧海之风物,而发生思乡之感。”[③]《杂诗七首》载:“转蓬离本根,飘遥随长风。何意回飚举,吹我入云中。高高上无极,天路安可穷。类此游客子,捐躯远从戎。毛褐不掩形,薇藿常不充。去去莫复道,沉忧令人老。”[④]此诗“后半首六句以‘转蓬’为中心展开描述,后半首六句则环绕着‘游子’加以对比性的铺叙。显而易见,‘转蓬’在这里,同‘孤雁’一样,也是‘游子’的象喻”[⑤]。(按:引文中第一个“后半首”实则应为“前半首”,应是刊印之误)又《朔风》中有云:“四气代谢,悬景运周,别如俯仰,脱若三秋。昔我初迁,朱华未晞,今我旋止,素雪云飞。俯降千仞,仰

① 《曹植集校注》,第 261 页。
② 《曹植集校注》,第 261 页。
③ 《曹植集校注》,第 262 页。
④ 《曹植集校注》,第 393—394 页。
⑤ 陈植锷《诗歌意象论》,中国社会科学出版社 1990 年版,第 93—94 页。

登天阻，风飘蓬飞，载离寒暑。千仞易陟，天阻可越；昔我同袍，今永乖别。”[①]赵幼文认为“同袍”是指朋友而非兄弟，且此诗为怀魏都邺而作，那么此首咏朔风的诗表现了朔风的无情，其将蓬吹得四处飘散，正如曹植与朋友的四处分散、生离死别一般。曹植的诗多用比兴手法写飘蓬，写出了飘蓬的游离不定、飘泊无依，带有鲜明的身世之譬，为后世诗文中的飘蓬意象奠定了基调。

此外，魏晋时期其他文人的诗作对飘蓬意象也有所涉及，在意象内涵等方面都不出曹氏两父子的窠臼，如魏明帝曹睿《燕歌行》载:“白日晼晼忽西倾，霜露惨凄涂阶庭。秋草卷叶摧枝茎，翩翩飞蓬常独征，有似游子不安宁。”[②]何晏《言志诗》载:“转蓬去其根，流飘从风移。”[③]傅玄有诗：“飞蓬随飘起，芳草摧山泽。世有千年松，人生岂能百。”[④]潘岳《河阳县作诗二首》其一有:“譬如野田蓬，斡流随风飘。”[⑤]陆云《为顾彦先赠妇往返诗四首》其三载：“翩翩飞蓬征，郁郁寒水萦。游止固殊性，浮沉岂一情。”[⑥]司马彪有咏秋蓬诗：“百草应节生，含气有深浅。秋蓬独何辜，飘遥随风转。长飚一飞薄，吹我之四远。搔首望故株，邈然无由返。”[⑦]我们从这些诗作中可以看出，就描写的场景而言，多是蓬的离根随风飘摇;就情感而言，多是游子思乡之叹，忧伤感怀之情;就表达方式而言，多为比兴手法。司马彪将秋天与飘蓬结合起来，融

① 《曹植集校注》，第 173 页。
② 《先秦汉魏晋南北朝诗》，第 417 页。
③ 《先秦汉魏晋南北朝诗》，第 468 页。
④ 《先秦汉魏晋南北朝诗》，第 573 页。
⑤ ［晋］潘岳著、董志广校注《潘岳集校注》（修订版），天津古籍出版社 2005 年版，第 244 页。
⑥ ［晋］陆云撰、黄葵点校《陆云集》，中华书局 1988 年版，第 90 页。
⑦ 《先秦汉魏晋南北朝诗》，第 729 页。

入了宋玉《九辩》的悲秋因素，使漂泊的愁苦的情感更加浓郁。

综上，这一时期曹操撷有飘泊愁绪内涵的“飘蓬”意象入诗，可谓开风气之先。而曹植不仅写作了中国文学史上第一首专咏“飘蓬”的诗作，又将自己的身世遭遇与飘蓬等外部景物有机地结合起来，倾吐着自己内心深处的飘摇无依的复杂情感，极具个人抒情色彩。另外，此时期的其他文人也多注重对蓬飘飞场景的描绘，采用比兴的手法，以飘蓬为比附、触发自己内心的飘泊之情。

二、南北朝时期

南北朝时期，随着文人创作的兴盛，飘蓬意象也成为文人笔下一种较为常见的表达方式。不过，此时统治中国南部的汉族政权与北部的少数民族政权形成了对峙的局面，南北方政权不断地更迭，战事也时有发生，因此诗人笔下乐府诗作中边塞场景出现得颇为频繁。此时诗人笔下涉及飘蓬意象的诗作有 47 首之多，多是在描写边塞场景的乐府等类诗作中，飘蓬意象由此带有了北方边塞的地域色彩。另外，在送别和赠答等题材的诗作中飘蓬也时有出现，算是对飘蓬意象领域的一种开拓。

乐府诗歌的题目与内容往往是有着一定内在的联系，如《从军行》多述军旅苦辛、《出塞》和《陇头水》为汉横吹曲，是马上吹奏的行军音乐，《度关山》和《燕歌行》表达的都是行役之苦等。南北朝时期的文人笔下的乐府诗多是模仿古题古意而作，缺少亲临边塞的经历，所以他们多是采用一些经典的“边塞类”意象来创作边塞乐府诗，飘蓬就是此类边塞意象中的一员。

南朝宋鲍照诗风俊逸，有不少模拟学习乐府之作，如《代陈思王京洛篇》云:“春吹回白日，霜高落塞鸿。但惧秋尘起，盛爱逐衰蓬。”[①]又《代邽街行》:“伫立出门衢，遥望转蓬飞。蓬去旧根在，连翩逝不归。”[②]又《王昭君》载:“既事转蓬远，心随雁路绝。霜鞞旦夕惊，边笳中夜咽。”[③]“代”，是模拟的意思。鸿雁、边笳和寒霜都是边塞当有的场景，蓬草折根随风飘离不定，也很适合在北方边塞风沙环境中加以描绘。鲍照在赋中对这样的边塞场景描绘得比较细致全面,《芜城赋》:“崩榛塞路，峥嵘古馗。白杨早落，塞草前衰。棱棱霜气，蔌蔌风威。孤蓬自振，惊沙坐飞。”[④]边塞是萧飒霜风、飞沙走石、孤蓬折飞、白杨早落等场面，这种经典的边塞情景影响到了许多诗人，无论其是否到过边塞，都采用了这些“现成思路”，“沙蓬”和具有“人格化”倾向的“惊蓬”也都出于此。其他作家如梁沈约《昭君辞》:“日见奔沙起，稍觉转蓬多。胡风犯肌骨，非直伤绮罗。”[⑤]王训《度关山》载:“辽水深难渡,榆关断未通。折衔凌绝域,流蓬警未息。”[⑥]萧子显《从军行》云:“黄尘不见景，飞蓬恒满天。”[⑦]齐高帝萧道成《塞客吟》载:“秋风起，塞草衰。雕鸿思，边马悲。平原千里顾，但见转蓬飞。”[⑧]王褒《出塞》载:“飞蓬似征客，千里自长驱。塞禽唯有雁，关树但生榆。”[⑨]庾信《燕歌行》载:“代北云气昼昏昏，千里飞蓬无复根，寒雁邕邕渡

① [南朝宋]鲍照著、钱仲联增补集说校《鲍参军集注》，上海古籍出版社1980年版，第150页。
② 《鲍参军集注》，第203页。
③ 《鲍参军集注》，第205页。
④ 《鲍参军集注》，第13页。
⑤ 《先秦汉魏晋南北朝诗》，第1614页。
⑥ 《先秦汉魏晋南北朝诗》，第1717页。
⑦ 《先秦汉魏晋南北朝诗》，第1818页。
⑧ 《先秦汉魏晋南北朝诗》，第1376页。
⑨ 《先秦汉魏晋南北朝诗》，第2332页。

辽水，桑叶纷纷落蓟门。”[①]这些乐府古题的诗中，飞蓬都是边塞的“惯见伎俩”，也多表达出边塞的行役之苦。另外，因“玉树后庭花”留名万世的亡国之君陈叔宝《陇头水二首》其一载：“塞外飞蓬征，陇头流水鸣。漠处扬沙暗，波中燥叶轻。”其二载:“高陇多悲风，寒声起夜丛。禽飞暗识路，鸟转逐征蓬。”[②]江总《陇头水二首》载：“陇头万里外，天崖四面绝。人将蓬共转，水与啼俱咽。”[③]陈后主陈叔宝与“狎客”江总等人经常宴会赋诗赠答，上面的诗作或是二人唱和所致。以他们的奢靡的生活态度来看，当是没有边塞的实际生活体验，不过他们在表达边塞时却都使用了飘蓬这一意象，可见在他们的意识中飘蓬与边塞是紧密相关的。这正是“飘蓬”意象北方边塞地域化的明证。

北朝文学名家寥寥，不过他们笔下的“飘蓬”意象更给人一种“当行本色”的味道，读者在心理上更加易于接受这种接近真实的边塞场景。如北魏《杂歌谣辞》之《广平百姓为李波小妹语》：“李波小妹字雍容，褰裙逐马如卷蓬。左射右射必叠双，妇女尚如此，男子那可逢。”[④]这首诗主要表现的是北朝女子的“不爱红装爱武装”的勇猛尚武精神，卷蓬只是作为喻体出现，表现出李波小妹纵马追逐时的迅疾的场景，让人感受到了边塞的刚烈风气。

庾信是北朝不多的名家之一，自从入北朝之后庾信的诗风有“凌云健笔意纵横”的态势，其《上益州上柱国赵王二首》其二：“寂寞岁

① ［北周］庾信撰、［清］倪璠注、许逸民校点《庾子山集注》，中华书局1980年版，第407页。

② 《先秦汉魏晋南北朝诗》，第2505页。

③ 《先秦汉魏晋南北朝诗》，第2568页。

④ 《先秦汉魏晋南北朝诗》，第2235页。

阴穷，苍茫云貌同。鹤毛飘乱雪，车毂转飞蓬。”[1]据《周书》卷十三《列传》第五记载赵招“保定中，拜为柱国，出为益州总管……三年，进爵为王，除雍州牧”[2]，文中“三年”指建德三年（574年），此诗当是作于此之后。诗中“飞蓬”句化用了《淮南子》“见飞蓬转而知为车”的内容，“飞蓬”在此只是喻体，不带有漂泊的内涵。庾信著名的《拟咏怀诗二十七首》抒发的是羁留北周的乡关之思，言辞凄怨，其第十七首诗云：

> 日晚荒城上，苍茫余落晖。都护楼兰返，将军疏勒归。马有风尘气，人多关塞衣。阵云平不动，秋蓬卷欲飞。闻道楼船战，今年不解围。[3]

“阵云”句也是采用了对句逆接的方式——阵云的静与秋蓬的“蠢蠢欲动”，动静结合远较单写飞蓬丰富精彩。秋蓬所指的时间自不必多说，另就空间而言，阵云在天上，秋蓬已卷“跃跃欲飞”则在地上，天地的空间组合涵括了整个宇宙，整首诗的场景也就显得更开阔。

其第二十首云：

> 在死犹可忍，为辱岂不宽。古人持此性，遂有不能安。其面虽可热，其心长自寒。匣中取明镜，披图自照看。幸无侵饿理，差有犯兵栏。拥节时驱传，乘亭不据鞍。代郡蓬初转，辽阳桑欲干。秋云粉絮结，白露水银团。一思探禹穴，无用鏖皋兰。[4]

杜甫称庾信是“暮年诗赋动江关”，这和庾信家国之思有着巨大的关系，北周并不是他原来的家国。飞蓬在表现北周的边塞场面上是必

---

① 《庾子山集注》，第187页。

② ［唐］令狐德棻等撰《周书》，中华书局1971年版，第203页。

③ 《庾子山集注》，第242页。

④ 《庾子山集注》，第243页。

不可少的组成部分，由于庾信的北周处境，不管他笔下的“飞蓬”是否是“秉笔直书”、是不是他亲眼所见，都让读者在心理接受上有着某种满足感和真实感，对庾信羁留北方无法归家的漂泊游子身份产生了深深的同情。

上面主要讨论南北朝时期乐府诗体中边塞场景中的“飞蓬”意象，此外在一些仿古、效古等诗作中也多描写了边塞飞蓬，如南朝宋王僧达《和琅琊王依古诗》云：“仲秋边风起，孤蓬卷霜根。白日无精景，黄沙千里昏。”[①]袁淑《效古诗》：“勤役未云已，壮年徒为空。乃知古时人，所以悲转蓬。”[②]梁何逊《学古三首》其三载：“季月边秋重，严野散寒蓬。”[③]又宋沈约《晨征听晓鸿》载：“秋蓬飞兮未极，塞草寒兮无色。”[④]王褒《送别裴仪同诗》载：“河桥望行旅，长亭送故人。沙飞似军幕，蓬卷若车轮。边衣苦霜雪，愁貌捐风尘。行路皆兄弟，千里念相亲。”[⑤]诗作中有如飘蓬般的征夫和游子，那也自然少不了在家守候的思妇，南朝梁柳恽《捣衣诗》其一载：“孤衾引思绪，独枕怆忧端。深庭秋草绿，高门白露寒。思君起清夜，促柱奏幽兰。不怨飞蓬苦，徒伤蕙草残。”[⑥]南朝梁吴均《闺怨诗》载：“胡笳屡凄断，征蓬未肯还。妾坐江之介，君戍小长安。相去三千里，参商书信难。四时无人见，谁复重罗纨。”[⑦]

飘蓬用来咏叹游子的漂泊，这种情形的出现与曹操、曹植父子有着

---

① 《先秦汉魏晋南北朝诗》，第 1240 页。
② 《先秦汉魏晋南北朝诗》，第 1212 页。
③ 《先秦汉魏晋南北朝诗》，第 1694 页。
④ 《先秦汉魏晋南北朝诗》，第 1667 页。
⑤ 《先秦汉魏晋南北朝诗》，第 2340 页。
⑥ 《先秦汉魏晋南北朝诗》，第 1676 页。
⑦ 《先秦汉魏晋南北朝诗》，第 1746 页。

莫大关系。但在南北朝时期，飘蓬意象开始应用于朋友之间的送别、赠答和追忆等诗作当中，这是飘蓬意象随着诗歌的演变进行的一种开拓。

送别诗中表达的内容仍是游子的飘泊，不过这种叹惋是从朋友的口中吐出，如南朝宋谢瞻《九日从宋公戏马台集送孔令诗》云："逝矣将归客，养素克有终。临流怨莫从，欢心叹飞蓬。"[①]梁吴均《别王谦诗》载："严光不逐世，流转任飞蓬。欲还天台岭，不狎甘泉宫。离歌玉弦绝，别酒金卮空。倘遗故人念，仆在东山东。"[②]"悲莫悲兮生别离"，飞蓬、离歌、别酒和长亭等多是后世送别诗中的常见场景，离愁别绪显而易见。至于赠答诗，则有鲍照《秋日示休上人诗》云："回风灭且起，卷蓬息复征。"[③]梁范云《赠俊公道人诗》载："秋蓬飘秋甸，寒藻泛寒池。风条振风响，霜叶断霜枝。幸及清江满，无使明月亏。月亏君不来，相期竟悠哉。"[④]梁刘孝绰《答何记室诗》云："游子倦飘蓬，瞻途杳未穷。"[⑤]北周王褒《赠周处士诗》载："飞蓬去不已，客思渐无端。"[⑥]江总《遇长安使寄裴尚书诗》载："秋蓬失处所，春草屡芳菲。太息关山月，风尘客子衣。"[⑦]追忆诗，如何逊《夜梦故人诗》载："已如臃肿木，复似飘遥蓬。相思不可寄，直在寸心中。"[⑧]吴均《忆费昶诗》云："故人若思我，当念离根蓬。"[⑨]江淹《秋至怀归》云："蓬驱未止极，

---

① 《先秦汉魏晋南北朝诗》，第 1131 页。

② 《先秦汉魏晋南北朝诗》，第 1744 页。

③ 《鲍参军集注》，第 288 页。

④ 《先秦汉魏晋南北朝诗》，第 1546 页。

⑤ 《先秦汉魏晋南北朝诗》，第 1835 页。

⑥ 《先秦汉魏晋南北朝诗》，第 2336 页。

⑦ 《先秦汉魏晋南北朝诗》，第 2581 页。

⑧ ［南朝梁］何逊著《何逊集》，中华书局 1980 年版，第 29 页。

⑨ 《先秦汉魏晋南北朝诗》，第 1742 页。

旌心徒自悬。”[①]这些题材的诗作，不妨说是从游子的一人世界进入了朋友间的二人或多人世界中，情感也从自伤自怜转到同病相怜，这也对唐代送别等题材诗中的飘蓬意象产生了较大的影响。

南北朝时期，在写乐府诗时，诗人们多模拟乐府的古题古意而歌咏，他们采用了一些具有典型边塞地域色彩的意象去表达边塞主题，飘蓬意象正在其中。然而，事实上蓬草的生长地域极为广泛，房前屋后、田野沟渠，随处可见，将蓬定位为北方边塞地域所特有是不准确的。不过相对于南方的“小桥流水人家”，飘蓬意象更适合于边塞风沙飞扬的场面，可以说这是一种惯性思维在作怪。

总而言之，建安时期曹氏父子为飘蓬意象赋予了飘泊内涵，南北朝时期飘蓬又蕴含了浓厚的北方边塞地域色彩，飘蓬意象从此成了后代文人笔下的“现成思路”，抒发着他们绵绵无尽的漂泊愁绪。

第二节　飘蓬意象的发展

一、隋、初唐时期

隋朝国祚短暂，文学成就不高，就飘蓬意象而言，主要是沿袭了六朝的传统，未有新的创造。

就题材而言，隋朝诗歌中的飘蓬意象主要集中在送别、赠答、应和等类诗作中，尹式《别宋常侍诗》：“游人杜陵北，送客汉川东。无论去与住，俱是一飘蓬。秋鬓含霜白，衰颜倚酒红。别有相思处，啼

① ［明］胡之骥注，李长路、赵威点校《江文通集汇注》，中华书局 1984 年版，第 107 页。

乌杂夜风。”[1]尹式只留下了两首诗，自然是无名之卒，但就飘蓬意象的开拓而言，此诗是值得重视的。我们上面已经分析过六朝送别诗中的飘蓬意象的情况，飘蓬是和漂泊无法割离的。尹式“无论去与住，俱是一飘蓬”，不仅仅停留在飘蓬的动态漂泊上，对其静态情形有所注意。“去”，是动态的，自然是“飘蓬”无疑。“住”，客居他处，是静态的停留，相对于家乡而言，仍是“飘蓬”不二。后世唐王勃有诗“无论去与住，俱是梦中人”，明何景明有诗“无论去与住，俱是断蓬飘。”此二人或都是受到尹式的影响。送别诗还有鲁范《送别诗》：“去留虽有异，失路与君同。何如拔心草，还逐断根蓬。”[2]唱和诗有薛道衡《出塞二首和杨素》：“转蓬随马足，飞霜落剑端。”[3]周若水《答江学士协诗》：“野旷蓬常转，林遥鸟倦飞。”[4]

唐代是中国诗歌发展的黄金时期，诗作数量远远超出前代，大家名作迭出，飘蓬意象也得到了较大的发展。下面我们就唐诗“飘蓬”意象分作初、盛、中、晚四个时期进行简单的梳理分析。

初唐时期，飘蓬意象主要出现在边塞、送别和羁旅行役题材的诗歌当中。边塞和送别题材当中的飘蓬意象实非唐代首创，不过正如鲁迅所说“没有拿来的，文艺不能自成为新文艺。”[5]王绩和辛学士的咏秋蓬赠答诗和羁旅行役题材中的秋蓬意象是初唐时期的的创新之处。

我们首先来看下王绩的咏秋蓬诗，其诗《建德破后入长安咏秋蓬

① 《先秦汉魏晋南北朝诗》，第 2659 页。
② 《先秦汉魏晋南北朝诗》，第 2730 页。
③ 《先秦汉魏晋南北朝诗》，第 2680 页。
④ 《先秦汉魏晋南北朝诗》，第 2731 页。
⑤ 鲁迅著《鲁迅全集》第六卷《且介亭杂文》，人民文学出版社 2005 年版，第 41 页。

示辛学士》云:“遇坎聊知止,逢风或未归。孤根何处断,轻叶强能飞。”[1]又辛学士《答王无功入长安咏秋蓬见示》云:“托根虽异所，飘叶早相依。因风若有便,更共入云飞。”[2]王绩与辛学士的赠答诗,以秋蓬见喻,表达朋友各安所居，不得相见的思念。王绩的专咏秋蓬诗也是对曹植、司马彪的专咏之作的承袭。

下面再看看各类题材中的情况，边塞题材中的飘蓬意象承接南北朝诗作中北方的地域特点，多和秋天、鸿雁、风沙、寒雪等组合起来表达飘泊思乡之情。如杨师道《陇头水》:“雾中寒雁至,沙上转蓬轻。”[3]又虞世南《从军行二首》其一载:“蔽日卷征蓬,浮天散飞雪。”[4]褚亮《在陇头哭潘学士》在当时产生了较大的影响，其诗云:“陇底嗟长别，流襟一恸君。何言幽咽所，更作死生分。转蓬飞不息，悲松断更闻。谁能驻征马，回首望孤坟。”[5]《旧唐书》卷七十二《列传》第二十二“褚亮传”载:“时京兆郡博士潘徽亦以笔札为玄感所礼，降威定县主簿。当时寇盗纵横，六亲不能相保。亮与同行，至陇山，徽遇病终，亮亲加棺敛，瘗之路侧，慨然伤怀，遂题诗于陇树，好事者皆传写讽诵，信宿遍于京邑焉。”[6]这首诗当是作于隋末，转蓬的飘摇不定表达了对朋友的客死而无人驻征马的一种深切悲痛之情。骆宾王有三首描写边塞的诗中运用了飘蓬意象，《从军中行路难二首》其一有云:“漂梗飞

① [唐]王绩著、韩理洲校点《王无功文集》，上海古籍出版社1987年版，第126页。
② 《王无功文集》，第127页。
③ 陈贻焮主编《增订注释全唐诗》第1册，文化艺术出版社2001年版，第172页。
④ 《增订注释全唐诗》第1册，第188页。
⑤ 《增订注释全唐诗》第1册，第162页。
⑥ [后晋]刘昫等撰《旧唐书》，中华书局1975年版，第2581页。

蓬不暂安，扪藤引葛度危峦。昔时闻道从军乐，今日方知行路难。”[1]又《边夜有怀》有：“倚伏良难定，荣枯岂易通。旅魂劳泛梗，离恨断征蓬。”[2]《从军中行路难二首》其一又作辛常伯。又《边庭落日》有：“紫塞流沙北，黄图灞水东。一朝辞俎豆，万里逐沙蓬。”[3]沙蓬，也是前代未见的组合，当是吸收了鲍照《芜城赋》“孤蓬自振，惊沙坐飞”的内容。

送别题材诗作中出现的飘蓬并不多，如卢照邻《西使兼送孟学士南游》有：“地道巴陵北，天山弱水东。相看万馀里，共倚一征蓬。”[4]骆宾王《在军中赠先还知己》有：“蓬转俱行役，瓜时独未还。”[5]陈子昂《落第西还别魏四懔》载：“转蓬方不定，落羽自惊弦。山水一为别，欢娱复几年。离亭暗风雨，征路入云烟。还因北山径，归守东陂田。”[6]又李峤《又送别》载：“岐路方为客，芳尊暂解颜。人随转蓬去，春伴落梅还。白云度汾水，黄河绕晋关。离心不可问，宿昔鬓成斑。”[7]此中飘蓬主要是因袭前代，并未见有新创之处。

唐代的诗歌题材在不断开拓中，出现了羁旅行役题材的诗作，飘蓬正适合羁旅飘泊思乡等情绪的表达，那么飘蓬意象深入此类诗中也就比较容易让人理解。如刘希夷《晚憩南旅阳馆》：“日照蓬阴转，风

---

① ［唐］骆宾王著、［清］陈熙晋笺注《骆临海集笺注》，上海古籍出版社1995年版，第137页。
② 《骆临海集笺注》，第177页。
③ 《骆临海集笺注》，第125页。
④ ［唐］卢照邻著、李云逸校注《卢照邻集校注》，中华书局1998年版，第124页。
⑤ 《骆临海集笺注》，第128页。
⑥ 《增订注释全唐诗》第1册，第594页。
⑦ 《增订注释全唐诗》第1册，第405页。

微野气和。”[1]陈子昂《宿空舲峡青树村浦》:“今成转蓬去，叹息复何言。”[2]李峤《奉教追赴九成宫途中口号》有:“未攀丛桂岩,犹倦飘蓬陌。行当奉麾盖，慰此劳行役。”[3]

“初唐四杰”之一的骆宾王是这方面非常值得关注的诗人，他于羁旅行役题材诗作有所贡献，同时在飘蓬意象的组合使用上也有所突破。他的几首诗作中将飘蓬和漂梗、泛梗组合使用,丰富了飘蓬的表达方式,对后世杜甫诗作中“萍蓬”意象组合的出现有一定的启迪作用；同时开拓了飘蓬的领地，使飘蓬意象不再局限于北方边塞题材的诗作，含有江河等水域的诗作中也出现了飘蓬的身影，这也从一个侧面表明飘蓬意象开始成为具有飘泊内涵的符号。骆宾王《晚憩田家》载：

> 转蓬劳远役，披薜下田家。山形如九折，水势急三巴。悬梁接断岸，涩路拥崩查。雾岩沦晓魄，风溆涨寒沙。心迹一朝舛,关山万里赊。龙章徒表越,闽俗本殊华。旅行悲泛梗,离赠断疏麻。惟有寒潭菊，独似故园花。[4]

又《晚泊河曲》载：

> 三秋倦行役，千里泛归潮。通波竹箭水，轻舸木兰桡。金堤连远岸，贝阙影浮桥。水净千年近，星飞五老遥。叠花开宿浪,浮叶下凉飙。浦荷疏晚菂,津柳渍寒条。恓惶劳梗泛,凄断倦蓬飘。仙查不可托，河上独长谣。[5]

骆宾王的这两首羁旅行役题材的晚宿诗有“转蓬劳远役”和“三

---

① 《增订注释全唐诗》第 1 册，第 575 页。
② 《增订注释全唐诗》第 1 册，第 601 页。
③ 《增订注释全唐诗》第 1 册，第 397 页。
④ 《骆临海集笺注》，第 36 页。
⑤ 《骆临海集笺注》，第 86 页。

秋倦行役”的字样，可见诗人已经把羁旅行役与飘蓬密切的结合起来，转蓬即人，人即转蓬。加上我们前文引过骆宾王的两首诗《从军中行路难二首》其一（一说为辛常伯所作）有云：“漂梗飞蓬不暂安，扪藤引葛度危峦。昔时闻道从军乐,今日方知行路难。”[①]又《边夜有怀》有:“倚伏良难定，荣枯岂易通。旅魂劳泛梗，离恨断征蓬。”[②]从这几首诗中，我们会发现就飘蓬的意象组合而言，骆宾王有所创新，诗作中出现了飘蓬与漂梗或泛梗的组合，尤其是两首晚宿诗中诗人当时就是身处江河等水域，飘蓬意象北方边塞的地域标签有所消退。漂梗、泛梗的典故源出《战国策》卷十《齐策》三载：“有土偶人与桃梗相与语……土偶曰:‘不然，吾西岸之土也，(吾残）则复西岸耳。今子东国之桃梗也，刻削子以为人，降雨下，淄水至，流子而去，则子漂漂者将何如耳。’”[③]漂梗、泛梗也有飘泊不定的内涵,漂梗、飘蓬可谓依类而从。从其来源看，漂梗是指在水中的飘泊，飘蓬是指陆地、空中的飘泊，如此一来在诗作空间范围内的水、陆、空等领域都已有飘蓬组合的身影，飘蓬的领地得到了较大的拓展。

二、盛唐时期

盛唐诗歌蔚为大观，呈现出一股“盛唐气象”。此期有影响深远的山水田园诗派和边塞诗派，另外李、杜更是中国文学史上名垂千古的诗坛巨擘。不过边塞诗派的代表高适和岑参等人笔下的飘蓬用来描写边塞场景实则较少，而以写山水田园诗著称的王维等人诗作中飘蓬却有出现。大诗人李白以飘蓬自喻的使用手法充分体现出了其“清水出

---

① 《骆临海集笺注》，第 137 页。

② 《骆临海集笺注》，第 177 页。

③ 何建章注释《战国策注释》，中华书局 1990 年版，第 358 页。

芙蓉，天然去雕饰”洒脱的诗作风格，而杜甫则是将飘蓬看做自己人生写照，并开拓出萍蓬这一新的意象组合。

边塞诗派的一些代表诗人笔下的飘蓬多是表达飘泊的情绪、羁旅的愁苦和离别的悲伤等，而非用来描写亲眼所见的真实的边塞场景。如高适：

> 稍稍前村口，唯见转蓬入。(《酬陆少府》)①
>
> 唯见卢门外，萧条多转蓬。(《宋中十首》其八)②
>
> 旧国多转蓬，平台下明月。(《宋中别李八》)③
>
> 行子对飞蓬，金鞭指铁骢。(《送李侍御赴安西》)④
>
> 芸香名早著，蓬转事仍多。(《宴郭校书因之有别》)⑤
>
> 客从梁宋来，行役随转蓬。(《酬秘书弟兼寄幕下诸公》)⑥

这些诗句无一例外是用来抒发飘摇不定的生活遭遇。另一位以描写边塞奇异风光著称的诗人岑参,他的诗作有《北庭贻宗学士道别》载:“两度皆破胡，朝廷轻战功。十年只一命，万里如飘蓬。”⑦又《送祁乐归河东》:“鸟且不敢飞，子行如转蓬。”⑧又《安西馆中思长安》:“弥年但走马，终日随飘蓬。”⑨岑参对于边塞的大风非常好奇，其诗句中有“北风卷地白草折”和“风头如刀面如割”等明证，然而对于边塞

---

① ［唐］高适著、孙钦善校注《高适集校注》，上海古籍出版社 1984 年版，第 59 页。

② 《高适集校注》，第 16 页。

③ 《高适集校注》，第 12 页。

④ 《高适集校注》，第 206 页。

⑤ 《高适集校注》，第 96 页。

⑥ 《高适集校注》，第 181 页。

⑦ ［唐］岑参撰、廖立笺注《岑嘉州诗笺注》，中华书局 2004 年版，第 39 页。

⑧ 《岑嘉州诗笺注》，第 36 页。

⑨ 《岑嘉州诗笺注》，第 253 页。

的狂风吹转飘蓬的景象岑参却没有提及。此外,王之涣《九日送别》载:“蓟庭萧瑟故人稀，何处登高且送归。今日暂同芳菊酒，明朝应作断蓬飞。”[①]王昌龄（一作杜頠）《从军行二首》其二:“断蓬孤自转，寒雁飞相及。”[②]我们可以看出，高适的诗作除《送李侍御赴安西》与边塞有关联以外，其他诗作中的飘蓬都不是用来表现边塞题材。王昌龄诗作归属难定，其他边塞诗人笔下的飘蓬意象不是用来描写边塞场景，而是为了表现飘泊无依的羁旅愁绪。可见飘蓬意象的北方边塞地域色彩得到进一步消退。

我们还可以从另一个角度来考察上面提及的问题，那就是非边塞诗人笔下的边塞飘蓬意象。它们多被用来描写边塞景色，但这恐非作者实见，多是沿袭旧说而已。如王维《送陆员外》:“阴风悲枯桑，古塞多飞蓬。”[③]又《送张判官赴河西》载:“单车曾出塞，报国敢邀勋。见逐张征虏，今思霍冠军。沙平连白雪，蓬卷入黄云。慷慨倚长剑，高歌一送君。”[④]这两首送别诗，并非诗人亲身经历边塞，只是遥想边塞当是如此，沙蓬入云之类。

王维名作《使至塞上》:“征蓬出汉塞，归雁入胡天。”[⑤]此时王维出使边塞,征蓬、归雁是边塞场景中的常见事物,但诗中的“征蓬”和“归雁”更多是诗人的自喻，无法确定其是王维亲眼所见的实景。又如崔湜（一作胡皓）《大漠行》:“单于犯蓟壖，骠骑略萧边。南山木叶飞下

① 《增订注释全唐诗》第 2 册，第 582 页。

② ［唐］王昌龄著、李云逸注《王昌龄诗注》,上海古籍出版社 1984 年版,第 8 页。

③ ［唐］王维撰、［清］赵殿成笺注《王右丞集笺注》,上海古籍出版社 1961 年版，第 44 页。

④ 《王右丞集笺注》，第 135 页。

⑤ 《王右丞集笺注》，第 56 页。

地，北海蓬根乱上天。”[①]郑愔《塞外三首》其一：“断蓬飞古戍，连雁聚寒沙。海暗云无叶，山春雪作花。”[②]屈同仙《燕歌行》：“云和朔气连天黑，蓬杂惊沙散野飞。”[③]这三首是乐府诗题，飘蓬的用法与南北朝时期乐府诗的沿袭古题古意极为相似。另外崔泰之《奉和圣制送张尚书巡边》：“夏近蓬犹转，秋深草木腓。”[④]奉和诗更多是陈词滥调，难有实情，边塞场景也多是想象得来，根本不能作数。

综上，边塞诗人并没有把飘蓬和边塞景象紧密地结合起来，反倒是那些非边塞诗人多将二者结合起来，我们认为那些没有边塞亲身经历的诗人，其诗作中的边塞蓬转入云等描写只是跟在前人步武后的想当然。

大诗人李白诗中的飘蓬意象是有鲜明特色的，充分体现出李白挥洒自如、脱口成章的个性，不愧被誉为“绣口一吐就是半个盛唐”。如：

光景不可留，生世如转蓬。(《效古二首》)[⑤]

归来无产业，生事如转蓬。(《赠从兄襄阳少府皓》)[⑥]

时泰解绣衣，脱身若飞蓬。(《至陵阳山登天柱石，酬韩侍御见招隐黄山》)[⑦]

秦鹿奔野草，逐之若飞蓬。(《登广武古战场怀古》)[⑧]

---

① 《增订注释全唐诗》第1册，第378页。
② 《增订注释全唐诗》第1册，第754页。
③ 《增订注释全唐诗》第1册，第1679页。
④ 《增订注释全唐诗》第1册，第665页。
⑤ ［唐］李白著、［清］王琦注《李太白全集》，中华书局1977年版，第1090页。
⑥ 《李太白全集》，第462页。
⑦ 《李太白全集》，第908页。
⑧ 《李太白全集》，第1003页。

东下齐城七十二，指挥楚汉如旋蓬。(《梁甫吟》)[①]

一朝去金马，飘落成飞蓬。(《东武吟》)[②]

此去尔勿言，甘心为转蓬。(《五月东鲁行，答汶上翁》)[③]

常恐委畴陇，忽与秋蓬飞。(《感兴八首》)[④]

一身竟无托，远与孤蓬征。(《邺中赠王大，劝入高凤石门山幽居》)[⑤]

折翮翻飞随转蓬，闻弦坠虚下霜空。(《单父东楼，秋夜送族弟沈之秦》)[⑥]

飞蓬各自远，且尽手中杯。(《鲁郡东石门送杜二甫》)[⑦]

有如飞蓬人，去逐万里游。(《赠崔郎中宗之》)[⑧]

此地一为别，孤蓬万里征。(《送友人》)[⑨]

图04 ［宋］梁楷《李白行吟图》。

---

① 《李太白全集》，第170页。
② 《李太白全集》，第312页。
③ 《李太白全集》，第873页。
④ 《李太白全集》，第1106页。
⑤ 《李太白全集》，第501页。
⑥ 《李太白全集》，第787页。
⑦ 《李太白全集》，第794页。
⑧ 《李太白全集》，第524页。
⑨ 《李太白全集》，第837页。

李白13首出现飘蓬意象的诗作中有6首是直接采用比喻的手法，所用比喻词是如、若之类，以飘蓬自喻，不讲修饰，自然、直接又洒脱，正是豪华落尽见真淳。这一方面与李白写诗多是随口吟咏、一挥而就的特点相符合，另一方面也看出李白深重的飘泊情绪和怀才不遇的苦闷。李白自视甚高，正是"身不满七尺而心雄万夫"，然而现实是李白一直没有得到过重用，如此一来诗人就不免生发出"生世如转蓬"的感叹。上面的诗作除了《梁甫吟》和《登广武古战场怀古》中的飘蓬是纯粹的比喻用法表达迅疾之外，其他诗中都或多或少的有着李白对于自己和友人飘泊的感慨，如表达自己不再待诏金马门便"飘落成飞蓬"，然而自己实则并不"甘心为转蓬"，所以才害怕委身垅亩之间与飞蓬为伍，我们从李白"仰天大笑出门去，我辈岂是蓬蒿人"能更真切地看出李白的心境。另外，"飞蓬人"和"飞蓬各自远"等正是送别友人时同病相怜的真情表露。

唐代的另一诗坛巨子杜甫，其诗作中飘蓬意象出现了21次，居唐代诗人诗作中飘蓬意象复现率之冠。不过这21首作品都是杜甫天宝四载（745）之后所作，其原因之一当是杜甫在此之前的作品大量散佚，现仅存二十来首。另外，在天宝四载之前杜甫更多的是在进行一种少壮时期的游历生活,如"东下姑苏台""放荡齐赵间""二年客东都"和"亦有梁宋游"等。而此之后杜甫开始旅食京华，可以说是一种真正意义上的飘泊无依生活的开始，由此"飘蓬"意象开始在杜甫诗作中出现，晚年诗作中尤多。大历二年（767）在夔州时，56岁的杜甫有从夔州城内西阁到赤甲、瀼西草堂、又到东屯一年内四次搬家的遭遇，正是"一岁四迁，不啻如飘蓬之转"。另外，杜甫在绝笔诗《风疾舟中伏枕书怀三十六韵，奉呈湖南亲友》写道："转蓬忧悄悄，行药病涔涔。"[①] 这是一种人生的总结，我们可以说"飘蓬"就是杜甫的人生真实写照。杜甫和曹植是中国文学史上两位极有分量的人物，他们有着类似的飘泊不定的遭遇，所以笔下的飘蓬意象也就有了深沉情感的附着，给人一种真切的心理感受。

图 05　杜甫雕塑，网友提供。

杜甫于飘蓬意象的开拓创新之处在于诗作中萍蓬意象的使用，正如前文所述，主张"转益多师"的杜甫应是对骆宾王笔下的"泛梗"与"飘蓬"组合有所借鉴。蓬，生于土地，秋天根折而随风飘转，如此一来，蓬就占据了空间环境中的陆与空，如果能再加入关于江河等水域中飘泊的内涵，那么诗歌所要表现的张力就会被极大地提升，表达的空间范围也就更加广泛。一种空间环境内容的开拓，对于诗歌这种以简短

① ［唐］杜甫著、［清］仇兆鳌注《杜诗详注》，中华书局 1979 年版，第 2094 页。

的篇幅、洗练的语言著称的文学形式而言无疑有着非同一般的意义。杜甫在这方面做出了尝试，其《寄贺兰铦》载：

朝野欢娱后，乾坤震荡中。相随万里日，总作白头翁。岁晚仍分袂，江边更转蓬。勿云俱异域，饮啄几回同。[①]

仇注云："万里白头，暂遇途中，分袂转蓬，又忽散去矣。"[②]短暂的相逢之后又各奔前程，所谓"'江边转蓬'，自言往来梓、阆也。"[③]杜甫这首诗的"江边转蓬"是一种实景的写照，可以说并未刻意地将蓬和水联系起来，却成为了一种翻新表达的嚆矢。

又《将别巫峡，赠南卿（一作乡）兄瀼西果园四十亩》：

苔竹素所好，萍蓬无定居。远游长儿子，几地别林庐。杂蕊红相对，他时锦不如。具舟将出峡，巡圃念携锄。正月喧莺末，兹辰放鷁初。雪篱梅可折，风榭柳微舒。托赠卿家有，因歌野兴疏。残生逗江汉，何处狎樵渔。[④]

杜诗中的"萍蓬"是此组合首次出现在诗歌当中，但其根源大致可以追溯到三国魏何晏《言志诗》："转蓬去其根，流飘从风移。芒芒四海涂，悠悠焉可弥。愿为浮萍草，托身寄清池。且以乐今日，其后非所知。"[⑤]何晏诗中转蓬与浮萍同时出现，但所表达的意思是浮萍尚有清池可依，而飘蓬则无，浮萍和飘蓬共同的飘泊之意表达得不够充分。在前代文赋中，萍和蓬共同的飘泊之意得到了真正的结合，如晋袁崧《献帝纪论》载："献帝崎岖危乱之间，飘泊万里之衢，萍流蓬转，险阻备

① 《杜诗详注》，第1200页。
② 《杜诗详注》，第1200页。
③ ［清］浦起龙著《读杜心解》，中华书局1977年版，第472页。
④ 《杜诗详注》，第1862页。
⑤ 《先秦汉魏晋南北朝诗》，第468页。

经，自古帝王，未之有也。”[1]晋潘岳《西征赋》载：“陋吾人之拘挛，飘萍浮而蓬转。”[2]杜甫是讲求“不薄今人爱古人”和“转益多师是汝师”的集大成诗人，他从前人的诗文中汲取营养，结合自身在律诗上锤炼词句的独到心得，终将“浮萍”和“飘蓬”的组合方式凝炼为“萍蓬”二字，为诗句节省了篇幅用来表达更丰富的内容，诗作也愈发显得精细。《杜臆》云:“‘苔竹’‘萍蓬’,凑合生新。”[3]实则不只是对仗方式的新颖，一方面如上文所说萍蓬意象“词约而意丰”;另一方面飘蓬由“陆空两栖”意象转变到萍蓬意象“水陆空三栖”全方位立体的空间覆盖，飘泊的愁丝，玄黄之天地间层层密布，让人无处躲藏，大有不愁煞人誓不罢休的味道，这与骆宾王的“泛梗”与“飘蓬”组合相同。杜甫开始将蓬与带有南方地域色彩的水生植物——萍组合使用，进一步消解了蓬的北方边塞地域色彩。萍蓬就此流转于诗人的笔端，中晚唐诗人韩愈和罗隐等人都曾加以运用，另外宋代诗人也多在诗作中有所承袭。

三、中晚唐时期

中晚唐诗作中较为频繁出现的萍蓬、枯蓬和断蓬意象，是对飘蓬意象的原有表达方式等方面的一种突破，尤其是枯蓬和断蓬的出现应与其时诗风和审美认识的转变等有着一定的联系。

结合前面所述，下面对萍蓬意象做进一步的探讨。萍、蓬都是常见的表示飘泊内涵的意象，二者在生长地域和环境等方面有着明显的差异。

首先，就生长地域而言，蓬的生长范围很广，遍布南北，但在隋

---

① 《全上古三代秦汉三国六朝文》，第 1783 页。

② 《潘岳集校注》，第 2 页。

③ ［明］王嗣奭著《杜臆》，上海古籍出版社 1983 年版，第 348 页。

唐以前的早期文学中它专属于北方，它经常与风沙、鸿雁、寒霜等边塞景物相联系，表达出较典型的北方景观环境。但随着历史社会、文化文学的重心不断南移，属于南方的萍逐渐开始进入文人视野。萍是较典型的南方水乡的产物，《孔子家语》有关于楚王渡江得萍实的传说，据江西省萍乡县地方志所载，其地名正是源于此。楚王得萍之事，文人也有吟咏，如唐李峤《萍》载："二月虹初见，三春蚁正浮。青蘋含吹转，紫叶带波流。屡逐明神荐，常随旅客游。既能甜似蜜，还绕楚王舟。"[①]泛舟、浮萍有着浓重的江南特色。

其次，就其生长的外部环境而言，蓬是陆生，萍为水生。诗人根据其生长的环境而采用相关的词汇来表达蓬、萍的飘泊。蓬陆生，根折随风飘走，故蓬最为常见的组合就是飘蓬、飞蓬和转蓬等。萍水生，随水沉浮，故萍的表达多为浮萍、流萍等。蓬的飘泊是因风力的作用，而萍则是受风与水的冲荡。

不过如果蓬如树般坚实地生长在大地上，萍像荷花等其他水中植物一样扎根于淤泥当中，那么也就不会出现它们"飘泊"的景象。蓬和萍的飘泊内涵实际都是源于二者根的脆弱。对此古人已经阐发，前文已引过的《晏子春秋》卷五《内篇杂上》第五载："譬之犹秋蓬也，孤其根而美枝叶，秋风一至，偾且揭矣。"[②]文中提及秋风将蓬吹转飞起。许慎《说文解字》载："苹，蓱也。无根浮水而生者。"[③]诗人于此也有叹咏，如前文所引曹植专咏蓬的《吁嗟篇》，又如《楚辞》卷十五《尊

① 《增订注释全唐诗》第1册，第422页。

② 《晏子春秋校注》，第140页。

③ [汉]许慎撰、[清]段玉裁注《说文解字注》，上海古籍出版社1981年版，第25页。

嘉》篇载："窃哀兮浮萍，泛淫兮无根。"[1]蓬、萍的无根飘泊引起了离乡游子的感伤，因为游子也是离开了家乡在外飘荡。

那么我们来看中晚唐时期萍蓬的组合意象。杜甫"苔竹素所好，萍蓬无定居"中的"萍蓬"还是对自己飘泊生活的概述，在萍、蓬的使用中并未表现出对任何一方明显的偏向。这种情况中晚唐诗作也有出现，如戴叔伦《寄中书李舍人纾》载："萍翻蓬自卷，不共本心期。"[2]韩愈《孟生诗》："萍蓬风波急，桑榆日月侵。"[3]李群玉《寄短书歌》："骨肉萍蓬各天末，十度附书九不达。"[4]又《湖寺清明夜遣怀》："饧餐冷酒明年在，未定萍蓬何处边。"[5]罗隐《寄进士卢休》："半年池口恨萍蓬，今日思量已梦中。"[6]这些诗作中的萍蓬是共同用来表达飘泊的内涵，在萍、蓬的使用上没有明显的偏向。

不过这一时期萍蓬意象的组合也出现了偏义指向或者说符号化的倾向，如欧阳詹《泉州赴上都留别舍弟及故人》："天长地阔多岐路，身即飞蓬共水萍。匹马将驱岂容易，弟兄亲故满离亭。"[7]罗隐《江亭别裴饶》："日晚长亭问西使，不堪车马尚萍蓬。"[8]天长地阔、长亭车马，这应是陆地留别的场景。如果按照萍、蓬的生长环境使用的话，萍是不适合的，不过萍抽象化为飘泊符号，不再受萍的地域和生长环境的

---

① 《楚辞补注》（重印修订本），第 275 页。

② 《增订注释全唐诗》第 2 册，第 800 页。

③ ［唐］韩愈著、钱仲联集释《韩昌黎诗系年集释》，上海古籍出版社 1984 年版，第 12 页。

④ 《增订注释全唐诗》第 4 册，第 89 页。

⑤ 《增订注释全唐诗》第 4 册，第 104 页。

⑥ 雍文华校辑《罗隐集》，中华书局 1983 年版，第 71 页。

⑦ 《增订注释全唐诗》第 2 册，第 1478 页。

⑧ 《罗隐集》，第 141 页。

限制，由此也就可以与蓬组合表达陆地送别飘蓬之情。这种情况也发生在蓬的身上，如李咸用《和人湘中作》："湘川湘岸两荒凉，孤雁号空动旅肠。一棹寒波思范蠡，满尊醇酒忆陶唐。年华蒲柳雕衰鬓，身迹萍蓬滞别乡。不及东流趋广汉，臣心日夜与天长。"[①]陈陶《西川座上听金五云唱歌》："蜀江水急驻不得，复此萍蓬二十秋。"[②]这些诗作中表现的飘泊，地域环境明显都是与水有关，但是却萍蓬同用，蓬脱离了北方陆生等地域上的限制，飘泊内涵符号化倾向更加明显起来。

枯蓬，指秋天蓬枯后的情形，再之后就是蓬根折随风飘转。目前所见诗作中的这种组合，最早见于初唐袁朗（一作北齐邢邵）《秋夜独坐》："枯蓬唯逐吹，坠叶不归林。"[③]盛唐时期诗作中未见，中晚唐时期则有 5 首相关诗作，如李贺《平城下》："风吹枯蓬起，城中嘶瘦马。"[④]白居易《青冢》："上有饥雁号，下有枯蓬走；茫茫边雪里，一掬沙培塿。"[⑤]又《西原晚望》："门外转枯蓬，篱根伏寒兔。"[⑥]又《初到江州寄翰林张、李、杜三学士》："雨露施恩无厚薄，蓬蒿随分有荣枯。"[⑦]黄滔《送友人游边》："野烧枯蓬旋，沙风匹马冲。"[⑧]

中晚唐的诗人面对辉煌的盛唐诗，不得不寻求着新变，李贺的尚怪，白居易的崇俗都是其具体的表现，而晚唐诗人黄滔与诗歌语言平易、

---

① 《增订注释全唐诗》第 4 册，第 758 页。
② 《增订注释全唐诗》第 4 册，第 1615 页。
③ 《增订注释全唐诗》第 1 册，第 156 页。
④ [唐] 李贺著、王琦等评注《三家评注李长吉歌诗》，中华书局 1959 年版，第 143 页。
⑤ [唐] 白居易著、顾学颉校点《白居易集》，中华书局 1999 年版，第 50 页。
⑥ 《白居易集》，第 193 页。
⑦ 《白居易集》，第 326 页。
⑧ 《增订注释全唐诗》第 4 册，第 1336 页。

喜用口语的罗隐等人友善，我们可以说枯蓬出现在这些人的诗作中绝非一种偶然的现象，这是中晚唐诗人诗风和审美认识转变的必然结果。

诗中出现萍蓬、枯蓬意象只有寥寥数首，而中晚唐出现断蓬意象的诗作已有近50首之多。断蓬，是由于蓬与根脱离而造成的，这多是秋霜摧残、秋风摇撼导致的结果。关于蓬的离根而去，早在飘蓬意象使用之初就已经在诗作中出现，如上文所引曹植专咏飘蓬的《吁嗟篇》，其《杂诗七首》载："转蓬离本根，飘遥随长风。"[①]不过其时并未出现断蓬意象组合。但是在初盛唐时期开始出现断蓬这种组合，如前文所引骆宾王《晚泊河曲》和《边夜有怀》。随后断蓬意象逐渐形成并正式出现在诗作当中，如崔日用《奉和圣制送张说巡边》："绝漠蓬将断，华筵槿正荣。"[②]崔湜《边愁》："九月蓬根断，三边草叶腓。"[③]王昌龄《从军行二首》其二："断蓬孤自转，寒雁飞相及。"[④]按，此诗一作杜頠。郑愔《塞外三首》："断蓬飞古戍，连雁聚寒沙。"[⑤]王之涣《九日送别》："蓟庭萧瑟故人稀，何处登高且送归。今日暂同芳菊酒，明朝应作断蓬飞。"[⑥]断蓬意象完全形成于此时，但并未受到广泛的重视。

中晚唐时期，断蓬开始频繁出现，它是对飘蓬表达方式的创新，于飘泊的内涵一脉相承。我们以"大历十才子"为例来说明，钱起《同郭载关中旅寓》："残雪迷归雁，韶光弃断蓬。"[⑦]卢纶《送饯从叔辞丰

① 《曹植集校注》，第393页。
② 《增订注释全唐诗》第1册，第286页。
③ 《增订注释全唐诗》第1册，第379页。
④ 《增订注释全唐诗》第1册，第1052页。
⑤ 《增订注释全唐诗》第1册，第754页。
⑥ 《增订注释全唐诗》第2册，第582页。
⑦ 《增订注释全唐诗》第2册，第420页。

州幕归嵩阳旧居》："三声画角咽不通，万里蓬根一时断。"[1]又《山中咏古木》："坠叶鸣丛竹，斜根拥断蓬。"[2]李益《宿冯翊夜雨赠主人》："思绪蓬初断，归期燕暂留。"[3]又《扬州早雁》："江上三千雁，年年过故宫。可怜江上月，偏照断根蓬。"[4]又《重赠邢校书》："俱从四方事，共会九秋中。断蓬与落叶，相值各因风。"[5]我们能够看出断蓬仍是承载着飘泊的内涵，不过大历诗人多生不逢时，意气消沉，故在诗歌词语的选择上多带有凄清、萧瑟的色彩，如落叶、残雪、归雁等。他们往往深入一些盛唐诗人忽略的视角，以求开拓新的诗境，蓬与断根的表达方式也正是这种心绪的反映。

另外，值得注意的是，此时出现了第一篇专咏转蓬的赋，即蒋防《转蓬赋》（以"本根一断，随风所之"为韵）：

> 彼茁者蓬，其生苯䔿。因惊风之动地，遂离根而去本。委顺而往，异愚夫之守株；任运则行，叶高人之嘉遁。摧弱质，绝陈根。始迟迟而徐转，俄忽忽而骏奔。体以圆而疾，质以弱而存。凌寒后雕，虽有惭于松柏；近秋俱败，亦无愧于兰荪。时也玉露为霜，金风应律。叹芳菲而难久，睹摇落之不一。初宛转以孤翻，渐逦迤而连出。度平野而暂见，映层皋而还失。徘徊未已，同风叶之辞枝；漂荡不停，甚水萍之委质。若乃惨澹云晚，悠扬日短。岁云秋矣，茎弱者先衰；风以动之，根危者易断。徒观其委地离披，萦吹参差。既忘怀

① 《增订注释全唐诗》第2册，第821页。
② 《增订注释全唐诗》第2册，第859页。
③ 《增订注释全唐诗》第2册，第894页。
④ 《增订注释全唐诗》第2册，第898页。
⑤ 《增订注释全唐诗》第2册，第895页。

于近远，宁系迹于高卑。触物何情，类虚舟而自泛；善行无迹，于野马而相随。岂不以生无固蒂，转有长风。象车轮未始有极，如循环莫知所终。游子感而忘归，叹飘居陌上；小人见而怀土，忆生在麻中。矧夫依物暂停，遇风复举。乍飘扬以历乱，或回旋而容与。青蘋之末不起，聊可以踌躇；黄埃之中自飞，孰知其处所。客有因时结念，寓物属词。观其衰兮，惧老将至矣。观其转也，嗟行靡不之。抚怀抱起心有之诫，惊鬓发增首如之悲。傥阳春之可待，亦何恨飘飘于此时。[1]

此文首句引用《诗经》卷一《召南》之《驺虞》篇“彼茁者蓬”来总论蓬的特点——茁壮、茂盛。本文所讲的内容可以从三个方面加以归纳:一、蓬离根而转，这是由于其根茎的脆弱。“摧弱质，绝陈根”，正是蓬茎的脆弱先衰，蓬根的易断。二、蓬因秋风而转。古人认为五行中秋属金，有肃杀之气，故秋天植物都衰败下去，蓬也是如此，故他无愧于兰荪之辈，因兰荪之辈也是秋天衰败下去。蓬又因风而穿越平原，翻过山皋。三、触蓬伤情。飘蓬所引发的情绪主要是飘泊，而以游子的感触为甚。另外就是衰蓬生发出的对自己白发陡增、老将至的感叹。最后，蒋防认为只要春天还可期待，那现在的飘泊又有什么值得怨恨的呢？这篇赋所押的韵正是飘蓬的形象特征——本根一断，随风所之，可谓苦心经营。

蒋防《转蓬赋》是对飘蓬的形象、内涵的总结，可以说已经涵盖了飘蓬的各个方面，这种总结当是在此意象已经发展到相对成熟的时期才会出现，所以我们可以说中晚唐时期已经是飘蓬意象相对较为成熟的时期。

---

① ［清］董诰等编《全唐文》卷七一九，中华书局1958年版，第7396页。

第三节　飘蓬意象的成熟与流变

唐代，飘蓬意象的漂泊内涵、出现的题材及手法等不断完善、成熟，至宋代则正式进入了完全成熟期。虽然我们承认“一代有一代之文学”，但是不可否认的是后人永远是站在巨人的肩膀上，宋诗正是在继承唐诗的基础上不断开拓创新，宋诗中对于飘蓬的踪迹，也就是对诗人自己的行迹加以追问正是这种开拓创新的体现。

另外，唐宋诗还有着迥异的追求，“唐诗以韵胜，故浑雅，而贵蕴藉空灵；宋诗以意胜，故精能，而贵深折透辟。”[①]宋诗对踪迹的追问是其重分析的具体表现。同时宋诗中飘蓬意象的地域环境色彩得到大幅的消减，转变为带有飘泊内涵的符号。

飘蓬随风而逝，诗人有感于此，多用来自比身世，蓬即我，我即蓬的思想常贯穿于诗中。如此一来，蓬的飘泊也就是“我”的飘泊，飘蓬的踪迹也就是“我”的踪迹无疑，这在唐代诗作中有所体现，如鲍溶《夏日华山别韩博士愈》:“迹比断根蓬,忧如长饮酒。”[②]李山甫《贺友人及第》:“松桂也应情未改，萍蓬争奈迹还疏。”[③]李咸用《和人湘中作》:“年华蒲柳雕衰鬓,身迹萍蓬滞别乡。”[④]吴商浩《塞上即事》:“身似星流迹似蓬,玉关孤望杳溟濛。”[⑤]另外还有南唐后主李煜《浣溪沙》:

① 缪钺著《诗词散论》，陕西师范大学出版社 2008 年版，第 31 页。
② 《增订注释全唐诗》第 3 册，第 894 页。
③ 《增订注释全唐诗》第 4 册，第 729 页。
④ 《增订注释全唐诗》第 4 册，第 758 页。
⑤ 《增订注释全唐诗》第 5 册，第 160 页。

“转烛飘蓬一梦归，欲寻陈迹怅人非，天教心愿与身违。”[①]唐代诗人开始运用这种表达，不过诗作数量却十分有限。

在飘蓬意象的组合使用上，宋诗中出现了大量飘蓬和踪迹的组合。就北宋而言，如王禹偁《寄海州副使田舍人》：“系即匏瓜转即蓬，可怜踪迹与君同。”[②]又《量移后自嘲》：“可怜踪迹转如蓬，随例量移近陕东。”[③]李若水《次韵高子文途中见寄》：“人生半在客途中，休着狂踪比断蓬。”[④]穆修《别谷熟尉李七同年》:“明日别君去,依然蓬迹奔。”[⑤]赵抃《次韵樊祖安秀才连理木》：“南宫摈不收，归迹如蓬飘。”[⑥]南宋则有李纲《余抵沙阳之夕民居延火几爇官局因念以论水得罪复以火惊殊可笑叹戏成此诗》：“烂额焦头那足惜，只愁蓬迹久飘移。”[⑦]又《善权即事十首》其三：“赖有僧房容假榻，未应尘迹叹飘蓬。”[⑧]又《畴老修撰见示七峰吟因成七言十韵律诗以叙别》：“方幸游从陪杖屦，敢将踪迹叹蓬萍。”[⑨]蔡戡《自咏》其二：“土木形骸齐物我，萍蓬踪迹惯风波。”[⑩]吕颐浩《次韵刘省元希范题孙伯温舫斋》：“嗟予踪迹若飞蓬，笑谈偃息幸相从。”[⑪]仲并《再和高提干见寄》：“飘蓬贱迹谁能记，推

---

① [南唐]李璟、李煜撰、[宋]无名氏辑、王仲闻校订《南唐二主词校订》，人民文学出版社1957年版，第64页。

② 北京大学古文献研究所编《全宋诗》第2册，北京大学出版社1991年版，第731页。

③《全宋诗》第2册，第740页。

④《全宋诗》第31册，第20120页。

⑤《全宋诗》第3册，第1615页。

⑥《全宋诗》第6册，第4126页。

⑦《全宋诗》第27册，第17546页。

⑧《全宋诗》第27册，第17661页。

⑨《全宋诗》第27册，第17615页。

⑩《全宋诗》第48册，第30066页。

⑪《全宋诗》第23册，第15384页。

毂高风今创闻。”[①]曾丰《饯赵提干次李彦中韵》:“足迹随蓬转，颠毛与雪期。”[②]赵善括《真妃祠》:“无求小舸疾飞鸟，不恨孤踪成断蓬。”[③]严羽《怀南昌旧游》:“坐来怀旧迹，万里一飘蓬。”[④]正是“宋人略唐人之所详，详唐人之所略，务求充实密栗，虽尽事理之精微，而乏兴象只华妙”。[⑤]关于飘蓬踪迹，唐人有所思考，但并未如宋人思考得这般深细，这是宋诗重筋骨思理的一种表现。

南宋的一些诗人对于自己的描述就是——浪迹天涯，这与南宋时北方国土的丧失给诗人带来的无家飘泊感有着密切关系。比如：

囊封论水谪天涯，才到沙阳火复随。……烂额焦头那足惜，只愁蓬迹久飘移。(李纲《余抵沙阳之夕民居延火几爇官局因念以论水得罪复以火惊殊可笑叹戏成此诗》)[⑥]

天涯转蓬恨，何地赋归来。(赵鼎《泊小金山觉渡寺僧言建德知县桐庐知县婺州教授皆被召》)[⑦]

流落天涯任转蓬，三千窃禄愧无功。(李正民《再领宫祠》)[⑧]

宋词中也有类似的对踪迹追问的情况，如柳永《双声子》:“晚天萧索,断蓬踪迹,乘兴兰棹东游。”[⑨]侯寘《瑞鹤仙·送张丞罢官归柯山》:“念飞蓬、断梗无踪，把酒后期难觅。”[⑩]又《江城子 · 萍乡王圣俞席上

---

① 《全宋诗》第 34 册，第 21550 页。
② 《全宋诗》第 48 册，第 30238 页。
③ 《全宋诗》第 47 册，第 29673 页。
④ 《全宋诗》第 59 册，第 37190 页。
⑤ 《诗词散论》，第 32 页。
⑥ 《全宋诗》第 27 册，第 17546 页。
⑦ 《全宋诗》第 28 册，第 18403 页。
⑧ 《全宋诗》第 27 册，第 17484 页。
⑨ [宋] 柳永撰、薛瑞生校注《乐章集校注》，中华书局 1994 年版，第 109 页。
⑩ 朱德才主编《增订注释全宋词》第二卷，文化艺术出版社 1997 年版，第 426 页。

作》上片载："萍蓬踪迹几时休。尽飘浮。为君留。共话当年，年少气横秋。莫叹两翁俱白发，今古事，尽悠悠。"[1]朱敦儒《忆秦娥》："吴船窄，吴家岸下长安客，长安客，惊尘心绪，转蓬踪迹。"[2]此外还有李曾伯《水龙吟·丁未约诸叔父玩月，期而不至，时适台论》、杨泽民《远京乐》（春光至）和陈允平《虞美人》（疏林远带寒山小）等。宋词的低眉浅唱中，飘蓬更多笼罩着一层参差断续的悲伤情愫。

就数量而言，宋代诗词中的飘蓬和踪迹的组合自然是远远超过前代。无论是飘蓬还是萍蓬的踪迹，都是作者自身飘泊行迹的写照。诗人关心着蓬的踪迹，是源于诗人踪迹的不定，所谓南北西东，天涯四处。诗人对此已有关注，如吴则礼《发金陵》："湖海归来近钓筒，此身南北一飘蓬。"[3]贺铸《宿宝泉山慧日寺》："明发即南北，浮生两飞蓬。"[4]又如南宋刘子翚《绝句五首》其三："干戈扰扰恨何穷，南北东西任转蓬。"[5]李正民《再领宫祠》："流落天涯任转蓬，三千窃禄愧无功。"[6]天涯、南北西东实际是一样的，都是四处漂泊。既然诗作中出现了踪迹，那说明宋人对自己的行踪等有过思考，所以才形成于诗。然而关于思考的结果，正如诗中所记，多是天涯海角、南北西东之类，欲寻踪迹而不得，更表达了飘泊的苦、飘泊的无奈。正如缪钺先生在《诗词散论》中评价宋诗时说"宋人欲求树立，不得不自出机杼，变唐人之所已能，而发唐人之所未尽。"[7]在飘蓬意象的使用上，宋诗对飘蓬踪迹的思考

① 《增订注释全宋词》第二卷，第 439 页。
② 《增订注释全宋词》第一卷，第 802 页。
③ 《全宋诗》第 21 册，第 14312 页。
④ 《全宋诗》第 19 册，第 12530 页。
⑤ 《全宋诗》第 34 册，第 21425 页。
⑥ 《全宋诗》第 27 册，第 17484 页。
⑦ 《诗词散论》，第 31 页。

也是体现出了这样的特点。

飘蓬的北方地域色彩在逐渐消减，到了宋代这种情况更加明显，可以说飘蓬意象至此已经成为带有漂泊内涵的符号。

正如我们前面所论述的，飘蓬北方地域色彩的消减主要体现在水环境的介入，这是对此前飘蓬的北方边塞风沙经典组合式的突破。当然这其中的重要原因是中国文化重心逐渐由北方转移到南方，具有南方漂泊特色的浮萍开始进入文人视野，同时飘蓬也经常出现在江、河、湖等环境中，脱离了原有的写实性地域色彩，成为带有漂泊内涵的符号化表达方式。

“飘泊”和“漂泊”含义相同，一字之差，从字面来看二者存在着地域方面的差别，“飘泊”应是在空中而“漂泊”是在水中，飘蓬意象的内涵从“飘泊”拓展出了“漂泊”，进一步符号化了。北宋时期，这种现象就已经开始明朗化。如苏轼《清远舟中寄耘老》：“汀洲相见春风起，白蘋吹花覆苕水。万里飘蓬未得归，目断沧浪泪如洗。”[①]彭汝砺《寄润之弟兼附呈伯兄》：“江外如今独转蓬，思君不敢望飞鸿。”[②]又《诗寄兄长并示十二十四舍弟》：“谁知云汉双飞雁，自笑江湖一断蓬。”[③]又《又忆东林》：“天上曾攀桂，江边复转蓬。”[④]又《得书并简仔仲二侄》其二：“流水嗟蓬转，青云喜雁过。”[⑤]张方平《辛未清明感事》：“二十四年流水东，早为名误逐飞蓬。”[⑥]飘蓬与水的关系在此体现得比

① ［清］王文诰辑注、孔凡礼点校《苏轼诗集》第8册，中华书局1982年版，第2557页。

② 《全宋诗》第16册，第10562页。

③ 《全宋诗》第16册，第10536页。

④ 《全宋诗》第16册，第10587页。

⑤ 《全宋诗》第16册，第10600页。

⑥ 《全宋诗》第6册，第3857页。

较充分，苏轼的诗作正是在舟中所作，彭汝砺“江边复转蓬”和“流水嗟蓬转”等都是对蓬的“风沙性”地域色彩的削弱，其他的诗作也都与水有所勾连。

另外，张耒《送李十之陕府》:“断蓬泛梗偶相依，一别重逢又几时。人世悲欢消遣尽，为君流泪忽沾衣。”[①]贺铸《永城邂逅周元通，再索诗赠别》:“泛泛流萍滚滚蓬，偶然南北偶然逢。”[②]刘攽《便风挂帆欣然有作》:“泛梗江流疾，转蓬风力强。”[③]刘敞《古侠客行》:“自谓松与柏，忽为萍与蓬。”[④]这里萍（泛梗）与蓬的组合，是对唐代此类用法的延续。曾巩《北归三首》其三:“江海多年似转蓬，白头归拜未央宫。”[⑤]韩维《感季夏南堂怀江十苏二》:“子美亦远游，江湖一蓬转。”[⑥]吴则礼《鲁侯以上巳日宴高阳偶成长句》:“章江倦客漫叹息，转徙八极犹孤蓬。”[⑦]又《发金陵》:“湖海归来近钓筒，此身南北一飘蓬。”[⑧]这些诗作中的江海、江湖等未必都是实指，可以是代指人生漂泊之旅，无论他们是自觉还是不自觉的行为，都共同地将飘蓬进一步简省为漂泊的代言符号。

南宋时期，飘蓬与水的关系更加紧密，此类诗作的数量也有所增加。南宋偏安一隅，诗人大多缺乏归属感，迁都后的无根，功业未成的羁旅行役都挥洒于江南的水乡之中。如李纲《余干》:“岁寒迂路过江乡，

① ［宋］张耒撰、李逸安等点校《张耒集》，中华书局1999年版，第463页。
② 《全宋诗》第19册，第12564页。
③ 《全宋诗》第11册，第7167页。
④ 《全宋诗》第9册，第5686页。
⑤ 《全宋诗》第8册，第5602页。
⑥ 《全宋诗》第8册，第5116页。
⑦ 《全宋诗》第21册，第14288页。
⑧ 《全宋诗》第21册，第14312页。

叹息飞蓬堕渺茫。”[①]沈与求《次韵何子楚食樱桃》:“自从燕罢曲江曲，五湖十载身回旋。已作孤蓬任流转，万颗徒劳野人献。”[②]王十朋《又用前句作七绝》其三:“江山悲木落，身世叹飘蓬。”[③]范成大《施元光在昆山，病中远寄长句，次韵答之》:“四海飘蓬客舍边，几多云水与风烟。”[④]又《湘口夜泊,南去零陵十里矣。营水来自营道,过零陵下，湘水自桂林之海阳至此，与营会合为一江》:“我亦江南转蓬客，白鸟愁烟思故垒。”[⑤]江乡、江南、江山都与飘蓬组合起来，他们或是作为场景，或是作为一种点缀性描写，总之飘蓬已经真正与水开始了新的旅程。陆游《晚泊》:“半世无归似转蓬，今年作梦到巴东。”[⑥]杨冠卿《自仙潭治归舟呈王鸥盟》:“扁舟夜泊蓼花丛，晓挂风帆苕水东。拟办盖头茅一把，十年湖海浪飘蓬。”[⑦]晚泊、归舟，游子飘荡四海，正如飞蓬流走。

南宋时期，浪迹江湖是诗人心态的一种代表，永远是在漂泊着，迁徙于江南水乡,流荡于江河湖海之上。如许景衡《姨母薛夫人挽词》:“陇亩唯先树，江湖独转蓬。”[⑧]赵鼎《寒食日书事》:“江海飘零几送春，飞蓬无地寄孤根。”[⑨]又《丁未冬同陆昭中渡江泊秦淮税亭之侧癸丑三月自建康移守南昌登舟顾览即昔年系缆之所也时昭中亡矣感叹存没作

① 《全宋诗》第 27 册，第 17621 页。
② 《全宋诗》第 29 册，第 18757 页。
③ 《全宋诗》第 36 册，第 22844 页。
④ [宋] 范成大《范石湖集》，上海古籍出版社 1981 年版，第 186 页。
⑤ 《范石湖集》，第 195 页。
⑥ [宋] 陆游著、钱仲联校注《剑南诗稿校注》，上海古籍出版社 1985 年版，第 138 页。
⑦ 《全宋诗》第 47 册，第 29646 页。
⑧ 《全宋诗》第 23 册，第 15542 页。
⑨ 《全宋诗》第 28 册，第 18412 页。

诗寄黄冈亲旧》:“江湖南北寄飞蓬，叹息流光俯仰中。”[1]王之道《次韵元发弟秋日德余庵书事二首》其二:“十载江湖叹断蓬，梦魂时到帝王宫。”[2]许及之《次韵陈仲全秋怀》:“江湖两鬓惊飞叶，岁月一身俱转蓬。”[3]仲并《陈行之得之因震泽旧居辟小阁面列洞庭山客有名以尊经者江都仲某为长句以纪之》:“契阔死生三十载，萍浮蓬转常崎岖。”[4]徐鹿卿《中秋对月有怀》:“天涯海角渺相望，蓬转萍浮无定止。”[5]江湖之上，自是萍流蓬转，在人的一生当中也常有此类情况的出现，往往让人心中飘荡无依。

可以说词作到宋代发展到全盛时期，在词作中飞蓬的地域性更容易被消减，因为词作起初最基本功用是娱宾遣兴，并且出现得较晚，在诗歌传统的继承上不像诗文那样的悠久，受到的束缚也就相对要小一些。如李纲《江城子 · 池阳泛舟作》:“春来江上打头风，吼层空，卷飞蓬，多少云涛，雪浪暮江中。早是客情多感慨，烟漠漠，雨蒙蒙。”[6]朱敦儒《忆秦娥》:“吴船窄。吴江岸下长安客。长安客。惊尘心绪，转蓬踪迹。”[7]晁补之《八声甘州 · 扬州次韵和东坡钱塘作》:“念平生、相从江海，任飘蓬、不遣此心违。登临事，更何须惜，吹帽淋衣。”[8]吕渭老《南歌子》:“策杖穿荒圃，登临笑晚风。无穷秋色蔽晴空。遥

① 《全宋诗》第 28 册，第 18414 页。
② 《全宋诗》第 32 册，第 20236 页。
③ 《全宋诗》第 46 册，第 28341 页。
④ 《全宋诗》第 34 册，第 21535 页。
⑤ 《全宋诗》第 59 册，第 36965 页。
⑥ 《增订注释全宋词》第一卷，第 847—848 页。
⑦ 《增订注释全宋词》第一卷，第 802 页。
⑧ 《增订注释全宋词》第一卷，第 492 页。

见夕阳江上、卷飞蓬。”[1]张元干《江神子·临安道中》:“梦中北去又南来。饱风埃。鬓华衰。浮木飞蓬,踪迹为谁催。”[2]陈允平《一寸金》:“浩叹飘蓬,春光几度,依依柳边泊。”[3]陈德武《木兰花慢·寄桂林通判叶夷仲》:“自淮阳别后,一回首、又穷年。叹蓬逐旋飙,叶随流水,星散维垣。”[4]张炎《长亭怨·别陈行之》:“归去。问当初鸥鹭。几度西湖霜露。漂流最苦。便一似、断蓬飞絮。情可恨、独棹扁舟,浩歌向、清风来处。有多少相思,都在一声南浦。”[5]上述词作中绝大多数都是“实景拍摄”,李纲是泛舟所作,朱敦儒、吕渭老、晁补之、陈允平和张炎等都是在水边、江中的愁叹漂泊之词,飘蓬在此已完全成为代表漂泊内涵的符号。

两宋时期,一方面,飘蓬意象真正达到了成熟的境地,情感内涵和各类组合表达方式都已经完全确定下来。另一方面,宋人在前人的基础上对飘蓬意象有所改造,那就是让飘蓬意象完全符号化,突出的表现就是大量诗作中飘蓬与水环境有机融合,出现了飘蓬的北方地域色彩消减殆尽的情况。

---

① 《增订注释全宋词》第二卷,第128页。
② 《增订注释全宋词》第二卷,第116页。
③ 《增订注释全宋词》第四卷,第111页。
④ 《增订注释全宋词》第四卷,第404页。
⑤ 《增订注释全宋词》第四卷,第460页。

第二章　蓬蒿的外在形象、情感意蕴及其文化特征

第一节　蓬蒿的外在形象

此处所要讨论的蓬蒿的形象特征，是指文人有选择地攫取蓬蒿的生物特征，再进行艺术加工后反映在诗作中的情况。蓬蒿最为显著的特征就是离根漂泊，这我们在第一章已经有过论述，在此不再赘述。另外，蓬蒿是卑微平凡的，又杂聚丛生，以至于蓬蒿在诗文中体现出两种最基本的形象特征，即低微和丛芜。

一、低微

低微是蓬蒿等大多数草类的惯见形象，蓬蒿是随处可见的草类，田间地中，房前屋后，荒野山坡陡都有它们的存在，生长期也无非是春生秋败。可以说蓬蒿没有花卉类植物的“色”“香”“姿”“韵”，很难引起人们的审美兴趣，也就往往沦为默默无名的低微之辈。这点古人已经意识到，唐朝吕颂《谢敕书赐腊日香药口脂等表》：“实为侥幸，何以克堪，涓埃无补于纲维，濡渥有加于蓬贱。”[①]蓬蒿低微的形象主要是通过与兰、菊、竹和松等具有突出品性的植物对比来体现，再有就是源于《庄子》的《逍遥游》中大鹏游于云间和斥鴳窜于蓬蒿间的

① 《全唐文》卷四八〇，第 4908 页。

比较，蓬蒿在此就是典型的“配角”形象，主要用来进行对比反衬。另外就是文人感叹“我辈岂是蓬蒿人”的牢骚不满中也体现出了蓬蒿的低微之意。

（一）蓬蒿与兰、菊、竹和松等的对比

兰竹菊松等植物由于其具有姿、色、香、抗寒等方面的杰出品性，逐步成为了一种高洁品质的代表。与之对比，蓬蒿没有足以称道的地方，在成为这些花卉植物的陪衬、点缀物的同时也显示出了蓬蒿的低微。

蓬蒿与兰的对比比较常见，这当是由于二者的生存环境较为相近，晋郭璞《游仙诗十九首》：“兰生蓬芭间，荣曜常幽医。”①又如南朝宋沈约《修竹弹甘蕉文》：“今月某日，有台西阶泽兰萱草到园同诉，自称虽惭杞梓，颇异蒿蓬，阳景所临，由来无隔。”②唐符载《宣城送黎山人归滁上琅琅山居序》：“呜呼！幽兰生于大泽，香薰芬馥，过时不采，摧于蓬蒿矣。”③宋寇准《杂言》：“楚兰罢秀足蓬蒿，青松委干多荆棘。”④苏轼《题杨次公春兰》：“春兰如美人，不采羞自献。时闻风露香，蓬艾深不见。”⑤释德洪《和傅彦济知县》：“珠玉光难藏瓦砾，芝兰香岂掩蓬蒿。”⑥李纲《次韵奉酬邓成材判官二首》其二：“野鹤未应群雁鹜，幽兰初不掩蓬蒿。”⑦所谓空谷幽兰，兰生于深涧却不改其香。洁身自好的兰混迹于蓬蒿间，有着被蓬蒿摧颓的危险，但是兰的香气是蓬蒿所没法掩盖的，蓬蒿是典型的配角衬托。

① 《先秦汉魏晋南北朝诗》，第 867 页。
② 《全上古三代秦汉三国六朝文》，第 3111 页。
③ 《全唐文》卷六九〇，第 7076 页。
④ 《全宋诗》第 2 册，第 997 页。
⑤ 《苏轼诗集》第 5 册，第 1695 页。
⑥ 《全宋诗》第 23 册，第 15246 页。
⑦ 《全宋诗》第 27 册，第 17780 页。

蓬蒿与菊的比较，表现在不要使菊与蓬蒿沆瀣一气，如宋苏轼《八月十七日，复登望海楼，自和前篇，是日榜出，余与试官两人复留五首》其五："秋花不见眼花红，身在孤舟兀兀中。细雨作寒知有意，未教金菊出蒿蓬。"[①]陈襄《重阳席上赋菊花》："折菊东篱下，携觞为燕遨。闲情秋后放，幽艳静中高。九月陶公酒，三闾楚客骚。及时须采掇，忍使弃蓬蒿。"[②]一般来说，竹子是正直高节的形象代表，不是蓬能够攀比的，苏轼《筼筜谷》："汉川修竹贱如蓬，斤斧何曾赦箨龙。"[③]诗中指出汉川这类竹子价格便宜时将其和蓬蒿相提并论，蓬蒿的地位可想而知。松的高姿伟岸更是蓬蒿的低卑所不及，宋刘一止《又以永锡难老为韵》其四："长松倚青壁，千岁身不老。下顾蓬艾姿，生意何草草。"[④]彭汝砺《寄张子直》又："材近蓬蒿难自立，目无松柏竟谁依。"[⑤]

兰、菊早在《离骚》中就是香草的代表，高洁品质已有定论；松竹的正直挺拔、不畏严寒也使其成为文人笔下高尚德行的象征，蓬蒿与这些植物相比也就越发显得卑贱。

（二）蓬雀与云鹏等的比较

《庄子 · 逍遥游》："有鸟焉，其名为鹏，背若太山，翼若垂天之云，抟扶摇羊角而上者九万里，绝云气，负青天，然后图南，且适南冥也。斥鴳笑之曰：'彼且奚适也？我腾跃而上，不过数仞而下，翱翔蓬蒿之间，此亦飞之至也，而彼且奚适也？'此小大之辩也。"[⑥]大鹏翱翔于青云

---

① 《苏轼诗集》第 2 册，第 379 页。

② 《全宋诗》第 8 册，第 5081 页。

③ 《苏轼诗集》第 3 册，第 676 页。

④ 《全宋诗》第 25 册，第 16679 页。

⑤ 《全宋诗》第 16 册，第 10513 页。

⑥ ［清］郭庆藩撰、王孝鱼点校《庄子集释》，中华书局 1961 年版，第 14 页。

之上，斥鴳腾跃于蓬蒿之间，高低卑下已然明了。这本是大鹏和斥鴳的比较，但是其中也折射出了蓬蒿的低微之意。

文人将此表达略作变化，将鸟类名称略作改动，如将大鹏换做阳乌、鸾凤和仙鹤等良禽神鸟，斥鴳换做鷦鷯、燕雀等凡鸟。如三国魏阮籍《大人先生传》："亦观夫阳鸟（疑当做乌）游于尘外而鷦鷯戏于蓬艾，小大固不相及，汝又何以为若君子闻于予乎？"[①]唐白居易《司徒令公分守东洛，移镇北都，一心勤王，三月成政。形容盛德，实在歌诗。况辱知音，敢不先唱？辄奉五言四十韵寄献以抒下情》："鸾皇上寥廓，燕雀住蓬蒿。"[②]宋韩琦《病鹤贻刘易》："尘寰病思苦，仙府归魂劳。秃翼败风翮，卑栖掩蓬蒿。"[③]文同《送张郭二秀才赴举》："须知本鸿鹄，终不在蓬蒿。"[④]曾巩《将之浙江延祖子山师柔会别饮散独宿空亭遂书怀别》："鸿鹄举千里，鸾凤翔九霄。胡为蓬蒿下，日夜悲鷦鷯。"[⑤]秦观《送乔希圣》："鷃翔蓬蒿非所悲，鹏击风云非所喜。"[⑥]卫博《偶成杂意四首》其二："卑哉蓬蒿间，斥鷃无高骞。"[⑦]九霄之上与蓬蒿之间确实是天壤之别，而鸾凤、大鹏又怎会安心卑栖蓬蒿之间？蓬蒿本身的低微自是无法留住鸿鹄的脚步，而只有鷦鷯、燕雀等栖息其中也就越发显得蓬蒿卑小微贱。

以上这些诗文中所要表现的是鹏、雀身份的高下，蓬蒿是作为鸟

① 陈伯君校注《阮籍集校注》，中华书局 1987 年版，第 166 页。
② 《白居易集》，第 765 页。
③ 《全宋诗》第 6 册，第 3971 页。
④ 《全宋诗》第 8 册，第 5355 页。
⑤ 《全宋诗》第 8 册，第 5523 页。
⑥ ［宋］秦观撰、徐培均笺注《淮海集笺注》，上海古籍出版社 1994 年版，第 253 页。
⑦ 《全宋诗》第 45 册，第 27806 页。

类生存的外部环境因素参与其中。不过蓬蒿的作用也不可小觑，因为蓬蒿是鹏、雀之间轻重高下的重要参考物，展翼九天与低徊蓬蒿自不可同日而语。

综上，蓬蒿在与兰菊松竹的比较，以及蓬雀与云鹏的比较中，蓬蒿都是处在一个“配角”的位置上,所扮演的角色较卑贱,以此烘托“主角”们的显赫地位、高尚品行等。“为卉植叙彝伦,乃古修词中一法”[1],人伦关系、高低尊卑、品评次序等人类社会的内容反馈到植物世界当中,正是自然不断人化和人类审美认识提高的表现。

图06　蓬蒿丛生,网友提供。

二、丛芜

提到丛芜，我们首先想到的是房屋坍圮，杂草乱生的情景，而蓬蒿正是表示这样场景的杂草之一。蓬蒿具有杂生、丛聚生长的生物特征,《诗经》卷一《召南》之《驺虞》篇:“彼茁者蓬,一发五豵,于嗟乎驺虞。”

① 钱钟书著《谈艺录》(补订本)，中华书局1984年版，第315页。

朱熹注："茁生出壮盛之貌"。[①]我们可看出蓬蒿的生长态势强劲且纷乱不理。《续一切经音义》卷第四："蓬勃，上蒲公反，乱也。下蒲没反。勃，盛也。案：如蓬草之乱盛也。"[②]蓬勃被解释为如蓬草之乱盛，这正是蓬的杂生、丛聚的证明。再有蓬末大于本，其根部较细而茎干较粗，分枝较多，枝叶茂盛，《晏子春秋》卷五《内篇杂上》第五载："譬之犹秋蓬也，孤其根而美枝叶，秋风一至，偾且揭矣。"[③]蓬蒿本身的生长就是枝叶茂盛，同时又有丛聚杂生的特点。

就其生物属性而言，蓬蒿具有旺盛的生命力，它的生长是丛生式，往往是成片的群聚。如此一来，上述的两种特征结合后的蓬蒿就表现出一种弥漫的态势，弥漫之势仿佛是要覆盖到所有的未开垦之地，这也就愈发显得荒芜。如《礼记》卷第十四《月令第六》载："孟春行夏令，则雨水不时，草木蚤落，国时有恐。行秋令，则其民大疫，猋风暴雨总至，藜莠蓬蒿并兴。"[④]唐柳宗元《寄韦珩》："初拜柳州出东郊，道旁相送皆贤豪。回眸炫晃别群玉，独赴异域穿蓬蒿。"[⑤]宋宋祁《春日溪上示南正四首》："莫言雨后长蓬蒿，恍惚溪边见小桃。"[⑥]文同《和提刑度支王店鸡诗》："云此最荒绝，左右悉蓬蓼。狐狸占为宅，恣横不可道。"[⑦]刘敞《答杨令彦文》："从吏相望千里余，蓬蒿无以避空虚。"[⑧]司马光《书

① 《诗集传》，第14页。
② ［唐］释慧琳、［辽］释希麟撰《正续一切经音义附索引两种》，上海古籍出版社1986年版，第3846页。
③ 《晏子春秋校注》，第140页。
④ 李学勤主编《十三经注疏·礼记正义》，北京大学出版社1999年版，第467页。
⑤ 《柳宗元集》，第1142页。
⑥ 《全宋诗》第4册，第2564页。
⑦ 《全宋诗》第8册，第5374页。
⑧ 《全宋诗》第9册，第5865页。

事》:“志士喜功业,感时心易劳。蘖栽终栝柏,荒蔓任蓬蒿。”[1]强至《再寄元真宫读书》:“读书曾寄此轩头，官路归来十二秋。文酒故人无一在，蓬蒿荒径有余愁。”[2]蓬蒿本就具有极强的生命力，遇到雨水丰足更是长势迅猛异常，由此一来也就越发显得丛乱芜杂。

蓬蒿具有丛芜的形象特征，也就决定了它将会出现在表现荒芜场景的诗文当中。华堂宫池等建筑物的荒芜场面，是社会历史不断演进、新旧事物更替的必然产物，丛芜的蓬蒿非常适合营造这种衰败的场景，与杜甫“城春草木深”利用草木的茂盛纷乱来反衬荒凉的用法一致。如晋陆云《答兄平原》有：“华堂倾构，广宅颓墉。高门降衡，修庭树蓬。”[3]唐李峤《汾阴行》:“豪雄意气今何在，坛场宫馆尽蒿蓬。”[4]刘长卿《穆陵关北逢人归渔阳》:“逢君穆陵路，匹马向桑干。楚国苍山古，幽州白日寒。城池百战后，耆旧几家残。处处蓬蒿遍，归人掩泪看。”[5]又《南楚怀古》:“南国久芜没，我来空郁陶。君看章华宫，处处生蓬蒿。但见陵与谷，岂知贤与豪。精魂托古木，宝剑捐江皋。”[6]萧振《重修三闾庙记》:“蓬蒿渐蔽于轩楹，风雨垂侵于像设。”[7]唐代及以前，蓬蒿多是用来表现一种历史遗迹的衰败，其丛杂芜乱的形象在此发挥出了应有的功用。宋王令《忆润州葛使君》:“六朝游观委蒿蓬，想像当

---

① 《全宋诗》第9册，第6111页。

② 《全宋诗》第10册，第6986页。

③ 《陆云集》，第49页。

④ 《增订注释全唐诗》第1册，第401页。

⑤ [唐]刘长卿著、储仲君笺注《刘长卿诗编年笺注》，中华书局1996年版，第287页。

⑥ 《刘长卿诗编年笺注》，第526页。

⑦ 《全唐文》卷八六九，第9099页。

时事已空。”[①]张耒《超然台赋》:“忽千年而何有兮，哀墟庙之榛蓬。”[②]刘敞《答杨令彦文》:“从吏相望千里余，蓬蒿无以避空虚。”[③]宫观、台庙、城池都已被蓬蒿所覆盖，有些建筑在当时来说堪称雄伟，原本其中有人居住，有人气，不冷清。不过蓬蒿以其丛杂繁乱的形象给如今的残砖弃瓦蒙上了一层厚重的荒芜外衣，同时也给人们的心灵带来了一片沧桑变化的阴影。

家园对于每个人都是亲切的存在，然而诗人们多在外仕宦，一旦归家之后，发现虽然乡音未改，但是家园早已荒芜，甚至有些“相见不相识”。要达到这样强烈的反差效果，自然不能缺少丛乱杂生的蓬蒿。丛乱杂生的蓬蒿改变了家园原有的温馨模样，让一切变得陌生，是诗人与记忆中家园的阻隔。如唐崔颢《江畔老人愁》:“罢兵岁余未敢出，去乡三载方来旋。蓬蒿忘却五城宅，草木不识青溪田。”[④]杜牧《过田家宅》:“安邑南门外，谁家板筑高。奉诚园里地，墙缺见蓬蒿。”[⑤]吕温《道州敬酬何处士书情见赠》:“意气曾倾四国豪，偶来幽寺息尘劳。严陵钓处江初满，梁甫吟时月正高。新识几人知杞梓，故园何岁长蓬蒿。期君自致青云上，不用伤心叹二毛。”[⑥]宋寇准《再归秦川》:“还如丁令至，故里满蓬蒿。”[⑦]苏轼《东坡八首并叙》其一:“废垒无人顾，

① 《全宋诗》第12册，第8162页。
② 《张耒集》，第16页。
③ 《全宋诗》第9册，第5865页。
④ 《增订注释全唐诗》第1册，第952页。
⑤ [唐]杜牧著、[清]冯集梧注《樊川诗集注》，中华书局1962年版，第183页。
⑥ 《增订注释全唐诗》第2册，第1731页。
⑦ 《全宋诗》第2册，第1001页。

颓垣满蓬蒿。”[①]苏辙《徐孺亭》:“我来故国空叹息,城东旧宅生茅蓬。”[②]蓬蒿的旺盛的生命力对其自身来说是极大的优点，而人类的家园也就在蓬蒿的茂盛中失去了本来的光彩。

丛芜的蓬蒿可以用来表现坟墓的荒凉。杂草丛生的坟冢已经让人感到无尽的荒凉,但如果这种杂草中以蓬蒿居多,荒凉感又会有所增强。蓬蒿丛聚而生且相对其他普通杂草要高大些，因此蓬蒿丛聚而生的坟冢给观者更加强烈的视觉冲击，认定此处必是多时无人祭扫，荒凉中带着悲凉。如唐杜牧《赠李处士长句四韵》:“霭霭祥云随步武，累累秋冢叹蓬蒿。”[③]罗隐《经耒阳杜工部墓》:“紫菊馨香覆楚醪，奠君江畔雨萧骚。旅魂自是才相累，闲骨何妨冢更高。骥騄丧来空蹇蹶，芝兰衰后长蓬蒿。屈原宋玉邻君处，几驾青螭缓郁陶。”[④]宋黄庭坚《清明》:“贤愚千载知谁是，满眼蓬蒿共一丘。”[⑤]郭祥正《奠谒王荆公坟三首》:“再拜孤坟奠浊醪，春风斜日漫蓬蒿。扶持自出轲雄上，光焰宁论万丈高。”[⑥]另外，还有挽歌《蒿里行》，其“蒿里”也正是丛芜之所在，死亡与芜乱并存，也就更给人悲伤的情绪增添了不小的冷色，后文对此将会有专门讨论。

综上,蓬蒿表现出丛芜的基本生物形象,是来自蓬蒿本身丛生杂乱、枝叶茂盛的生物特征。蓬蒿的丛芜形象所带来的沧桑悲慨之情，我们在后面章节还会有所涉及。蓬蒿的丛芜形象是其文化意蕴等生发的基

① 《苏轼诗集》第 4 册，第 1079 页。

② ［宋］苏辙著,陈宏天、高秀芳点校《苏辙集》,中华书局 1990 年版,第 252 页。

③ 《樊川诗集注》，第 150 页。

④ 《罗隐集》，第 121 页。

⑤ ［宋］黄庭坚撰、［宋］任渊等注、刘尚荣校点《黄庭坚诗集注》，中华书局 2003 年版，第 759 页。

⑥ 《全宋诗》第 13 册，第 8997 页。

础，如隐逸情怀等都与此密切相关。

第二节　蓬蒿的情感意蕴

蓬蒿的离根漂泊、低微和丛杂等生物形象特征，被文人吸收采用到诗作中去，就形成了蓬蒿意象所要表达的固定情感意蕴，表达的最主要情感是离家思乡之忧和荒芜沧桑之慨。

一、离家思乡之忧

飘蓬带有飘泊的情感内涵，这在前文已有论述，由飘泊内涵引申而来的是离家思乡的忧愁以及感叹、愧恨、悲伤、愁怨、笑慰和怜惜等复杂多样的情绪。

因为中国是典型的农耕文明国家，中国人自古就有安土重迁的思想，离家远乡的飘泊往往让人难以安然接受，思乡之情也就油然而生。从三国时期的曹氏父子等人就已经为飘蓬赋予了飘泊内涵，如曹操《却东西门行》表达出将士老将至而不得归故乡的愁绪，曹植《吁嗟篇》描写了对蓬与根离的吁嗟之情。这时诗人更多的是将飘蓬与游子组合，这可以说是一种简单而纯粹的表达，因为蓬的“飘”与游子的“游”存在一种类比的关系，即曹植所说的“类此游客子”。

初唐许敬宗《拟江令于长安归扬州九日赋》：“游人倦蓬转，乡思逐雁来。”[①]游子、转蓬和乡思在此聚合，这极为明确地表达了飘蓬和思乡的关系。不过唐代诗人更多的还是将飘蓬和离家并提，如杨凭《雨中怨秋》：“辞家远客怆秋风，千里寒云与断蓬。”[②]韩愈《赠族侄》：“我

① 《增订注释全唐诗》第1册，第183页。
② 《增订注释全唐诗》第2册，第949页。

年十八九，壮气起胸中，作书献云阙，辞家逐秋蓬。”[①]孟郊《张徐州席送岑秀才》：“羁鸟无定栖，惊蓬在他乡。”[②]韦庄《将卜兰芷村居留别郡中在仕》：“兰芷江头寄断蓬，移家空载一帆风。”[③]飘蓬与离家，还是蓬与根、人与家的类比，这是一种顺承的关系。

宋代诗人对飘蓬和家乡的认识，多是思家、归家，实则在唐代已经有灵一《江行寄张舍人》：“客程终日风尘苦，蓬转还家未有期”[④]表达出归家的渴望。宋代诗人如杨亿《重阳日忆远》：“为客飘蓬远，思家落叶频。”[⑤]孙觌《癸丑寒食曹山饭僧荐章淑人不胜悼往之怀书二诗于方丈东壁》其一：“川逝日已远，蓬漂久未归。异乡惊岁换，宿草变春晖。”[⑥]张孝祥《舟中》其四：“南来北去只纷纷，又过荆山一月春。笑杀风前桃李树，飘蓬犹作未归人。”[⑦]姜特立《出闽中四首》其三：“飘蓬不归根，而我还故里。”[⑧]离家已是不争事实，归家是客子的期盼。如姜特立那样可以还故里的毕竟是少数，多数人都是有家未归、欲归不得。

另外，宋代诗人将飘蓬和异乡、他乡相联系，如仲并《七月二十日过王村几到岸遇和中袭明舟回相拉宿于陈氏庵中蚊甚盛达旦不能

---

① 《韩昌黎诗系年集释》，第 98 页。

② ［唐］孟郊著、韩泉欣校注《孟郊集校注》，浙江古籍出版社 1995 年版，第 326 页。

③ ［五代］韦庄著、聂安福笺注《韦庄集笺注》，上海古籍出版社 2002 年版，第 200 页。

④ 《增订注释全唐诗》第 5 册，第 423 页。

⑤ 《全宋诗》第 3 册，第 1335 页。

⑥ 《全宋诗》第 26 册，第 16913 页。

⑦ 《全宋诗》第 45 册，第 27793 页。

⑧ 《全宋诗》第 38 册，第 24157 页。

寝》:“他乡各蓬转，易散难合并。”[1]廖行之《清江道中》:“半载飞蓬成底事，几钩新月误相望。夕阳又傍空山宿，杜宇声中人异乡。”[2]彭汝砺《古木》:“壮心弦直值吾道，孤宦蓬飞各异乡。”[3]范纯仁《和曹职方至日》:“宦游将老愧蓬飘，逢节他乡倍寂寥。”[4]

家乡是一个人的“根本”，但往往因游历、求学或仕宦而不得不离开家乡。不过一个人仍会带有较深的家乡印记，身在千里、万里之外的异乡，双鬓斑白而乡音不改，就是常见的情形。

诗人关于自己如蓬似梗的飘泊人生，表达情感的词汇也是五花八门、纷繁复杂，这无非是人复杂心理活动的外现。

或叹，如蔡襄《广陵》:“广陵归客叹飞蓬，怀古伤离向此中。”[5]李之仪《仲春季泽远来相访感往念今怅然有怀》:“久叹断蓬飘世外，忽惊连璧下云间。”[6]吴文英《宴清都》:“吴王宫苑，别来良朋雅集，空叹蓬转。”[7]李纲《余干》:“岁寒迂路过江乡，叹息飞蓬堕渺茫。”[8]何梦桂《和文公见寄降笔》:“往事随流水，余生叹转蓬。”[9]陈允平《一寸金》:“浩叹飘蓬，春光几度，依依柳边泊。”[10]在诸多的情绪中，叹息的表达最多，可见这是文人的普遍的反应。不过这并非宋人的发明，早在南朝宋谢瞻《九日从宋公戏马台集送孔令诗》已有“欢心叹飞蓬”。

---

① 《全宋诗》第 34 册，第 21531 页。
② 《全宋诗》第 47 册，第 29184 页。
③ 《全宋诗》第 16 册，第 10516 页。
④ 《全宋诗》第 11 册，第 7433 页。
⑤ 《全宋诗》第 7 册，第 4789 页。
⑥ 《全宋诗》第 17 册，第 11261 页。
⑦ 《增订注释全宋词》第三卷，第 903 页。
⑧ 《全宋诗》第 27 册，第 17621 页。
⑨ 《全宋诗》第 67 册，第 42192 页。
⑩ 《增订注释全宋词》第四卷，第 111 页。

或感，如李之仪《鲜于子骏用鲁直见寄韵因以为谢》：“岁晏感飘蓬，老去委瓠落。”[①]李纲《凝翠晚望五绝句》其二：“景物随时慰牢落，羁臣那解感飘蓬。”[②]陈著《次韵梅山弟感春》：“老来危迹感秋蓬，万事都归马耳风。”[③]方岳《与同幕集南楼再用韵》：“书生故倦游，庞眉感秋蓬。”[④]不过唐人李贺《高轩过》已有：“庞眉书客感秋蓬，谁知死草生华风。”[⑤]

或嗟，如刘敞《赠圣从待制》：“萧萧发向白，哀哀嗟转蓬。”[⑥]曾巩《南源庄》：“尝嗟秋蓬转，未有茅屋据。”[⑦]彭汝砺《自北归夜梦侍亲闱久之既觉感而成诗》：“只嗟轻逐孤蓬转，安得争先去鸟飞。”[⑧]又《得书并简仔仲二侄》：“流水嗟蓬转，青云喜雁过。”[⑨]韩维《王岩叟招饮南园》：“未嗟流景飘蓬疾，犹喜余芳对酒看。”[⑩]唐“大历十才子”之一钱起《送钟评事应宏词下第东归》已有：“芳岁归人嗟转蓬，含情回首灞陵东。”[⑪]

或恨，如文同《稠桑见荆山》：“无由更停马，此意恨如蓬。”[⑫]赵鼎《泊小金山觉渡寺僧言建德知县桐庐知县婺州教授皆被召》：“天涯转蓬恨，

① 《全宋诗》第17册，第11239页。
② 《全宋诗》第27册，第17611页。
③ 《全宋诗》第64册，第40199页。
④ 《全宋诗》第61册，第38428页。
⑤ 《三家评注李长吉歌诗》，第154页。
⑥ 《全宋诗》第9册，第5649页。
⑦ 《全宋诗》第8册，第5514页。
⑧ 《全宋诗》第16册，第10534页。
⑨ 《全宋诗》第16册，第10600页。
⑩ 《全宋诗》第8册，第5240页。
⑪ 《增订注释全唐诗》第2册，第426页。
⑫ 《全宋诗》第8册，第5448页。

何地赋归来。”[1]周文璞《南华阳洞》:“身傥获会遇，敢恨飞蓬霜。”[2]程公许《衢信道间见紫薇花》:“白发舍人羞见道，相逢那敢恨飘蓬。”[3]陆游《武昌感事》:“但悲鬓色成枯草，不恨生涯似断蓬。”[4]程公许和陆游所谓的不恨，实际也就是一种恨，飘泊生涯、鬓生白发怎能不心生恨意?

或慰，如彭汝砺《岩夫庭佐欲归出长安以诗邀游后圃》:“更约藏舟今日饮,百壶清笑慰飘蓬。”[5]毕仲游《早赴城西仓即事呈诸同志》:“醉乡如可入，相率慰飘蓬。”[6]李纲《杂兴三首》其三:“尽日篮舆山水中，每逢佳处慰飘蓬。”[7]周孚《史庆臣止酒》:“吴稻新春白,犹堪慰转蓬。”[8]杜甫《暂往白帝复还东屯》已有:“加餐可扶老，仓廪慰飘蓬。”[9]

或笑，如彭汝砺《和祖道国门外文渊子至东父饯席上赠别》:“行李随长道，飘蓬笑贱官。”[10]真山民《秋夜次叶一山韵》:“自笑秋来似转蓬，偶然飞落过山中。”[11]陆游《言怀》:“莫笑生涯似断蓬，向来诸侠避豪雄。”[12]施枢《送东浦张应发归永嘉》:“子勿言浮梗，余方笑转

---

① 《全宋诗》第 28 册，第 18403 页。
② 《全宋诗》第 54 册，第 33717 页。
③ 《全宋诗》第 57 册，第 35628 页。
④ 《剑南诗稿校注》，第 142 页。
⑤ 《全宋诗》第 16 册，第 10494 页。
⑥ 《全宋诗》第 18 册，第 11908 页。
⑦ 《全宋诗》第 27 册，第 17529 页。
⑧ 《全宋诗》第 46 册，第 28774 页。
⑨ 《杜诗详注》，第 1772 页。
⑩ 《全宋诗》第 16 册，第 10597 页。
⑪ 《全宋诗》第 65 册，第 40880 页。
⑫ 《剑南诗稿校注》，第 996 页。

蓬。”[1]李纲《渡江》:“沙头凫雁相俦侣,笑我年年逐转蓬。”[2]

此外还有,如或愧,沈遘《将赴会稽过杭州宝月大师法喜堂》:“自笑更自愧,此身犹飞蓬。”[3]黄公度《至日题江山驿》:“客里萍蓬愧此身,天涯风俗对兹辰。”[4]或怨,范成大《晚集南楼》:“浪随儿女怨萍蓬,笑拍阑干万事空。”[5]

或恼,如苏籀《忆京洛木芍药三绝》其三:“庐陵涑水携参佐,媚紫娇黄左与姚。何物山丹衔流俗,洛生懊恼愠蓬飘。”[6]或怜,如范成大《遂宁府始见平川喜成短歌》:“半年崎岖得夷路,一笑未暇怜飘蓬。”[7]释文珦《郊行遣兴》:“倦鸟犹知返,飘蓬最可怜。”[8]或惜,如岳珂《次韵乔江州琵琶亭诗二首有序》:“共生壬子两仙翁,不为离春惜断蓬。”[9]或伤,如李纲《陆行》:“天寒野迥怯霜露,日暮途远伤蓬萍。”[10]

感叹、愧恨、悲伤、愁怨、笑慰和怜惜等,都是一种积郁的情绪,面对着播迁不定的生活,诗人有如此感情也不足为怪。即使是笑慰,也多是自我解嘲、自我宽慰而已。正如上文已指出的,上述情绪并非只有宋人才开始感觉到,此前的文人也无不在表达着同样的情绪,但却是宋人在诗作中对此加以大肆渲染、直接阐释,这当是与宋人诗词作品内容的开阔、技巧的精细等有关。

---

① 《全宋诗》第 62 册,第 39120 页。
② 《全宋诗》第 27 册,第 17725 页。
③ 《全宋诗》第 11 册,第 7525 页。
④ 《全宋诗》第 36 册,第 22486 页。
⑤ 《范石湖集》,第 70 页。
⑥ 《全宋诗》第 31 册,第 19638 页。
⑦ 《范石湖集》,第 229 页。
⑧ 《全宋诗》第 63 册,第 39607 页。
⑨ 《全宋诗》第 56 册,第 35348 页。
⑩ 《全宋诗》第 27 册,第 17527 页。

二、荒芜沧桑之慨

前文讨论蓬蒿丛芜的外在形象时，对其蕴含的感情略有涉及，在此就蓬蒿所含有的荒芜沧桑的感情做具体论述。

蓬蒿本身表现出了杂聚丛生的生物特征，并且它又生长得极为茂盛。这些特征放在人类的视角当中就是荒芜的典型场景。人类的聚居所被蓬蒿等荒草覆盖，就基本的心理活动而言，往往让人产生一种领地被侵夺后的丧失感，或者说是失落感，甚至还会有一些要被荒芜吞并的恐惧感。如果这原本是你的家国，那么这种失家丧国的沧桑之感则倍显真切。另外，亲人朋友逝世后，在坟冢上的蓬蒿更显出阴阳相隔的久远，也就增加了悲悼的感叹之情。

首先是对宫殿城池等荒芜沧桑的感慨。原本的华堂大厦，美轮美奂，现在却是铜驼荆棘，蓬蒿满地，在强烈的反差中透露出黍离之悲或是盛衰无常的感慨。如南朝梁沈约《郊居赋》载："筑甲馆于铜驼，并高门于北阙。辟重扃于华闱，岂蓬蒿所能没。"[①]唐韩熙载《汤泉院碑》："蓬蒿埋没，多历年载。"[②]宋欧阳修《答谢景山遗古瓦砚歌》："当时凄凉已可叹，而况后世悲前朝。高台已倾渐平地，此瓦一坠埋蓬蒿。"[③]张耒《登谷州故城》："控扼兵屯事已辽，倾欹遗堞隐蓬蒿。"[④]李廌《嵩阳书院诗》："垣墙聚蓬蒿，观殿巢鸢乌。二纪无人迹，荒榛谁扫除。"[⑤]陆游《董逃行》："汉末盗贼如牛毛，千戈万槊更相鏖。两都宫殿摩云高，

① 《全上古三代秦汉三国六朝文》，第3096页。

② 《全唐文》卷八七七，第9177页。

③ ［宋］欧阳修著、刘逸安点校《欧阳修全集》，中华书局2001年版，第740页。

④ 《张耒集》，第421页。

⑤ 《全宋诗》第20册，第13592页。

坐见霜露生蓬蒿。”[1]历史风云变幻，原本鲜亮无比的高台、宫殿等建筑现在只剩下断壁残垣，当然这其中有年代长久而毁败的，也有因战火侵袭而不复旧颜，蓬蒿正是表现杂乱的符号化事物。面对这种荒芜的历史场景，文人常发思古之幽情，抒沧桑之悲慨。

其次是对家园的荒芜沧桑感慨。诗人在外仕宦漂泊有家未归，对家中的情形格外思念，家中是否蓬蒿遍地是家园荒芜与否的象征，正如陶渊明所说“田园将芜胡不归”，家园荒芜却无法归去，其中有着深厚思念的忧愁。唐李白《赠韦秘书子春》:“旧宅樵渔地,蓬蒿已应没。”[2]白居易《再到襄阳访问旧居》:“东郭蓬蒿宅，荒凉今属谁。”[3]柳宗元《游南亭夜还叙志七十韵》:“归诚慰松梓，陈力开蓬蒿。”[4]宋寇准《再归秦川》:“还如丁令至，故里满蓬蒿。”[5]林逋《寄祝长官》:“庐江五亩宅，归去亦蓬蒿。”[6]司马光《书事》:“蘖栽终栝柏，荒蔓任蓬蒿。”[7]黄庭坚《送昌上座归成都》:“宝胜蓬蒿荒小院，埋没醯罗三只眼。”[8]以上的内容是蓬蒿表示家园荒芜情形中的一种，即思家型。国的破碎，家的荒芜,这都是人们所不能承受之重,而这一切一旦落在了诗人肩上,沧桑感慨的悲叹之情就油然而生了。不过家宅周围的蓬蒿在表示家园荒芜的同时可以表示出一种隐逸的情怀来，这当然与隐士的居处生活相关，不过在本质上它也是从家园的荒芜引申而来，就此后面将有专

---

① 《剑南诗稿校注》，第2013页。
② 《李太白全集》，第478页。
③ 《白居易集》，第198页。
④ 《柳宗元集》，第1202页。
⑤ 《全宋诗》第2册，第1001页。
⑥ 《全宋诗》第2册，第1203页。
⑦ 《全宋诗》第9册，第6111页。
⑧ 《黄庭坚诗集注》，第1402页。

节讨论。

再次，是对丘冢古坟等的荒芜沧桑感慨。虽然生老病死是再平常不过的事情，但是累累坟冢还是让人心中无限悲凉，如果坟冢上又长满了蓬蒿，无限荒凉的场面岂不是让人悲上加悲？宋王安石《思王逢原三首》:“蓬蒿今日想纷披，冢上秋风又一吹。”[①]我们前文引过郭祥正《奠谒王荆公坟三首》，二者对比来看，《思王逢原三首》中王安石在追念逝去的朋友，可转过头已有人来祭奠王安石王荆公，这不禁让人生出“哀吾生之须臾”的感叹。沧桑变化，历史不会因任何人而停止前进的脚步。刘敞《毕吏部冢》:“蓬蒿道旁冢，云是晋时贤。”[②]张方平《读杜工部诗》:“逸思乘秋水，愁肠困浊醪。耒阳三尺土，谁为翦蓬蒿。”[③]胡宗愈《咏左伯桃羊角哀》:“王闻义其事，礼葬迁蓬蒿。”[④]曹勋《古战场》:“唯余将军封万户，士卒战死埋蓬蒿。”[⑤]圣贤也好，士卒也罢，都难逃死后埋没随百草的结果，人生是极其短暂的，但人们往往“生年不满百，常怀千岁忧”，这就益发让人感叹人的脆弱如芦苇一般。

《蒿里行》是乐府诗题，《乐府诗集》对其解释：“崔豹《古今注》曰:‘《薤露》《蒿里》，泣丧歌也。本出田横门人，横自杀，门人伤之，为作悲歌。言人命奄忽，如薤上之露，易晞灭也。亦谓人死魂魄归于蒿里。至汉武帝时，李延年分为二曲，《薤露》送王公贵人，《蒿里》送

---

① [宋]王安石撰、[宋]李壁注、李之亮校点补笺《王荆公诗注补笺》，巴蜀书社2002年版，第564页。

② 《全宋诗》第9册，第5641页。

③ 《全宋诗》第6册，第3836页。

④ 《全宋诗》第11册，第7735页。

⑤ 《全宋诗》第33册，第21074页。

士大夫庶人。使挽柩者歌之，亦谓之挽歌。’……按蒿里，山名，在泰山南。”[①]薤，形似韭菜，叶细长，形似小蒜。薤露，正是指薤上的露水，飘忽易逝，用来比作人生的短暂。蒿里，作为泰山南的山名，晋陆机《泰山吟》沿用此说：“泰山一何高，迢迢造天庭。峻极周已远，曾云郁冥冥。梁甫亦有馆，蒿里亦有亭。幽涂延万鬼，神房集百灵。长吟泰山侧，慷慨激楚声。”[②]这种说法在后代文人中也存在着一定数量的接受者。不过，蒿里更应该就是指蓬蒿乱草之中，人死后就是埋没蒿莱等百草之中。今见最早的是古辞《蒿里》:“蒿里谁家地，聚敛魂魄无贤愚。鬼伯一何相催促，人命不得少踟蹰。”[③]蒿里是谁家田地，正表明蒿里不是山，而只是荒草之地。此后《蒿里行》这一乐府题为文人所接受，表达内容多是人死后返归自然的惆怅、辛酸之情。如三国魏曹操《蒿里行》：

关东有义士，兴兵讨群凶。初期会盟津，乃心在咸阳。军合力不齐，踌躇而雁行。势利使人争。嗣还自相戕。淮南弟称号，刻玺于北方。铠甲生虮虱，万姓以死亡。白骨露于野，千里无鸡鸣。生民百遗一，念之断人肠。[④]

唐僧贯休《蒿里》：

兔不迟，乌更急。但恐穆王八骏，著鞭不及。所以蒿里，坟出蕺蕺。气凌云天，龙腾凤集，尽为风消土吃，狐掇蚁拾。黄金不啼玉不泣，白杨骚屑，乱风愁月。折碑石人，莽秽榛没。

① ［宋］郭茂倩编《乐府诗集》，中华书局1979年版，第396页。

② 金涛声点校《陆机集》，中华书局1982年版，第89页。

③《乐府诗集》，第398页。

④《曹操集》，第6页。

牛羊窸窣，时见牧童儿，弄枯骨。[①]

曹操的诗中“白骨露于野，千里无鸡鸣”正是对“蒿里”的明确解释，所表达的就是战后生灵涂炭、枯骨满野的惨烈场景。贯休所说蒿里坟墓累累，风吹蚁蠹，露出枯骨块块，放牧孩童年少无知，反倒视为玩物，此种种场景更衬托出一股悲凉之情。诸如此类的用法，唐宋之问《范阳王挽词二首》其二：“蒿里衣冠送，松门印绶迎。”[②]骆宾王《乐大夫挽歌诗五首》其二：“蒿里谁家地，松门何代丘。百年三万日，一别几千秋。”[③]岑参《西河太守杜公挽歌》其二：“蒿里埋双剑，松门闭万春。回瞻北堂上，金印已生尘。”[④]李白《上留田行》：“行至上留田，孤坟何峥嵘。积此万古恨，春草不复生。悲风四边来，肠断白杨声。借问谁家地，埋没蒿里茔。”[⑤]这些诗作多是挽歌，表明蒿里是指蓬蒿之类的百草之中，而非山名，都是在表达对逝者的无尽感慨悲凉之情。

第三节　蓬蒿的文化特征

蓬蒿本身是极为常见而普通的草类，它的文化特征一方面是通过其善于陪衬、营造简陋居住环境而得，蓬户、蓬门和蓬荜等谦辞背后体现出儒家文化中君子的固穷守道和谦卑有礼；蓬蒿与张仲蔚、蒋诩和陶渊明等隐士的组合在诗文中较为常见，这背后体现出的是道家文

---

① 《增订注释全唐诗》第 5 册，第 543 页。

② ［唐］沈佺期、宋之问撰，陶敏、易淑琼校注《沈佺期宋之问集校注》，中华书局 2001 年版，第 611 页。

③ 《骆临海集笺注》，第 101 页。

④ 《岑嘉州诗笺注》，第 654 页。

⑤ 《李太白全集》，第 194 页。

化中的出世和淡泊名利。另一方面，平凡、普通、接地气正是蓬蒿独特的文化属性，这与当前的平民草根文化有着许多相通之处。

一、蓬蒿与儒家文化

儒家文化是一种贤人文化，它要求人们不断完善自己的德行，所谓“太上立德”，《礼记》的《大学》篇提到的“修齐治平”中也强调修身是基础。不过我们已经反复说明蓬蒿没有梅兰竹菊等种种值得称道的风神格调，这样一来蓬蒿就不符合儒家以自然景物的形象特征比附人类道德品格的“比德”传统，那么蓬蒿是如何与德行联系起来的呢？实则蓬蒿是在表达居所为“陋室”时衬托德行的必要手段，《礼记》卷第五十九《儒行》第四十一：“儒有一亩之宫，环堵之室，筚门圭窬，蓬户瓮牖；易衣而出，并日而食；上答之不敢以疑；上不答不敢以谄。其仕有如此者。”[1]蓬蒿作为家居建筑的组成部分，主要是用来编做门户，即蓬门、蓬户和蓬荜等，这是源于蓬蒿枝叶茂盛之类的特点，是其实用性的体现。儒者君子身处蓬户、蓬门和蓬荜等居所当中，正如《礼记》所讲是一种有道德品行、有操守的体现。

（一）君子固穷守道

原宪字子思，同颜回一样，都是孔子的弟子，原宪和颜回有着安贫乐道的品节，这是他们能够身居蓬户、穷阎或陋巷而不改志向的缘故。晋江统《谏愍怀太子书》：“庶人修之者，颜回以箪食瓢饮，扬其仁声；原宪以蓬户绳枢，迈其清德。”[2]蓬蒿作为衬托德行的必要辅助手段现身其中。

关于原宪，《史记》卷六十七《仲尼弟子列传》第七载：“孔子卒，

---

① 《十三经注疏·礼记正义》，第1583页。

② 《全上古三代秦汉三国六朝文》，第2068页。

原宪遂亡在草泽中。子贡相卫，而结驷连骑，排藜藿入穷阎，过谢原宪。宪摄敝衣冠见子贡。子贡耻之，曰：'夫子岂病乎？' 原宪曰：'吾闻之，无财者谓之贫，学道而不能行者谓之病。若宪，贫也，非病也。' 子贡惭，不怿而去，终身耻其言之过也。"[①]《庄子》之《让王第二十八》于原宪的居所有详细的描写，不过称其住在鲁国，"原宪居鲁，环堵之室，茨以生草，蓬户不完，桑以为枢，而瓮牖二室，褐以为塞；上漏下湿，匡坐而弦。"[②]原宪在孔子卒后并未出仕，所居住之处简陋不堪，以草覆舍，桑条为枢，蓬作门扉，破瓮为窗，原宪衣着破敝，已经登上卫国相位的子贡来拜访原宪，认为这有损斯文，以此为耻。不过原宪其家虽贫但始终践行孔子的教导不改其道，这令子贡也为之汗颜。晋陆云《喜霁赋并序》："原思悦于蓬户兮，孤竹欣于首阳。"[③]唐李白《白马篇》："羞入原宪室，荒径隐蓬蒿。"[④]卫棻《瓮赋》："至如原宪贫病，蓬户攸居，以瓮为牖，含风自虚，知道而乐，其神晏如。"[⑤]宋司马光《古诗赠兴宗》："原宪结弊衣，蓬蒿塞其门。"[⑥]张镃《杂兴》其三："原子何所得，所得在养心。淡然处穷阎，蓬蒿绝车音。结驷者谁子，排门愿同襟。乃知能辩者，于道未为深。"[⑦]蓬蒿所营造出的陋室无疑都是为了衬托原宪君子固穷守道的品节，正是"斯是陋室，惟吾德馨"。

颜回是孔子的得意弟子，孔子称赞他的贤能好学，同时也赞叹他的安贫乐道，"一箪食，一瓢饮，在陋巷。人不堪其忧，回也不改其乐。

① ［汉］司马迁撰《史记》，中华书局 1982 年第 2 版，第 2208 页。
② 《庄子集释》，第 975 页。
③ 《陆云集》，第 13 页。
④ 《李太白全集》，第 280 页。
⑤ 《全唐文》卷四〇四，第 4138 页。
⑥ 《全宋诗》第 9 册，第 6025 页。
⑦ 《全宋诗》第 50 册，第 31524 页。

贤哉，回也！”[1]正因为如此，颜回穷居陋巷而安贫乐道的品行受到了古代文人的推重，可以说是文人心目中的德行楷模。如唐罗隐《秦中富人》：“陋巷满蓬蒿，谁知有颜子？”[2]宋朱松《蔬饭》：“我师鲁颜子，陋巷翳蓬艾。”[3]据《论语》记载，颜回确是住在陋巷，箪食瓢饮，生活困苦，不过并未讲过颜回陋巷有蓬蒿之类的杂草环绕，硬是将颜回的陋巷与蓬蒿组合起来是文人的想象创造。不过我们从中可以看出，蓬蒿利于衬托高尚的德行，因为它深化了陋巷的陋，让陋巷之陋更加具体化，在对比中对颜回的德行有强化作用。

从上我们得知，原宪和颜回都是穷居陋巷。据文献记载来看，原宪的住所是与蓬蒿有一定的关系的，而颜回则不是。不过在诗人的笔下为了突出他们的安贫乐道的德行，将其住处与蓬蒿联系起来，所谓“君子之含道，处蓬蒿而不怍”，这都是源于他们“君子通于道之谓通，穷于道之谓穷”的信念。蓬蒿本身虽不像梅兰竹菊等那样被赋予了浓厚的品格意蕴，但是蓬蒿作为陋室的一个要素，对于原宪、颜回德行有重要的衬托作用。

（二）君子谦卑有礼

《周易》卷第二《谦》篇载：“象曰：‘谦谦君子’，卑以自牧也。”正义曰：“‘卑以自牧’者，牧，养也，解‘谦谦君子’之义，恒以谦卑自养其德也。”[4]君子的谦卑有礼，正是德行方面的一种修养。蓬蒿在表现君子谦卑这方面扮演了重要的角色，主要是通过蓬户、蓬门、蓬居、蓬窗和蓬荜等来代指居所的简陋以便衬德，这是因为门户是身

---

① ［清］刘宝楠撰、高流水点校《论语正义》，中华书局 1990 年版，第 226 页。
② 《罗隐集》，第 103 页。
③ 《全宋诗》第 33 册，第 20699 页。
④ 李学勤主编《十三经注疏·周易正义》，北京大学出版社 2000 年版，第 97 页。

份和地位贵贱高低的代表，例如朱门、豪门和柴门、蓬门等。蓬荜生辉是个谦辞，这是友朋来访时，主人通过降低身份来自谦，从而让朋友感到被尊重的一种经典表达；自称为蓬荜寒门也是通过贬低自己来表达出谦谦有礼的意思。

1. 友朋造访

文人的交友极为平常，嘉友相访，东道主在礼仪上表现出一种谦逊很有必要，自称住处简陋以衬托访者的尊贵就是其中一法。

图 07　成都杜甫草堂之花径，网友提供。

蓬户等表达谦卑之意最为经典的场景就是有客拜访时，文人用蓬户来形容自家条件的简陋。如唐王绩《薛记室收过庄见寻率题古意以赠》:“故人有深契,过我蓬蒿庐。”[①]这其中最有名的当为杜甫《客至》(喜崔明府相过)：“花径不曾缘客扫，蓬门今始为君开。”[②]花径和蓬门对后代诗人有较大的影响。卢纶《客舍喜崔补阙司空拾遗访宿》：“步月

① 《王无功文集》，第 55 页。

② 《杜诗详注》，第 793 页。

访诸邻，蓬居宿近臣。”[①]白居易《张常侍相访》:“忽闻车马客，来访蓬蒿门。”[②]又《咏兴五首·小庭亦有月》:“长跪谢贵客，蓬门劳见过。”[③]鲍溶《答客》:“竹间深路马惊嘶，独入蓬门半似迷。”[④]

杜甫名句具有非凡魅力，李纲诗词中就曾直接引用，《水调歌头·同德久诸季小饮，出示所作，即席答之》:“此日扫花径，蓬户为君开。”[⑤]又《水调歌头·上巳日出郊，呈知宗安抚、张参、观文汪相二首》:“花径不曾扫，蓬户为君开。”[⑥]又《同翁士特小饮中隐堂》:“三伏炎蒸画舸回，蓬门聊复为君开。”[⑦]友人相访，主人当然心中欢喜，“蓬门今始为君开”就是这种心情，在蓬门的表达中有着对“贵客”的尊敬，是彬彬有礼的表现。

蓬户这个说法还只是停留在通过贬低自己的居所，以达到表达谦卑的目的。而“蓬荜生辉”是谦辞，赞扬来访者的高贵身份，以至于让自己粗陋的住所都熠熠生辉。谦辞，如自称则多用贱、愚、仆等字眼；敬辞，一般用尊、贵等字眼，他们背后代表的是儒家谦卑守礼的文化传统。《玉篇》:“筚，布质切，荆竹织门也。蔽也。藩也……亦作荜。”[⑧]蓬荜是蓬门荜户的省略，也就是指用蓬草编户，竹荆织门，都是对自己住所的谦称。如晋潘尼《赠司空掾安仁诗》:“发采故乡，扬辉蓬宇。

① 《增订注释全唐诗》第 2 册，第 840 页。
② 《白居易集》，第 663 页。
③ 《白居易集》，第 656 页。
④ 《增订注释全唐诗》第 3 册，第 892 页。
⑤ 《增订注释全宋词》第一卷，第 843 页。
⑥ 《增订注释全宋词》第一卷，第 847 页。
⑦ 《全宋诗》第 27 册，第 17654 页。
⑧ ［南朝梁］顾野王撰、［唐］孙强增补、［宋］陈彭年等重修《重修玉篇》，文渊阁《四库全书》第 224 册，第 123 页。

文绣煌煌，衣裳楚楚。何以会宾，荜门环堵。何以备肴，杀鸡为黍。”①唐窦庠《酬谢韦卿二十五兄俯赠辄敢书情》：“大贤持赠一明珰，蓬荜初惊满室光。”②

“蓬荜生辉”更多是应用在书信、表状之中，这也是它发挥其套语应用性的最佳地点。如唐符载《上西川韦令公书》：“蓬荜之下，焕然有光，临风悚息，不知所措。”③宋张纲《洪宅求婚书》（长子堂继娶）：“委禽效贽，顾篚实之不丰；鸣凤再占，尚蓬门之有耀。”④苏轼《谢宣召再入学士院状二首》：“使星下烛，生蓬荜之光华；天泽旁流，及桑榆之枯槁。”⑤张元干《代谢御书卿大夫章表》：“降自云霄，光生蓬荜。”⑥另外，王庭珪《次韵黄伯思求其祖梦升墓铭跋》《回王舍人启》《回路知县启》《回孙县尉启》和《回李祖文谢解启》都有类似“蓬荜生辉”的表达。

另外主人要对贵客临门表示出深深的谢意，朋友不因自己蓬门的简陋肯大驾光临那是对自己的抬举，表示感谢也是礼之当者。如宋朱长文《谢虎丘祖印相访》：“不知蓬户隘，未倦淦镮飞。”⑦华镇《舟中昼寝同官陈尉见过从人不报起来以诗谢之》：“懒将心绪逐波流，欹枕蓬窗万虑休。”⑧吴则礼《元老见过因诵新诗》：“西风动湖海，木落蓬

① 《先秦汉魏晋南北朝诗》，第763页。
② 《增订注释全唐诗》第2册，第749页。
③ 《全唐文》卷六八八，第7047页。
④ 曾枣庄等主编《全宋文》，上海辞书出版社2006年版，第335页。
⑤ ［宋］苏轼撰、孔凡礼点校《苏轼文集》，中华书局1986年版，第681页。
⑥ 《全宋文》第182册，第391页。
⑦ 《全宋诗》第15册，第9784页。
⑧ 《全宋诗》第18册，第12364页。

户幽。”[①]苏轼《又次韵二守许过新居》：“数亩蓬蒿古县阴，晓窗明快夜堂深。”[②]余靖《谢祖太博见访西园》：“方愧蓬蒿开径晚，已惊驺驭过江来。”[③]谢逸《汪文彬载酒率诸人过予溪堂观芝草以煌煌灵芝一年三秀为韵探得煌字》：“胡为蓬荜下，灵芝秀煌煌。”[④]王庭珪《谢同年李提举见访》：“鸣驺排入蓬蒿径，踏破岩前绿藓斑。”[⑤]又《次韵段季裕惠诗二首》：“客过茅蓬非率尔，诗如锦绣益飘然。”[⑥]韩淲《伯皋自永丰见过次韵》：“君来叩蓬户，离群久居独。”[⑦]又《昌甫自衢送客入城得其诗次韵呈之》：“蓬户为君开，荒园少旧栽。”[⑧]孙觌《过安仁县权令主簿同蔡尉见访》：“莽莽缠兵气，蓬茅庇一丘。”[⑨]周孚《邓才卿同年两顾敝庐病睡不克见别后次庭藻送行韵谢之》：“三年两踏蓬蒿径，此客他时不是新。”[⑩]上面有多首诗诗题中都使用了“谢”字，诗人谦卑地认为蓬门有辱“大驾”，所以对友人到访表示感谢之意。

友人拜访敝庐自是可喜之事，如果人未到而礼物到，那也不失为一乐事。这礼物不在乎贵贱与否，可以是时鲜水果，如黄庭坚《谢陈正字送荔枝三首》其三：“橄榄湾南远归客，烦将嘉果送蓬门。红衣襞积蛮烟润，白晒丁香之子孙。”[⑪]韩元吉《次韵黄文刚秀才雪中见诒且

① 《全宋诗》第 21 册，第 14284 页。
② 《苏轼诗集》，第 2221 页。
③ 《全宋诗》第 4 册，第 2674 页。
④ 《全宋诗》第 22 册，第 14818 页。
⑤ 《全宋诗》第 25 册，第 16791 页。
⑥ 《全宋诗》第 25 册，第 16817 页。
⑦ 《全宋诗》第 52 册，第 32475 页。
⑧ 《全宋诗》第 52 册，第 32549 页。
⑨ 《全宋诗》第 26 册，第 16907 页。
⑩ 《全宋诗》第 46 册，第 28782 页。
⑪ 《黄庭坚诗集注》，第 1685 页。

惠新柑》:“填空密雪借风威，深闭蓬窗昼掩扉。”[①]

可以是“青州从事”等美酒，如陈与义《季高送酒》:“自接曲生蓬户外，便呼伯雅竹床头。真逢幼妇着黄绢，直遣从事到青州。”[②]邓肃《谢虞守送酒》:“瑟瑟严风鼓蓬户，对话春围两亡趣。”[③]文人自然是少不了书信之类的雅事，有新章佳句自然要互赠赏析，如谢薖《成德不面逾月仆以病暑未能出谒辄和所寄稿字韵诗奉寄兼简子中》:“门前蓬藋无人扫，客去墙阴藜苋老。”[④]曹勋《和人见赠四首》其一:“新诗璀璨来蓬荜,径寸光摇白玉盘。二鹿已知烦细剪,一樽无乃辍余欢。”[⑤]

综上，友人拜访，主人要表达出对客人的尊敬，降低自己身份来抬高别人是简单而实用的方法，蓬户、蓬荜生辉正是通过自贬居所来达到这一目的。至于主人是否真的是蓬蒿居室已经无关紧要，因为蓬户等就是为了表达谦卑的内涵，家徒四壁之人表达的是真实的谦卑，家道殷实之人表达的是真正的谦卑。

2. 蓬荜寒士

门第制度，是中国古代的等级观念的一个重要侧面，我们所熟知的“门当户对”和“上品无寒门，下品无士族”都归属于这个范畴。出身有高低，高贵出身即名门望族，出身卑微即蓬荜寒门。不过文人多是用蓬荜寒门来表达一种自谦，且大多用于启、表和状等文体当中。蓬荜寒门类似的表达逐渐成为了一种公文的套语，格式大致为：某/

① 《全宋诗》第 38 册，第 23673 页。

② ［宋］陈与义撰、白敦仁校笺《陈与义集校笺》，上海古籍出版社 1990 年版，第 902 页。

③ 《全宋诗》第 31 册，第 19694 页。

④ 《全宋诗》第 24 册，第 15777 页。

⑤ 《全宋诗》第 33 册，第 21176 页。

臣蓬荜寒士……，目的是为了表示谦卑之意。

文人自谦自己为蓬荜寒士、出身卑微，这是为了表达对他人的尊重的谦辞。如果对方是贵为天子的皇帝，那么蓬荜寒士的说法则是属于写实，因为面对“普天之下，莫非王土”的皇帝，作为臣子自称蓬荜寒士无论如何都是对的。汉代就已经开始出现了类似的谦辞，如汉王褒《圣主得贤臣颂》：“今臣辟在西蜀，生于穷巷之中，长于蓬茨之下，无有游观广览之知，顾有至愚极陋之累，不足以塞厚望应明指。”①梁萧统《夹钟二月》：“但某席户幽人，蓬门下客。”②江淹《诣建平王上书》：“下官本蓬户桑枢之人，布衣韦带之士，退不饰诗书以惊愚，进不买名声于天下。”③王筠《与长沙王别书》：“仆夙疾增瘵，蹇废蓬门，不获执离，弥深倾懑。愿敬勖，白书不次。”④唐骆宾王《上司刑太常伯启》：“某蓬芦布衣，绳枢韦带，自弱龄植操，本谢声名；中年誓心，不期闻达。”⑤张九龄《让赐宅状》：“臣生身蓬荜，所居贱陋，衅属苴麻，岂图弘敞？”⑥符载《答泽潞王尚书书》：“如某者，一蓬荜士也，痴缓朴讷，无可采择，性嗜闲退，不求声利。”⑦就上面的内容，其他人身世究竟如何暂且不管，萧统贵为太子仍自称“蓬门下客”，可见蓬门作为谦辞为文人所普遍接受。

在宋人的文集中，这种蓬荜寒士的表达更是比比皆是，并且真正成了一种行文模式，总之都是要表现出自己的鄙陋来自谦。

另外，还有通过箕裘和蓬荜双重强调自己的出身卑微，“箕裘”语

① 《全上古三代秦汉三国六朝文》，第 358 页。
② 《全上古三代秦汉三国六朝文》，第 3062 页。
③ 《江文通集汇注》，第 327 页。
④ 《全上古三代秦汉三国六朝文》，第 3337 页。
⑤ 《骆临海集笺注》，第 230 页。
⑥ ［唐］张九龄撰、熊飞校注《张九龄集校注》，中华书局 2008 年版，第 824 页。
⑦ 《全唐文》，第 7050 页。

出《礼记》卷三十六《学记》第十八:“良冶之子,必学为裘。良工之子,必学为箕。”[①]“箕裘”,指祖上的事业,但是这份事业都是普通的行当,地位比较卑贱。如宋史浩《贺俞敷学知绍兴府启》:“伏念某蓬荜寒生,箕裘末裔,得官一尉,待次五期。适逢马首之来,偶幸瓜时之及。”[②]廖刚《提举亳州明道宫乞致仕》:“伏念臣蓬荜寒生,箕裘末绪。滥缀崇宁之黄甲,亦既有年;叨联绍兴之清班,于兹积岁。”[③]史浩《贺高提举迎侍回任启》:“伏念某蓬瓮寒生,箕裘素履。”[④]

有感叹自己出身寒门,且又感慨自己桑榆已晚、年岁渐大,如周紫芝《谢王侍郎荐举启》:“伏念某蓬荜地寒,崦嵫齿暮。”[⑤]又《谢枢密院编修官启》:“伏念某蓬荜余生,桑榆暮景。”[⑥]史浩《代叔父谢除谏议大夫表》:“如臣者蓬荜孤寒,桑榆衰晚。生遇圣神之世,误蒙特达之知。”[⑦]又《谢赐第表》:“伏念臣起身蓬荜,充位庙朝,绵力譾材,无取栋梁之用;颓龄朽质,不堪斤斧之施。”[⑧]翟汝文《谢赐衣带马鞍表》:“伏念臣桑榆暮齿,蓬荜微生。被素褐以穷年,驾短辕于故里。”[⑨]周麟之《谢赐生饩表》:“伏念臣晚生蓬荜,旧业齑盐,适逢千载之期,误沭九重之眷。”[⑩]

其他的也都是遵守“臣蓬荜寒士……”这个模式,在其他的谦辞

---

① 《十三经注疏·礼记正义》,第1069页。
② 《全宋文》第199册,第339页。
③ 《全宋文》第139册,第61页。
④ 《全宋文》第199册,第348页。
⑤ 《全宋文》第162册,第121页。
⑥ 《全宋文》第162册,第125页。
⑦ 《全宋文》第199册,第143页。
⑧ 《全宋文》第199册,第175页。
⑨ 《全宋文》第149册,第143页。
⑩ 《全宋文》第217册,第195页。

搭配上略有出入，如王安礼《谢覃恩转官表》:“臣少出蓬蒿，初无远业，晚陪廊庙,终负异恩。”[①]陈渊《谢宫祠表》:“臣山林弃物,蓬荜寒儒。”[②]王十朋《上太守李端明》:“某蓬荜一贱生尔，自总角闻先生长者称颂明公盛德伟望，殆非一日。”[③]傅察《改京官谢宰相启》:“如某者长蓬茨之下，乏甔石之储，疲软奚胜，朴遬莫数。”[④]又《与林仲变启》:“如某官者葭莩末契，蓬荜寒生。”[⑤]张纲《贺都统刘太尉年启》:“某栖踪蓬巷，矫首辕门，阻称椒栢之觞，聊致笺縢之礼。”[⑥]又《醮新宅青词》其一:“伏念臣蓬荜故栖，风雨莫芘。”[⑦]李正民《知湖州到任谢表》:“伏念臣托业简编，起家蓬荜，以山野戆愚之质，困风波销铄之余。”[⑧]王庭珪《与黄平国正字书》其一:“如某蓬室之士，兴言及此，正犹嫠不恤其纬也。”[⑨]仲并《上孙参政启》:“某蓬荜门寒,斗筲器浅。空空何有，妄希管豹之窥；兀兀徒劳，未发醯鸡之覆。”[⑩]“蓬荜寒士”作为谦辞到宋代已成为套语,在公文中更是如此。蓬荜本是表示居所简陋的词语，由于居所往往是身份的象征，蓬荜也就成为了一种门第出身低微的象征。那么“蓬荜寒士”作为一个公式套语，所要表达的还是谦卑之意。

无论是原宪、颜回的君子固守陋巷并矢守其道，还是蓬荜生辉和蓬荜寒士之类所表现出的谦卑，这些都是通过编门作户的蓬蒿陋室衬

① 《全宋文》第 83 册，第 87 页。
② 《全宋文》第 153 册，第 100 页。
③ 《全宋文》第 208 册，第 274 页。
④ 《全宋文》第 181 册，第 64 页。
⑤ 《全宋文》第 181 册，第 93 页。
⑥ 《全宋文》第 168 册，第 332 页。
⑦ 《全宋文》第 168 册，第 436 页。
⑧ 《全宋文》第 163 册，第 88 页。
⑨ 《全宋文》第 158 册，第 147 页。
⑩ 《全宋文》第 192 册，第 290 页。

托出来的。蓬荜的编做门户是这些植物本身实用价值的体现，他们并不涉及儒家“比德”成分，因为他们本身的生物属性没有让人联想到人类的相似品性，所以说蓬草就是利用其实用性营造“陋室”来衬托出君子固穷和谦卑的德行。

二、蓬蒿与道家文化

道家文化重要特点是道法自然和出世无为等，蓬蒿和道家文化的关系来源于它和隐士的关系。蓬蒿与张仲蔚、蒋诩和陶渊明等隐士的组合在诗文中较为常见，这样一来蓬蒿也就与隐逸和道教文化产生了密切的关系。蓬蒿与隐逸的关系根源于蓬蒿成为隐士居所周边环境的一部分，这是蓬蒿与居所建筑的另一种关系。蓬蒿随处可见，也常在居所附近生长，如陶渊明《咏贫士七首》其六有“仲蔚爱穷居，绕宅生蒿蓬。”[①]隐士要脱离尘世樊笼返归自然，不过他们已经无法回到树居、穴居的时代，只好隐于野。居所附近的“蓬蒿没人”一方面使他们对自然有着更进一步的接触，有着更深切身处自然之中的感受；另一方面居所附近的蓬蒿还是隐士壶天世界的保护者，茂盛生长的蓬蒿甚至超过了人高，这形成了一种屏蔽外界纷扰的保护网，蓬蒿之中的居所是一方没有尘世喧嚣的乐土。

（一）张仲蔚

《三辅决录》曰:“张仲蔚，平陵人也。与同郡魏景卿，俱隐身不仕，所居蓬蒿没人。”[②]皇甫谧《高士传》载：“张仲蔚者，平陵人也。与同郡魏景卿俱修道德，隐身不仕。明天官博物，善属文，好诗赋。常

① 逯钦立校注《陶渊明集》，中华书局1979年版，第127页。

② ［汉］赵岐等撰、［清］张澍辑、陈晓捷注《三辅决录三辅故事三辅旧事》，三秦出版社2006年版，第14页。

居穷素，所处蓬蒿没人。闭门养性，不治荣名。时人莫识，唯刘龚知之。”[①]张仲蔚最为后世文人称道的就是他隐居不仕、淡泊超然，以至于居处蓬蒿没人。没人的蓬蒿，几乎成了张仲蔚高尚节操的重要参照物，蓬蒿的高度代表了他隐居的决心和程度，也代表了其品行的高度。由于张仲蔚与蓬蒿的紧密联系，蓬蒿居也就逐渐成为隐居的一个范式，特立独行中透露着清高的风范。

诗人对张仲蔚隐居不仕，以致蓬蒿满园的行为倍加推重，因为这是真正身心俱隐的隐士所为，而非待价而沽，将隐居作为仕进的跳板，搞“终南捷径”那一套。性本爱丘山，逃离尘网的陶渊明更是著名的高士，其《咏贫士七首》其六：“仲蔚爱穷居，绕宅生蒿蓬。翳然绝交游，赋诗颇能工。举世无知者，止有一刘龚。此士胡独然，实由罕所同。介焉安其业，所乐非穷通。人事固以拙，聊得长相从。”[②]江淹《左记室咏史思》：“顾念张仲蔚，蓬蒿满中园。”[③]唐诗提到张仲蔚也往往少不了蓬蒿，张仲蔚、蓬蒿仿佛成了一个有机的整体。如岑参《终南云际精舍寻法澄上人不遇，归高冠东潭石淙，望秦岭微雨，贻友人》：“若访张仲蔚，衡门满蒿莱。”[④]李咸用《陈正字山居》：“一叶闲飞斜照里，江南仲蔚在蓬蒿。”[⑤]吴筠《高士咏·郑子真张仲蔚》：“子真岩石下，仲蔚蓬蒿居。”[⑥]张仲蔚的隐身蓬蒿无疑与其清高的品行有关，这样的品行当然会引起共鸣。又如李白《鲁城北郭曲腰桑下送张子还嵩阳》：“谁

① ［晋］皇甫谧撰、刘晓东校点《高士传》，辽宁教育出版社 1998 年版，第 26 页。
② 《陶渊明集》，第 127 页。
③ 《江文通集汇注》，第 148 页。
④ 《岑嘉州诗笺注》，第 184 页。
⑤ 《增订注释全唐诗》第 4 册，第 757 页。
⑥ 《增订注释全唐诗》第 5 册，第 771 页。

念张仲蔚，还依蒿与蓬。”[1]李元操《和从叔禄愔元日早朝》：“谁念张仲蔚，日暮反蒿莱。”[2]韦庄《铜仪》：“谁念闭关张仲蔚，满庭春雨长蒿莱。”[3]隐居蓬蒿当然是一件苦差事，虽然有些诗人不能真的做到这一点，不过只要心中有着这样的追慕之情，也不失为雅士。

仲蔚蓬蒿的组合一直为后代诗人传承下来，宋黄庭坚《次韵文潜休沐不出二首》其一：“惟有张仲蔚，门前蓬藋深。”[4]韩维《锄园寄京师友人》：“谁念张仲蔚，寂寞守蓬蒿。”[5]又《谢厚卿载酒见过再和二首》其一：“非因大旆闲来往，仲蔚蓬蒿绕舍生。”[6]邹浩《次韵崔光先见简作诗催春色》：“岂知仲蔚长蓬蒿，寂寂儒宫栽一亩。”[7]曾幾《为张四明作》：“一生所闻张仲蔚，闭门蓬蒿深几尺。”[8]周孚《朱德裕隐轩》：“十年仲蔚蓬蒿宅，老屐今朝到此间。”[9]戴复古《访徐益夫》：“仲蔚蓬蒿宅，终朝只闭关。”[10]仲蔚蓬蒿是洁身自好的代名词，蓬蒿是一个极为重要的部分，没有蓬蒿就不足以深刻表现隐居的程度。又如韩维《夏日览物思古人三首》之张仲蔚：

弃置当世事，覃思天官书。蓬蒿长没人，寂寞守园庐。轩冕非所慕，赋诗常晏如。[11]

---

① 《李太白全集》，第789页。
② 《增订注释全唐诗》第1册，第855页。
③ 《韦庄集笺注》，第246页。
④ 《黄庭坚诗集注》，第276页。
⑤ 《全宋诗》第8册，第5128页。
⑥ 《全宋诗》第8册，第5247页。
⑦ 《全宋诗》第21册，第13932页。
⑧ 《全宋诗》第29册，第18524页。
⑨ 《全宋诗》第46册，第28749页。
⑩ 《全宋诗》第54册，第33520页。
⑪ 《全宋诗》第8册，第5127页。

黄庭坚《题宛陵张待举曲肱亭》：

仲蔚蓬蒿宅，宣城诗句中。人贤忘巷陋，境胜失途穷。寒菹书万卷，零乱刚直胸。偃蹇勋业外，啸歌山水重。晨鸡催不起，拥被听松风。[1]

李正民《怀旧》：

遁迹渔盐远市朝，回廊落叶响萧萧。云迷岭岫天将雪，草没汀洲海上潮。欲寄新诗人杳杳，重寻旧会恨迢迢。暮年更欠刘龚语，门翳蓬蒿转寂寥。[2]

陋巷是一个含混的概念，只知道是简陋，却不知道具体如何。张仲蔚居处的蓬蒿没人，将隐居生活情景具体化、生活化。另外，张仲蔚的德行很大程度上来自蓬蒿没人的烘托，在如恒河沙数的隐士中有一种特立独行的风范,引起了文人的共鸣。再就是因为蓬蒿居是可学的，因为这远较树居、穴居近人情，蓬蒿没人固然有难度，但是房前屋后难免会有蓬蒿之类的杂草、乱草，主人不加芟除反倒体现了疏懒中的一种清高，不以俗事系怀的高风亮节。

张仲蔚居所附近没人的蓬蒿，一方面是自然的代表，其中可以看出张仲蔚身心俱隐的面貌；另一方面这些蓬蒿充当了保护伞的作用，使得张仲蔚可以闭门养性，省去了尘世烦扰事物的纠缠。

（二）蒋诩和陶渊明

蒋诩，东汉时的隐士。《文选》卷三十所收谢灵运《田南树园激流植援》:“唯开蒋生径,永怀求羊踪。”[3]李善注引《三辅决录》曰:“蒋诩，

① 《黄庭坚诗集注》，第 86 页。

② 《全宋诗》第 27 册，第 17485 页。

③ ［梁］萧统编、［唐］李善注《文选》中册，中华书局 1977 年版，第 427 页。

字元卿，隐于杜陵。舍中三径，惟羊仲、求仲从之游。二仲皆挫廉逃名。”[1]三国魏嵇康《圣贤高士传》之《蒋诩》载：“蒋诩字元卿，杜陵人，为衮州刺史。王莽为宰衡，诩奏事，到灞上，称病不进。归杜陵，荆棘塞门，舍中三径，终身不出。时人谚曰：‘楚国三龚，不如杜陵蒋翁。’”[2]由此蒋生径、三径等就成为隐逸的一个代名词。陶渊明《归去来兮辞》有“三径就荒，松菊犹存”[3]，《文选》李善注也是引上文《三辅决录》来注释“三径”，文字略有出入。陶渊明对“三径”这一典故的贡献就是加入了“荒”的内容，进一步表达隔绝尘世的意思。蓬蒿是一种乱草，用来表示荒芜也属平常，这样一来后世诗文中就经常将“三径”和“蓬蒿”连用。另外陶渊明的《归去来兮辞》表达了厌恶官场，归隐田园的想法，所以三径蓬蒿也就附带了这层含义。这些组合变化与顾颉刚所讲“层累地造成中国古史”的道理有着共通之处。

在诗文中直接提及蒋诩，如唐钱起《秋夜寄袁中丞、王员外》：“应怜蒋生径，秋露满蓬蒿。”[4]宋梅尧臣《和韵三和戏示》：“蓬蒿自有蒋生乐，珠翠宁容郑氏陪。”[5]关于蒋诩的记载中，有提到“荆棘塞门”，荆棘、蓬蒿都是表示荒芜、简陋的一种说法，将蒋生径与蓬蒿联系起来也就显得有理可循。陶渊明的归隐为历代文人推重，再加上他《归去来兮辞》中对“三径”荒芜的阐发，宋人将陶渊明与蓬蒿联系起来，如宋代刘攽《思归》：“不改蓬蒿陋，犹怜松菊存。”[6]苏轼《题李伯时〈渊

① 《文选》，第427页。

② 戴明扬校注《嵇康集校注》，人民文学出版社1962年版，第416页。

③ 《陶渊明集》，第161页。

④ 《增订注释全唐诗》第2册，第391页。

⑤ ［宋］梅尧臣撰、朱东润编年校注《梅尧臣集编年校注》，上海古籍出版社1980年版，第755页。

⑥ 《全宋诗》第11册，第7199页。

明东篱图》：“靖节固昭旷，归来侣蓬蒿。”[1]刘攽句中的松菊明显是来自陶渊明的“松菊犹存”，苏轼干脆指出陶渊明的归隐正是与蓬蒿为伍，这表明蓬蒿是隐居的一种代表。

蓬蒿与三径、小径等组合成为隐逸的象征符号，诗人借此来描写一种隐居的生活环境，表达出诗人清高孤介的德行。如骆宾王《畴昔篇》有：“宾阶客院常疏散，蓬径茅斋终寂寞。自有林泉堪隐栖，何必山中事丘壑。”[2]王维《黎拾遗昕裴迪见过秋夜对雨之作》：“何人顾蓬径，空愧求羊踪。”[3]陆龟蒙《袭美将以绿罽为赠因成四韵》：“三径风霜利若刀，襜褕吹断罥蓬蒿。”[4]殷尧藩《闲居》：“茂苑闲居木石同，旋开小径翦蒿蓬。虚游心在鸿濛外，穴处身疑培𪣻中。花影一阑吟夜月，松声半榻卧秋风。百年寄傲聊容膝，何必高车驷马通。”[5]三径已满是蓬蒿，表明自己的孤高，不轻易与人交往，或是说非我友不友，之所以能达到这个境界，应是源于“心远地自偏”。

宋代诗人主要是通过被蓬蒿占据的荒芜的三径来表现出尘脱俗、清高孤介的归隐的心情，诗

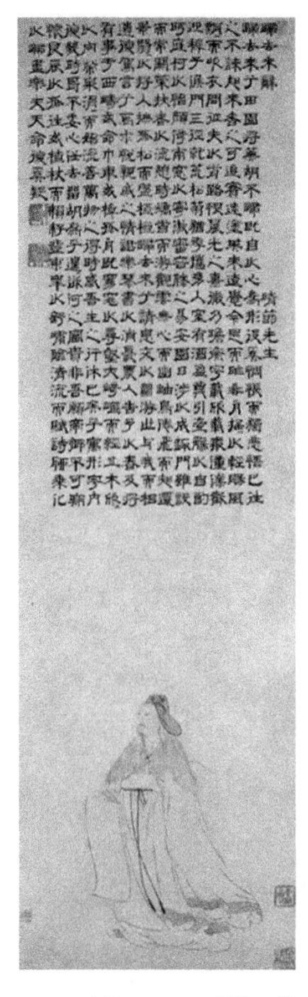

图08 《陶渊明像》，［明］王仲玉，纸本设色，纵106.8厘米，横32.5厘米，北京故宫博物院藏。

① 《苏轼诗集》，第2542页。
② 《骆临海集笺注》，第171页。
③ 《王右丞集笺注》，第127页
④ 《增订注释全唐诗》第4册，第580页。
⑤ 《增订注释全唐诗》第3册，第928页。

人在蓬蒿之中远离了世俗的尘嚣，抛却了名利之心，这正是陶渊明性本爱丘山却误落尘网中思想的体现。如陈与义《徙舍蒙大成赐诗》：“三径蓬蒿犹恨浅，九流宾客未嫌贫。”[①]李吕《送陈尉别二首》其二：“明年还忆蓬蒿径，身在瀛洲雨露中。”[②]又韩琦《次韵答致政欧阳少师退居述怀二首》其一：

日跂高风谢世纷，只思移疾卧漳濆。万钟糠粃常知慕，三径蓬蒿欲自耘。忠义心诚终老合，仙凡歧路此时分。唯瞻天外冥鸿远，会起卑飞及旧群。[③]

刘弇《赠柳秀才三首》其中前两首其一：

应被功名误一身，卜居归就水云耕。诗题招隐同谁和，赋奏闲居独自成。三径蓬蒿贫处士，五车经史富书生。几回醉后颠狂甚，便拟骑鲸上太清。[④]

其二：

奔走文场十载劳，归来三径满蓬蒿。麟穷西狩人谁念，龙卧南阳节自高。贫里田园居四壁，吟中风月笔千毫。早知今日诗书误，悔不当初学六韬。[⑤]

赵蕃《题旧日所藏晋陶渊明采菊东篱下悠然见南山画》：

未必形模似，良由意象高。见山非得得，遇酒辄陶陶。芜没念三径，飘零悲二毛。南征傥亡恙，归老旧蓬蒿。[⑥]

---

① 《陈与义集校笺》，第 937 页。
② 《全宋诗》第 38 册，第 23829 页。
③ 《全宋诗》第 6 册，第 4091 页。
④ 《全宋诗》第 18 册，第 12031 页。
⑤ 《全宋诗》第 18 册，第 12031 页。
⑥ 《全宋诗》第 49 册，第 30568 页。

马廷鸾《次李改卿韵》：

丽句费敲推，清吟出竞病。日长简编丛，春老蓬蒿径。志士苦忧时，高人思缮性。山房读道书，晚花红艳静。[①]

牟巘《送罗汉臣》：

向曾平步上仙鳌，拂袖归来气尚豪。自有西山堪拄笏，不妨右手且持螯。凌云载酒浑如梦，泛雪回舟也自高。顾我余生复何事，闭门三径削蓬蒿。[②]

三径蓬蒿，成为了一种没有名利之心的地方，不是俗士的俗韵所能企及，是对归隐生活的追求，故诗人处蓬蒿之中而怡然自得。三径蓬蒿与原宪、颜回的陋巷、张仲蔚居所的蓬蒿没人等描写的不同之处就在于将蓬蒿的描写进一步的具体化，由陋巷至居所蓬蒿再至三径蓬蒿，这其中有真实的文献记载，也有文人的发挥联想。

在隐士返归自然的心理和张仲蔚、蒋诩和陶渊明等蓬蒿与隐士传统的共同作用下，蓬蒿也就逐渐成了隐逸场所的代表，表现为蓬蒿与隐逸的联系开始摆脱蓬蒿与隐士的组合，在诗文中出现隐居于蓬蒿之中这种直白的说法。如南朝陈沈炯《离合诗赠江藻》："屋室何寥廓，至士隐蓬蒿。"[③]唐王维《春园即事》："还持鹿皮几，日暮隐蓬蒿。"[④]韦应物《答韩库部协》："还当以道推，解组守蒿蓬。"[⑤]又《答裴处士》："况子逸群士，栖息蓬蒿间。"[⑥]杜甫《贻阮隐居》："车马入邻家，蓬蒿翳

---

① 《全宋诗》第 66 册，第 41241 页。

② 《全宋诗》第 67 册，第 41952 页。

③ 《先秦汉魏晋南北朝诗》，第 2445 页。

④ 《王右丞集笺注》，第 126 页。

⑤ ［唐］韦应物著，陶敏、王友胜校注《韦应物集校注》，上海古籍出版社 1998 年版，第 306 页。

⑥ 《韦应物集校注》，第 330 页。

环堵。”[①]杜牧《赠宣州元处士》：“陵阳北郭隐，身世两忘者。蓬蒿三亩居，宽于一天下。樽酒对不酌，默与玄相话。人生自不足，爱叹遭逢寡。”[②]

仅从诗题上来看，韦应物《答裴处士》、杜甫《贻阮隐居》和杜牧《赠宣州元处士》都是明确地表明了这是与隐士赠答所作，蓬蒿都是作为隐居场所出现，其他的诗作也都表示出隐居蓬蒿，归守田园的心绪，在此蓬蒿就是隐居场所的代称。

宋代诗人的笔下也有隐居蓬蒿的描写，可见蓬蒿为隐居之处得到了普遍的认同，如欧阳修《新营小斋凿地炉辄成五言三十九韵》：“西邻有高士，轗轲卧蓬荜。”[③]刘敞《成冬》：“养生赖裘葛，卜隐开蓬蒿。”[④]邵雍《寄谢三城太守韩子华舍人》：“蓬蒿隐其居，藜藿品其餐。”[⑤]释道潜《赠子固舍人》：“吏部遗编久寂寥，颍滨居士亦蓬蒿。”[⑥]李纲《严陵滩下作二首》其一：“世祖龙飞万国朝，故人依旧隐蓬蒿。”[⑦]晁公溯《寄洪雅令孙良臣》：“吾邦孙卿子，闭门长蓬蒿。”[⑧]林季仲《高太傅挽词》：“声利场中意独消，端如处士翳蓬蒿。”[⑨]张守《题舍弟舒啸亭》：“不羡高门联甲乙，欲傍林泉老蓬荜。”[⑩]李吕《题少室故居》：“拾遗旧隐居，

---

① 《杜诗详注》，第545页。
② 《樊川诗集注》，第106页。
③ 《欧阳修全集》，第741页。
④ 《全宋诗》第9册，第5742页。
⑤ 《全宋诗》第7册，第4455页。
⑥ 《全宋诗》第16册，第10737页。
⑦ 《全宋诗》第27册，第17527页。
⑧ 《全宋诗》第35册，第22383页。
⑨ 《全宋诗》第31册，第19956页。
⑩ 《全宋诗》第28册，第18014页。

一亩长蓬蒿。”[①]陆游《初归杂咏》:“小园五亩翦蓬蒿，便觉人间迹可逃。”[②]张镃《次韵陆南宫晨起有感》:“出处日两忘，居朝隐蓬蒿。”[③]蓬蒿已经不是一种单纯的景物，而是隐士居所的代表，是脱离尘世之处。蓬蒿之中少了追名逐利的功利情绪,更多的是淡泊闲静的心性意趣，是士大夫文人锤炼精神品格之处。

综上，在张仲蔚、蒋诩和陶渊明等隐士的世界中，蓬蒿既是自然的代表，又是摒除名利气息、尘世俗物的盾牌，隐士在其中可以达到身心俱隐的境界。文人有径直表示要隐居蓬蒿之中，也是对隐逸生活、淡泊心境的一种追慕。蓬蒿在这个过程当中逐渐演变成了隐居场所的代名词，蓬蒿与道家隐逸文化产生了密切联系。

三、蓬蒿与平民文化

我们认为平民文化带有极强的平民性，或者说是平凡性和通俗性，整体来看平民文化不是高端、难以企及的东西，因为高端、难以企及的东西与平民身份不相符，平民文化应是普通百姓随处可见、随手可及的；再有平民文化要接地气，有旺盛的生命力，它是下里巴人的随和、遍地开花，不是阳春白雪的曲高和寡。蓬蒿，正如我们前面所说，表现出了卑贱和荒芜两个最主要的特征。卑贱，是人类对草的一贯看法，而普通平民由于自身的微贱也通常用草来自比，如称呼一般的民众为“草民”,平民所做的游戏中有随处可开展的“斗百草”等。荒芜，是从人类的视角出发来评论，就蓬蒿自身而言则是其种群蓬勃繁荣的表现,这正如《诗经》所载“彼茁者蓬”一样,蓬蒿之类的草很接地气，

---

① 《全宋诗》第 38 册，第 23810 页。

② 《剑南诗稿校注》，第 3166 页。

③ 《全宋诗》第 50 册，第 31532 页。

有着顽强的生命力，生生不息、绵延不绝，这也正符合社会底层平民的生活状态。总之，蓬蒿不像梅兰竹菊等代表着高雅的、阳春白雪的文化倾向，正相反它是下里巴人的代表，是通俗的平民文化的象征。

我们首先来说蓬蒿与平民文化直接的关系，我们前面已经提到了出生有“落草”之说，至于死后也就是埋没随百草，我们前面已经论述过《蒿里行》本是汉代流行的丧歌，也就是指人死后归于蒿里百草之中。《庄子》之《至乐第十八》：“列子行食于道从，见百岁髑髅，攓蓬而指之曰：‘唯予与汝知而未尝死，未尝生也。若果养乎？予果欢乎？’”疏曰：“髑髅隐在蓬草之下，遂拔却蓬草，因而指麾与言。”[①]从文字上来看，我们从一个侧面也可以看出人死之后归随蓬蒿百草，成为枯朽的骷髅。平民的由生到死，蓬蒿都或多或少地参与其中，前文有过关于文人等居所满是蓬蒿的讨论，这都表明蓬蒿与平民联系紧密，是平民的代言植物之一。

中国作为农耕为主的国家，平民自是多与农田关系密切，那么春种秋收、耕田除草是生活中必不可少的部分。蓬蒿正是这种需要被芟除的杂草中的一种，它与普通百姓的生活联系非常紧密。《国语》卷第十九《吴语》：“吴王还自伐齐，乃讯申胥曰：‘昔吾先王体德明圣，达于上帝，譬如农夫作耦，以刈杀四方之蓬蒿，以立名于荆，此则大夫之力也。’”[②]《吴越春秋》之《夫差内传第五》也有类似的表达。

蓬蒿也出现在一些反映农事的诗作当中。如唐杜甫《述古三首》其一：“农人望岁稔，相率除蓬蒿。”[③]司马扎《锄草怨》：“种田望雨多，

① 《庄子集释》，第623页。
② 上海师范大学古籍整理组校点《国语》，上海古籍出版社1978年版，第601页。
③ 《杜诗详注》，第1022页。

雨多长蓬蒿。亦念官赋急，宁知荷锄劳。”[1]宋苏轼《送程建用》：“凿垣种蒿蓬，嘉谷谁复省。”[2]石介《徂来山斋熟寝家童报征西府从事田集贤张著作赵推官书至开缄读之因题书后》：“满径蓬蒿懒自锄，何人日午叩茅庐。”[3]黄庭坚《呻吟斋睡起五首呈世弼》其五：“墙下蓬蒿地，儿童课剪除。”[4]沈辽《赠别子瞻》：“借田东坡在江北，芟夷蓬蒿自种麦。”[5]因蓬蒿的平凡普通，它成了农事劳动中的常见之物，而农民由于长期与草打交道，农人开始逐渐与蓬蒿等草类植物产生了认同感，因为在封建社会中等级分明，农民和蓬蒿等草类植物都是卑微得无与伦比，草民应当就是这样思想下的产物。

蓬蒿的卑贱形象我们已经讨论过，在此主要论述其身上表现出的蓬勃旺盛的生命力，这与平民的生命力有着相似之处，同时也与平民文化因其通俗性而受众较多的情况类似。先民早已注意到蓬蒿等的生命力，《诗经》卷一《召南》之《驺虞》：“彼茁者蓬，一发五豵，于嗟乎驺虞。”朱熹注:“茁生出壮盛之貌”。[6]《诗经》卷十四《小雅》之《采菽》:“维柞之枝，其叶蓬蓬。”毛传:“蓬蓬，盛貌。”[7]蓬勃一词，据《一切经音义》卷第二十七:“上蒲公反,如蓬之乱起……下蒲没反。勃,盛也。蓬勃，繁盛之貌。”[8]《续一切经音义》卷第四:“蓬勃，上蒲公反，乱也。

① 《增订注释全唐诗》第 4 册，第 334 页。
② 《苏轼诗集》，第 1454—1455 页。
③ 《全宋诗》第 5 册，第 3429 页。
④ 《黄庭坚集注》，第 792 页。
⑤ 《全宋诗》第 12 册，第 8302 页。
⑥ 《诗集传》，第 14 页。
⑦ 《诗集传》，第 166 页。
⑧ 《正续一切经音义附索引两种》，第 1073 页。

下蒲没反。勃，盛也。案：如蓬草之乱盛也。”[①]蓬勃被解释为如蓬草之乱盛，这正是蓬之繁荣旺盛生命力的最佳诠释。

蓬蒿在春天就开始生长，由于具有顽强的生命力，一般农作物难以企及，这也是农作物与野草的一个重要区别。《礼记》卷第十四《月令第六》载:“孟春行夏令，则雨水不时，草木蚤落，国时有恐。行秋令，则其民大疫，猋风暴雨总至，藜莠蓬蒿并兴。”[②]《史记》卷二十八《封禅书》第六：“于是管仲睹桓公不可穷以辞，因设之以事，曰：‘……今凤皇麒麟不来，嘉谷不生，而蓬蒿藜莠茂，鸱枭数至，而欲封禅，毋乃不可乎？’”[③]狂风暴雨虽至，嘉谷不生，但是蓬蒿依旧能茁壮地生长。

我们前面讨论过蓬蒿表示荒芜也是其旺盛生命力的一种表现，另外，张仲蔚居所的蓬蒿没人也是最好的说明，蓬蒿能够没人一方面是主人不加整理的缘故，再有就是蓬蒿自身旺盛生长能力的外现。唐李颀《答高三十五留别便呈于十一》：“寄书寂寂於陵子，蓬蒿没身胡不仕。”[④]储光羲《贻王处士子文》：“张弦鹍鸡弄，闭室蓬蒿深。”[⑤]刘长卿《酬屈突陕》:“怜君计画谁知者,但见蓬蒿空没身。”[⑥]韩愈《刘生诗》:“我为罗列陈前修,芟蒿斩蓬利锄耰。”[⑦]钱起《题陈季壁》:“烟火昼不起，蓬蒿春欲深。”[⑧]柳宗元《寄韦珩》：“回眸炫晃别群玉，独赴异域穿蓬

① 《正续一切经音义附索引两种》，第 3846 页。
② 《十三经注疏·礼记正义》，第 467 页。
③ 《史记》，第 1361 页。
④ 《增订注释全唐诗》第 1 册，第 978 页。
⑤ 《增订注释全唐诗》第 1 册，第 1039 页。
⑥ 《刘长卿诗编年笺注》，第 402 页。
⑦ 《韩昌黎诗系年集释》，第 223 页。
⑧ 《增订注释全唐诗》第 2 册，第 387 页。

蒿。”[1]杜荀鹤《哭山友》:“从见蓬蒿丛坏屋，长忧雨雪透荒坟。”[2]如果有雨水的滋润，那蓬蒿更是长势迅速，杜甫《大雨》:“风雷飒万里，霈泽施蓬蒿。”[3]我们从这些诗作中表现的“蓬蒿深”可以看出蓬蒿的长势和生生不息的生存迹象。

宋人接受《诗经》“彼茁者蓬”表现蓬蒿茂盛的内容，在诗中有所体现，如孙应时《毗陵龚君以崇见投古风思致不凡依韵答之》:“君看蒿蓬茂，正足供鸣蛙”[4]方岳《郑佥判取苏黄门图史园囿文章鼓吹之语为韵见贻辄复赓载》其四:“蓬茅一何荒,桃李一何秀。”[5]晁公遡《他乡》:“蓬蒿并兴草益茂，桃李不言花自开。”[6]张镃《诚斋三用韵因更和呈以坚顾临之约》:“不比先贤傲竹林，鸣驺许过径蓬深。”[7]我们可以看出在这些诗人的观念中蓬蒿就是一种长得很茂盛，有顽强生命力的植物的代表。蓬蒿深，是很模糊的概念，宋人有明言蓬蒿的高度者，这就把蓬蒿的茂盛具体量化，如黄庭坚《答明略并寄无咎》:“穷巷蓬蒿深一尺，朱门廉陛高难攀。”[8]苏辙《赋园中所有十首（时在京师)》其九 :“蓬麻春始生，今已满一丈。”[9]王之道《因纳上人寄题望江张氏春晖亭诗》:“青青原上草,初生殆毫芒。迩来没蓬蒿,似有三尺强。”[10]周紫芝《季卿惠诗颇寓穷愁之意作是诗勉之》:“但令人似千金璧，莫

① 《柳宗元集》，第 1142 页。
② 《增订注释全唐诗》第 4 册，第 1230 页。
③ 《杜诗详注》，第 907 页。
④ 《全宋诗》第 51 册，第 31703 页。
⑤ 《全宋诗》第 61 册，第 38432 页。
⑥ 《全宋诗》第 35 册，第 22431 页。
⑦ 《全宋诗》第 50 册，第 31597 页。
⑧ 《黄庭坚集注》，第 951 页。
⑨ 《苏辙集》，第 30 页。
⑩ 《全宋诗》第 32 册，第 20149 页。

恨门生一丈蓬。”[1]

蓬蒿是一种可以长得过人高的植物，从中可见其生长能力的强大。蓬蒿更是表现出了一种乱盛的面貌，这从蓬蒿时常被用来表示荒芜等情况就可以看出。总之，蓬蒿是具有着“野火烧不尽”般的生存能力，这正是自强不息的平民所体现出来的品质。

当今有个热词叫“草根”，它代表着这样的一个人群——他们来自民间，无论是表演还是创作都更加贴近民间，带有着民间的蓬勃生命力。草根文化，正是一种具有着顽强的生命力，同时又与官方、精英和主流文化等相背离的具有民间性质的平民文化。

草根文化也好，平民文化也好，实际就是俗文化，它是与雅文化相对而言。俗文化这一说法，主要体现出的文化品质是“下里巴人”，而非阳春白雪。草根文化这一说法，更能体现出这种文化的主体就是草根一族，这也就将其与精英文化区别开来。此种文化的主体是平民，而表现的内容自然贴近于平民生活。如果就草根的精神本质而言，则是一种草的品质的表现，具有顽强的生命力，能够适应各种恶劣的环境，正所谓“疾风知劲草”。当然还远不止这些，野草是一种坚劲的存在，即使是被野火焚燎，只要草根仍然存留，那么生命就不会熄灭，在春风的感召下依然会复生。草还是一种广泛的存在，植根于广阔的天地之间，《离骚》中说“何所独无芳草兮”，换成苏轼的版本是“天涯何处无芳草”，芳草尚且如此，更何况蓬蒿之类的乱草和杂草？草根文化的主体——草根一族，正是指向了广大的民众，正如蓬蒿等杂草一样有着广泛的群众基础。综上所述，草根文化是一种俗文化，它的主要参与者是草根平民，由于平民身上顽强生命力的侵染使得这种文化有

① 《全宋诗》第 26 册，第 17389 页。

着不屈的生存意识，得以蓬勃地发展下去。

自古以来，平民文化、俗文化就是作为一种颇有生命力的文化形态而存在，并且它还引起文人士大夫的兴趣，进而被文人士大夫加以吸收、改造,由此融入到雅文化当中。当今社会发达的网络业,诸如博客、微博和微信之类，为草根们提供了展示自己的舞台，草根文化通过这种更加便捷的媒介来传播，不论是对其发展的的速度还是繁荣的程度都有着极大的促进作用。

第三章　蓬蒿意象杂论

第一节　蓬首、蓬头与蓬鬓

清人程瑶田明确指出蓬首是指头发如蓬枝之乱，其《释蓬》:“蓬飞时叶已黄而陨矣，存者但有枯枝，发乱如飞蓬，如其枝之乱也。”[①]蓬飞转时确应已经枯黄，但其叶应尚未脱落或未完全脱落，又在风沙中形成团乱的形状，这与蓬首形象有着极高的相似度，也更加契合人们写景况物以形似为基本出发点的心理，这也符合“首如飞蓬”出现的先秦时期人们的思维习惯。蓬草“恶于根本而美于枝叶”，枝叶繁茂是蓬的一个重要生物特征，蓬首、蓬头和蓬鬓的说法应都是在此基础上生成的，而不是朱熹所说的蓬花如柳絮聚飞如乱发。

蓬首、蓬头和蓬鬓，相通之处在于都用来指头发的蓬乱，不同之处在于三者用法上各有侧重。蓬首，源出《诗经》卷三《卫风》之《伯兮》篇:“伯兮朅兮，邦之桀兮。伯也执殳，为王前驱。自伯之东，首如飞蓬。岂无膏沐，谁适为容。”[②]，从诗中可以看出这是丈夫远征后，女子无心梳洗，头发蓬乱的形貌。女子不梳洗，并非是没有沐浴膏露，而是因为“悦己者”远走他处，由此蓬首多用来表现一种思妇的形象，

① 《释草小记》，第486页。

② 《诗集传》，第40页。

披上了愁怨的外衣。蓬头远较蓬首口语化，这也让蓬头更多地停留在头发蓬乱的表达上，蓬头在神话、小说和诗歌等中出现时都有着通俗化倾向。诗文中蓬鬓留华逝去的意蕴表现得也较为突出，人们感叹自己衰老时，常从头发说起，蓬鬓常与霜、雪、白和绿等词组合来表达衰老之意。概括而言，蓬首、蓬头和蓬鬓都有蓬乱的意思，但又在愁怨、蓬乱和衰老三方面各有侧重。

一、愁怨

《诗经》中“首如飞蓬”的诗句，为后世奠定了一种经典的思妇形象。“女为悦己者容”，一旦丈夫远走，那么独留下来的女子往往孤单寂寞，无心梳妆。南朝宋鲍照有诗作对此进行了较为详细的阐释，其《拟行路难十八首》其八：

> 中庭五株桃，一株先作花。阳春妖冶二三月，从风簸荡落西家。西家思妇见悲惋，零泪沾衣抚心叹：初送我君出户时，何言淹留节回换？床席生尘明垢，纤腰瘦削发蓬乱。人生不得恒称意，惆怅徙倚至夜半。[1]

其十一：

> 今年阳初花满林，明年冬末雪盈岑，推移代谢纷交转，我君边戍独稽沈。执袂分别已三载，迩来寂淹无分音。朝悲惨惨遂成滴，暮思绕绕最伤心。膏沐芳馀久不御，蓬首乱鬓不设簪。徒飞轻埃舞空帷，粉筐黛器靡复遗，自生留世苦不幸，心中惕惕恒怀悲！[2]

其十二：

---

① 《鲍参军集注》，第 234 页。

② 《鲍参军集注》，第 238 页。

春禽喈喈旦暮鸣，最伤君子忧思情。我初辞家从军侨，荣志溢报干云霄。流浪渐冉经三龄，忽有白发素髭生。今暮临水拔已尽，明日对镜复已盈。但恐羁死为鬼客，客思寄灭生空精。每怀旧乡野，念我旧人多悲声。忽见过客问何我，宁知我家在南城？答云我曾居君乡，知君游宦在此城。我行离邑已万里，今方羁役去远征。来时闻君妇，闺中孀居独宿有贞名。亦云悲朝泣闲房，又闻暮思泪沾裳。形容憔悴非昔悦，蓬鬓衰颜不复妆。见此令人有馀悲，当愿君怀不暂忘。[①]

鲍照这三首诗中无一例外的都描绘了一个思妇的形象，原本就纤细的腰身益发形销骨立，头发也蓬乱起来，不用针簪，不再妆扮，容颜更憔悴下来。从这个形象我们也就深刻地感受到了思妇幽深的愁绪。

在这之后，梁萧绎《荡妇秋思赋》有："妾怨回文之锦，君思出塞之歌。相思相望，路远如何？鬓飘蓬而渐乱，心怀愁而转叹。"[②]沈约《织女赠牵牛诗》："尘生不复拂，蓬首对河津。"[③]陈少女《寄夫诗》："自君上河梁，蓬首卧兰房。安得一樽酒，慰妾九回肠。"[④]丘迟《答徐侍中为人赠妇诗》有："丈夫吐然诺，受命本遗家。糟糠且弃置，蓬首乱如麻。"[⑤]无论是萧绎的南朝宫体诗作，还是无名少女的《寄夫诗》等都共同谱写着思妇的愁怨形象。

唐代诗歌走向鼎盛，唐代诗人笔下的思妇仍是蓬首不梳，情思却更加深忧、催人肠断。如贺兰进明《行路难五首》其二："邻家思妇见

① 《鲍参军集注》，第 239 页。
② 《全上古三代秦汉三国六朝文》，第 3038 页。
③ 《先秦汉魏晋南北朝诗》，第 1645 页。
④ 《先秦汉魏晋南北朝诗》，第 2611 页。
⑤ 《先秦汉魏晋南北朝诗》，第 1603 页。

之叹，蓬首不梳心历乱。”[①]苏颋《山鹧鸪词二首》其一：“玉关征戍久，空闺人独愁。寒露湿青苔，别来蓬鬓秋。”[②]元稹《春六十韵》：“望夫身化石，为伯首如蓬。”[③]李白《怨歌行》：“沉忧能伤人，绿鬓成霜蓬。”[④]白居易《赠同座》：“春黛双蛾嫩，秋蓬两鬓侵。”[⑤]薛涛《段相国游武担寺病不能从题寄》：“消瘦翻堪见令公，落花无那恨东风。侬心犹道青春在，羞看飞蓬石镜中。”[⑥]

宋代人更多的将蓬首和蓬鬓用来表示文人士大夫的韶华远去，蓬首用来表示女子的思夫形象只是较小的一部分，即使用于女子也只是一种泛泛表现头发的蓬乱，并非定要带上《诗经》的印痕。宋词以婉媚著称，蓬鬓与情爱相关的内容自是不在少数，如李之仪《江神子》：“月窗何处想归鸿。与谁同。意千重。婉思柔情，一旦总成空。仿佛幺弦犹在耳，应为我，首如蓬。”[⑦]沈端节《江城子》：“有人应念水之东。鬓如蓬。理妆慵。览镜沉吟，膏沐为谁容。多少相思多少事，都尽在，不言中。”[⑧]滕甫《蝶恋花·再和》：“昼永无人深院静。一枕春醒，犹未忺临镜。帘卷新蟾光射影。速忙掠起蓬松鬓。”[⑨]

宋诗中蓬首和蓬鬓也有表现思妇的慵懒形象者，如黄庭坚《次韵

---

① 《增订注释全唐诗》第 1 册，第 1215 页。
② 《增订注释全唐诗》第 1 册，第 507 页。
③ ［唐］元稹撰、冀勤点校《元稹集》，中华书局 1982 年版，第 148 页。
④ 《李太白全集》，第 283 页。
⑤ 《白居易集》，第 604 页。
⑥ ［唐］李冶、薛涛、鱼玄机著，陈文华校注《唐女诗人集三种》，上海古籍出版社 1984 年版，第 70 页。
⑦ 《增订注释全宋词》第一卷，第 298 页。
⑧ 《增订注释全宋词》第二卷，第 668 页。
⑨ 《增订注释全宋词》第一卷，第 165 页。

君庸寓慈云寺待韶惠钱不至》:“主簿看梅落雪中，闺人应赋首飞蓬。”[①]魏了翁《高公权之母郭氏》:“髧髦维我特，蓬首为谁容。”[②]史浩《梳妆八篇》:“绣草铺茸玉作冠，四时花样几千般。当思蓬首寒窗女，终岁无油两鬓干。”[③]吴芾《和许守岩桂》:“疑是姮娥懒，睡起鬓蓬松。”[④]女子总是美的坚实追随者，如果甘愿自毁形象，那必是事出有因，而良人的远去无疑是其中最为重要的因素。总之，首如飞蓬由于具有着悠久的历史，再经过历代文人的袭用，终使其成为慵懒思妇的典型形象特征。

以上所说可概括为思妇的形象，还有一类蓬首的女子主要可归纳为寡妇、未亡人等的茕居悲苦形象，如果宽泛地讲，此类也是思妇形象的范围，只是是一种良人、丈夫和亲人等永远不会归来的绝望的、无望的思妇形象。这背后的情感更为深切和悲痛。

这种形象于唐代的墓志中出现较多，蓬首、柏舟之类是用来赞叹女子贞洁的经典词汇。思念催人愁生，而死别则难免有让人万念俱灰。赵玭《唐故北海戚处士墓志铭》:“夫人清河张氏，孀情惨裂，涕泗交凝。笄纚无光，蓬鬓鏊首。”[⑤]杜甫《唐故范阳太君卢氏墓志》:“且左右仆妾，洎厮役之贱，皆蓬首灰心，呜呼流涕，宁或一哀所感，片善不忘而已哉？”[⑥]柳宗元《朗州员外司户薛君妻崔氏墓志》:“诸女蓬垢涕号，柳氏出也。”[⑦]白居易《大唐故贤妃京兆韦氏墓志铭》:“贞元

---

① 《黄庭坚集注》，第 1172 页。

② 《全宋诗》第 56 册，第 35001 页。

③ 《全宋诗》第 35 册，第 22184 页。

④ 《全宋诗》第 35 册，第 21846 页。

⑤ 周绍良主编《唐代墓志汇编》，上海古籍出版社 1992 年版，第 2512 页。

⑥ 《杜诗详注》，第 2232 页。

⑦ 《柳宗元集》，第 346 页。

中，号奉宫车，暂留园寝，麻衣告朔，蓬首致哀，执匪懈之心，视奠于灵坐；修无上之道，荐福于崇陵。”[1]林珽《唐故福州侯官县丞汤府君墓志铭并序》:“夫人琅琊郡王氏，故衡阳县明宰之女。以礼节奉君子，以慈和训闺门。感形影之未亡，叹梧桐之半死，望故乡以泣血，泛沧溟以护丧。蓬首逝波，没身徇义，艰险不惮，旌旐之情，今古罕及。”[2]阙名《大唐故上柱国梁府君墓志铭并序》:“夫人清河张氏，闺闱秉德，婉娈宜家，蓬首终身，不移霜操。”[3]阙名《唐故冯府君墓志铭并序》:“夫人陈氏，蓬首灰心，沉哀骨立，徒想琼田之草，无复返魂之香，以其年十月十五日葬于江夏长乐乡射亭里之原礼也。”[4]上面的引文中多为思念丈夫的思妇形象。在古代，男子在家中地位较高，是家中的顶梁柱，如果梁柱倒塌，对女子来说是天塌下来一样，从此无依无靠，形销骨立，蓬首终日，其中辛酸和绝望是普通思妇所难以匹敌的。

总之，“蓬首”一词有着《诗经》的传统，多被用于“有望”与“无望”的女子身上，表现出来的或是盼望丈夫归来绵延不尽的思念的愁丝，或是阴阳相隔，一种春蚕到死般无处附着的丝丝悲愁。

二、蓬乱

古代有着崇神信鬼的传统习俗，鬼神的形象又多以蓬头、蓬首来描绘。鬼神为什么会是蓬头乱发的形象呢？答案应该是通过恐怖形象带来视觉感官刺激让人产生敬畏之感，商代的青铜面具多是狰狞的面目可以算是同样的心理作用。

现在所见最早的关于蓬首、蓬头的神明形象是西王母，《山海经》

① 《白居易集》，第 920 页。
② 《唐代墓志汇编》，第 2365 页。
③ 《唐代墓志汇编》，第 1838 页。
④ 《唐代墓志汇编》，第 2140 页。

卷二《西山经》载："又西三百五十里，曰玉山，是西王母所居也。西王母其状如人，豹尾虎齿而善啸，蓬发戴胜，是司天之厉及五残。"[①]《穆天子传》卷三也有关于西王母形象类似的记载。

图 09 《戴敦邦道教人物画集——西王母》。（此图从网络引用，应出自戴敦邦先生所著《戴敦邦道教人物画集》。因本著为学术论著，所有图片均为学术引用，非营利性质，所以不支付任何报酬，敬祈谅解。对作者戴敦邦先生致以最诚挚的敬意和谢意）

唐宋时期，"残丛小语"式的笔记小说达到了成熟期，文人借此炫意想之奇，笔墨之妙，此中有关于鬼神的蓬头形象的描写。如《太平广记》卷二一〇《黄花寺壁》："又见八神俱衣赤，眼眉并殷色，共扼其神，直逼轩下，蓬首目赤，大鼻方口，牙齿俱出，手甲如鸟，两足皆有长毛，衣若豹鞹。"[②]宋洪迈《夷坚丙志》卷第十九《婺州雷》：

绍兴六年六月，赵不设在婺州与数人登保宁军楼纳凉，黑云欻起天末，顷之弥空。雷电激烈，雨声如翻江，衮火球六七入于楼。不设辈悸慑，卧伏楼板上，以手掩面，但闻腥秽不可忍。

① 袁珂校译《山海经校译》，上海古籍出版社 1985 年版，第 31 页。

② ［宋］李昉等编《太平广记》，中华书局 1961 年版，第 1612 页。

稍定，窃视之，见三四人，长七八尺，面丑黑，短发血赤色，蓬首不巾，执檛如骨朵状。或曰“在”，或曰“不在”，或曰“只这里，只这里”，言讫，始闻霹雳声，良久云散雨霁。起验视，乃楼门□□震□□至顶，一路直如线，傍有龙爪迹云。①

鬼神的形象难免丑怪狞厉，让人心生畏惧，进而不得不匍匐跪拜以求神灵的保佑。想要塑造出鬼神类的形象，自然是要异于常人，作为一种较为详细的描绘当然要诡异到牙齿，那么头发的蓬乱作为视觉感官刺激的一部分当然不能省略。

西王母是神的形象，蓬头也有用在鬼的形象上的例子，至于目的也是营造一种恐怖的气氛。如《晏子春秋》卷一记载景公将伐宋，梦到二丈夫立而怒，怀疑是泰山之神，晏子进谏称二人是汤和伊尹，阻止景公伐商后裔，其中有“伊尹黑而短，蓬而髯，丰上兑下，偻身而下声。”②《太平御览》卷三百七十四也有类似记载。(按，上面引文应是以“蓬头而髯”更为通顺合理。伊尹也是蓬头的形象，此时的伊尹早已做鬼，或是已经升格为神明。)《晏子春秋》卷一又载：“晏子曰：‘公伐无罪之国，以怒明神，不易行以续蓄，进师以近过，非婴所知也。师若果进，军必有殃。’军进，再舍，鼓毁，将殪。”③晏子将伊尹作为神明来解释，以此期望达到让景公畏惧商先祖重臣的怪罪而罢兵的目的。而在此过程中，伊尹的形象显得有些不寻常，而蓬头正是其中的一个部分。

唐牛僧孺《玄怪录》卷四《岑曦》：“俄见大鬼丈余，蓬头朱衣，

---

① ［宋］洪迈撰、何卓点校《夷坚志》，中华书局1981年版，第527页。

② 《晏子春秋校注》，第31页。

③ 《晏子春秋校注》，第31页

执长剑逾墙而入，有丈夫、妇女、老者、少者亦随之入，或自投于墙下遮拜，其辞恳切。”[①]牛僧孺权倾朝野，性喜志怪，这其中蓬头鬼的形象是在志怪传奇小说的首映，对以后的志怪小说有着一定的影响。宋陈淳《北溪字义》卷下：“仲舒《繁露》载汉一事，有人家用祝降神，祭毕语人曰：‘适所见甚怪，有一官员公裳盛服，欲进而踌躕不敢进。有一鬼蓬头衩袒，手提屠刀，勇而前歆其祭，是何神也？’”[②]这段文字已经不见于今本董仲舒《春秋繁露》，不过鬼被刻画成蓬头的形象还是有所本。另外陈淳在《宗说下》一文也有提到“汉鬼蓬头”这件事。此外其他宋人文中也有蓬头鬼形象的出现，如苏颂《和诸君观画鬼拔河》和晁补之《后招魂赋》等。

蓬头鬼这个形象带有一定的代表性，为人们所接受，如清曹雪芹《红楼梦》中鸳鸯所宣的酒令中就有“蓬头鬼”。清袁枚《子不语》中有六处提到鬼的形象时是蓬头之态，分别为《钉鬼脱逃》《冒失鬼》《蓬头鬼》《鬼差贪酒》《陈清恪公吹气退鬼》和《穷鬼祟人，富鬼不祟人》。

话完鬼，转言人。文人士大夫蓬头垢面，不拘小节，有着疏懒的意味。唐卢纶《郊居对雨寄赵涓给事包佶郎中》：“尘镜愁多掩，蓬头懒更梳。”[③]张南史《早春书事奉寄中书李舍人》：“敝缊袍多补，飞蓬鬓少梳。”[④]宋苏轼《豆粥》：“卧听鸡鸣粥熟时，蓬头曳履君家去。”[⑤]孔平仲（一作郭祥正）《泊舟姑孰堂》：“蓬头赤两脚，踯躅绕四隅。”[⑥]林亦之《岁

① ［唐］牛僧孺编、程毅中点校《玄怪录》，中华书局1982年版，第115页。
② ［宋］陈淳撰《北溪字义》，文渊阁《四库全书》第709册，第49页。
③《增订注释全唐诗》第2册，第841页。
④《增订注释全唐诗》第2册，第992页。
⑤《苏轼诗集》，第1272页。
⑥《全宋诗》第16册，第10850页。

晚山楼书怀》:“脚垢时忘洗，头蓬月懒梳。”[1]王之道《酬陈勉仲勉仲寄示诸公所和黄字韵诗轴且责其归重念匹夫怀璧之罪不敢靳因复和其韵反之》:“失梳蓬鬓结，欠洗垢衣黄。”[2]赵蕃《东坡在惠州窘于衣食以重九近有樽俎萧然之叹和渊明贫士七诗今去重九三日尔仆以新谷未升方绝粮是忧至于樽俎又未暇计也因诵靖节贫士诗及坡翁所和者辄复用韵》:“闲居起常早，倦巾首如蓬。”[3]

蓬首乱鬓,不以为意,且不失文人风雅本色,如徐积《答范君锡》:“却是蓬头枕上吟，不知还有人嗔否。”[4]曾幾《汪惇仁教授即官舍作斋予以独冷名之》:“昔君困齑盐，蓬首窗下读。”[5]朱熹《次张彦辅赏梅韵》:“兴来乱插飞蓬首,拟向君家醉君酒。”[6]林亦之《戏题稚春杜少陵诗集》:“或倚书楼头如蓬，即见双剑终然同。”[7]毛滂《八月二十八日挈家泛舟游上渚诗》:“醉来蓬鬓乱，卧入蓼花深。”[8]刘一止《睡足斋一首》:“此地谁令著此翁,角巾欹倒鬓如蓬。”[9]徐鹿卿《庐陵试院次陈明叔韵》:“晓看窗影过飞鸦，短发蓬松一半斜。”[10]

病魔缠身，沉疴难去，病后初愈的蓬头乱发满是憔悴的面容。如唐羊士谔《晚夏郡中卧疾》:“用拙怀归去，沉痾畏借留。东山自有计，

---

① 《全宋诗》第 47 册，第 28995 页。
② 《全宋诗》第 32 册，第 20184 页。
③ 《全宋诗》第 49 册，第 30390 页。
④ 《全宋诗》第 11 册，第 7627 页。
⑤ 《全宋诗》第 28 册，第 18505 页。
⑥ 《全宋诗》第 44 册，第 27511 页。
⑦ 《全宋诗》第 47 册，第 28990 页。
⑧ 《全宋诗》第 21 册，第 14102 页。
⑨ 《全宋诗》第 25 册，第 16694 页。
⑩ 《全宋诗》第 59 册，第 36947 页。

蓬鬓莫先秋。”[1]白居易《新秋病起》：“病瘦形如鹤，愁焦鬓似蓬。”[2]宋毛滂《二十日舍贾耘老溪居旦起蔡成允见访仆方蓬头赤脚坐溪上乃用此见成允而君不以为无礼反寄诗有褒借意甚愧过情戏作一首奉报》：“寒溪破晓喜相过，不怪蓬头尚养疴。”[3]文天祥《病中作》赋：“一病忽两月，蓬头夏涉秋。”[4]又《病愈简刘小村》：“倦余心似醉，病起首如蓬。”[5]

蓬头又多见于征战的士兵身上。在《庄子》卷十上《说剑第三十》中有关于蓬头剑士的描写，“太子曰：‘然吾王所见剑士，皆蓬头突鬓垂冠，曼胡之缨，短后之衣，瞋目而语难，王乃说之。’”疏曰：“发乱如蓬，鬓毛突出，铁为冠，垂下露面。”[6]由于军旅生活艰辛，战况惨烈是常有的事，梳洗常常是栉风沐雨，蓬头垢面也是常有的事情。如东汉蔡邕《让高阳乡侯章》：“是以战功之事，大有陷坚破敌斩将搴旗之功，小有馘截首级履伤涉血之难，勤苦军旅，连年累岁，首如蓬葆，体如漆干，劳瘁辛苦。”[7]唐谢偃《正名论》：“乃有以司铠丈人，戎服而至，蓬首垢面，颊削背伛，左挈戟，右提鞬，泮汗蒙尘，不让而坐。”[8]元载《故相国杜鸿渐神道碑》：“自西徂东，足趼头蓬。”[9]独孤及《为江淮节度使奏破余姚草贼龚厉捷书表》：“遣军将左璋率弩手一百五十

① 《增订注释全唐诗》第 2 册，第 1284 页。
② 《白居易集》，第 446 页。
③ 《全宋诗》第 21 册，第 14112 页。
④ 《全宋诗》第 68 册，第 42966 页。
⑤ 《全宋诗》第 68 册，第 42967 页。
⑥ 《庄子集释》，第 1017 页。
⑦ 《全上古三代秦汉三国六朝文》，第 861 页。
⑧ 《全唐文》卷二五六，第 1596 页。
⑨ 《全唐文》卷三六九，第 3749 页。

人为左翼，军将余能变率弩手一百五十人为右翼。皆三吴良家，百越劲卒，争贾余勇，乐于公战。蓬头突鬓，猋骇火烈，相为辅车，夹敌之路。”[1]杨炎《大唐河西平北圣德颂并序》:“歕以清笳，阵以云蛇，列于四冲；蓬头执戟，鼓以灵鼍，进于逵路。”[2]卢纶《逢病军人》:“行多有病住无粮,万里还乡未到乡。蓬鬓哀吟古城下,不堪秋气入金疮。”[3]宋周紫芝《刘将军宝刀歌》:“苍水使者谁敢扪，蓬头剑士眼不识。”[4]蓬头乱发的武士自是有种彪悍形象在其中，不过常年征战的士兵则更多的由于战争的残酷惨烈而疲于奔命，无暇顾及蓬头乱发。

稚野的孩童模样也多用蓬头来形容。由于孩童此时还未到束发或弱冠，头发尚为总角、垂髫之类，再加上恣意玩耍，会显得有些蓬乱。唐韦庄《赠野童》:“羡尔无知野性真，乱搔蓬发笑看人。”[5]胡令能《小儿垂钓》:“蓬头稚子学垂纶，侧坐莓苔草映身。路人借问遥招手，怕得鱼惊不应人。”[6]宋刘攽《自舒城南至九并并舒河行水竹甚有佳致马上成五首》:“但爱溪上儿，蓬头坐垂钩。”[7]陆游《夜寒起坐待旦》:“巷犬声如豹，山童首似蓬。”[8]李新《渔父曲》:“篱根半落春江水，稚子蓬头采洲芷。”[9]

道人、僧侣和隐士等人，常是超凡脱俗，当然也就不愿受世俗观

---

① 《全唐文》卷三八五，第 3916 页。
② 《全唐文》卷四二一，第 4299 页。
③ 《增订注释全唐诗》第 2 册，第 832 页。
④ 《全宋诗》第 26 册，第 17164 页。
⑤ 《韦庄集笺注》，第 159 页。
⑥ 《增订注释全唐诗》第 4 册，第 1493 页。
⑦ 《全宋诗》第 11 册，第 7116 页。
⑧ 《剑南诗稿校注》，第 3274 页。
⑨ 《全宋诗》第 21 册，第 14161 页。

念的束缚，蓬头赤脚也是寻常。沈端节《念奴娇》:“野阔风高香雾满，采菊无人同把。堪笑渊明，蓬头曳杖，吟赏东篱下。”[①]晁说之《赠雷僧》:“蓬头冰齿独徘徊，五百年前人姓雷。”[②]吕本中《观宁子仪所蓄维摩寒山拾得唐画歌》:“君不见寒山子，垢面蓬头何所似。”[③]叶适《赠□道人》:“赤脚蓬头古观旁，沉迷人海意茫茫。”[④]葛长庚《水调歌头》:“蓬头赤脚,街头巷尾打无为。”[⑤]又《水调歌头·自述》:“虽是蓬头垢面，今已九旬来地，尚且是童颜。”[⑥]无论是把酒东篱的陶渊明，还是像白玉蟾葛长庚一样的求道之人，蓬头垢面中有着笑看红尘的心绪。

三、衰老

蓬鬓与蓬首、蓬头也都有着蓬乱的基本含义，但蓬鬓经常用来表达衰老之意。蓬鬓与萧飒、稀疏、苍白和霜雪等组合，其内涵主要体现在衰老这个层面上，并且在衰老中又多了几分颓唐。这种情况多是出现在宋代诗人的文集当中，感叹年华老去本就是古代文学中一个常见的主题，宋诗重筋骨思理的相对成熟的文人心态也更适合表现衰老的情绪。

（一）萧萧蓬鬓任风吹

韶华远去，颜鬓渐褪，直言自己的头发萧疏、萧萧之类，正是衰老之态。郭应祥《菩萨蛮·戊辰重阳》:“萧飒鬓如蓬，不禁吹帽风。”[⑦]

---

① 《增订注释全宋词》第二卷，第 666 页。
② 《全宋诗》第 21 册，第 13751 页。
③ 《全宋诗》第 28 册，第 18058 页。
④ 《全宋诗》第 50 册，第 31264 页。
⑤ 《增订注释全宋词》第三卷，第 587 页。
⑥ 《增订注释全宋词》第三卷，第 606 页。
⑦ 《增订注释全宋词》第三卷，第 228 页。

王十朋《提舶送菊酒有诗次韵》:“蓬鬓萧疏对佳节,因公撩起故乡情。”[1]又《登云榭》“伤心不忍看茱菊，蓬鬓萧疏泪点班。”[2]赵蕃《晚雨后虹蜺并见》:“泛泛身随梗，萧萧鬓似蓬。”[3]朱熹《次亭字韵诗呈秀野丈兼简王宰三首》其三:“却笑春风两蓬鬓,飘萧无复旧时青。”[4]陆游《秋雨初霁徙倚门外有作》:“萧萧蓬鬓虽衰矣，追逐乡邻尚有余。”[5]范成大《己丑五月被召至行在,遇周畏知司直,和五年前送周归弋阳韵见赠,复次韵答之》(以下自处州再至行在作):“分袂悠悠尔许年，莫嗔蓬鬓两萧然。”[6]蒲寿宬《渔父词十三首》其一:“万里长江一钓丝，萧萧蓬鬓任风吹。”[7]刘敞《竹西亭送二十六弟赴定州，去年三月亦于此相别，即昆冈蒙谷之阳》:“自觉双蓬鬓，萧萧日更新。”[8]刘攽《重过观音精舍旧读书房》:“空怜两蓬鬓，萧飒十年余。”[9]欧阳修《答资政郡谏议见寄二首》:“豪横当年气吐虹，萧条晚节鬓如蓬。”[10]司马光《康定中予过洛桥南得诗两句于今三十二年矣再过其处足成一章》:“重来羞见水中影，鬓毛萧飒如秋蓬。”[11]宋祁《送余姚尉顾洵美先辈》:“蓬葆已萧萧，从官越绝遥。”[12]李廌《春日即事九首》其八:“萧萧两蓬鬓,

① 《全宋诗》第 36 册，第 22922 页。
② 《全宋诗》第 36 册，第 22923 页。
③ 《全宋诗》第 49 册，第 30623 页。
④ 《全宋诗》第 44 册，第 27529 页。
⑤ 《剑南诗稿校注》，第 1911 页。
⑥ 《范石湖集》，第 133 页。
⑦ 《全宋诗》第 68 册，第 42786 页。
⑧ 《全宋诗》第 9 册，第 5830 页。
⑨ 《全宋诗》第 11 册，第 7198 页。
⑩ 《欧阳修全集》，第 251 页。
⑪ 《全宋诗》第 9 册，第 6053 页。
⑫ 《全宋诗》第 4 册，第 2373 页。

愁入少年场。”[①]郭祥正《向舜毕秘校席上赠黄州法曹杜孟坚即君懿职方之孙也》:“嗟予老人日零落，两鬓衰蓬眼生瘼。”[②]杨时《泗上》(闻将闭汴口) 其二:“鬓蓬凋欲尽，岸帻任攲斜。”[③]

蓬鬓的稀疏与萧疏等相同都是衰老的特征,如杜甫《人日两篇》:“蓬鬓稀疏久，无劳比素丝。”[④]宋周紫芝《仆归自武林蒙舒元相徐美祖诸君皆惠诗乍归老倦未苏姑以二诗为报聊以塞后时之责耳》:“红尘染尽去时衣，愁入双蓬鬓发稀。”[⑤]头发的逐渐变得残碎、脱落自然也是衰老的表现，如陆游《夙兴》:“青灯黄卷拥篝炉，残发垂蓬未暇梳。”[⑥]王炎《出郭视田讼三绝》其三:“野老双蓬俱半脱，尚凭蜗角起争心。”[⑦]

另外,“白头搔更短，浑欲不胜簪”，头发的逐渐变短也是一种衰老，是生命力日渐衰竭的表现。如陆游《月中过蜻蜓浦》:“铜壶玉酒我径醉，短发垂肩蓬不栉。”[⑧]又《夙兴》:“夙兴短蓬发,幽步豁烦襟。”[⑨]晁公遡《昼寝》:“晴薰病眼暖欲醉，卧搔短发如飞蓬。”[⑩]强至《依韵和张君仪职方城上观雪》:“冷侵容鬓双蓬短,急伴年华一箭飞。”[⑪]岳柯《梳头二首》其一:“自笑双蓬鬓，今成一秃翁。”[⑫]陆游《南堂与儿辈夜坐》:“凄然

---

① 《全宋诗》第 20 册，第 13631 页。
② 《全宋诗》第 13 册，第 8760 页。
③ 《全宋诗》第 19 册，第 12938 页。
④ 《杜诗详注》，第 1856 页。
⑤ 《全宋诗》第 26 册，第 17376 页。
⑥ 《剑南诗稿校注》，第 1206 页。
⑦ 《全宋诗》第 48 册，第 29746 页。
⑧ 《剑南诗稿校注》，第 1315 页。
⑨ 《剑南诗稿校注》，第 3327 页。
⑩ 《全宋诗》第 35 册，第 22396 页。
⑪ 《全宋诗》第 10 册，第 6994 页。
⑫ 《全宋诗》第 56 册，第 35380 页。

又起流年感，两鬓如蓬日夜枯。”[①]

萧疏之类的语意表达中还带有文人的文雅与含蓄，不过也不乏衰鬓等直白地表达衰老的例子，唐王维《送綦毋秘书弃官还江东》：“无庸客昭世，衰鬓日如蓬。”[②]刘孝孙《送刘散员同赋陈思王诗游人久不归》：“稍觉私意尽，行看蓬鬓衰。”[③]李吉甫《癸巳岁吉甫园丘摄事合于中书后阁宿斋，常负忝愧，移止于集贤院，会门下相公以七言垂寄，亦有所酬，短章绝韵不足抒意，因叙所怀奉寄相公，兼呈集贤院诸学士》：“蓬发颜空老，松心契独全。”[④]宋李曾伯《沁园春·自和即事》：“笑平生劲概，寸心如铁，中年老态，两鬓成蓬。”[⑤]喻良能《松峭山傍偃松昔尝过之为赋长句今三十有六年矣复至其下慨然有感因次韵》：“几年不见根如铁，老境重来鬓似蓬。”[⑥]袁说友《和同年张季良少卿馈家酿韵三首》其一：“六十衰颓愧鬓蓬，黄花更负一年中。”[⑦]赵蕃《书怀二首》其一：“生平旧隐藓踪合，老至危途蓬鬓生。”[⑧]范成大《春晚》：“吾衰久矣双蓬鬓，归去来兮一钓丝。”[⑨]陆游《六十吟》：“嗟予忽忽蹈此境，衰发如蓬面枯瘦。”[⑩]彭汝砺《有感》：“茅心迷簿领，蓬鬓老

---

①《剑南诗稿校注》，第 2041 页。
②《王右丞集笺注》，第 46 页
③《增订注释全唐诗》第 1 册，第 169 页。
④《增订注释全唐诗》第 2 册，第 1165 页。
⑤《增订注释全宋词》第三卷，第 808 页。
⑥《全宋诗》第 43 册，第 27012 页。
⑦《全宋诗》第 48 册，第 29976 页。
⑧《全宋诗》第 49 册，第 30912 页。
⑨《范石湖集》，第 317—318 页。
⑩《剑南诗稿校注》，第 1226 页。

尘埃。”[①]林景熙《独夜》:“客鬓双蓬老拾遗，一灯明灭酒醒时。”[②]

“朱颜辞镜花辞树”让人悲伤，临镜目睹自己的衰老更是让人心生感慨，如唐元稹《三兄以白角巾寄遗发不胜冠因有感叹》:“暗梳蓬发羞临镜，私戴莲花耻见人。”[③]宋李曾伯《摸鱼儿·和陈次贾仲宣楼韵》:“谩课柳评花，援镜搔蓬鬓。”[④]周紫芝《德庄别后以诗见寄再游钱塘始见之次韵奉答且以叙将别之意》:“看君须点漆，羞我鬓吹蓬。”[⑤]陈与义《夏日集葆真池上以绿阴生昼静赋诗得静字》:“聊将两鬓蓬，起照千丈镜。”[⑥]袁说友《简唐英同年四首》其一:“春风已落百花中，镜里空嗟两鬓蓬。”[⑦]

鬓发稀疏、寥落，这是人生的必经阶段，不过此事落到自身的头上，人们也多是不愿接受，并且这衰老的容颜背后往往包裹着古代文人心中未竟的事业、潦倒的境遇和老骥伏枥般的雄心等复杂情绪。

（二）青鬓吹蓬半染霜

提到衰老我们自然会想到白发苍苍的模样，蓬鬓等也多和白、苍和素等表示头发斑白的词汇搭配来描写衰老的形象。如唐白居易《初著刺史绯，答友人见赠》:“徒使花袍红似火，其如蓬鬓白成丝。”[⑧]又《九日宴集，醉题郡楼，兼呈周、殷二判官》:“两边蓬鬓一时白，三

---

① 《全宋诗》第16册，第10568页。
② 《全宋诗》第69册，第43476页。
③ 《元稹集》，第230页。
④ 《增订注释全宋词》第三卷，第804页。
⑤ 《全宋诗》第26册，第17274页。
⑥ 《陈与义集校笺》，第281页。
⑦ 《全宋诗》第48册，第29950页。
⑧ 《白居易集》，第372页。

处菊花同色黄。”[1]又《九月八日，酬皇甫十见赠》：“霜蓬旧鬓三分白，露菊新花一半黄。”[2]宋强至《经春长在幕府，今日偶出见花》：“但惊蓬鬓看双白，不觉花枝已半红。”[3]刘攽《送郑推官》：“蓬鬓添衰白，知予厌滞淫。”[4]彭汝砺《奉怀深父学士友兄》其一：“蓬发白如相别日，菊花黄似去年时。”[5]苏轼《和陶贫士七首》其六：“老詹亦白发，相对垂霜蓬。”[6]沈辽《无生》：“白发如秋蓬，已得无生路。”[7]喻良能《游下岩过松峭祠傍偃松又赋长句》：“细雨复青池上草，西风顿白鬓边蓬。”[8]斑白皓首也是常见的表达，如宋王十朋《九日与同官游戒珠寺用去年韵》：“菊花今岁殊不恶，蓬鬓去年犹未班。”[9]卫宗武《和催雪》：“忆昔腊霙点予须，至今皓首如飞蓬。”[10]苍、白、皓、素等词语具有视觉刺激效果，蓬鬓的衰老之意会更为强烈。

衰老用白发来表示当然是很直接的写法，不过也可以通过与绿鬓等词汇的对比来体现，唐李白《怨歌行》：“沉忧能伤人，绿鬓成霜蓬。”[11]宋释文珦《逝水》：“两鬓成枯蓬，萧萧不再绿。”[12]周紫芝《品令》：“霜

---

① 《白居易集》，第 457 页。
② 《白居易集》，第 779 页。
③ 《全宋诗》第 10 册，第 7008 页。
④ 《全宋诗》第 11 册，第 7185 页。
⑤ 《全宋诗》第 16 册，第 10495 页。
⑥ 《苏轼诗集》，第 2139 页。
⑦ 《全宋诗》第 12 册，第 8307 页。
⑧ 《全宋诗》第 43 册，第 27012 页。
⑨ 《全宋诗》第 36 册，第 22727 页。
⑩ 《全宋诗》第 63 册，第 39457 页。
⑪ 《李太白全集》，第 283 页。
⑫ 《全宋诗》第 63 册，第 39534 页。

蓬零乱。笑绿鬓、光阴晚。”[①]陆游《书叹》:“俯仰四十年,绿发霜蓬枯。”[②]又《对镜》:“镜中衰颜失敷腴,绿鬓已作霜蓬枯。”[③]晁公遡《醉歌行赠闾丘伯有》:“昔别我发青如葱,再来两鬓真飞蓬。”[④]绿鬓,是黑有光泽的头发,与白发正好截然相反。绿,春天花草树木的颜色,是一种旺盛的生命力的象征,正适合于衬托白发的颓败。

霜雪因其颜色与白发相同,所以常被用来指代白发,即霜发、霜鬓等等。另外,霜雪都是冬天的气候,其对绝大多数植物都具有杀伤力,植物经过霜雪后往往是枯萎、凋零,蓬也难逃此劫。原本的蓬鬓吸收了这种用法,所以就有了鬓如霜蓬等表达方式。如唐白居易《因沐感发,寄朗上人二首》:“短鬓经霜蓬,老面辞春木。”[⑤]韦应物《答重阳》:“坐使惊霜鬓,撩乱已如蓬。”[⑥]宋王禹偁《春日登楼》:“蓬沾残雪经秋鬓,葵隔浮云向日心。”[⑦]陆游《日出入行》:“但见旦旦升天东,但见暮暮入地中,使我倏忽成老翁,镜里衰鬓成霜蓬。”[⑧]又《白发》:“昔如春柳妍,今作霜蓬枯;蓬枯有再绿,念我得如。”[⑨]张纲《绿头鸭·次韵王伯寿》:“奈潘鬓、霜蓬渐满,况沈腰、革带频宽。”[⑩]李新《春闲戏书三首》其二:“春天行乐若为伤,青鬓吹蓬半染霜。”[⑪]吴文英《木兰花慢·送翁五峰游

① 《增订注释全宋词》第一卷,第 828 页。
② 《剑南诗稿校注》,第 593 页。
③ 《剑南诗稿校注》,第 4285 页。
④ 《全宋诗》第 35 册,第 22404 页。
⑤ 《白居易集》,第 205 页。
⑥ 《韦应物集校注》,第 334 页。
⑦ 《全宋诗》第 2 册,第 722 页。
⑧ 《剑南诗稿校注》,第 1082 页。
⑨ 《剑南诗稿校注》,第 532 页。
⑩ 《增订注释全宋词》第一卷,第 862 页。
⑪ 《全宋诗》第 21 册,第 14234 页。

江陵》:“叹路转羊肠，人营燕垒，霜满蓬簪。”[①]苏轼《除夜病中赠段屯田》:“数朝闭阁卧，霜发秋蓬乱。”[②]彭汝砺《九日同仲求登高有感》:“世事只催蓬鬓雪，秋风不减菊花黄。”[③]刘攽《寄杭州通判苏子瞻海州使君孙巨源》:“头风吹过雨，鬓雪乱飞蓬。”[④]

两鬓苍苍，暮年之态;霜蓬雪鬓，垂垂老矣。蓬鬓与苍白等颜色词、霜雪等组合，通过联想类比的手段达到表达衰老之意的目的，这也是符合《诗经》“以少总多”的传统写法，由丝缕鬓发的苍白、蓬乱将人的衰老颓唐的情貌整体烘托出来。

第二节　蓬矢和蒿矢

所谓蓬矢，就是用蓬梗所做的箭矢。蒿矢则是剡蒿为矢，也就是削蒿做箭。我们要说明的是“蒿”就是蓬蒿之类，而非禾秆。蓬矢、蒿矢实则是具有相同性质的物事，都没有实际的战斗效力，它们又本都具有相同的避邪之意。然而，蓬矢进入儒家经典《礼记》，而后为文人采入诗文当中，但蒿矢却因未入经典而表现出其无用箭矢的本来面目。

一、蓬矢、蒿矢的原始内涵——避邪

蓬、蒿是极为近似的的植物，二者都有杂乱之状，所以人们通常将蓬蒿连称。《礼记》卷第十四《月令第六》载:“行秋令，则其民大疫，

① 《增订注释全宋词》第三卷，第 943 页。
② 《苏轼诗集》，第 607 页。
③ 《全宋诗》第 16 册，第 10534 页。
④ 《全宋诗》第 11 册，第 7284 页。

猋风暴雨总至，藜莠蓬蒿并兴。”[①]可见蓬蒿在两周时期就在文献记载中同时出现。

（一）蓬矢和蒿矢的相通

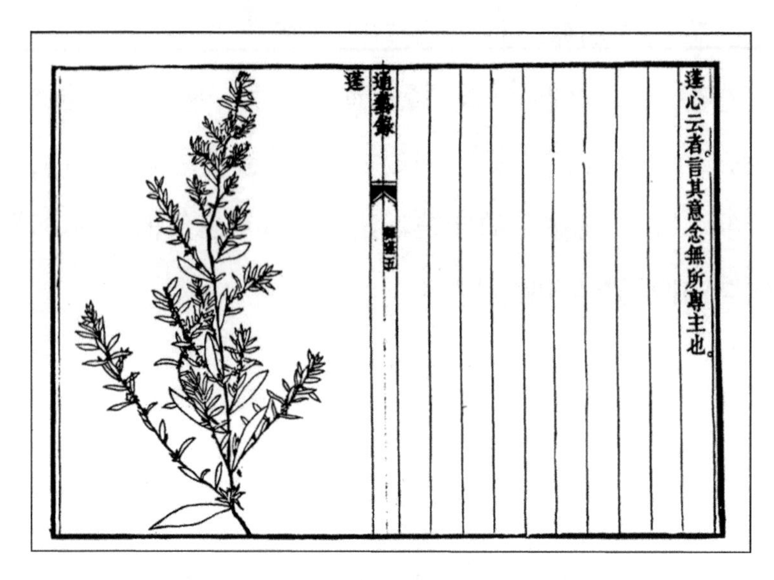

图 10 ［清］程瑶田著《释草小记》书影。

蓬矢，见于《礼记》之《内则》篇和《射义》篇。《内则》篇载：“国君世子生。……射人以桑弧蓬矢六，射天地四方。”[②]《射义》篇载：“故男子生，桑弧蓬矢六，以射天地四方。天地四方者，男子之所有事也。”[③]故桑弧蓬矢成为男子出生的象征，以蓬矢射向天地四方，表示男儿有志于四方之意。桑弧蒿矢也曾在汉射礼当中出现。《后汉书》卷七十九上《儒林列传》第六十九上载：“王莽世，教授弟子恒五百余人。每春秋飨射，常备列典仪，以素木瓠叶为俎豆，桑弧蒿矢，以射‘菟首’。”注曰：“《诗·小雅·瓠叶》诗序曰：‘刺幽王弃礼而不能行，故思古之人，

① 《十三经注疏·礼记正义》，第 467 页。

② 《十三经注疏·礼记正义》，第 860 页。

③ 《十三经注疏·礼记正义》，第 1653 页。

不以微薄废礼焉。'《诗》曰：'幡幡瓠叶，采之亨之。君子有酒，酌言尝之。有菟斯首，炰之燔之。君子有酒，酌言献之。'昆惧礼之废，故引以瓠叶为俎实，射则歌'菟首'之诗而为节也。"[①]正如注解所说"昆惧礼之废"，故我们得知蒿矢也是可以应用到射礼典仪当中的，此与《礼记》中的"桑弧蓬矢"有着莫大的相似之处。"蒿矢"有可能是对《礼记》"蓬矢"的一种新变，但是至少我们能从射礼中看出蓬矢和蒿矢的互通。

另外，我们从满族人的习俗得知榆弓蒿矢是满族儿童习射的弓箭，这当是古代桑弧蓬矢表示男儿志向的一种遗习，当然也与满族人重骑射的传统有关。《钦定盛京通志》卷十五《斐阑》载："弧矢之利童而习之。小儿以榆柳为弓，曰斐阑。剡荆蒿为矢，翦雉翟鸡翎为羽，曰：钮勘。"[②]又卷十五《盛京土风集咏十二首》有《斐阑》诗载："桑弧蓬矢举惟男，示有事胥自幼谙。榆柳为弓骍角未，荆蒿作箭雉翎堪。二三卿士节权略，日夕儿童戏以耽。即此箕裘应共勖，进之观德更名谈。"[③]又卷一百二十三《斐阑》诗载："蒿矢榆弓控以丝，左支右绌习安之。胜衣便励蓬桑志，佩韘偏工彀率为。旧俗群师射雕手，少成争羡宁馨儿。挽强命中他年事，百步千钧待展施。"[④]由上面的诗文得知，斐阑（兰）这种榆柳小弓、荆蒿矢表达的是满族这个骑射民族的传统，当然也表示出男儿的志向，这与桑弧蓬矢表达男儿志向的内涵相同。

（二）悬弧与蓬矢、蒿矢

悬弧表示男子的出生，同时悬弧于门旁也有避邪之用。《礼记》卷

---

① 《后汉书》，第 2550 页。

② ［清］阿桂、刘谨之等撰《钦定盛京通志》，文渊阁《四库全书》第 501 册，第 232 页。

③ 《钦定盛京通志》，第 281 页。

④ 《钦定盛京通志》，文渊阁《四库全书》第 503 册，第 516 页。

二十八《内则》载:“子生,男子设弧于门左,女设帨于门右。三日始负子。男射女否。”[1]男女出生门旁所悬之物不同，也正表示了男女在古代的分工不同，男主外，女主内。我们认为所悬的正是桑弧蓬矢、蒿矢之类即可以作为男子出生的象征，又有避邪功用的弓箭。

在门旁悬挂事物,我们首先想到的是门神神荼、郁垒以及桃符。《后汉书》卷九五《志》第五《礼仪中》载："百官官府各以木面兽能为傩人师讫,设桃梗、郁櫑、苇茭毕,执事陛者罢。”[2]（注:“《山海经》曰:‘东海中有度朔山，上有大桃树，蟠屈三千里，其卑枝门曰东北鬼门，万鬼出入也。上有二神人，一曰神荼，一曰郁櫑，主阅领众鬼之恶害人者，执以苇索,而用食虎。’于是黄帝法而象之。驱除毕,因立桃梗于门户上,画郁櫑持苇索，以御凶鬼，画虎于门，当食鬼也。”[3]）《论衡》之《订鬼篇》和《风俗通义》之《祀典》也都引有类似的记载,但今本《山海经》已不见相关内容。可见门户上的桃梗、苇索正有避邪御凶之用。后世的悬弧可以说是桃梗、苇索的一种延续与变化，它们的避邪功用是一脉相承。

另外，从现存少数民族的生育习俗中，我们也可以看出，产房悬挂产标有避邪的用途。宋兆麟《中国生育信仰》:“我们在云南彝族、纳西族、普米族也看到产门外多吊钢锯、弓箭、渔网，认为可以防止鬼入产房。”[4]另如壮族有挂“产标”（又称“插青”）的习俗。孩子落地，就在门头上插一支柚树枝或挂一把刀，可以避免他人误入产房，同时也是为了求吉避凶。满族家庭如果生有男孩在门左挂裹上红布的弓箭,

① 《十三经注疏·礼记正义》，第860页。
② 《后汉书》，第3128页。
③ 《后汉书》，第3129页。
④ 宋兆麟著《中国生育信仰》，上海文艺出版社1999年版，第264页。

俗称“公子箭”。而生女则是在门右挂红或蓝布条，满语称为“他哈补钉”，象征吉祥驱邪。从这些古老习俗中，我们看出悬弓箭等物事都有求吉驱邪的用途。

所谓悬弧应当就是悬挂桑弧蓬矢、蒿矢一类的弓箭。《北山录》卷第五:“悬弧未旬，母后穷年，罔极之祸愆莫大焉，可谓福乎？”注曰:“太子生,以桑弧蓬矢悬于门也。昔佛为太子,生才七日而摩耶亡也。”[①]庾信《有喜致醉》:“忽见庭生玉。欣看蚌出珠。兰芬犹载寝。蓬箭始悬弧。”[②]另外宋人诗词中也多认为悬弧即悬桑弧蓬矢，本文后面将有论述。李时珍《本草纲目》之《草部》卷十五“青蒿”之“修治”载:“时珍曰：青蒿得春木少阳之气最早，故所主之证，皆少阳、厥阴血分之病也。按月令通纂，言伏内庚日，采青蒿悬于门庭内，可辟邪气。阴干为末，冬至、元旦各服二钱亦良。观此，则青蒿之治鬼疰伏尸，盖亦有所伏也。”[③]青蒿直接悬于门庭避邪,虽然不是箭状,但是这与蓬矢、桃弧等悬弧的作用是相通的。桑弧蓬矢、蒿矢并非是实战所用的弓箭，而只是一种具有象征作用的物事。这是因为往往一种象征性质的东西，要具有超过其实质属性本身的功力,桑弧蓬矢、蒿矢正是具有避邪之用，这与悬弧的作用相同。

（三）蓬、蒿与避邪

桑弧蓬矢、蒿矢可以避邪，此功能应是源于此弓箭的材质——桑、蓬、蒿，因为桑、蓬、蒿都具有避邪的功用。

学界有一种普遍的说法，原始社会中，桑树是社树，是树神。《春

---

① ［唐］释神清撰、［宋］释慧宝注《北山录》，大正新修《大藏经》第 52 册，第 602 页。

② 《庾子山集注》，第 288 页。

③ 刘衡如、刘山永校注《本草纲目新校注本》，华夏出版社 1998 年版，第 654 页。

秋左传正义》卷五载："卜士负之，士妻食之……正义曰：案《礼》云'桑弧蓬矢六'今无'天地'，误也。贾逵云：'桑者，木中之众，蓬者，草中之乱，取其长大统众而治乱。"[①]关于桑是树神的说法，正与古时桑树的地位相吻合。

张强《桑文化原论》中指出在殷汤时期，桑是社树、树神，"桑弧"带有生殖崇拜和农耕信仰两种意象复合的特征。桑弧是否存在生殖崇拜的功能，我们暂且不论。但是，桑即是社树、树神确是不争之事实。如此人们祭祀它必然存在着祈福消灾之意，这显而易见，那么桑弓带有避邪的功用也就合情合理。

上文关于蓬是御乱之草的说法，显有儒家解经的附庸嫌疑。事实上在先民中蓬也有避邪的作用，这我们可以从后世的残言片语略窥端倪。《西京杂记》卷三《戚夫人侍儿言宫中乐事》载："正月上辰，出池边盥濯，食蓬饵，以祓妖邪。"[②]唐韩鄂《岁华纪丽》卷一之《二月》载："昔巢氏时，二月二乞得人子，归养之，家便大富。后以此日出野日采蓬兹，向门前以祭之云：迎富。"[③]（按，日当做田。）可见，蓬饵、蓬兹的食用以及采蓬的祭祀，都是求福祓邪之用。蓬本身具有驱邪的效力，则蓬矢必然也可以辟邪，这在佛经中有相关的记载。《大慈恩寺三藏法师传》卷九载："其日，法师又重庆佛光王满月，并进法服等。表曰：……辄敢进金字《般若心经》一卷并函，《报恩经变》一部、袈裟

① 李学勤主编《十三经注疏　春秋左传正义》（上、中、下），北京大学出版社1999年版，第180页。

② ［汉］刘歆撰，［晋］葛洪集，向新阳、刘克任校注《西京杂记校注》，上海古籍出版社1991年版，第138页。

③ ［唐］韩鄂撰《岁华纪丽》，《故宫珍本丛刊》第484册，海南出版社2001年版，第7页。

法服一具、香炉、宝子香案、澡饼、经架、数珠、锡杖、澡豆榼各一，以充道具，以表私欢。所冀箧载弄于半璋，代辟邪于蓬矢。”[①]另外，《大藏经》第52册《寺沙门玄奘上表记》有《庆佛光周王满月并进法服等表》也有类似的记载，文字上略有出入。玄奘是得道高僧，其所言蓬矢避邪之事当不会掺假。这也更加证明了蓬矢的避邪之用。蒿的避邪之用，我们上面所引李时珍《本草纲目》已经论述过，不再赘述。

桃弓苇矢等具有避邪之用，这与桃木、芦苇本身的避邪能力有关，这也可证明桑弧蓬矢、蒿矢等的避邪与桑、蓬、蒿自身材质有关。桃木可以避邪这为人所熟知，桃木制弓当然也是具有避邪之用。《春秋左氏传》昭公四年载:“其出之也，桃弧、棘矢以除其灾。”[②]杜预注曰:“桃弓、棘箭，所以禳除凶邪，将御至尊故。”[③]崔豹《古今注》卷上《舆服》第一载:“辟恶车，秦制也。桃弓苇矢，所以祓除不祥也。”[④]另外，《文选》卷三张衡《东京赋》载：“桃弧棘矢，所发无臬。飞砾雨散，刚瘅必毙。”李善注:“汉旧仪，常以正岁十二月命时傩，以桃弧苇矢且射之，赤九五谷播洒之，以除疾殃。”[⑤]这些文献中的桃弧棘矢、桃弧苇矢都能避邪，究其原因都和桃、苇本身的避邪之用有关。据上文所引《山海经》内容得知桃、苇都有御鬼功用。至于棘能否避邪，我们不得而知，但是《文选》中棘矢、苇矢互注，想来棘矢也可避邪。桃弧苇矢等的情况和桑弧蓬矢、桑弧蒿矢是如出一辙。

① ［唐］慧立、彦悰著，孙毓棠、谢方点校《大慈恩寺三藏法师传》，中华书局1983年版，第201—202页。

② ［晋］杜预集解《春秋经传集解》，上海古籍出版社1978年版，第1239页。

③ 《春秋经传集解》，第1240页。

④ ［晋］崔豹撰《古今注》，《四部丛刊三编》第32册，上海书店1985年版。

⑤ 《文选》，第63页。

综上，桑弧蓬矢、蒿矢当是源出“悬弧”的风俗，这是古代生育文化中避邪之用的延续和发展。到了周代的《礼记》中桑弧蓬矢的避邪之用就已经基本消失，继之以射礼的男儿志在四方的内涵。蒿矢则走向了显示其无用弓箭实质的一面。

二、蓬矢和蒿矢的分道而立

蓬矢由于进入儒家经典而得到长足的发展，其含义也转变为男子立志，由于古代文人写诗喜欢引经据典，故蓬矢得以进入诗文当中。蒿矢，原本与蓬矢有着极为相似的特征，但是其没能进入儒家经典，也就没有蓬矢的儒家光环，故蒿矢的出现多是以其本真的面目，即一种不称职的、无用的箭矢。

（一）撷入诗文的蓬矢

《礼记》中的蓬矢，我们无法再看到蓬矢避邪的含义，代之的是儒家经典的立言、立志之类内涵的加入。随后蓬矢走进了诗文中，其在后世的诗文中蕴含着两层含义：一是男子出生的象征；二是代表男子有志于四方。当然这两层意思都是源于《礼记》。

在汉代晋代的文章中，蓬矢多是表示男儿志在四方之意，如汉代吾丘寿王《议禁民不得挟弓弩对》和晋陆云《答车茂安书》。值得一提的是，在南北朝时期庾信《有喜致醉》：“忽见庭生玉，欣看蚌出珠。兰芬犹载寝，蓬箭始悬弧。”[1]诗中出现的“蓬箭”可算是“蓬矢”在诗中的滥觞。唐诗中“蓬矢”一词未被采用，但是在唐文中却为文人所使用，其多是“桑弧蓬矢”同时出现，且意多为言志。李白《上安州裴长史书》：“以为士生则桑弧蓬矢，射乎四方，故知大丈夫必有四

---

① 《庾子山集注》，第 288 页。

方之志。”[①]此外还有李翰《裴将军旻射虎图赞并序》、元稹《赠韩愈等父制》和陆龟蒙《幽居赋并序》等文章也都有类似用法。

宋代诗词文中的“蓬矢”已经明显地分化为我们上面提到的男子出生象征和男子之志两方面内容。

首先,蓬矢作为男子出生的标志。宋诗中,蓬矢只是男儿出生的“成语”,作用与“悬弧”相似。韦骧《和刘公舒见示生日诗》:“户挂桑蓬当日喜,毫挥珠玉此时光。”[②]苏辙《张安道生日二首》其一:“椿年七十二回新,蓬矢桑弧记此晨。”[③]此外还有韦骧《和朱尉示亲老生日》、刘弇《狄大夫生辰二十韵》、华镇《送道守董朝散》、张嵲《寿王苏州》、王之道《菊有黄花为彦逢弟寿》和阳枋《寿刘节判》等。从诗题可以看出蓬矢多是出现在祝寿诗中。这种现象在宋代的祝寿词中也颇为常见,如张纲《临江仙·竖生日》:“追想京都全盛日,蓬弧初记生时朝。”[④]葛立方《清平乐·子直过省,生日候殿试,席间作》:“当年蓬矢生贤,流霞满祝长年。”[⑤]另外,还有何梦桂《沁园春·寿毅齐思院五十二岁》、李刘《水调歌头·寿赵茶马》和《生查子·寿魏制干,九月十九》、程东湾《沁园春·二月廿七》和方岳《酹江月·寿松山主人七月十九日》等。两宋时期,皇帝所赐的官员生日诏书以及臣子的谢诏表中多出现了“射蓬”“弓蓬”“桑蓬”和“蓬矢”等词,此类例子颇多,兹不一一列举,这当是对唐文的继承和发展。

其次,蓬矢作为志向的表达方式。两宋时期,祝寿诗词中的“蓬

---

① 《李太白全集》,第1244页。
② 《全宋诗》第13册,第8587页。
③ 《栾城集》,第186页。
④ 《增订注释全宋词》第一卷,第860页。
⑤ 《增订注释全宋词》第二卷,第182页。

矢”并非都只是悬弧之意的替代品，它发挥了其自身的内涵，在祝寿的同时也表达了壮志难酬或志得意满的情绪。彭汝砺《代人答周朝议生辰赠章》：“蓬矢尚存随薄宦，龙驹已老怯修程。”[①]又《和君时弟生辰时八月十四日也》：“箕斗能符契，桑蓬可感伤。少时材独出，老去德方将。”[②]彭汝砺表现出了身老而志未抒的感伤情绪。李曾伯《水调歌头·戊申和八窗叔为寿韵》下阕载：“奚为者，聊尔耳，此山中。壶觞自引，不妨换羽与移宫。蓬矢桑弧何事，朝菌大椿皆分，识破色俱空。掬润弄明月，长啸倚青松。”[③]又《八声甘州·癸丑生朝》上阕载：“当年门垂蓬矢，壮岁竟奚为。”[④]此二首词作中都是表达着一种男儿桑弧蓬矢，志在四方的情感，但是由于种种原因功未成，鬓先秋。程正同《沁园春·为友人寿》下阕载：“优游，宁久淹留，管蓬矢桑弧志早酬。”[⑤]这首词所表达的是与前面几首相反的情感，此有少年得志之意，志得意满正是古代很多文人的最大追求，不过这并不常见。

蓬矢表达男儿志向并非只局限在祝寿的诗词中，在一般文人日常的生活交际诗作中，蓬矢出现的频率远高于生日祝寿诗词。如华镇《卜居》：“桑弧蓬矢是男儿，故国松楸亦重违。架构自知惟壁立，绸缪谁敢羡翬飞。桑麻地狭妻孥笑，堂庑檐低燕雀稀。清世薄才何所用，求田问舍未应非。”[⑥]陆游《雨三日歌》：“士生蓬矢射四方，扫平河洛吾

① 《全宋诗》第 16 册，第 10508 页。
② 《全宋诗》第 16 册，第 10581 页。
③ 《增订注释全宋词》第三卷，第 815 页。
④ 《增订注释全宋词》第三卷，第 827 页。
⑤ 《增订注释全宋词》第三卷，第 678 页。
⑥ 《全宋诗》第 18 册，第 12347 页。

侪职。”[①]又《书志》:“蓬矢桑弧射四方，岂知垂老卧江乡。”[②]类似情况还有宋僧惠洪《代人上李龙图并廉使致语十首》、朱熹《次韵择之进贤道中漫成五首》其二、彭汝砺《寄友人》《送君时》、邹浩《简德符》、度正《奉呈制机》、何梦桂《和宋英叟二首》和姚勉《问雁》等诗作。蓬矢完全继承了《礼记》的内涵，所谓“男子四方志，生时射桑蓬”。蓬矢在文人酬答词作中也有体现，举如下二例：刘省斋《沁园春·赠较弓会诸友》上阕载:“男子才生，桑弧蓬矢，志期古同。况平生慷慨，胸襟磊落,弛张洞晓,经艺该通。笔扫云烟,腹储兵甲,志气天边万丈虹。行藏事，笑不侯李广，射石夸雄。”[③]陈德武《水龙吟·和雪后过瓜洲渡韵》:“喜壮游千里，桑孤蓬矢，功名事、儒生语。”[④]至此桑弧蓬矢与男儿之志的关系已非常清晰明确，已不必再细说。

另外，蓬矢在宋代文学中大量的出现，这当是和宋代文学寻求新变和宋代文人的学者化倾向有关。

（二）返本显真的蒿矢

蓬矢走入了诗文，蒿矢可以说是现出了自己的“原形”，即一种不称职的无用的箭矢。

实际上蓬矢和蒿矢本是相同的，二者的材质都不适合作箭矢。《楚辞》卷十三《谬谏》载：“菎蕗杂于黀蒸兮，机蓬矢以射革。”[⑤]此时蓬矢所要表达的是“言张强弩之机，以蓬蒿之箭，以射犀革之盾，必

---

① 《剑南诗稿校注》，第 2404 页。

② 《剑南诗稿校注》，第 4055 页。

③ 《增订注释全宋词》第四卷，第 528—529 页。

④ 《增订注释全宋词》第四卷，第 412 页。

⑤ 《楚辞补注》（重印修订本），第 254 页。

摧折而无所能入也。”[1]蓬矢是无法作锐箭的，否则定是摧折无疑。另外蓬矢与一般意义上的箭不同，它不够笔直。《大戴礼记》卷五《曾子制言上》和《大戴礼记》卷七《劝学》记载着“蓬生麻中,不扶自直。”[2]我们可知蓬本有些弯曲，不够笔直，故由蓬制成的蓬矢想笔直也是比较困难的。《圆满本光国师见桃录》卷四《春岳宗英信男下火》载:“麻矢直，蓬矢曲。”[3]但是，蓬矢是儒家经典中具有象征男儿志向的事物，对我们上述谈及的弯曲方面的内容较少提及。而蒿矢则独自承担着蓬矢、蒿矢二者现实中无用箭矢的角色。

蒿矢，顾名思义，即用蒿所做的箭矢，这点是与蓬矢、苇矢相同的。蒿矢是一种极为脆弱的箭矢，其不称职之处可想而知，故人们常把它作为反面的例子。在史书中对这些方面有所记载，首先我们看关于“剡蒿为矢”的记载，《新唐书》卷一百五十六《列传》第八十一载:“时兵兴仓卒，裹罽为铠，剡蒿为矢，募兵数日至万余，军气乃振。”[4]罽，是毛织物，是不适合用作铠甲的，与此相同的是，蒿也不适合作箭矢。但这都是因为兵发仓促,没来得及准备好。《新唐书》卷一百九十二《列传》第一百一十七载:“巡欲射子琦，莫能辨，因剡蒿为矢，中者喜，谓巡矢尽,走白子琦,乃得其状。使霁云射,一发中左目,贼还。”[5]“中者喜，谓巡矢尽”，这正说明人们一直都没把蒿矢作为真正的箭矢来看。再有关于“蒿箭射蒿中”，《三国志》卷三《明帝纪》第三记载太和元

---

① 《楚辞补注》(重印修订本)，第254页。

② ［清］王聘珍撰、王文锦点校《大戴礼记解诂》,中华书局1983年版,第90页、第132页。

③ 《圆满本光国师见桃录》，大正新修《大藏经》第81册，第469页。

④ ［宋］欧阳修、宋祁撰《新唐书》，中华书局1975年版，第4901页。

⑤ 《新唐书》，第5538页。

年十二月孟达反之事,裴松之注引《魏略》云:“时众臣或以为待之太猥,又不宜委以方任。王闻之曰:‘吾保其无他,亦譬以蒿箭射蒿中耳。”[①]类似的说法,还有《资治通鉴》卷一百八十六《唐纪二》高祖武德元年十一月李密事,李渊云:“帝王自有天命,非小子所能取。借使叛去,如以蒿箭射蒿中耳!”胡三省注云:“蒿,蓬萧之属,丛生于地,人皆贱其无用。剡蒿为箭,射之蒿中,言其无用而不足惜也。北齐源文宗曰:‘国家视淮南同于蒿箭’,盖蒿箭之言尚矣。”[②]北齐源文宗的言论见于《北齐书》之《源彪传》。另外,胡注已详细地解释了蒿正是蓬蒿之类的蒿,而非“藁”。蒿箭无法御敌,没有实用的价值,当然可以随意把它丢弃在乱草之中而不会加以怜惜。另外,关于蒿矢没有杀伤力,《宋史》卷一百九十一《志》第一百四十四《兵五》载:“五年,诏:‘广南保甲如戎、泸故事,自置裹头无刃枪、竹标排、木弓刀、蒿矢等习武技,遇捕盗则官给器械。’”[③]保甲平时的训练都是用一些比较安全的兵器,如无刃枪、木弓刀等,而蒿矢也在其中,可见蒿矢没有杀伤力。

另外,在占卜之类的书籍中有专门的卦名就是“蒿矢”,其取意正是蒿矢之“无畏”,即无足令人畏惧。《武经总要》后集卷二十“六壬占法”载:“凡辰遥剋日,名蒿矢。日遥克神,名弹射。如折蒿为矢,以弹当弓,皆无所中。当此之时,闻事皆无所中。”[④]又《六壬大全》卷五“遥克课”载:“如蒿矢为镞,弹射为箭,射物难中,不足为畏。”[⑤]又卷五订讹载:

① [晋]陈寿撰、[南朝宋]裴松之注《三国志》,中华书局1959年版,第93页。

② [宋]司马光编著、[元]胡三省音注《资治通鉴》,中华书局1956年版,第5824页。

③ [元]脱脱等撰《宋史》,中华书局1977年版,第4748页。

④ [宋]曾公亮、丁度等撰《武经总要》,文渊阁《四库全书》第726册,第944页。

⑤ 不著撰人《六壬大全》,文渊阁《四库全书》第808册,第587页。

“蒿矢，神虽遥克，力弱难伤，不能为害。如折蒿为矢，故名蒿矢。”[1]这些关于蒿矢、弹射的记载应都是有所本自的，如《张璠后汉纪》之“明帝纪永平十六年”载：“班超使于（外）[寘]，愿将三十六人，以为蒿矢弹丸之用。”[2]折蒿为矢，虽射中也不会给人带来多大伤害，由此我们从中可以看出蒿矢作为箭是不具有杀伤力，故不足畏。

诗文中并非根本没有出现过蒿矢，只是极少，与蓬矢在文学中的表现是没法相提并论的。唐李涉《牧童词》载：“朝牧牛，牧牛下江曲。夜牧牛，牧牛度村谷。荷蓑出林春雨细，芦管卧吹莎草绿。乱插蓬蒿箭满腰，不怕猛虎欺黄犊。”[3]蓬蒿箭，可知此箭必是蓬蒿梗所制。牧童依仗这种弓箭，便不惧怕猛虎，不可不说牧童有股“初生牛犊不怕虎”的劲头。唐宋少真《对聚徒教授判》载：“素木瓠叶，足表献酬之教；桑弧蒿矢，方昭揖逊之容。”[4]此文中的桑弧蒿矢很显然是源于前文所引《后汉书》卷七十九上《儒林列传》第六十九上的记载。宋李新《贺赵招讨平晏州启》载：“云梯火炮尽焚枭獍之栖，蒿矢木弓难御貔貅之士。”[5]“蒿矢木弓”与“貔貅之士”对比，正表明了蒿矢的无用。我们上面的诗文中可以看出的是，蒿矢仍是一种无实用意义的箭。

再有，一些诗作中“蒿矢”应是“嚆矢”。嚆矢，是一种响箭，后引申为先声之意。宋王安石《示平甫弟》载：“汴渠西受昆仑水，五月奔湍射蒿矢。”[6]又《送董伯懿归吉州》载：“亦曾戏篇章，挥翰疾蒿矢。”[7]

---

① 《六壬大全》，第588页。

② 周天游辑注《八家后汉书辑注》，上海古籍出版社1986年版，第690页。

③ 《增订注释全唐诗》第3册，第811页。

④ 《全唐文》卷四五八，第4679页。

⑤ ［宋］李新撰《跨鳌集》，文渊阁《四库全书》第1124册，第619页。

⑥ 《王荆公诗注补笺》，第256页。

⑦ 《王荆公诗注补笺》，第295页。

魏了翁《浣花即席》载："哄然两敌国，蒿矢迅不留。"[1]以上诗作中的"蒿矢"都有迅速的内涵，这在我们上面分析蒿矢的情况中并未发现，此中的"蒿矢"应都是"嚆矢"。这当是本于《庄子》卷四下《在宥》第十一载："吾未知圣知之不为桁杨椄槢也，仁义之不为桎梏凿枘也，焉知曾、史之不为桀、跖嚆矢也！"[2]清郭庆藩释文云："向云：嚆矢，矢之鸣者。郭云：矢之猛者。《字林》云：嚆，大呼也。崔本作蒿，云：萧蒿可以为箭。"[3]嚆矢的鸣、猛等特点和我们上文所讨论的蒿矢不相符合，只是由于蒿可以为箭，同时为通假减省，所以有把"嚆矢"写成"蒿矢"的情况出现，不过嚆矢并不是由蒿所做的箭矢。

综上，蓬矢和蒿矢本应是一样的事物，也都有着辟邪的意义。但是由于蓬矢进入儒家经典之中，所以蓬矢得以进入诗文，且被赋予了儒家立志的含义。蒿矢则是一再旁落，最后只得表现出其现实中无用箭矢的一面。

---

① 《全宋诗》第56册，第34881页。

② 《庄子集释》，第377页。

③ 《庄子集释》，第378—379页。

征引书目

说　明

1. 凡本文征引书籍列于下方。

2. 以书名拼音字母顺序排列。

1.《八家后汉书辑注》，周天游辑注，上海古籍出版社，1986 年。

2.《鲍参军集注》，[南朝宋] 鲍照著、钱仲联校，上海古籍出版社，1980 年。

3.《北山录》，[唐] 释神清撰、[宋] 释慧宝注，大正新修《大藏经》第 52 册。

4.《北溪字义》，[宋] 陈淳撰，文渊阁《四库全书》第 709 册，上海古籍出版社，1987 年。

5.《本草纲目新校注本》，刘衡如、刘山永校注，华夏出版社，1998 年。

6.《曹操集》，曹操撰，中华书局，1974 年。

7.《草木虫鱼——中国养殖文化》，邓云乡著，上海古籍出版社，1991 年。

8.《曹植集校注》，[三国魏] 曹植著、赵幼文校注，人民文学出版社，1984 年。

9.《岑嘉州诗笺注》，[唐] 岑参撰、廖立笺注，中华书局，2004 年。

10.《陈与义集校笺》，[宋] 陈与义撰、白敦仁校笺，上海古籍出版社，1990 年。

11.《重修玉篇》，［南朝梁］顾野王撰、［唐］孙强增补、［宋］陈彭年等重修，文渊阁《四库全书》第 224 册，上海古籍出版社，1987 年。

12.《楚辞补注》，［宋］洪兴祖撰、白化文等点校，中华书局，1983 年。

13.《春秋经传集解》，［晋］杜预集解，上海古籍出版社，1978 年。

14.《大慈恩寺三藏法师传》，［唐］慧立、彦悰著，孙毓棠、谢方点校，中华书局，1983 年。

15.《大戴礼记解诂》，［清］王聘珍撰、王文锦点校，中华书局，1983 年。

16.《读杜心解》，［清］浦起龙著，中华书局，1977 年。

17.《杜诗详注》，［唐］杜甫著、［清］仇兆鳌注，中华书局，1979 年。

18.《杜臆》，［明］王嗣奭著，上海古籍出版社，1983 年。

19.《范石湖集》，［宋］范成大撰，上海古籍出版社，1981 年。

20.《风俗通义校注》，［汉］应劭撰、王利器校注，中华书局，1981 年。

21.《高适集校注》，［唐］高适著、孙钦善校注，上海古籍出版社，1984 年。

22.《高士传》，［晋］皇甫谧撰、刘晓东校点，辽宁教育出版社，1998 年。

23.《古今注》，［晋］崔豹撰，《四部丛刊三编》第 32 册，上海书店，1985 年。

24.《管子直解》，周翰光、朱幼文、戴洪才撰，复旦大学出版社，2000 年。

25.《国语》，上海师范大学古籍整理组校点，上海古籍出版社，1978 年。

26.《韩昌黎诗系年集释》，[唐]韩愈著、钱仲联集释，上海古籍出版社，1984年。

27.《何逊集》，[南朝梁]何逊著，中华书局，1980年。

28.《后汉书》，[南朝宋]范晔撰、[唐]李贤等注，中华书局，1965年。

29.《淮海集笺注》，[宋]秦观撰、徐培均笺注，上海古籍出版社，1994年。

30.《黄庭坚诗集注》，[宋]黄庭坚撰、[宋]任渊等注、刘尚荣校点，中华书局，2003年。

31.《嵇康集校注》，戴明扬校注，人民文学出版社，1962年。

32.《剑南诗稿校注》，[宋]陆游著、钱仲联校注，上海古籍出版社，1985年。

33.《江文通集汇注》，[明]胡之骥注，李长路、赵威点校，中华书局，1984年。

34.《旧唐书》，[后晋]刘昫撰，中华书局，1975年。

35.《跨鳌集》，[宋]李新撰，文渊阁《四库全书》第1124册，上海古籍出版社，1987年。

36.《李太白全集》，[唐]李白著、[清]王琦注，中华书局，1977年。

37.《梁书》，[唐]姚思廉撰，中华书局，1973年。

38.《刘长卿诗编年笺注》，[唐]刘长卿著、储仲君笺注，中华书局，1996年。

39.《柳宗元集》，[唐]柳宗元撰，中华书局，1979年。

40.《六壬大全》，不著撰人，文渊阁《四库全书》第808册，上海古籍出版社，1987年。

41.《卢照邻集校注》，[唐] 卢照邻著、李云逸校注，北京出版社，1998 年。

42.《鲁迅全集》第六卷《且介亭杂文》，鲁迅著，人民文学出版社，2005 年。

43.《陆云集》，[晋] 陆云撰、黄葵点校，中华书局，1988 年。

44.《论语正义》，[清] 刘宝楠撰、高流水点校，中华书局，1990 年。

45.《罗隐集》，雍文华校辑，中华书局，1983 年。

46.《骆临海集笺注》，[唐] 骆宾王著、[清] 陈熙晋笺注，上海古籍出版社，1995 年。

47.《梅尧臣集编年校注》，[宋] 梅尧臣撰、朱东润编年校注，上海古籍出版社，2006 年。

48.《孟郊集校注》，[唐] 孟郊著、韩泉欣校注，浙江古籍出版社，1995 年。

49.《南唐二主词校订》，[南唐] 李璟、李煜撰，[宋] 无名氏辑，王仲闻校订，人民文学出版社，1957 年。

50.《欧阳修全集》，[宋] 欧阳修撰、刘逸安点校，中华书局，2001 年。

51.《潘岳集校注》（修订版），[晋] 潘岳著、董志广校注，天津古籍出版社，2005 年。

52.《钦定盛京通志》，[清] 阿桂、刘谨之等撰，文渊阁《四库全书》第 501 册，上海古籍出版社，1987 年。

53.《全上古三代秦汉三国六朝文》，严可均校辑，中华书局，1958 年。

54.《全宋文》，曾枣庄等主编，上海辞书出版社，2006 年。

55.《全唐文》，[清] 董诰等编，中华书局，1958 年。

56.《阮籍集校注》，陈伯君校注，中华书局，1987 年。

57.《三辅决录三辅故事三辅旧事》,［汉］赵岐等撰、［清］张澍辑、陈晓捷注，三秦出版社，2006年。

58.《三国志》，［晋］陈寿撰、［南朝宋］裴松之注，中华书局，1959年。

59.《三家评注李长吉歌诗》,［唐］李贺著、王琦等评注,中华书局，1959年。

60.《山海经校译》，袁珂校译，上海古籍出版社，1985年。

61.《商君书注译》，高亨注译，中华书局，1974年。

62.《沈佺期宋之问集校注》，［唐］沈佺期、宋之问撰，陶敏、易淑琼校注，中华书局，2001年。

63.《释草小记》，［清］程瑶田著，《续修四库全书》第191册，上海古籍出版社，2002年。

64.《诗词散论》，缪钺著，陕西师范大学出版社，2008年。

65.《诗歌意象论》，陈植锷著，中国社会科学出版社，1990年。

66.《诗集传》，［宋］朱熹注，中华书局，1958年。

67.《十三经注疏·春秋左传正义》（上、中、下），李学勤主编，北京大学出版社，1999年。

68.《十三经注疏·礼记正义》（上、中、下），李学勤主编，北京大学出版社，1999年。

69.《十三经注疏·周易正义》，李学勤主编，北京大学出版社，2000年。

70.《史记》，［汉］司马迁撰，中华书局，1982年第2版。

71.《说文解字注》,［汉］许慎撰、［清］段玉裁著,上海古籍出版社，1981年。

72.《宋史》，[元]脱脱等撰，中华书局，1977年。

73.《苏轼诗集》，[宋]苏轼撰、[清]王文诰辑注、孔凡礼点校，中华书局，1982年。

74.《苏轼文集》，[宋]苏轼撰、孔凡礼点校，中华书局，1986年。

75.《苏辙集》，[宋]苏辙著，曾枣庄、马德富校点，上海古籍出版社，1987年。

76.《岁华纪丽》，[唐]韩鄂撰，《故宫珍本丛刊》第484册，海南出版社，2001年。

77.《太平广记》，[宋]李昉等编，中华书局，1961年。

78.《谈艺录》(补订本)，钱钟书著，中华书局，1984年。

79.《唐代墓志汇编》，周绍良主编，上海古籍出版社，1992年。

80.《唐女诗人集三种》，[唐]李冶、薛涛、鱼玄机著，陈文华校注，上海古籍出版社，1984年。

81.《陶渊明集》，逯钦立校注，中华书局，1979年。

82.《王昌龄诗注》，[唐]王昌龄著、李云逸注，上海古籍出版社，1984年。

83.《王荆公诗注补笺》，[宋]王安石撰、[宋]李壁注、李之亮校点补笺，巴蜀书社，2002年。

84.《王无功文集》，[唐]王绩著、韩理洲校点，上海古籍出版社，1987年。

85.《王右丞集笺注》，[唐]王维撰、[清]赵殿成笺注，上海古籍出版社，1961年。

86.《韦应物集校注》，[唐]韦应物著，陶敏、王友胜校注，上海古籍出版社，1998年。

87.《韦庄集笺注》,［五代］韦庄著、聂安福笺注,上海古籍出版社,2002年。

88.《文选》,［梁］萧统编、［唐］李善注,中华书局,1977年。

89.《武经总要》,［宋］曾公亮、丁度等撰,文渊阁《四库全书》第726册,上海古籍出版社,1987年。

90.《西京杂记校注》,［汉］刘歆撰,［晋］葛洪集,向新阳、刘克任校注,上海古籍出版社,1991年。

91.《先秦汉魏晋南北朝诗》,逯钦立辑校,中华书局,1983年。

92.《新唐书》,［宋］欧阳修、宋祁撰,中华书局,1975年。

93.《玄怪录》,［唐］牛僧孺编、程毅中点校,中华书局,1982年。

94.《晏子春秋校注》,张纯一著,中华书局,1987年。

95.《夷坚志》,［宋］洪迈撰、何卓点校,中华书局,1981年。

96.《庾子山集注》,［北周］庾信撰、［清］倪璠注、许逸民校点,中华书局,1980年。

97.《元稹集》,［唐］元稹撰、冀勤点校,中华书局,1982年。

98.《圆满本光国师见桃录》,《大藏经》第81册。

99.《乐章集校注》,［宋］柳永著、薛瑞生校注,中华书局,1994年。

100.《战国策注释》,何建章注释,中华书局,1990年

101.《增订注释全宋词》,朱德才主编,文化艺术出版社,1997年。

102.《增订注释全唐诗》,陈贻焮主编,文化艺术出版社,2001年。

103.《张九龄集校注》,［唐］张九龄撰、熊飞校注,中华书局,2008年。

104.《张耒集》,［宋］张耒撰、李逸安等点校,中华书局,1999年。

105.《正续一切经音义附索引两种》,［唐］释慧琳、［辽］释希麟撰,

上海古籍出版社，1986 年。

106．《中国生育信仰》，宋兆麟著，上海文艺出版社，1999 年。

107．《周书》，[唐] 令狐德棻等撰，中华书局，1971 年。

108．《庄子集释》，[清] 郭庆藩撰、王孝鱼点校，中华书局，1961 年。

109．《资治通鉴》，[宋] 司马光编著、[元] 胡三省音注，中华书局，1956 年。

中国古代文学芦苇意象和题材研究

李　倩 著 姚　梅 校订

目　录

引　言

芦苇，系禾亚科多年生草本植物，学名Phragmites australis。它是我们日常生活中常见的一种植物，不仅适应性强，而且分布广，主要集中在沿江河流域、湖畔、海滨及内陆沼泽低洼地带，在干旱河丘、沙丘中也能生长。在我国古代，芦苇的分布也是十分广泛。纵观整个古代文学芦苇资源分布的发展情况，可以发现芦苇的分布存在南盛北衰的历史变化，但是其在我国各地的自然分布优势仍然十分明显[①]。芦苇的应用价值也很广泛，苇秆可编织席、帘等，花絮可填枕头，芦根、芦花、苇茎等都是重要的

图01　芦苇，网友提供。（此图从网络引用，以下但凡从网络引用图片，除查实作者或明确网站外，均只称“网友提供”。因本著为学术论著，所有图片均为学术引用，非营利性质，所以不支付任何报酬，敬祈谅解）

① 参看程杰《论中国古代芦苇资源的自然分布、社会利用和文化反映》，《阅江学刊》2013年第1期。

药材,嫩芽可食用。这些在古代典籍中都有记载,其利用历史十分悠久。芦苇常大片生长成所谓的芦苇荡，景色十分优美。一年中随着季节的变化,芦苇有着不同的景色,春季“青青芦叶齐”,夏季“遥风吹蒹葭”,秋季“洲白芦花吐”，冬季“北风振枯苇”，因而具有很高的观赏价值。

广泛的分布、多样的社会功用和优美的风景景观，使芦苇成为文学中的重要意象和题材。芦苇题材有着悠久的历史，先秦典籍中多有记载。《诗经》是我国第一部诗歌总集，据统计，《诗经》中提及的植物约有 135 种,其中芦苇出现的就有 7 篇,最为人所熟知的是《秦风 · 蒹葭》,可以说芦苇是有着悠久历史的植物意象。晋唐以来，描写芦苇的角度逐渐拓宽,由单一的“苍苍蒹葭”的描写发展到对芦笋、芦花的关注和描写,出现不少单篇描写作品，如唐代有罗邺《芦花》、雍裕之《芦花》、翁洮《苇丛》、王贞白《芦苇》等。随着托物言志比德传统的发扬，芦苇的象征意义逐渐显露，标志着芦苇题材的文学创作不断成熟。芦苇还是中国古代文学中重要的草类植物意象之一，因其生长环境大多是在远离喧嚣市井的乡村湖边，便逐渐引起隐逸之士的喜爱，承载起文人雅士不慕功名、远离世俗、追求身心俱隐的情感寄托，成为他们追慕淡泊心境的代名词。

一、芦苇意象与题材研究的意义

在中国文学艺术所涉及的植物意象中,依其历史发生之先后,松柏、杨柳、兰、桑、竹、桃、荷、菊、槐、梧桐、梅、桂、草、萍、蘋、蒲、芦苇、杏、杜鹃、牡丹、芍药、石榴、海棠、水仙、茶等是比较重要的,值得进行专题研究。据不完全统计，《佩文韵府》所收植物为主字的词汇中（以“～植物”为词条)，“～草”词条数量有 701 条，名列第一，其次是“～松（柏)”420 条，“～竹”388 条，“～柳”320 条。在众多的草类意象中，又以芦苇、蓬蒿、茅、蘋、萍、蒲等最为重要。

诗歌意象研究中，单个意象在诗人创作中复现次数的概率统计是一种常用的研究方法。首先在纵向上，我们通过对中国古代部分总集中芦苇意象数量的统计，可以看出芦苇意象的演变发展状况。元代之前部分总集中芦苇意象的数量如下（百分比以芦、苇、葭为主）：

	《先秦汉魏晋南北朝诗》（逯钦立编）	《全上古三代秦汉三国六朝文》（[清]严可均编）	《全唐诗》（《影印文渊阁四库全书》本）	《全唐文》《唐文拾遗》《唐文续拾》	《全唐五代词》	《全金元词》	《全宋诗》	《全宋词》	《全宋文》（[清]严可均编）
芦	15	24	335	35	12	45	1225	149	1
苇	8	19	151	116	2	14	627	59	0
葭	16	22	156	88	1	18	348	83	2
芦苇	0	2	24	0	1	0	48	2	0
蒹葭	6	11	95	17	1	14	136	51	1
比例	0.52%	0.41%	1.23%	0.59%	0.75%	0.89%	1.19%	1.38%	0.21%

从这个表格中，我们可以看出芦苇意象在古代文学作品中复现的频率基本是词大于诗、诗大于文。芦苇历史悠久，景色优美，摇曳多姿的身影和独特的风景往往会勾起文人骚客的情思，这样一种“色”“韵”兼备的植物受到便于表情达意的诗词体裁的关照也是理所当然的。

再从横向上看，根据《全唐诗》（《影印文渊阁四库全书》本），我们对相关草类意象的复现频率做一个粗略统计，结果如下：含有“蓬”

字的单句有742句(不包含“蓬莱”250句,“蓬岛”26句,“蓬壶”44句,“蓬山”44句,“蓬瀛”79句),“茅”字663句(不包含“茅山”95句,“茅君”17句,“茅盈”5句,“茅固”1句),“蒲”字464句(不包含“蒲萄”36句,“蒲桃”11句,“蒲州”20句,“蒲海”8句,“蒲柳”14句,“蒲葵”20句,“蒲城”9句),“蘋”字386句(其中“苹”字8句),“芦”字335句(不包含“葫芦”13句,“胡芦”5句,“芦笋”13句,其中“苇”字151句,“葭”字156句,“芦苇”24句,“蒹葭”95句),“藻”字330句(不包含“辞藻”1句,“词藻”10句),“萍”字325句(不包含“青萍剑”1句),“蒿”字274句,“菱”字262句,“葛”字194句(不包含“诸葛”34句,“葛洪”32句,“葛藟”5句,“葛玄”1句),“葵”字129句(不包含“蒲葵”20句),“荻”字113句(另有“菼”25句),“薇”字107句(不包含“蔷薇”88句,“紫薇”30句),“芸”字106句,“蓼”字105句,“萱”字83句,“茨”字81句(另有“蒺藜”16句),“艾”字75句(不包含“邓艾”4句,“沛艾”5句),“蕨”字66句,“苓”字39句,“荠”字34句,“莠”字18句,“蘩”字17句,“菅”字14句(“芒草”1句)。

依照同样的标准,我们对《全宋词》(数据来源 http://qsc.zww.cn/,共收录21050首词)中的草类意象进行统计,其中含有“苹(蘋)”字258句,“茅”字248句(不包含“茅山”2句,“茅君”2句),“蓬”字233句(不包含“蓬莱”297句,“蓬岛”79句,“蓬壶”61句,“蓬山”49句,“蓬瀛”67句,“连蓬”5句,“蓬勃”1句),“蒲”字207句(不包含“蒲萄”30句,“蒲桃”6句,“蒲柳”7句,“蒲葵”3句,“蒲城”1句),“萍”字183句,“菱”字166句,“芦”字149句(不包含“葫芦”8句,“芦笋”1句,其中“苇”字59句,“葭”字83句,“芦苇”2句,“蒹葭”51句),“萱”字104句,“蓼”字93句,“藻”字83句(不包含“词藻”2

句),“艾”字71句（不包含“邓艾”2句),“葵”字69句（不包含“蒲葵”3句),“荻”字65句,“荇”字61句,“葛”字58句（不包含“诸葛”13句,“葛洪”4句),“薇”字46句(不包含“蔷薇”83句,“紫薇”27句),“芸”字32句,“蒿”字26句,“荠”字16句,“荇”字14句,“苓”字8句,“茨”字7句（另有“蒺藜”1句),“菅”字4句,“蘩”字4句,“莠”字1句,“蕨”字0句。

总体说来，在众多植物意象里，蓬、茅、蒲、芦、萍（蘋）的位置基本靠前。就芦苇意象而言，如果将“芦”“苇”“葭”三种表达加在一起，那么在《全唐诗》中含有芦苇意象的单句就有642句，位列第三；在《全宋词》中有291句，位列第一。由此我们可以看出，在中国古代文学中，芦苇意象不仅出现次数频繁，而且在众多的草类意象中所属地位也遥遥领先。所以,对芦苇题材的文学文化研究十分必要。

二、研究方法

本论文在资料收集和撰写的过程中，主要采用以下研究方法：

1. 跨时代历史研究。文化是一个传承的过程，芦苇意象和题材创作的过程是一个不断积淀的过程。本书纵向梳理了芦苇意象与题材创作的起源、发展过程和芦苇审美内涵生成过程。

2. 跨文体综合研究。结合各种文体综合考察,从共时性的角度考察，同一时代的不同文体虽然形态迥异，但其意蕴内涵有共通之处。作为同一时代的文化载体，同一意象也必然会渗透到各种文体中。从历时性的角度考察，不同时代的同一文体中，意象的内涵与象征意义也在不断地生发和深化。本文在论述时，全面考察诗、词、曲、赋等文体，梳理芦苇意象和题材创作的发展过程。

3. 跨学科文化研究。在对芦苇意象与题材作品研究的基础上，对其在民俗运用方面进行总结；探讨其在实用中的具体运用，透视其在其他文化层次上的反映和表现。

第一章　古代文学中芦苇意象和题材创作的发展历程

秦汉时期是芦苇意象的发生期，这一时期芦苇意象的关注度小，创作数量少而单一，人们对芦苇的认识主要停留在实用方面。值得注意的是，先秦时期“蒹葭苍苍”的描写，对后代芦苇的审美认识发展产生了深远影响。晋唐时期是芦苇意象和题材创作的第二阶段，与秦汉时期相比，人们对芦苇的描写不再局限于秋季萧瑟的视角，其不同季节的特征都受到广泛关注和描写。芦苇出现在送别、羁旅、隐逸等题材的诗歌中，唐人对芦苇的欣赏由外在特点上升到意志品格。宋元时期，芦苇意象和题材创作真正达到了繁盛阶段，芦苇的情感内涵和表达方式都得到深化并且基本确立了下来，芦苇的情感意蕴和象征意义更加丰富饱满。明清时期,芦苇意象和题材创作基本延续前代的发展，在文学、艺术等方面都有所深化。

第一节　秦汉时期：芦苇的实用阶段和芦苇意象的开端

按照人类历史发展的一般规律，植物的利用总是先涉及它的实用价值，然后才是观赏价值。邓云乡在《草木虫鱼——中国养殖文化》中就谈道：“细思人类草木虫鱼的学问，第一是实用方面的，第二是认识方面的，第三是艺术情趣方面的。”[①]芦苇作为自然植物，是重要的经济作物，在日常生活和生产中起着举足轻重的作用。早在先秦时期，芦苇就被广泛开发利用，在生活等方面发挥着重要作用。除此之外，芦苇的颜色特征和生长旺盛的生物属性，也受到一定关注。

一、先秦文献中的芦苇及其应用

先秦文献中涉及芦苇的主要有这些：

（一）《诗经》

《诗经》是我国第一部诗歌总集，共收录自西周初年至春秋中叶大约五百年的诗歌305篇。它包括的地域很广，以十五“国风”而言，就覆盖今陕西、山西、山东、河南、河北、湖北等省的全部或一部分。其中涉及芦苇的作品有七篇：

1.《国风 · 召南 · 驺虞》:“彼茁者葭,壹发五豝。于嗟乎驺虞！”[②]《诗经》中“周南”“召南”两部分绝大多数是来自江汉流域的诗歌，包括今河南洛阳、南阳和湖北郧阳、襄阳一带。《驺虞》是一首赞美猎人技艺高超的诗。“葭”，专指初出土至苗期的芦苇，“彼茁者葭”是描写芦苇苗的粗大肥壮。这是春季谷雨至小满这段时间的景象,芦芽因营养好，味甜嫩，野猪喜拱食。

2.《诗经 · 卫风 · 硕人》：“施罛濊濊，鳣鲔发发，葭菼揭揭。”[③]这首诗大致作于公元前750年左右，是一首赞美卫庄公夫人庄姜的诗。“揭揭”指芦荻长的长长的样子。远古时代，黄河流域气候温和、森林茂密、雨量充沛、土壤肥沃，芦苇这样傍水丛生的草本植物在这一带

① 邓云乡《草木虫鱼——中国养殖文化》，第233页。

② 程俊英、蒋见元注析《诗经注析》，第58页。

③ 程俊英、蒋见元注析《诗经注析》，第167页。

茂盛生长也是很常见的事情。

3.《诗经 · 卫风 · 河广》:“谁谓河广？一苇杭之。谁谓宋远？跂予望之。”[①]这首诗大概是宋人侨居卫国者思乡之作。“苇”，指用芦苇编的筏子；“杭”，通“航”。意思是：谁说黄河宽又广，一条苇筏就能航，极言渡河之不难。芦苇秆有节，中空而坚韧。从这首诗可以看出，芦苇在古代是适于编织的，有实用价值，人们可以编成苇筏渡河。

图 02 葭（芦苇），引自［日］细井徇、细井东阳撰《诗经名物图解》，日本国立国会图书馆藏。

4.《诗经 · 秦风 · 蒹葭》:“蒹葭苍苍，白露为霜。所谓伊人，在水

① 程俊英、蒋见元注析《诗经注析》，第 184 页。

一方……蒹葭凄凄，白露未晞……蒹葭采采，白露未已……”。[1]秦原来占据着甘肃天水一带。西周末年，平王东迁，秦地扩大到西周王畿和豳地，即今陕西地区及甘肃东部，“秦风”就是这一带的民歌。这是一首描写追求意中人而不得的诗。诗以“蒹葭”起兴开头，其中“苍苍”“凄凄”“采采”都是形容芦苇茂盛众多的样子。芦苇生水中，水边茂密的芦苇丛是常见的景观。

5.《诗经·豳风·七月》：“七月流火，八月萑苇。”[2]豳地在今陕西旬邑、邠县一带。周重视农业，豳诗多带有务农的地方色彩，《七月》就是一首叙述西周农民全年无休止的劳动过程和他们生活情况的诗，反映了当时农民衣食住行各方面的情况。“八月”指周历八月，周历七、八、九月是秋季，“萑苇”就是荻草和芦苇。秋季芦苇和荻抽穗开花，植株熟老，农民就开始收割了。这里可以看出芦苇的季节性特征。

6.《诗经·小雅·小弁》：“有漼者渊，萑苇淠淠。”[3]这是一首被父亲放逐者抒发心中哀怨的诗。“漼”，指水深的样子；“淠淠”，指茂盛的样子。对于漂泊在外不知归处的人来说，看见芦苇丛，可谓触景生情。

7.《诗经·大雅·行苇》：“敦彼行苇，牛羊勿践履。方苞方体，维叶泥泥。戚戚兄弟，莫远具尔。或肆之筵，或授之几。”[4]“行”，指道路；“行苇”，就是路边河岸边的芦苇。

以上诗歌主要涉及芦苇在周代的地理分布情况，其中有关注芦苇外在形态的生物特征，如“彼葭者茁”“葭菼揭揭”“萑苇淠淠”等，

① 程俊英、蒋见元注析《诗经注析》，第346—348页。
② 程俊英、蒋见元注析《诗经注析》，第410页。
③ 程俊英、蒋见元注析《诗经注析》，第603页。
④ 程俊英、蒋见元注析《诗经注析》，第808页。

都是对芦苇长势旺盛的描写。有关注芦苇生长时间的，如“八月萑苇”。有关注芦苇实用价值的，如“一苇杭之”。基于芦苇的实用价值，古人更多关注其自然生长特性。芦苇茂密丛生，从对其形象描写及时间的确指，说明人们已经注意到芦苇的季节性特征。

（二）《晏子春秋》

晏子即晏婴，《晏子春秋》也称《晏子》，是记叙春秋末期齐国著名政治家晏婴思想言行的一部著作。全书由短篇故事组成，这些故事虽不能完全作信史看待，但多数是有一定根据的，可与《左传》《国语》《吕氏春秋》等相互印证，作为反映春秋后期齐国社会历史风貌的史料。其中提及芦苇的有两篇：

1.《景公猎休坐地晏子席而谏第九》：“景公猎休，坐地而食，晏子后至，左右灭葭而席。”[①]“灭葭而席”的意思是拔掉芦苇权且当作席子。在古代，对于贵族来说，铺席是正常的，该铺席而不铺席则是非礼的。故事中在外狩猎没有准备席子，晏子就把芦苇当作席子坐下。在现实生活中，也有“编苇为席”的做法。

2.《晏子乞北郭骚米以养母骚杀身以明晏子之贤第二十七》：“齐有北郭骚者，结罘罔，捆蒲苇，织履，以养其母。”[②]意思是说齐国有个叫北郭骚的，靠结兽网、捆香蒲芦苇、编织麻鞋来奉养他的母亲。从这可以看出，芦苇也是生活中不可缺少的物资。

（三）《庄子》

《庄子》是先秦道家学派的代表人物庄子的著作，《庄子》分内、外、杂篇，原有五十二篇，现存三十三篇，其文章具有浓厚的浪漫色彩，

---

① 吴则虞《晏子春秋集释》上册，第119页。

② 吴则虞《晏子春秋集释》下册，第361页。

有着较为系统而复杂的哲学思想体系。

1.《庄子·杂篇·则阳第二十五》以人名篇，全篇的主旨在于论道，反映庄子的世界观。“柏矩学于老聃”段中有这样的描述：“庄子闻之曰：‘今人之治其形，理其心，多有似封人之所谓，遁其天，离其性，灭其情，亡其神，以众为。故卤莽其性者，欲恶之孽，为性萑苇蒹葭，始萌以扶吾形，寻擢吾性，并溃漏发，不择所出，漂疽疥痈，内热溲膏是也。’”[①]这里用芦苇和荻由未抽穗的“葭”“蒹”逐渐长成结穗的“萑”“苇”的植物生长特性，比喻所欲所恶疯长丛生而伤正形，从而指责因为丧失本性而为政卤莽的问题。芦苇被认为是害草。

2.《庄子·杂篇·渔父第三十一》以虚拟人名名篇，其主旨是通过渔父批判孔子的行为和儒家仁义、忠贞、慈孝、礼乐的思想。在“孔子愀然而叹”段中，着重说明庄子自然本真的观点，其中写道：“孔子又再拜而起曰：‘今者丘得遇也，若天幸然。先生不羞而比之服役，而身教之。敢问舍所在，请因受业而卒学大道。’客曰：‘吾闻之，可与往者与之，至于妙道；不可与往者，不知其道。慎勿与之，身乃无咎。子勉之！吾去子矣，吾去子矣。’乃刺船而去，延缘苇间。”[②]渔父俨然成为得道高人，最后撑船离开，沿着芦苇丛间的水路缓慢走了。芦苇在先秦时期就与渔人隐者产生了联系。

（四）《荀子》

《荀子》是战国后期儒家学派最大的一个代表人物荀况的著作，现存三十二篇。其中有三篇提到芦苇：

1.《荀子·劝学》篇主要劝勉人们勤奋学习，文章还涉及学习的效用、

① ［清］郭庆藩撰、王孝鱼点校《庄子集释》第四册，第899页。

② ［清］郭庆藩撰、王孝鱼点校《庄子集释》第四册，第1033—1034页。

方法等一系列问题，其中在论述学习要讲究方法时举了这样一个例子："南方有鸟焉，名曰蒙鸠，以羽为巢，而编之以发系之苇苕，风至苕折，卵破子死，巢非不完也，所系者然也。"[①]"蒙鸠"即鹪鹩，常取茅苇毛毳为巢，"苇苕"就是"芦苇的花穗"，蒙鸠将巢系在纤脆的苇穗上，风一吹就断了，结果鸟蛋打破，小鸟摔死，以此比喻选择错误的依附对象，是十分危险的。

2.《荀子·不苟》主要阐述立身行事不能苟且。第五段讲道："君子崇人之德，扬人之美，非谄谀也；正义直指，举人之过，非毁疵也；言己之光美，似于舜、禹，参于天地，非夸诞也；与时屈伸，柔从若蒲苇，非慑怯也；刚强猛毅，靡所不信，非骄暴也。"[②]这里将君子知屈伸进退比喻成像香蒲和芦苇一样柔顺，生动展现了芦苇柔纤的特征。

3.《荀子·正名》一文主要论述了名称与它所反映的实际内容之间的关系及如何定名的问题，在篇末作者批判了有关欲望的异端邪说。"心平愉，则色不及佣而可以养目，声不及佣而可以养耳，蔬事菜羹而可以养口。粗布之衣、粗紃之履而可以养体，屋室庐庾葭稾蓐尚机筵而可以养形。"[③]"庐庾"就是草屋；"葭"是初生的芦苇；"稾"是谷类植物的茎秆；"蓐"是草垫子；"尚"通"敝"，破旧的意思；"机"同"几"，指几案、小桌子；"筵"是竹制的垫席。以庐庾为屋室，葭稾为席蓐，都是贫贱人之居，却可以用来保养形态容貌。这里芦苇既是生活用品的编织物，也可以说是修生养性者高洁人格的陪衬物。

（五）《楚辞》

《楚辞》中有一处提到芦苇。"楚辞"是产生于南方楚地的一种新

① 梁启雄《荀子简释》，第 3 页。
② 梁启雄《荀子简释》，第 27 页。
③ 梁启雄《荀子简释》，第 326 页。

诗体，《楚辞》是继《诗经》之后崛起的又一座文学高峰。《楚辞·九思·悼乱》哀悼世事混乱，想要避世隐居奔遁远方，文中有一处提到芦苇："菅蒯兮野莽，雚苇兮仟眠。"[①]这里"菅""蒯""雚""苇"都是草名，"仟眠"同"芊眠"，草木丛生的样子。早在春秋时代，楚国就兴盛于江汉流域。"楚有江汉川泽山林之饶"[②]，这也可以看出，芦苇在江南一带生长茂密。

从先秦时期的文献记载看，古人对芦苇的关注主要在以下几个方面：(一) 生命力强、长势旺的生物特性。芦苇茂密丛生，作品中多有形象描写及时间的确指，如"八月萑苇"说明芦苇的季节性特征十分明显，"彼葭者茁""葭菼揭揭""萑苇淠淠"等，都是对芦苇长势旺盛的描写。(二) 实用价值。先秦时期，社会生产力低下，人们主要关注芦苇的实用价值，如"一苇杭之""捆蒲苇""灭葭而席"等。在当时的情况下，人们对芦苇本身的外在形象关注很少，而对其生长习性的关注也是为了更好地服务日常生活。

先秦时期人们对芦苇的认识具有以下特点：(一) 芦苇还没有成为独立的表现对象，只是作为比兴的媒介出现，如《诗经》中《秦风·蒹葭》。如果说《诗经》中的芦苇更侧重于比兴的话，那么《庄子》中的"为性萑苇蒹葭"则是用比喻说明道理。(二)关注秋季的"苍苍蒹葭"。先秦时期，对芦苇的认识停留在最初阶段，所以关注的是芦苇最突出的特征。秋天芦苇形态多变，也是观赏芦苇的最佳季节。《诗经》中"蒹葭苍苍"对后世影响极大，可以说是人们对芦苇最深刻最主要的印象。(三) 芦苇意象具有北方地域文化色彩。芦苇意象在《楚辞》中少

---

① 汤炳正《楚辞今注》，第391页。

② ［汉］班固撰、［唐］颜师古注《汉书》第六册，第1666页。

见。相比而言，作为北方文学代表的《诗经》，其中多次出现芦苇意象，并且与北方风光相联系，如《蒹葭》中的“蒹葭苍苍”与“白露为霜”相对应。《蒹葭》属“十五国风”中的“秦风”，反映的是北方陕甘一带的自然风光。由此可见，先秦时期芦苇意象的北方地域文化色彩更为浓重。

二、两汉文献中的芦苇及其应用

两汉时期，对于芦苇的认识，仍然较多反映在实用价值方面。有关芦苇的记载如下：

（一）《急就篇》

《急就篇》是西汉史游所著，成书时间约在公元前 40 年，是我国现存最早的识字与常识课本。其中第二部分“言物”提及植物时说：“薪炭萑苇炊孰生”，颜师古注：“取木而然之曰薪，木之已烧者曰炭。薍，为萑，谓荻也，其新生者曰菼。葭，为苇，谓芦也，二者亦薪之类，可然燎也。炊孰生者，谓蒸煮生物使之烂孰也。”[①]可见，在古代，人们会把芦苇当柴火烧饭。

（二）《论衡》

《论衡》是东汉前期唯物主义无神论思想家王充的著作，大约成书于汉章帝元和三年(86)。此书反叛汉代的儒家正统思想,解释世俗之疑，辨照是非之理，是一部不朽的唯物主义哲学文献。在书中有三处提到芦苇，并且都与占卜有关：

1.《论衡·谢短篇》论述“文吏”和“儒生”各自的短处。其中在问文吏的问题中有这样一句：“挂芦索于户上，画虎于门阑。”[②]“芦索”

---

① ［汉］史游撰、［唐］颜师古注《急就篇》，《影印文渊阁四库全书》本。

② ［汉］王充《论衡》，第 128 页。

就是用芦苇编的绳子,“放”是驱逐之意,迷信认为芦索是专用来缚鬼的,所以把芦索挂在门上，表示驱鬼御凶。

2.《论衡 · 订鬼篇》对社会上流传的关于鬼的说法进行了分析考订，其中有一段论述 :“《山海经》又曰 :‘沧海之中，有度朔之山。上有大桃木,其屈蟠三千里,其枝间东北曰鬼门,万鬼所出入也。上有二神人，一曰神荼，一曰郁垒，主阅领万鬼。恶害之鬼，执以苇索，而以食虎。于是黄帝乃作礼以时驱之，立大桃人，门户画神荼、郁垒与虎，悬苇索以御凶魅。’”[①]

3.《论衡 · 卜筮篇》论述有关卜筮的问题。文中提及 :“子路问孔子曰:‘猪肩羊膊可以得兆，雚苇藁芼可以得数，何必以蓍龟？’”[②]“猪肩羊膊”，就是猪羊的肩胛骨。“雚苇藁芼”，都是植物名，“雚”，即荻；“苇”，芦苇 ;“藁”，多年生草本，亦称西芎、抚芎 ;“芼”，通“茅”，草名。这里龟兆和蓍数都是天地对占卜者所提问题的答复。从这可以看出，芦苇也曾是占卜所用物之一。

（三）《金匮玉函经》

此书与《伤寒论》同体而别名，虽在隋唐前问世，但因流传不广而被淹没,连许多大藏书家亦未见,直至清初被陈士杰发现而雕刻刊行。此书对研究伤寒理论具有很高的价值，其卷八写道 :“治五噎吐逆，心膈气滞，烦闷不下，用芦根五两，剉，以水三大盏，煮取二盏，去渣，温服。”[③]

---

① ［汉］王充《论衡》，第 217 页。

② ［汉］王充《论衡》，第 231 页。

③ ［汉］张仲景著、李顺保校注《金匮玉函经》，第 139 页。

（四）《金匮要略方论》

此书是一部杂病学著作，其中《肺痿肺痈咳嗽上气病脉证治第七》中治疗肺痈的方子是："苇茎二升，薏苡仁半升，桃仁五十枚，瓜瓣半升，上四味，以水一斗，先煮苇茎得五升，去滓，内诸药，煮取二升，服一升，再服，当吐如脓。"[①]这就是著名的"千金苇茎汤"。又《禽兽鱼虫禁忌并治第二十四》中治食马肉中毒欲死方："煮芦根汁，饮之良。"[②]又食鯸鮧鱼中毒方："芦根煮汁服之即解"。[③]

（五）《风俗通义》

此书为东汉应劭著，记录了大量的神话异闻，是研究古代风俗和鬼神崇拜的重要文献。书中《风俗通义 · 祀典 · 桃梗苇茭画虎》提及芦苇："谨按，黄帝书，上古之时，有神荼与郁垒昆弟二人，性能执鬼。度朔山上章桃树下，简阅百鬼。无道理妄为人祸害，神荼与郁垒缚以苇索，执以食虎。于是县官常以腊除夕，饰桃人，垂苇茭，画虎于门，皆追效于前事，冀以御凶也。"[④]可见，芦苇与辟邪相关。

从上述典籍记载中可以看出，两汉时期，芦苇在日常生活中可作柴薪，继续发挥其实用价值，并且人们已经发现利用芦苇的药用价值。在社会名俗方面，芦苇与占卜、辟邪有着密切关系。

这一时期，文人作品中关于芦苇的记载寥寥无几，仅见于司马相如等人的赋作中，如司马相如《子虚赋》"其埤湿则生苍莨蒹葭"[⑤]，说明芦苇近水生长的特点。据《史记 · 孝武本纪》《三辅黄图》记载，

---

① ［汉］张仲景述、［晋］王叔和集、李玉清等点校《金匮要略方论》，第 35 页。
② ［汉］张仲景述、［晋］王叔和集、李玉清等点校《金匮要略方论》，第 114 页。
③ ［汉］张仲景述、［晋］王叔和集、李玉清等点校《金匮要略方论》，第 118 页。
④ ［汉］应诏《风俗通义》，第 58 页。
⑤ 费振刚《全汉赋》，第 48 页。

汉武帝太初元年（公元前104年）建造建章宫，开凿“太液池”，种有多种水生植物，汉昭帝《黄皓歌》中有太液池芦苇的记载：“黄鹄飞兮下建章。羽肃肃兮行跄跄。金为衣兮菊为裳。唼喋荷荇，出入蒹葭。”[1]可见当时，芦苇已经作为景观植物受到人们关注，但是这一时期诗文中却没有具体观赏感受的描写。

综上所述，秦汉时期，人们对芦苇的认识已经较广泛了。先秦时期，古人更多关注芦苇生命力强、长势旺的生物属性和实用价值，芦苇的审美价值尚未引起足够关注。芦苇也没有成为独立描写的对象，而只是作为比兴的媒介。两汉时期，芦苇成为园林中的种植植物，人们对其观赏价值的关注有所提高，并且注意到其近水生长的特点。这一时期，芦苇意象也多出现在北方文学中，这使得芦苇意象在发生之初便带有一定的北方地域色彩。先秦时期对芦苇季节性颜色变化的描写，也直接被魏晋时期的文学作品所吸纳。

第二节　晋唐时期：芦苇意象和题材创作的发展

晋唐时期是芦苇意象和题材创作的第二阶段，这一时期芦苇意象与题材创作的数量增加，与先秦两汉时期主要关注芦苇本身的实用价值相比，人们开始注重感知芦苇外在审美价值和特点。芦苇季节性的变化，如春季芦芽、夏季芦滩、秋季芦花都受到不同程度的关注。在儒家文化的熏陶下，唐代幽人韵士逐渐把花木的自然特性和自己的情操素质联系起来，芦苇意象的情感意蕴更加丰富和饱满。

---

① 逯钦立《先秦汉魏晋南北朝诗》上册，第108页。

一、魏晋南北朝时期

早在先秦时期，《秦风 · 蒹葭》中“蒹葭苍苍，白露为霜”就对芦苇的外在特征进行过描述。诗的开头运用了起兴手法，以“蒹葭”“白露”起兴，描绘出一幅秋苇青苍、露重霜浓的清秋景色，营造出一种苍茫、渺远、朦胧的情感氛围。茂盛的蒹葭在秋季一经花开，远远望去，白色的花絮随风摇曳，苍茫一片。我们可以看到这样一种情境：天刚拂晓，水汽正浓，晨露附着草木成白霜，河边的芦苇在秋风中摇曳着灰白色的花穗。这样一幅白茫茫的抒情环境就为主人公抒发“伊人”可望而不可即、欲求之而不得的惆怅之情构筑了一个立体空间。诗中的“苍苍”“凄凄”“采采”都是对芦苇形象特征的描写，表达对美好事物的追求之情。秋季，本来就是一个萧瑟肃杀的季节，万物凋零呈现出一片萧条景象，而秋季的芦苇开花，花白如穗，成片的芦苇从远远望去犹如雪海一般，景象十分壮观，最易惹人愁思和感慨。从先秦《蒹葭》中“蒹葭苍苍”这一典型描写开始，芦苇就带上了飘摇无依的感情色彩。

魏晋时期，有芦苇出现的作品比较少，人们关注的基本还是芦苇长势旺的植物特征，如曹植《盘石篇》:“蒹葭弥斥土，林木无芬重。”[①] 王粲《从军诗五首》其五：“雚蒲竟广泽，葭苇夹长流。”[②]吴均《赠王桂阳别诗三首》其三：“深浪暗蒹葭，浓云没城邑。”[③]从这些诗作中可以看出，此时，芦苇只是诗人所见之景物，没有被赋予更多描写。

南北朝时期，随着文人创作的兴盛，对芦苇意象的季节性特征才有了描写，而且这一时期战乱连年，人们颠沛流离，文人自然将秋季

---

① ［三国魏］曹植著、赵幼文校注《曹植集校注》，第 216 页。

② 逯钦立《先秦汉魏晋南北朝诗》上册，第 361—362 页。

③ 逯钦立《先秦汉魏晋南北朝诗》中册，第 1734 页。

枯黄的芦苇与自己的情感联系在一起。鲍照《游思赋》云："苦与乐其何言，悼人生之长役。舍堂宇之密亲，坐江潭而为客。对蒹葭之逐黄，视零露之方白。鸿晨惊以响湍，泉夜下而鸣石。结中洲之云萝，托绵思于遥夕。"[1]《诗经》中"蒹葭苍苍"的画面出现在诗人的描写中，渐渐发黄的蒹葭自然凋落，这象征衰老将至；露水的颜色，让诗人倍感清冷孤寂。江淹31岁因得罪建平王刘景素，被贬到位于闽浙赣三省交界之地、僻处东南一隅的吴兴。江淹在吴兴创作的作品蕴含着浓郁的贬谪情结，也打上了东南闽地的独特印记。他的《去故乡赋》和《待罪江南思北归赋》都作于这一时期，文中表现了失意、思乡之情。《去故乡赋》载："于是泣故关之已尽，伤故国之无际。出汀州而解冠，入溆浦而捐袂。听蒹葭之兰瑟，知霜露之流滞。对江皋而自忧，吊海滨而伤岁。抚尺书而无悦，倚樽酒而不持。去室宇而远客，遵芦苇以为期。"[2]《待罪江南思北归赋》写道："惟江南兮丘墟，遥万里兮长芜。带封狐兮上景，连雄虺兮苍梧。当青春而离散，方仲冬而遂徂。寒蒹葭于余马，伤雾露于农夫。"[3]芦苇萧瑟冷寂，越发增加了凄清的色彩，体现作者孤寂的心情。江淹写给挚友袁炳的《报袁叔明书》中对芦苇也有描写："方今仲秋秋风飞，平原彫色。水鸟立于孤洲，苍葭变于河曲，寂然渊视，忧心辞矣"[4]，作者从秋光入笔勾勒出这样一幅图画：时值仲秋，秋风飒爽，原野辽阔，水鸟集于河中的孤洲上，河湾处的芦苇也变得苍黄。寂寥的画面使作者心情平静。芦苇的颜色在受到人们关注的同时，也被赋予了情感寄托，引发诗人更多的人生感悟和生活体味。

① ［南朝宋］鲍照著、钱仲联校《鲍参军集注》，第1页。
② ［明］胡之骥注、李长路、赵威点校《江文通集汇注》，第11页。
③ ［明］胡之骥注、李长路、赵威点校《江文通集汇注》，第32页。
④ ［明］胡之骥注、李长路、赵威点校《江文通集汇注》，第349页。

从这些作品中的描写来看，秋季蒹葭仍是诗人对芦苇主要的观察角度，游子借芦苇感应春去秋来的时序变迁，表达自己漂泊的愁苦以及对家乡的思念之情。

魏晋南北朝是一个长期处于分裂割据状态的时代，王朝更替频频，社会极度动荡不安，百姓流离失所。这个时期也是我国历史上人口大流动的时代，数百万胡族人口入居中原，北方大批人口流居江淮之南。在逃亡躲避战乱的路途中，漂泊者自然对身边的一景一物更加关注，并折射以情感关怀。南北朝时期的诗人为芦苇意象赋予了漂泊内涵。随着晋室南迁，人口重心和文化重心南移，促使江南进入一个持续深入开发的时期,因而芦苇意象的地域色彩也发生了变化,《乌夜啼》中载:“巴陵三江口,芦荻齐如麻。”[①]谢朓《休沐重还丹阳道中》:“灞池不可别，伊川难重违。汀葭稍靡靡，江菼复依依。”[②]何逊《还渡五洲诗》:“萧散烟雾晚，凄清江汉秋。沙汀暮寂寂。芦岸晚修修。”[③]在这样一种背景和环境下，芦苇意象由先秦两汉时期的北方地域色彩开始向江南地域色彩转变。

二、初盛唐时期

在隋以及初盛唐将近两个世纪的历史中，对芦苇的关注仍然延续着由“蒹葭苍苍”带来的审美认识，虽然也出现了描写芦花、芦笋的个别诗句，但整体来看，初盛唐时期咏芦苇专题诗还是极少的。初唐时期，芦苇仍然是诗人笔下秋季景物中的重要代表之一，如卢照邻《悲夫》:“秋风起兮野苍苍，蒹葭变兮露为霜。”[④]骆宾王《秋日于益州李

① 逯钦立《先秦汉魏晋南北朝诗》中册，第 1347 页。
② 逯钦立《先秦汉魏晋南北朝诗》中册，第 1430 页。
③ 逯钦立《先秦汉魏晋南北朝诗》中册，第 1691 页。
④ ［清］董诰《全唐文》，第 1703 页。

长史宅宴序》："洲渚肃而蒹葭变，风露凝而荷芰疏。"[①]苏味道《始背洛城秋郊瞩目奉怀台中诸侍御》："蟋蟀秋风起，蒹葭晚露深。"[②]骆宾王《久戍边城有怀京邑》："葭繁秋色引，桂满夕轮虚。"[③]对芦苇的审美感受仍旧是延续先秦以来"蒹葭苍苍"的秋季露重萧瑟之感，而且诗人多用"汀葭""苍葭"形容秋天的芦苇，如卢照邻《七夕泛舟》其一："汀葭肃徂暑，江树起初凉。"[④]陈子昂《宿襄河驿浦》："沙浦明如月，汀葭晦若秋。"[⑤]李峤《八月奉教作》："黄叶秋风起，苍葭晓露团。"[⑥]陈子昂《秋日遇荆州府崔兵曹使宴》诗序："天泬寥而烟日无光，野寂寞而山川变色。芸其黄矣，悲白露于苍葭；木叶落兮，惨红霞霜于绿野。"[⑦]

盛唐时期，无论是对芦苇形象特征的描写，还是芦苇题材作品的创作数量都有所发展。对芦苇描写最突出的表现是对芦苇局部特征有了关注，首先就是对芦花有了更多描写，这就打破了人们对芦苇萧瑟这种单一的印象。就整个唐代而言，不同阶段对芦花的刻画和审美体验也是不同的。初唐时期，芦花在诗文中仅作为景物出现，诗人较少对其进行细致描写。盛唐初期，则出现了较多对芦花描摹的诗句，"西望白鹭洲，芦花似朝霜"[⑧]、"水宿已淹时，芦花白如雪"[⑨]，这是对芦花颜色的描写；"江水青云挹，芦花白雪飞"[⑩]"客路向南何处是，芦

---

① ［清］董诰《全唐文》，第 2014 页。
② ［清］彭定求《全唐诗》卷六五、第 754 页。
③《全唐诗》卷七九，第 863 页。
④《全唐诗》卷四二，第 526 页。
⑤《全唐诗》卷八四，第 913 页。
⑥《全唐诗》卷五八，第 697 页。
⑦《全唐诗》卷八四，第 914 页。
⑧ ［唐］李白《洗脚亭》，《全唐诗》卷一八四、第 1890 页。
⑨ ［唐］岑参《下外江舟怀终南旧居》，《全唐诗》卷一九八、第 2058 页。
⑩ ［唐］储光羲《临江亭五咏》，《全唐诗》卷一三九、第 1057 页。

花千里雪漫漫”[①],这是对芦花动态的描写。除了对芦花的关注,对芦芽、芦叶也有了关注和具体描写，展现出不同季节芦苇的特点，全面彰显了芦苇的外在形象美，如王维《戏题示萧氏甥》:“芦笋穿荷叶，菱花罥雁儿。”[②]李白《奔亡道中五首》其五:“渺渺望湖水,青青芦叶齐。”[③]杜甫《客堂》:“石暄蕨芽紫，渚秀芦笋绿。”[④]春天里芦芽刚刚生长，它显然成为春天到来的一种象征，代表着欣欣向荣、万物勃发生机的明媚春光。诗人对它细致而准确的描绘，显然给芦苇这种带有萧瑟秋感的植物增添了一道亮丽的色彩和别样的风情。在此基础上，唐人对芦苇的整体形象认识逐渐完善。

关于单篇咏芦苇的作品，这一时期只有杜甫一首《蒹葭》:“摧折不自守，秋风吹若何。暂时花戴雪，几处叶沉波。体弱春风早，丛长夜露多。江湖后摇落,亦恐岁蹉跎。”[⑤]这首诗作于唐肃宗乾元二年（759年），时任华州司功参军的杜甫弃官西行，在滞留秦州（今甘肃省天水市）时写了一组咏物的五言律诗,《蒹葭》就是其中一首。这组咏物诗，除了个别篇章外，都是有所隐喻的比兴体作品。就这首诗而言，诗歌的重点也不在咏物，而是在于借芦苇的形象哀叹自己命运的艰辛、感怀岁月流逝。诗中首先感慨芦苇在秋风的吹动之下，易摧折难以自守，接着又描写了芦苇花时短暂、叶败花落的景象，最后由芦苇生时之艰难引发感慨，联想到自己的人生，字里行间明显流露出难以排遣的忧伤之情。仇兆鳌注:“蒹葭，伤贤人之失志者。暂时花发，叶已沉波，

① ［唐］刘长卿《奉使鄂渚至吴江道中作》,《全唐诗》卷一五〇、第 1559 页。

②《全唐诗》卷一二六，第 1280 页。

③《全唐诗》卷一八〇，第 1843 页。

④《全唐诗》卷二二一，第 2332 页。

⑤《全唐诗》卷二一五，第 2422 页。

申上秋风摧折。春苗、夜露，朔其前。江湖摇落，要其后也。北方风气早寒，故蒹葭望秋先零。南方地气多暖，故在江湖者后落。秋风摧折如彼，而远托江湖者，亦复蹉跎于岁晚乎。末二句，隐然有自伤意。”[①]这样一首咏物诗就转而成为了感情浓郁的抒情诗。但是，即使是为了抒发情感，杜甫在诗中也对芦苇四季的特征做了全面描述，“此咏秋日蒹葭，而兼及四时。苗早言春，露多言夏，后落涉冬矣”，这也是对芦苇审美认识的一个阶段性感受。

在题材创作方面，芦苇意象主要出现在送别和羁旅漂泊题材的诗歌中。送别题材诗歌中的芦苇意象是从盛唐时期开始出现的。这类题材的诗歌中，芦苇丛不仅是送别场景的代表，而且还是渲染气氛的重要景物。由于古代远行的交通方式主要是水运，所以生长在水岸边的芦苇丛就常常出现在送别场景中。在王维的送别诗中，就多次出现芦苇，如《送綦毋秘书弃官还江东》：“清夜何悠悠，扣舷明月中。和光鱼鸟际，澹尔蒹葭丛。”[②]《送从弟蕃游淮南》：“天寒蒹葭渚，日落云梦林。江城下枫叶，淮上闻秋砧。”[③]《送方城韦明府》：“遥思葭菼际，寥落楚人行。”[④]《送贺遂员外外甥》：“苍茫葭菼外，云水与昭丘。”[⑤]。在其他诗人的作品中，“蒹葭”“葭菼”成为送别诗中常见的景象，如李颀《送马录事赴永阳》：“春日溪湖净，芳洲葭菼连。”[⑥]又《临别送张諲入蜀》：“孤云伤客心，落日感君深。梦里蒹葭渚，天边橘柚林。”[⑦]王昌

① ［清］仇兆鳌《杜诗详注》卷七。
② 《全唐诗》卷一二五，第1242页。
③ 《全唐诗》卷一二五，第1243页。
④ 《全唐诗》卷一二六，第1271页。
⑤ 《全唐诗》卷一二六，第1280页。
⑥ 《全唐诗》卷一三二，第1344页。
⑦ 《全唐诗》卷一三二，第1344页。

龄《岳阳别李十七越宾》:“杉上秋雨声，悲切蒹葭夕。”[1]又《巴陵送李十二》:“摇曳巴陵洲渚分，清江传语更风闻。山长不见秋城色，日暮蒹葭空水云。”[2]李嘉祐《送李中丞杨判官》:“流水蒹葭外，诸山睥睨中。别君秋日晚，回首夕阳空。”[3]又《送皇甫冉往安宜》:“楚地蒹葭连海迥，隋朝杨柳映堤稀。”[4]在送别诗中，诗人一般会选择萧索凄清的意象，来创造离别的氛围，以表现忧伤的情感。从先秦“蒹葭苍苍”演化而来的“蒹葭”本身就带有一种清冷的色调，符合这种表达的需要，所以诗人才会在送别诗中选用蒹葭意象。

除了“蒹葭”，芦花也是渲染离别气氛的典型景物，如李颀《送刘昱》:

八月寒苇花，秋江浪头白。北风吹五两，谁是浔阳客。

鸬鹚山头微雨晴，扬州郭里暮潮生。行人夜宿金陵渚，试听沙边有雁声。[5]

在这首诗中，苇花不再仅仅是以送别场景中的景物出现，而是成为世人感怀抒情的比兴对象。诗的开头就以景衬情，“八月寒苇花，秋江浪白头”，八月秋凉风高，芦苇花在秋风中瑟瑟飘摇，江水中白色的浪花借着风力冲到岸边，打湿了白色苇花，苇花与浪花浑然一“白”，这既不是寒冬冰霜的白，也不是初春柳絮的白，而是凉秋八月的白，既不凌冽也不柔美，而是素净萧索。萧瑟的芦花带来的凉凉秋意，给离别增添了更多伤感的气氛。类似的例子还有李白的《送别》:“送君

① 《全唐诗》卷一四〇，第 1428 页。
② 《全唐诗》卷一四三，第 1449 页。
③ 《全唐诗》卷二〇六，第 2149 页。
④ 《全唐诗》卷二〇七，第 2164 页。
⑤ 《全唐诗》卷一三三，第 1356 页。

别有八月秋，飒飒芦花复益愁。云帆望远不相见，日暮长江空自流。”[①] 沈宇《武阳送别》:“菊黄芦白雁初飞,羌笛胡笳泪满衣。送君肠断秋江上，一去东流何日归。”[②]飘摇雪白的芦花是送别时一道独特的风景线，这些描写给离别时候的场景独添一抹淡淡的忧伤，融情于景，更增强了诗歌的动态感和感染力。

随着唐代诗歌题材的不断创新和开拓，芦苇意象还出现在了羁旅题材的诗歌中。这一题材中的芦苇意象并非唐代首创，前面所述的南北朝时期就是开端。芦苇生命力强，长势旺，在江边湖岸都可见到它们的身影，因而是羁旅途中常见景物。储光羲《泊舟贻潘少府》载：

> 行子苦风潮，维舟未能发。宵分卷前幔，卧视清秋月。四泽蒹葭深，中州烟火绝。苍苍水雾起，落落疏星没。所遇尽渔商，与言多楚越。其如念极浦，又以思明哲。常若千里余，况之异乡别。[③]

诗中为我们刻画出这样的情景：出行的人因为风高潮涨，不得不停舟缓行，夜半时分掀开船舱前的帘子，看着高高挂起的秋月。高大茂密的芦苇丛环绕四周，湖中的洲岛也没有了光亮。水上的雾气渐渐升起，天上的星星也稀稀疏疏，一切都显得静谧清冷。芦苇在这类羁旅题材的作品中多有出现，如郑愔《贬降至汝州广城驿》:“岸苇新花白，山梨晚叶丹。”[④]这首诗当是景龙三年（109 年）诗人贬江州司马途径汝州（今河南临汝县西）时作，诗中所写芦苇应该也是沿途所见景物。

---

① 《全唐诗》卷一七六，第 1798 页。
② 《全唐诗》卷二〇二，第 2108 页。
③ 《全唐诗》卷一三六，第 1379 页。
④ 《全唐诗》卷一〇六，第 1108 页。

王维《青溪》:“漾漾汎菱荇，澄澄映葭苇。”[①]诗题一作《过青溪水作》，王维曾经游蜀，本诗即作于自长安入蜀途中。这两句描写的就是青溪的景色：溪水上面浮泛着菱叶、荇菜等水生植物，一片葱绿；岸边的芦苇倒映水中，恬静如画。画面动静结合，和谐幽美。还有陶翰《早过临淮》:“鳞鳞鱼浦帆，漭漭芦洲草。川路日浩荡，惄焉心如捣。”[②]刘长卿《湘中纪行十首·赤沙湖》:“茫茫葭菼外，一望一沾衣。秋水连天阔，涔阳何处归。”[③]岑参《楚夕旅泊古兴》:“独鹤唳江月，孤帆凌楚云。秋风冷萧瑟，芦荻花纷纷。”[④]此诗是大历三年（768年）秋作者沿长江东行途中所作。

三、中晚唐时期

中晚唐时期，芦苇意象和题材创作有了进一步发展，较初盛唐时期，有了更多单篇描写芦苇的作品。首先是对芦花描写更细致，有三篇专写芦花的诗作，但是这三篇作品又各有不同。耿湋《芦花动》载：“连素穗，翻秋气，细节疏茎任长吹。共作月中声，孤舟发乡思。”[⑤]这首诗并不是单纯地描写景物，更多地是抒发伤秋思乡的情感。诗中对芦花优美形象的描写也是值得注意的，与前人相比，诗人对芦花整体的动态美感有了更细致的刻画，秋风中的芦花随风飘拂，芦荡此起彼伏的情景仿佛就在读者眼前，同时诗人也将芦荡枯衰萧瑟的情境刻画得淋漓尽致。诗人更是触景生情，抒发了忧愁思乡之慨。这首诗写芦花，更写思乡，情景交融，相得益彰。雍裕之《芦花》完全是咏芦花，“夹

① 《全唐诗》卷一二五，第12477页。
② 《全唐诗》卷一四六，第1476页。
③ 《全唐诗》卷一四八，第1520页。
④ 《全唐诗》卷一九八，第2043页。
⑤ 《全唐诗》卷二六八，第2974页。

岸复连沙，枝枝摇浪花。月明浑似雪，无处认渔家。”[①]诗人笔下的芦花格外美丽，虽无一字提及芦花，可句句都感受到芦花之美，而且雪白的芦花更衬托出江边月夜的寂静和安详。晚唐诗人罗邺还有一首《芦花》更胜一筹，其诗云："如练如霜乾复轻，西风处处拂江城。长垂钓叟看不足，暂泊王孙愁亦生。好傍翠楼装月色，枉随红叶舞秋声。最宜群鹭斜阳里，闲捕纤鳞傍尔行。”[②]这首咏芦花七律主要特点是用外部环境衬托芦花的形象。诗人不仅描写了芦花的形象之美"如练如霜乾复轻，西风处处拂江城"，而且借人的情感反衬芦花的形象，"长垂钓叟看不足，暂泊王孙愁亦生"，隐居在烟波中的钓者见芦花飘飞悠然心会，漂泊的贵族子弟见芦花飘飞则心生愁绪，虽情感迥异，但芦花是触发心绪变化的媒介，足见芦花的魅力。接着写芦花飞离其干，刻画其独特的形象特征，既为佳人赏月增添月色，又随同秋叶起舞彰显着秋季的到来；尾联回到首句提到的芦花如练如霜之地，原来观赏芦花的最佳之处就是当夕阳西下，群鹭回飞，驾一叶扁舟，穿行在芦花丛中，闲捕那水中的纤细小鱼。这首咏芦花诗犹如一幅风景画，通篇以芦花为中心，描绘了芦花所到之处的美妙景致，格调高雅，韵味悠长。较前人局限于单纯描写花本身形、色的诗作，其视野开阔，画面的容量更加饱满。初盛唐时期没有专题咏芦花的作品，直至中晚唐时期才出现咏芦花的单篇，而且对芦花的认识也逐渐深入，这是中晚唐对芦苇审美认识的一个重要发展。

对芦苇自然审美的不断深入，也促进了人们种植芦苇的主动追求，如姚合《种苇》所载："欲种数茎苇，出门来往频。近陂收本土，选地

① 《全唐诗》卷四七一，第5349页。

② 《全唐诗》卷六五四，第7512页。

问幽人。近看唯思长，初移未觉匀。坐中寻竹客，将去更逡巡。”[1]诗人种苇，选土要“近陂”，择地要问“幽人”，慎之又慎。期盼其能茁壮成长，以与“竹客”相邻，充分表达了诗人追求高洁远离世俗的志向。这大概是当时的一种普遍风气，一些学者认为，“自白居易、韩愈以降，大体都有享受安逸生活的体验。在那种时候，似乎也有爱花种花的余暇。中唐普遍流行欣赏植物的风气”，“到中唐时期，种植、鉴赏植物的风气已比较普遍，于是就反映在文学里。……在这个时期许多植物都被人欣赏，它们的姿态被描绘在诗中。爱花而至于自己种植，自然会观察得更加细致，描写得更加具体，而且感情会随之移入到作为描写对象的植物中去。”[2]所以至晚唐时期，出现了对芦苇整体形象描写的单篇作品，如薛能《苇丛》:“得地自成丛，那因种植功。有花皆吐雪，无韵不含风。倒影翘沙鸟，幽根立水虫。萧萧寒雨夜，江汉思无穷。”[3]张蠙《丛苇》:“丛丛寒水边，曾折打鱼船。忽与亭台近，翻嫌岛屿偏。花明无月夜，声急正秋天。遥忆巴陵渡，残阳一望烟。”[4]这些作品都是既有对芦苇外在特征的刻画，又有情感的抒发。

芦苇题材创作的渐兴还体现在思想认识上的进展。唐代由于儒家道统文化不断渗透，尤其是中唐古文运动之后，人们审美认识不断深化，伦理道德意识也渐趋高涨，对花木的关注由自然属性逐渐上升到花木的品格意志，并使之成为情感映射的对象。芦苇生长在水岸湖畔，远离浮华尘世，烟波浩渺的江湖和逍遥无羁的天地往往成为诗人最向往

---

① 《全唐诗》卷五〇二，第5706页。

② 参看日本市川桃子《中唐诗在唐诗之流中的位置（下）——由樱桃描写的方式来分析》，蒋寅译，《古典文学知识》，1995年第5期。

③ 《全唐诗》卷六六七，第7640页。

④ 《全唐诗》卷七〇二，第8074页。

的圣地，因而苇丛深处也成为隐逸的一种象征，咏芦苇的诗歌多侧重于这一方面的深入挖掘，如曹松《友人池上咏芦》："秋声谁种得，萧瑟在池栏。叶涩栖蝉稳，丛疏宿鹭难。敛烟宜下□，飒吹省先寒。此物生苍岛，令人忆钓竿。"[①]看到芦苇，诗人就想到垂钓者的悠闲生活。李中《庭苇》："品格清于竹，诗家景最幽。从栽向池沼，长似在汀洲。玩好招溪叟，栖堪待野鸥。影疏当夕照，花乱正深秋。韵细堪清耳，根牢好系舟。故溪高岸上，冷淡有谁游。"[②]正是这样一种整体的专题视角，导致了对芦苇审美认识的不断深入。对芦苇整体品格的深刻把握，为人格的象征寄托创造了条件，出现了像晚唐诗人王贞白的《芦苇》这样集中表达古代文人共同志趣的作品：

> 高士想江湖，湖闲庭植芦。清风时有至，绿竹兴何殊。
> 嫩喜日光薄，疏忧雨点粗。惊蛙跳得过，斗雀袅如无。
> 未织巴篱护，几抬邛竹扶。惹烟轻弱柳，蘸水漱清蒲。
> 溉灌情偏重，琴樽赏不孤。穿花思钓叟，吹叶少羌雏。
> 寒色暮天映，秋声远籁俱。朗吟应有趣，潇洒十馀株。[③]

在江湖之上，闲庭之中，种几棵芦苇在清风中摇曳，其兴致如同置身竹林。植苇而兴似绿竹，表现了诗人的高尚追求和志节。

初盛唐时期，芦苇意象主要出现在羁旅题材诗歌中。中晚唐时期，芦苇意象则侧重出现在漂泊题材的诗作中，这样芦苇意象就有了更多的情感承载。常建《晦日马镫曲稍次中流作》："夜寒宿芦苇，晓色明西林。初日在川上，便澄游子心。"[④]寂静的夜晚，茫茫无际的芦苇丛

① 《全唐诗》卷七一七，第8245页。
② 《全唐诗》卷七四七，第8501页。
③ 《全唐诗》卷七〇一，第8056页。
④ 《全唐诗》卷一四四，第1456页。

是他们夜宿的地方，更增添了空间的辽阔感和孤独感，从而也更容易引起诗人的愁思,甚至无法入眠。这类题材的很多诗歌都表达了此感受，如白居易《风雨晚泊》:“苦竹林边芦苇丛,停舟一望思无穷。”[1]张乔《江行夜雨》:“江风木落天，游子感流年。万里波连蜀，三更雨到船。梦残灯影外,愁积苇丛边。”[2]李中《秋江夜泊寄刘钧》:“万里江山敛暮烟，旅情当此独悠然。沙汀月冷帆初卸,苇岸风多人未眠。”[3]贯休《泊秋江》:“月白风高不得眠，枯苇丛边钓师魇。”[4]

从整体看，芦苇意象与题材创作在唐代得到了巨大发展，作品数量也十分可观。到了晚唐时期，文人对芦苇的欣赏也从景观欣赏上升到品格赞赏，可以说已经涵盖了芦苇的各个方面。值得注意的是，先秦两汉时期，芦苇意象多体现北方地域色彩，晋唐以来芦苇意象的江南区域色彩有所增加，但还没有完全成为江南景物的代表。从芦苇自身的特性看，芦苇具有近水性，主要见于江湖河流沿边，所以在江南水乡更易出现；从客观环境看，魏晋时期战争频繁，尤其是西晋时期，司马氏大分封酿成长达16年的“八王之乱”，使已经破残的黄河流域更加破败荒凉。唐代以后中国北方生态恶化，湖泊减少，甚至河流也在减少。此外，唐代的社会经济、文化中心也由北向南转移，这也成为芦苇意象渐具江南区域色彩的基础条件。

---

① 《全唐诗》卷四四〇，第4905页。

② 《全唐诗》卷六三八，第7316页。

③ 《全唐诗》卷七四七，第8539页。

④ 《全唐诗》卷八二七，第9320页。

第三节　宋元时期：芦苇意象和题材创作的繁盛

芦苇意象到唐代就基本确立了下来，其漂泊的内涵、闲情隐逸的象征意义以及创作的题材类型都不断发展完善，至宋元时期进入繁盛期。正所谓“一代有一代之文学”，后人的成功总是站在前人的肩膀上，“一些艺术感染力很强的意象，往往被历代诗人一再袭用。因此，从纵的方面讲，意象有传承性；从横的方面讲，意象具有普遍性。诗人在此基础上，或袭用旧的意象，或创造新的意象，用以表达自己独特的审美感受和理想。”[①]宋元时期的芦苇意象就是在晋唐时期的基础上不断开拓和创新。

图 03　《柳鸦芦雁图》局部，宋徽宗赵佶，现藏上海博物馆。

宋元时期，单篇描写芦苇的作品也多集中描写芦苇和芦花，描写芦花的专题诗较晋唐时期有所增加。诗歌的内容除了描写芦苇本身的

① 王先霈、孙文宪主编《文学理论导引》，第 70 页。

外在形象特征外，也延续唐代，继续阐发芦苇、芦花内在的情感意蕴和象征意义。我们可以通过两首具有代表性的作品看看宋人对芦苇的认识。首先是苏轼的《和子由记园中草木十一首》其五：

芦笋初似竹，稍开叶如蒲。方春节抱甲，渐老根生须。

不爱当夏绿，爱此及秋枯。黄叶倒风雨，白花摇江湖。

江湖不可到，移植苦勤劬。安得双野鸭，飞来成画图。[①]

苏轼的这首诗是和其弟苏辙之作。苏辙的原诗为："芦生井栏上，萧骚大如竹。移来种堂下，何尔短局促。茎青甲未解，枯叶已可束。芦根爱溪水，余润长鲜绿。强移性不遂，灌水恼僮仆。晡日下西山，汲者汗盈掬。"[②]首句"芦笋初似竹，稍开叶如蒲"描写芦苇的形象，芦苇初长之时其笋同竹极其相似，等到长出叶子又象蒲草。"方春节抱甲，渐老根生须"写芦苇逐渐拔节、根须逐渐增多的生长态势。接着诗人写自己对芦花的观赏态度：不爱芦苇正当炎夏茂密葱绿的景色，反而更喜欢秋季枯萎的景色。夏季的芦苇和其他花木相比，没有艳丽的花朵，是没有特色的，然而秋季万物凋索，芦花盛开，可是诗人喜爱的不只是芦花而已。"黄叶倒风雨，白花摇江湖"，枯黄的芦叶摇晃折落在风雨之中，白白的芦花摇曳于江河湖荡之间，这画面有着格外的意蕴,寄托着文人雅士的淡泊意趣。所以即使这般美妙雅趣的"江湖"难以寻到，也要"移植苦勤劬"，想必有朝一日也能营造出理想的生活环境。"安得双野鸭，飞来成画图"就是诗人想象中日后的景象。苏轼这首诗采用赋的形式，不仅具体细致地叙述了芦苇由初生、渐老到枯萎的全过程，而且还表达了对芦苇独特的审美体验。

① 北京大学古文献研究所编《全宋诗》第14册，第9130页。

② [宋]苏辙《赋园中所有十首》，《全宋诗》第15册，第9835页。

另外一首是杨万里的《戏赠江干芦花》：

避世水云国，卜邻鸥鹭家。风前挥玉麈，霜后幻杨花。

骨相缘诗瘦，秋声诉月华。欲招卢处士，归共老生涯。[①]

这是一首咏芦花的诗。作者将芦花比作有才德而隐居不仕的隐者，赞美其清高孤洁的品格。首联写芦花生长的环境，以水云之处为家，以鸥鹭水鸟为邻，充满避世的意味。接着写芦花开放时在风霜中变幻的情景，“玉麈”指玉作的挥尘之物，给人冰清玉洁之感；“杨花”就是柳絮，霜降之后的芦花又和柳絮有相似之处。芦苇叶落枝败枯萎，风骨相貌清癯，似乎是因吟诗所致，而那瑟瑟秋声，又好像在向月光诉说心事。诗人在这两联里写芦花所处环境清静雅洁，是与世无争淡泊宁静的所在。在这样的环境中，芦花挥舞似扫灰尘，幻作杨花四处飘洒，真可谓生亦清净，去亦清净，这是对芦苇外在形貌的描绘，而对其清瘦的内在神韵也以“因诗”“诉月华”二语表露无遗。这种比拟手法，突出了芦苇清高雅洁的品格，令人见之忘俗。诗人在结尾称“欲招芦处士，归去作生涯”，表达了自己想要归隐芦之处所——水云国的想法。直接称芦为处士，可见诗人已把芦苇视作隐士的象征了。

以上两首诗是宋代描写芦苇较为突出的作品。除了专题咏芦的作品增多之外，这一时期依然大量出现了描写芦苇景色的诗作，但是相对于唐代单一表述而言，这一时期诗歌中的表达和描写更加多样，着眼点也有所不同。根据《全唐诗》《全宋词》以及《全宋诗》电子检索粗略统计，我们发现碧芦、寒芦、黄芦意象等相对唐代出现的次数更加频繁，败芦、残芦、白苇意象都是唐代诗歌中没出现的。通过下面的表格可以清晰地看出这一现象：

---

① 《全宋诗》第 42 册，第 26481 页。

	黄芦	寒芦	碧芦	折苇	枯苇	白苇	黄苇	残芦	败芦	败苇	烟苇	香葭	衰芦	香芦
《全唐诗》	6次	0	1次	6次	3次	0	1次	0	0	1次	0	0	0	0
《全宋诗》	101次	34次	42次	33次	22次	20次	11次	5次	4次	6次	2次	0	0	0
《全宋词》	17次	7次	4次	0	2次	3次	3次	1次	1次	1次	2次	2次	1次	1次

除了上述出现频率较高的意象组合，在宋诗中还有“青芦”“白芦”“春芦”“断芦”“漂芦”“疏苇”“瘦苇”“紫苇”“冻苇”“碧苇”“孤苇”“寒葭”“枯葭”“霜葭”“芳葭”等意象，可谓五花八门。在宋人笔下，芦苇给人的印象不再是单一的芦花飘摇，而是在视觉、嗅觉、感官等方面都得到了延展，使我们可以领略到各种姿态下芦苇的样貌身影。而且在对芦苇意象的物色关照上，宋人也尤其注重色彩的搭配，将颜色的对比发展到了极致。例如李含章《出典宣城三首》:“芦花未白蓼初红，绿水澄蓝是处通。”[①]释德洪《汪履道家观所蓄烟雨芦雁图》:“萧梢碧芦秋叶赤，青沙白石纷无数。”[②]杨万里《过松江》:“青鹢惊飞白鹭闲，丹枫未老黄芦折。”[③]汪元量《秦岭》:“红树青烟秦祖陇，黄茅白苇汉家陵。”[④]都是短短两句写出四种颜色。元代基本沿袭宋代诗人的描写，

① 《全宋诗》第 1 册，第 600 页。

② 《全宋诗》第 23 册，第 15064 页。

③ 《全宋诗》第 41 册，第 25750 页。

④ 《全宋诗》第 70 册，第 44014 页。

同样注重颜色的相连。如王冕《赠杨仲开画图引》:“平湖大泽无界限,黄芦白水秋烟孤。”[1]岑安卿《百雁图》:“水寒芦叶黄,霜清苇花白。”[2]白朴【双调·沉醉东风】《渔夫》:“黄芦岸白蘋渡口,绿杨堤红蓼滩头。”[3]

黄芦意象基本是沿着唐代诗人白居易“黄芦苦竹”发展而来。不过在宋元诗人笔下,色彩对比更加强烈,组合对象也较唐代广泛,如黄庭坚《十月十三日泊舟白沙江口》:“绿水去清夜,黄芦摇白烟。”[4]十个字写到三种颜色,“绿水”“黄芦”“白烟”画面丰富动感十足。宋元诗人对色彩感的追求还在于,将黄芦意象跟色彩感强的植物对比出现,如项安世《三次刘寺韵赋张以道新居与约斋夹湖相望》:“碧柳黄芦冷映门,荒陂寒水净涵村。”[5]王安礼《送吴殿中知景陵》:“郭畔黄芦宜日晚,水边红橘与秋深。”[6]丁复《题烟波云树图为杨元清赋》:“黄芦白藋摇断渚,坐客回头听急雨。”[7]又《题雁图为李元中赋》:“万里苍茫南国秋,黄芦紫荻野萧□。”[8]或是与色彩鲜明的动物搭配,如艾性夫《棠渡初雪》:“黄芦萧萧白雁落,野树历历青猿啼。”[9]陈孚《咏神京八景·卢沟晓月》:“忽惊沙际金影摇,白鸥飞下黄芦立。”[10]

寒芦意象虽然没有出现在唐诗中,却早在南北朝时期出现过一次:

---

① [元]王冕《竹斋集》卷下。
② [元]岑安卿《栲栳山人集》卷上。
③ 隋树森《全元散曲》,第200页。
④《全宋诗》第17册,第11503页。
⑤《全宋诗》第27册,第27287页。
⑥《全宋诗》第13册,第8690页。
⑦ [元]丁复《桧亭集》卷三。
⑧ [元]丁复《桧亭集》卷九。
⑨《全宋诗》第70册,第44390页。
⑩ [元]陈刚中《陈刚中诗集》观光藁。

“思鸟聚寒芦，苍云轸暮色”[①]，到了宋人笔下出现的频率大幅增加，而且多是作为秋景出现，如苏庠《平远堂》其二：“寒芦淅淅催秋晚，浦雨溟溟忆去年。”[②]王之道《平沙雁落》：“寒芦飞花秋色老，乱扑客衣纷不扫。”[③]赵希逢《九日舟中》：“旧菊重阳日，寒芦两岸秋。”[④]又《和水禽》：“白鸥远远随潮上，隐映寒芦两岸秋。”[⑤]在词作中，词人还多选择秋季特有的景物，比如雁，与寒芦搭配，从而更显秋季的萧条，如李曾伯《浪淘沙·舟泊李家步》：“斜日挂汀洲。帆影悠悠。碧云合处是吴头。几片寒芦三两雁，人立清秋。”[⑥]所谓“十月芦苇振秋凉”，寒芦当是秋风摇撼萧瑟给人的感觉，与秋季代表性景物同时出现，越发显得秋天的萧条和冷涩。

碧芦意象在唐代就有出现，如裴说《鹭鸶》：“浴偎红日色，栖压碧芦枝”[⑦]。到了宋代碧芦意象出现次数大增，并且多与其他色彩感强烈的物象搭配，最常见的是与红色水蓼这种同为水生草本植物搭配，显得色彩分明，颜色鲜艳，如孔武仲《碧芦蓼花在天庆观》：“御水泱泱绕禁闱，碧芦红蓼转相宜。”[⑧]袁去华《水调歌头·雪》（次韵别张梦卿）：“堪叹抟沙一散，今夜扁舟何许，红蓼碧芦丛。”[⑨]除了与红色搭配，还与其他颜色相对，如青色，见胡宿《别墅园池》：“碧芦巢鸟重，

① ［南朝梁］沈约《咏雪应令诗》，逯钦立《先秦汉魏晋南北朝诗》中册，第1645页。
② 《全宋诗》第22册，第14605页。
③ 《全宋诗》第32册，第20179页。
④ 《全宋诗》第62册，第38922页。
⑤ 《全宋诗》第62册，第38939页。
⑥ 唐圭璋《全宋词》，第2819页。
⑦ 《全唐诗》卷七二〇、第8268页。
⑧ 《全宋诗》第15册，第10335页。
⑨ 《全宋词》，第1493页。

青藻宅鱼深。”[1]郭祥正《中书舍人陈公元与以诗送吾儿鼎赴尉慎邑卒章见及遂次原韵和答》:“我在江湖寄此身，碧芦青荇远黄尘。”[2]晁公溯《送汤子才》:“帆影浸斜青草月，笛声吹尽碧芦风。”[3]范成大《秋日》:“碧芦青柳不宜霜，染作沧州一带黄。”[4]如白色，见徐积《劝君》:“不似茅庵水上家，碧芦门径白汀沙。”[5]黄彦平《宿坡书事》其二:“只有碧芦驯白鸟，击愁萦恨不关渠。”[6]或与绿色搭配，见徐积《和李道源清风谣》:“借问清风何处居，深寄碧芦藏绿筱。”[7]

除了以上单独词汇出现的方式发生改变和次数增多之外，在宋元诗词中,叠加意象的表达手法也值得关注,芦、苇、葭可以交叉组合使用，而且修饰词也不尽相同，这样诗词中景色特点更加鲜明，尤其在词中，描绘的意境更加灵动，渲染的气氛也多了几分感染力。

首先是芦、苇的交叉描写，如舒坦《宿鹭亭》:“云过千溪月上时，雪芦霜苇冷相依。”[8]邓肃《芙蓉轩》:“此来踏雪空无有，黄芦败苇争号风。”[9]释行海《周浦道中》:“浅芦深苇雨丛丛，一浦潮来一浦风。”[10]诗词中出现较多的一是对芦苇颜色的双重描写，十分注重色彩的搭配，如范成大《送通守赵积中朝议请祠归天台》:“生平我亦一沙鸥，苇白

① 《全宋诗》第 4 册，第 2014 页。
② 《全宋诗》第 13 册，第 8800 页。
③ 《全宋诗》第 35 册，第 22415 页。
④ 《全宋诗》第 47 册，第 25750 页。
⑤ 《全宋诗》第 11 册，第 7706 页。
⑥ 《全宋诗》第 30 册，第 19204 页。
⑦ 《全宋诗》第 11 册，第 7567 页。
⑧ 《全宋诗》第 15 册，第 10399 页。
⑨ 《全宋诗》第 31 册，第 19693 页。
⑩ 《全宋诗》第 66 册，第 41370 页。

芦黄今正秋。”[1]冯取洽《贺新郎·次玉林感时韵》:“黄芦白苇迷千里。叹长淮、篱落空疏，仅馀残垒。”[2]董嗣杲《得京友信问曾观三叠水否因寄》:“破橐萧然不自休，芦黄苇白九江秋。”[3]二是对芦苇残败的重复描写，多用寒、残、败、折等表示残败萧瑟之感的字眼加以形容，使人倍感萧条，如邓肃《题显亲庵谨次严韵》:“寒芦败苇秋风严，魏紫妙黄春色妍。”[4]李流谦《池上》:“荷花颜色不如故，零乱寒芦并折苇。”[5]陆游《拟岘台观雪》:“芦摧苇折号饥鸿，欲傅粉墨无良工。”[6]杨万里《野炊白沙沙上》:“一望平田皆沃壤，只生枯苇与寒芦。”[7]丘葵《信步》:“卜居宿鹭眠牛处，觅句残芦败苇间。”[8]吴莱《黑海青歌》:“黄芦老苇日摧折，白鹭文鸲看磔裂。”[9]虞集《苏武慢二十首》其五：“乘雁双凫，断芦漂苇，身在画图秋晚。”[10]

其次是葭、苇的交叉描写，与前者相比，更多的是中性色彩的修饰词，展现出一定的美感，并多出现在词中抒发情感，如葛长庚《贺新郎·游西湖》:“倚剑西湖道。望弥漫、苍葭绿苇，翠芜青草。”[11]陈允平《塞垣春》:“烟葭露苇，满汀鸥鹭，人在图画。”[12]又《渡江云》:“离

---

① 《全宋诗》第 41 册，第 25803 页。
② 《全宋词》，第 2655 页。
③ 《全宋诗》第 68 册，第 42666 页。
④ 《全宋诗》第 31 册，第 19695 页。
⑤ 《全宋诗》第 38 册，第 23892 页。
⑥ 《全宋诗》第 39 册，第 24505 页。
⑦ 《全宋诗》第 42 册，第 26295 页。
⑧ 《全宋诗》第 69 册，第 43894 页。
⑨ [元]吴莱《渊颖集》卷二。
⑩ [元]虞集《道园遗稿》卷六。
⑪ 《全宋词》，第 2580 页。
⑫ 《全宋词》，第 3117 页。

情暗逐春潮去，南浦恨、风苇烟葭。肠断处，门前一树桃花。”[1]

通过上述横向比较，我们发现宋人有了一些新的表达方式。再纵向比较，我们发现宋人更加关注对秋季芦苇另一形象特征——枯老衰败的描写，如林逋《秋日西湖闲泛》：“疏苇先寒折，残虹带夕收。”[2]又《西湖孤山寺后舟中写望》：“林藏野路秋偏静，水映渔家晚自寒。拂拂烟云初淡荡，萧萧芦苇半衰残。”[3]孙应时《早秋独出初行邑西湖》：“猎猎葭芦老，飞飞鸿雁多。”[4]枯老了的芦苇打上的不再是先秦时期“蒹葭苍苍”的悲凉烙印，而是有了新的审美意境，枯苇、黄芦倒映在宽广的湖面上，可以让人极目远眺，欣赏不一样的秋景。人们普遍欣赏秋季枯萎了的芦苇之美，这样的景色甚至不再呈现凄冷意境，虽不是花开嫣红，却也别具风韵，如韩维《和晏相公湖上四首》其四：“折苇随风色，枯荷尽雨声。平波极眼净，好放画船行。”[5]杨万里《同君俞季永步至普济寺，晚泛西湖，以归得四绝句》其三：“西湖虽老为人容，不必花时十里红。卷取郭熙真水墨，枯荷折苇小霜风。”[6]方岳《还留石亭》：“枯荷折苇卧凫鸥，小雨轻烟画出秋。自唤短篷将老砚，石亭寻客了诗愁。”[7]这些诗中描绘的景象不见哀愁，“枯荷折苇”也可以展现淡雅的景致。甚至有词人认为“红蓼丹枫，黄芦白竹，总胜春桃李”[8]。宋人对芦苇的审美感受显然跟唐人有所不同，面对辉煌的唐诗，

---

① 《全宋词》，第3119页。
② 《全宋诗》第2册，第1191页。
③ 《全宋诗》第2册，第1243页。
④ 《全宋诗》第51册，第31733页。
⑤ 《全宋诗》第8册，第5267页。
⑥ 《全宋诗》第42册，第26087页。
⑦ 《全宋诗》第61册，第38295页。
⑧ ［宋］侯寘《念奴娇·和王圣旨》，《全宋词》，第1428页。

后人要取得创新和进取，当然要另辟蹊径，选择一些独特的视角进行深入发掘，给人耳目一新的感觉。

这一时期，中国文化中心逐渐由北方转移到南方。芦苇本就喜欢生长在江边、湖岸等环境中，因而此时的它就有更多的机会进入文人视野。人们在描写芦苇的同时，写出了江南的美好景色，并且营造出一种恬静悠闲的氛围，如朱长文《烟雨楼》："山色有无烟变态，湖光浓淡雨收功。凭栏正好催归去，横笛数声芦苇中。"[①]陈孚《瓜州》："烟际系孤舟，芦花满棹秋。江空双雁落，天阔一星流。"[②]同时，词中的江南美景，别有一番境象，如张孝祥《蝶恋花》："漠漠飞来双属玉。一片秋光，染就潇湘绿。雪转寒芦花蔌蔌。晚风细起波纹縠。"[③]张炎《湘月》："落日黄沙，远天云淡，弄影芦花外。几时归去，剪取一半烟水。"[④]侯善渊《减字木兰花》："秋风浩浩。极目霞琳澄瑞绕。隔岸芦花。隐映烟笼三两家。"[⑤]尹志平《昭君怨·泉州洞真观书于东壁》："连日阴沉微雨。正在芦花深处。游乐水云间。望西山。"[⑥]

就意象内涵来说，芦苇意象在唐代就开始成为漂泊符号化的表达，宋元时期这种现象更加明朗起来，尤其是南宋时期，许多江湖诗人偏安一隅，没有归属感，永远在漂泊，他们只好把内心的忧愁寄托在无边的江湖野趣之中，折射在江南风景的物象上。南宋后期江湖诗人之一的方岳，他的诗歌中就大量出现芦苇这一意象，《水调歌头·平山堂

① 《全宋诗》第 63 册，第 39399 页。
② ［元］陈刚中《陈刚中诗集》观光藁。
③ 《全宋词》，第 1693 页。
④ 《全宋词》，第 3476 页。
⑤ 唐圭璋《全金元词》，第 514 页。
⑥ 《全金元词》，第 1191 页。

用东坡韵》中“芦叶蓬舟千重，菰菜莼羹一梦，无语寄归鸿”[1]，写出常年漂泊在外、不能回乡的情况。《蝶恋花·用韵秋怀》中“明月芦花，共是江南客”[2]，借江南景物表达自己的漂泊生活。

从以上发展情况来看，芦苇意象与题材创作不仅在数量上大幅增加，而且在描写方式上也有所创新，使得芦苇的形象特征更加饱满，情感意蕴也逐渐丰富起来。可以说，到宋元时期，芦苇审美认识真正达到了繁盛阶段，芦苇的情感内涵和表达方式都得到深化并且基本确立了下来。另一方面，芦苇意象也完成了从较浓的北方色彩到江南色彩的转变，飘摇的芦苇染上了江南水乡的柔美气息。在具体的文学作品中，芦苇意象已经经常与江南联系在一起，而且还与潇湘、洞庭等极具代表的江南地理意象一同出现，芦苇已经成为江南风物的典型象征。

第四节　明清时期：芦苇意象与题材创作的延续

明清时期是芦苇审美认识的延续期。经过前代的积淀和宋元四百多年的发展定型，芦苇在文学艺术、社会生活等方面都形成了相应模式。明清两代可以说进入了芦苇意象与题材创作发展之后的延续期，主要表现就是对传统的继承与发扬，整体上属于在宋元平台上的进一步完善和推进。

文学中芦苇题材创作依然繁荣，并且文人对芦苇的描写更为集中和深入，出现了对芦笋的单篇描写，查礼的《芦笋联句》更有二十句之多。

① 《全宋词》，第2835页。

② 《全宋词》，第2838页。

具体而言，从物色描写上说，明清文人重新回到物态本身，更侧重于芦苇的审美价值，芦苇自身的美感形象得到了很大程度的回归和认可。同一诗人往往会有多首单篇描写的作品，如清代诗人宝廷就有《芦花》四首：

芦絮浑如柳絮多，江头尽日自婆娑。纤痕密密黏鱼网，乱点纷纷压钓蓑。

洁白何防污泥滓，飘零久惯受风波。敷荣不借阳春力，谢女诗工莫错哦。

弱絮随风剧可怜，秋空得意舞翩翩。也知根浅难离水，自恃身轻欲上天。

两岸淡烟迷酒旆，一溪晴雪送渔舡。本无衣被苍生用，枉说开花似木棉。[①]

羞向春原斗紫红，白头江上伴渔篷。半塘败叶西风里，一片斜阳浅水中。

憔悴数丛依苦蓼，鲜妍几树衬寒枫。无端吹落秋涛外，弱质飘摇似转蓬。

托根本自在江乡，不与群芳斗艳妆。送客也曾歌瑟瑟，怀人几度咏苍苍。

凉痕轻卷一帘雪，秋色平铺半被霜。败荇残菱零落尽，欲同晚菊傲重阳。[②]

再看前人对芦花的描写：

夹岸复连沙，枝枝摇浪花。月明浑似雪，无处认渔家。（雍

① ［清］宝廷著、聂世美校点《偶斋诗草》上册，第208页。

② ［清］宝廷著、聂世美校点《偶斋诗草》下册，第680页。

裕之《芦花》)[1]

深溪高岸罩秋烟，飒飒江风向暮天。凝洁月华临静夜，一丛丛盖钓鱼船。(钱易《芦花》)[2]

悲秋已过黄花节，照眼浑疑白帝城。更类吾家子猷棹，飘然乘兴雪中行。

芦花两岸风萧瑟，渺渺烟波浸秋日。鸥鹭家深不见人，小舟忽自花中行。(王十朋《芦花》)[3]

眇眇临窗思美人，荻花枫叶带鸡声。夜深吹笛移船去，三十六湾秋月明。(郑克己《芦花》)[4]

通过比较可以发现，《芦花》四首主要是对芦花纤弱飘零的形象特征进行描写，并借其抒发情感唐宋诗人则注重诗境氛围的烘托，侧重的角度各有不同。

此外，还有张云璈《芦花四首和梁夫菴》、冯云鹏《咏芦花四首》、黄爵滋《芦花诗四首用渔洋秋柳韵和陶凫芗前辈作》、沈景运《芦花二首》、沈学渊《芦花二首》、谦恒《青芦二首》、叶绍本《芦花四首次查又山同年韵》、杨涛《浪淘沙·芦花》、李葵《凄凉犯·芦花》、赵文哲《凄凉犯 · 芦花》。除了诗词作品，小说、戏剧等新兴文学样式中芦苇意象也得到一定程度的反映。

值得一提的是，在艺术方面，芦苇也有一定程度的发展。清代出现了一位专画芦雁的画家——边寿民。边寿民年轻时以授画为业，中年时“名满天下”，收入渐多便买田置产，将苇间书屋建于山阳（今江

① 《全唐诗》卷四七一，第 5349 页。
② 《全宋诗》第 2 册，第 1188 页。
③ 《全宋诗》第 36 册，第 22808 页。
④ 《全宋诗》第 50 册，第 31448 页。

苏淮安）旧城的梁陂桥。在这里开门可见成片芦苇，雁飞其间。居住的环境为他长期深入观察芦雁提供了有利条件，他全身心投入艺术创作中，终于成为一名画芦雁的高手，有“边芦雁”的美誉。

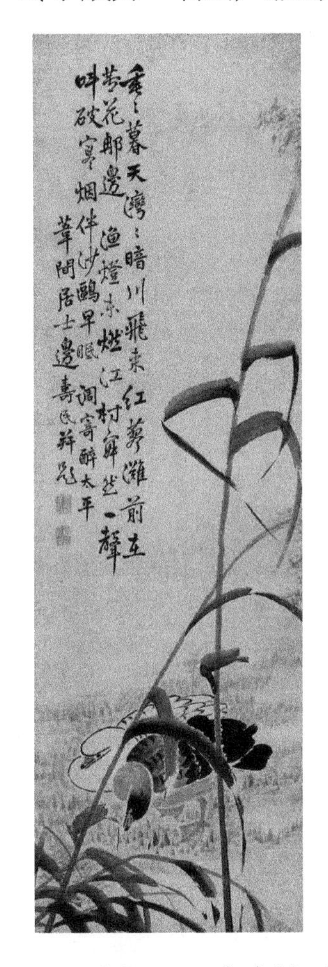

图 04　边寿民以芦雁图蜚声花坛，他画的雁，无论是空中盘旋、还是水中觅食，无论是在雁群昂首防哨、还是在岸边缩颈栖息，其情深意趣“创千古所未有”。画中的芦苇也是姿态各异，笔法多变。

明清是中国封建社会的最后阶段，专制统治加强，社会规模空前扩大，封建文化也进入了博大精深、繁密厚重的阶段，各方面的学术研究和著述繁多，大型类书、百科全书的编纂层出不穷。其中关乎芦苇的都有分类涉及：园艺谱录之类的有王象晋《群芳谱》、王路《花史左编》、汪灏等奉敕编的《广群芳谱》等；医药类有李时珍《本草纲目》、缪希雍《神农本草经疏》、朱橚《普济方》、程林《圣济总录纂要》等；植物学有吴其濬《植物名实图考》。这些著作或有事迹杂录，或有专题考述，或有资料编总，收罗了芦苇艺术、医药、食用等方面广泛而丰富的著述材料，是对芦苇文化历史传统的积累和总结。

第二章　芦苇的物色美感

在长期的文学发展中，人们对芦苇形象特征的认识是深刻而全面的，不仅有总体的把握，也有局部的深入，还有不同侧面的认识。中国古代文学作品中对芦苇的描写角度和观赏经验不仅内容丰富，而且历史悠久。主要包括两个方面：一是芦苇的风景美观，不同的季节芦苇的景观特征不尽相同，各有特点；二是不同情境下的芦苇的美感是不同的，因而给人的观赏感受也是不同的。可以说，芦苇给人的感受是全面的，既有视觉上的冲击，也有味觉上的享受，还有听觉上的感染。另外，芦苇形象区域色彩发生转变，由最初的北方区域植物逐渐转变为南方区域风物代表，其江南区域文化色彩逐渐凸显。这一转变过程是缓慢进行的，与每个朝代的环境、文化氛围密切相关，同时又带来了芦苇作为江南景物独特的审美文化意义。

第一节　因时而变的风景美观

王象晋在《群芳谱诠释（增补订正）》中对芦苇的生物形象特征有着详细描述："生下湿地，处处有之。长丈许，中虚，皮薄，色青，老则白。茎中有白肤，较竹纸更薄。身有节如竹，叶随节生，若箬叶，下半裹其茎，无旁枝。花白作穗，若茅花。根若竹根而节疏，堪入药。”[1]芦苇是多年生挺水草本植物，有多年生的根状茎，地上部分一年一熟。随着季节的交替有初生、盛长、开花、枯衰的生长过程，因而也有四季景观的变化。芦芽、芦滩、芦花是芦苇形象的三大基本要素，是芦苇美感的重要载体，因而也是欣赏芦苇、描写芦苇的主要着眼点。

一、春季芦笋嫩芽之景

芦苇的生长因环境的不同也会有时间的差异，一般来说是冬末初春发芽，芦苇初生的嫩芽状如细竹笋，称为“芦笋”(或芦筍)、“芦芽”。早在先秦时期，《诗经 · 召南 · 驺虞》就有：“彼茁者葭，壹发五豝，于嗟乎驺虞。”朱熹注:“茁，生出壮盛之貌。葭，芦也，亦名苇。”[2]这里所说的“葭”其实专指初出土至苗期的芦苇，形如竹笋，也就是俗称的芦芽、芦笋。在第一章中已经阐述过，芦苇在古汉语中有不同的名称，芦、苇或葭都指芦苇，只是这三种名称代表不同时期生长状况的芦苇，而在后来的文学作品中，葭泛指芦苇，并没有那么详细的区分。正如沈括所论述的：“然《召南》:‘彼茁者葭。’谓之初生可也。《秦风》曰:‘蒹葭苍苍,白露为霜。’则散文言之,霜降之时亦得谓之葭,不必初生，若对文须分大小之名耳。”[3]所以《召南》中的“彼茁者葭”意思就是：多么粗大肥壮的芦芽呀！从这里的描述我们可以看出芦芽生长态势的强劲和茁壮。

芦苇的生长期很长，历经春、夏、秋三季，颜色由浅入深的变化，标志着从春天到秋天的季节变更。魏晋时期，对芦苇在秋天的审美形

① ［明］王象晋编、伊钦恒诠释《群芳谱诠释（增补订正)》，第 307 页。

② ［宋］朱熹《诗集传》，第 14 页。

③ ［宋］沈括《梦溪补笔谈》，第 33 页。

象多有关注。隋唐以来，不仅对秋苇关注有加，而且还进一步开拓了芦苇在春季的独特美感，为芦苇形象的自然美增添了新的视角。春季观赏芦苇主要在芦芽，在诗人笔下，芦芽是春光春景的象征，而不同阶段的芦芽也有不同的美感表现。

初春时节，经过凛冽的寒冬，枯苇已衰败，崔鶠《早春偶题》:“寒风淅沥鸣枯苇，小鸭睡残犹未起。”[①]但是新的生命已经开始酝酿，所谓“葭茁迎春早”[②]，芦苇发芽，象征着春天到来，这也正是芦苇较为明显的自然特征和容易感知的“物色”特征，所以初春时芦芽的生长最受诗人关注。在唐宋诗人的眼中，芦笋本就有着顽强的生命力，如唐代诗人方干有诗："去岁离家今岁归，孤帆梦向鸟前飞。必知芦笋侵沙井，兼被藤花占石矶。"[③]芦芽凌寒破土而生，甚至在雪未消融之际就率先生长，预示着春的到来。如元稹《生春二十首》其六："芦笋锥犹短，凌澌玉渐融。"[④]又《寄乐天》:“冰销田地芦锥短，春入枝条柳眼低。”[⑤]有些诗人就抓住早春时节芦芽初生短小的特征进行描写，如元稹《早春寻李校书》:“带雾山莺啼尚小,穿沙芦笋叶才分。”[⑥]罗隐《早春巴陵道中》:“远雪亭亭望未销，岳阳春浅似相饶。短芦冒土初生笋，高柳偷风已弄条。”[⑦]

仲春时节，“汀州水暖芦芽长”[⑧]，告别早春的寒意，天气转暖，

---

① 《全宋诗》第 20 册，第 13479 页。

② ［宋］丁谓《草》，《全宋诗》第 2 册，第 1155 页。

③ ［唐］方干《初归镜中寄陈端公》，《全唐诗》卷六五一、第 7479 页。

④ 《全唐诗》卷四一〇，第 4555 页。

⑤ 《全唐诗》卷四一〇，第 4620 页。

⑥ 《全唐诗》卷四一三，第 4577 页。

⑦ 《全唐诗》卷六五六，第 7542 页。

⑧ ［宋］东湖散人《春日田园杂兴》，《全宋诗》第 71 册，第 44726 页。

芦芽也在温暖的天气中长大长高，如吴潜《水调歌头》:“巴得春来到，芦笋长沙洲。”[①]顾瑛《匡庐于立彦成》:“二月春水生，三月春波阔……放船直入云水乡，芦荻努芽如指长。”[②]而且在春雨的滋润下，芦笋长得更快，如方干《春日》:“春去春来似有期，日高添睡是归时。虽将细雨催芦笋，却用东风染柳丝。”[③]在大自然的滋养下，芦笋日渐肥腴，明清诗人就注意到芦芽这一特点，如明代诗人陈继儒《春日雨霁同修能泛舟作》:“柳叶沉沉芦笋肥，碧湖青草鹭鸶飞。”[④]晚清诗人姚燮《送春》:“我还梦打西湖棹，三尺鲥鱼芦笋肥。”[⑤]这一时节，正是吃河豚的时候，如梅尧臣《范饶州坐中客语食河豚鱼》:“春洲生荻芽，春岸飞杨花。河豚当是时，贵不数鱼虾。”[⑥]春日芦芽已经肥茁，正有解河豚之毒的功效，所以河豚配芦芽成为春季的美食之一，如胡寅《春日幽居示仲固彦冲十绝》其五：“画出江乡二三月，河豚安得配芦芽。”[⑦]

除了外表形态上的变化，芦芽颜色也是诗人关注的一点。相对前面几个特点，对芦芽颜色的描写出现较晚。春天里花草姹紫嫣红，一片欣欣向荣之景，芦芽的青绿则给人一种清新愉快的感觉，显示出春天的活力，如郑洪《题春江送别图》:“西陵渡口山日出，芦芽青青柳枝碧。”[⑧]杨基《故山春日》其三:“青青芦笋杂蒲芽,细细浮萍是柳花。”[⑨]

---

① 《全宋词》，第 2769 页。

② ［元］顾瑛《玉山名胜集》卷六。

③ 《全唐诗》卷六五二，第 7494 页。

④ ［明］陈继儒《陈眉公集》卷四。

⑤ ［清］姚燮《复庄诗问》卷八。

⑥ 《全宋诗》第 5 册，第 2768 页。

⑦ 《全宋诗》第 33 册，第 20999 页。

⑧ ［清］顾嗣立《元诗选》二集卷二四。

⑨ ［明］杨基撰、杨世明、杨雋校点《眉庵集》，第 289 页。

芦芽的嫩白让人联想到其美味，如阮元《梨云曲》："芦芽白，江南燕，河豚翻乳西施馔。"[①]邓廷桢《刀鱼三首》其二："吹雪纖鳞入馔香，芦芽嫩白韭芽黄。"[②]

到了晚春，芦芽渐老退去，方回《晚春客愁五绝》其一载："江外芦芽老，城中柳絮飞。春风犹几日，谁与濯征衣。"[③]柳絮正是暮春的标志。李次渊《干溪铺》："芦芽抽尽柳花黄，水满田头未插秧。客里不知春事晚，举头惊见楝花香。"[④]但是芦苇已经抽叶生长，变得碧绿，如李白《奔亡道中五首》其五："渺渺望湖水，青青芦叶齐……歇马傍春草，欲行远道迷。"[⑤]华镇《春日杂兴十五首》其十三："碧芦断修干，丹蓼剪芳蕤。"[⑥]这些描写也预示着芦苇日后的茁壮成长。

总的来说，芦芽是春光春景的代表，芦芽的形态变化体现了初春到暮春的变化。可以说芦芽是春天普遍的风景，是春天到来的标志。芦芽碧绿嫩白代表着春天的色彩艳丽，芦芽短小茁肥又代表着春天的生机勃勃。芦芽早在先秦时期就出现在诗歌中，这也使得它日后成为诗歌中常见的描写对象。

二、夏季芦滩湖荡之景

夏季"萧萧江上苇，夏老丛已深"[⑦]，此时的芦苇生长迅速，一般来说，5～6月是芦苇生长最快的季节，茎秆渐高，植株平均每日增加2～3厘米，7月中旬开始孕穗，8月上旬到中旬（立秋之前）抽穗，

① ［清］阮元《淮海英灵集》乙集卷四。

② ［清］邓延桢《双砚斋诗钞》卷一二。

③《全宋诗》第66册，第41480页。

④《全宋诗》第69册，第43314页。

⑤《全唐诗》卷一八〇，第1843页。

⑥《全宋诗》第18册，第12301页。

⑦ ［宋］刘敞《移苇》，《全宋诗》第9册，第5709页。

老熟后的芦苇高度一般也达到最终高度的70%～80%，基本可长至1～3米。在先秦两汉时期文献典籍有关隐蔽于芦苇丛的记载中，我们就可以看出芦苇高大的特点。文学作品中，诗人对芦苇高大的特征也有过描述，有直接写芦苇丛深，如梅尧臣《送弟禹臣赴官江南》："尔来芦岸深，须防虎潜搏。"[①]苏辙《和文与可洋州园亭三十咏·寒芦港》："芦深可藏人，下游扁舟泊。"[②]孙平仲《咏芦》："地近长芦芦已深，舟行两岸蔚森森。能藏蛇虺连山涧，强庇蛙蟆接水阴。"[③]诗歌中对芦苇的具体高度也有叙述，如贺铸《食鲥鱼》："雨长沙田三尺芦，截江逻钓待嘉鱼。"[④]三尺略等于一米，足见芦苇的高大。如果说这些还只是比较平面和直观的描写，那么在一些对比和比拟中我们能更清楚更形象地把握这一特征，如梅尧臣《送次道学士知太平州因寄曾子固》："牙兵可拟岸傍芦，森森甲立雄南土。"[⑤]从诗人的描写中，可见芦苇的高大、挺立。沈说《秋溪》："迎月步秋溪，芦长与树齐。"[⑥]顾瑛《绝句》："沙洲芦苇如城郭，水深门前百丈洪。"[⑦]此外，从形容芦苇的叠词中也可以看出其修长的特征，如许浑《与侯春时同年南池夜话》："芦苇暮修修，溪禽上钓舟。"[⑧]郑谷《江际》："杳杳渔舟破暝烟，疏疏芦苇旧江天。"[⑨]

芦苇不但茎秆高大，而且还有粗壮的匍匐根状茎，极易繁殖，"春

① 《全宋诗》第5册，第2839页。
② 《全宋诗》第15册，第9893页。
③ 《全宋诗》第16册，第10925页。
④ 《全宋诗》第19册，第12597页。
⑤ 《全宋诗》第5册，第3257页。
⑥ 《全宋诗》第56册，第35193页。
⑦ ［元］顾瑛《草堂雅集》卷九。
⑧ 《全唐诗》卷五三一，第6065页。
⑨ 《全唐诗》卷六七六，第7742页。

时取其勾萌，种浅水河濡地，种即生有收。”[1]它是喜水性植物，因而主要繁生在池沼、河旁、湖边等潮湿的浅水低地。在文学作品中，我们也可以看出芦苇的近水性，如储光羲《同诸公秋日游昆明池思古》：“猵獭游渚隅，葭芦生漘湄。”[2]梅尧臣《褐山矶上港中泊》：“岸潮生蓼节，滩浪聚芦根。”[3]苏辙《赋园中所有十首》其三：“芦根爱溪水，余润长鲜绿。”[4]芦苇亲水，有了水的滋润，芦苇就有了生命，常生常绿。芦苇丛聚生长，加之芦苇的生命力旺盛，连绵生长，所以常常形成所谓的芦苇荡，给人一种“江空芦苇阔”[5]的宽广之感。在诗词作品中,常常可以看见“芦丛”“芦汀”“芦滩”“苇丛”“苇洲”“苇岸”“丛苇”“芦苇丛”等字眼。芦苇这种高大茂密丛生的特点使得夏季苇丛远远望去翠绿万顷,似水荡里的青纱帐,正如范成大《泮浦》中描述的“苇岸齐齐似碧城”[6]，颇有压倒气势，景象十分壮观。

芦苇的这种外在形象特征和生长习性是形成夏季芦滩湖荡之景必不可少的条件。在文学作品中，芦滩也可以是美丽的风景，如曾巩《西湖二首》其二：“湖面平随苇岸长，碧天垂影入清光。”[7]碧绿的芦苇丛狭长而广袤，倒映在湖水中格外清亮。芦苇丛边的景致往往也是恬静祥和的，如蒋堂《和梅挚北池十咏》其三：“岸草衬丹榖，滩芦限画船。”[8]陈与义《赠传子文》：“芦丛如画斜阳里，拄杖相寻无杂宾。”[9]

---

① ［明］王象晋编、尹钦恒诠释《群芳谱诠释（增补订正）》，第 307 页。
② 《全唐诗》卷一三八、第 1398 页。
③ 《全宋诗》第 5 册，第 2953 页。
④ 《全宋诗》第 15 册，第 9835 页。
⑤ ［宋］郭祥正《登历阳城望凌歊台》，《全宋诗》第 13 册，第 8860 页。
⑥ 《全宋诗》第 41 册，第 25885 页。
⑦ 《全宋诗》第 8 册，第 5581 页。
⑧ 《全宋诗》第 3 册，第 1703 页。
⑨ 《全宋诗》第 31 册，第 19537 页。

具体而言，在诗人笔下，还有描写芦滩中芦叶的青翠，如胡曾《咏史诗·洞庭》：“五月扁舟过洞庭，鱼龙吹浪水云腥。轩辕黄帝今何在，回首巴山芦叶青。”[①]姜夔《送王孟玉归山阴》：“人道长江无六月，日光正射青芦叶。”[②]俞桂《采莲曲》：“芦叶映港清，捉对鸳鸯浴。”[③]整个芦丛显得郁郁葱葱，如赵希璜《五月十七夜醉后携憬儿游陶然亭》：“疏星落落怀天末，丛苇青青已夏深。”[④]许瑶光《江村》：“水外青芦芦外桑，绕村夏木碧千章。”[⑤]

图 05 《芦蟹图》局部，齐白石画于 1934 年，北京画院藏。

夏季炎热，夏风中的芦苇丛似乎还能给诗人带去一丝清凉，如陆游《灯下读书》：“萧萧蒹葭声，为我洗暑毒。”[⑥]赵汝鐩《渔父四时曲·夏》：“烟溪流碧浸炎空，涤濯袢燕蒹葭风。大港小港凉世界，隔堤荷荡香到篷。”[⑦]春天的芦苇刚刚发芽，短小稀疏；到了夏季，芦苇长成茂密丛生的芦苇丛，形成大面积的芦滩湖荡之景，颜色也由春季的嫩绿变为碧绿青翠，带来一种夏季的旷野气息。

夏季芦苇在荷花的映衬下，也是十分美丽的风景。芦苇生长在水岸上，荷

① 《全唐诗》卷六四七、第 7431 页。
② 《全宋诗》第 51 册，第 32037 页。
③ 《全宋诗》第 62 册，第 39055 页。
④ ［清］赵希璜《四百三十二峰草堂诗钞》卷八。
⑤ ［清］许瑶光《雪门诗草》卷一三。
⑥ 《全宋诗》第 39 册，第 24466 页。
⑦ 《全宋诗》第 55 册，第 34206 页。

花生长在水中，二者习性相似，相得益彰。这样的景色也频频被文人吟咏，如刘宰《漫塘文集》卷二一载："金坛县北七里，柘荡浸其东，高湖浸其西，大溪贯之。居民多聚居于水之阳，其尤著者观庄，沿溪皆芦苇、芰荷，夏月唤渡，香风袭人。"黄淳耀《山左笔谈》中记载："大明湖下有源泉，又为诸泉所汇，当城中地三之一。古称遥望华不注，如在水中。夏时荷菱满湖，苇荻成港，泛舟其中，景之绝胜者。"

三、秋季芦花雪海之景

芦花是芦苇秋季风景美观的重要组成部分。芦苇的花果期基本是7月到11月，7月孕穗8月抽穗，熟后的芦苇茎秆为黄白色到黄褐色，9月上旬（白露）开花,其花期有七个多月,10月至翌年4月都可以观赏。在诗歌的描写中我们可以对时间有所把握，如岑参《青山峡口泊舟怀狄侍御》："九月芦花新，弥令客心焦。"[①]李观《渔父二首》其一："八月九月芦花飞，南溪老人垂钓归。"[②]郭祥正《追和李白秋浦歌十七首》其一二："清溪十里岸，芦花八月天。"[③]

早在《诗经》时代，秋季的芦苇就引起了关注，但是大多数诗人主要还是关注芦苇秋季枯黄衰败的特点，对芦花的关注则要少一些。直到南北朝时期，才对芦花有所描写，但依然是寥寥无几。随着文学的发展，越来越多的诗人注意到芦花飞落的风姿，而且与秋风产生了密切联系。芦花纷飞，已暗示秋季的到来，如易思《山中送弟方质》："芦花飞处秋风起，日暮不堪闻雁声。"[④]李珣《渔歌子》其四："九疑山，

---

① 《全唐诗》卷一九八，第2026页。

② 《全宋诗》第11册，第7321页。

③ 《全宋诗》第13册，第8820页。

④ 《全唐诗》卷七七五，第8780页。

三湘水，芦花时节秋风起。”[①]甚至是深秋之时，如方岳《月下大醉星伵作墨索书迅笔题为醉矣行》：“白鱼如玉紫蟹肥，秋风欲老芦花飞。”[②]钱槱《溪上》：“秋老芦花冉冉飞，晓天寒气袭人衣。”[③]芦花纷飞，姿态优美。芦花也逐渐成为秋季到来的象征，成为诗人笔下秋景中不可或缺的意象，如戎昱《桂州西山登高上陆大夫》：“野菊他乡酒，芦花满眼秋。”[④]李绅《却入泗口》：“洪河一派清淮接，堤草芦花万里秋。”[⑤]杜荀鹤《赠彭蠡钓者》：“偏坐渔舟出苇林，苇花零落向秋深。”[⑥]李刘谦《即事》：“只恐行人不著眼，一川秋色在芦花。”[⑦]

图 06　芦花雪海之景，网友提供。

① 《全唐诗》卷八九六，第 10122 页。
② 《全宋诗》第 61 册，第 38471 页。
③ 《全宋诗》第 67 册，第 42134 页。
④ 《全唐诗》卷二七〇，第 3019 页。
⑤ 《全唐诗》卷四八二，第 5488 页。
⑥ 《全唐诗》卷六九二，第 7973 页。
⑦ 《全宋诗》第 38 册，第 23957 页。

在诗歌作品中，描写芦花的角度各不相同。有直接写芦花的白，如董思恭《咏芦》:“芦渚花初白,葵园叶尚青。”[①]张籍《岳州晚景》:“洲白芦花吐，园红柿叶稀。”[②]戴复古《秋兴有感》:“远浦芦花白，疏林秋实红。”[③]或者将芦花比作雪,“欲探春风先插柳,要看雪景更栽芦”[④]。芦花与雪有着密切关系，具体而言，一是将芦花之白比作雪白，如岑参《下外江舟怀终南旧居》:“水宿已淹时，芦花白如雪。”[⑤]张嵲《题均州超然亭》:“江枫染绛照林莽,芦花吐雪连沧洲。”[⑥]苏泂《遣心四首》其三:“西风飒飒动蒿莱，江上芦花似雪开。”[⑦]文天祥《和萧秋屋韵》:“芦花作雪照波流，黄叶声中一半秋。”[⑧]二是将芦花飞舞姿态比作雪花飞舞，如储光羲《临江亭五咏》其三:“江水青云挹，芦花白雪飞。”[⑨]王琪《秋日白鹭亭向夕有感》:“芦花作雪风，飞舞来沧海。”[⑩]彭汝砺《汉上谒刘执中》:“芦花如飞雪，时逐风散漫。”[⑪]谢逸《青玉案》:“芦花飘雪迷洲渚。送秋水、连天去。”[⑫]当芦花漫天飘洒的时候，仿佛是下雪一般，如郭祥正《题金陵白鹭亭呈府公安中尚书二首》其一:“低徊斗柄斟秋水,飞舞芦花欲雪天。”[⑬]释正觉《颂古一百则》其九二:“夜

① 《全唐诗》卷六三，第 743 页。
② 《全唐诗》卷九〇，第 985 页。
③ 《全宋诗》第 54 册，第 33532 页。
④ [宋]舒岳祥《卜居》,《全宋诗》第 65 册，第 40994 页。
⑤ 《全唐诗》卷一九八，第 2045 页。
⑥ 《全宋诗》第 32 册，第 20485 页。
⑦ 《全宋诗》第 54 册，第 33965 页。
⑧ 《全宋诗》第 68 册，第 42962 页。
⑨ 《全唐诗》卷一三九，第 1418 页。
⑩ 《全宋诗》第 4 册，第 2135 页。
⑪ 《全宋诗》第 16 册，第 10459 页。
⑫ 《全宋词》，第 646 页。
⑬ 《全宋诗》第 13 册，第 8962 页。

水金波浮桂影，秋风雪阵拥芦花。”[①]刘著《顺安辞呈赵使君二首》其二：“八月边城山未雪，芦花藉藉已漫天。”[②]三是芦花如同雪一样广而多，前面提到芦苇丛聚生长，芦苇面积广阔，所以芦花也广袤无垠，如水神《雪溪夜宴诗》其五：“悲风淅淅兮波绵绵，芦花万里兮凝苍烟。”[③]释慧晖《颂古十九首》其一六：“芦花万顷水天阔，白鸟深沉任转旋。”[④]冯岵《全州南城》：“一江春水澄葡萄，芦花万顷眠渔舠。”[⑤]因而芦花望去似茂密广阔的雪，正是“芦花千里雪漫漫”[⑥]“岂如江头千顷雪色芦，茅檐出没晨烟孤”[⑦]“钓船一出无寻处，千顷江边雪色芦。”[⑧]基于这三点原因，秋季的芦花远远望去如同雪海一般，使诗人“忘却芦花丛里宿，起来误作雪天吟”[⑨]。

除了雪这个拟像外，还将芦花比做柳絮，如王安石《江宁夹口三首》：“江清日暖芦花转，只似春风柳絮时。”[⑩]吴芾《未腊已见四白偶得数语呈子寿且述挽留之意》：“细糁芦花初着地，乱飘柳絮忽漫天。”[⑪]陆游《过笮桥道中龙祠小留》：“我来倚栏一怅然，芦花满空如柳绵。”[⑫]叶茵《去去》：“风来一阵芦花过，衹道春残柳絮飞。”[⑬]除此之外，还

---

① 《全宋诗》第 31 册，第 19756 页。
② 《全宋诗》第 32 册，第 20441 页。
③ 《全唐诗》卷六八四，第 9770 页。
④ 《全宋诗》第 33 册，第 20899 页。
⑤ 《全宋诗》第 72 册，第 45343 页。
⑥ ［唐］刘长卿《奉使鄂渚至乌江道中作》，《全唐诗》卷一五〇、第 1559 页。
⑦ ［宋］苏轼《豆粥》，《全宋诗》第 14 册，第 9349 页。
⑧ ［宋］陆游《遣兴》，《全宋诗》第 40 册，第 25304 页。
⑨ ［宋］张一斋《句》，《全宋诗》第 72 册，第 45261 页。
⑩ 《全宋诗》第 10 册，第 6715 页。
⑪ 《全宋诗》第 35 册，第 21920 页。
⑫ 《全宋诗》第 39 册，第 24452 页。
⑬ 《全宋诗》第 61 册，第 38250 页。

将芦花比作霜，如李白《洗脚亭》:“西望白鹭洲，芦花似朝霜。”[1]

在日常生活中，一种花卉能引起人们的审美愉悦，最重要的就是花卉本身绚丽的色彩、沁人的芳香、动人的姿态以及由此带来的风情神韵，而芦花是素白之色，无香无味，没有姹紫嫣红的色彩和引人陶醉的芬芳，称之为“花”似乎毫无道理。但是看了前人的诸多描述，不难发现，芦花并不像其他花卉靠色香取胜，而是以风中摇曳飞舞的姿态获得人们关注,正是“水边沙际。芦花摇曳。唤住行人,蓼花妩媚。引翻游子”[2]“风把芦花缕作茸”[3]，芦花这种飞雪溟蒙姿态同一般花姿相比是毫不逊色的。芦花本为白色绒毛状，质地轻柔，小而繁多，积聚在一起就是“芦花大如钱”[4]，加之芦苇丛的广阔繁密，芦苇丛中的芦花随风起舞，寒芦飞花，状若飞雪，“芦花飞空讶舞絮”[5]，远远望去，苍茫一片，宛如雪海，可谓蔚为壮观，颇有野趣。

秋季除了芦花，芦苇整体给人的审美感受也与春季、夏季不同。《诗经》“蒹葭苍苍”的传统悠久深入人心，萧索成为秋天芦苇的典型特征。“四际上通波，兼之葭与苇。是时立秋后，烟露浩凄矣”[6]。秋季芦苇的茎秆变得枯黄，给人一种萧瑟凋败之感，如陆龟蒙《江南秋怀寄华阳山人》:“沼连枯苇暗，窗对脱梧明。”[7]李洞《秋日曲江书事》:“门摇枯苇影，落日共鸥归。”[8]朱松《中秋赏月》:“去年中秋雨，野芦凄

---

① 《全唐诗》卷一八四，第 1890 页。

② ［宋］王质《笛家弄》,《全宋词》，第 1649 页。

③ ［宋］白玉蟾《江口有怀二首》,《全宋诗》第 60 册，第 37621 页。

④ ［宋］卢方春《窄岭》,《全宋诗》第 63 册，第 39383 页。

⑤ ［宋］廖行之《西郊即事三首》,《全宋诗》第 47 册，第 29165 页。

⑥ ［唐］吴融《祝风》,《唐英歌诗》卷中。

⑦ 《全唐诗》卷六二三，第 7168 页。

⑧ 《全唐诗》卷七二一，第 8278 页。

薄寒。”[①]自古以来，中国文人就有悲秋伤怀的传统，萧瑟衰枯的芦苇更容易触动文人的悲秋思绪，如张方平《送沈生昆弟随侍之博白四绝句》其四：“夕阳疏苇暮江湄，秋色萧萧动客思。”[②]萧疏的芦苇是秋景的代表，容易引发哀伤、愁苦之情。

四、冬季芦苇枯残之景

冬季，万物萧索，芦苇也衰败枯折，诗人对芦苇的关注不如其他季节多。初冬时节，“菊色滋寒露，芦花荡晚风”[③]只是零星描写，更多的是“长杨卷衰叶，敦苇拉枯茎”[④]的枯败之感。整个冬季，芦苇的衰老更显冷寂，如李建勋《赋得冬日青溪草堂四十字》：“疏苇寒多折，惊凫去不齐。”[⑤]林逋《孤山雪中写望》：“远分樵载重，斜压苇丛干。”[⑥]刘应时《辛亥季冬雪中作》：“江村景物堪入画，渔翁荡桨依枯葭。”[⑦]姚勉《雪景四画·寒江独钓》：“残芦飒欲干，枯柳澌已集。”[⑧]芦苇衰残，欣赏价值有所减少，但在日常生活中又发挥了实用价值，《蚕桑萃编》卷三载：“每岁秋冬间，收芦苇织而为箔，箔上可安置蚕簇。”有诗亦载：“瘿枕闲欹苇箔寒，浩然情性雪晴天。”[⑨]

总之，四季芦苇各有审美特征，古人的感受和描写是丰富的，对芦苇美的揭示也是全面而深入的，尤其是对芦荡和芦花的描写，赋予

---

① 《全宋诗》第 33 册，第 20722 页。
② 《全宋诗》第 6 册，第 3831 页。
③ ［宋］吴芾《初冬山居即事十首》，《全宋诗》第 35 册，第 21893 页。
④ ［宋］宋祁《孟冬驾狩近郊》，《全宋诗》第 4 册，第 2513 页。
⑤ 《全唐诗》卷七三九，第 8424 页。
⑥ 《全宋诗》第 2 册，第 1243 页。
⑦ 《全宋诗》第 38 册，第 24226 页。
⑧ 《全宋诗》第 64 册，第 40483 页。
⑨ ［宋］魏野《冬日述怀》，《东观集》卷二。

了芦苇新的色彩。如果说四季风景侧重于对芦苇不同生长阶段的关注，那么不同情境下的芦苇刻画，则更多是从人的主观感受出发，是更进一步审美意趣的体现。

第二节　不同情境的万千姿态

“风吹草动，雨打花落”，生长在广阔天地中的芦苇，与大自然的各种天气、环境变化都有着密切联系。随着审美水平不断提高，人们除了整体把握芦苇季节性的风景美观之外，也在不断描写不同环境氛围下的芦苇，表现芦苇不同情境下的各种姿态，从而丰富了对芦苇外在形象的审美认识。

一、风吹芦苇吟秋声

芦苇茂密丛生，宽广无垠，所谓“树大招风”，芦苇虽没有树木那样高大，却因面积广而易引起风的吹拂，诗歌中就有描述，如朱庆余《早发庐江涂中遇雪寄李侍御》：“芦苇声多雁满陂，湿云连野见山稀。”[1]许浑《江楼夜别》：“蕙兰秋露重，芦苇夜风多。”[2]李中《秋江夜泊寄刘钧》：“沙汀月冷帆初卸，苇岸风多人未眠。”[3]

在文人墨客的眼中，芦苇是“声急正秋天”[4]，风中苇动让人首先想到的就是秋风秋声，“秋声谁种得，萧瑟在池栏”[5]，如钱起《江行

① 《全唐诗》卷五一四，第 5877 页。
② 《全唐诗》卷五二九，第 6049 页。
③ 《全唐诗》卷七四九，第 8539 页。
④ ［唐］张蠙《丛苇》，《全唐诗》卷七〇二、第 8074 页。
⑤ ［唐］曹松《友人池上咏芦》，《全唐诗》卷七一七，第 8245 页。

无题一百首》其三十四:“任君芦苇岸,终夜动秋声。”[1]吴融《秋事》:“更欲轻桡放烟浪,苇花深处睡秋声。”[2]范浚《送兄茂瞻机宜之官广东》:“黄芦鬣鬣秋风肥，鬼雨洒草南山悲。”[3]戴复古《琵琶行》:“浔阳江头秋月明，黄芦叶底秋风声。”[4]从这些诗人的描述中，我们不难看出，芦苇最能让人感知到秋风的存在。这主要是因为，从“蒹葭苍苍，白露为霜”开始，芦苇就给人留下秋季萧瑟飘摇的印象，芦苇与秋天有着密不可分的关系，人们很自然地由芦苇声想到秋声。秋天本就是万物萧索的季节，而秋声飒飒更为这个季节增添了凄清萧瑟的色彩，宋代诗人徐集孙《秋风悲》曰:“秋风悲，秋风悲，秋风悲兮落叶飞……秋风悲，秋风悲，秋风悲兮陇穗萎……秋风悲，秋风悲，秋风悲兮塞角吹……秋风悲，秋风悲，秋风最可悲兮。”[5]诗人接连的排比描写出秋风给人的哀愁之感。风中的芦苇给人的感觉也是较为低沉哀伤的，更容易引起诗人情感的抒发，如姜夔《湖上寓居杂咏十四首》其一:“荷叶披披一浦凉,青芦奕奕夜吟商。平生最识江湖味,听得秋声忆故乡。”[6]这首组诗是诗人寓居杭州西湖时所作，当时姜夔政治失意，诗歌中也多是抒发以隐居为志的清旷之气。诗中“青芦奕奕夜吟商”一句说的正是青翠的芦苇在夜间临风时发出的肃杀之声。“吟商”，即吟唱的一种商音。“商”是五代五音之一，《礼记·月令》记载:“孟秋之月其音商。”所以这里的“吟商”就是吟秋风，芦苇丛中凄清的声音勾起了诗人对故乡的思念，且夹杂着隐沦江湖的愁苦滋味，反映出心境的悲凉。

---

① 《全唐诗》卷二三九，第 2678 页。
② 《全唐诗》卷六八四，第 7855 页。
③ 《全宋诗》第 34 册，第 21487 页。
④ 《全宋诗》第 54 册，第 33463 页。
⑤ 《全宋诗》第 64 册，第 40337 页。
⑥ 《全宋诗》第 51 册，第 32042 页。

图 07　风吹芦花之景，网友提供。

首先,在听觉上苇风萧索,多给人萧骚之感,而且多用“萧萧”“飕飕”等表示风声呼啸的叠声词，如齐己《过西塞山》:“空江平野流，风岛苇飕飕。”[①]邓严《题梅斋》:“江边芦苇风飕飕，东君一点破寒愁。”[②]这些写的是风中芦苇阴冷之态。贯休《嘲商客》:“苇萧萧，风撼撼，落日江头何处客。”[③]彭汝砺《行舟芦苇中》:“芦苇萧萧吹晚风，画船长在雨声中。”[④]刘过《悲淮南》:“萧萧芦苇林，日夜边风吹。”[⑤]这些写得是风吹芦苇之声大。诗歌描写中,风吹芦苇带给人的多是这类萧瑟、

① 《全唐诗》卷八三九，第 9465 页。
② 《全宋诗》第 31 册，第 19697 页。
③ 《全唐诗》卷八二七，第 9320 页。
④ 《全宋诗》第 16 册，第 10622 页。
⑤ 《全宋诗》第 51 册，第 31820 页。

凄清之感，如赵汝燧《八景歌》其四："片琼屑玉响群林，芦丛萧瑟声更清。"[①]赵孟坚《秋蓥纳室庆席诸友分韵》："芦苇战风声飒索，细雨吹丝冰帘箔。"[②]汪元量《孟津》："寒芦风飒飒，时节近昏黄。"[③]有时甚至声大惧人，如沈亚之《村居》："萧萧芦荻丛，叫啸如山鬼。"[④]王柏《湖上》其一："木落孤山分外孤，尖风索索响枯芦。"[⑤]

除了整体描写苇丛外，还局部描写芦叶。芦叶在风的吹拂下飒飒作响，但没有了那种风大似乎要被吞没之感，而是多了几分冷寂之境，如刘攽《送裴如晦知润州》："稻花吹雨香不绝，芦叶摇风声正清。"[⑥]李曾伯《襄州道间》："风敲芦叶响，雨作菊花寒。"[⑦]释行海《泊唐栖寺》："飒飒寒声折苇风，唐栖岸下泊孤篷。"[⑧]

其次，在视觉上风中芦苇也是形象百变。一方面风吹芦苇偃仰，如曾几《题黄嗣深家所蓄惠崇秋晚画》："丛芦受风低，积潦得霜浅。"[⑨]洪适《盘洲杂韵上·碧芦步》："津头晚风急，欹倒一丛芦。"[⑩]具体而言，有描写风中芦叶摇晃的神态，如张耒《舟行即事二首》其二："迎风芦颤叶，眩目枣装林。"[⑪]项安世《黄潭道中十一月暂往武陵营救伯兄之

① 《全宋诗》第 55 册，第 34211 页。
② 《全宋诗》第 61 册，第 38673 页。
③ 《全宋诗》第 70 册，第 44012 页。
④ 《全唐诗》卷四九三，第 5581 页。
⑤ 《全宋诗》第 60 册，第 38044 页。
⑥ 《全宋诗》第 11 册，第 7151 页。
⑦ 《全宋诗》第 62 册，第 38710 页。
⑧ 《全宋诗》第 66 册，第 41378 页。
⑨ 《全宋诗》第 29 册，第 18504 页。
⑩ 《全宋诗》第 37 册，第 23489 页。
⑪ 《全宋诗》第 20 册，第 13177 页。

急》:“烟中绿树时招手，风里黄芦只点头。”[①]岳珂《排湾遇风对岸即彭泽旧县二首》其一:“岸上芦摇首，门前柳折腰。”[②]这些描写惟妙惟肖，既可爱又形象。还有描写风折芦苇的残败凌乱情状，如郑谷《温处士能画鹭鸶以四韵换之》:“涓涓浪溅残菱蔓，戛戛风搜折苇枝。”[③]释道潜《和子由彭蠡湖遇风雪》:“飘风断黄芦，落雁委砂碛。”[④]张耒《蔡河涨二首》其一:“西风疏苇乱，斜日远村微。”[⑤]张镃《与诸弟游天竺》:“风绰败芦依岸老，水分洲渚抱山斜。”[⑥]芦苇空心脆弱，易被吹折，给人“孤苇吹欲折，秋风不胜威”[⑦]的感觉。

另一方面，风吹芦花是十分美丽的景色，芦花袅袅，惹人爱怜，风中芦花别有一番景象：或纷飞，如赵葵《江行》:“风卷芦花漫雪里，夜深鼓棹落汀州。”[⑧]林尚仁《送陆月湖归玉峰》:“思君晚泊吴江冷，风卷芦花几雁飞。”[⑨]薛嵎《赠渔者》:“如何醉醒寒江上，风卷芦花雪满头。”[⑩]或飘摇，如张贲《奉和袭美题褚家林亭》:“时时风折芦花乱，处处霜催稻穗低。”[⑪]罗椅《秋日杂兴二首》其二:“商量未渠稳，风急芦花低。”[⑫]姜德明《秋江渔乐图为邑人宗正纯撰》:“枫树萧萧霜叶

---

① 《全宋诗》第 44 册，第 27267 页。
② 《全宋诗》第 56 册，第 35384 页。
③ 《全唐诗》卷六七六，第 7750 页。
④ 《全宋诗》第 16 册，第 10755—10756 页。
⑤ 《全宋诗》第 20 册，第 13167 页。
⑥ 《全宋诗》第 50 册，第 31623 页。
⑦ [宋]朱松《题芦雁屏》,《全宋诗》第 33 册，第 20704 页。
⑧ 《全宋诗》第 57 册，第 36004 页。
⑨ 《全宋诗》第 62 册，第 38988 页。
⑩ 《全宋诗》第 63 册，第 39871 页。
⑪ 《全唐诗》卷六三一，第 7236 页。
⑫ 《全宋诗》第 62 册，第 39220 页。

红，芦花瑟瑟鸣西风。”[①]或散落，如彭汝砺《芦花》：“风起芦花散雪，纷纷故着枯槎。”[②]释慧空《送莫内翰五首》其二：“离钩三寸无人会，风起芦花落钓船。”[③]陈起《对菊有怀东园》：“砧杵谁家试夹衣，西风搅碎芦花影。”[④]或吹得芦花翻飞如浪花，如皇甫冉《曾东游以诗寄之》：“惊风扫芦荻,翻浪连天白。”[⑤]杜荀鹤《秋日泊浦江》:“一帆程歇九秋时，漠漠芦花拂浪飞。”[⑥]

二、雨落苇丛空寂寂

雨是常见的气象之一，雨和芦苇也有着密切关系。芦苇有声不仅是风吹的结果，也可能是雨引起的，如贾岛《雨后宿刘司马池上》:“芦苇声兼雨，芰荷香绕灯。”[⑦]温庭筠《南湖》：“芦叶有声疑雾雨，浪花无际似潇湘。”[⑧]而且雨中的芦苇也给人冷清的感觉，如张耒《淮阴》：“芦梢林叶雨萧萧，独卧孤舟听楚谣。”[⑨]

虽然风雨容易引发悲凉的心境，但雨中的芦苇还有另外一番景象。杜甫诗曰：“好雨知时节，当春乃发生。随风潜入夜，润物细无声”，有了细雨的滋润，芦苇苗可以加快生长。方干《春日》：“虽将细雨催芦笋，却用东风染柳丝。”[⑩]有了细雨的冲刷，芦苇也越发青翠。王禹

① 《全宋诗》第 72 册，第 45585 页。
② 《全宋诗》第 16 册，第 10491 页。
③ 《全宋诗》第 32 册，第 20596 页。
④ 《全宋诗》第 58 页，第 36772 页。
⑤ 《全唐诗》卷二四九，第 2805 页。
⑥ 《全唐诗》卷五七二，第 6632 页。
⑦ 《全唐诗》卷五七二，第 6632 页。
⑧ 《全唐诗》卷五七八，第 6718 页。
⑨ 《全宋诗》第 20 册，第 13241 页。
⑩ 《全唐诗》卷六四九、第 7460 页。

俩《赴长洲县作》其一:“雨碧芦枝亚，霜红蓼穗疏。”[1]当雨细风小时，芦叶飘转芦苇轻摇。罗隐《秋江》:“细雨翻芦叶，高风却柳条。”[2]赵湘《宿成秀才水阁》:“床头雨细飘芦苇，池上灯寒照鹭鸶。”[3]当暴雨来临时，则是“葭芦起舞岸柳揖，农家欣喜几欲狂。”[4]或是雨来天昏地暗，芦苇滩上一片昏暗，如方翥《跋渔村晚景潇湘夜雨图》:“云昏雨暗黄芦渚，沙碛风高人断渡。”[5]这些都是雨中芦苇的一些姿态，古人对雨中芦苇的观察是全面的，既有不同的角度，又有细致的刻画。

在诗人笔下描写较多的还是雨后芦叶、芦花的样子。雨后芦滩水满，芦叶零落，如许浑《经故丁补阙郊居》:“风吹药蔓迷樵径，雨暗芦花失钓船。”[6]陈郁《偕潘寒岩陈定轩游石湖次定轩韵》:“霜催菊涧风凄恻，雨浃芦汀水渺漫。”[7]王璲《瓜洲道中》:“满汀芦叶孤舟雨，一树梨花小旋风。”[8]大雨过后，芦叶零落洲渚是常见的一种景象。也有诗人着眼于雨后芦花的描写，写雨滴落芦花，芦花被打落飘散，如温庭筠《送陈嘏之侯官兼简李常侍》:“春服照尘连草色，夜船闻雨滴芦花。”[9]欧阳炯《南乡子》其八:“岛上阴阴秋雨色，芦花扑，数只渔船何处宿。”[10]除了以上描写的各种情态，更重要的是，雨后芦苇能带给人一种烟雾朦胧的感觉，营造出一种雨后安详的意境，如方岳《泊龙湾》:“安得

① 《全宋诗》第 2 册，第 689 页。
② 《全唐诗》卷六五九，第 7564 页。
③ 《全宋诗》第 2 册，第 882 页。
④ ［宋］岳珂《六月二日乙丑滥溪大雷雨》,《全宋诗》第 56 册，第 35393 页。
⑤ 《全宋诗》第 35 册，第 22454 页。
⑥ 《全唐诗》卷五三五，第 6109 页。
⑦ 《全宋诗》第 57 册，第 35806 页。
⑧ ［明］王璲《青城山人集》卷六。
⑨ 《全唐诗》卷五七八，第 6720 页。
⑩ 《全唐诗》卷六八九，第 10130 页。

蓬笼雨一蓑，芦花深处卧烟波。”[①]芦花在濛濛雨中若隐若现，看上去像是广阔的缭绕烟波，缥缈似仙境。

除了这种烟雾朦胧的感觉之外，雨后芦花也显得更加干净。林逋有《秋江写望》一诗，十分经典：

苍茫沙咀鹭鸶眠，片水无痕浸碧天。最爱芦花经雨后，一篷烟火饭渔船。[②]

这首诗描写了一幅静谧的秋江景色图：鹭鸶安详地在沙滩上打盹，一切都是静悄悄的，水面上没有一丝涟漪，倒映着清澈的蓝天。一片芦花被雨水冲刷得格外白净，在江岸上缕缕炊烟徐徐升起，整个画面既安详又富有诗意，展现了雨后芦苇的别样风韵。

三、月照芦花相映白

除了风中、雨中芦苇，月下的芦苇也是诗歌中常见的描写对象。月是我国古代文学中一个十分重要的意象，有着丰富的审美内涵。月亮因阴晴圆缺有着不同的形态，晓月、明月、素月、淡月、残月也就有了各自不同的情感意蕴。明月能渲染一种清幽的环境，月夜的静谧优美，能使人心平气和，在审美的愉悦中忘却现实世界的欲望和纷争。明月意象就成为主人公精神状态的具体反映，往往刻画出清幽澄净的意境。明月和芦苇组合的环境更添诗境的安谧，如詹体仁《昔游诗》：“青芦望不尽，明月耿如烛。湾湾无人家，只就芦花宿。”[③]洪咨夔《宿柁头次及甫入沌韵》:“今夜宿头应更好，月明四面尽芦花。”[④]方岳《兰

① 《全宋诗》第 61 册，第 38390 页。
② 《全宋诗》第 2 册，第 1234 页。
③ 《全宋诗》第 48 册，第 30365 页。
④ 《全宋诗》第 55 册，第 34484 页。

溪晚泊》:“岸岸芦花白，空江多月明。”对于露宿在外的人而言，明月芦苇就是他们的常伴者。

相对于芦苇和风雨之间的自然生态联系，芦苇与明月一个在天上，一个在地下，并不构成直接联系，二者似乎没有产生关联的可能。然而“皓月借芦花”[1]，月光显得格外皎洁，芦花“凝洁月华临静夜”[2]，也是分外洁净，因而两者有着审美上的相通性。

首先月与芦花颜色相近，如释普信《颂古九首》其七:“明月芦花同一色，落霞孤鹜共遥天。”[3]释师范《偈颂七十六首》其五二:“万籁俱沉兮明月半窗，一色难分兮芦花两岸。”[4]释惟一《月浦》:“孤明历历曲弯弯，色与芦花仿佛间。”[5]而且二者交相辉映，芦花之上的月亮更加明亮，如邵棠《咏鹭鸶》:“见说得鱼归较晚，芦花滩上月偏明。”[6]郑樵《湘妃怨》:“芦花深月色，燐火剧萤飞。”[7]芦花在月光照映下也越发雪白，如孟浩然《鹦鹉洲送王九之江左》:“月明全见芦花白，风起遥闻杜若香，君行采采莫相忘。”[8]薛瑄《潇湘八景·平沙落雁》:“向夕聚俦侣，月映芦花明。”[9]有时候月亮的洁白盖过芦花，如姜特立《和潘倅新溪七首》其四:“钓月亭边三两家，月明无处认芦花。”[10]黄庚《白

---

① ［宋］杨徽之《句》其三，《全宋诗》第 1 册，第 160 页。

② ［宋］钱易《芦花》，《全宋诗》第 2 册，第 1188 页。

③ 《全宋诗》第 29 册，第 18457 页。

④ 《全宋诗》第 55 册，第 34781 页。

⑤ 《全宋诗》第 62 册，第 39020 页。

⑥ 《全宋诗》第 32 册，第 20341 页。

⑦ 《全宋诗》第 34 册，第 21780 页。

⑧ 《全唐诗》卷一五九，第 1630 页。

⑨ ［明］薛瑄《敬轩文集》卷一。

⑩ 《全宋诗》第 38 册，第 24130 页。

雁》:“夜月芦花无认处，惟闻嘹唳数声秋。”[①]或是芦花的洁白要比明月更胜一筹，张蠙《丛苇》有诗曰“花明无月夜”[②]，此时的明月芦花浑然一体，不分你我，“夜半雨晴洲上白，不知是月是芦花”[③]。

如此拉近了两者空间上的距离，更显对应性，使它们成为风景描写的惯用搭配，为诗歌塑造了一种宁静而沉谧的幽静氛围，如朱景玄《宿新安村步》:“淅淅寒流涨浅沙，月明空渚遍芦花。离人偶宿孤村下，永夜闻砧一两家。”[④]白居易《赠江客》:“江柳影寒新雨地，塞鸿声急欲霜天。愁君独向沙头宿，水绕芦花月满船。”[⑤]曹寅《南游》:“涨海潮生阴火灭，苍梧风暖瘴云开。芦花寂寂月如练，何处笛声江上来。”[⑥]释重显《颂一百则》其六十三:“云冉冉，水漫漫，明月芦花君自看。”[⑦]释保暹《江行》:“浦暗微分树，滩遥半涨沙。今宵应有月，重得宿芦花。”[⑧]夜宿行船，只见眼前一片墨绿，隐隐约约分开了江畔的密林，船行水上，远远听见江水拍打沙岸的声音。天色阴沉，遮蔽了本该明朗的月色，似乎那月掩宿在无边的芦花丛中。明月与芦花共同构造出一种静谧的意境，就连大诗人陆游都不免感叹:“最是平生会心事，芦花千顷月明中”[⑨]，足以想象这种情景的美妙。

再从诗歌中动词的运用，也可以看出月与芦花的密切关联:或月

---

① 《全宋诗》第 69 册，第 43592 页。
② 《全唐诗》卷七〇二，第 8074 页。
③ [清]胡文学《渔舟》,《甬上耆旧诗》卷一七。
④ 《全唐诗》卷五四七，第 6313 页。
⑤ 《全唐诗》卷四四〇，第 4907 页。
⑥ 《全唐诗》卷六四〇，第 7343 页。
⑦ 《全宋诗》第 3 册，第 1692 页。
⑧ 《全宋诗》第 3 册，第 1445 页。
⑨ [宋]陆游《烟波即事十首》其二,《全宋诗》第 41 册，第 25504 页。

照芦花，如李兼《蒹葭》:“夜深艇子舣前湾，依稀月照芦花浦。”[1]释法智《偈六首》其一:“夜来明月照芦花，鹤鹭并头踏雪睡。”[2]或月浸芦花，如孙应时《书西溪僧壁》:“袖手行吟不知晚，满川霜月浸芦花。”[3]施枢《泛月夜归》:“短艇冲寒泛浅沙，满溪明月浸芦花。”[4]吴锡畴《渔父》:“入夜醉归横短笛，满江明月浸芦花。”[5]洪渐《舟泊港口》:“月浸芦花水漫天，渔翁醉后正堪眠。夜深何处孤猿咽，不管江边有客船。”[6]这其中，“月”还包含“夜”的因素，夜晚较之白天的喧嚣，有着幽静闲逸的意味，更能衬托芦花孤寂冷静的神韵，如释子淳《无缝塔》:“月皎渔舟瑞气旋，芦花深处夜涛寒。”[7]类似描写还有很多，如黄庭坚《薄薄酒二章》其二:“何如一身无四壁，满船明月卧芦花。”[8]高似孙《句》卷二八:“月洗黄芦雪，天生紫蟹秋。”[9]刘黻《过白沙》:“寒风欺槿叶，淡月让芦花。”[10]许有壬《荻港早行》:“清爽醉枫叶，淡月隐芦花。”[11]如此丰富多变的动词描写，都说明月光下的芦花给人的情感体验是多种多样的，因而才有如此细腻的刻画。

---

① 《全宋诗》第 54 册，第 33706 页。
② 《全宋诗》第 34 册，第 21517 页。
③ 《全宋诗》第 51 册，第 31799 页。
④ 《全宋诗》第 62 册，第 39097 页。
⑤ 《全宋诗》第 64 册，第 40401 页。
⑥ 《全宋诗》第 72 册，第 45665 页。
⑦ 《全宋诗》第 21 册，第 13842 页。
⑧ 《全宋诗》第 17 册，第 11477 页。
⑨ 《全宋诗》第 51 册，第 32009 页。
⑩ 《全宋诗》第 65 册，第 40699 页。
⑪ ［元］许有壬《至正集》卷一二。

第三节　渐趋凸显的江南色彩

在人们的印象中，芦苇是江南景物的代表，提到它浮现在我们脑海中的画面就是芦汀荻渚、小桥流水、烟雨迷蒙这样典型的水乡风光。但是芦苇所带有的江南色彩并不是与生俱来的，它作为江南风物的重要代表，经历了一个南北区域文化色彩转变的过程。秦汉时期，对芦苇吟咏以北方为主，芦苇意象体现了北方地域文化色彩；唐代以后，芦苇才逐渐显现出江南地域文化色彩；到了宋代，芦苇基本定型成为江南风景和文化的特有代表。这一转变过程，与朝代更迭所带来的自然环境的变化，以及政治经济文化中心的转移有着重要关系。芦苇作为江南美景的代表，既展现了江南物产资源之丰富，又体现出江南秀丽风景之柔美。

一、凸显的过程

秦汉时期，对芦苇的描写多体现出北方地域文化色彩。芦苇广布温带地区，产于我国各地，也是我国较早开发利用的一个物种，先秦典籍中多有记载。早在《诗经》时代，芦苇就多次出现。《诗经》是北方文学的代表，其中大部分诗歌产生在我国北方黄河流域和长江以北的广大中原地区，覆盖地域广阔，包括今天的山东、山西、河南、河北、甘肃、陕西、湖北北部和安徽北部等地。《诗经》中记载的植物多样，种类达到一百种之多，芦苇就是其中重要的草本植物之一。在《楚辞》中，芦苇出现的次数却很少。《楚辞》产生在我国南方，是我国南方文学的代表，地域包括长江中、下游和淮河流域的广大地区，东至江西、安徽南部，西至四川、贵州和广西东境，南抵湖南南境，北至湖北南部和陕西南境。那里幅员辽阔，山川秀丽，土地肥沃，气候温和，物产繁多。《楚辞》中也出现过大量植物，如白芷、泽兰、菖蒲、杜若、浮萍等。南方河流纵横，多雨湿润，应该说非常适合芦苇这种近水性植物的生长。然而在屈原、宋玉等人的作品中我们却很少看到芦苇的身影，这就说明，先秦时期北方对芦苇的审美关注要早于南方。芦苇从一开始就多出现在北方文学中，带有较为浓厚的北方地域文化色彩。

魏晋南北朝时期，虽然有关芦苇意象和题材创作发展并不是很多，但是从现有的作品来看，芦苇的南方地域文化色彩已经有所增强，开始出现在描写江南风景的诗歌中，如宋诗卷十一《乌夜啼八曲》其八载："巴陵三江口。芦荻齐如麻。"[①]其中"巴陵"为晋太康元年置，今在湖南岳阳一带。何逊《还度五洲诗》："萧散烟雾晚。凄清江汉秋。沙汀暮寂寂。芦岸晚修修。"[②]"五洲"在今湖北浠水县西南长江一带。沈炯《和傅郎岁暮还湘州诗》："芦冻白花轻。戍人寒不望。"[③]"湘州"在今湖南长沙一带。沈约，吴兴武康（今浙江湖州德清）人，初到东阳（今浙江金华）太守上任时作《八咏诗》，大多是山水诗，多有陶醉于青山碧水之中的悠然自得之情，其中第三首《岁暮愍哀草》提及芦苇："山变兮青薇。水折兮黄苇。"[④]他还有一首《咏雪应令诗》写到："思鸟聚寒芦。苍云轸暮色。"[⑤]还有鲍照《游思赋》："对蒹葭之遂黄，

---

① 《先秦汉魏晋南北朝诗》中册，第 1347 页。
② 《先秦汉魏晋南北朝诗》中册，第 1691 页。
③ 《先秦汉魏晋南北朝诗》下册，第 2452 页。
④ 《先秦汉魏晋南北朝诗》中册，第 1665 页。
⑤ 《先秦汉魏晋南北朝诗》中册，第 1645 页。

视零露之方白。”[①]这篇文章是鲍照前往荆州加入临海王刘子顼时所作，可能在旅途中见到蒹葭。江淹《待罪江南思北归赋》:“寒蒹葭于余马，伤雾露于农夫。”[②]芦苇的江南区域文化色彩开始崭露头角，但并不是说北方没有芦苇，曹植《盘石篇》“蒹葭弥斥土，林木无芬重”描写了芦苇在雍丘茂密丛生的样子。一些北方作家的诗歌作品也提到芦苇，如“建安七子”之一的王桀，是山阳高平（今山东邹县）人，他的《从军诗五首》其五:“萑蒲竟广泽。葭苇夹长流。”[③]张华,是范阳方城（今河北固安）人，其《杂诗三首》其三:“户庭无行迹。蒹葭生床下。”[④]甚至出现在描写北国风光的边塞诗中，如庾信《出自蓟北门行》:“关山连汉月，陇水向秦城。笳寒芦叶脆，弓冻贮弦鸣。”[⑤]只是相对秦汉时期而言，芦苇表现出来的南方地域文化色彩有了一定程度的加强。

隋唐时期，不仅有关芦苇题材的文学创作增多，而且芦苇开始作为独立的审美对象出现在文学作品中。整个唐代芦苇南方区域文化色彩进一步发展，在江南地区的诗歌中出现了芦苇，主要集中在长江流域一带，如陶岘《西塞山下回舟作》:“鸦翻枫叶夕阳动，鹭立芦花秋水明。从此舍舟何所诣，酒旗歌扇正相迎。”[⑥]“西塞山”在今湖北大冶县东，是长江中游要塞之一。王昌龄《九江口作》:“驿门是高岸，望尽黄芦洲。”[⑦]“九江”即浔阳江，是长江流经今江西九江市北的一段

---

① ［南朝宋］鲍照著、钱仲联增补集说校《鲍参军集注》，第 1 页。

② ［明］胡之骥注，李长路、赵威点校《江文通集汇注》，第 32 页。

③《先秦汉魏晋南北朝诗》上册，第 362—363 页。

④《先秦汉魏晋南北朝诗》上册，第 620—621 页。

⑤ ［北周］庾信撰、［清］倪璠注、许逸民校点《庾子山集注》，第 390 页。

⑥《全唐诗》卷一二四，第 1233 页。

⑦《全唐诗》卷一四一，第 1434 页。

江面。司空图《涔阳渡》:“两岸芦花正萧飒,渚烟深处白牛归。”[1]涔阳，洲渚名，在今湖南洞庭湖与长江之间。甚至在以江南为题的诗歌中出现芦苇，如储光羲《江南曲四首》其二:“逐流牵荇叶，缘岸摘芦苗。”[2]李嘉佑《夜闻江南人家赛神因题即事》:“鎗鎗铜鼓芦叶深，寂寂琼筵江水绿。”[3]刘蕃《状江南·季秋》:“江南季秋天，栗熟大如拳。枫叶红霞举，苍芦白浪川。”[4]李煜《忆江南》其四:“闲梦远，南国正清秋。千里江山寒色暮，芦花深处泊孤舟，笛在月明楼。”[5]由此看来，在时人的心目中，芦苇已成为江南风景的重要组成部分。

身在北方的诗人，提及芦苇就想起自己的故乡或是江南，如罗邺《仆射陂晚望》:“离人到此倍堪伤，陂水芦花似故乡。身事未知何日了，马蹄唯觉到秋忙。”[6]诗人罗邺本是馀杭（今浙江余杭）人，“仆射陂”在河南郑州市南，今名城湖。诗人在北方看见芦花就仿佛看到了自己的故乡。许浑《咸阳城东楼》:“一上高城万里愁，蒹葭杨柳似汀州。溪云初起日沉阁，山雨欲来风满楼。”[7]许浑寓居丹阳（今江苏镇江），此诗是诗人在咸阳城眺望所作。咸阳，是秦都城，唐时隔渭河与长安相望。“蒹葭杨柳似汀州”，则是诗人想象而已，秦中河湄风物，类似江南，不免引起诗人的思乡之情。

宋代以来，随着政治经济文化中心的转移，文学创作的重心也逐渐转移到南方。芦苇的江南文化色彩在这一时期基本形成，沈括《江

① 《全唐诗》卷六三三，第7261页。
② 《全唐诗》卷一三九，第1418页。
③ 《全唐诗》卷二〇六，第2144页。
④ 《全唐诗》卷三〇七，第3490页。
⑤ 《全唐诗》卷八八九，第10043页。
⑥ 《全唐诗》卷六五四，第7520页。
⑦ 《全唐诗》卷五三三，第6085页。

南曲》:“时平田苦少人耕，唯有芦花满江白。”[1]苏轼《寒芦港》:“溶溶晴港漾春晖,芦笋生时柳絮飞。还有江南风物否,桃花流水鮆鱼肥。”[2]阳枋《咏江南景物》其三 :“鹅鸭驯人不怕棹，闲随小艇过芦花。”[3]可见芦苇在宋人心中已经成为江南景物的典型代表。

图 08 《溪芦野鸭图 》，绢本设色，现藏故宫博物院故宫旧藏。图中溪边芦苇、茨菰丛生，枝繁叶茂，生机勃勃。雄鸭在岸边单足站立小憩；雌鸭在水中回首梳羽，姿态闲适，气度雍容。此图意在表现一种祥和安定的气氛。

① 《全宋诗》第 12 册，第 8009 页。
② 《全宋诗》第 14 册，第 9225 页。
③ 《全宋诗》第 57 册，第 36128 页。

江南多水，芦苇本就适合在水边生长。如果说在唐代，芦苇意象已经较多出现在有明确江南区域地理名称的诗歌中。那么到了宋代，芦苇与水的关系更加密切，频频具体化到“洞庭”“潇湘”“楚江”“长江”“西湖”这些直接指代江南水乡的意象中，如：

“鱼舠载酒日相随，一笛芦花深处吹。”(杨备《太湖》)[①]

“船檣相望荆江中，岸芦汀树烟濛濛。”(王周《藕池阻风寄同行抚牧裘驾》)[②]

“枫丹湘渚暮，芦白楚江秋。”(韩维《孤雁》)[③]

“潇湘洞庭入眼界，念随鱼鸟芦花根。”(毛滂《病中独坐》)[④]

“洞庭四万八千顷，蟹舍正对芦花洲。”(詹慥《客谈荆渚武昌慨然有作》)[⑤]

“泓澄良夜摇明月，潋滟高秋蘸碧芦。”(张栋《次太守郑安恭探梅过西湖韵二首》其二)[⑥]

“更欲借渠茶灶火，萧萧叶满洞庭芦。”(高似孙《赵崇晖送鱼蟹》)[⑦]

除此之外，宋代诗歌中对芦苇的描写也是种类繁多，写出不同季节不同姿态下的芦苇形象，这些在第二节中已有说明，此处不再赘述。可以说到宋代芦苇的江南属性已经确立起来，芦苇在人们心目中定型为江南风景的标志和江南文化的象征。

---

① 《全宋诗》第 3 册，第 1426 页。
② 《全宋诗》第 3 册，第 1756 页。
③ 《全宋诗》第 8 册，第 5197 页。
④ 《全宋诗》第 21 册，第 14090 页。
⑤ 《全宋诗》第 34 册，第 21460 页。
⑥ 《全宋诗》第 37 册，第 23290 页。
⑦ 《全宋诗》第 51 册，第 31988 页。

总之，我们从芦苇题材创作的发展历程中，可以清晰看出芦苇江南区域文化色彩逐渐凸显的过程。芦苇作为中国古代文学中的重要意象，从先秦到两汉时期，对芦苇的描写多体现北方地域色彩，晋唐以来江南色彩有所增强。直到宋代之后，芦苇意象的江南色彩得以成型。

二、凸显的原因

芦苇成为江南风物的标志，并不意味着北方没有芦苇。我国大部分地区处于温带和亚热带，而芦苇正是温带亚热带植物，所以芦苇在我国大部分地区都广泛分布，甚至有学者认为北方芦苇更多，清代学者吴其濬就认为“南多荻北多苇……幽燕以苇代竹，江湖以荻代薪，故北宜苇而南宜荻”[①]。从这个意义上说，芦苇并不是江南独有。也正是基于这一点，芦苇意象和题材创作的发展才能如此丰富。芦苇在古代文学作品中能成为江南水乡的代表，有着深刻的历史原因和诸多社会、人文等复杂因素。

（一）南北生态环境的差异

从自然环境上看，经过长期的历史发展，人类社会早期的自然环境与今天不大相同。就我国北方地区而言，由于河流湖泊纵横交错，那里气候还比较湿润，降水量也比较多，植被覆盖良好，有茂密的森林和广阔的草原。因为草丰林茂，所以许多亚热带植物如竹、梅等能在北方生长，这在《诗经》中就有反映。晋唐以来，北方气温降低转冷，加上长年的战争动乱，使得北方地区的生态环境整体衰退。宋元以后，黄河流域黄土高原的森林植被更是遭到严重破坏，水土流失加剧，黄河下游的河道也一再决徙泛滥，使华北平原的地貌发生了变异。由于环境的差异，北方景色中芦苇总是枯黄萧条的样子，如初唐诗人

---

① ［清］吴其濬著、张瑞贤等校注《植物名实图考校释》，第263页。

王昌龄《塞下曲四首》其一：“蝉鸣空桑林，八月萧关道。出塞入塞寒，处处黄芦草。”[1]边塞秋景，可谓无限萧煞悲凉。“萧关”是古代关塞名，是关中通往西北边塞的要道，故址在今宁夏固原县东南。相对北方而言，江南气候温暖湿润，江流纵横，湖泊众多，交通工具多舟筏，这使得生长在河旁湖边的芦苇更易引人注意，而且南方暖湿的气候特征也使芦苇的存活期更长，生长更为迅速。所以芦苇一年四季的景色变化十分明显，并且都是诗人描写的对象。

（二）经济文化重心的南移

从社会发展来看，秦汉时期的经济文化中心在北方，诗人描写的也都是北方的芦苇，所以芦苇的北方区域色彩更强烈一些。魏晋南北朝时期，由于北方战乱较多，人口开始大量南迁，并为南方带去了较为先进的农业技术，江南地区得到极大开发，大大促进了江淮之间和长江以南的经济发展，于是“江南之为国盛矣……地广野丰，民勤本业，一岁或稔，则数郡忘饥。会土带海傍湖，良畴亦数十万顷，膏腴上地，亩直一金，鄠（今陕西鄠县）、杜（今陕西西安市南）之间，不能比也”[2]，使其成为富饶的鱼米之乡，而且士族的南迁也极大促进了江南地区文化氛围的形成。此后，隋朝大运河的开通使南北文化的交流日益频繁，“安史之乱”又造成“避地衣冠尽向南”的局面。从中晚唐开始，社会的经济、文化中心逐渐向江南地区转移。加之北方文人因漫游、隐居、避难、贬谪、赴任等原因频繁出入江南，他们在那里发现了不同于中原的异样的美，绮丽和润、明媚空濛的生活环境充满了灵气和秀气，这也使得江南地区社会文化日渐发达。总之，唐宋时期，江南地区不

① 《全唐诗》卷一四〇，第 1420 页。

② ［南朝梁］沈约《宋书》，第 1540 页。

仅经济发展超过北方，而且文化优势也逐渐加强。

三、凸显的意义

所谓“吴越暖景，山川如绣”，江南一直给人山灵水秀、人杰地灵的印象，并受到历代文人墨客的赞美与青睐。江南的自然风貌、物产人情都是诗人笔下常常吟咏的题材。芦苇作为江南风景的典型代表，它那嫩绿的芦芽、青翠的芦叶、碧绿的苇丛、雪白的芦花，正是体现江南物色繁茂的重要元素。这些明丽迷人的风景既与“杏花春雨”的江南自然环境相融和，又与江南文人的审美意识相符合，无不陶冶着江南文人的气质。芦苇意象不断得以积淀成型，逐渐深入人心成为宋人心中江南风物的象征，既体现了江南区域文化的审美内涵，又表现出一定的审美意义。

（一）体现江南物产之丰富

古人云：“民以食为天。”江南地区因其独特的地理环境优势，物产资源十分丰富，有菱角、莼菜、菰菜、竹笋、鲈鱼、螃蟹等。西晋张翰有“莼鲈之思”一说，它是表示思乡心切的著名典故，《晋书·张翰传》记载，吴中人张翰在洛阳齐王手下做官，“因见秋风起，乃思吴中菰菜、蓴羹、鲈鱼脍，曰：‘人生贵得适志，何能羁宦数千里以要名爵乎！’遂命驾而归”[①]，这里的菰菜、蓴羹、鲈鱼都是江南风物，张翰因思念家乡的美食而弃官回乡，这些菜肴的美味可想而知。芦苇的嫩芽——芦芽就是江南的一道美味佳肴，并多次受到文人描写，唐代诗人郑谷《送张逸人》：“芦笋鲈鱼抛不得，五陵珍重五湖春。”[②]这里的“芦笋鲈鱼”就化用了张翰的典故。又《倦客》：“闲烹芦笋炊菰米，

① ［唐］房玄龄等撰《晋书》，第 2384 页。

② 《全唐诗》卷六七五，第 7735 页。

会向源流作醉翁。”[①]张耒《齐安春谣五绝》其一：“江上鱼肥春水生，江头花落草青青。蒌蒿芽长芦笋大，问君底事爱南烹。”[②]姚勉《次邹希贤买鱼不得三首衍为渔翁问答六诗·渔翁问》：“而今归去应无事，芦笋高芽锦鳜羹。”[③]注重素食是宋代士大夫饮食中的一个重要特点，朱熹《次刘秀野蔬食十三诗韵》提及的蔬菜就有十三种，可见当时文人对于蔬食生活的热爱。广泛生长在江南水乡的芦笋就是文人爱吃的蔬菜，它也成为江南蔬菜中的代表之一。

（二）展现江南水乡之秀丽

四季的变化，使江南的景象呈现出不同的风韵。江南河流众多，植物多种多样，江南的美景往往由色彩绚丽的植物，如翠竹、白蘋、红蓼、绿柳等组成。芦苇这种近水性植物，在素有“水乡泽国”之称的江南自然生长茂密，不用种植就能聚生成丛。此外，大部分植物颜色单一，只具有季节性观赏的价值，而芦苇有着一年四季不同的风景特色，春季有“紫绿尖新嫩茁生”[④]，夏季有“芦叶梢梢夏景深”[⑤]，秋季更是有“一片芦花映碧流”[⑥]，不同季节不同颜色都给江南水乡增添了靓丽的风景，展现了江南水乡自然风景的秀丽。

---

① 《全唐诗》卷六七六，第 7750 页。

② 《全宋诗》第 20 册，第 13287 页。

③ 《全宋诗》第 64 册，第 40450 页。

④ ［宋］武衍《芦笋》，《全宋诗》第 62 册，第 38978 页。

⑤ ［唐］李商隐《出关宿盘豆馆对丛芦有感》，《全唐诗》卷五四〇、第 6196 页。

⑥ ［宋］欧阳澈《和子贤途中九绝》，《全宋诗》第 32 册，第 20685 页。

第三章　芦苇意象的搭配模式与表现效果

在长期的文学发展过程中，人们对芦苇形象特征的认识逐渐变得全面而完整，不仅有整体的把握，更有局部的描写，还有从不同侧面不同角度的认识。芦苇的观赏价值不仅体现在芦苇自身的风景姿态，而且还体现在与其他动植物的搭配中。再者，芦苇成为江南意象之后，自然会与江南其他代表性植物动物相联系，这些意象的组合不仅加深了芦苇意象的江南区域色彩属性，而且也丰富了江南区域文化的审美内涵。在文学作品中，同类植物的同时出现，既能说明芦苇在草类植物中的共性，更能展现芦苇的独特性，给人更多视觉的美感；而与动物的搭配，则将芦苇由静变动，越发生动有韵味。这些搭配组合逐渐积淀下来，形成了一些固定的写景模式和表现惯例，具有特定的、类型化的感受与情意，是一种集体无意识的共鸣符号或审美倾向，从而丰富了表达的效果。

第一节　芦苇与植物

芦苇与其他植物的类聚、比拟和组合，是芦苇意象和题材创作中常用而且出现较早的描写方法。芦苇具有傍水丛生的生长习性，因而与许多水生植物也有着密切联系。在长期的文学发展过程中，芦苇与这些水生植物还形成了固定的搭配模式。此外，芦苇与多种草本植物也息息相关，它们更多的是因为植物特性的相似之处和生活实用的相通之处而被联系在一起。

一、芦苇与水生植物

芦苇与其他水生植物交相辉映，构成一幅幅亮丽的湖光美景。芦苇与荷的搭配因审美姿态的迥异展现出另外一种形象，芦苇与蒲草更是“浅有蒲莲，深有葭苇”[①]，丛乱相生，密不可分。芦苇与红蓼、蘋的搭配因颜色的鲜明对比呈现出交相辉映的画面。在园林造景中，芦苇与它们交错杂植，构成一幅色彩艳丽的图景。

（一）池荷岸苇

荷花颜色鲜艳，是水生植物中最美的，花色有红色、白色等。它形态优美,妖娆多姿,荷叶之美也毫不逊色于花。而且在开花时期赏荷，不论风中雨中，还是白天夜晚，都各有情趣。作为一种颇具观赏价值的花卉,荷花较早作为景观植物。根据《史记·孝武本纪》《三辅黄图》记载，汉武帝太初元年（公元前 104 年）建造建章宫，开凿“太液池”，就植有菱、莲等水生植物，仿制江南采莲的“采莲舟”。这应该是较早的在人造水景中种植荷花的记载。而且在后来的园林发展过程中，荷花也是不可缺少的重要景观植物之一。

在园林中，荷花主要作为水景的主题景观，穿插在亭台楼榭、回廊幽径之中，在其周围还会配植蘋藻菱芡等水生植物，芦苇就是其中的一种，“水种菱荷岸种芦”[②]，总是别有风情。在自然风景景观中，

---

① ［唐］韩愈《郓州溪堂诗》，《全唐诗》卷三四五，第 3867 页。

② ［宋］杨万里《过临平莲荡四首》，《全宋诗》第 16 册，第 10567 页。

二者同样密不可分，“烟汀一抹蒹葭渚。风亭两下荷花浦”[①]，是写其景色宜人，且“池荷杂岸苇，香气散月夕”[②]，暗香弥漫。诗歌中对芦、荷多有相连描述，如孟郊《擢第后东归书怀献座主吕侍御》：“蒹葭得波浪，芙蓉红岸湿。”[③]杜牧《秋夜与友人宿》：“蒹葭露白莲塘浅，砧杵夜清河汉凉。”[④]彭汝砺《游东湖》：“草色蒹葭芦苇中，莲花一片万枝红。”[⑤]又《和文渊同字韵》：“湖上多佳致，清樽况不空……冉冉芰荷雨，萧萧芦苇风。”[⑥]

芦苇与荷花的搭配，不仅是景观本身的需要，更重要的是二者能共同构建出一种旷达自由的江湖意趣，给人以真正的自然体验之感。李訦《荷花》：“奇奇水上花，湛湛花下水。花得水扶持，水因花富贵。当中既植藕，四畔还种苇。自然秋风生，便有江湖意。”[⑦]郭印《和何子应游金璧池二首》其二：“万荷齐舞扇，一苇独行天。满目江湖趣，无劳涉大川。”[⑧]即使是“风折枯荷芦苇”，也有“满眼江湖趣”[⑨]。

芦苇与荷的搭配也是丰富多彩，有初芦与荷叶的描写，如王维《戏题示萧氏甥》：“芦笋穿荷叶，菱花罥雁儿。”[⑩]有芦叶与荷花的描写，如张镃《回渡荷叶浦》：“山云野树水墨暗，芦叶荷花文绣香。”[⑪]有芦

---

① ［宋］刘学箕《菩萨蛮·鄂渚岸下》，《全宋词，》第 2439 页。
② ［宋］陈宓《和傅寺丞竹隐之什·野趣》，《全宋诗》第 54 册，第 34015 页。
③ 《全唐诗》卷三七七，第 4232 页。
④ 《全唐诗》卷五二六，第 6028 页。
⑤ 《全宋诗》，第 16 册，第 10543 页。
⑥ 《全宋诗》，第 16 册，第 10567 页。
⑦ 《全宋诗》，第 50 册，第 31024 页。
⑧ 《全宋诗》，第 29 册，第 18703 页。
⑨ ［宋］张守《题崔悫画》，《全宋诗》第 28 册，第 18030 页。
⑩ 《全唐诗》卷一二六、第 1280 页。
⑪ 《全宋诗》第 50 册，第 31614 页。

花和荷叶的描写，如李白《姑熟杂咏·丹阳湖》:“龟游莲叶上，鸟宿芦花里。”[1]许浑《忆长洲》:“荷叶桥边雨,芦花海上风。”[2]俞桂《买鱼》:“芦花荷叶晚秋天，雁影横斜远水连。”[3]还有二者颜色的对比描写,如胡仔《题苕溪渔隐图》:“秋云漠漠烟苍苍，芦花初白莲叶黄。”[4]范成大《题秋鹭图》:“昨夜新霜冷钓矶，绿荷消瘦碧芦肥。”[5]杨万里《跋尤延之山水两轴二首》其二:“水际芦青荷叶黄，霜前木落蓼花香。”[6]苏泂《金陵杂兴二百首》其七十:“芦叶深青荷叶紫，江湖从此兴滔滔。”[7]

图09 《红荷图轴》，[清]吴昌硕，中央工艺美术学院藏。该图布局别致，二朵红荷敷薄色，质朴惹人注目；芦苇纯以淡色出之，与荷叶深墨成对比，主次有别，层次分明，气势磅礴。

不过，出现最多的还是对秋季芦苇和荷花老败后的描写，“但闻人说芦苇傍，枯荷翻倒风飕飕”[8]。

---

① 《全唐诗》卷一八一，第1850页。
② 《全唐诗》卷五三一，第6067页。
③ 《全宋诗》第62册，第39047页。
④ 《全宋诗》第36册，第22528页。
⑤ 《全宋诗》第41册，第26016页。
⑥ 《全宋诗》第42册，第26357页。
⑦ 《全宋诗》第54册，第33945页。
⑧ [宋]许景衡《赵持志出先公文炳所藏芦雁》,《全宋诗》第23册,第15522页。

芦苇与荷花作为景物同时出现在宋代诗词中的情况尤为常见，如文同《崔白败荷折苇寒鹭》："疏苇雨中老，乱荷霜外凋。多情惟白鸟，常此伴萧条。"[①]吴潜《南乡子》："野思浩难收。坐看鱼舟度远洲。芦苇已雕荷已败，风飕。桂子飘香八月头。"[②]具体而言，芦苇与荷花有着常见的搭配模式，首先是"枯荷"与"折苇"的组合表达，如王之道《和余元明时元明邀余同李次元夜饮》："枯荷折苇三墩路，明月清风百丈船。"[③]李洪《听雨轩四首》其一："天寒病鸭守冰池，折苇枯荷霰雪飞。"[④]郑清之《即事》："微云疏雨一分月，折苇枯荷强半秋。"[⑤]姚勉《清江曲》："苇折荷枯人未归，波寒霜落雁初飞。"[⑥]其次是"败荷"与"枯苇""折苇"等的组合表达方式，如苏辙《和毛君州宅八咏·方沼亭》："败荷折苇飞鸿下，正忆渔舟泊故溪。"[⑦]张耒《䴔䴖》："败荷枯苇一方池，溪上䴔䴖坐得知。"[⑧]汪莘《寄商察院》："近水远山俱冷淡，败荷孤苇尚低回。"[⑨]龚开《一字至七字观周曾秋塘图有作》："疏苇败荷池沼，白蘋红蓼汀州。"[⑩]

从上述诗歌作品内容看，人们对芦苇和荷的关注并不在它们的色彩姿态上，而是更多关注芦苇和荷的老成之美；从诗歌刻画出的意境看，诗中也少有那种花谢草败之后的郁闷愁苦之情。站在诗歌发展的角度

---

① 《全宋诗》第 8 册，第 5451 页。
② 《全宋词》，第 2767 页。
③ 《全宋诗》第 32 册，第 20209 页。
④ 《全宋诗》第 43 册，第 27194 页。
⑤ 《全宋诗》第 55 册，第 34677 页。
⑥ 《全宋诗》第 64 册，第 40503 页。
⑦ 《全宋诗》第 15 册，第 9956 页。
⑧ 《全宋诗》第 20 册，第 13280 页。
⑨ 《全宋诗》第 55 册，第 34706 页。
⑩ 《全宋诗》第 66 册，第 41278 页。

看，这应该是宋人力图超越唐人，而创新出奇的一种表达方式，借以展现宋诗与唐诗之间不同的精神面貌。同时，这样的描写方式也体现出宋人对老成美、平淡美的关注与追求。

（二）蒲芦相依

蒲草与芦苇有相似的生长环境，在自然环境中常杂乱丛生，如张华《励志诗》中："养由矫矢、兽号于林。蒲芦萦缴。神感飞禽。"[1]曾巩《送陈商学士》:"溪头蒲苇各萌芽，山梅最繁花已堕。"[2]崔鶠《诗四首》其三："荒蒲乱苇簇人烟，指点江洲一望间。"[3]释正觉《送鹿门宗席头》："坐寒风月蒲芦秋，睡足江湖鸥鸟梦。"[4]杨万里《明发青塘芦包》："芦荻叶深蒲叶浅，荔支花暗楝花明。"[5]元代诗人王逢《题马洲书院》中的"苔藓花侵础，蒲芦叶拥门"[6]，写出蒲、芦生命力旺盛的特点。

蒲、芦的搭配中，最多的就是"葭""蒲"的组合模式，如曾巩《上杜相三首》其三："转觉忧余好尚孤，较量唯合老葭蒲。"[7]袁说友《登嘉州万景楼》："岩层嶂叠匝天外，蒲净葭丛蘸江曲。"[8]白玉蟾《湖山偶成》其一："葭蒲满荡起晴烟，总属霜鸥雪鹭天。"[9]葛长庚《酹江月·西湖》："露逼葭蒲，烟迷菱芡，缩尽寒鸦颈。"[10]

---

① 《先秦汉魏晋南北朝诗》上册，第 615 页。

② 《全宋诗》第 8 册，第 5528 页。

③ 《全宋诗》第 20 册，第 13482 页。

④ 《全宋诗》第 31 册，第 19810 页。

⑤ 《全宋诗》第 42 册，第 26283 页。

⑥ ［元］王逢《梧溪集》卷二。

⑦ 《全宋诗》第 8 册，第 5606 页。

⑧ 《全宋诗》第 48 册，第 29901 页。

⑨ 《全宋诗》第 60 册，第 37626 页。

⑩ 《全宋词》，第 2585 页。

（三）白蘋黄苇

蘋，一名田字草，是多年生水生蕨类植物。蘋地下状根茎横生水中，成群生长在水田或池塘中，而且繁殖速度很快，在水中恣意散生，到处可见。蘋的花期很长，自春至秋，花小色白，在开花之际，水面上往往茫茫一片，似无垠白雪。

芦苇和蘋都是水生植物，如张乔《春日游曲江》:“日暖鸳鸯拍浪春，蒹葭浦际聚青蘋。”[①]方干《送江阴霍明府之任》:“遥遥去轲新，浸郭苇兼蘋。”[②]王鏊《次韵徵明失解兼柬九逵》:“野渡空横尽日舟，蒹葭生满白蘋洲。”[③]因此二者是岛上常见的植物，贾岛《送韩湘》:“半没湖波月，初生岛草春……细响吟干苇，余馨动远蘋。”[④]无可《送韩校书赴江西》:“猿声孤岛雨，草色五湖春……折苇鸣风岸，遥烟起暮蘋。”[⑤]诗歌作品中，白蘋、芦花都是秋天景物，如苏坚《清江曲》:“白蘋满棹归来晚，秋著芦花一岸霜。”[⑥]杨万里《跋袁起岩所藏后湖帖并遗像一轴，诗中语皆檃括帖中语也》:“白蘋满棹何时归，秋著芦花知不知。”[⑦]

芦苇与蘋的组合也多体现在色彩的搭配上，如李曾伯《沁园春·饯总干陈公储》:“对白蘋黄苇，且供诗卷，紫薇红药，却演丝纶。”[⑧]《题罗稚川小景画四首》其三:“红叶迷烟树，黄芦间白蘋。江南秋色里，

① 《全唐诗》卷六三九，第 7327 页。
② 《全唐诗》卷六四九，第 7460 页。
③ ［明］王鏊《震泽集》，卷六。
④ 《全唐诗》卷五七二，第 6639 页。
⑤ 《全唐诗》卷八一四，第 9165 页。
⑥ 《全宋诗》第 21 册，第 14142 页。
⑦ 《全宋诗》第 42 册，第 26390 页。
⑧ 《全宋词》，第 2796 页。

还有雁来宾。”[①]释正觉《禅人写真求赞》:“沙寒黄苇雪,风细白蘋秋。”[②]释文珦《渔艇》其一:“炊菰青芦丛,钓鱼白蘋洲。”[③]

蘋同芦苇一样也呈现着浓厚的江南文化色彩,“岂知潇湘岸,葭菼蘋萍间”[④],这些水草植物都是江南景物的代表。蘋意象江南文化色彩的形成也有着漫长的历史过程,而且作为楚文化“香草”系统中的一种,蘋与江南相关也有着深刻的文化内涵,这也是芦苇与蘋密切相关的一个重要原因。

(四)芦滩蓼渚

红蓼生长在河湖浅水处及沼泽中,经常覆盖大面积水域,常见于古今湖岸,也是湖岸重要的湿地植物。红蓼的红色茎在水边四处伸长蔓延,犹如红色的游龙,开花时一片红色花海,尤为美观。

芦苇和蓼花都是丛生,而且都喜水,“岸潮生蓼节,滩浪聚芦根”[⑤],二者适合搭配种植,魏野《新栽苇》载:“静闲宜红蓼”[⑥],所以容易形成“芦汀”、“蓼渚”等。诗歌中这样的描写十分丰富,如陆龟蒙《送潮》:“汀葭苍兮屿蓼枯,风骚牢兮愁烟孤。”[⑦]李石《颂古塔祖胜二首》其二:“芦花岸下蓼滩头,上得钩时便上钩。”[⑧]陈造《题因师百雁图二首》其一:“蓼滩芦渚好徜徉,肯便云天去作行。”[⑨]阳枋《固城湖》其一:“芦汀

① [元]刘仁本《羽庭集》卷四。
② 《全宋诗》第31册,第19785页。
③ 《全宋诗》第63册,第39646页。
④ [唐]陆龟蒙《孤雁》,《全唐诗》卷六一九,第7130页。
⑤ [宋]梅尧臣《褐山矶上港中泊》,《全宋诗》第5册,第2953页。
⑥ 《全宋诗》第2册,第938页。
⑦ 《全唐诗》卷六二一,第7154页。
⑧ 《全宋诗》第35册,第22319页。
⑨ 《全宋诗》第45册,第28246页。

蓼渚新秋里，一段浓蓝一段红。”[①]芦苇与红蓼都是秋季代表景物，“芦蓼作秋意，汀州生晚寒”[②]，总能给人独特的审美感受，如彭汝砺《秋日西湖》其四：“疏蓼黄芦宜掩映，沙边危立太分明。”[③]王孝严《舫斋》：“一川窈窕诧红蓼，两岸芦苇明秋霜。”[④]俞桂《秋行吟》：“芦花白兮蓼满湄，雁声急兮蛩转悲。”[⑤]仅是芦叶蓼花也能让人感觉到深深秋意，如杨万里《拟上舍寒江动碧虚诗》:“江远澄无底，秋深分外寒……光摇芦叶冷，声战蓼花干。”舒亶《满庭芳·重阳前席上次元直韵》:“蓼汀芦岸，黄叶衬孤花。”[⑥]具体而言，诗人主要描写的是秋季芦叶散落、蓼花密布洲渚水中的衰败景象，如杨万里《过润陂桥三首》其三：“历览溪中有底鸣，萧然芦叶蓼花汀。”[⑦]宋江《念奴娇》：“回想芦叶滩头，蓼花汀畔，皓月空凝碧。”[⑧]张孝祥《水调歌头·多丽》：“远连天，茫茫都是，败芦枯蓼汀州。”[⑨]汪晫《贺新郎》:“蓼花芦叶纷江渚。有沙边、寒蛩吟透，梧桐秋雨。”[⑩]

受诗人关注最多的还是芦花蓼花，所谓“十分秋色无人管，半属芦花半蓼花”[⑪]，二者不仅颜色对比鲜艳，景色美丽，而且在诗人笔下也是形态迥异，感受各不相同，如喻良能《重阳》：“红蕉碧桂互掩

① 《全宋诗》第 57 册，第 36126 页。
② ［宋］陈必复《舟行崇德》，《全宋诗》第 65 册，第 41091 页。
③ 《全宋诗》第 16 册，第 10745 页。
④ 《全宋诗》第 48 册，第 30348 页。
⑤ 《全宋诗》第 62 册，第 39052 页。
⑥ 《全宋词》第 361 页。
⑦ 《全宋诗》第 42 册，第 26422 页。
⑧ 《全宋词》，第 986 页。
⑨ 《全宋词》，第 1689 页。
⑩ 《全宋词》，第 2287 页。
⑪ ［宋］黄庚《江村》，《全宋诗》第 69 册，第 43611 页。

映，芦花蓼穟交蒙茸。”[①]白玉蟾《浙江待潮》:“秋空无尘雁可数，芦花蓼花满江渚。”[②]常见的组合方式有“芦花对蓼红”，如释清远《偈颂一一二首》其五 :“白云消散青山在，明月芦花对蓼红。”[③]释云《颂古八首》其三:“不因再到秋江上,争见芦花对蓼红。”[④]白玉蟾《秋思》:“滴尽池荷无奈雨，吹翻井叶可怜风。溪毛山骨犹无恙，尚有芦花对蓼红。”[⑤]释道璨《偈颂十八首》其四 :“多少芦花对蓼红，时人只看丝纶上。”[⑥]

此外，颜色的对比也是芦苇与蓼组合搭配的突出特点，如碧芦与红蓼相对，彭汝砺《江上》:“柳翠芦尤碧，枫殷蓼更红。”[⑦]姚宽《踏莎行·秋思》:“蘋叶烟深，荷花露湿。碧芦红蓼秋风急。”[⑧]刘学箕《渔家傲·白湖观捕鱼》:“轻袅缆。碧芦红蓼清滩傍。”[⑨]或是黄芦与红蓼相对，如郑谷《雁》:“八月悲风九月霜,蓼花红澹苇条黄。”[⑩]释智遇《船子和尚赞》:“出黄芦，入红蓼。收拾丝纶，江天未晓。”[⑪]俞桂《雨后》:“十分愁意无人管，红蓼黄芦水满溪。”[⑫]于石《次韵赵羽翁秋江杂兴》其一:“翩翩水鸟自沉浮,红蓼黄芦两岸秋。”[⑬]秦观《满庭芳》其二:“红

---

① 《全宋诗》第 43 册，第 26947 页。
② 《全宋诗》第 60 册，第 37573 页。
③ 《全宋诗》第 22 册，第 14715 页。
④ 《全宋诗》第 35 册，第 22056 页。
⑤ 《全宋诗》第 60 册，第 37608 页。
⑥ 《全宋诗》第 65 册，第 41179 页。
⑦ 《全宋诗》第 16 册，第 10570 页。
⑧ 《全宋词》，第 1482 页。
⑨ 《全宋词》，第 2439 页。
⑩ 《全唐诗》卷六七五，第 7737 页。
⑪ 《全宋诗》第 57 册，第 35930 页。
⑫ 《全宋诗》第 62 册，第 39053 页。
⑬ 《全宋诗》第 70 册，第 44152 页。

蓼花繁，黄芦叶乱，夜深玉露初零。”[①]或是白芦与红蓼相对，如齐己《寄江居耿处士》：“醉倒芦花白，吟缘蓼岸红。”[②]王禹偁《月波楼咏怀》：“白乱芦花散，红殷蓼穗稠。”[③]张矩《帝城》其一：“芦未著霜花已白，蓼宜近水影偏红。”[④]还有红蓼与青芦的搭配方式，如舒岳祥《赠渔者》其二：“红蓼青芦媚一川，夕阳偏丽晚秋天。”[⑤]

二、芦苇与草本植物

草类植物都有旺盛的生命力，在自然环境中广泛分布。芦苇与荻、竹、茅、蓬等草本植物既有着生长特性上的相似性，又有着类似的经济实用价值，甚至在象征意义上还有相通性。首先，芦苇与这些草本植物常常混互相生，在诗文中多组合出现。其次，这些草类植物的嫩芽都有实用价值，如荻笋、竹笋。第三，它们还是古代编制建筑的材料。芦苇与它们的组合既能体现出草类植物的共同属性，也能反映出异于其他草类植物的文化归属和独特个性。

（一）荻芦萧瑟

芦苇和荻，都是禾本科多年生草本植物。它们生长习性相近，基本上都生长在浅水湿地，由于它们混杂相生，而且“芦荻结穗亦相似”[⑥]，因而常常“汀渚殊难认芦荻”[⑦]，难以让人分辨清楚。虽然芦、荻在生活环境和形态上有一定的相似形，但还是有一些区别。清人吴其濬《植物名实图考》中解释的最清楚：“强脆而心实者为荻，柔纤而中虚者为

---

① 《全宋词》，第 458 页。
② 《全唐诗》卷八三八，第 9456 页。
③ 《全宋诗》第 2 册，第 685 页。
④ 《全宋诗》第 62 册，第 39230 页。
⑤ 《全宋诗》第 65 册，第 41021 页。
⑥ ［晋］郭璞注、［宋］刑昺疏《尔雅注疏》卷八。
⑦ ［元］王冕《雪中次韵答刘体举》，《竹斋集》卷下。

苇……又苇喜止水，荻喜急流，弱强异性，固自不同。”[①]

荻,是我们今天对这种植物的主要称谓,《说文解字》中并无“荻”字。据考证，“荻”在古代有近十种别称，汪灏《广群芳谱》述：“凡曰萑、曰薍、曰菼、曰鵻、曰虇、曰乌蓲、曰马尾，一物八名，皆荻也。”[②]最常见的就是萑、菼和蒹。芦苇和荻在不同生长时期的称谓各不相同。根据学者的考证[③]，我们可以将主要称谓归结如下表：

	芦苇	荻
初生时	葭	菼、虇、鵻
未秀时（穗子未长足）	芦	蒹、薕
秀成时（长成结穗）	苇	萑、荻

在文学创作中，芦苇和荻意象最常见的组合方式有两种：

1. 蒹葭

自《诗经》中“蒹葭苍苍，白露为霜”开始，“蒹葭”便带有浓厚的秋天气息，所谓“蒹葭记霜露”[④]“霜露老蒹葭”[⑤]，因而这一组合多与秋天特有的季节气象特征相搭配。

有霜着蒹葭的描写，如刘沧《八月十五日夜玩月》：“此夜空亭闻木落，蒹葭霜碛雁初过。”[⑥]杨冠卿《渡口》：“欲系孤舟日已斜，秋霜一岸著蒹葭。”[⑦]孔武仲《秋日感怀》：“霜压蒹葭连地白，风吹河汉满

① ［清］吴其濬原著、张瑞贤等校注《植物名实图考校释》，第263页。

② ［清］汪灏《广群芳谱》，第2173—2183页。

③ 参看魏巍、尚德福《芦、荻考辨》，《北京林业大学学报》（社会科学版）2010年第2期。

④ ［宋］陆游《采药有感》，《全宋诗》第40册，第25453页。

⑤ ［宋］方回《次韵邓善之书怀七首》，《全宋诗》第66册，第41753页。

⑥《全唐诗》卷五八六，第6971页。

⑦《全宋诗》第47册，第29642页。

天声。”[1]黄公度《秋兴二首》其一："秋入蒹葭霜正威，数声归雁塞痕微。”[2]诗人多着眼霜后蒹葭的颜色和形态，马戴《边城独望》："霜落蒹葭白，山昏雾露生。”[3]薛能《题河中亭子》："无穷胜事应须宿，霜白蒹葭月在东。”[4]许月卿《山川》："霜后蒹葭健，秋来洲渚多。”[5]霜中蒹葭给人的审美感受多是凄清，如赵嘏《长安月夜与友人话故山》："杨柳风多潮未落，蒹葭霜冷雁初飞”。[6]

有露下蒹葭的描写，如苏味道《始背洛城秋郊瞩目奉怀台中诸侍御》："蟋蟀秋风起，蒹葭晚露深。”[7]许浑《晓发鄞江北渡寄崔韩二先辈》："露晓蒹葭重，霜晴橘柚垂。”[8]马戴《赠别江客》："露细蒹葭广，潮回岛屿多。”[9]梅尧臣《送俞尚寺丞知蕲春县》："潜踪远蛙黾，饮露上蒹葭。”[10]刘敞《八月旦始凉》："江汉波新起，蒹葭露欲晞。”[11]

有水边蒹葭的描写，如李嘉祐《同皇甫冉登重玄阁》："高阁朱栏不厌游，蒹葭白水绕长洲。”[12]武元衡《江上寄隐者》："蒹葭连水国，鼙鼓近梁城。”[13]白居易《寄微之三首》其二："苍茫兼葭水，中有浔

---

① 《全宋诗》第15册，第10347页。
② 《全宋诗》第36册，第22467页。
③ 《全唐诗》卷五五六，第6441页。
④ 《全唐诗》卷五六〇，第6506页。
⑤ 《全宋诗》第65册，第40542页。
⑥ 《全唐诗》卷五四九，第6347页。
⑦ 《全唐诗》卷六五，第754页。
⑧ 《全唐诗》卷五二八，第6038页。
⑨ 《全唐诗》卷五五五，第6433页。
⑩ 《全唐诗》第5册，第3322页。
⑪ 《全宋诗》第9册，第5792页。
⑫ 《全唐诗》卷二〇七，第2163页。
⑬ 《全唐诗》卷三一六，第3549页。

阳路。”[①]黄滔《寄汉上友人》:“蒹葭照流水，风雨扑孤灯。”[②]韩愈《送湖南李正字归》:“人随鸿雁少，江共蒹葭远。”[③]

此外，还有风雨中的蒹葭描写。蒹葭与秋风本是密切相关，如刘沧《秋日望西阳》:“风入蒹葭秋色动，雨馀杨柳暮烟凝。”[④]李中师《送程给事知越州》:“秋风从此生蒹葭，舟五百里行荷花。”[⑤]风中蒹葭更能让人感受到秋季的萧肃，如毛滂《育阁黎房见秋兰有花作》:“迩来合萧条,凄风寄蒹葭。”[⑥]杨友夔《松江》:“蒹葭交相风,中有肃杀声。”[⑦]释正觉《禅人并化主写真求赞》:“河汉之月耿耿而不夜，蒹葭之风凄凄而有声。”[⑧]赵汝燧《八景歌》其六:“寒声遍撼蒹葭林，要将秋容洗到骨。”[⑨]雨后蒹葭也会让人感受到萧萧秋意，如刘沧《江楼月夜闻笛》:“南浦蒹葭疏雨后，寂寥横笛怨江楼。思飘明月浪花白，声入碧云枫叶秋。”[⑩]李中《访徐长史留题水阁》:“坐听蒹葭雨,如看岛屿秋。”[⑪]杜牧《齐安郡中偶题二首》其二:“秋声无不搅离心,梦泽蒹葭楚雨深。”[⑫]在文人笔下，蒹葭基本成为秋天一种代表景物，蒹葭与秋季特有的风霜雨露天气特征相联系，使得诗词沾染上凄清冷涩的色调，给人一种

① 《全唐诗》卷四三三，第4790页。
② 《全唐诗》卷七〇四，第8096页。
③ 《全唐诗》卷三三九，第3806页。
④ 《全唐诗》卷五八六，第6788页。
⑤ 《全宋诗》第7册，第4944页。
⑥ 《全宋诗》第21册，第14081页。
⑦ 《全宋诗》第30册，第19261页。
⑧ 《全宋诗》第31册，第19869页。
⑨ 《全宋诗》第55册，第34211页。
⑩ 《全唐诗》卷五八六，第6801页。
⑪ 《全唐诗》卷七四七，第8511页。
⑫ 《全唐诗》卷五二二，第5966页。

孤冷的感觉。

由于芦苇和荻傍水丛生的生长特性，“蒹葭丛”“蒹葭渚”等词语也成为诗词中常见的意象，如刘禹锡《武陵书怀五十韵》：“露变蒹葭浦，星悬橘柚村。”[①]李颀《与诸公游济渎泛舟》：“霜凝远村渚，月净蒹葭丛。”[②]黄庭坚《庚寅乙未犹泊大雷口》：“倚筇蒹葭湾，垂杨欲生肘。”[③]章甫《张王臣自湖南官满趋朝舟过白沙和惠资福二诗末章见及次韵》其二：“秋风起舵蒹葭渚，春月停桡杜若洲。”[④]

2. 芦荻

芦荻组合中最常见的是对秋季芦荻花叶的描写。首先芦荻花多作为萧瑟秋色的意象出现在诗歌作品中，如岑参《楚夕旅泊古兴》：“秋风冷萧瑟，芦荻花纷纷。”[⑤]杜甫《秋兴八首》其二：“请看石上藤萝月，已映洲前芦荻花。”[⑥]曾几《八月十五夜月二首》其二：“远分岩际松枫树，复乱洲前芦荻花。”[⑦]此外，还有荻花芦叶的组合搭配，如方岳《白鹭亭》：“荻花芦叶老风烟，独上秋城思渺然。”[⑧]柴望《金山寺》：“荻花芦叶正珊珊，山在长江寺在山。”[⑨]《金陵秋赋别江寿翁》：“荻花芦叶休凄怨，自有新开窦桂枝。”[⑩]也有较少诗人对其他季节的芦荻有相关描写，如

① 《全唐诗》卷三六二，第 4087 页。
② 《全唐诗》卷一三二，第 1342 页。
③ 《全宋诗》第 17 册，第 11506 页。
④ 《全宋诗》第 47 册，第 29077 页。
⑤ 《全唐诗》卷一九八，第 2043 页。
⑥ 《全唐诗》卷二三〇，第 2510 页。
⑦ 《全宋诗》第 29 册，第 18573 页。
⑧ 《全宋诗》第 61 册，第 38365 页。
⑨ 《全宋诗》第 64 册，第 39908 页。
⑩ 《全宋诗》第 64 册，第 39910 页。

范成大《澧江渔舍》:“茫茫旷土无人问,芦荻春深绿满川。”[1]相对而言,这样的描写还是极少数的。

具体而言,风雨中的芦荻是诗人关注的焦点,有描写风雨中芦荻萧萧翻动的声音和姿态,如皇甫冉《曾东游以诗寄之》:“惊风扫芦荻,翻浪连天白。”[2]陆游《舟中醉题二首》其一:“风吹芦荻声飕飕,晚潮入港浮孤舟。”[3]杨万里《过长峰迳遇雨,遣闷十绝句》其五:“一眼空山空复空,欹芦倒荻雨和风。”[4]又《过望亭六首》其一:“今日溪山浑似旧,雪芦风荻两萧然。”[5]董嗣杲《梅根港欲泊不泊其况可想》:“梅港绝梅根,渺莽芦与荻。芦荻摇北风,正逢霜雪激。”[6]又《九江驿纪梦歌》:“西风吹净汀洲明,萧萧雨荻霜芦声。”[7]

同“蒹葭”一样,芦荻洲渚也是诗歌中的重要意象,如韩驹《次韵耿龙图稜陵书事》:“十月舟藏芦荻林,客衣顿觉夜寒侵。”[8]杨万里《碧落洞前滩水三首》其三:“开门将谓船行远,只在峰头芦荻湾。”[9]又《初六日过鄱阳湖入相见湾》:“芦洲荻港何时了,南浦西山不肯来。”[10]叶茵《渔家行》:“盖蓑腊雪杨柳岸,笼手西风芦荻滩。”[11]方岳《次韵

①《全宋诗》第41册,第25885页。
②《全唐诗》卷二五〇,第2805页。
③《全宋诗》第41册,第25612页。
④《全宋诗》第42册,第26299页。
⑤《全宋诗》第42册,第26449页。
⑥《全宋诗》第68册,第42610页。
⑦《全宋诗》第68册,第42627页。
⑧《全宋诗》第25册,第16623页。
⑨《全宋诗》第42册,第26315页。
⑩《全宋诗》第42册,第26401页。
⑪《全宋诗》第61册,第38243页。

酬因胜老》其二："一篷烟雨载秋去，诗在江南芦荻洲。"[1]董嗣杲《客次狂吟》："江山风月多寻酒，芦荻汀洲几泊船。"[2]

芦苇和荻的组合方式多种多样，除了"蒹葭"、"芦荻"这两种组合意象外，还有"葭""菼"组合，"葭菼"最早出现在《诗经·卫风·硕人》中，"葭菼揭揭"，后人使用这一组合的频度也很高，如初唐诗人李百药《晚渡江津》："丘壑列夕阴，葭菼凝寒雾。"[3]盛唐诗人刘长卿《湘中纪行十首·赤沙湖》："茫茫葭菼外，一望一沾衣。"[4]晚唐诗人姚合《中秋夜洞庭圆月》："练彩凝葭菼，霜容静杳冥。"[5]或是"萑"和"苇"组合，"萑苇"最早见于《诗经》中"八月萑苇"(《豳风·七月》)和"萑苇淠淠"(《小雅·节南山之什·小弁》)，宋代诗歌中才出现的较多，如曾巩《咏雪》："相持始信竹析劲，易败可嗟萑苇折。"[6]周邦彦《怀隐堂》："嗟我如鷦鷯，尽室寄苇萑。"[7]或是"荻"和"苇"组合，如杨公远《次金东园渔家杂咏》："经行苇荻沙头熟，出没风涛胆气粗。"[8]蔡蒙古《梅江晚泛二首》其二："何处吹横笛，萧萧荻苇丛。"[9]还有"葭薍"组合，如苏辙《舟次大云仓回寄孔武仲》："我舟一何迟，出没蔽葭薍。"[10]王之道《秋兴八首追和杜老》："湖外干戈半绿林，湖边葭薍晚森森。"[11]

---

① 《全宋诗》第 61 册，第 38292 页。
② 《全宋诗》第 68 册，第 42657 页。
③ 《全唐诗》卷四三，第 534 页。
④ 《全唐诗》卷一四八，第 1520 页。
⑤ 《全唐诗》卷八八三，第 9982 页。
⑥ 《全宋诗》第 8 册，第 5519 页。
⑦ 《全宋诗》第 20 册，第 13427 页。
⑧ 《全宋诗》第 67 册，第 421119 页。
⑨ 《全宋诗》第 70 册，第 43930 页。
⑩ 《全宋诗》第 15 册，第 9946 页。
⑪ 《全宋诗》第 32 册，第 20226 页。

（二）白苇黄茅

茅，多年生草本植物，适应性强，耐荫、耐瘠薄和干旱，喜湿润疏松土壤，在适宜的条件下，根状茎可以长达 2 ～ 3 米以上，能穿透树根，断节再生能力强。

芦苇和茅都是野外生长十分茂盛的草类，邓肃《寒梅上李舍人》："穷山触目纷茅苇，此意昏昏谁可洗。"[1]赵孟坚《题陈山龙祠》："海山断不连，四望惟茅苇。"[2]李曾伯《淮西幕自皂入颍道间作》："平岗尽茅苇，沃壤旧桑麻。"[3]陈著《送陈笠峰路教之燕》："芹藻泛泛随波涛，茅苇弥望谁其薅。"[4]因而二者在诗歌中常同时出现，如冯时行《送张仁甫见何少卿续郎中二首》其一："水驿风烟暝，江郊茅苇秋。"[5]又《雨中书事》："昨夜风吹茅苇纷，今朝急雨洗崖痕。"[6]诗人同样注意二者的颜色对比描写，如王庭珪《离辰州二首》其二："行尽黄茅白苇丛，举头忽见两三峰。"[7]邓肃《哭陈兴宗先生三首》其二："齑盐昔者谩儒宫，苇白茅黄处处同。"[8]又《紫芝和来》："请公文急出新格，一变茅黄兼苇白。"[9]陈允平《茅苇》："白苇黄茅几断魂，数家鸡犬不相闻。"[10]

芦苇和茅都有广泛的实用价值。茅草用来盖屋建房，在古代诗歌中多有体现，如释道潜《江行寄俞仲宽察院》："茅屋两三家，鸡声闻

---

① 《全宋诗》第 31 册，第 19696 页。
② 《全宋诗》第 61 册，第 38669 页。
③ 《全宋诗》第 62 册，第 38711 页。
④ 《全宋诗》第 64 册，第 40298 页。
⑤ 《全宋诗》第 34 册，第 21632 页。
⑥ 《全宋诗》第 34 册，第 21641 页。
⑦ 《全宋诗》第 25 册，第 16845 页。
⑧ 《全宋诗》第 31 册，第 19680 页。
⑨ 《全宋诗》第 31 册，第 19701 页。
⑩ 《全宋诗》第 67 册，第 42006 页。

缥缈。”[①]丁高林《村舍柳》:“何似竹篱茅舍畔,新年不减旧年枝。”[②]芦苇和茅在诗歌中的组合,更多体现在他们共通的实用价值上。

首先,它们都是重要的编制建筑材料,如张耒《闻红鹤有感》:“岂知崎岖黄土岗,茅屋芦篱风雨折。”[③]郭印《刘谊夫见寄云溪之什用前韵》其一:“芷兰成佩玉,茅苇当雕梁。”[④]赵汝鐩《宿康口渔家》:“渔家假宿休疲骨,败芦纫壁茅盖头。”[⑤]张蕴《维扬即事》其三:“茅屋芦门前市坊,居民无事亦军装。”[⑥]杨修《蚕室》:“摘茧抽丝女在机,茅檐苇箔旧堂扉。”[⑦]无名氏《凤凰台忆吹箫》:“长记小桥斜渡,潇洒处,苇篱茅舍三间。”[⑧]

其次,芦苇还作为茅屋附近的景象点缀出现,以表现生活环境的幽静美好,增添画面感,如苏轼《送任伋通判黄州兼寄其兄孜》:“黄州小郡夹溪谷,茅屋数家依竹苇。”[⑨]史浩《满庭芳·茅舍》:“柴作疏篱,茅编小屋,绕堤苦竹黄芦。老翁蜗处,却自乐清虚。”[⑩]吴潜《疏影》:“落雁寒芦,翠鸟冰枝,近傍三间茅屋。”[⑪]无名氏《洞仙歌》:“望孤村,两三间,茅屋疏篱,溪水畔、一簇芦花晚照。”[⑫]

---

① 《全宋诗》第 16 册,第 10749 页。
② 《全宋诗》第 72 册,第 45397 页。
③ 《全宋诗》第 20 册,第 13359 页。
④ 《全宋诗》第 29 册,第 18695 页。
⑤ 《全宋诗》第 55 册,第 34221 页。
⑥ 《全宋诗》第 63 册,第 39380 页。
⑦ 《全宋诗》第 72 册,第 45219 页。
⑧ 《全宋词》,第 3618 页。
⑨ 《全宋诗》第 14 册,第 9136 页。
⑩ 《全宋词》,第 1280 页。
⑪ 《全宋词》,第 2750 页。
⑫ 《全宋词》,第 3621 页。

（三）葭茁蓬乱

蓬，两年生草本植物，也是一种常见的草类植物。蓬的习性和字的来源在《埤雅》中有所说明："蓬蒿属，草之不理者也，其叶散生如蓬，末大于本，故遇风辄拔而旋。《说苑》曰：'秋蓬恶于根本而美于枝叶，秋风一起，根且拔矣，是以君子务本也。'……然蓬虽转徙无常，其相遇往往而有也，故其制字从逢。"[1]意谓飞蓬枝叶散生，上部的枝冠往往大于根系，强风一吹，常连根拔起，植株在地面上翻滚旋转，因此生长在不同地方的单株常因随风飞舞而"相逢",所以其字为"蓬"。蓬蒿具有枝叶繁盛、杂乱丛生的特点。

前面我们提到过,草类植物都有旺盛的生命力,蓬草也不例外。《礼记·月令》载:"孟春行夏令,则雨水不时,草木蚤落,国时有恐。行秋令,则其民大疫,猋风暴雨总至,藜莠蓬蒿并兴。"[2]《史记》卷二八《封禅书》第六："于是管仲睹桓公不可穷以辞，因设之以事，曰：'……今凤皇麒麟不来，嘉谷不生，而蓬蒿藜莠茂，鸱枭数至，而欲封禅，毋乃不可乎？'"[3]《诗经·召南·驺虞》中"彼茁者蓬"和"彼茁者葭"也说明蓬同芦苇一样,都是生命力强的植物。诗歌中也有描述,如李纲《再赋酴醿赠志宏》："浓花嫩蕊满柔柯，应笑蓬葭春亦茁。"[4]孙应时《和答陆华父》其一："幽兰怀春风，葭蓬亦芽茁。"[5]

作为一种杂草，蓬蒿在田间、房前屋后、荒野等地方都有生长，而且丛聚生长，所以有蓬蒿出现的地方，就表现出一种弥漫的态势，

① ［宋］陆佃著、王敏红点校《埤雅》，第 147 页。
② 李学勤《十三经注疏·礼记正义》，第 467 页。
③ ［汉］司马迁《史记》，第 1361 页。
④ 《全宋诗》第 27 册，第 17559 页。
⑤ 《全宋诗》第 51 册，第 31725 页。

显得十分荒芜。或展现宫殿台庙的荒芜，如刘长卿《穆棱关北逢人归渔阳》:“逢君穆棱路，匹马向桑乾。楚国苍山古，幽州白日寒。城池百战后,耆旧几家残。处处蓬蒿遍,归人掩泪看。”[①]或描写家园的荒芜，如杜牧《过田家宅》:“安邑南门外，谁家板筑高。奉诚园里地，墙却见蓬蒿。”[②]或写坟丘的荒芜,如郭祥正《奠谒王荆公坟三首》其一:“再拜孤坟奠浊醪,春风斜日漫蓬蒿。扶持自出轲雄上,光焰宁论万丈高。”[③]芦苇是生命力顽强的草类，有时也会侵占久无人烟的家园，如方干《初归镜中寄陈端公》:“去岁离家今岁归，孤帆梦向鸟前飞。必知芦笋侵沙井，兼被藤花占石矶。”[④]芦苇与蓬的组合，越发能体现环境的荒芜，如文同《守居园池杂题·野人庐》:“萧条野人庐，篱巷杂蓬苇。每一过衡门，归心为之起。”[⑤]

（四）黄芦苦竹

芦苇与竹在外形上有相似之处。竹子，有节，空心；芦苇地上茎秆有显著突出的节，且节间中空，茎秆直立中空。二者的相似特征，在诗歌中有形象细致的体现，如邵雍《答人乞碧芦》:“草有可嘉者，莫将萧艾俦。扶疏全类竹，苍翠特宜秋。”[⑥]苏轼《和子由记园中草木十一首》其五:“芦笋初似竹，稍开叶如蒲。”[⑦]或写芦苇和竹的茎秆细长高大,如苏洵《答二任》:“往岁栽苦竹,细密如蒹葭。”[⑧]司马光《松

① 《全唐诗》卷一四七，第 1492 页。
② 《全唐诗》卷五二一，第 5961 页。
③ 《全宋诗》第 13 册，第 8997 页。
④ 《全唐诗》卷六五一，第 7479 页。
⑤ 《全宋诗》第 8 册，第 5419 页。
⑥ 《全宋诗》第 7 册，第 4517 页。
⑦ 《全宋诗》第 14 册，第 9130 页。
⑧ 《全宋诗》第 7 册，第 4360 页。

江》其二："长芦瘦竹映渔家，灯火渺茫寒照水。"[1]苏辙《赋园中所有十首》其三："芦生井栏上，萧骚大如竹。"[2]或写颜色的相似，如周南《后过书坞夜坐》："慈竹色如芦苇白，石楠顶结樱朱红。"[3]

外形的相似以及生长环境的雷同，使芦苇和竹的组合常常出现在描写郊外风景的诗作中，如熊应亨《过多福寺次王龟龄壁间韵》："田舍竹林分鹫岭，山城芦水漾鱼波。"[4]黄榦《访高佥判所居》："短亭低密竹，小艇隐寒芦。"[5]芦花、芦叶和竹构成的景观和意境都成为诗人描写的对象，如杨万里《出北关门送季舍使虏》："霜外汀洲芦叶晓，雪余园圃竹梢斜。"[6]又《午过横林回望惠山二首》其一："芦花多处竹阴底，砌作瑶堤不计层。"[7]赵讷轩《句》："门外须臾风竹定，橹声摇曳出芦花。"[8]

芦竹组合最早出现在唐代，如耿湋《登钟山馆》："野市鱼盐隘，江村竹苇深。"[9]白居易《琵琶行》："住近湓江地低湿，黄芦苦竹绕宅生。"[10]郑谷《献制诰杨舍人》："苇陂竹坞情无限，闲话毗陵问杜陵。"[11]自白居易"黄芦苦竹"组合之后，后代文人多沿袭这一表达方式，"黄芦苦竹"也成为芦苇和竹在诗词中最常见的组合方式，如董嗣杲《离

---

① 《全宋诗》第 9 册，第 6076 页。
② 《全宋诗》第 15 册，第 9835 页。
③ 《全宋诗》第 52 册，第 32258 页。
④ 《全宋诗》第 37 册，第 23043 页。
⑤ 《全宋诗》第 50 册，第 31477 页。
⑥ 《全宋诗》第 42 册，第 26356 页。
⑦ 《全宋诗》第 42 册，第 26433 页。
⑧ 《全宋诗》第 72 册，第 45263 页。
⑨ 《全唐诗》卷二六八，第 2992 页。
⑩ 《全唐诗》卷四三五，第 4822 页。
⑪ 《全唐诗》卷六七六，第 7745 页。

江城遇雪》:“舟穿苦竹黄芦去,帽任回风急雪飘。”[1]周邦彦《满庭芳·中吕》:“凭栏久，黄芦苦竹，疑泛九江船。”[2]张炎《声声慢·达琴友季静轩还杭》:“苦竹黄芦，都是梦里游情。”[3]或将这一组合稍作改动，如白玉蟾《雨中题旅馆》:“黄竹绕檐黄蚁战，白芦映水白鸥眠。”[4]侯寘《念奴娇·和王圣旨》:“红蓼丹枫,黄芦白竹,总胜春桃李。”[5]“竹苇”组合到宋代才有较多出现，如苏轼《次韵仲殊雪中游西湖二首》其一:“夜半幽梦觉，稍闻竹苇声。”[6]黄庭坚《赠赵言》:“轻谈祸福邀重糈，所在多于竹苇林。”[7]陆游《唐希雅雪鹊》:“烈风大雪吞江湖，巨木摧折竹苇枯。”[8]

除了外在形象的相似，芦苇与竹的类似更多体现在内在人格象征方面。竹是君子的代名词，是品性高洁的象征。挺拔青翠，摇曳多姿，清香袭人是竹之韵；不惧酷暑，不怕严寒，生不避贫壤，伐而可复生是竹之性；高风亮节，清风瘦骨，虚心有节是竹之品。在古代文学作品中，咏竹、颂竹、写竹、画竹的文人不计其数。诗人也常常将芦苇与竹二者品格相比较，如贾至《别裴九弟》:“月色更添春色好，芦风似胜竹风幽。”[9]姚合《寄王度居士》:“无竹栽芦看，思山叠石为。”[10]

---

① 《全宋诗》第 68 册，第 42664 页。
② 《全宋词》，第 602 页。
③ 《全宋词》，第 3471 页。
④ 《全宋诗》第 60 册，第 37524 页。
⑤ 《全宋词》，第 1428 页。
⑥ 《全宋诗》第 14 册，第 9439 页。
⑦ 《全宋诗》第 17 册，第 11495 页。
⑧ 《全宋诗》第 40 册，第 25317 页。
⑨ 《全唐诗》卷二三五，第 2599 页。
⑩ 《全唐诗》卷四九七，第 5634 页。

李中《庭苇》:“品格清于竹，诗家景最幽。”[①]由此可见，在时人心中，芦苇与竹一样有着淡泊孤高的节操，与竹相比，芦苇更有野逸的趣味和不羁的潇洒。到了宋代，大多数诗人依然对芦苇持赞赏态度，不过也有诗人持不同态度，如郑刚中《修修窗前芦》:

修修窗前芦，孤瘦倚青玉。心虚知夜凉，风叶乱相触。

使我入幽梦，如在江湖宿。方兹困炎曦，爱尔眼中绿。

奈何柔脆姿，行犯秋气肃。霏霏霜露中，菱荷等摧覆。

大抵无劲节，不及岁寒竹。[②]

郑刚中为南宋诗人，他本人对竹十分赞赏，写竹诗有六十余首，在他的咏物诗歌中占有重要地位。在这首诗中,作者认为芦苇“无劲节”，不如竹子，但他在另一首诗中又写道:“小小轩窗冷逼人，竹无俗韵水无尘。正如芦苇潇湘浦，不见樊然花柳春。”[③]可见，诗人对芦苇也并非一味持否定态度。

第二节　芦苇与鸟禽

从上述文学发展的情况来看，芦苇与各类植物的搭配，主要因色彩的差异和对比，给人视觉上的美感。芦苇高大茂密，常成为飞禽鸟兽的栖息和藏身之处，鸟禽对芦苇的依附关系是芦苇、鸟禽意象组合的前提。在这些组合中，最常见的鸟禽是大雁和鸥鹭。这几种鸟禽在我国古代文学作品中本身就有着一定的象征意义，芦苇与他们的密切

① 《全唐诗》卷七四七，第 8501 页。

② 《全宋诗》第 30 册，第 19045 页。

③ [宋]郑刚中《绿净轩》,《全宋诗》第 30 册，第 19076 页。

关系加深了文人的情感迁移，同时也深化了其文化内涵。

图 10　芦苇与麻雀，网友提供。

一、芦苇与大雁

芦苇与大雁的关系历史悠久。早在先秦两汉时期，一些典籍资料就记载过大雁迁徙时衔芦这一现象，《尸子》载：“雁衔芦而捍网，牛结陈以却虎。”意为“雁叼衔芦苇以抵御捕鸟网”。[①]《淮南子·修务训》载：“夫雁顺风以爱气力，衔芦而翔以备矰弋。”高诱注：“衔芦所以令缴不得截其翼也。”[②]《古今注》载：“雁自河北渡江南，瘠瘦能高飞，不畏矰缴。江南沃饶，每至还河北，体肥不能高飞，恐为虞人所获，尝衔

① ［战国］尸佼著、［清］汪继培辑《尸子译注》，第 120 页。

② ［汉］刘安著、何宁撰《淮南子集释》下册，第 1341 页。

芦长数寸，以防缯缴焉。”[1]由此可见，“雁衔芦”的意思就是大雁口含芦苇，这是大雁自卫的本能，如释文珦《鸣雁行》中所述：

鸣雁□□来自北，一一衔芦度深碛。

空受严霜损羽毛，不为征人寄消息。

散落湘吴无定所，或寄平川或洲渚。

相唤相呼不乱群，非比寒鸦无次序。

弋者多怀害尔心，栖宿须寻烟水深。[2]

雁阵衔芦就是为躲避有谋害之心的射弋者。诗歌中的“衔芦”也多为此含义，如崔涂《孤雁》其一：“如何万里计，只在一枝芦。”[3]徐夤《鸿》：“况解衔芦避弓箭，一声归唳楚天风。”[4]

在文学作品中，“衔芦雁”成为芦苇与大雁组合中最原始的形象。魏晋南北朝时期就出现了这种表达方式，如左思《蜀都赋》：“其中则有鸿俦鹄侣，振鹭鹈鹕。晨凫旦至，候雁衔芦。”[5]徐陵《报尹义尚书》：“归雁衔芦，多经寒食，靖言念此，如何可忘？”[6]庾信《和宇文京兆游田》：“熊饥自舐掌，雁惊犹衔枚。”[7]口衔芦苇的大雁不仅成为一种固定的形象，文人创作诗歌时还进一步发挥，借用“雁衔芦”自卫自保寓意表达自己的思想，抒发心中的感慨，如张华《鷦鷯赋》：

彼晨凫与归雁，又矫翼而增逝。

咸美羽而丰肌，故无罪而皆毙。

① ［晋］崔豹《古今注》卷中。

② 《全宋诗》第63册，第39561页。

③ 《全唐诗》卷六七九，第7775页。

④ 《全唐诗》卷七一〇，第8179页。

⑤ ［清］严可均《全上古三代秦汉三国六朝文》，第1883页。

⑥ ［南朝陈］徐陵撰、许逸民笺《徐陵集校笺》，第857页。

⑦ ［北周］庾信撰、［清］倪璠注、许逸民校点《庾子山集注》，第182页。

徒衔芦以避缴，终为戮于此世。[①]

张华在《鷦鷯赋》中传达的是“委命顺理”“任自然以为资”的人生观，雁衔芦想要自我保护躲避祸患，却终被杀戮，从而强调了“避祸远害”的思想和隐逸的主张。

还有李白的《鸣雁行》：

胡雁鸣，辞燕山，昨发委羽朝度关。一一衔芦枝，南飞散落天地间，连行接翼往复还。

客居烟波寄湘吴，凌霜触雪毛体枯。畏逢矰缴惊相呼，闻弦虚坠良可吁。君更弹射何为乎？[②]

胡震亨曰：“鲍照本辞，叹雁之辛苦霜雪，太白更叹其遭弹射，似为己之逢难寓戚。”此诗正是诗人咏物寄情，自寓身世。诗中描绘鸣雁失群憔悴霜雪，以胡雁的悲惨遭遇，比喻自己人生的坎坷。

蔡襄《胡雁》：

胡雁畏空漠，群飞向洲渚。褰云避射戈，万里声悲苦。

月色满关河，欲下迷处所。春江沙平净，鱼蚌不可数。

饱暖身肥腴，归路欲远举。寻常弓箭儿，仰视随意取。

从来远祸心，狼藉失旧侣。小哉衔芦智，岂识保身语。[③]

这首诗也是借物抒情，表面上描写胡雁南飞途中遇到的艰难险阻，实际上写官场上的尔虞我诈，仕途中的身不由己。此外，大雁迁徙在秋季，所以“雁衔芦”在诗歌中还成为秋天到来的象征，如刘商《重阳日寄上饶李明府》载：“重阳秋雁未衔芦，始觉他乡节候殊。”[④]释

① 《全上古三代秦汉三国六朝文》，第1790页。

② ［唐］李白著、［清］王琦注《李太白全集》，第266页。

③ 《全宋诗》第7册，第4767页。

④ 《全唐诗》卷三〇三，第3456页。

道行《偈十首》其六："为君重决破，秋至雁衔芦。"[1]不少诗人还着眼于芦苇和雁的色彩搭配，从色彩学上看，秋季苇秆枯黄，芦花雪白，有些品种的大雁羽毛白色，黄、白搭配，更加给人一种秋季萧条之感，如艾性夫《宣和御笔二扇面》其二："黄芦白雁小汀洲，奎藻香罗一片秋。胜似纥干山下雀，冻飞不去使人愁。"[2]

所谓"秋景则水天一色，簌簌疏林，雁横烟塞，芦袅沙汀"[3]，芦花和雁都是秋季到来的象征。秋季大雁迁至南方温暖地区越冬，途中还要落在宽阔的水域休息，而水岸边的芦苇丛则是它们选择栖息的地点之一。关于雁卧苇丛，文学作品上有很多反映，如许浑《孤雁》："芦洲寒独宿，榆塞夜孤飞。"[4]李中《送庐阜僧归山阳》："鱼行细浪分沙觜，雁逆高风下苇洲。"[5]李曾伯《戊戌冬护军援庐濡自栅江入今日过之恍然如昨梦因成》："月沉荒垒马横塞，风卷寒沙雁宿芦。"[6]赵汝鐩《舟夜》："松崖猿袅月，芦渚雁眠秋。"[7]葛绍体《雪中月波即事》："水鸭飞去投平芜，野雁鸣来落寒芦。"[8]或是雁宿芦花，如杨万里《晓泊兰溪》："恨身不如沙上雁，芦花作家梅作伴。"[9]赵汝鐩《渔父四时曲·秋》："新雁衔秋访水涯，分屯洲渚傍芦花。"[10]于石《次韵赵羽翁秋江杂兴二首》

---

① 《全宋诗》第 30 册，第 19222 页。
② 《全宋诗》第 70 册，第 44419 页。
③ ［五代］荆浩《画山水赋》。
④ 《全唐诗》卷五二八，第 6038 页。
⑤ 《全唐诗》卷七四七，第 8504 页。
⑥ 《全宋诗》第 62 册，第 38784 页。
⑦ 《全宋诗》第 55 册，第 34237 页。
⑧ 《全宋诗》第 60 册，第 37956 页。
⑨ 《全宋诗》第 42 册，第 26320 页。
⑩ 《全宋诗》第 55 册，第 34206 页。

其二:“雁落芦花洲外洲,半川斜日独凭楼。”[1]张炎《解连环·孤雁》:“想伴侣、犹宿芦花，也曾念春前，去程应转。”[2]秋风中的芦苇丛瑟瑟作响，大雁南飞时边飞边鸣，发出“咿呀”“咿呀”的叫声，时有“芦花渚里鸿相叫”[3]“雁声叫彻芦花渚”[4]。当二者夹杂在一起，更显秋季的凄清，让人徒增伤感，如董嗣杲《次赵屯》:“船沿江北行，不见江边树。飒飒芦苇空，栖雁泣如诉。”[5]

芦苇与大雁的密切联系，还在于专门吟咏雁的诗歌中也常常出现芦苇，如廖行之《暮秋闻雁》:“微日输晴宿霭妆，征鸿迎暖到南州。相呼相唤稻粱熟,年去年来芦苇秋。”[6]王镃《孤雁》:“叫入青云忆弟兄，影随双翮见分明。黄昏独过秋江上，自拣芦花歇又惊。”[7]同样，描写芦苇和芦花的诗歌中也常常出现雁的身影,如黄庶《题公美庭前芦》:“长安只说谁花好,君把青芦砌下栽。鸣雁也知人好事,几时衔得入关来。”[8]董嗣杲《芦花》:“两岸水枯鸥宿处，一天雪衮雁衔时。”[9]

除此之外，在题画诗作中，芦苇与大雁似乎也成为固定搭配，尤其是因宋代画家惠崇著名的春江晚景图，提及惠崇景象，映入人们脑海的第一图景就是芦雁。描写惠崇芦雁的诗作也十分多，如晁补之《题惠崇画四首》其三:“一雁孤风乍临渚，两雁将飞未成举，三雁群行依

① 《全宋诗》第 70 册，第 44152 页。
② 《全宋词》，第 3470 页。
③ [唐]李嘉佑《送从弟永任饶州录事参军》,《全唐诗》卷二〇七、第 2166 页。
④ [宋]柴元彪《踏莎行》,《全宋词》，第 3373 页。
⑤ 《全宋诗》第 68 册，第 42611 页。
⑥ 《全宋诗》第 47 册，第 29188 页。
⑦ 《全宋诗》第 68 册，第 43220 页。
⑧ 《全宋诗》第 8 册，第 5483 页。
⑨ 《全宋诗》第 68 册，第 42725 页。

宿莽。芦花已倒江上风，云间分飞那可同。”[①]

综上所述，我们可以看出，芦苇与大雁的渊源深厚，在后来的文学发展中它们的组合形象更是多种多样。雁意象最早起源于《诗经》，是我国古代诗歌中常见的意象，也是一个情感意蕴十分丰富的意象，可以用来传书传情，抒写离愁别绪;可以用来展示塞外风情、征战之苦，寄托游子怀乡之情；可以用来昭示季节的转化，时光的流逝，抒发悲秋伤怀之感。芦苇与它的组合搭配，使得芦苇所带有的情感意蕴更加立体丰满。

二、芦苇与鸥鹭

鸥鹭都是依水而生的鸟类，芦苇又傍水而生，“认旧时鸥鹭，犹恋蒹葭”[②]，二者密不可分。在单独描写芦苇的作品中也常常提及鸥鹭，如李中《庭苇》:“玩好招溪叟，栖堪待野鸥”[③]，魏野《新栽苇》:“闲栖称白鸥”[④]，罗邺《芦花》:“最宜群鹭斜阳里，闲捕纤鳞傍尔行。”[⑤]芦花、夕阳、群鹭构成了很美的图景。甚至种植芦苇就是为了引来鸥鹭，如“栽芦延宿鹭”[⑥]“裁苇池边引鹭翔”[⑦]“拟招鹭宿栽添苇”[⑧]。

自唐代起，人们开始关注鸥鹭宿苇丛，在文学作品中也多有反映，如钱起《蓝田溪杂咏二十二首 · 戏鸥》:“乍依菱蔓聚，尽向芦花灭。

① 《全宋诗》第 19 册，第 12801 页。
② ［宋］张炎《春从天上来》，《全宋词》，第 3479 页。
③ 《全唐诗》卷七四七，第 8501 页。
④ 《全宋诗》第 2 册，第 938 页。
⑤ 《全唐诗》卷六五四，第 7512 页。
⑥ ［宋］蒋堂《南湖台三首》，《全宋诗》第 3 册，第 1703 页。
⑦ ［宋］苏绅《长生桧》，《全宋诗》第 4 册，第 2638 页。
⑧ ［宋］邹登龙《水亭》，《全宋诗》第 56 册，第 35022 页。

更喜好风来，数片翻晴雪。”[①]此诗描写白鸥从芦花间飞翔的情景，白鸥掠过，如雪的芦花在白鸥煽动的风中飞舞翻动，描写形象生动。郑谷《鹭》:“闲立春塘烟淡淡，静眠寒苇雨飕飕。渔翁归后汀沙晚，飞下滩头更自由。”[②]郑谷多写景咏物之作，这首诗直写白鹭的悠闲生活姿态，表现士大夫的闲情逸致。还有温庭筠《病中书怀呈友人》:“跃鱼翻藻荇,愁鹭睡葭芦。”[③]裴说《鹭鸶》:“浴偎红日色,栖压碧芦枝。”[④]

到了宋代，诗人描写和用词多样，形象生动，如郭祥正《追和李白登金陵凤凰台二首》其一:“舴艋竞归芳草渡，鹭鸶群舞碧芦洲。”[⑤]释正觉《禅人写真求赞》其八三:“白鸥暮落烟沙秋,寒卧芦华明月里。”[⑥]白玉蟾《张子衍为至德知观鄢冲真求诗》:“鱼龙飞舞半帆雨，鸥鹭眠呼两岸芦。”[⑦]又《冥鸿辞》:“下嗤鸟雀恋篱落，俯视鹭鸥偎芦丛。”[⑧]释行海《鹭》:“有时拳足芦花畔，鱼在芦花影里行。”[⑨]诗人注重刻画鸥鹭在苇丛中的各种神情姿态，或写鸥鹭在芦丛中起落的情景，如张炜《鸥鹭世界》:“闲飞芦苇疑成序，独立菰蒲似不群。”[⑩]姜夔《昔游诗》其八:“径往枯葭浦，白鹭争相先。”[⑪]黄裳《新荷叶 · 雨中泛湖》:

---

① 《全唐诗》卷二三九，第 2686 页。
② 《全唐诗》卷六七五，第 7728 页。
③ 《全唐诗》卷五八〇，第 6733 页。
④ 《全唐诗》卷七二〇，第 8268 页。
⑤ 《全宋诗》第 13 册，第 8821 页。
⑥ 《全宋诗》第 31 册，第 19789 页。
⑦ 《全宋诗》第 60 册，第 37536 页。
⑧ 《全宋诗》第 60 册，第 37575 页。
⑨ 《全宋诗》第 66 册，第 41371 页。
⑩ 《全宋诗》第 32 册，第 20332 页。
⑪ 《全宋诗》第 51 册，第 32056 页。

"飞鸥独落，芦边对、几朵繁英。"[1]或写鸥鹭在芦苇丛中伫立闲步觅食，如杨备《白鹭洲》:"春信风生晚汛潮,印沙群鹭立还翘。凭高一片迷人眼，芦苇丛边雪未销。"[2]舒坦《和刘珵西湖十洲·烟屿》："著漠寒芦不见花，暗藏鸥鹭啄晴沙。"[3]吴潜《青玉案·和刘长翁右司韵》："苇汀芦岸,落霞残照,时有鸥来去。"[4]芦苇丛中伫立着成群的鸥鹭,闲散觅食，怡然自得,刻画了一片安闲静谧的光景,惹人喜爱。还有听觉上的描写，如释正觉《禅人并化主写真求赞》其一〇四："月芦混处鸣鸥，水天连时没雁。"[5]吴势卿《咏后山镇水月奇观阁》："芳草尽头黄犊乐，芦花深处白鸥声。"[6]

鸥鹭与秋季芦花相连，是一幅爽朗清秋的图景，如释原妙《颂古三十一首》其二九:"秋江清夜月澄辉,鹭鸶飞入芦花里。"[7]黄庚《秋吟》其一："芦花零落点汀洲，白鹭飞边泊小舟。"[8]或写出了乡村恬静自然的风景，如俞紫姿《水村》："悲翠闲居眠藕叶，鹭鸶别业在芦花。"[9]徐照《分题得渔村晚照》："小儿啾啾问煮米，白鸥飞去芦花烟。"[10]鸥鹭与黄芦枯苇相连，色彩鲜明，则是一幅冷秋寒冬的图景，如郑谷《失鹭鸶》："月昏风急何处宿，秋岸萧萧黄苇枝。"[11]曾有光《赠画山水陈

① 《全宋词》，第 373 页。
② 《全宋诗》第 3 册，第 1437 页。
③ 《全宋诗》第 15 册，第 10395 页。
④ 《全宋词》，第 2735 页。
⑤ 《全宋诗》第 31 册，第 19853 页。
⑥ 《全宋诗》第 63 册，第 39731 页。
⑦ 《全宋诗》第 68 册，第 43172 页。
⑧ 《全宋诗》第 69 册，第 43610 页。
⑨ 《全宋诗》第 11 册，第 7375 页。
⑩ 《全宋诗》第 50 册，第 31394 页。
⑪ 《全唐诗》卷六七五，第 7734 页。

兄》:“秋声飒飒芦苇寒，惊飞白鹭起前滩。”[①]赵希逢《和水禽》:“白鸥远远随潮上，隐映寒芦两岸秋。”[②]无名氏《西江月·待雪》:“萧萧风叶乱黄芦。寒入一滩鸥鹭。”[③]

在中国历史文化中，鸥鹭被视作闲情隐逸的象征。白鸥意象最早见于道家经典著作《列子·黄帝篇》:“海上之人有好沤鸟者，每旦之海上，从沤鸟游。沤鸟之至者百往而不止。其父曰:‘吾闻沤鸟皆从汝游,汝取来,吾玩之。’明日之海上,沤鸟舞而不下也。”[④]“年来养鸥鹭，梦不去江湖”(李中《题徐五教池亭》)[⑤]，鸥鹭逐渐成为淡泊名利江海隐士的象征。在文学作品中,有很多单独吟咏鸥鹭的诗篇,如李嘉佑《白鹭》:“江南渌水多，顾影逗轻波。落日秦云里，山高奈若何。”[⑥]杜牧《鹭鸶》:“雪衣雪发青玉嘴，群捕鱼儿溪影中。惊飞远映碧山去，一树梨花落晚风。”[⑦]华岳《鸥》:“随潮鸥鸟往来频，百十为群立水滨。多怪朝来无一个，高飞想是避渔人。”[⑧]鸥鹭不仅来去自如，而且雪白的外形也使它们自有一种超脱流俗的清高品格，如刘禹锡《白鹭儿》:“白鹭儿，最高格。毛衣新成雪不敌，众禽喧呼独凝寂。孤眠芊芊草，久立潺潺石。前山正无云，飞去入遥碧。”[⑨]鸥鹭品行高格，使得“避世水云国，卜邻鸥鹭家”[⑩]的芦苇丛也成为高洁之人的隐身之所，正如

---

① 《全宋诗》第 56 册，第 35147 页。
② 《全宋诗》第 62 册，第 38939 页。
③ 《全宋词》，第 3687 页。
④ 杨伯峻《列子集释》，第 67—68 页。
⑤ 《全唐诗》卷七五〇，第 8544 页。
⑥ 《全唐诗》卷二〇七，第 2167 页。
⑦ 《全唐诗》卷五二二，第 5973 页。
⑧ 《全宋诗》第 55 册，第 34430 页。
⑨ 《全唐诗》卷三五六，第 3998 页。
⑩ ［宋］杨万里《江西道院集戏赠江干芦花》,《全宋诗》第 42 册,第 26418 页。

吴潜在《青玉案》中所说："鹭洲鸥渚，苇汀芦岸，总是销魂处。"[1]

另外，芦苇与鸥鹭都是渔人钓者生活环境中的重要元素，如温庭筠《西江上送渔父》："三秋梅雨愁枫叶，一夜篷舟宿苇花。不见水云应有梦，偶随鸥鹭便成家。"[2]曾跃鳞《闻西浦渔歌作》："扣舷互答惊鸥梦，拍手难呼看鹭飞……海天空阔家长在，一任芦花雪点衣。"[3]赵汝鐩《宿康口渔家》："刺船火急入葭苇，问讯鸥鹭莫惊起。"[4]无名氏《浣溪沙》："一副纶竿一只船。蓑衣竹笠是生缘。五湖来往不知年。青嶂更无荣辱到，白头终没利名牵。芦花深处伴鸥眠。"[5]因而二者的组合也就更能代表清闲自由的生活环境，彰显人物不求名利淡泊孤高的情操，正如无名氏《浣溪沙》中所描绘的："青嶂更无荣辱到，白头终没利名牵。芦花深处伴鸥眠。"这无形中加深了芦苇隐逸江湖的情感意味，它同鸥鹭这些不食人间烟火的飞鸟一样，逐渐演化为人格高洁的象征。

芦苇除了与大雁、鸥鹭组合较为常见外，与其他鸟禽也时有搭配。与一般的鸟类搭配，如李白《姑孰十咏·丹阳湖》："龟游莲叶上，鸟宿芦花里。"[6]张方平《沧州白鸟歌》："秋空清，秋雨晴，弋者不来渔翁去，孤翘群泳芦花汀。"[7]与鹤搭配，如郑谷《鹤》："应嫌白鹭无仙骨，长伴渔翁宿苇洲。"[8]徐照《石屏歌为隐父作》："湘娥罢瑟老鱼舞，

---

① 《全宋词》，第 2744 页。
② 《全唐诗》卷五七八，第 6724 页。
③ 《全宋诗》第 50 册，第 31179 页。
④ 《全宋诗》第 55 册，第 34221 页。
⑤ 《全宋词》，第 3662 页。
⑥ 《全唐诗》卷一八一，第 1850 页。
⑦ 《全宋诗》第 6 册，第 3884 页。
⑧ 《全唐诗》卷六七七，第 7761 页。

瘦鹤叫下芦花汀。”[1]与鹭鸶搭配，如郑谷《题汝州从事厅》:“自说小池栽苇后，雨凉频见鹭鹚飞。”[2]与雀搭配，王安石《虎图》:“悲风飒飒吹黄芦，上有寒雀惊相呼。”[3]此外，还有与鸭、鸳鸯等水禽搭配。

芦苇意象的搭配模式与表现效果，是人们对芦苇形象特征认识的发展，这些逐渐固定下来的表达方式为芦苇的情感意蕴和象征意义奠定了基础。芦苇在人们心目中由一种简单的原始自然植物形象转变为赋予一定内涵的形象符号。从整体上说，人们对芦苇的认识经历了一个从片面到完整，由“写形”到“重神”逐步深入的过程。

---

① 《全宋诗》第 50 册，第 31395 页。

② 《全唐诗》卷六七六，第 7753 页。

③ 《全宋诗》第 10 册，第 6507 页。

第四章　芦苇意象的情感意蕴

芦苇是中国文学中一个重要意象，在长期的文化积淀中，人们在它身上赋予了很多情感内涵，王国维在《人间词话》中说："昔人论诗，有景语情语之别，不知一切景语皆情语也。"诗中的景物是为抒发情感服务的。人事不同，景色不同，时世不同，情感自然不会相同。即使面对同一景色，由于环境不同，遭遇不同，情感也会不同。诗人或借景抒情，或触景伤情，芦苇逐渐成为特定的情感载体。前面论述的芦苇的物色美感和芦苇意象的组合模式，是芦苇意象情感意蕴的基础。芦苇意象的情感意蕴主要表现为时光流逝之感、漂泊客旅之愁和离情别绪之思。

第一节　时光流逝之感

"蒹葭苍苍，白露为霜"，人们对芦苇最早的关注是其秋季萧瑟枯黄的特征。芦苇作为一个客观生命体，随着自然界的变化，由成熟走向枯萎，青青的苇叶变得苍黄不堪，夏季的晨露也变成了白霜，为芦苇添上了一份清冷的面纱。可以说"蒹葭"就是秋季的标志，而秋季又是一个秋风萧瑟、万物凋零的季节。所谓"悲哉，秋之为气也"，悲秋主题在中国文学史上源远流长。自古以来，文人墨客都会把秋天描绘得凄凉、清冷而悲壮哀婉，形成了“逢春而喜，遇秋而悲”的传统。悲秋情结是中国传统知识分子普遍而深刻的失落感的表现，秋天里的一草一木，一景一物，都会引发无限愁思和哀叹。“一叶落而知天下秋”，人们通过观察具有季节性特征的客观物象更容易获得直观的时光感知。

飘摇的苇丛、摇曳的芦花是诗人秋思的触媒，如杜荀鹤《溪岸秋思》：“秋风忽起溪滩白，零落岸边芦荻花。”[1]夏竦《江城秋思》：“两岸早霜红橘柚，半汀残雨老蒹葭。明时不见投簪客，落尽西风紫菊花。”[2]郑刚中《白居易有望阙云遮眼思乡雨滴心之句用起韵为秋思十首》其十：“孤笛过蒹葭，鲈鱼出烟浪。觉来空惘然，猿子啼青嶂。”[3]岳珂《次韵赵季茂寄诗》：“蒹葭道阻长，人在水中央。鸿笔写秋思，骊珠比夜光。”[4]方岳《次韵陈帐管秋思》其一：“已觉芦花洲渚冷，水天归雁着行飞。”[5]诗人在秋天思索感怀的情感多种多样。人间世事纷繁复杂，在这样一个充满伤感气息的季节，任何情绪都可以拿来抒发，这无非是诗人内心各种心理活动的外在表露，作为秋季标志的芦苇自然成为表达秋季时序之感的媒介。

首先是追忆历史兴亡的怀古感怀。乱木、闲花、杂草，是历代咏史、怀古等题材作品歌咏的重点。譬如江南佳丽地，在六朝时候，是贵族聚居进行政治、文化活动的场所。隋唐以来，人们在反思六朝政权频繁更替、败亡不断发生、“悲恨相续”（王安石《桂枝香 · 金陵怀古》）的历史时，都注意到了自然山水与六朝文化的关系。刘禹锡一组《金陵》

① 《全唐诗》卷六九二，第 7973 页。

② 《全宋诗》第 3 册，第 1798 页。

③ 《全宋诗》第 30 册，第 19126 页。

④ 《全宋诗》第 56 册，第 35360 页。

⑤ 《全宋诗》第 61 册，第 38295 页。

绝句，便是这类作品中最具代表性的。在“朱雀桥边野草花，乌衣巷口夕阳斜”(《乌衣巷》)、“万户千门成野草，只缘一曲《后庭花》”(《台城》)等诗句中，人由眼前繁盛的野草闲花，进而追思六朝历史。当年王谢世家的骄奢，陈后主制作《玉树后庭花》时的尽情享乐，都化为了对历史经验教训的忧思，给后世读者以深刻的启示。到了唐末，韦庄《金陵图》中的“江雨霏霏江草齐，六朝如梦鸟空啼”，则在烟雨迷蒙背景下绘出了一抹齐刷刷的江边碧草，让历史的追思变得梦一般幽眇难凭。旺盛的花草在历史题材中，有时不是用来说明历史巨变，而是用来写人的悲苦遭际，反衬凄凉寂寞的心境。

秋季萧瑟清冷，芦苇跟秋季相连，更容易引起人们对往事的回想和思考，给人一种深秋的苍茫感。时空流转，昔时的帝城将都化为荒蛮之地，也引发诗人抒怀。唐代诗人的许多作品中都有类似情感的表达，如：

昔时霸业何萧索，古木唯多鸟雀声。芳草自生宫殿处，牧童谁识帝王城。

残春杨柳长川迥，落日蒹葭远水平。一望青山更惆怅，西陵无主月空明。(刘沧《邺都怀古》)[①]

远渚蒹葭覆绿苔，姑苏南望思裴徊。空江独树楚山背，暮雨一舟吴苑来。

人度深秋风叶落，鸟飞残照水烟开。寒潮欲上泛萍藻，寄荐三闾情自哀。(刘沧《江行书事》)[②]

吴苑荒凉故国名，吴山月上照江明。残春碧树自留影，

① 《全唐诗》卷五八六，第 6788 页。

② 《全唐诗》卷五八六，第 6789 页。

半夜子规何处声。

芦叶长侵洲渚暗，蘋花开尽水烟平。经过此地千年恨，荏苒东风露色清。(刘沧《题吴宫苑》)[①]

苇声骚屑水天秋，吟对金陵古渡头。千古是非输蝶梦，一轮风雨属渔舟。(崔涂《金陵晚眺》)[②]

芦花尚认霜戈白，海日犹思火阵红。也是男儿成败事，不须惆怅对西风。(归仁《题楚庙》)[③]

战国城池尽悄然，昔人遗迹遍山川。笙歌罢吹多几日，台榭荒凉七百年。

蝉响夕阳风满树，雁横秋岛雨漫天。堪嗟世事如流水，空见芦花一钓船。(栖一《武昌怀古》)[④]

最为人熟悉的刘禹锡的《西塞山怀古》:

西晋楼船下益州，金陵王气黯然收。千寻铁索沉江底，一片降幡出石头。

人世几回伤往事，山形依旧枕寒流。今逢四海为家日，故垒萧萧芦荻秋。[⑤]

这是一首吊古抚今的诗作，抒发了山河依旧、人事不同的情感。诗的前四句，写西晋东下灭吴的历史事实，表现国家统一是历史必然，阐发了事物兴废决定于人的思想。后四句写西塞山，点出它之所以闻名，是因为曾是军事要塞。而今山形依旧，可是人事全非，诗人面对秋风

① 《全唐诗》卷五八六，第6794页。
② 《全唐诗》卷六七九，第7781页。
③ 《全唐诗》卷八二五，第9294页。
④ 《全唐诗》卷八四九，第9613页。
⑤ 《全唐诗》卷三五九，第4058页。

中摇曳的广阔芦荻丛，陷入一种无法自拔的情感体验之中。诗中描述的情境给人以“人生一世、草木一生”的苍凉境界，在这种时刻，常令人感到思想上的苍白与无力，只有喟叹历史的跌宕起伏与人世的沉浮消散。

入宋以来，在怀古诗歌中以芦苇意象表达对朝代兴亡更迭的感受为诗人普遍接受，产生了不少佳作。如曹组《赏心亭》:“白鹭洲边芦叶黄，石头城下水茫茫。江山不管事与废，今古坐令人感伤。六代豪华空处所，千秋城阙委荒凉。空馀眼外无穷景。助我凭栏到夕阳。”[①]方岳《白鹭亭》:“荻花芦叶老风烟，独上秋城思渺然。白鹭不知如许事，赤乌又复几何年。六朝往事秦淮水，一笛晚风江浦船。我辈人今竟谁是，只堪渔艇夕阳边。”[②]诗中的“赏心亭”“石头城”“白鹭亭”都是金陵著名的历史遗迹。芦苇在宋代以后，江南区域色彩也逐渐凸显，诗歌中对秋季芦苇的描写也加深了诗歌本身的历史沉重感，倍感萧瑟。在词作中，也有类似的描写，如陈亮《一丛花·溪堂玩月作》:“芦花千顷微茫。秋色满江乡。楼台恍似游仙梦，又疑是、洛浦潇湘。风露浩然，山河影转，今古照凄凉。”[③]历史的风云变幻，是是非非如今有谁能说得清楚。面对浩渺的时空、广阔的天地，文人只有关照历史兴衰来抒发思古幽情，窥探是非成败的一角，领略成王败寇的风骚。

其次是对岁月流逝人生衰老的感怀。秋季芦花变白，芦叶飘落，不由让人联想到时光的飞逝，纷飞的芦花成为触发感怀的景物，如白玉蟾《悲秋辞》:“昼乌夜兔忙如箭，各光渐入芦花岸。芦花白兮蓼花

---

① 《全宋诗》第 31 册，第 19979 页。

② 《全宋诗》第 61 册，第 38365 页。

③ 《全宋词》，第 2106 页。

红，鸿雁踽蹲满荻丛……人生岁月去如水，燕去莺归一弹指。”[1]释善珍《倚筇》："枫叶芦花满目秋，倚筇那复少年游。眼看桑海梦相似，骨瘗匡庐心始休。”[2]方回《次韵汉臣闵口渡》载："岁月匆匆雁往回，马头西去又东来。不知自有乾坤后，几度芦花谢复开。”[3]尤其是秋季蒹葭苍老，更易引起人的感慨，如范成大《李深之西尉同年谈吴兴风物，再用古城韵》："安知有恨事，但恐蒹葭苍。”[4]李曾伯《辛丑都司公廨与陈景清诸友小集作》其二："蒹葭白露嗟今老，榆柳西风感昔游。”[5]

颜鬓渐褪，双鬓的颜色如同雪白的芦花，使人联想到人生倏然，感叹生命的衰老，如李商隐《自桂林奉使江陵途中感怀寄献尚书》："芦白凝粘鬓，枫丹欲照心。”[6]李新《过长滩》："芦花伴我头俱白，山色迎秋意转清。”[7]杨冠卿《秋日怀松竹旧友》其二："乌免不停轨，蒹葭鬓已苍。”[8]赵蕃《将至豫章》："芦雪新须鬓，枫丹昔面颜。”[9]舒亶《菩萨蛮》："当年金马客。青鬓芦花色。把酒感秋蓬。骊歌半醉中。”[10]吴文英《瑞鹤仙》："念寒蛩残梦，归鸿心事，那听江村夜笛。看雪飞、蘋地芦梢，未如鬓白。”[11]张炎《数花风》："好游人老，秋鬓芦花共色。”[12]

① 《全宋诗》第60册，第37561页。
② 《全宋诗》第60册，第37786页。
③ 《全宋诗》第66册，第41680页。
④ 《全宋诗》第41册，第25793页。
⑤ 《全宋诗》第62册，第38740页。
⑥ 《全唐诗》卷五四一，第6239页。
⑦ 《全宋诗》第21册，第14191页。
⑧ 《全宋诗》第47册，第29645页。
⑨ 《全宋诗》第49册，第30575页。
⑩ 《全宋词》，第363页。
⑪ 《全宋词》，第2875页。
⑫ 《全宋词》，第3492页。

虽然韶华远去，生命渐老，有些诗人却能以乐观的心态坦然面对，不枉自嗟叹，如柴望《金陵秋赋别江寿翁》：“岁月易惊孤客梦，文章难比少年时。荻花芦叶休凄怨，自有新开窦桂枝。”[①]吴锡畴《秋日》：“芦已成花衰鬓白，枫犹染叶醉容丹。人间岁月几羊胛，身外勋名一鼠肝。领略秋光无限意，东篱闲掇落英餐。”[②]岁月无言，容颜易老，留不住的流年，也似这芦苇一年又一年的衰亡新生，看见自然界生命如此轮回，诗人在感慨青春短暂倏然一瞬的同时，对生命的意义也有了更多的思考和感悟。

第二节　漂泊客旅之愁

在中国古代文学史上，不少文人作家都有漂泊的经历。他们或是为寻求功名利禄，独自踏上外出闯荡的道路；或是受到连年战乱的逼迫，不得不过着颠沛流离的生活；抑或是遭到朝廷频繁的调职和贬谪，过着辗转各地东奔西走的日子。我们知道，古代主要的交通方式是水路，芦苇作为依水丛生的植物，经常出现在漂泊者的视野中，南北朝时期，鲍照《游思赋》，江淹《去故乡赋》《待罪江南思北归赋》《报袁叔明书》等赋中都出现了芦苇。从这些诗赋中可以看出芦苇是漂泊者常见的景物，但是它还只是作为一种季节性特征明显的植物出现，并没有被赋予更多更深的内涵。随着文学的发展，芦苇在文学作品中不只是简单的外在景物，漂泊者逐渐将自身的情感体验投射到芦苇的枯荣变化上，因而芦苇蕴含的漂泊客旅之愁也就越来越明朗。

---

① 《全宋诗》第 64 册，第 39910 页。

② 《全宋诗》第 64 册，第 40403 页。

首先是抒发对家乡的思念之情。漂泊自然要远离家乡，而游子对故土总有着难以割舍的情结，漫长的羁旅生活中，他们心灵的最深处始终没有归属感，随风飘摇的芦苇丛更增添了游子内心的不安定感，素色枯萎了的芦花触发了他们哀愁迷茫的感伤。从唐代开始，芦苇和思乡就联系在一起了，如杜牧《冬日五湖馆水亭怀别》："芦荻花多触处飞，独凭虚槛雨微微……江城向晚西流急，无限乡心闻捣衣。"[1]李中《泊秋浦》："苇岸风高宿雁惊，维舟特地起乡情。"[2]随风飘摇的芦花引发诗人的思乡之情。到了宋代，漂泊、芦苇和思乡的关系更加紧密，如王令《晚泊》："客子有倦怀，归心动秋苇。"[3]客子、芦苇、乡心汇合在一起，进一步表达了芦苇和思乡的确定关系。还有赵湘《秋晚舟泊桐江》："乡心旅思何人会，芦草萧萧一笛幽。"[4]吴光《句》其一八："蒹葭露滴思乡恨，芦荻风萦羁旅愁。"[5]南宋时期，不少诗人偏安一隅，迁都后仍然觉得内心无所寄托，思乡之情更深，如苏泂《过金陵四首》其三："飞鸿渺渺衬蒹葭，蓼岸红饶小穗花。此是秋光最佳处，江湖何处不思家。"[6]黄大受《沙头秋晚》："霜风吹冻玉池冰，留滞周南尚未行。病久故园千里梦，夜寒孤舍一枝灯。愁缘南贾归舟影，心断黄芦雁声画。老剑已闲头已白，祇堪吟咏课归程。"[7]文天祥《金陵驿》其一："草合离宫转夕晖，孤云飘泊复何依。山河风景元无异，城郭人民半已非。满地芦花和我老，旧家燕子傍谁飞。从今别却江南日，

① 《全唐诗》卷五二六，第 6019 页。
② 《全唐诗》卷七四九，第 8514 页。
③ 《全宋诗》第 12 册，第 8144 页。
④ 《全宋诗》第 2 册，第 890 页。
⑤ 《全宋诗》第 37 册，第 23251 页。
⑥ 《全宋诗》第 54 册，第 33941 页。
⑦ 《全宋诗》第 57 册，第 36089 页。

化作啼鹃带血归。”[1]时光渐逝，芦苇变得苍老不堪，但归程遥遥无期，回乡之情也被芦苇引发得越来越迫切。

宋词中也不乏这样的表达，旅者借有灵性的芦苇抒发人生感怀，时间与空间、个人与归宿、眼前之景与故国之思交织在一起，不同形象的芦苇就成为诗人抒发漂泊他乡士子情怀的载体，如王观《菩萨蛮·归思》："芦花枫叶浦。忆抱琵琶语。身未发长沙。梦魂先到家。”[2]黄子行《小重山》："搅芦花，飞雪满林湿。孤馆百忧集。家山千里远，梦难觅。”[3]朱敦儒《采桑子》："扁舟去作江南客，旅雁孤云。万里烟尘。回首中原泪满巾。碧山对晚汀州冷，枫叶芦根。日落波平。愁损辞乡去国人。”[4]江中的碧山正为暮霭所笼罩，矶边的汀州，芦根残存，枫叶飘零，满眼萧瑟冷落的景象。矶边秋暮景色，具有浓厚的凄清黯淡色彩，正是词人在国破家残、颠沛流离中情绪的反映。

其次是抒发漂泊中的孤独和愁苦。由于漂泊者居无定所，随遇而安，所以芦苇丛常常成为游子夜晚的休憩之地。在这样空旷的郊外休息，漂泊者内心的孤苦无依可见一斑，如白居易《风雨晚泊》："苦竹林边芦苇丛，停舟一望思无穷。青苔扑地连春雨，白浪掀天尽日风。忽忽百年行欲来，茫茫万事做成空。此生飘荡何时定，一缕鸿毛天地中。”[5]左偃《江上晚泊》:"寒云淡淡天无际,片帆落处沙鸥起。水阔风高日复斜，扁舟独宿芦花里。”[6]赵汝鐩《泊卢家步》："泊舟葭苇岸，风唤夜凉生。

① 《全宋诗》第68册，第43033页。
② 《全宋词》，第262页。
③ 《全宋词》，第3558页。
④ 《全宋词》，第866页。
⑤ 《全唐诗》卷四四〇，第4905页。
⑥ 《全唐诗》卷八四〇，第8444页。

天远星疑坠，秋清月倍明。倾杯浮蚁匝，把剑古蛟鸣。甚矣吾衰矣，功名念已轻。”[①]方岳《闻雪》：“黄尘没马长安道，残酒初醒雪打窗。客子惯眠芦苇岸，梦成孤浆泊寒江。”[②]侯畐《暮雨》：“暮雨生寒衣袂薄，楚乡客子正伤情。扁舟莫向芦边宿，夜半西风有雁声。”[③]诗人劝告不要夜宿苇丛，鸣叫的大雁会让人更加伤怀。游子在外敏感脆弱，一个细小的声音或是常见景象都会惹来一番愁绪。

除此之外，苇风萧瑟，秋风中芦苇瑟瑟作响的声音也让漂泊的人倍感愁苦，如陆龟蒙《五歌·雨夜》：“兼似孤舟小泊时，风吹折苇来相佐。我有愁襟无可那，才成好梦刚惊破。”[④]张耒《将至汉川夜泊》：“苇风惊客梦，江月伴人眠。多病闲偏乐，苦吟愁易牵。”[⑤]刘过《南康邂逅江西吴运判》其二：“万里西征一叶舟，谁怜天地此生浮。初征秋浦雁飞处，又泊江南相叶洲。贫困尽从归后见，雄豪半为病来休。十年心事闲搔首，荻雨芦风总是愁。”[⑥]赵汝鐩《晚泊》：“星河明夜色，葭苇撼秋声。回首人千里，通宵梦不成。”[⑦]真山民《泊舟严滩》：“水禽与我共明月，芦叶同谁吟晚风。隔浦人家渔火外，满江愁思笛声中。”[⑧]

童庆炳先生曾在《文学理论》“文学创造的主客体关系”一节中论述道：“创作主体的主导性、能动性、创造性又集中体现在实际创造过程中对‘具体客体’的剪裁、缀合、概括、综合、虚构、想象和情感化、

① 《全宋诗》第 55 册，第 34225 页。
② 《全宋诗》第 61 册，第 38299 页。
③ 《全宋诗》第 65 册，第 40846 页。
④ 《全唐诗》卷六二一，第 7149 页。
⑤ 《全宋诗》第 20 册，第 13156 页。
⑥ 《全宋诗》第 51 册，第 31833 页。
⑦ 《全宋诗》第 55 册，第 34228 页。
⑧ 《全宋诗》第 65 册，第 40876 页。

观念化上，也就是对客体进行变形、情感投射和观念移注。在这个过程中，客体被主体重新塑造，受到主体心灵的‘洗礼’，而转化为表征一定意义的客观形式，转化为一种有意义的生动符号。”[①]芦苇触发了漂泊者的愁绪，漂泊者就将自身漂泊客旅的愁苦投射到芦苇身上，芦苇也被注入了这种情感意蕴。

第三节 离情别绪之思

《诗经》是我国文学创作的源头，其中一草一木的描写对后世文学产生重大影响。除了《秦风·蒹葭》，《卫风·河广》对后来芦苇意象的发展起到重要作用：

谁谓河广？一苇杭之。谁谓宋远？跂予望之。

谁谓河广？曾不容刀。谁谓宋远？曾不崇朝。[②]

孔颖达注疏:“言一苇者，谓一束也，可以浮之水上而渡，若桴筏然，非一根苇也。”[③]对于这首诗的理解，学者程俊英认为，这是描写住在卫国的宋人思归不得的诗。卫国在戴公未迁漕以前，都城在朝歌，和宋国只隔一条黄河。诗里极言黄河不广，宋国不远，回去很容易，却因某种限制不能如愿。此诗极言渡河不难，但企盼之情自在言外。自从《卫风·河广》“一苇杭之”出现之后，后来的文学作品多采用这一表达方式,并演变发展为“一苇”“一苇杭”“一苇通津”“杭苇”“渡苇”等。芦苇逐渐与离别产生了关联,如嵇康《兄秀才公穆入军赠诗十九首》

① 童庆炳《文学理论教程》，第 123 页。

② 程俊英、蒋见元注析《诗经注析》，第 184—185 页。

③ ［汉］毛亨传、［汉］郑玄笺、［唐］孔颖达疏《毛诗注疏》卷三。

其八："谁为河广，一苇可航。徒恨永离，逝彼路长。瞻仰弗及，徙倚彷徨。"[①]虽然直接借用《诗经》中的典故，不算是真正的离别诗，却从客观上加强了芦苇与离别的联系。

入唐以后，"一苇杭之"与离别联系的诗句多了起来，如权德舆《送上虞丞》："越郡佳山水，菁江皆上虞。计程航一苇，试吏佐双凫。"[②]陈傅良《送同年林多益丞宁海》："有杭一苇逢迎可，每食双鱼甘旨便。"[③]楼钥《送王知复宰建德》："杭苇欲走别，有足如絷维。"[④]赵蕃《送周仲材罢官还婺女侍旁》："故人别我向何许，兰溪水深苇可杭。"[⑤]又《送赵成都五首》其四："渺渺孤鸿送，悠悠一苇杭。"[⑥]诗人还用这种表达方式，侧面劝慰离别者，即使分开，相隔的距离也不遥远，如袁说友《送楼攻愧知婺州二首·其一》："自恨我无分袂语，但输君已著鞭行。东阳一苇杭之便，毋惜公余蚤寄声。"释道璨《吴太清有远役以诗寄别次韵》："孰知方寸间，一苇直可航。勉哉吴夫子，此事当毋忘。"孙应时《送赵仲礼入大理寺簿》："杭苇东西近，邮筒早晚频。"

除了借用芦苇是一种交通工具这层含义表达离别之情外，很多诗歌中还将芦苇作为离别时的景物衬托。漫长于湿地的芦苇成为离别的见证，描写的着眼点不同，营造的离别氛围也不同。

秋芦折苇反映离别时的瑟瑟清冷，如张贲《送浙东德师侍御罢府西归》："孤云独鸟本无依，江海重逢故旧稀。杨柳渐疏芦苇白，可怜

---

① ［三国］嵇康《嵇中散集》卷一。
② 《全唐诗》卷三二四，第 3638 页。
③ 《全宋诗》第 47 册，第 29228 页。
④ 《全宋诗》第 47 册，第 29373 页。
⑤ 《全宋诗》第 49 册，第 30393 页。
⑥ 《全宋诗》第 49 册，第 30598 页。

斜日送君归。”[1]洪咨夔《送客一首送真侍郎》：“风雨寂历芦荻秋，梧桐落尽斜阳收。孤鸿影断苍莽外，愁绝送客涛江头。”[2]魏了翁《送杨尚书知泸洲》：“断雁怀归芦叶秋，离鸾感照菱花羞。五更呼儿拭残泪，淹速有命吾归休。”[3]程公许《中元节日，登舟赴官巴西，兄侄偕亲友，追送三十里，乃别，相顾悽黯舟行得比》：“汀芦黯回首，风萍怅轻分。”[4]方岳《送胡兄归岳》：“未知雪径青灯夜，谁记临分岸岸芦。”[5]

秋季芦花衬托离别时的悠悠情思，如武元衡《送陆书还吴》：“君住包山下，何年入帝乡。成名归旧业，叹别见秋光。橘柚吴洲远，芦花楚水长。我行经此路，京口向云阳。”洪咨夔《用王司理韵送别二首》其二：“芦花秋摵摵，征思旆悠悠。”[6]王闰《别黄吟隐》：“饮乾分别酒，话久未移舟。潮水催行客，海山生远愁。蝉声秋岸树，雁影夕阳楼。今夜相思梦，芦花第几洲。”[7]杨无咎《永遇乐》：“波声笳韵，芦花蓼穗，翻作别离情绪。”[8]摇曳的芦花似乎也在替诗人诉说离别的不舍。

苍苍蒹葭增添离别时的缕缕伤感，如陈与义《别孙信道》：“岁暮蒹葭响，天长鸿雁微。如君那可别，老泪欲沾衣。”[9]洪咨夔《送阮深甫尉桂东两首》其一：“秋阴疏梧桐，暮寒老蒹葭。病鹤卧空谷，游鸿起平沙。飘摇征衣单，寂历津堠赊。中年不禁别，湘江渺天涯。”[10]

① 《全唐诗》卷六三一，第 7237 页。
② 《全宋诗》第 55 册，第 34529 页。
③ 《全宋诗》第 56 册，第 34894 页。
④ 《全宋诗》第 57 册，第 35502 页。
⑤ 《全宋诗》第 61 册，第 38396 页。
⑥ 《全宋诗》第 55 册，第 34567 页。
⑦ 《全宋诗》第 68 册，第 43199 页。
⑧ 《全宋词》，第 1195 页。
⑨ 《全宋诗》第 31 册，第 19544 页。
⑩ 《全宋诗》第 55 册，第 34582 页。

释行海《送希晋还云间》:“一帆风露官河晓，十月蒹葭雁碛寒。别后相思那可免，水云西望白漫漫。”[①]释行海《与中上人至云间话别》:“江乡雁过蒹葭冷，雨馆人分蟋蟀愁。相见有期还惜别，百年能得几交游。”[②]“蒹葭”总是给人“冷”“寒”之感，在这样的诗歌中，萧瑟的芦苇给离别的情景增添了浓厚的感伤气息，诗人将离愁都投射到周围的景物中了，芦苇也仿佛带上了离别的感伤情绪，越发清冷萧索。

青葭碧芦带来离别后的丝丝希望，如皎然《寺院听胡笳送李殷》:“难将此意临江别，无限春风葭菼青。”[③]晁公溯《送汤子才》:“江湖此去水连空，万贾连樯浩渺中。帆影浸斜青草月，笛声吹尽碧芦风。未论魏阙功名锭，不与巴山气象同。更到临平看辇路，沙堤十里软尘红。”[④]天如和尚《真州送别悦希云》:“长淮□□飘风沙，沙根吹出青芦芽。我行送君君送我，笑语在眼心天涯。”[⑤]碧绿的芦苇为离别增添了一丝轻松与坦然。秋去春来，尚在生长的芦苇似乎也让离人看到再次重逢的希望。

芦苇作为景物烘托离别氛围，主要在于其本身就具有思念的情感内涵。这一情感意蕴由“蒹葭苍苍，白露为霜。所谓伊人，在水一方”延伸而来。自《秦风·蒹葭》之后，芦苇就带上了向往与追求美好事物的情感寄托。看到秋季的芦苇，想到时光转换，诗人自然容易联想到志同道合的朋友，从而引发思念之情，即所谓的“葭思”，如陈长方《怀少明》其二:“江芦叶叶生秋思，相对闲窗伴晚风。想得涂菘胡伯武，

---

① 《全宋诗》第 66 册，第 41340 页。
② 《全宋诗》第 66 册，第 41346 页。
③ 《全唐诗》卷八一九，第 9238 页。
④ 《全宋诗》第 35 册，第 22415 页。
⑤ ［明］曹学佺《石仓历代诗选》卷二七七。

此时情味与谁同。”[1]诗人梅尧臣得到王安石“斜封一幅竹膜纸，上有文字十七行”的书信后，想起分别时的情景和如今的景象，思念友人，写下《得王介甫常州书》:“别时春风吹榆荚，及此已变蒹葭霜。道途与弟奉亲乐，后各失子怀悲伤。”[2]也有诗人选择芦花寄托相思之情，如洪咨夔《寄崔帅卿》:“归鸿只影宿汀洲，梦绕芦花不奈愁。”[3]张同甫《秋日忆友》:“阊阖风高白露秋，芦花如雪动边愁。故人迢递天南北，明月娟娟独倚楼。”[4]摇曳的芦花勾起了怀旧之感，让人不禁思绪万千。

另外，我国古代还有“折荣送行”的习俗。《古诗十九首》:“庭中有奇树，绿叶发华滋。攀条折其荣，将以遗所思。馨香盈怀袖，路远莫致之。此物何足贵，但感别经时。”[5]从这首诗中，我们可以发现，“折荣寄远”的习俗在汉代就有了，就是折取植物的枝条，用来表达惜别之情，却没有明确指出“奇树”是何树，如陆玠《芳树》:“幽山桂叶落，驰道柳条长。折荣疑路远，用表莫相忘。”[6]也只说“折荣寄远”，没有确指是哪种植物。在后来的文学发展中，折取的植物就逐渐明确起来，人们折柳、折梅、折兰、折麻赠送给情人和朋友，表达对离人深深的思念和期盼早日归来的美好愿望。在古代文学作品中，也有“折苇赠远”的现象，如张炎《八声甘州》载：

记玉关、踏雪事清游。寒气脆貂裘。傍枯林古道，长河饮马，

---

① 《全宋诗》第 35 册，第 22252 页。

② 《全宋诗》第 5 册，第 3249 页。

③ 《全宋诗》第 55 册，第 34474 页。

④ 《全宋诗》第 62 册，第 39261 页。

⑤ 《先秦汉魏晋南北朝诗》上册，第 331 页。

⑥ 《先秦汉魏晋南北朝诗》下册，第 2467 页。

此意悠悠。短梦依然江表，老泪洒西州。一字无题处，落叶都愁。

载取白云归去，问谁留楚佩，弄影中洲。折芦花赠远，零落一身秋。向寻常野桥流水，待招来、不是旧沙鸥。空怀感，有斜阳处，却怕登楼。①

此词原序："辛卯岁，沈尧道同余北归，各处杭越。逾岁，尧道来问寂寞，语笑数日，又复别去。赋此曲，并寄赵学舟。"词的下阕从眼前的离别写起。故人之访，给作者带来欢乐、慰藉和温暖。故人又要回去，面对此景，作者当然会感慨生悲。"折芦花赠远，零落一身秋"，这里所赠之物，只是一枝芦花，同时表现出赠者零落如秋叶的心情。他以零落的芦花比喻生不逢时的痛楚，"折苇赠远"在这里笔调不凡，寓意深刻。释居简《送吴侍郎婺州之官》也出现了"折苇赠远"："八咏断弦如可续，为君折苇度秋潮。"②相对出现频率很高的柳、梅等植物，"折苇送别"的情况并不常见。

① 《全宋词》，第 3466 页。

② 《全宋诗》第 53 册，第 33245 页。

第五章　芦苇意象的象征意义

对于芦苇形象美感的认识，诗人不只停留在芦苇外在的茎秆叶花，更着眼于芦苇内在的神韵和象征意义。春秋时期，芦苇与隐逸者代表——渔父产生了联系。在中国古代文学作品中，芦苇与渔翁、渔子、渔郎、钓翁等形象的组合颇为常见，并逐渐成为清高孤洁隐士精神的象征。芦苇还与贫士相关，主要是由于芦苇可以作为编制材料，芦藩、芦帘、葭墙等表现手法又体现了贫士固穷守节的人格品行。本质上仍归属草类植物的芦草，还会被视作价值低微的杂草，芦苇旺盛的生命力和芦草卑微的特质结合起来，与今天常说的草根文化有相通之处。

第一节　芦苇与隐士

隐士是中国历史上一个非常独特的群体，他们的隐居行为是对生活方式的一种选择，是对审美境界和人生价值的一种追求。在中国历史典籍中，对隐士的称呼多种多样，主要有高士、逸士、幽人、处人、隐者等。具体而言，芦苇与隐士的关系主要体现在其与隐逸者的代表——渔父之间的紧密关系上。芦苇与渔父最早见于《吴越春秋·王镣使公子光传》：

至江，江中有渔父，乘船从下方溯水而上，子胥呼之，谓曰：

"渔父渡我！"如是者再。渔父欲渡之，适会旁有人窥之，因而歌曰："日月昭昭乎侵已驰，与子期乎芦之漪。"子胥即止芦之漪。渔父又歌曰："日已夕兮予心忧悲。月已驰兮何不渡为？事寖急兮当奈何？"子胥入船，渔父知其意也，乃渡之千浔之津。子胥既渡，渔父乃视之，有其饥色，乃谓曰："子俟我此树下，为子取饷。"渔父去后，子胥疑之，乃潜身于深苇之中。有顷，父来，持麦饭、鲍鱼羹、盎浆，求之树下，不见，因歌而呼之曰："芦中人，芦中人，岂非穷士乎？"[①]

《庄子·渔父》中也有相关描述。《庄子·外篇·渔父》以虚拟人名名篇，其主旨是通过渔父批判孔子的行为和儒家仁义、忠贞、慈孝、礼乐的思想。在"孔子愀然而叹"段中，着重说明庄子自然本真的观点。最后几句写道："孔子又再拜而起曰：'今者丘得遇也，若天幸然。先生不羞而比之服役，而身教之。敢问舍所在，请因受业而卒学大道。'客曰：'吾闻之，可与往者与之，至於妙道；不可与往者，不知其道。慎勿与之，身乃无咎。子勉之！吾去子矣，吾去子矣。'乃刺船而去，延缘苇间。"[②]渔父俨然成为得道高人，最后撑船离开，沿着芦苇丛间的水路缓慢走了。

芦苇是一种依水丛生的水草植物，而渔父又生活在远离城市喧嚣的江河湖海之上，它是居于水边、靠打渔为生的隐者生活环境中最常见的植物之一，二者自然容易产生联系。芦苇逐渐成为描写渔父生活环境中不可缺少的景物，"苇间渔父"成为渔父的典型形象，如陈师道《寄

① ［汉］赵晔原著、张觉校注《吴越春秋校注》，第40—41页。
② ［清］郭庆藩撰、王孝鱼点校《庄子集释》第四册，第1033—1034页。

刑和叔》:“苇间见渔父，谁识王公孙。”[①]陈造《题行山图》:“可惜人间清绝地,苇间渔父与平分。”[②]自《庄子》“渔父延苇去”的形象出现，文学作品中有很多相关描写。渔父潇洒自由、行踪不定，茂盛高大的芦苇丛是渔人屏蔽外界纷扰、享受安逸生活的自由空间，芦苇丛也就成为一片纯净又没有尘嚣的乐土，如李中《渔父二首》其一:“偶向芦花深处行，溪光山色晚来晴。”[③]黄庭坚《听宋宗儒摘阮歌》:“楚狂行歌惊市人,渔父拿舟在葭苇。”[④]蔡肇《寒江捕鱼图》:“霜中渔父扣舷歌,明月芦花不知处。”[⑤]徐侨《咏渔父》其二:“月移篷影醒未醒，人在芦花深更深。”[⑥]毛直方《渔父辞》其四:“深傍芦花摇橹去，遥望渔人是水仙。”[⑦]赵汝绩《渔父》:“旁人问醒醉，鼓枻入芦花。”渔父与芦苇有着丝丝缕缕的关联。

渔父来去穿梭在苇丛中，有时甚至会以苇丛为家，宿在芦花丛中，如岑参《渔父》:“朝从滩上饭,暮向芦中宿。”[⑧]温庭筠《西江上送渔父》:“三秋梅雨愁枫叶,一夜蓬舟宿苇花。”[⑨]贯休《上冯使君五首》其二:“渔父无忧苦,水仙亦何别。眠在绿苇边,不知钓筒发。”[⑩]华岳《渔父》:“莫讶鬓边新有雪，夜来沉醉宿芦花。”[⑪]舒岳祥《渔父词》:“前村酒熟不

① 《全宋诗》第19册，第12663页。
② 《全宋诗》第45册，第28224页。
③ 《全唐诗》卷七五〇，第8542页。
④ 《全宋诗》第17册，第11380页。
⑤ 《全宋诗》第20册，第13656页。
⑥ 《全宋诗》第52册，第32822页。
⑦ 《全宋诗》第69册，第43622页。
⑧ 《全唐诗》卷一九九，第2061页。
⑨ 《全唐诗》卷五七八，第6724页。
⑩ 《全唐诗》卷八二七，第9320页。
⑪ 《全宋诗》第55册，第34427页。

归舍，枫叶芦花相伴眠。”①蒲寿宬《渔父词十三首》其一一:“风肃肃，露娟娟。家在芦花何处边。”②“鹤发闲梳小棹轻,芦花深处最怡情”(释智圆《渔父》)，芦苇丛显然成为了隐逸场所。

图 11 《秋江渔隐图》，[宋] 马远，绢本墨笔，故宫旧藏，现藏台北故宫博物院。此图画面单纯，一老渔翁怀抱木桨，蜷伏在船头酣睡。小舟停泊在芦苇丛中，几枝将枯未枯的芦苇轻轻摇摆，渲染出一片静谧的秋意。

既然芦苇是渔父生活环境的一部分，芦苇的风景变化自然就常出

① 《全宋诗》第 65 册，第 41022 页。

② 《全宋诗》第 68 册，第 42787 页。

现在与渔父相关的诗歌中，这些描写更加显示出隐者生活环境的幽静，衬托出隐者出尘脱俗、清高孤介的精神面貌，如徐积《渔父乐》:“水曲山限四五家。夕阳烟火隔芦花。渔唱歇,醉眠斜。纶竿蓑笠是生涯。”[①]李弥逊《和董端明大野渔父图》其六:“卧月眠风乐有余，蒹葭处处钓重湖。斟鲁酒，脍鲈鱼。一片家风入画图。”[②]潘牥《渔父》其二:“生来一舸镇随身,柳月芦风处处春。翁自醉眠鱼知乐,无心重理旧丝纶。”[③]舒岳祥《古渔父词二首》其二:“枫叶霜铺地，芦花月满川。风波何处静，收钓即安眠。”[④]朱敦儒《好事近·渔父词》:“渔父长身来，只共钓竿相识。随意转船回棹,似飞空无迹。芦花开落任浮生,长醉是良策。昨夜一江风雨，都不曾听得。”[⑤]从上面的诗词描写中，我们可以发现，渔父在芦苇丛中享受着散淡闲适的自由生活。

对于隐者来说，这样的生活无疑是最美妙的。“脍鲈沽酒醉芦花，此乐桃源人未识”[⑥]，芦苇丛就是远离世俗的人间桃源的代名词。芦苇深处是隐居之所，“萧萧芦苇中，着此清静坊。”(魏了翁《夏港僧舍》)[⑦]在这里隐者可以忘记杂念,尽情享受生活的悠闲,追求身心俱隐的境界,如黄滔《题山居逸人》:“十亩余芦苇，新秋看雪霜。世人谁到此，尘念自应忘。”[⑧]张咏《阙下寄传逸人》:“疏疏芦苇映门墙，更有新秋脍

---

① 《全宋诗》第 11 册，第 7644 页。
② 《全宋诗》第 30 册，第 19265 页。
③ 《全宋诗》第 62 册，第 39212 页。
④ 《全宋诗》第 65 册，第 40969 页。
⑤ 《全宋词》，第 854 页。
⑥ ［宋］姚勉《桃源行》，《全宋诗》第 64 册，第 40503 页。
⑦ 《全宋诗》第 56 册，第 35013 页。
⑧ 《全唐诗》卷七〇四，第 8130 页。

味长。何事轻抛来帝里，至今魂梦绕寒塘。”[1]施清臣《诗二首》其二：“一蓑一笠一孤舟，万里江山独自游。有人问我红尘事，笑入芦花不点头。”[2]芦苇风景是生活环境的点缀，给人以美的享受，展现出来的也是一片安乐的美好图景，如：

钓罢归来不系船，江村月落正堪眠。纵然一夜风吹去，只在芦花浅水边。(司空曙《江村即事》)[3]

总被利名役，机心欲算沙。舟行阻风色，客梦负年华。

洲渚四五曲，渔樵八九家。江村无限好，满眼是芦花。

(戴复古《自和前诗邻舟皆盐商》)[4]

数弓蔬地一方池，吾爱吾庐只自知。芦碧补交杨柳缺，柽红搀上藕花迟。

翠阴围合疑无日，凉意萧骚剩有诗。君欲重来须更待，嫩烟浮动晚晴时。(武衍《次韵答菊庄汤伯起》)[5]

厌杀人间名利忙，我忘名利只诗狂。雅陪云衲三生话，分得渔舟半日凉。

傍水细看鸥鹭浴，隔芦吹过芰荷香。从容饱遂清游胜，那似家居卧竹房。(徐集孙《舟中》)[6]

芦荻丛边日正长，人间乐处是江乡。溪童钓艇分鱼闹，蚕妇山炉煮茧香。

---

① 《全宋诗》第1册，第549页。
② 《全宋诗》第62册，第39026页。
③ 《全唐诗》卷二九二，第3324页。
④ 《全宋诗》第54册，第33522页。
⑤ 《全宋诗》第62册，第38974页。
⑥ 《全宋诗》第64册，第40337页。

疏雨漏天青破碎，冲风滚浪白猖狂。鸥沙犊草皆诗思，毋怪幽人觅句忙。(丘葵《江乡》)[①]

在长期的文学发展中，芦苇逐渐成为逍遥江湖的代名词，如叶茵《试问》:“在在江湖芦苇，家家杨柳楼台。”[②]看到芦苇就容易联想到潇洒自由的江湖，如吕陶《寄题洋川与可学士公园十七首 · 寒芦港》:“悠悠江湖思，扰扰声名累。溪上见芦花，宁无慊然意。”[③]看见芦花，诗人更加向往不被名利困扰的江湖。释道潜《戏书秋景小屏》:“黄芦败苇两三丛，仿佛江湖在眼中。”[④]张蕴《凤鹤鹊三题与江社同赋》其二:“立雪精神两瘦芦，天风入雨思江湖。”[⑤]张栻《城南杂咏二十首·船斋》:“窗低芦苇秋，便有江湖思。”[⑥]舒岳祥《七月十七日夜积月》:“散作千山雪，芦花摇江湖。”[⑦]方回《同张文焕过吴式贤二十六韵》:“复有芦苇丛，江湖思依依。”[⑧]李石《西江月 · 渔父》:“小船横系碧芦丛。似我江湖春梦。”[⑨]或者是想起江湖，就立刻联想到芦苇，如黄庭坚《次韵张仲谋过酺池寺斋》:“我梦江湖去，钓船刺芦花。”[⑩]由此可见，芦苇已经不是一种单纯的景物，而是脱离尘世的象征，“棹取扁舟湖海去，悠悠心事寄芦花”[⑪]，隐者在芦苇丛中淡化了追名逐利的功利欲望，增添了

---

① 《全宋诗》第 69 册，第 43873 页。
② 《全宋诗》第 61 册，第 38240 页。
③ 《全宋诗》第 12 册，第 7822 页。
④ 《全宋诗》第 16 册，第 10780 页。
⑤ 《全宋诗》第 63 册，第 39373 页。
⑥ 《全宋诗》第 45 册，第 27935 页。
⑦ 《全宋诗》第 65 册，第 40894 页。
⑧ 《全宋诗》第 66 册，第 41559 页。
⑨ 《全宋词》，第 1300 页。
⑩ 《全宋诗》第 17 册，第 11355 页。
⑪ [宋] 文天祥《寄故人刘方斋》，《全宋诗》第 68 册，第 42955 页。

淡泊闲静的心性意趣，这正是文人士大夫一直追求的精神境界。

所以，人们“栽苇学江村”[①]，种植芦苇就逐渐成为诗人表达自己向往和渴望江湖隐逸生活的一种方式，如刘敞《寒芦》：“虽居江上城，不识江边路。故移芦苇丛，粗慰江湖趣。”[②]苏轼《和子由记园中草木十一首》其五：“黄叶倒风雨，白花摇江湖。江湖不可到，移植苦勤劬。”[③]杜范《寄题芦洲》：“幽人作计筑幽居，傍水为亭手植芦。何爱世间闲草木，只缘胸次有江湖。”[④]舒岳祥《赋苇》：“山居种苇意如何，相见沧江渺渺波。”[⑤]文人种植芦苇，除了表达对生活在芦苇丛中的向往以及赞赏水乡江村的恬静生活，更是对隐逸生活、淡泊心境的一种追慕。

从上述内容可以看出，芦苇与江湖渔隐的关系尤为密切。芦苇与渔父的关系只是其中一部分。中国古代隐逸文化源远流长，古代的隐居方式也是多种多样，主要有渔隐、樵隐、耕隐、牧隐等方式[⑥]。总体来说，根据历史典籍中的记载，又以耕隐为主。蒋星煜《中国隐士与中国文化》一书在分析中国隐士职业时说道：“古代的分工制度未臻细密，农民固专事耕作，而士、工、商亦多未能与农事完全断绝关系，隐士既居穷乡僻壤，聚集生徒亦不易……有古代的生产观念模糊：认为将原料品制成工艺品的工业不是生产，调节各地有无的商业更不是生产，而只有生产原料品的农业是生产，亦只有从事农业是高尚的，

① ［唐］郑谷《题水部李羽员外招国里居》，《全唐诗》卷六七四，第7718页。
② 《全宋诗》第9册，第5750页。
③ 《全宋诗》第14册，第9130页。
④ 《全宋诗》第56册，第35307页。
⑤ 《全宋诗》第65册，第40995页。
⑥ 如《高士传·许由传》：“耕于中岳颍水之阳，箕山之下。”《高士传·善卷传》：“春耕种形足以劳动，秋收敛身足以休养。”《高士传·接舆传》：“躬耕以为食。”《高士传·宋胜之传》：“游太原，从邻越牧羊。”

所以隐士躬耕陇亩的也相当多。”[1]根据这一特点，中国隐士的分布也有偏倚性，从自然地理的角度看，隐士分布在平原的极少，大部分在山谷和丘陵地；从人文地理的角度看，分布在城市的极少，大部分在乡村。所以提起隐士的时候，人们最常想到的就是“山林隐逸”和“岩穴上士”[2]。

芦苇体现的江湖渔隐文化色彩，与传统的山林隐逸文化有所不同。明代诗人黎牧《渔樵耕牧四首》精确地指出这四种生产方式带来的不同生活状况：

鱼水心情淡淡，鸥波身世悠悠。清风杨柳一曲，明月芦花满洲。(渔)

窈窈径穿林下，丁丁斧彻云间。耳惯猿惊鹤怨，迹穷红树青山。(樵)

南村北村雨足，十亩五亩秧齐。带月肩犁未出，催人布谷先啼。(耕)

芳草茸茸暖碧，乌犍湿湿春肥。满蓑烟雨朝出，一笛斜阳暮归。(牧)[3]

从诗歌的描写中，我们可以看出，芦苇与渔隐这种生活方式密切相关。

传统渔隐者形象有三个关键要素：渔、舟、钓。在诗歌作品中，芦苇与这些要素的搭配描写，充分说明了芦苇与渔隐有着不可分离的关系。

---

① 蒋星煜《中国隐士与中国文化》，第42页。

② 蒋星煜《中国隐士与中国文化》，第50页。

③ ［清］张豫章《四朝诗》明诗卷一一七。

首先是“渔”。“渔”是隐者的主要谋生手段。但是在文人笔下，看不到渔者谋生之苦，反倒是多了闲雅情趣，大概是因为渔者的形象从一开始就是“莞尔而笑，鼓枻而去”(《楚辞·渔父》)的潇洒姿态。芦苇与“渔”的关系主要体现在各种搭配组合上：与渔翁的组合，如齐己《湘中感怀》：“渔翁那会我，傲兀苇边行。”[①]与渔者、渔郎组合，如翁洮《渔者》：“苇岸夜依明月宿,柴门晴棹白云归。到头得丧终须达，谁道渔樵有是非。”[②]明代诗人李日华《题画芦花渔笛》：“渔郎短笛无腔调，吹起芦花雪满船。”[③]还有与渔家、渔村、渔歌、渔笛的组合。

其次是“钓”。垂钓自古以来就是隐逸者寄托人生怀抱的表征。隐者垂钓的淡然心境是隐逸者所追求的。芦苇与垂钓的关系，主要体现在其与钓者的组合上，如常建《太公哀晚遇》：“钓翁在芦苇，川泽无熊罴。”[④]曹松《友人池上咏芦》：“此物生苍岛，令人忆钓竿。”[⑤]韦庄《将卜兰芷村居留别郡中在仕》:“从今隐去应难觅，深入芦花作钓翁。”[⑥]李新《磁钓翁》其一：“闲惟秋水磻豨客，船入芦花笛卧吹。”[⑦]

最后是“舟”。舟是渔隐者的主要交通工具。有渔者必有舟，而此舟又一定是小舟。苏轼《赤壁赋》称“驾一叶之扁舟，举匏樽以相属”，舟如一叶，以况其小。小舟随波飘荡，与世同波，颇有“纵一苇之所如，凌万顷之茫然”的境界。芦苇与钓船、钓舟组合，如岑参《寻巩县南

---

① 《全唐诗》卷八四二，第9510页。
② 《全唐诗》卷六六七，第7639页。
③ ［清］官修《题画诗》卷六八。
④ 《全唐诗》卷一四四，第1460页。
⑤ 《全唐诗》卷七一七，第8245页。
⑥ 《全唐诗》卷六九七，第8025页。
⑦ 《全宋诗》第21册，第14210页。

李处士别业》:“桑叶隐村户，芦花映钓船。”[1]薛逢《惊秋》:“五湖烟水盈归梦，芦荻花中一钓舟。”[2]

芦苇不仅与渔隐者的形象有着紧密关系，更重要的是芦苇与渔隐者的生活息息相关。芦苇丛是渔者生活的地方，如姚勉《岁暮》:“武陵溪边翁好渔,笭箵钓车日采鱼。扁舟为家苇为屋,岂知世有神仙居。”[3]有时还以芦苇丛为宿处。除此之外,芦苇丛还能够为渔者提供生活物资，如李颀《渔夫歌》:“持竿湘岸竹，爇火芦洲薪。”[4]钱起《蓝田溪与渔者宿》:“芦中夜火尽，浦口秋山曙。”[5]杨公远《泊浙江东岸次斗山韵》:“渔家编苇荻，蜃气幻楼台。”[6]

所以，有芦苇出现的地方，自然就让人联想到渔隐者，芦苇本身带有的渔隐色彩也越来越浓重，如杜荀鹤《登灵山水阁贻钓者》:“瓦瓶盛酒瓷瓯酌，荻浦芦湾是要津。”[7]韦庄《鄠杜旧居二首》其一:“年年为献东堂策，长是芦花别钓矶。”[8]嵇元夫《刈稻夜归》:“木叶萧萧覆林屋，芦花茫茫藏钓矶。”[9]“钓矶”在浙江桐庐富春江滨，是东汉著名隐士严子陵隐居垂钓处。

芦苇与江湖渔隐有着千丝万缕关系，与其生物属性和地域色彩也是相关联的。芦苇近水生长，而渔隐者因生存需要的限制，生活环境

① 《全唐诗》卷一九八，第 2040 页。
② 《全唐诗》卷五四八，第 6327 页。
③ 《全宋诗》第 64 册，第 40503 页。
④ 《全唐诗》卷一三二，第 1338 页。
⑤ 《全唐诗》卷二三六，第 2613 页。
⑥ 《全宋诗》第 67 册，第 42112 页。
⑦ 《全唐诗》卷六九二，第 7965 页。
⑧ 《全唐诗》卷六九八，第 8038 页。
⑨ [清] 朱彝尊《明诗综》卷六九。

也靠近水域，外部环境使二者必然发生联系。芦苇高大茂密，是天然的屏障，恰好为渔隐者提供了一个幽静不喧闹的环境。再者，中国南方河流纵横交错，湖泊星罗棋布，前面已论述过，芦苇意象有一个区域文化色彩的发展变化过程。唐宋之后，芦苇定型成为江南风物的典型代表，渔隐者的形象最初出现在南方的楚文学中，共同的江南属性也是他们产生关联的重要因素。

综上所述，在文学文化发展的积淀之下，芦苇在人们眼中成为江湖隐士自由孤洁精神的一种象征,如宋祁《芦》其一:“袅娜修茎青玉攒，凫翁濯罢翠痕干。湘君直寄江湖乐，要作风汀雨濑看。”[①]赵蕃《芦苇林》:“虽为林园居，不忘江湖趣。”[②]可见，芦苇在文人心目中蕴含独特意义:它既是逍遥自由的代表，又是摒弃名利气息、尘世俗物的盾牌，同时也象征着隐士清高孤洁的人格品性。

第二节　芦苇与贫士

在第一章，我们已经提及有关文献对芦苇实用价值的记载，苇秆可供编制席、帘，且可作为建筑材料。芦苇这种植物既常见又易获得，古代贫穷之士由于家境的贫寒，不得不选用芦苇这种廉价的植物作为自己居室的编制材料，如张华《贫士诗》:“荒墟人迹稀，隐僻间邻阔。苇篱自朽损，毁屋正寥豁。炎夏无完絺，玄冬无暖褐。四体困寒暑，六时疲饥渴。营生生愈瘁，愁来不可割。”[③]梅尧臣《岸贫》:“野芦编

① 《全宋诗》第4册，第2571页。
② 《全宋诗》第49册，第30753页。
③ 《先秦汉魏晋南北朝诗》上册，第891页。

作室，青蔓与为门。”[①]芦苇作为自己家居建筑的一部分，主要用来编作栅栏围墙或者席子、窗帘，即芦藩、葭墙、芦席、芦帘等，这些都是芦苇实用性的体现。芦藩、葭墙和芦帘等表现手法体现出贫士固穷守节、贫而自得的精神面貌。

春秋末年楚国人老莱子有安贫乐道的品节。《史记 · 老子韩非列传第三》载 :“或曰 : 老莱子亦楚人也，著书十五篇，言道家之用，与孔子同时云。”[②]《古烈女传 · 楚老莱妻》载 :“莱子逃世，耕于蒙山之阳，葭墙蓬室，木床蓍席，衣缊食菽，垦山播种。”[③]《大戴礼记·卫将军文子》载 :“德恭而行信，终日言不在尤之内，在尤之外，贫而乐也，盖老莱子之行也。”[④]老莱子居住在葭墙蓬室、贫而不改志向，芦苇作为衬托德行的必要辅助手段现身其中。

被称为“苏门四学士”之一的文人张耒，目前保存下来的辞赋共 41 首，表现了对人生的理解和对人生苦恼的超越，展现出当时文人普遍关心的人生问题。在他全部赋作中，咏物之作占到半数以上，并且在这类赋中张耒擅长将人生感受和精妙的写景状物结合起来。贬谪到黄州其间，他就写了一篇《芦藩赋》描述当时的生活状况 :

> 张子被谪，客居齐安。陋屋数椽，织芦为藩。疏弱陋拙，不能苟完。昼风雨之不御，夜穿窬之易干。上鸡栖之萧瑟，下狗窦之空宽。先生家贫，一裘度寒。曾胠箧之不虞，何藩篱之足言？鼓钟于宫，声出于垣。中空然而无有，徒望意而辙还。故吾守此败芦，其固比夫河山。若夫朝阳不出，微霰

① 《全宋诗》第 5 册，第 2959 页。
② ［汉］司马迁《史记》第 2141 页。
③ ［汉］刘向《古烈女传》，第 57 页。
④ ［汉］戴德撰、［南北朝］卢辩注《大戴礼记注》卷六本。

既零，声如跳珠，淅淅可听。及夫衡门暮掩，乌雀就栖，挂荒山之落景，络衰蔓之离离。其下榛草，樵苏往来，蝼蚓出入，羊牛觇窥。先生跫然杖藜过之，瞻顾四隅，悯然歌之曰：公宫侯第，兼瓦连甍。紫垣玉府，十仞涂青，何尝知淮夷之陋俗，穷年卒岁乎柴荆也哉！[1]

在张耒的生活中，芦苇是常见的景物，诗歌中多有描写，如《孝感县》:“风略寒芦阵，云迷夕鸟行。”[2]《淮阴》:“芦梢林叶雨萧萧，独卧孤舟听楚谣。生计飘然一搔首，西风沙上趁归潮。”[3]《题画二首》其一:“败芦浸水冻滩沙，朔雪随风乱缀花。”[4]张耒的一生都较为落魄，生活条件可想而知，如《闻红鹤有感》:“岂知崎岖黄土岗，茅屋芦棚风雨折。”[5]《东斋杂咏·道榻》:“纸阁芦帘小塌安，一裘容易却轻寒。”[6]生活上的贫困使张耒不得不用芦苇编制成帘、篱笆，为生活所用。此赋描述了被贬时的困境，反映了当时生活上贫苦的真实情况。但是从这篇赋中我们可以看出，他虽然贫困，但毫无瑟缩之气。他能从贫困的生活中体会到与自然的和谐，在安贫乐道之外又有对淡泊生活的深情。在其他咏物赋作中，也有类似精神的表现，如《燔薪赋》中细致描写了薪柴的外形作用，这在过去的辞赋中是少有的，主要是为了表现生活的贫困。纵然这般，张耒始终以包容万物的胸怀对待天地万物，庸常的生活在他心中也会变得盎然生趣，所以“先生欣然，环坐皆喜，

① ［宋］张耒撰，李逸安、孙通海、傅信点校《张耒集》，第 9 页。
② ［宋］张耒撰，李逸安、孙通海、傅信点校《张耒集》，第 317 页。
③ ［宋］张耒撰，李逸安、孙通海、傅信点校《张耒集》，第 471 页。
④ ［宋］张耒撰，李逸安、孙通海、傅信点校《张耒集》，第 522 页。
⑤ ［宋］张耒撰，李逸安、孙通海、傅信点校《张耒集》，第 274 页。
⑥ ［宋］张耒撰，李逸安、孙通海、傅信点校《张耒集》，第 541 页。

或裸股赤足，或引手张臂。穷谷萧条，薪炭如土，盍取之而不竭，顾此乐之甚富。”[①]作者陶然自足的神情跃然纸上。

如何对待忧患，对待人生的际遇，这是北宋后期文人普遍思考的问题，许多文人追求生命与自然融为一体的境界，获得精神上的超越和解脱。张耒对这一思想领悟颇深，在《超然台赋》序中说："予视世之贱丈夫，方奔走劳役，守尘壤，握垢秽，嗜之而不知厌，而超然者方远引绝去，芥视万物，视世之所乐，不动其心，则可及谓贤耶？”[②]即使生活困顿，张耒也能将自己的所思所想与身边事物结合起来，在功名利禄声色饮食之外发现人生的真乐，其《芦藩赋》描写的以芦苇作为篱笆栅栏的简陋居住环境就衬托出贫士固穷、贫而自乐的品格。

此外，陆游也常用“芦藩”描写自己的居住环境。陆游一生遭时苟安，仕宦之途断续波折。虽始终怀抱为国效力的爱国热情，却壮志难酬。自光宗绍兴元年（1190年），66岁的诗人退居山阴，至嘉定三年（1210年）去世止，陆游晚年的大部分时间都是在家乡田园中度过的。那时的他远离官场，安闲于山水之间，或种菜，或饮酒，或赏花，或以读书撰述为乐，“万卷古今消永日，一窗昏晓送流年”[③]，度过一段近二十年闲适的农村生活。然而诗人生活并非富裕，很多时候需亲自参加农业劳作，即使生活穷困、窘迫，甚至偶有衣食之忧，诗人也能安于贫贱，不忘报国之志。

陆游《初春抒怀七首》:“数掩芦藩并水居,一家全似业樵渔。”[④]《池

① ［宋］张耒撰，李逸安、孙通海、傅信点校《张耒集》，第9页。

② ［宋］张耒撰，李逸安、孙通海、傅信点校《张耒集》，第15页。

③ ［宋］陆游《题老学庵壁》，《剑南诗稿》卷二六。

④ ［宋］陆游《剑南诗稿》卷五六。

亭夏画》:“茅舍芦藩枕小滩，萧森那复畏炎官。”[①]在江边村中，芦篱茅舍是常见的居住建筑，百姓生活拮据，常用这种野生植物作为建筑材料。乾道五年（1169年）初，陆游获得夔州（今重庆奉节）通判的任命，闰五月从临安乘船沿南运河而行，在镇江附近的瓜洲进入长江经金陵（今江苏南京）、池州、黄州（今湖北黄冈）、鄂州、江陵（今湖北宜昌），穿三峡走巴东，足足历时一百六十天于十月底抵达夔州。沿途两岸的风景古迹令陆游感慨良深，一路上陆游写下了众多的游记诗歌，著名的《入蜀记》就作于此时。《入蜀记》卷四载:“十四日……沿湖多木芙蕖，数家夕阳中，芦藩茅舍，宛有幽致，而寂然无人声。”《入蜀记》卷五载:“二日东岸苇稍薄缺，时见大江渺弥，盖巴陵路也。晡时次下郡，始有二十余家皆业渔钓，芦藩茅屋，宛有幽致，鱼尤不论钱，自此始复有挽路。”由此可以看出，芦篱在江边颇为常见，而且在诗人眼中别有一番幽静之致。

陆游晚年住所的简陋在诗歌中多有体现，如《弊庐》:“弊庐虽陋甚，鄙性颇所宜。欹倾十许间，草覆实半之。碓声隔柴门，绩火出枳篱。缚木为彘牢，附垣作鸡埘。”[②]《杂言示子聿》:“庐室但取蔽风雨，衣食过足岂所钦。”“芦篱”也常出现在描写居住环境的诗歌中，如庆元二年（1196年）秋作于山阴的《秋晚》:

聚落萧条古埭东，芦藩蓬户卧衰翁。井桐叶尽新霜后，衣杵声繁夕照中。

身似败棋难复振，心如病木已中空。村醪酸涩君无笑，

① ［宋］陆游《剑南诗稿》卷七六。

② ［宋］陆游《剑南诗稿》卷四八。

也解灯前作脸红。[1]

“蓬户”指有蓬蒿编作的门户，《礼记·儒行》载：“儒有一亩之宫，环堵之室，筚门圭窬，蓬户瓮牖；易衣而出，并日而食；上答之不敢以疑；上不答不敢以谄。其仕有如此者。”[2]蓬蒿作为家居建筑的组成部分，是源于蓬蒿枝叶繁茂的特点，也是其实用性的体现。“芦篱蓬户”表达居所的简陋，却也成为衬托诗人品行的手段。

此外，还有庆元元年（1195年）冬所作《雨夕独酌书感》：

数掩芦藩常不开，饥鸦两两啄青苔。雨来十日未成雪，岁尽一枝初见梅。

池上晚行携独鹤，灯前夜酌拨新醅。渔村老景今如许，骏马旧游安在哉。[3]

庆元六年（1200年）春作《东园小饮四首》其二：

入东又见几春风？茅屋芦藩寂寞中。道业虽如诗不进，世缘已与梦俱空。

高枝濯濯辛夷紫，密叶深深踯躅红。村巷断无轩盖到，一樽犹得伴邻翁。[4]

嘉泰三年（1203年）冬，诗人于山阴写《大风》：

风大连三夕，衰翁不出门。儿言卷茅屋，奴报彻芦藩。

狼藉鸦挤壑，纵横叶满园。乘除有今旦，红日上车轩。[5]

就在这一年夏，任浙东安抚使、兼知绍兴府的辛弃疾，看到陆游

① ［宋］陆游《剑南诗稿》卷三五。
② ［宋］卫湜《礼记集说》卷一四八。
③ ［宋］陆游《剑南诗稿》卷三三。
④ ［宋］陆游《剑南诗稿》卷四三。
⑤ ［宋］陆游《剑南诗稿》卷五五。

的居所过于简陋，想替陆游盖新宅，却被陆游谢绝。

同年，《雪夜》：

病卧湖边五亩园，雪风一夜坼芦藩。燎炉薪炭衣篝暖，围坐儿孙笑语温。

菜乞邻家作菹美，酒赊近市带醅浑。平居自是无来客，明日冲泥谁叩门。[①]

开禧元年（1205 年），《对酒二首》：

密筱持苫屋，寒芦用织帘。蠡肩柴熟罨，莼菜豉初添。

黄甲如盘大，红丁似密甜。街头桑叶落，相唤指青帘。[②]

从陆游的这些诗作中，我们或多或少可以感受到诗人当时生活的困窘和艰辛。嘉定元年（1208 年）二月，由于政治上的原因，陆游的半俸还被剥夺，当时的制词还给了他冷嘲热讽：

山林之兴方适，已遂挂冠；子孙之累未忘，胡为改节？虽文人不顾于细行，而贤者责备于春秋。某官早著英猷，寖跻膴仕。功名已老，萧然鉴曲之酒船；文采未衰，藉甚长安之纸价。岂谓宜休之晚节，蔽于不义之浮云。深刻大书，固可追于前辈；高风劲节，得无愧于古人。时以是而深讥，朕亦为之慨叹。二疏既远，汝其深知足之思；大老来归，朕岂忘善养之道。”（周密《浩然斋雅谈》）

制词最后颇有“招安”的意味，陆游家产本不丰厚，停俸之后，生活上的拮据可想而知。虽然物资上匮乏，但诗人却毫不在乎，在《半俸自戊辰二月置不复言作绝句二首》其一回答道：“力请还山又几年，

① ［宋］陆游《剑南诗稿》卷六〇。

② ［宋］陆游《剑南诗稿》卷六三。

何功月费水衡钱，君恩深厚犹惭惧，敢向他人更乞怜？”又：“俸券新同废纸收，迎宾仅有一絁裘。日锄幽圃君无笑，犹腾墙东学侩牛。”[①]从这样的言辞中，诗人固穷守节的品质可见一斑。

自古以来，中国就有以自然景物的形象特征比附人类道德品格的“比德”传统，譬如孔子谈论松柏时说“岁寒，然后知松柏之后凋也”(《论语 · 子罕》)。受孔子的影响，荀子看松柏时，联想到君子：“岁不寒无以知松柏，事不难无以见君子无日不在是”(《荀子·大略》)。此后，松、柏在中国文化中就逐渐形成了固有的品性，宋儒朱熹在讲论《论语》的时候，把松柏的文化特性做了凝练，“士穷见节义，世乱识忠臣”(《论语集注》朱熹引谢良佐语)。再引申一步，由花草树木构造出的生活环境都能衬托居住者的品性，孔子曾称赞他的学生颜回说：“一箪食，一瓢饮，在陋巷，人不堪其忧，回不改其乐也。贤哉，回也！”[②]虽然生活用具粗糙，住所环境简陋，但是表明了颜回穷居陋巷而安贫乐道的品行。

综上所述，所谓“葭墙艾席是民居”[③]，一方面贫困之士因为物资的贫乏不得不选择居住在“茆屋葭墙不蔽风雨”[④]的环境中，“止则葭墙艾席，行则葛屦柴车”(陆龟蒙《幽居》)；另一方面贫士并不因此忧虑，反倒认为“斯是陋室，惟吾德馨”，甚至以居住在这样的环境中为乐[⑤]，或者以此磨练自己的意志，所以芦篱葭墙反映的简陋生活环境反

① ［宋］陆游《剑南诗稿》卷七五。

② ［清］刘宝楠撰、高流水点校《论语正义》，第226页。

③ ［宋］汪元量《湖州歌九十八首》，［清］陈焯《宋元诗会》卷五三。

④ ［明］徐象梅《两浙名贤録》卷四七。

⑤ 这在诗文中有所体现，如《全梁文》卷一六载：“两韩之孝友纯深，庾、郭之形骸枯槁。或橡饭菁羹，惟日不足；或葭墙艾席，乐在其中。”［宋］陈德武《惜余春慢》：“阑葺疏芦，帘编小苇，好个清幽公馆。”

衬出贫士固穷守节、追求精神超脱境界的品格。

第三节　芦苇与草民

野草的草根看似散漫无羁，但却生生不息，延绵不绝。草根的精神本质就在于具有强大的凝聚力和顽强的生命力，能够承受各种天气环境的干扰。所谓“疾风知劲草”“一岁一枯荣”,就算是受到大火的焚烧，野草也能在春天的感召下重新发芽生长。在草民身上，也具有类似坚劲力量存在。

首先，草民代表地位低下的一类人群，而卑贱是人类对草类植物的一贯看法。我国古代以农耕为主，春种秋收、耕田除草是农业耕作中必不可少的工作，野生的草类植物往往比农作物更有生命力，这样会影响到人们的农业生产利益，农民当然要除掉它。前面提到的几种草本水生植物，即使在诗歌中人们对其极尽赞美之词，但在日常生活中，还是要被刈除。例如白蘋，描写其蘋色、蘋香的诗歌不胜枚举，但由于其繁殖速度特别快，在水中恣意散生，到处可见，是农民眼中拔除务尽的有害杂草。还有蓬蒿，也是需要被芟除的杂草，如杜甫《述古三首》其一：“农人望岁稔，相率除蓬蒿。”[1]沈辽《赠别子瞻》：“借田东坡在江北，芟夷蓬蒿自种麦。”[2]苇草在人们眼里也是一种卑贱的草类植物，“芦花杂渚田”[3]，生长在田间影响农业耕作，也需要被刈除，

① ［清］仇兆鳌《杜诗详注》卷一二。

② 《全宋诗》第12册，第8302页。

③ ［唐］岑参《晚发五渡》,《全唐诗》卷二〇〇、第2091页。

如白居易《渭村雨归》:“闲傍沙边立，看人刈苇苕。”[1]梅尧臣《云中发江宁浦至采》:“泊舟斫枯葭，岁火爇岸傍。”[2]王安石《东江》:“东江木落水分洪，伐尽黄芦洲渚空。”[3]施宜生《题平沙落雁屏景》:“江南江北八九月，葭芦伐尽洲渚阔。”[4]周权《济南原上》:“朔河春透冰未裂，黄芦伐尽洲渚阔。”[5]而且刈除的芦苇还有用途，如苏轼《次韵和王巩六首》其二:“敲冰春捣纸，刈苇秋织箔。”[6]

其次，草民一词还体现了底层人民强大不屈服的精神，这与芦苇顽强的生命力也有相似之处。芦苇是多年生草本植物，秋冬枯萎但根不死，春天到了就开始生长，它顽强的生命力，是一般的农作物不可企及的。所谓“野火烧不尽，春风吹又生”，如苏轼《司竹监烧苇园因召都巡检柴贻勖左藏以其徒会猎园下》:“官园刈苇留枯槎，深冬放火如红霞。枯槎烧尽有根在，春雨一洗皆萌芽。”[7]魏了翁《肩吾摘傍梅，读易之句，以名吾亭，且为诗，惟发之用韵答赋》:“候虫奋地桃李妍，野火烧原葭菼茁。”[8]

即使是大面积烧掉，芦苇到春天就能发芽生长，彰显出顽强的生命力。另外，苇草大面积丛生的特征也是芦苇生命力强的一种表现，如钱起《送唐别驾赴郢州》:“蒹葭侵驿树，云水抱山城。”[9]贯休《秋

① 《全唐诗》卷四三三，第 4785 页。
② 《全宋诗》第 5 册，第 3094 页。
③ 《全宋诗》第 10 册，第 6734 页。
④ 《全宋诗》第 33 册，第 21273 页。
⑤ ［元］周权《此山诗集》卷四。
⑥ 《全宋诗》第 14 册，第 9322 页。
⑦ 《全宋诗》第 14 册，第 9132 页。
⑧ 《全宋诗》第 56 册，第 34900 页。
⑨ 《全唐诗》卷二三七，第 2643 页。

末入匡山船行八首》其七："莽莽蒹葭赤，微微蜃蛤腥。"[①]贺铸《变竹枝词九首》其九："蒹葭被洲渚，凫鹭方容与。"[②]夏元鼎《满江红》："砂碛畔，蒹葭茂。"[③]有时候甚至给人丛乱的感受，如张咏《郊居寄朝中知己》："汀苇乱摇寒夜雨，沙鸥闲弄夕阳天。"[④]车若水《寄鲍府教宏博》："赤帝芟赢能几年，丛葭乱苇书千千。"[⑤]梅尧臣《入满浦》："难觅枚皋宅，仓葭处处迷。"[⑥]前面论述过芦苇高大的情况，苇草有丛深之感，是各种家禽牲畜栖息的地方，如文同《晚至村家》："深葭绕涧牛散卧，积麦满场鸡乱飞。"[⑦]晁补之《同文潜送况之谏议十四丈守潞过成季作》："出门缭陂渚，白鸟起深苇。"[⑧]芦苇高大丛深，以及表现出来的乱盛面貌，都可见其生长能力的强大。

综上所述，芦苇与草民在地位卑贱和生命力顽强两个方面有着相通之处。"草民"是平民大众的代表，由于他们的参与，使得平民文化因为平民身上顽强生命力的侵染而带有不屈的生存意识，从而能够使这种文化蓬勃发展下去。

---

① 《全唐诗》卷八三一，第 9375 页。
② 《全宋诗》第 19 册，第 12587 页。
③ 《全宋词》第 2714 页。
④ 《全宋诗》第 1 册，第 538 页。
⑤ 《全宋诗》第 64 册，第 40426 页。
⑥ 《全宋诗》第 5 册，第 3091 页。
⑦ 《全宋诗》第 8 册，第 5334 页。
⑧ 《全宋诗》第 19 册，第 12783 页。

第六章　芦苇与民俗

民俗，是一个国家或者民族中广大人民群众所创造、享用和传承的社会生活文化现象，同人们的物质生活、精神生活密切相关。与芦苇相关的民俗很多，如芦苇在古代可以用来辟邪，用芦苇制成的绳索即古书上所说的“苇索”“苇茭”很早即被作为辟邪灵物；古人还用吹灰的方式作为候气方法，据说是用葭莩（芦苇里的薄膜）的灰烬塞入长短有制的十二根“律管”里，某个月份到了，相应律管里的葭灰就会飞动起来，以此显示某一节气的到来。

图 12　《午端图》，［清］郎世宁，描绘了端午节人们日常使用、食用之物，画面右侧为芦苇叶裹制的粽子。图轴现藏北京故宫博物院。

第一节　苇索苇矢——芦苇原始辟邪功用

在我国岁时民俗里，芦苇很早就被用来辟邪御凶。用苇草编成绳索，年节时悬挂门旁，以祛除邪鬼。据说夏人便已习惯挂苇茭，《后汉书》载："夏后氏金行，作苇茭，言气所交也。殷人水德，以螺首，慎其闭塞，使如螺也。周人木德，以桃为更。"(注："《风俗通》曰：'《传》曰：萑苇有丛。《吕氏春秋》曰：汤始得伊尹，祓之于庙，熏以萑苇。故用苇者，欲人之子孙蕃殖，不失其类，有如萑苇。茭者，交易阴阳代兴之义也。'"[①]) 从中可以看出，夏人最初用苇茭应当是祈愿多子多孙，与辟邪无关。

到了汉代，苇索才有避邪功用。"自夏后氏以苇茭、商人以螺首，周人以桃为梗，汉兼用三代之仪式，以苇茭、桃梗故五月五日，朱索五色印为门户饰，以傩止恶气。"[②]有关"苇索缚鬼"的记载最早见于《论衡》一书。"《论衡》保存的神话材料之多,在哲学著作中仅次于《淮南子》"[③],《论衡·订鬼篇》对社会上流传的各种关于鬼的说法进行了分析考订。其中谈道："《山海经》又曰：'沧海之中，有度朔之山。上有大桃木，其屈蟠三千里，其枝间东北曰鬼门，万鬼所出入也。上有二神人，一曰神荼，一曰郁垒，主阅领万鬼。恶害之鬼，执以苇索，而以食虎。于是黄帝乃作礼以时驱之，立大桃人，门户画神荼、郁垒

① ［南朝宋］范晔撰、［唐］李贤等注《后汉书》，第 3122 页。

② ［明］顾起元《客座赘语》卷四。

③ 袁珂《中国神话史》，第 110 页。

与虎，悬苇索以御凶魅。'”[①]《山海经》的成书大约经历了从春秋末到秦汉年间的漫长时期，上引一段文字，今本《山海经》不存。神话学家袁珂认为，“《论衡》所引的神话材料……或是古书的佚文，足资研讨者，如象上面所举‘度朔山神荼郁垒’神话引《山海经》，文字和《山海经》不大相类，恐怕是《括地图》之类的误记，《汉唐地理书钞》辑《括地图》有‘桃都山有大桃树，盘屈三千里，上有金鸡，日照则鸣；下有二神，一名郁，一名垒；并执苇索，以伺不祥之鬼，得则杀之’一条，可以用来和所引的相参校。”[②]此外，《论衡·乱龙篇》载：“上古之人，有神荼、郁垒者，昆弟二人，性能执鬼，居东海度朔山上，立桃树下，简阅百鬼。鬼无道理，妄为人祸，荼与郁垒缚以卢索，执以食虎。”[③]作者不吝篇幅引录以上两段文字，是为了借二者相互补充，以观全貌，这里的“卢索”当是“芦索”，即“芦苇制成的绳索”，是用来将妄为人祸的恶鬼捆绑了，拿去喂虎。蔡邕所著《独断》卷上记载：“疫神，帝颛顼有三子，生而亡去，为疫鬼。其一者居江水，是为虐鬼；其一者居若水，是为魍魉；其一者居人宫室区隅处，善惊小儿。于是命方相氏，黄金四目，蒙以熊皮，玄衣朱裳，执戈扬楯，常以岁竟十二月，从百隶及童儿而时傩，以索宫中，驱疫鬼也。桃弧、棘矢、土鼓，鼓且射之，以赤丸五谷播洒之，以除疾殃。已而立桃人、苇索、儋牙虎、神荼、郁垒以执之。儋牙虎、神荼、郁垒二神，海中有度朔之山，上有桃木、蟠屈三千里，卑枝东北有鬼门，万鬼所出入也。神荼与郁垒二神居其门，主阅领诸鬼。其恶害之鬼，执以苇索食虎。故十二月岁

① 王充《论衡》，第 217 页。

② 袁珂《中国神话史》，第 110 页。

③ 王充《论衡》，第 157 页。

竟常以先腊之夜逐除之也，乃画荼垒，并悬苇索于门户，以御凶也。”这里的记载与《论衡》中的记载有相似之处。

从这些记载中可以看出，芦苇绳索很早就被用来辟邪御凶。因为有了神荼、郁垒曾在度朔山上大桃树下用苇索缚鬼的传说，县官都仿照此举,采用了“悬苇索以御凶魅”等方法,《后汉书》中载:“先腊一日，大傩，谓之逐疫……百官官府各以木面兽能为傩人师讫，设桃梗、郁儡、苇茭毕,执事陛者罢。”[①]段成式《酉阳杂俎》也记载:“予读《汉旧仪》，说傩逐疫鬼，又立桃人、苇索、沧耳、虎等。”[②]张衡《东京赋》:“度朔作梗，守以郁垒。神荼副焉，对操索苇。”[③]从以上这些典籍记载中，可见苇索同桃人、虎图都是汉时岁末大傩驱疫鬼的神物，用苇索辟邪的岁时风俗在汉代想必是十分流行的。

而且，从历朝历代一些诗文记载中可以看出，在后来的时代发展过程中，这种习俗也有延续。如《晋书》载：“岁旦常设苇茭桃梗、磔鸡于宫及百寺之门，以禳恶气。”[④]顾起元《客座赘语》卷四载：“魏晋制每岁朝设苇茭、桃梗、磔鸡于宫及白寺之门，以辟恶气。”众所周知，桃木也是可以辟邪的，“桃符”即古代挂在大门上的两块画着神荼、郁垒二神的桃木板，有压邪之用，“桃符苇索”是辟邪之物，古代习俗中，新岁时悬此二物于门首，以驱除邪恶，所以二者在诗文中常一同出现，如陈棣《甲子岁除一夕……》其一：“惊风急雪不胜寒，苇索桃符岁事残。”[⑤]苏轼《皇太妃阁五首》其一:“苇桃犹在户，椒柏已称觞。

① ［南朝宋］范晔撰《后汉书》，第 3127—3128 页。
② ［唐］段成式《酉阳杂俎》，第 171 页。
③ ［南朝梁］萧统编、［唐］李善注《文选》卷三。
④ ［唐］房玄龄《晋书》，第 600 页。
⑤《全宋诗》第 35 册，第 22037 页。

岁美风先应，朝回日渐长。”[①]这里的“苇桃”就是指“苇索桃符”。

除了苇索，用芦苇所制的其他工具，如苇矢，即用芦苇做的箭，也具有辟邪之用。我们常说的“桃弓苇矢”都具有辟邪之用。所谓桃弓，即是用桃木制的弓，桃木可以辟邪，桃木制作的弓也具有辟邪之用。《春秋左氏传》昭公四年载：“其出之也，桃弧、棘矢以除其灾。”[②]杜预注曰：“桃弓、棘箭，所以禳除凶邪，将御至尊故。”[③]《古今注》卷上《舆服第一》载：“辟恶车，秦制也。桃弓苇矢，所以祓除不祥也。”张衡《东京赋》载：“桃弧棘矢，所发无臬。飞砾雨散，刚瘅必毙。”李善注：“汉旧仪，常以正岁十二月命时傩，以桃弧苇矢且射之，赤丸五谷播撒之，以除疾殃。”这些文献中的桃弧棘矢、桃弧苇矢都是能辟邪的。此外，还有用芦苇做的戟，即“苇戟”也用以辟邪。《易林》载：“桃弓苇戟，除残去恶，敌人执服。”[④]《后汉书》卷九五中载：“先腊一日大傩，谓之逐疫……苇戟、桃枝以赐公、卿、将军、特侯、诸侯云。”[⑤]

第二节　律管葭灰——芦秆薄膜候气功用

芦苇秆内有一层薄膜，我们称之为“葭莩”，它在我国古代历法上有着重要功用。中国是世界上最早进入农耕生活的国家之一，农业生产要求有准确的季节时令。为了掌握准确的时间，在我国古代就产生了“葭莩候气”这种测候之术，基本的做法是将黄钟十二律的律管

---

① 《全宋诗》第 14 册，第 9590 页。

② ［晋］杜预《春秋经传集解》，第 1239 页。

③ ［晋］杜预《春秋经传集解》，第 1240 页。

④ ［汉］焦延寿《易林》卷九。

⑤ ［南朝宋］范晔《后汉书》，第 3128 页。

依照顺序排列在密闭的房间内，并在这十二根代表十二气节的律管内，覆填以葭莩烧制而成的灰。所谓律管就是乐律的十二律管，系空心的竹管或玉管，粗细相同但长短不一。古人相信当太阳行至各中气所在的位置时，将引发地气上升，而此气可使相应律管中所置的葭灰扬起。这样，一年中随着时间和节气的变化，相应律管中的葭灰便会依次先后飞出管外，以此显示某一气节的到来。

有关候气方法的记载，较早的见于《后汉书》，“候气之法，为室三重，户闭，涂衅必周，密布缇缦。室中以木为案，每律各一，内庳外高，从其方位，加律其上，以葭莩灰抑其内端，案历而候之。气至者灰动。其为气所动者其灰散，人及风所动者其灰聚。”[①]《隋书》载：“于三重密屋之内，以木为案，十有二具，每取律吕之管，随十二辰位置于桉上，而以土埋之，上平于地，中实葭莩之灰，以轻缇素覆律口，每其月气至与律冥符，则灰飞冲素散出于外。”[②]

从《宋史》的记载看，前代书中有的说法基本得到了认可和沿用。当时朱熹、邵雍、蔡元定、沈括等无不崇信候气一说。沈括认为“唯《隋书志》论之甚详”，并从理论上做了更进一步的补充和说明：

> “其法：先治一室，令地极平，乃埋律管，皆使上齐，入地则有浅深。冬至阳气距地面九寸而止，唯黄钟一管达之，故黄钟为之应。正月阳气距地面八寸而止，自太簇以上皆达，黄钟、大吕先已虚，故唯太簇一律飞灰。如人用针彻其经渠，则气随针而出矣。地有疏密，则不能无差忒，故先以木案隔之，然后实土案上，令坚密均一。其上以水平其概，然后埋律其下。

---

① ［南朝宋］范晔《后汉书》，第3016页。

② ［唐］魏徵《隋书》，第394页。

虽有疏密为木案所节，其气自平，但调其案上之土耳。”[①]

有关“葭莩候气”方法的记载，我国古代典籍中还有很多，作为我国古代出现早、流传广的一种测候法，它既是帝王代表国家为指导全国农业生产和社会活动而做“敬授民时”的“律历”活动的重要组成部分，也是古代天、地、人三财合一理念的体现。

在文学作品中，唐人有《葭灰应律赋》(以“四时运行，应候不差”为韵)，其中对古代乐律记时和“葭灰候气”有详细描述：

葭灰阳物，铜管阴类。阳物以健动为宜，阴类以虚受为器。一则本乎天，一则通乎地。因时出矣，本乎天者亲上；乘气泄焉，通乎地者启。感两仪以成道，应六管而为事。明夫律通则气来，灰动则时至。知昼夜之迭代，表子午之更位。辨方辨卦，乃立节而为八；定至定分，故均气以为四。于是圣人设矣，君子用之。于以则地气，于以奉天时。仲夏将临，则蕤宾设候；孟秋既届，乃夷则应期。大吕具实，而冬实于丑；太簇已散，而春蠢于寅。可谓自微形着，有条不紊。明天道之大备，则帝道之广运。且夫范金以为律，当其空有律之明；燔葭以为灰，当其动用灰之轻。律之空其或吐或纳，灰之轻则有虚有盈。由是识坤德之顺静，探干德之游行。其入也柔顺，其出也刚胜。或处阳而阴生，或在阴而阳孕。见律中而灰动，知地感而天应。如此，神可以穷，数可以究。事可得而待，时可得而候。是以圣人执兹一柄，形被九有。时寒暑之往来，辨昏明之妍不。夫物之妙用，则感于无为。物或不爽，则应用无差。彼葭灰

① ［宋］沈括撰、胡道静校注《新校正梦溪笔谈》，第91页。

之造微，与天地而宜契。我皇敬授不忒，故能燮理无亏。[1]

古代诗词作品中“葭灰候气”的说法十分常见，多用“吹葭”“吹灰”“葭灰”“飞灰”等词句表示气候和节气的变化。有的直接与表示节气的乐律相联系，以“黄钟”最多，如《唐明堂乐章 · 羽音》：“葭律肇启隆冬，蘋藻攸陈飨祭。黄钟既陈玉烛，红粒方殷稔岁。”[2]项安世《妻兄任以道生朝》：“葭灰寂寞今无赖，拟向黄钟托此身。”[3]魏了翁《汪漕使即梅圃作浮月亭追和古诗余亦补和》：“黄宫播雷鼗，玉管动葭榖。”[4]又《和崔侍郎送行诗韵》其一：“黄宫才十点，有许到葭灰。”[5]胡一桂《至日建中次季真韵》：“太极便堪窥易蕴，黄钟初可验葭飞。”[6]

由于葭管采用了古代音乐的十二律管，因此葭管的名称和十二律管一致。“黄宫”就是律中“黄钟”之宫，“黄钟”指仲冬十一月，冬至气至，黄钟管里的葭莩灰就飞动起来，如方回《丁亥十一月初八日南至二首》其一：“宦情不作葭灰动，吟笔宁争绣线长。”[7]

诗歌中与节气“冬至”联系的居多，如杜甫《小至》：“天时人事日相催，冬至阳生春又来。刺绣五纹添弱线，吹葭六管动浮灰。”[8]小至是冬至的前一天，仲冬之月，律中黄钟，诗人的意思是说：冬至到了，黄钟管的葭灰飞动了。韩偓《冬至夜作》：“中宵忽见动葭灰，料得南

① ［清］陈元龙《历代赋汇》卷一三。
② 《全唐诗》卷五，第 52 页。
③ 《全宋诗》第 44 册，第 27305 页。
④ 《全宋诗》第 56 册，第 34891 页。
⑤ 《全宋诗》第 56 册，第 34954 页。
⑥ 《全宋诗》第 70 册，第 44264 页。
⑦ 《全宋诗》第 66 册，第 41639 页。
⑧ 《全唐诗》卷二三一，第 2537 页。

枝有早梅。”[①]项安世《冬至前简陈正已李季允》:“节物吹葭近，乡闾送篚频。”[②]马廷鸾《冬至》:“山寒律管又飞灰，万壑松风冬起雷。”[③]汪炎昶《冬至》其一:“草草欢娱共一觞，葭灰昨夜煦初阳。”[④]

其次与立春相关，如陈造《立春》:“春信葭灰动，寻知寒事休。”[⑤]虞俦《和汉老弟立春》:“吹葭六管候频频,眉寿先储酒十旬。”[⑥]张闰《丁未立春》:“今岁春从底处回，非关缇室动葭灰。”[⑦]在诗人看来，葭灰飞动就预示着新的一年到来，飞出律管的葭灰似乎也昭示春季的新气象，如王勃《守岁序》:“槐火灭而寒气消，芦灰用而春风起。”杨炯《和骞右丞省中暮望》:“玄律葭灰变，青阳斗柄临。年光摇树色，春气绕兰心。”[⑧]方干《早春》:“正气才随灰律变，残寒便被柳条欺。”[⑨]宋白《宫词》其三:“律管飞灰报早春，寿阳梅淡落香烟。”[⑩]徐元杰《次赵守鹿鸣宴韵》:“阳春有脚葭吹管，生意无边柳着行。”[⑪]冬季的严寒逐渐散去，暖春的脚步也随着葭灰的飞动逐渐接近。

相对上述两者而言，对夏、秋季的描写较少，如夏竦《初夏有作》:“玉管葭灰昨夜吹，日华光暖向阳枝。”[⑫]李义府《和边城秋气早》:“金

① 《全唐诗》卷六七九，第7789页。
② 《全宋诗》第44册，第27305页。
③ 《全宋诗》第66册，第41253页。
④ 《全宋诗》第71册，第44807页。
⑤ 《全宋诗》第45册，第28101页。
⑥ 《全宋诗》第46册，第28551页。
⑦ 《全宋诗》第50册，第31635页。
⑧ 《全唐诗》卷五〇，第615页。
⑨ 《全唐诗》卷六五二，第7494页。
⑩ 《全宋诗》第1册，第281页。
⑪ 《全宋诗》第60册，第37812页。
⑫ 《全宋诗》第3册，第1798页。

微凝素节，玉律应清葭。边马秋声急，征鸿晓阵斜。”[①]刘阆风《寿胡运使》:“维时秋律灰吹葭，玉宇凉生雨乍过。”[②]

葭灰的飞动让人感到季节更迭的同时，又让人感到时光的飞逝，进而生出韶光易逝的感慨，如吴芾《和王夷仲至日有感》:“葭灰管里气初浮，阳长阴消不自谋。吾道穷耶当复泰，此身老矣不禁愁。得闲正好寻诗社，乘兴何妨上钓舟。拟待梅开同胜赏，且宽归兴少迟留。”[③]释如珙《偈颂三十六首》其一五:“夜来地动葭灰起，百草头边一寸春。抖搂精神急荐取，生老病死不饶人。”[④]王炎《小重山》:“日脚才添一线长。葭灰吹玉管,转新阳。老来添得鬓边霜。年华换,归思满沧浪。”[⑤]

从这些文学作品中，我们足见“葭灰候气”方法深植人心的程度。不过，在中国律历史上，候气一直是个相当有争议的话题。虽然古籍中对此方法有详细的记载和论述，但我们注意到古书也有关于“葭灰候气”不灵验和不准确的记载。《隋书》载:“魏代杜夔亦制律吕以之候气，灰悉不飞。”书中还载:“开皇九年平陈后，高祖遣毛爽及蔡子元于普明等，以候节气”，但结果是“每其月气至，与律冥符，则灰飞冲素，散出于外。而气应有早晚，灰飞有多少，或初入月其气即应。或至中下旬间，气始应者；或灰飞出，三五夜而尽；或终一月，才飞少许者。”[⑥]可见其精准度不高。沈括在《梦溪笔谈》中说过:“世皆疑其所置诸律，方不踰数尺，气至独本律应，何也？”[⑦]说明当时抱

① 《全唐诗》卷三五、第468页。
② 《全宋诗》第72册，第45630页。
③ 《全宋诗》第35册，第21937页。
④ 《全宋诗》第66册，第41216页。
⑤ 《全宋词》，第1857页。
⑥ [唐]魏徵《隋书》，第394页。
⑦ [宋]沈括撰、胡道静校注《新校正梦溪笔谈》，第91页。

有怀疑态度的不只他一人，而是“世皆疑”。另外，古籍、诗词中在冬季特别是冬至提到飞灰比较常见，但是难以见到其他节气飞灰的叙述，这显然与“气至则一律飞灰”（《梦溪笔谈》卷七）的说法相矛盾。诗人李纲《冬至》亦有诗曰：“土薄葭灰难测候，气温桃树已开花。”[①]对古代这种神奇的测候法的真实性和准确性，不仅古代学者文人众说纷纭，就连现代学者也莫衷一是。

综上所述，芦苇与民俗的关系源远流长，有着悠久的历史。芦苇应用在各个领域，与人民的日常生活息息相关。芦苇在民俗方面的应用，也与芦苇自身的物种特征、在生活中的广泛分布有着密切关系。

---

① 《全宋诗》第 27 册，第 17736 页。

第七章　芦苇的实用价值

第一节　芦苇的材用价值

一、苇秆的材用价值

（一）编制

1. 苇席

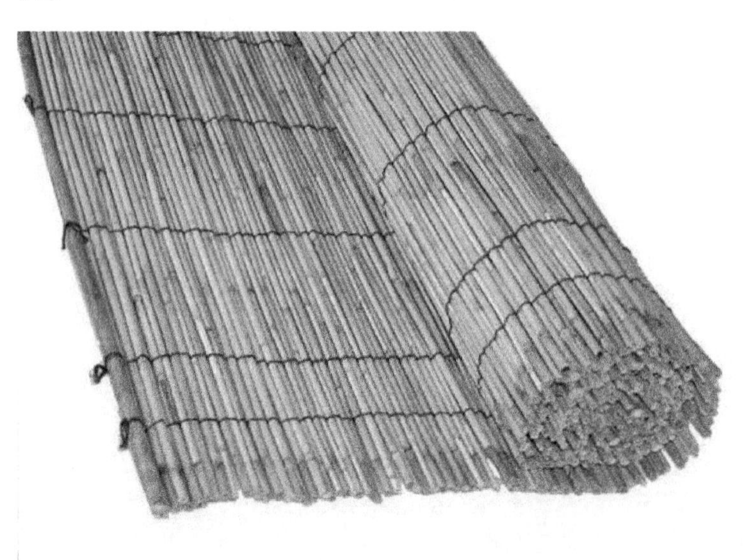

图 13　芦苇秆编的席子，网友提供。

芦苇柔韧，是良好的编制物。根据一些考古资料记载，我国先民对芦苇的编制利用可以追溯到新石器时代。

（1）20世纪70年代末，河北省武安县磁山遗址第一文化层遗迹中发现灰坑186个，其中椭圆形灰坑4个，坑内发现较多烧土块，其上留有芦苇的印痕；不规则灰坑7个，在坑底发现苇席痕迹，与现在的苇席纹样基本一样。这两处坑都可能是遭受破坏的居住遗址。在第二文化层的房屋遗迹中，曾出土较多的有芦苇、荆芭、草拌泥痕迹的烧土块[①]。说明在7300年前这一带即编制苇席。

（2）在浙江余姚河姆渡文化遗址中，出土了上百件苇席残片，小的如手掌，大的一米以上。虽然有些已腐烂，但仍然可以看出规整、均匀、结构紧密的编织技巧。编法以几根苇条为一组，有的以两根为一组，竖经横纬，编组成"人"字纹。经纬分明，条纹清楚，密度均匀，色泽金黄，花纹简洁，手感光滑[②]。这些出土的芦席残片，可能是屋顶的席箔，也可能是围护结构的轻质壁，或者是地板上的铺席[③]。不管在当时这些苇席有何作用，但可以肯定的是，当时的河姆渡先民已经会编织苇席了。

（3）1990年10～12月，在三门峡上村岭虢国墓地北区发掘清理了一座周代墓葬（M2010），其中有木、苇、麻与丝帛等遗物[④]。

由此可见，芦苇用作编织的历史悠久。除了满足生活需求，苇席还用于丧事丧葬。《周礼》记载："凡丧事，设苇席，右素几。"[⑤]《礼记》载："诸侯行而死于馆……其輤有裧……大夫以布为輤而行……士輤，苇席

① 河北省文物管理处、邯郸市文物保管所《河北武安磁山遗址》，《考古学报》，1981年第3期。

② 吴山《中国工艺美术大辞典》，第536页。

③ 杨洪勋《杨洪勋建筑考古学论文集（增订版）》，第50页。

④ 河南省文物考古研究所、三门峡市文物工作队《三门峡虢国墓地M2010的清理》，《文物》，2000年第12期。

⑤ ［汉］郑玄注［唐］贾公彦疏《周礼注疏》，第309页。

以为屋，蒲席以为裳帏。”[①]这里的“輤”指载柩将殡的车饰。古代人们还常用苇席裹尸、裹物，《孙亮初童谣》载：“及诸葛恪死。果以苇席裹尸。”[②]后有文人用“芦苇单衣”指代用芦苇裹尸之意，如庾信《哀江南赋》：“就汀州之杜若，待芦苇之单衣。”[③]庾信借诸葛恪被杀后用芦苇裹身投于石子冈的事例，表达自己担心遭忌被谗，也会落得诸葛恪的下场。

2. 造筏

古人用芦苇编制木筏渡河，最早见于三国时期。《三国志》记载：“吴主权徐夫人，吴郡富春人也。祖父真，与权父坚相亲，坚以妹妻真，生琨……琨母时在军中，谓琨曰：‘恐州家多发水军来逆人，则不利矣，如何可驻邪？宜伐芦苇以为泭，佐船渡军。’”[④]在后来的史料记载中，芦苇造筏在军事战争中也发挥了一定作用，如《宋史·杨澈传》：“澈部徒走数千，径大泽中，多芦苇，令采刈为筏，顺流而下。既至，执事者讶以后期，俄而苇筏继至，骇而问之，澈以状对，乃更嗟赏。”[⑤]

3. 苇箔

苇箔，就是用芦苇编成的帘子，可以盖屋顶、铺床或者当门帘、窗帘用。在文学作品中有不少提及苇帘，如白居易《新构亭台示诸弟侄》：“芦帘前后卷，竹簟当中施。”[⑥]又《香炉峰下新卜山居草堂初成偶题东壁》：“来春更葺东厢屋，纸阁芦帘著孟光。”[⑦]彭汝砺诗云：“洞入桃

① ［宋］卫湜《礼记集说》卷七一。

② 《先秦汉魏晋南北朝诗》上册，第539页。

③ ［北周］庾信撰［清］倪璠注、许逸民校点《庾子山集注》，第141—142页。

④ ［晋］陈寿《三国志》，第534页。

⑤ ［元］脱脱等撰《宋史》，第9869页。

⑥ 《全唐诗》卷四二九，第4732页。

⑦ 《全唐诗》卷四三九，第4890页。

源花点缀，门横苇箔草萧条。”[①]马祖常《都门一百韵》：“巢橧尚羊裘，荜门仍苇箔。”[②]周公亮有《次新乐咏苇帘》二首：

先生食力寻常织，一束能留水一方。暗扑黄尘声瑟瑟，小垂明月影苍苍。

雪鸿远拂斜阳翼，渔笛轻传白露香。竹屋纸窗看岁暮，荧荧灯火意偏长。(其一)

蒹葭犹带旧时霜，削玉编琼映曲房。递尽寒香高士袂，界残明月老僧床。

微风乍荡春前縠，秋水平开雨后湘。燕子不来花欲落，输他绣箔与雕梁。(其二)[③]

4. 芦藩

芦藩，就是用芦苇做成篱笆围墙。我国古代的民宅，一般都有院落，并多设有篱笆。古代的篱笆一般用竹、苇或树枝等编成，作为障隔的栅栏。芦苇是其中编制材质之一，范成大《蚤晴发广安军晚宿萍池村庄》载：“修芦密成篱，直柏森似纛。”[④]高翥《行淮》载：“老翁八十鬓如丝，手缚黄芦作短篱。”[⑤]

（二）建材

芦苇作为建筑材料的历史由来已久，古时人们就知道利用芦苇这一实用价值了，河北武安磁山遗址中发现的芦苇痕迹，说明在新石器时代先民就将芦苇用作建筑建材了。《古烈女传·楚老莱妻》记载春秋

① 《全宋诗》第16册，第10553页。
② ［清］顾嗣立编《元诗选》初集卷二一。
③ ［清］周公亮《赖古堂集》，第189页。
④ 《全宋诗》第41册，第25901页。
⑤ 《全宋诗》第55册，第34129页。

隐士老莱子“耕于蒙山之阳，葭墙蓬室，木床蓍席，衣缊食菽，垦山播种”[1]，所谓“莞葭为墙”即用芦苇作建筑材料。描写芦苇作为建筑材料的诗句很多，如白居易《初到江州》：“菰蒋喂马行无力，芦荻编房卧有风。”[2]陆龟蒙《丹阳道中寄友生》：“海俗芦编室，村娃练束衣。”[3]吴芾《又登碧云亭感怀三十首》其二九：“晚上危亭懒举头，竹椽芦屋亦堪羞。”[4]杨万里《冲雪送陆子静》：“平欺芦屋脊，偏护竹篱根。”[5]项安世《和韵答都昌胡令论诗》：“竹屋芦门映短墙，夜深宜月晓宜霜。”[6]

（三）柴薪

芦苇用作柴薪的历史可能比编制、建筑更早，女娲芦灰止水的传说就隐约透露出这一信息，第一章提及的西汉史游《急救篇》中记载“薪炭萑苇炊孰生”，说明古人很早就知道把芦苇当烧柴用。《宋史》记载，宝祐五年（1257年），“以蜀、广、浙数路言之，皆不及淮盐额之半。盖以斥卤弥望，可以供煎烹，芦苇阜繁，可以备燔燎。”[7]古代诗歌中相关的描述就更多，如苏轼《寒食雨二首》其二：“空庖煮寒菜，破灶烧湿苇。”[8]华镇《近日》：“昼操板艇穿沟径，夜爇芦薪阅簿书。”[9]晁说之《海陵书事》：“竹椽泥压清虚节，苇爨香殊忠厚风。”[10]杨万里

① ［汉］刘向《古烈女传》，第57页。
② 《全唐诗》卷四三八，第4876页。
③ 《全唐诗》卷六二三，第7167页。
④ 《全宋诗》第35册，第21987页。
⑤ 《全宋诗》第42册，第26357页。
⑥ 《全宋诗》第44册，第27286页。
⑦ ［元］脱脱等撰《宋史》，第4457页。
⑧ 《全宋诗》第14册，第9318页。
⑨ 《全宋诗》第18册，第12336页。
⑩ 《全宋诗》第21册，第13815页。

《晓发黄巢矶芭蕉林中》:“旋芟芦荻炊朝饭,更斫芭蕉补漏蓬。”[①]又《过临平二首》其一:“雪后轻船四捞漉,断芦残荻总成柴。”[②]又《从丁家洲避风行小港,出荻港大江三首》其二:“干地种禾那用水,湿芦经火自成薪。”[③]薛嵎《守岁五首》其四:“茅檐霜下寒衣薄,爇尽蒹葭夜更长。”[④]

图14《十二木卡姆》,新疆博湖芦苇工艺画,以芦苇的叶、秆、花穗等为原料,经过数道工序制作而成,充满地方民族特色,具有较高的艺术欣赏价值和收藏价值。博湖芦苇工艺画获得多项荣誉,并入选首批“新疆礼物”,参加中国—亚欧博览会。图片引自《中国艺术报》。

① 《全宋诗》第42册,第26284页。
② 《全宋诗》第42册,第26452页。
③ 《全宋诗》第42册,第26518页。
④ 《全宋诗》第63册,第39903页。

图 15　南美洲秘鲁的的喀喀湖上的芦苇岛一景，岛上居民日常的生活用具皆由芦苇编制而成，网友提供。

二、花絮的材用价值

芦苇是优良的纤维作物，它的纤维长度超过了一切草类植物，接近于阔叶树木和棉花。在前面我们论述了芦花具有很大的观赏性，除了观赏价值，芦苇的花絮在现实生活中还有着实用价值。古人常用芦絮作衣来防寒保暖，文学作品中就有描述，如张蠙《叙怀》:“十年九陌寒风夜，梦扫芦花絮客衣。”[①]杨万里《李圣俞郎中求吾家江西黄雀醝法，戏作醝经遣之》:“裁云缝雾作羽衣，芦花柳绵当裘袂。”[②]马延鸾《余氏心晖堂》:“儿寒衣芦花,母在足欣娱。”[③]成廷珪《夜泊青蒲村》:“荠菜登盘甘似蜜，芦花纫被暖如棉。”[④]

① 《全唐诗》卷七〇二，第 8084 页。

② 《全宋诗》第 42 册，第 26382 页。

③ 《全宋诗》第 66 册，第 41270 页。

④ ［清］顾嗣立《元诗选》二集卷一三。

甚至还可以用芦花织被[1]，元代诗人谢宗可《芦花被》：

白似杨花暖似烘，纤尘难到黑甜中。软铺香絮清无比，醉压晴霜夜不融。

一枕和秋眠落月，五更飞梦逐西风。谁怜宿雁江汀冷，赢得相思旧恨空。[2]

明代诗人夏原吉《芦花被》：

似絮如云覆远洲，扫来拍拍入衾裯。夜窗月映满身雪，晓枕风生一梦秋。

蜀锦吴绫暂艳丽，纯绵毻毳让轻柔。寄言翰苑风流客，还有新诗肯换不。[3]

虽然芦花能助人们保暖，抵御寒冷，但毕竟是在物资匮乏、家境贫困的情况下才选择的物资，与上好的棉花甚至是羽绒等保暖品种相比，芦花的保暖效果还是差之甚远。在现代日常生活中，用芦花花絮做成的扫帚和用花絮填成的枕头，也倍受人们青睐。

第二节　芦苇的药用价值

一、芦根

芦根，就是芦苇的根茎，它是中医治疗温病的重要药材，主要用于治疗热病烦渴、胃热呕吐、肺热咳嗽、肺痈吐脓、热淋涩痛等病症，

① 元代诗人贯云石《芦花被》一诗小序有明确记载："仆过梁上泊，有渔翁织芦花为被。"

② 《元诗选》初集卷四二。

③ ［明］夏原吉《夏忠靖集》卷四。

在古代药物书籍上都有详尽记载。

《神农本草经》是我国也是世界上第一部药物学专著，约成书于秦汉时期,即公元 1 世纪到 2 世纪之间。《神农本草经疏》“草部下品之下”中收入“芦根”载:“芦根味甘、寒，无毒。主治消渴，客热止，小便利。”缪希雍为其详细注疏曰：“芦根禀土之冲气，而有水之阴气，故味甘气寒而无毒。消渴者，中焦有热，则脾胃干燥，津液不生而然也。甘能益胃和中，寒能除热降火，热解胃和，则津液流通而渴止矣。客热者，邪热也,甘寒除邪热,则客热自解。肺为水之上源,脾气散精,上归于肺,始能通调水道，下输膀胱。肾为水脏而主二便，三家有热，则小便频数，甚至不能少忍,火性急速故也。肺肾脾三家之热解,则小便复其常道矣。火升胃热，则反胃呕逆，不下食，及噎哕不止，伤寒时疾，热甚则烦闷，下多亡阴,故泻利人多渴。孕妇血不足则心热。甘寒除热安胃,亦能下气,故悉主之也。”①

由于芦根的这一特性，它成为治疗此类病症不可缺少的一味药，这在古代医药典籍中多有记载。张机《金匮玉函经》对于研究伤寒理论具有很高的价值，它与《伤寒论》同体而别名，虽在隋唐前问世，但因流传不广被淹没，连许多大藏书家亦未见，直至清初被陈士杰发现而雕刻刊行。其卷八载：“治五噎吐逆，心膈气滞，烦闷不下，用芦根五两，剉，以水三大盏，煮取二盏，去渣，温服。”

孙思邈《千金要方》集唐代以前诊治经验之大成，对后世医家影响极大，其多记载“生芦根”之药用方子，如卷三《妇人方》中记载：“治妊娠头痛壮热心烦呕吐不下食方：知母四两、粳米五合、生芦根一升、青竹茹三两、右四味以水五升煮取，二升半稍稍饮之尽，更作瘥

① ［明］缪希雍《神农本草经疏》卷一一。

止。”卷一八《七窍病方》中《舌病第四》记载“升麻煎舌主心藏热即应舌生疮裂破引唇揭赤服之泄热方”中就要生芦根五两。另外，书中卷三二《伤寒方》有四处提及芦根、卷五十二《胃腑方》五处提及芦根，卷六一《消渴方》和卷七九《食治》都有相关记载。由此可见，芦根在古代医药治疗上应用广泛。1578 年，李时珍完成《本草纲目》，这是中国古代药物学的集大成之作，其中多处提到芦根，如“伤寒内热时疾烦闷，煮汁服”“劳复食复谷，煮汁服”“五噎吐逆煎服”“止反胃五噎吐逆去膈间客热，煮汁服”。

此外，芦根可解饮食上的中毒，张机《金匮要略方论》中《禽兽鱼虫禁忌并治第二十四》记载：“治食马肉中毒欲死方：煮芦根汁，饮之良。”[①]又“食鯸鮧鱼中毒方”为：“芦根煮汁服之即解”[②]。葛洪《肘后备急方》卷七中“食鲈鱼肝及鯸鮧鱼中毒”的方法也是：“剉芦根煮汁，饮三升良。”孙思邈《千金要方》卷七二《解毒杂治方》记载：“治食马肉血洞下欲死方，又方芦根汁饮以欲即解”“治食鱼中毒面肿烦乱及食鲈鱼中毒欲死方，剉芦根舂取汁多饮良，并治蟹毒，亦可取芦苇茸汁饮之愈。”

现代医学充分借鉴了传统医学的成果，同时运用更加科学、紧密的手段对芦根的药用及医学价值进行分析总结。经鉴定，芦苇含有多量维生素 B_1、维生素 B_2、维生素 C 以及蛋白质、脂肪、碳水化合物、天冬酰胺、酯等，还含有氨基酸、脂肪酸、甾醇类、酚类、苯醌类、木质素类、黄酮类、生物碱类、脂肪酸及多糖类物质。其中芦根多糖能提高人体免疫能力，如阿魏酸就具有抗菌、抗血栓、抗雌激素、抗

① ［汉］张仲景述，［晋］王叔和集、李玉清等点校，《金匮要略方论》，第 114 页。
② ［汉］张仲景述，［晋］王叔和集、李玉清等点校，《金匮要略方论》，第 118 页。

肿瘤等作用，这些为芦根的医药价值提供了科学依据。

二、苇茎

苇茎是芦苇的嫩茎，苇茎和芦根有相似之处，但是芦根长于生津止渴，苇茎长于清透肺热。提到苇茎，不得不说著名的“千金苇茎汤”。早在汉代，张机《金匮要略方论》就有记载，其卷之上《肺痿肺痈咳嗽上气病脉证治第七》记载“千金苇茎汤”的具体方子是：“苇茎二升，薏苡仁半升，桃仁五十枚，瓜瓣半升，上四味，以水一斗，先煮苇茎得五升，去滓，内诸药，煮取二升，服一升，再服，当吐如脓。”①这是中医治疗肺痈的代表方剂。

王子接《绛雪园古方选注》为“千金苇茎汤”做了详细说明：“苇，芦之大者，茎干也，是方也。推作者之意，病在鬲上，越之使吐也。盖肺痈由于气血混一，营卫不分，以二味凉其气，二味行其血，分清营卫之气，因势涌越诚为先着。其瓜瓣当用丝瓜者良，时珍曰：丝瓜经络贯串房隔联属，能通人脈络脏腑，消肿化痰，治诸血病，与桃仁有相须之理。薏仁下气，苇茎上升，一升一降，激而行其气血，则肉之未败者，不致成脓痈。之已溃者，能令吐出矣。今时用嫩苇，根性寒涤，热冬、瓜瓣性急趋下，合之二仁变成润下之方，借以治肺痺，其义颇善。”②本方所治之肺痈是由热毒壅肺，痰瘀互结所致。痰热壅肺，气失清肃则咳嗽痰多。张璐《本经逢原》记载：“苇茎，中空，专于利窍，善治肺痈吐脓血，臭痰。千金苇茎汤以之为君服之，热毒从小便泄去。”③所以苇茎为肺痈必用之品。薏苡仁甘淡微寒，上清肺热而排脓，

① ［汉］张仲景述、［晋］王叔和集、李玉清等点校《金匮要略方论》，第35页。
② ［清］王子接《绛雪园古方选注》卷七。
③ ［清］张璐撰《本经逢原》卷二。

下利肠胃而渗湿；桃仁活血逐瘀，可助消痈，是为佐药；瓜瓣清热化痰，利湿排脓，能清上彻下，肃降肺气，与苇茎配合则清肺宣壅，涤痰排脓。方仅四药，结构严谨，药性平和，共具清热化痰、逐瘀排脓之效。“千金苇茎汤”将清肺化热痰、活血利水之品共存一炉，疗效独特，所以为历代医家所推崇。在后来诸多医学典籍，如孙思邈《千金要方》、李时珍《本草纲目》中都有类似记载。

近代医学将“千金苇茎汤”广泛应用于多种疾病的治疗，根据临床治疗效果，发现本方不仅适用于肺脓肿等呼吸系统的疾患，例如慢性气管炎，肺炎、肺结核、支原体肺炎，久咳不愈等；而且对消化系统疾病，如结肠炎、慢性阑尾炎，以及心血管系统，妇、儿、眼科等各科有关疾病都有显著疗效。

三、芦叶

芦苇叶，简称芦叶，春夏秋冬均可采收。芦叶性甘寒，无毒，主治上吐下泻，吐血，衄血，肺痈，发背。李时珍《本草纲目》记载：“茎、叶，[气味]甘，寒，无毒。[主治]霍乱呕逆、肺痈烦热、痈疽。”[①]其具体用法在古代医药典籍中也有记载。

唐代王焘《外台秘要》是中国唐代由文献辑录而成的综合性医书，汇集了初唐及唐以前的医学著作。其《小儿霍乱杂病方六首》又疗小儿热霍诸药不差方：“以芦叶二大两，糯米三大合水三升，先煮叶，入米煮取一升，入蜜少许，和服，即差不足。急取桑叶二升，生姜半两，切以水三升，煮取一升，著一匙白米，为饮服。”[②]刘昉《幼幼新书》

① [明]李时珍撰、刘衡如、刘山永校注《本草纲目（新校注本·第三版）》，第692页。

② [唐]王焘《外台秘要》卷三五。

吐哕霍乱凡十二门《疗热霍乱诸药不差》载："芦叶二两，糯米三合水三升，先煮取一升，入蜜少许，和服，桑叶姜白米为饮亦效。"①朱橚《普济方》婴孩吐泻门中"治小儿热霍乱诸药不瘥者"为："用芦叶二大两，或芦根糯米三大合水三升，先煮叶，入米煮取一升，入蜜少许，和服，瘥不止，即取桑叶二升，生姜半两切，以水二升煮取一升入，一匙白米，为饮服。"②此方与王寿的《外台秘要》基本一致。

现代医药实验证实，芦叶中富含黄酮类化合物成分，研究表明富含黄酮的芦苇提取物具有较明显的抑菌及抗氧化功能。

四、芦花

芦花，又名蓬蕽、芦蓬蕽。它的外形特征为穗状花序组成的圆锥花序，长 20 ～ 30cm。下部梗腋间具白柔毛，灰棕色至紫色。小穗长 15 ～ 20mm，有小花 4 ～ 7 朵，第 1 花通常为雄花，其他为两性花；颖片线形，展平后披针形，不等长，第 1 颖片长为第 2 颖片之半或更短；外稃具白色柔毛。质轻，气微，味淡。根据现代医学实验，芦花富含戊聚糖、纤维素和木质素。

在医学上芦花主要功效是止血解毒，治鼻衄、血崩等。古代医学典籍也有相关记载，如王焘《外台秘要》卷六记载："芦蓬蕽一大把，煮令味浓，顿服二升，则差已用有效，食中鱼蟹毒者服之，尤良。"这里"芦蓬蕽"就是"芦花"。李时珍《本草纲目》载"花若荻花，名蓬蕽……蓬蕽气味甘、寒，无毒。主治霍乱，水煮浓汁服，大验。煮汁服解鱼蟹毒。烧灰吹鼻止衄血，亦入崩中药。附方"干霍乱病"为"芦

---

① ［宋］刘昉《幼幼新书》卷二十七。

② ［明］朱橚《普济方》卷三九五。

蓬茸一把，水煮浓汁，顿服一升。”①

除了芦根、苇茎、芦叶、芦花具有药用价值，芦苇的嫩笋也可用于医药，前面我们论述芦苇的食用价值时提及芦苇的嫩芽。除了食用价值,芦苇的嫩笋还有药用价值,有解毒之功效。李时珍《本草纲目》载:“笋，气味小，苦冷无毒。主治膈间客热，止渴，利小便，解河豚及诸鱼蟹毒，解诸肉毒。”②张璐《本经逢原》卷二记载：“解河豚诸鱼毒，其笋尤良。”其实，芦芽解河豚毒，早在宋代就有此说了，苏轼《惠崇春江晚景》中“蒌高满地芦芽短,正是河豚欲上时”就潜含了这层意思。

总之，芦叶、芦花、芦茎、芦根、芦笋均可入药，各个部分有着广泛而重要的医药价值，古代药物书籍上有丰富而详尽的记载。现代药理也证实，芦苇的根、茎、叶、花都含有丰富的药理成分：富含生物活性及药物成分——戊聚糖、薏苡素、蛋白质、脂肪、碳水化物以及多量维生素 B_1、维生素 B_2、维生素 C 等十多种。在我国,芦根、芦茎、芦花、芦叶等用于治疗疾病历史悠久，对现代医学影响深远，至今仍然受到医学、药学乃至化学界的重视。

第三节　芦苇的食用价值

在我国古代饮食文化中，一些草本植物的嫩芽都具有食用价值，如竹笋，早在先秦时期就有记载，如《诗经 · 大雅 · 韩奕》:“其蔌维

① ［明］李时珍撰、刘衡如、刘山永校注《本草纲目（新校注本 · 第三版）》，第 691、693 页。

② ［明］李时珍撰、刘衡如、刘山永校注《本草纲目（新校注本 · 第三版）》，第 692 页。

何？维笋及蒲。”这里的“笋”就是竹笋。魏晋时期，食笋之风悄然兴起，到唐宋时期，食竹笋之风就在全国普及开来，明清时期，还出现了独立的采笋业和制笋业。还有荻笋，不仅可以食用，而且味道鲜美，在宋代诗歌作品中多有记载，如王安石《后元丰行》:“鲥鱼出网蔽洲渚，荻笋肥甘胜牛乳。”[①]项安世《寒食有怀楚都》:“荻笋烹鱼美，蒌蒿裹饭腴。”[②]王之道《和沈次韩春日郊行二首》其一:“杞苗荻笋肥应美，采掇何妨趁晚烹。”

芦苇的嫩芽同竹笋、荻笋一样也有食用价值。沈括《梦溪补笔谈》卷三载:“芦芽味稍甜，作蔬尤美。”具体道出了芦芽的口感。从古代文学作品的描述中，我们就可以发现它倍受人们喜爱，在一些诗人眼中是一道别具风味的美味佳肴，如杜甫《槐叶冷淘》:“碧鲜俱照筯，香饭兼苞芦。”仇兆鳌注引蔡梦弼曰:“苞芦,芦笋也。”杨万里《芗林五十咏·碧芦淙》:“春笋肥堪菜,秋花暖可毡。”[③]释居简《霅川》:“鱼菜常多蔬菜少，荠根桃尽到芦芽。”[④]乔吉【中吕】《满庭芳·渔夫词》:“蒌蒿香脆芦芽，烂煮河豚。”[⑤]宋代诗人武衍的《芦笋》除了描写芦芽的外在形象，还对芦芽食用价值进行说明，而且评价颇高：

春风荻渚暗潮平，紫绿尖新嫩茁生。带水掐来随手脆，擢船归去满篝轻。

竹根稚子难专美，涧底香芹可配羹。风味只应渔舍占，

---

① 《全宋诗》第10册，第6474页。
② 《全宋诗》第44册，第27386页。
③ 《全宋诗》第42册，第26472页。
④ 《全宋诗》第53册，第33079页。
⑤ 隋树森《全元散曲》，第580页。

玉般空厌五侯鲭。[1]

诗人说吃了芦芽，连“五侯鲭”都厌了，可见其味道之美。

此外，芦苇还是一种优质的饲用禾木。芦叶、芦花、芦茎、芦根、芦笋均可入药良牧草，饲用价值高。芦苇幼嫩茎叶含有大量的蛋白质、淀粉、糖分，特别是旱地生境的芦苇蛋白质含量在禾草中居于上等。幼嫩的芦苇茎叶是牲畜所喜食的饲料，可以喂养马、牛、羊等牲畜。

---

① “五侯鲭”是古代一道菜名，由汉代娄护合王氏五侯家珍膳烹饪而成的杂烩。五侯，西汉成帝母舅王谭、王根、王立、王商、王逢时同日封侯，号五侯。《西京杂记》卷二载：“五侯不相能，宾客不得来往。娄护丰辩，传食五侯间，各得其欢心，竞致奇膳，护乃合以为鲭，世称五侯鲭，以为奇味焉。”

第八章 芦苇的其他文化反映

芦苇的其他文化积淀还反映在历史形成的重要典故、故事传说、民谚俗语和比喻说法等方面。在人们不断传承、使用和引申的过程中，它们自身的内涵也在不断加强，甚至成为了固定的表达符号，传达特定的语境意义。

第一节 重要典故

在我国古籍中，记载了一些关于芦苇的故事，其中一些具有代表性的为后人沿用，逐渐形成了关于芦苇的常用典故。

1. 行苇：用为仁慈的典实，多用于称颂朝廷[1]。出自《诗经·大雅·行苇》："敦彼行苇，牛羊勿践履。方苞方体，维叶泥泥。戚戚兄弟，莫远具尔。或肆之筵，或授之几。"[2]"行"，是指道路；"行苇"，就是路边河岸边的芦苇。诗从芦苇起兴，路边芦丛发嫩芽，苇心紧裹初成形，叶子柔嫩润泽，使人不忍心任牛羊去践踏它。路边成墩成团的芦苇比

① 诗文中多此类表达，如梁诗《清商曲辞》中《积善篇》："行苇留仁。"汉班彪《北征赋》："慕公刘之遗德，及行苇之不伤。"晋慧远《答何镇南》："上极行苇之仁，内匹释迦之慧。"唐权德舆《奉和圣制丰年多庆九日示怀》："泽均行苇厚，年庆华黍丰。"唐司空图《华帅许国公德政碑》："况我国家仁敷行苇，泽霈漏泉。"宋蒋堂《闵山》："王者有仁恩，行苇亦沾沐。"

② 程俊英、蒋见元注析《诗经注析》，第808页。

喻新分封到各地的王族兄弟。仁者之心，施及草木，那么兄弟之间更应相亲相爱。《毛诗注疏》载："《行苇》，忠厚也。周家忠厚，仁及草木，故能内睦九族，外尊事黄耇，养老乞言，以成其福禄焉。"[①]

2. 芦中人：后专指伍子胥。语出《吴越春秋 · 王镣使公子光传》："渔父去后，子胥疑之，乃潜身于深苇之中。有顷，父来，持麦饭、鲍鱼羹、盎浆，求之树下，不见，因歌而呼之曰：'芦中人，芦中人，岂非穷士乎？'"[②]故事的背景是：楚国亡丞伍子胥在去吴国途中，走到江边，江边一渔父见其面有饥色，于是去为其取得饭食，伍子胥心有疑虑便藏于芦苇丛中，等渔父回来找不到他，便以"芦中人"呼叫他。后人就以"芦中人"指代伍子胥。

3. 缘苇：语出《庄子 · 渔父》中的"渔父缘苇去"，后常见于诗歌中，如苏轼《怀西湖寄晁美叔同年》："应逢古渔父，苇间自延缘。"[③]又《次韵郑介夫二首》其二："海上偶来期汗漫，苇间犹得见延缘。"[④]周必大《渔父四时歌》其三："晓来谁误招招渡，一笑夤缘苇间去。"[⑤]邓林《曲江归舟》："渔父岂无缘苇辈，樵人恐有负苓师。"[⑥]有时也暗有隐逸之意，如卫宗武《和黄山秋吟》其三："萧萧清思浩无涯，戏蓼滩头屋数家。小艇寻秋缘苇去，纷纷雪絮讶杨花。"[⑦]仇远《和刘君佐韵寄董静传高士》："雪暗江湖入暮年，何人苇外小延缘。"[⑧]

---

① 李学勤《十三经注疏 · 毛诗正义》，第 1079 页。

② ［汉］赵晔原著、张觉校注《吴越春秋校注》，第 41 页。

③《全宋诗》第 14 册，第 9217 页。

④《全宋诗》第 14 册，第 9576 页。

⑤《全宋诗》第 43 册，第 26697 页。

⑥《全宋诗》第 67 册，第 42038 页。

⑦《全宋诗》第 63 册，第 39493 页。

⑧《全宋诗》第 70 册，第 44199 页。

4. 芦衣：用芦花代棉絮的冬衣。语出《太平御览》卷八一九引《孝子传》："闵子骞幼时为后母所苦，冬月以芦花衣之以代絮。其父后知之，欲出后母。子骞跪曰：'母在一子单，母去三子寒。'父遂止。"[①]闵子骞名损，为孔子弟子，在孔门中以德行与颜回、冉伯牛并称，是春秋时儒士，也是著名的孝子。孔子曾称赞他"孝哉闵子骞！人不间于其父母、昆弟之言。"[②]以后遂以"芦衣"指孝子，而"着芦衣"则成为继父母虐待非亲身子女的代名词。

第二节　故事传说

故事传说，是一种具有统一性的综合意识形态，是人们通过想象力把客观对象加以形象化，并且是人们集体信仰的产物，神圣而可信。越是原始的故事传说，越是不自觉的叙事艺术。凡是原始社会人们想达到而没有能力达到的，想解释而无法解释的，便企图借助想象来实现。在这样自发的想象力下，我们也读到有关芦苇十分生动有趣的故事。

1. 芦灰止水：语出《淮南子·览冥》，"于是女祸炼五色石以补苍天，断鳌足以立四极，杀黑龙以济奭州，积芦灰以止淫水。"高诱注："芦，苇也，生于水，故积聚其灰以止淫水，平地出水为淫水。"[③]"芦灰"遂有止水之意，薛季宣《欲晴又雨终夕震电》："伊谁补漏天，吾州与芦灰。"[④]

① [宋]李昉等撰《太平御览》第四册，第3643页。
② [清]刘宝楠撰、高流水点校《论语正义》，第443页。
③ [汉]刘安著、何宁撰《淮南子集释》上册，第479—480页。
④《全宋诗》第46册，第28685页。

关于“芦灰”，本篇前面有记载：“夫物类之相应，玄妙深微，知不能论，辩不能解。故东风至而酒湛溢，蚕咡丝而商弦绝，或感之也。画随灰而月运阙，鲸鱼死而彗星出，或动之也。”高诱注:“运者，军也。将有军事相围守，则月运出也。以芦草灰随牖下月光中令环画，缺其一面，则月运亦缺于上也。”[①]这里是说用芦苇灰在月光照射的地面上画圆留缺，则月晕也会随之缺损，说明事物之间是相互感应的。但是具体怎么做，文中并未详细说明，后人对此好奇，诗文中多有描述，如杜甫《玩月呈汉中王》：“欲得淮王术，风吹晕已生。”[②]宋庠《洛城秋雨》：“芦灰迷挂晕，梁屋掩霞朝。”[③]

2. 一苇渡江：“一苇渡江”是达摩祖师的宗教故事。达摩全名“菩提达摩”，南天竺（今印度）人，是禅宗第一祖，故禅宗又名“达摩宗”。南朝梁普通元年（520年），他经海路抵达广州，梁武帝邀请他到金陵（今江苏南京）论佛事，因话不投机，遂渡江去北魏洛阳。传说达摩渡过长江时，并不是坐船，而是在江岸上折了一根芦苇，立在苇上渡江的。关于“一苇渡江”的解释，有几种说法。有的认为“一苇”是一根芦苇，有的认为是“一大束芦苇”。《诗经·卫风·河广》：“谁为河广，一苇杭之。”[④]《毛诗注疏》曰：“言一苇者，谓一束也，可以浮之水上而渡，若桴筏然，非一根苇也。”[⑤]

这样的解释也是比较科学的。有关此传说故事，在不少文献中也

① ［汉］刘安著、何宁撰《淮南子集释》上册，第450—451页。
② 《全唐诗》卷二二七、第2467页。
③ 《全宋诗》第4册，第2219页。
④ 程俊英、蒋见元注析《诗经注析》，第184页。
⑤ 《十三经注疏　毛诗正义》，第240页。

图 16　达摩一苇渡江图，来自 360 百科。（图片网址：http://baike.so.com/doc/5341140-5576583.html）

有记载[①]。一些诗歌作品也有形象描述，如刘克庄《达摩渡芦图》："佛狸百万不敢渡，师跳双髐踏一苇。"[②]释如珙《达摩大师赞》："破六宗已见固是，折茎芦渡江还非。"[③]方回《题达摩渡江图》："葱岭笑伊携只履，渡江更要一枝芦。"[④]达摩"一苇渡江"后，在江北长芦寺停留过，今天长芦禅寺还设有一苇堂，作为纪念。达摩"一苇渡江"的故事流传十分广泛，有不少绘画、雕刻等类型的艺术品都以此传说作为创作题材。现少林寺就有达摩"一苇渡江"的石刻画碑。

3. 李全忠芦生三节：《北梦琐言》是孙光宪撰写的一部史料性笔记小说，书中包含诸多文人士大夫言行与政治史实，为晚唐五代史保存了不少珍贵资料。卷一三《李全忠芦生三节》记载："唐乾符末，范阳人李全忠，少通《春秋》，好鬼谷子之学。曾为棣州司马，忽有芦一枝，

① [明]葛寅亮《金陵梵刹志》卷二七《幕府寺庙》载："达摩洞前可瞰大江寺，旁有芦数千枝，相传达摩折以渡江之余。"[明]陈耀文《天中记》卷三五载："帝问以有为之事，达摩不说，遂折芦渡江。"

② 《全宋诗》第 58 册，第 36393 页。

③ 《全宋诗》第 66 册，第 41227 页。

④ 《全宋诗》第 66 册，第 41823 页。

生于所居之室,盈尺三节焉。心以为异,以告别驾张建章。建章积书千卷,博古之士也,乃曰:‘昔者蒲洪以池中蒲生九节为瑞,乃姓蒲,后子孙昌盛。芦者茅也,合生陂泽之间,而生于室,非其常也,君后必有分茅之贵。三节者,传节钺三人,公可志之。’全忠后事李可举,为戎校,诸将逐可举而立全忠,累加至检校太尉,临戎甚有威政。”[①]芦苇本生长在池塘沼泽地中,故事中在屋内长出三段芦节的芦草被当作一件不寻常的事,更被认为是吉祥的征兆,预示李全忠能建树功名。在民间信仰中,不少生命力旺盛的野草,如桃、菖蒲、蓬蒿等都具有一定的灵异色彩,这似乎是人类潜意识中一种普遍映射,当然这与草类文化长期的历史积淀也有一定关系。

4.芦汀渔叟:《花史左编》记载了“芦蓼二花”这样一个故事:“青浦周士亨、江有年相友善。一日九月中,偕往渭塘舟次塘东,紧泊一楼下,其楼不甚高,楼上二女,一白面,一红颜,倚窗笑语。两生仰视漫赋,一诗曰:‘夙有烟霞癖,倏然兴不群。秋声飞过雁,水面洞行云。逸思乘时发,诗名到处闻。扁舟涉方社,更喜挹清芬。’盖其诗直写心怀。初不谓二女也,楼上乃大声曰:‘舟中有诗,楼上岂无诗乎?’遂朗吟一韵,两生侧耳听之,一女吟曰:‘湖天秋色物凋残,花吐黄芽叶未干。夜月一滩霜皎皎,西风两岸雪漫漫。为毡却羡渔翁乐,充絮谁怜孝子单。忘在孤舟丛里宿,晓来误作玉涛看。’一女吟曰:‘金风棱棱泽国秋,马兰花发满汀洲。富春山下连渔屋,采石江头映酒楼。夜月光□银露浴,夕阳阴暗锦鳞浮。王孙醉起应声怪,铺着黄丝毯不收。’吟毕,共笑,乃以莲房藕梢俯掷两生舟。两生共起上岸,欲登楼寻之,恍惚间,不闻女声,楼亦不见。两生大骇,返舟四顾,但见芦花、白蓼、花红耳。

① 孙光宪《北梦琐言》,第112页。

士亨遂更号‘芦汀渔叟’，有年更号‘蓼塘居士’，以识其异云。”[1]在古代，木魅花精之类的传说很多，人们将草木加以神话写出许多离奇、充满想象力的传说故事。到了小说家蒲松龄的手里，更是达到了集大成的境界，《聊斋志异》中各类花精女妖编织出了一个个生动的故事。作为艺术世界的花精木魅，她们有花草一般的美丽容颜，又有花草一样通人性、解人情的美好心灵，在她们身上，自然物性与人间真情完全合而为一，所以她们不可怕，反倒惹人喜爱。

5. 荻芦峡：地名，据《福州府志》中《连江县》记载："荻芦峡，在新安里。[县志]秦始皇以东南气王，凡山秀拔者，悉令凿之。此山凿得芦根数丈，断之有血，朝斸夕合，或梦神曰：‘夕置锹插于根中，达旦不收，遂断矣。’役者如言，果然后水流为峡。何其伟有《荻芦峡诗》：‘箓数天人尽，江川日夜流。犹悬秦地月，长照荻花洲。树色迷丰沛，芦声怨项刘。千年更惆怅，直北割鸿沟。’"[2]此地名就是由此传说故事得来的。

第三节　民谚俗语

民谚俗语，是人们在长期的文化发展过程中总结出的精华言语，这些言语或为生活体悟，或为经验教训，既能简洁道出想要表达的意思，又能说明深刻哲理。随着芦苇文学的发展，人们从熟悉的文学作品中提炼出精辟的言语表达特有的含义，根据芦苇的自然生物属性和特征总结出一些道理，形成常用通俗的谚语。

---

① [明]王路《花史左编》卷七。

② [清]鲁曾煜《福州府志》卷一七。

1. 葭思："蒹葭之思"的省略语，表达对人思念的套语，也可以表达对美好生活的向往与追求。出自《诗经》中的名篇《秦风·蒹葭》。《蒹葭》是都很熟悉的诗歌作品，主人公在诗中表达了对"在水一方"的"伊人"可望而不可即的相思之情。整首诗语言优美，意境深远，是《诗经》众多爱情诗中的佳篇之一。

2. 上不得芦苇："芦苇"是制席的原料，用作"席"的代名词。"上不得芦苇"即"上不得席面"，是说不善于在正式场合应酬，如《醒世姻缘传》第二十回："再说晁家没有甚么近族，不多几个远房的人，因都平日上不得芦苇，所以不大上门。"①

3. 初入芦苇，不知深浅：意思是阅历不深，不知利害，如《金瓶梅词话》第七十一回："我家做官的初入芦苇，不知深浅，望乞大人凡事扶持一二，就是情了。"②

4. 墙上芦苇，头重脚轻根底浅；山间竹笋，嘴角皮厚腹中空：原本是明代才子解缙的一幅对联。毛泽东同志在《改造我们的学习》一文中曾借用它来批评不注重调查研究的教条主义作风。广为流传之后，人们就用这首脍炙人口的对联讽刺生活中不脚踏实地的态度。

第四节 比喻说法

有关芦苇还有一些重要的比喻说法。这些说法也是在长期的文学发展过程中逐渐形成的，比喻对象和内容的不同，比喻的指向和具体含义也有所不同。这些词语因富有多种表现内涵而得到广泛征用，是

---

① ［清］西周生《醒世姻缘传》，第157页。

② ［明］兰陵笑笑生著、戴鸿森校点《金瓶梅词话》，第685页。

人们认识的结晶和词汇的浓缩。

1. 葭莩之亲：所谓“葭莩”，就是芦苇秆内的一层薄膜。葭莩具有既轻又薄的特点，古人常赋予其这样几层比喻含义：

①比喻关系极其疏远淡薄，如班固《汉书·中山靖王刘胜传》：“今群臣非有葭莩之亲，鸿毛之重，群居党议，朋友相为，使夫宗室摈却，骨肉冰释。”颜师古注：“葭，芦也。莩者，其筩中白皮至薄者也。葭莩喻薄。”[①]《汉书·鲍宣传》：“侍中驸马都尉董贤本无葭莩之亲，但以令色谀言自进，赏赐亡度，竭尽府藏，并合三第尚以为小，复坏暴室。”[②]

②比喻事物的轻微、简薄，如蔡邕《让高阳乡侯印绶符策表》：“臣事轻葭莩，功薄蝉翼。”[③]苏轼《将往终南和子由见寄》：“人生百年寄鬓须，富贵何啻葭中莩。”[④]杨万里《经和宁门外卖花见菊》：“病眼仇冤一束书，客舍葭莩菊一株。”[⑤]

③指代亲戚，如温庭筠《病中书怀呈友人》：“狼言辉棣萼，何所托葭莩。”[⑥]周必大《鲁季饮敷文挽词二首》其二：“书来怀棣萼，老去重葭莩。”[⑦]项安世《送醇甫》：“怕听槌鼓发船声，桑梓葭莩两击情。”[⑧]

2. 蒹葭玉树：将两个品貌极不相称的事物放在一起作鲜明对比。

①“蒹葭”被看作是价值低贱的水草，因而拿来比喻身份的微贱、

---

① ［汉］班固撰、［唐］颜师古注《汉书》，第 2424—2425 页。
② ［汉］班固撰、［唐］颜师古注《汉书》，第 3092 页。
③ ［明］张溥《汉魏六朝一百三家集》卷一八。
④《全宋诗》第 14 册，第 9123 页。
⑤《全宋诗》第 42 册，第 26381 页。
⑥《全唐诗》卷五八〇、第 6734 页。
⑦《全宋诗》第 43 册，第 26739 页。
⑧《全宋诗》第 44 册，第 27296 页。

地位的卑微，“蒹葭玉树”就表示地位低的人仰攀、依附高贵的人。类似的表达方式还有“蒹葭倚玉”“蒹葭倚玉树”“蒹葭傍芳树”“蒹葭琼树枝”等。此说法最早见于刘义庆《世说新语 · 容止第十四》：“魏明帝使后弟毛曾与夏侯玄共坐，时人谓‘蒹葭依玉树’。《魏志》曰：‘玄为黄门侍郎，与毛曾并坐，玄甚耻之。曾说形于色。明帝恨之，左迁玄为羽林监。’”[①]“蒹葭”，指毛曾；“玉树”，指夏侯玄。这种说法在后来的诗歌作品中较为常见，如钱起《寻司勋李郎中不遇》：“每恨蒹葭傍芳树，多惭新燕入华堂。”[②]周必大《凌阁学挽诗二首》：“苍葭依玉树，清水映沟渠。”[③]郑清之《和郑制干谢借居且惠朋樽醉螯诗》：“家贫愿邻富，蒹葭欣倚玉。”[④]魏了翁《次程少逸饯杨叔慦教授》：“玉倚蒹葭方借润，珠移甓社陡寒光。”[⑤]

②文人进而引申其意，借苇草卑贱比喻自己身份低微，从而作为谦卑之辞，如《韩诗外传 · 卷五》：“吾出蒹葭之中，入夫子之门。”秦观《同子瞻赋游惠山三首》其二：“顾惭蒹葭陋，缪倚琼枝新。”[⑥]苏颂《六月六日访晁美叔吏部越宿蒙惠长篇因次其韵》：“但惭蒹葭陋，坐对琼树枝。”[⑦]郭印《再和前韵答隐父二首》其二：“结交得此君，蒹葭倚琼玉。”[⑧]祖逢清《谢詹环仲》：“自惭蒹葭质，长倚玉嶙峋。”[⑨]方回《送

① ［南朝宋］刘义庆撰、徐震堮校注《世说新语校笺》，第 334 页。
② 《全唐诗》卷二三九，第 2673 页。
③ 《全宋诗》第 43 册，第 26735 页。
④ 《全宋诗》第 55 册，第 34649 页。
⑤ 《全宋诗》第 56 册，第 34920 页。
⑥ 《全宋诗》第 18 册，第 12075 页。
⑦ 《全宋诗》第 10 册，第 6339 页。
⑧ 《全宋诗》第 29 册，第 18644 页。
⑨ 《全宋诗》第 34 册，第 21473 页。

王宣慰中斋上温州》其一："两朝参预庆源长，愧我蒹葭玉树傍。"①

3. 附葭：比喻攀附戚谊。唐代柳宗元《同刘二十八院长述旧寄张使君》："慕友惭连璧，言姻喜附葭。"②

4. 葭萌：指代远方之民。《后汉书》记载："今天下新定，矢石之勤始瘳，而主上方以边垂为忧，忿葭萌之不柔，未遑于论都而遗四靡州也。"李贤注："杨子云《长杨赋》曰：'遐萌为之不安。'谓远人也。案：笃此赋每取子云《甘泉》、《长杨赋》事，意此'葭'即'遐'也。"③

5. 负芒披苇：比喻披荆斩棘。陈梦雷《解介士传》："王有事与越，敖子弟出死力，负芒披苇，入海望潮，拔棹，蒙虎皮以冒锋镝。"④

---

①《全宋诗》第66册，第41812页。

②《全唐诗》卷三五一，第3926页。

③［南朝宋］范晔撰、［唐］李贤等注《后汉书》，第2607—2608页。

④［清］陈梦雷《松鹤山房诗文集》文集卷一七。

征引书目

说　明

1. 凡本书征引各类专著、文集和资料汇编均在此列；

2. 引用单篇论文出处信息，详见引处脚注，此处省略；

3. 按书名汉语拼音字母顺序排列。

1.《鲍参军集注》，[南朝宋]鲍照著，钱仲联校，上海：上海古籍出版社，1980年。

2.《北梦琐言》，孙光宪纂集，北京：中华书局，1985年。

3.《本草纲目（新校注本·第三版）》，[明]李时珍撰，刘衡如、刘山永校注，北京：华夏出版社，2008年。

4.《本经逢原》，[清]张璐撰，《影印文渊阁四库全书》本。

5.《草木虫鱼——中国养殖文化》，邓云乡著，上海：上海古籍出版社，1991年。

6.《草堂雅集》，[元]顾瑛编，《影印文渊阁四库全书》本。

7.《曹植集校注》，[三国魏]曹植著，赵幼文校注，北京：人民文学出版社，1984年。

8.《陈刚中诗集》，[元]陈刚中撰，《影印文渊阁四库全书》本。

9.《陈眉公集》，[明]陈继儒撰，《续修四库全书》本。

10.《楚辞今注》，汤炳正等注，上海：上海古籍出版社，1996年。

11.《春秋经传集解》[晋] 杜预集解，上海：上海古籍出版社，1978 年。

12.《此山诗集》，[元] 周权撰，《影印文渊阁四库全书》本。

13.《大戴礼记注》，[汉] 戴德撰，[南北朝] 卢辩注，《影印文渊阁四库全书》本。

14.《道园遗稿》[元] 虞集撰，《影印文渊阁四库全书》本。

15.《东观集》，[宋] 魏野撰，《影印文渊阁四库全书》本。

16.《杜诗详注》，[清] 仇兆鳌撰，《影印文渊阁四库全书》本。

17.《尔雅注疏》，[晋] 郭璞注，[宋] 邢昺疏，《影印文渊阁四库全书》本。

18.《风俗通义》，[汉] 应诏撰，上海：上海古籍出版社，1990 年。

19.《福州府志》，[清] 鲁曾煜撰，清乾隆十九年刊本。

20.《复庄诗问》，[清] 姚燮撰，《续修四库全书》本。

21.《古今注》，[晋] 崔豹注，《丛书集成初编》本。

22.《古烈女传》，[汉] 刘向撰，北京：中华书局，1985 年。

23.《广群芳谱》，[清] 汪灏著，北京：商务印书馆，1935 年。

24.《桧亭集》，[元] 丁复撰，《影印文渊阁四库全书》本。

25.《汉书》，[汉] 班固撰，[唐] 颜师古注，北京：中华书局，1962 年。

26.《汉魏六朝一百三家集》，[明] 张溥编，《影印文渊阁四库全书》本。

27.《花史左编》，[明] 王路编，《续修四库全书》本。

28.《淮海英灵集》，[清] 阮元辑，《续修四库全书》本。

29.《淮南子集释》，[汉] 刘安著，何宁撰，北京：中华书局，1998 年。

30.《画山水赋》，[五代] 荆浩撰，《影印文渊阁四库全书》本。

31.《后汉书》,[南朝宋]范晔撰,[唐]李贤等注,北京:中华书局,1965年。

32.《急就篇》,[汉]史游撰,[唐]颜师古注,《影印文渊阁四库全书》本。

33.《嵇中散集》,[三国]嵇康著,《四部丛刊初编》本。

34.《金瓶梅词话》,[明]兰陵笑笑生著,戴鸿森校点,北京:人民文学出版社,1985年。

35.《金匮要略方论》,[汉]张仲景述,[晋]王叔和集,李玉清等点校,北京:中国中医药出版社,2006年。

36.《金匮玉函经》,[汉]张仲景著,李顺保校注,北京:学苑出版社,2005年。

37.《晋书》,[唐]房玄龄等撰,北京:中华书局,1974年。

38.《剑南诗稿》,[宋]陆游撰,《影印文渊阁四库全书》本。

39.《江文通集汇注》,[明]胡之骥注,李长路、赵威点校,北京:中华书局,1984年。

40.《绛雪园古方选注》,[清]王子接撰,《影印文渊阁四库全书》本。

41.《敬轩文集》,[明]薛瑄撰,《影印文渊阁四库全书》本。

42.《栲栳山人集》,[元]岑安卿撰,《影印文渊阁四库全书》本。

43.《客座赘语》,[明]顾起元撰,《续修四库全书》本。

44.《赖古堂集》,[清]周公亮撰,上海:上海古籍出版社,1979年。

45.《历代赋汇》,[清]陈元龙辑,《影印文渊阁四库全书》本。

46.《礼记集说》,[宋]卫湜撰,《影印文渊阁四库全书》本。

47.《李太白全集》,[唐]李白著,[清]王琦注,北京:中华书局,1977年。

48.《两浙名贤録》，［明］徐象梅撰，《续修四库全书》本。

49.《列子集释》，杨伯峻撰，北京：中华书局，1979 年。

50.《论衡》，［汉］王充撰，上海：上海古籍出版社，1990 年。

51.《论语正义》，［清］刘宝楠撰，高流水点校，北京：中华书局，1990 年。

52.《毛诗注疏》，［汉］毛亨传，［汉］郑玄笺，［唐］孔颖达疏，《影印文渊阁四库全书》本。

53.《眉庵集》，［明］杨基撰，杨世明、杨雋校点，成都：巴蜀书社，2005 年。

54.《梦溪补笔谈》，［宋］沈括著，北京：中华书局，1985 年。

55.《明诗综》，［清］朱彝尊编，《影印文渊阁四库全书》本。

56.《偶斋诗草》，［清］宝廷著，聂世美校点，上海：上海古籍出版社，2005 年。

57.《埤雅》，［宋］陆佃著，王敏红校点，杭州：浙江大学出版社，2008 年。

58.《普济方》，［明］朱橚撰，《影印文渊阁四库全书》本。

59.《千金要方》，［唐］孙思邈撰，《影印文渊阁四库全书》本。

60.《青城山人集》，［明］王璲撰，《影印文渊阁四库全书》本。

61.《全汉赋》，费振刚等辑校，北京：北京大学出版社，1993 年。

62.《全金元词》，唐圭璋编，北京：中华书局，1979 年。

63.《全上古三代秦汉三国六朝文》，［清］严可均校辑，北京：中华书局，1958 年。

64.《全宋词》，唐圭璋编，北京：中华书局，1965 年。

65.《全宋诗》，北京大学古文献研究所编，北京：北京大学出版社，

1991—1998 年。

66.《全唐诗》，[清] 彭定求编，北京：中华书局，1960 年。

67.《全唐文》，[清] 董诰等编，北京：中华书局，1983 年。

68.《全元散曲》，隋树森编，北京：中华书局，1964 年。

69.《群芳谱诠释（增补订正）》，[明] 王象晋编，尹钦恒诠释，北京：农业出版社，1995 年。

70.《三国志》，[晋] 陈寿撰，郑州：中州古籍出版社，1996 年。

71.《神农本草经疏》，[明] 缪希雍撰，《影印文渊阁四库全书》本。

72.《石仓历代诗选》，[明] 曹学佺编，《影印文渊阁四库全书》本。

73.《史记》，[汉] 司马迁撰，北京：中华书局，1972 年。

74.《诗集传》，[宋] 朱熹注，北京：中华书局，1958 年。

75.《诗经注析》，程俊英、蒋见元注析，北京：中华书局，1991 年。

76.《十三经注疏·礼记正义》，李学勤主编，北京：北京大学出版社，1999 年。

77.《十三经注疏·毛诗正义》，李学勤主编，北京：北京大学出版社，1999 年。

78.《世说新语校笺》，[南朝宋] 刘义庆撰，徐震堮校注，北京：中华书局，1984 年。

79.《尸子译注》，[战国] 尸佼著，[清] 汪继培辑，上海：上海古籍出版社，2006 年。

80.《双砚斋诗钞》，[清] 邓延桢撰，《续修四库全书》本。

81.《四百三十二峰草堂诗钞》，[清] 赵希璜撰，《续修四库全书》本。

82.《四朝诗》，[清] 张豫章辑，《影印文渊阁四库全书》本。

83.《宋史》，[元] 脱脱等撰，北京：中华书局，1977 年。

84.《宋书》，[南朝梁] 沈约撰，北京：中华书局，1974 年。

85.《松鹤山房诗文集》，[清] 陈梦雷撰，清康熙铜活字印本。

86.《宋元诗会》，[清] 陈焯编，《影印文渊阁四库全书》本。

87.《隋书》，[唐] 魏徵等撰，北京：中华书局，1973 年。

88.《太平御览》，[宋] 李昉等撰，北京：中华书局，1960 年。

89.《唐英诗歌》，[唐] 吴融撰，《影印文渊阁四库全书》本。

90.《题画诗》，[清] 官修，《影印文渊阁四库全书》本。

91.《外台秘要》，[唐] 王焘撰，《影印文渊阁四库全书》本。

92.《文选》，[南朝梁] 萧统编，[唐] 李善注，《影印文渊阁四库全书》本。

93.《文学理论》，童庆炳编，北京：高等教育出版社，2005 年。

94.《文学理论导引》，王先霈、孙文宪主编，北京：高等教育出版社，2005 年。

95.《梧溪集》，[元] 王逢撰，《影印文渊阁四库全书》本。

96.《吴越春秋校注》，[汉] 赵晔原著，张觉校注，长沙：岳麓书社，2006 年。

97.《夏忠靖集》，[明] 夏原吉撰，《影印文渊阁四库全书》本。

98.《先秦汉魏晋南北朝诗》，逯钦立辑校，北京：中华书局，1983 年。

99.《新校正梦溪笔谈》，[宋] 沈括撰，胡道静校注，北京：中华书局，1957 年。

100.《醒世姻缘传》，[清] 西周生著，长沙：岳麓出版社，2004 年。

101.《徐陵集校笺》，[南朝陈] 徐陵撰，许逸民笺，北京：中华书局，2008 年。

102.《雪门诗草》，[清] 许瑶光撰，《续修四库全书》本。

103.《荀子简释》，梁启雄著，北京：中华书局，1983 年。

104.《晏子春秋集释》，吴则虞编著，北京：中华书局，1962 年。

105.《杨洪勋建筑考古学论文集（增订版）》，杨洪勋著，北京：清华大学出版社，2008 年。

106.《易林》，[汉] 焦延寿撰，《四部丛刊初编》本。

107.《甬上耆旧诗》，[清] 胡文学编，《影印文渊阁四库全书》本。

108.《酉阳杂俎》，[唐] 段成式著，济南：齐鲁书社，2007 年。

109.《玉山名胜集》，[元] 顾瑛撰，《影印文渊阁四库全书》本。

110.《羽庭集》，[元] 刘仁本撰，《影印文渊阁四库全书》本。

111.《庾子山集注》，[北周] 庾信撰，[清] 倪璠注，许逸民校点，北京：中华书局，1980 年。

112.《元诗选》，[清] 顾嗣立编，《影印文渊阁四库全书》本。

113.《渊颖集》，[元] 吴莱撰，《影印文渊阁四库全书》本。

114.《幼幼新书》，[宋] 刘昉撰，明万历陈履端刻本。

115.《张耒集》，[宋] 张耒撰，李逸安、孙通海、傅信点校，北京：中华书局，1998 年。

116.《震泽集》，[明] 王鏊撰，《影印文渊阁四库全书》本。

117.《至正集》，[元] 许有壬撰，《影印文渊阁四库全书》本。

118.《植物名实图考校释》，[清] 吴其濬原著，张瑞贤等校注，北京：中医古籍出版社，2008 年。

119.《庄子集释》，[清] 郭庆藩撰，王孝鱼点校，北京：中华书局，1961 年。

120.《中国工艺美术大辞典》，吴山主编，南京：江苏美术出版社，1989 年。

121.《中国神话史》，袁珂著，上海：上海文艺出版社，1988 年。

122.《中国隐士与中国文化》，蒋星煜著，上海：上海人民出版社，2009 年。

123.《周礼注疏》，[汉] 郑玄注，[唐] 贾公彦疏，上海：上海古籍出版社，1990 年。

124.《竹斋集》，[元] 王冕撰，《影印文渊阁四库全书》本。

中国古代咏草诗赋研究

高尚杰等 著

目　录

引　言

草是目前生态系统中最普遍存在也是最为常见的植物之一。草不仅是我国古代农业生产和日常生活中频繁接触和面对的一类事物，也是我国古代文学当中出现较早、审美积淀较丰富的一类题材和意象。在先秦时代，草就出现在了文学作品的描写中，《诗经》当中记载了极其丰富的草木意象，并在比兴艺术的创造和运用方面推动了草意象的文学书写进程，为草进一步进入和丰富文学审美系统启动了良好的开端。《楚辞》是楚地早期文学创作的重要集合，在《楚辞》特别是屈原的创作中，对草意象的运用和表达建立了文学象征意义的典型范式，香草与恶草的对立及其文化意义对后世文学创作产生了极其重要的影响。咏草诗赋的创作是古代文学创作题材的重要组成部分，尽管在一定程度上而言，古代咏草诗赋的创作数量和表现经验在植物题材中并不突出，但是仍然有其特定题材的创作传统，具有独特的文学主题价值和审美特色，对咏草诗赋的研究能够进一步认识古人对植物题材的审美与创作，同时对咏物文学的研究也有推动作用。

从题材的角度而言，作为古代广大植物题材的一种，探究草题材文学的创作情况、发展演变、表现特点、主题意蕴等，能够对古代咏草文学创作的特点、规律、价值进行一个适当的总结，也有助于加深植物题材这一古代文学创作领域的认识和理解，丰富植物题材研究的成果。实际上，以咏草为主题的研究目前尚缺少较为系统的论述，而古代的咏草诗赋无论是在创作数量还是质量都是较为可观的，因此本文一方面通过历时性的思路，将咏草诗赋作品作为一个相对独立的部分进行研究，以先秦时期草意象的运用作为发端，充分认识到由意象到专咏之间发展过程中所形成的固定联系和内涵，对于咏草诗赋的生发、成熟和持续发展进行了梳理。另一方面，择取萱、苔、萍等受到古代文人集中关注的专草进行形象审美的抉发与主题内涵的定位，有助于在咏草诗赋的题材上既关注到整体的形象书写，也兼顾不同特色与个性草品的差异性解读。

从咏物文学的角度而言，咏草诗赋作为咏物文学的专题创作内容，一方面，它在意象的选取和使用、审美意识的投入和运用以及主题的生发和延续等方面秉承了古代咏物文学的创作传统；另一方面，相比于不同的题材创作，咏草文学又具有与客观事物本身特点相适应的表现方式和象征意义。从咏物文学的角度对咏草诗赋加以研究，是对咏物文学整体创作研究的进一步丰富。通过对其文学性规律的探究、归纳和总结，发掘其独特的文学审美意义，是深入了解和认识古代咏物文学的必要任务。本文在物态的形象书写和总结方面，既从物色形态本身出发，探讨咏草作品中对草本身美感的表现，也将草与环境的描写相联结进行观照。草在文人的笔下，无论是不同节令，还是在不同的地点，有着不同的组合物，都展现出草的独特审美形象。同时咏物而寄托作为古典文学的深久传统，咏草作品亦不例外，咏草诗赋在建构生活情感。表达人生思考以及追问历史余音方面都有着符合物象本身的艺术特征，同时还在比德和象征方面引导着古代士人的人格安处与社会教化的正统风向，这对于通过咏草来进一步探究咏物作品的表达内蕴和社会意义都有一定开拓。

第一章　草的概念与咏草诗赋的创作发展

人们对草的认识，早在先秦时期就已经积累了较为丰富的经验。一方面，在农业生产与生活中，对草的处理和利用成为重要的内容；另一方面，基于对草的一系列认识，在社会意识上形成了特定的文化心态。因此，草在古代文学文化视野里，不仅仅是一个自然物种群体的概念，同时也是一个具有审美文化意义的特定事物。咏草诗赋作品相对于古代诸多的咏物作品而言，从数量上讲并不占主导地位，但是草的意象与题材进入文学的时间却相对较早。《诗经》与《楚辞》中存在着诸多的草的意象，并且形成了比兴寄托的经典创作模式，汉代首先出现了咏草的赋作。因此，文学中对草这一题材的吸纳和运用是有着

图 1　常见的草（网友提供）（此图从网络引用，以下但凡从网络引用图片，除查实作者或明确网站外，均只称“网友提供”。因本著为学术论著，所有图片均为学术引用，非营利性质，所以不支付任何报酬，敬祈谅解。对图片的摄者、作者和提供者致以最诚挚的敬意和谢意）。

长期积淀的，直到明清时期，咏草诗赋已经成为一个普遍创作的题材，尽管在审美内涵和情感主题上更多地承续传统而并未有较深广的开拓，但无疑也是对古代咏草诗赋创作的一个总结。

第一节　古代对草的基本认识和概念界定

无论对古人还是今人而言，草都是极为熟悉的一类自然事物。从自然直观的角度而言，草这一名称实际上是类属的概括性命名，因其在自然界具有多样的种类、形态、分布等不同的属性特征以及个体独立性，由此而共同构建了草这一大型的组合性类属概念。《说文》云："艸，百卉也。从二屮。凡艸之属皆从艸。"[①]而释"草"字云："草斗，栎实也。一曰象斗。"[②]也就是说，早期的"草"字并非今天一般意义上所指的草这个概念，而是专指栎实这一具体事物。段玉裁注"艸"云："俗以草为艸，乃别以阜为草。"[③]在字义的演化过程中，草逐渐被借用来表示原来的艸，而其本义则借"皂"字来替换。朱骏声引《左传》与《吕览》谓："涧溪沼沚之毛，疏：草，是地之毛……大草不生，注：草，秽也。"[④]从这一点来看，则秦汉之际已经有用"草"来指"艸"的文字现象出现。另外，在其文本的注文中同时显示出草的概念统类化的表现以及其功能属性的定位。相对于"草"字而言，"卉"字则明确被认为是草的统称，《说文》释卉云："卉，艸之总名也。"[⑤]《尔雅》对卉的释义更为简明："卉，

① ［汉］许慎，段玉裁注：《说文解字注》，第 22 页。
② ［汉］许慎，段玉裁注：《说文解字注》，第 47 页。
③ ［汉］许慎，段玉裁注：《说文解字注》，第 22 页。
④ ［清］朱骏声：《说文通训定声》，第 279 页。
⑤ ［汉］许慎，段玉裁注：《说文解字注》，第 44 页。

草。舍人注：凡百草一名卉。郭注：百草总名。”[1]因此，草与卉二字在植物名称的范畴中皆有其统称意义，而从实际的文学表达中，二者又不尽全同，卉更多地充任着不同草品的分类集合之名的角色，而草则逐渐演化为对自然界草类植物的概称。《尔雅·释草》是早期解释植物之名的一篇重要文献，其内容则与一般意义上的概称草是不同的，《释草》中所记载的草品，是从草本植物的角度加以归纳的。草本植物并非植物学科学分类的一个单元，而是从其茎干表征的特点出发形成的一种形态认识，即草本植物是一种茎干为草质，相对于木质而言偏柔软，含水分较多的植物类别。本文的研究对象草非指草本植物，从《尔雅·释草》的收录情况来看，其中的草本植物不仅数量较多，且种类亦表现出多样化的特点，多有粮食作物、蔬菜、药物、花类以及其他杂草等的记载。

类似的著作随时代的发展演变亦在植物的分类上有不同程度的变化，如《艺文类聚》将植物有关的内容分为草、谷、果、木四类，在草部之下不仅收录多种草本植物的相关记载，同时也将“草”作为概称列入其中。而在此书中，虽然药与蔬菜这两类具有特定生活生产功用的植物也收入了草部，但其类目的分化也已然从形态和功能上显示出草与其他不同植物品类的区分情况。到了《太平御览》中，植物的分类则体现为木、竹、果、菜、香、药以及百卉几个类目，其中百卉部主要集中了草本植物，从其分类而言，竹本是草本植物，但其独立为一种，则意味着其无论在形态抑或主观认识上，类似竹这样的形体较大，有相对特殊的审美意义之物，是不被视为草的。草与木的区分，主要体现在形态方面的不同；与菜、香、药的区分，则体现为草并不

① ［清］王闿运：《尔雅集解》，第227页。

具备特定的具有实用功能的生产生活价值。另外，百卉部下的草品将大多的具有审美观赏性的植物品种排除在外，这与前述《艺文类聚》是有较大差别的。《全芳备祖》是成书于宋代的一部重要植物学专著，其中对植物的分类更加精细化。全书分为花、果、木、卉、草、蔬、药、农桑几个部类，花部所占篇幅有近全书的一半，其中如荷、菊等观赏性花种在生物特性上实际都是属于草本植物一类的，因此可以看到的是，着眼于其观赏价值的突出，如此的植物分类系统更侧重于具有审美文化意义的类别区分。值得注意的是，卉与草被分为两个部类，且卉部之下一为草这一概称的资料汇集，一为芝草、虞美人草、葛蒲三种具有传奇色彩的品类。草部之下共十四个品种，其中也有如芭蕉、木棉、藤萝、薜荔等或是具备较大形体和观赏性的植物，或是非草本的攀缘植物，但总体而言，其中的具体草种都基本上不具备较大的观赏意义和实用价值。另一部重要的植物学著作《广群芳谱》在植物的分类上又有进一步的发展，一方面，体现在分类更为细致，并且突出了谷物和桑麻这类经济作物在传统农业社会中具有的重要地位，同时将茶与竹单独分为一个部类，这是随着人们对植物的特定社会性价值认识的凸显而发生的变化。另一方面，不再将卉与草分列，而是统括于卉部之下，也未将草这一概称收录入内，其中的顺序排布遵循尊者在先的序列，即具有政治教化以及人格美质象征意义的草品被排列在先，如芝草、蓂荚、朱草、白芷、杜若等，有的具有王朝纲纪政治、德行教化、昌荣治盛的比德意义，有的则常被运用于象征君子美质与高洁人格的象征实践。此外，在与整体类别的对比之下，草品在这一分类系统中其共性特征也更为明显，这意味着人们对草这一概念的认识是愈加清晰的。因此，从一系列对草有较详细记载的著作里可以得窥古代文学文化视野中对草这一自然事物概念的基本认识，并且相对于其在现代植物科学体系中的概念而言，二者并不具备某种对接的特性，也就是说古人的认知方式是经验化的，它紧密联系着古代的生活生产实际并随其演变而发生不同程度的认知变化。同时，随着认识程度的进一步加深，草这一事物的主体概念也逐渐清晰起来，因此在本文中，草一般指以野生草本植物为主，外形较为低矮弱小，在古代生产生活中不具备较高的观赏和实用价值并在一定程度上被作者赋予特定意识观念的有别于花、木等类型的一类植物。这一界定中实际上包含两个部分：一个是对草的概称（即“草”），另一个是属于这一界定下的各类不同品种的草类。基于这一概念，其中对草的概称是古代咏草文学创作中十分重要的一部分，而其他具体的草类植物则大多数并未在咏草作品中有所体现。因此，本文的研究对象在以咏“草”诗赋为重点的同时，兼顾这类概念下部分较为重要的草品，对其创作内容与审美价值进行考察和论述。

对于草的认识，在古代文化意识中主要呈现为两个特点：一是将草置于现实农业生产活动中，对草与农业生产之间的关系论述非常繁密；二是基于农业活动中对草形成的基本态度而生发出主观文化身份与道德意识的判断。中国自古以农业立国，以农耕为主的生产方式决定了农业经济基础的基本水平和特色，并且在文化上也深刻地影响着中华传统文明，中国民族文化的持久繁荣与这一稳定持久的经济形态有着很大的关系。“农耕经济的持续性造就了中国文化的持续性。传统农业的持续发展保证了中华文明的绵延不断，使其具有极大的承受力、愈合力和凝聚力。”[1]这是农业经济对中国文化形成发展过程所产生的

① 张岱年、方克立：《中国文化概论》，第 39 页。

重要影响。当然，思想观念的形成以及文学的创作必然有其一定的客观现实基础作为意识生成的前提，而对咏草诗赋进行探讨所对应的一个必要基础就是农业生产生活中有关于草的集中性认识和行为。

以农业为基础的经济体系必须要保证农业生产力的持续进步，以求平衡生产与消耗之间的矛盾，进而推动社会经济的稳定发展和政治集团的统治巩固。具体化到农业生产活动中，则形成了包括农业政策、土地制度、生产工具、作物构成、生产规律、科技进步等各个方面在内的系统化农业经济整体格局，其中除草就是农业耕种活动中至关重要的一项农田管理行为，它不仅呈现着传统生产经验中这一生产方式的具体操作模式，同时也集中反映了在农耕经济下存在的有关草的特定观念和认识。农田管理中的除草行为不仅是每一个作物种植周期内所必需的生产活动，同时也是一项具有常规性、反复性的农业活动，古人对此早有认识。《王祯农书》云："神农之时，天雨粟，神农耕而种之。始作陶冶斤斧为耒耜，以垦草莽，然后五谷兴，此农事之始也。"[①]此所谓"农事之始"，有两层含义：一是指传说中的神农在农业种植历史上具有其先导意义，二是指神农所为包括遵时令、善工具、除田草这三类从事耕种的必要准备。从中既可以看出除草行为发生之早，是农业生产经验源头的一个组成部分，也能够看到在古代农业生产的基本经验中对除草重要性的认识是突出的、充分的。王祯同时还注意到《周礼》中对于管理田间草木之官承担职责的记载，薙氏主管除草，柞氏执掌除木，王氏在其《农书》中云："刊、剥，皆斫去次地之皮，即此谓除木也。诗曰：'载芟载柞，其耕泽泽。'盖谓芟草除木而后可耕也。"[②]

① ［元］王祯，王毓瑚校：《王祯农书》，第20页。
② ［元］王祯，王毓瑚校：《王祯农书》，第21页。

农官制度的设定是古代农业生产实际的政治体现，同时也是农业生产管理经验的集中化形式，它的出现不仅意味着农业作为政治之本的重要地位，也显示出人类集体对农业实践经验的主动掌握与控制。从具体的官职设置来看，大多依据农业生产的不同职能加以设立，在除草这一环节不仅《周礼》中有为其设定薙氏的专职，而且商周历史实际的政治组织体系中确有如小刈臣、草人之类具备类似职能的职名存在。王氏以此来强调除草除木而后可耕的必要性，具有借助经典与正统意识来强化农业活动规律的积极作用，以此来形成更具现实效应和推行力度的理论总结。在这种认识中，除草而耕是一个程序化、步骤性以及具有规范意义的农业生产经验模式，因此在除草的实施过程中必定要注意的一个问题便是其时效性。马一龙《农说》中对及时除草的重要性加以强调，其云："害生于稂莠，法谨于芟耘，与其滋蔓而难图，孰若先务于决去。故上农者治未萌，其次治已萌矣。已萌不治，农其农何？"[①]建立这一观点的客观依据在于田间草类的生长无论是在速度上还是规模上都具有极高的繁衍速率和扩延深度，因此一旦在既定的规律框架内没有及时采取除草行动，那么将会极大地提高农田除草难度，甚至对农作物的生产形成严重影响，其言："稂莠之难去，可畏之甚也。盖恶草贱而易生，有一根踵遗于地，忽不觉其蔓矣。"[②]正是意识到了除草的艰难与掌握时机的重要性。从作物种植科学的角度而言，田间杂草的危害主要体现为:与作物争夺水、肥、光照和生存空间;降低作物产量和品质；防碍农事操作；滋生、传播病虫害等[③]。而古人

① ［明］马一龙：《农说》，《丛书集成初编》本，第 10 页。
② ［明］马一龙：《农说》，《丛书集成初编》本，第 12 页。
③ 唐湘如：《作物栽培学》，第 188 页。

对其危害同样有着清楚的认识，并且作物因草所造成的损害是不可逆的，这也使人们在强化田间除草意识的同时带有一定的危机感。“稂莠不除，则禾稼不茂，种苗者不可无锄芸之功也。”[①]杂草是与农作物相对立的一类存在，对粮食的收成影响极大。“‘穀锄八遍，饿杀狗。’谓无糠也”[②]，将除草工作有条不紊、不失时机地多次耕除，则能够确保农作物的正常产量。不仅是粮食，其他的作物也会受杂草的侵害，“瓜生，比至初花，必须三四遍熟锄，勿令有草生。草生，胁瓜无子”[③]，“大麻等，若不及时去草，必为草所蠹耗，虽结实亦不多”[④]，同时人们也意识到了杂草丛生会为害虫滋生创造适宜的条件，所谓“川泽纳污，山薮藏疾”，注谓：“山有木，薮有草，毒螫之虫，在草在木，故俱云藏疾，言其藏毒害也。”[⑤]因而无论从基本的农业生产规律或是农田杂草所具有的威胁性来看，在古代普遍的农事耕作过程中，除草自然是一项不可或缺且被十分重视的田间工作。

图 2 农耕图（网友提供）。

认识到除草有其必要性，自然也有相应的方法经验总结。“恶草之害苗者，不可胜数。而其为物也，尤易生焉。所治之法不多，则不可

① ［元］王祯《王祯农书》，王毓瑚校，第 33 页。
② ［明］袁黄《宝坻劝农书》，郑守森等校注，第 14 页。
③ ［后魏］贾思勰《齐民要术校释》，缪启愉校释，第 111 页。
④ ［明］俞宗本《种树书》，康成懿校注，第 22 页。
⑤ 十三经注疏整理委员会《春秋左传正义》，第 767 页。

去。”[1]面对作物生长过程中随时可能具有的杂草威胁，除了要具有及时除草的意识之外，人们也从农事实践中总结了许多除草方法和规律，其中最为重视的一点是除草工作的反复性和持久性。《齐民要术》指出：“苗出垄则深锄，锄不厌数，周而复始，勿以无草而暂停。锄者，非止除草，乃地熟而实多。”[2]这意味着除草是一项常规化循环式的农田管理措施，且除草也并非是唯一的耕作目的，土地经过一系列的耕锄之后，能够保持更好的土壤环境，因此除草活动在去除田地杂草的同时也具有保墒的作用。《王祯农书》云：“候黍、粟苗未与垄齐，即锄一遍。黍经五日，更报锄第二遍。候未蚕老毕，报锄第三遍。如无力，即止；如有馀力，秀后更锄第四遍。”[3]相对于前说，此处所论是中耕进程中的一系列耘锄步骤，其中贯穿的思想依然是不厌勤锄，以期通过反复的除草来控制农田良好生态并提高作物产量。《王祯农书》云：“耘苗之法，其凡有四。第一次曰撮苗，第二次曰布，第三次曰壅，第四次曰复，一功不至，则稂莠之害，秕糠之杂入之矣。”[4]中耕是农田管理措施中极其重要的一部分，即农业活动主体“把中耕作为‘耕之本’的要素之一，使其成为各种农作物田间管理的重要工序”[5]，在古代的农业实践以及主要农学著作中都得到了基本认同。中耕的技术和经验在古代随着农事活动的不断发展而逐渐成熟，而除草也成为中耕过程中要达到的一项核心目标。此处所言，中耕在耕作活动中的作用主要集中为避免杂草所害以及防止粮食减产，同时是否能够保证中耕遵循

① ［明］马一龙《农说》，《丛书集成初编》本，第 11 页。
② ［后魏］贾思勰《齐民要术校释》，缪启愉校释，第 44 页。
③ ［元］王祯《王祯农书》，王毓瑚校，第 16 页。
④ ［元］王祯《王祯农书》，王毓瑚校，第 79 页。
⑤ 王星光《中国农史与环境史研究》，第 54 页。

“锄不厌数，周而复始”的原则也决定着其执行效果的好坏。另外，在这种反复性与持久性的强调中，还要把握除草的时机，尽管原则上体现为多锄勤锄，但重视并依据更具规律意义的时令序列来施行农事操作，则亦是古代农业精耕细作体系内的重要举措。《周礼》载薙氏之官云：“薙氏掌杀草。春始生而萌之，夏日至而夷之，秋绳而芟之，冬日至而耜之。若欲其化也，则以水火变之。”[①]这是从季候的总体变化角度来说明除草要按照特定时期的具体条件来采取不同的对应方式。《陈旉农书》对此释云：“薙氏掌杀草，于春始生而萌之，于夏日至而夷之，谓夷划平治之，俾不茂盛也。日至谓夏时草易以长，须日日用力。于秋绳而芟之，谓芟刈去其实，无俾易种于地也。于冬日至而耜之，谓所种者已收成矣，即并根荄犁锄转之。俾雪霜冻冱，根荄腐朽，来岁不复生，又因得以粪土田也。”[②]四季之内除草之法各有不同，一方面可以根据作物不同的生长阶段和相应态势来为其创造最适宜的生长条件，另一方面适时而耕还可以将杂草根据其生存节奏来实现就地的利用，最终可以为来年农作物的播种积淀和提高土壤肥力。《王祯农书》中也有类似记载：“凡垦辟荒地，春曰燎荒（如平原草莱深者，至春烧荒）……夏曰稀（夏日草茂时开，谓之稀青，可当草粪）……秋曰芟夷（秋暮草木丛密时，先用镰刀遍地芟倒，暴干放火，至春而开垦乃省力）。”[③]尽管此处所言主要是开垦荒地的手段，但其农事对象却是荒田之中的茂草。其中除草的具体方式在不同的条件下也有所不同，如前引所言夏季除草乃“夷”之，即将土中的草铲平，抑制其自由生长；开荒则

① 十三经注疏整理委员会《周礼注疏》，第1153—1154页。

② ［宋］陈旉《陈旉农书校注》，万国鼎校注，第35页。

③ ［元］王祯《王祯农书》，王毓瑚校，第20页。

为“稀”，即把草用土翻埋，使其为将耕之土增肥。在《礼记》中的记载则是：“是月也，土润溽暑。大雨时行，烧薙行水，利以杀草，如以热汤。”[1]书中所指时间为季夏，实际上已经接近入秋，这一时期雨水较多，再用火焚烧杂草，使其随水入田，成为土壤增肥的一个自然来源。因而对于除草这一实际问题而言，无论是意识上还是方式上，我国古代的劳动人民都积累了丰富的实践经验，所谓“五耕五耨，必审以尽。其深殖之度，阴土必得。大草不生，又无螟蜮，今兹美禾，来兹美麦”[2]，“畜长树艺，务时殖谷，力农垦草，禁止末事者，民之经产也。”[3]对于普通百姓而言，丰富的除草经验和及时周密的除草行动是保障其田地得以正常收获的必要条件；对于治国者而言，从官方意识以及政治措施上保障农业社会除草活动的有序进行，又能够为其政治统治奠定坚实的经济基础。因此，农业社会形态下，以除草为基本生活经验的认识成为形成对草这一概念进行理解的一个重要方面。

实际上在农业除草的实践之外，草在这里代表了一种无用乃至于有害的一个类型概念，但这种观念类属所生成的土壤是以农业为经济之重的社会生产力，同时这一类草所代表的也是与农作物相对的，即具有其前提环境的一个认知范畴。在此影响下，草这个概称在大多时候便带上了非实用、被忽略化的主观意识色彩。当然，这种无用也是相对而言的，即前文界定所表达的不以其使用价值作为植物生命存在的主要功能，但从更为普遍的实际生活来看，草在人们的日常生活中自有其一定的实际用途。从除草的角度而言，如稂、稗之草皆为农田

① 十三经注疏整理委员会《礼记正义》，第599页。

② 许维遹《吕氏春秋集释》，第688页。

③ 黎翔凤《管子校注》，第286页。

有害之物,所谓“稂莠不除,则禾稼不茂”,又谓“稗,尔雅曰:稊英。按:稗,禾之卑者,最能乱苗”[1],因而是农田当中除草的主要对象。但即便是如此“怙恶不悛”之草,在古代生产力相对低下且生产状态不稳定的情况下,对人们的生活也起到了重要的帮助作用。“稗既堪水旱,种无不熟之时,又特滋茂盛易生。芜秽良田,亩得二三十斛。宜种之,备凶年。稗中有米,熟,捣取米炊食之,不减粱米。又可酿作酒。”[2]本为有害之草,却因具有极强的环境适应力和繁衍能力使其在饥荒之年依旧多生,因而在粮食歉收,饥荒欲生之际反可作为救急之物以备度过粮食短缺的困境,此外还可以用此草所产之米酿酒饮用,亦有助于日常生活中丰富食源的作用。罗愿云:“草之似谷,可以养人者甚多。”[3]这种养人之效相对于主要的粮食生产而言,具备的是补充与储备的功能,因而其“养人”的生活实用价值依然是作为草基本生命特性的一个附属体被人们来看待的。当然不止类似稗草的穗米可资充食,在艰苦环境下,人们往往会尽最大的限度将可食之草充分利用起来,正如所言:“荒俭之岁,于春夏月,人多采掇木萌草叶,聊足充饥。独三冬春首最为穷苦,所恃木皮,草根、实耳……凡此诸物,并《救荒本草》所载,择其胜者于荒山、大泽、旷野,皆宜预种之,以备饥年。”[4]草叶、草根、草实皆有可能作为饥荒之际的应急食料,乃至在生产之余有必要有意种草,一方面反映了自然经济社会生产力处于较低的水平以及人们生活保障的自然依赖性,另一方面在观念上而言,前谓除草往往物尽其用,草是增进地力的一个物质来源,而以草的储备作为应

① [明]徐光启《农政全书校注》,石声汉校注,第630页。
② [明]徐光启《农政全书校注》,石声汉校注,第631页。
③ [宋]罗愿《尔雅翼》,第91页。
④ [明]徐光启《农政全书校注》,石声汉校注,第632页。

对特定条件下不时之需的做法，也反映了除草与用草之间的辩证关系和人地和谐的思想倾向。草可供食，不仅对人而言有临时代替粮食的作用，也可以供家养牲畜食用，成为饲料制作中可取用的组成成分。《左传·昭公十三年》载："叔鲋求货于卫，淫刍荛者。"疏云："刍者，饲牛马之草也。"[①]也即在长期的生活经验中人们对于以草饲牲也有选择性和适用性的认识。"天寒即以米泔和剉草、糠麸以饲之，春夏草茂放牧，必恣其饱。每放必先饮水，然后与草，则不腹胀。又刈新刍，杂旧稿，剉细和匀，夜喂之。"[②]此言喂牛之事，而所饲之食也随季候的变化有所不同，这正是由于草的存灭会随时间的推移而消长循环。新草萌生之际则牧牛于野，使其进食鲜草，隆冬草枯之时则预先积备干草，其中较多使用的是谷物的禾秆，这种选择与搭配能够满足特定生产生活条件下喂食家牲的四时之需，因而从这一用途上来看，草亦可以反过来对个体农业经济的运行给予一定程度上的巩固。

尽管在冬日萧条之时，野田之草多数枯零萎败，少有饲喂家牲之用，但人们却多将其作为其他植物保暖过冬的所需之物。如油菜，"芸薹冬天草覆，亦得取子，又得生茹供食"[③]，我国油菜的种植一般采取秋种夏收的种植机制，这样在冬季的休歇期可以充分满足油菜生长所需的环境条件，因而油菜的越冬问题便被人们所关注。书中所言，以草覆于其上，能够起到良好的保温暖地的作用，因而会促进来年油菜的收获，于是用草保温的生产技术是保证油菜安全越冬的一个重要条件。又如椒树，"此物性不耐寒，阳中之树，冬须草裹，不裹即死"[④]，"椒不耐

① 十三经注疏整理委员会《春秋左传正义》，第 1522 页。
② ［宋］陈旉《陈旉农书校注》，万国鼎校注，第 48 页。
③ ［后魏］贾思勰《齐民要术校释》，缪启愉校释，第 146 页。
④ ［后魏］贾思勰《齐民要术校释》，缪启愉校释，第 225 页。

寒，一二年栽子，冬中以草裹护霜雪”[①]，梧桐“至冬竖草树间，令满中，外复厚加草，十重束之。明年二三月，植厅堂前，雅净可爱”[②]，对于一些不耐冬寒，需要人为保障安全过冬的植物来说，使用草来铺覆包裹是古人常用的一种方法，也收到了良好的保暖效果。当然除了人工所为，自然界其他生物也利用了草的保暖作用，如“欲于厂屋之下作窠，多着细草于窠中，令暖……生时寻即收取，别着一暖处，以柔细草覆籍之。停置窠中，冻即雏死”[③]，无论人们对草的这种利用是受动物启发还是本于对草基础属性的直接发现，都印证着草在日常生活中体现出的另一方面的应用意义。除此之外，草被关注的另外一种用途是染色，我国古代劳动人民利用植物具有的天然色素，或直接进行染色，或将其进行一定的加工制成染料，《唐六典》载："凡染大抵以草木而成，有以花叶、有以茎实、有以根皮，出有方土，采以时月。”[④]其中有一部分是草本植物，如蓝草、茜草、紫草等，其中如蓝草则发展成为中国古代社会最主要的纺织染料来源，形成了专门化的种植，而茜草则被后来传入中国的红花所替代，这类染草的消长随着近代以来化工染料的出现都逐渐淡出了人们生活的视野，但它们在农业社会中曾作为生活资料所发挥的一定作用是不容抹去的。《周礼》云："掌染草。下士二人，府一人，史二人，徒八人。染草，蓝、蒨、象斗之属……蓝以染青，蒨以染赤，象斗染黑。”[⑤]又谓："掌染草，掌以春秋敛染

① ［唐］韩鄂《四时纂要校释》，缪启愉校释，第 114 页。
② ［唐］韩鄂《四时纂要校释》，缪启愉校释，第 55 页。
③ ［后魏］贾思勰《齐民要术校释》，缪启愉校释，第 337 页。
④ ［唐］李林甫等《唐六典》，陈仲夫点校，第 576 页。
⑤ 十三经注疏整理委员会《周礼注疏》，第 280 页。

草之物。染草，茅蒐、橐芦、豕首、紫茢之属。”[1]在先秦时期，不同种类的可用以染色之草已被官方纳为重要的政治生活资料，所用大多为染制礼服，因而设置掌管调配染草资料的官职是有必要的。到南北朝时期，以蓝草为代表的种植技术和染制工艺已发展得较为完备，但大部分染草都因逊色于其他植物染料而逐渐被取代，其所具备的实用色彩也逐渐发生了转向，如茜草、紫草、鼠尾草等常被用于配药，狼把草被认为功用近于鼠尾草，但记载寥寥，未为确证。因此，从现实的用途角度而言，草的实际功能多指向处于较低生产生活水平适用的，无论是救急、取暖还是作为染料，其所匹配的往往都是社会底层的阶级群体，草的诸多用途也正是这一群体在其生活实践中进一步发现总结而来，因而草在古代知识分子以及广大文人阶层中是很少具备如五谷田产、观赏花卉等所具有的价值地位，从文学的现实基础而言就丧失了引起重点关注的客观物质价值。从小农经济社会下的个体角度而言，草实际上也处于其认知的边缘视野，一方面草的审美体验还不曾呈现在这些社会个体的思想观念中；另一方面除草、尽草之用的生活实际也说明对于草的态度或以其为害农之物，务尽去之，或出于生产生活资料之限，勉力开发其所具备的有益属性而补足部分生活所需。这也就意味着草在不同社会意识层面的边缘化是其所具备的重要认识特质。

草的自然生长大多遵循气候的变化规律，春来草萌叶长，秋至枝败叶衰，如此往复循环，既具有生生不息、生命不止的自然造化特色，又在人们的视野中形成了观物识候、遵时顺物的观念意识。《吕氏春秋》曰：“冬至后五旬七日，菖始生。菖者，百草之先生者也，于是始

① 十三经注疏整理委员会《周礼注疏》，第497页。

耕。”[①]在古人看来，菖蒲作为诸草中最早应春而生的种类，预示着地力回暖，水泽消融，具备了开田作耕的自然条件。《齐民要术》云：“须草生，至可耕时，有雨即耕，土相亲，苗独生，草秽烂，皆成良田。”[②]这就是说，耕种需要符合特定的时机，而时机的确定又以草是否应时而生为关键标志，其中还包含了尽地力、肥壤泽的治田思想。“春地气通，可耕坚硬强地黑垆土，辄平摩其块以生草。草生复耕之。天有小雨复耕和之，勿令有块以待时，所谓强土而弱之。”[③]播种之前首先要改善土壤结构，使土质变得细软疏松，这样才能够顺应地气的自然变化，改善节令交变之际的耕作环境。但其中决定耕作时机和进程的是草的生长变化，也即草的这一状态是农事活动主体对耕作之前进行条件准备的重要依据。除耕作之外,放牧与草的生长关系表现得更为直接，作为饲养牧群的重要食物来源，放养活动也必须根据草的生长状态来应时开展。“春初雨落，春草未生时，则须饲，不宜出放。”[④]由于冬季草木凋零，牲畜的饲养基本依靠人工舍饲，而由冬转春之后，天然草料则成为牲畜的主要食物来源。春草未生，意味着土地基本生产力尚在恢复之中，若此时放牧于野，则容易破坏草根，使之难以正常生长，也就无法保证天然草料的持续供应。这一点实际上推动了古代放牧与舍饲相结合这一饲养方式的不断完善，同时也作为畜牧活动中运行机制的一个具体内容调节着牧事的有序开展。“凡马，春分百草始繁，则牧于坰野。秋分农功始藏，水寒草枯，则皆还厩。”[⑤]时序节令的变

---

① 许维遹《吕氏春秋集释》，第 689 页。

② [后魏]贾思勰《齐民要术校释》，缪启愉校释，第 27 页。

③ [后魏]贾思勰《齐民要术校释》，缪启愉校释，第 26—27 页。

④ [元]王祯《王祯农书》，王毓瑚校，第 61 页。

⑤ 十三经注疏整理委员会《春秋左传正义》，第 334 页。

化带来的是草木状态的更替，而这种最为直接的气候表现正标记着时节的变化信息与程度。农业生产与生活的基础化与普遍化使得古人总结出一套成熟的历法体系，而其中包含的一个重要思想就是依时而行、顺时而动。《庄子》云："弟子何异于予？夫春气发而百草生，正得秋而万宝成。夫春与秋，岂无得而然哉？天道已行矣。"[①]此言正揭示了自然规律的必然性和客观性，百草顺时而发，正是春生万物的季候标志，是不会随任何主观意志而转移的。客观自然规律有其限制性，如要取得人类生产活动的顺利开展，必须要与自然规律的运行保持和谐。"獭祭鱼，然后虞人入泽梁……草木零落，然后入山林；昆虫未蛰，不以火田。"[②]注谓"取物必顺时候也"，又引《毛诗传》云："草木不折，不操斧斤，不入山林。此谓官民总取林木，若依时取者。"[③]草作为一类十分普遍的自然事物，与其他植物的生衰变化皆是人类社会记时规则下能够反映特定自然状态的标志物象，它的实际变化既是社会化制度内农业规律总结的来源，也是生成古代应时顺物、人地和谐观念的客观呈现，甚至以其来喻指政治领域的行动指导，"是以明君立世，民之制于上，犹草木之制于时也"[④]，因而无论是农业经济生产还是社会政治活动，都有着草带来的时序规律的启示意义。

人们从以草为代表的自然事物中所抽象的社会意义不仅仅是应时顺物的规律性实践，在"天人合一"的人与外在世界相互感应的理论范畴下，还形成了一套祥瑞灾异的政治指代系统，草在这一系统中扮演着以天命顺逆、政教得失来评价社会治乱的象征性表现角色。如果

① ［清］郭庆藩《庄子集释》，王孝鱼点校，第 771 页。

② 十三经注疏整理委员会《礼记正义》，第 437 页。

③ 十三经注疏整理委员会《礼记正义》，第 440 页。

④ 黎翔凤《管子校注》，第 584—585 页。

统治者能够使社会政治清明，纲纪有序，民生安泰，则常有祥瑞之征，表现为草木润发，瑞草萌生，展现出或万物欣荣、或嘉祥奇生的情景。《礼记》云："是故大人举礼乐，则天地将为昭焉。天地欣合，阴阳相得，煦妪覆育万物，然后草木茂，区萌达。"[1]在天地万物一体的生态理念下，礼乐昌明，社会有序，则阴阳调和，自然贯穿一气的草木皆可得受天命恩泽。郑疏在"王能修礼以达义"句下云："德及于地，嘉禾生，蓂荚起，秬鬯出。德至八极，则景星见。德至草木，则朱草生，木连理。"[2]德之所指，乃王政德治，所以及四方，乃是承续儒家"上以风化下"的美刺政教传统，因而王政开明，王德昌化，则所及之地，瑞草并生，预示着王朝安定，社会治平，是天道对王朝德义政治的褒奖。但古代社会最刺动统治阶级士大夫敏感内心的是社会丧乱之下恶草并生、草木凋摧、物候失序的灾异表现。"孟春行夏令，则雨水不时，草木蚤落，国时有恐。行秋令，则其民大疫，猋风暴雨总至，藜莠蓬蒿并兴。"[3]《月令》所载，皆根据天时的常规运转以及五德之间的相互关系而形成的对应不同自然时期所应施行的政治措施，但凡有所失据，则必得天降灾异以惩措。除所引用之外，四季之内，皆有违背天地之律施政而获得的灾异表现。"故水郁则为污，树郁则为蠹，草郁则为蒉，国亦有郁。主德不通，民欲不达，此国之郁也。国郁处久，则百恶并起，而万灾丛至矣。"[4]国之郁，乃社会凋敝之象，主要原因在于上失其德而民失所安，由此直接导致的结果便是树蠹草蒉，一方面这是政治失常后依据天人感应的表现机制所发生的必然现象，另一方面又通

① 十三经注疏整理委员会《礼记正义》，第1302页。
② 十三经注疏整理委员会《礼记正义》，第834页。
③ 十三经注疏整理委员会《礼记正义》，第547页。
④ 许维遹《吕氏春秋集释》，第563页。

过异常的自然灾象来警示统治者恢复正常的政治秩序。王道之变可以给草带来相应的生命表象，而种种非同寻常的生命征迹的存在又成为某种社会紊乱的一致象征。“小满之日，苦菜秀。又五日，靡草死。又五日，小暑至。苦菜不秀，仁人潜伏。靡草不死，国纵盗贼。小暑不至，是谓阴慝。”[①]自然节律有其运行的正常秩序，在人物相感的基本模式下，它的正常运行意味着社会统治秩序的稳定，而其反常的表现则与国家失乱、正德丧位有着密切对应的关系。《左传》：谓“陨霜不杀草，李梅实。”[②]注云：“周十一月，今九月，霜当微而重，重而不能杀草，所以为灾。”[③]在《左传》的叙述体系中记录了很多灾异现象，草亦是其中作为天地之间秩序发生异常所造成变化的表现载体，同样具有征示国政危乱，违背天命意志所受警示和惩戒的效果。董仲舒在《春秋繁露》中说：“书日蚀、星陨、有蜮、山崩、地震、夏大雨水、冬大雨雪、陨霜不杀草，自正月不雨，至于秋七月有鸲鹆来巢，《春秋》异之以此见悖乱之徵……《春秋》举之以为一端者，亦欲其省天谴而畏天威。”[④]天以其威而慑众，是天人感应观念下以天之至高无上的权威来对人间政治权力的运行加以制约，天降异象是构建其理论的基本依据，因而利用草在自然变化中出现的不属凡常的变化来加强其逻辑体系的效力。《左传》中的记载与《周书》中的表达具有对天道政教关系的共性认知，他们“都是要通过对自然秩序的认知、维护来指导人类社会秩序的运行，构建一个具有共同法则的、天地人联系在一起的世界”[⑤]。

---

① 黄怀信《逸周书汇校集注》，第 592 页。

② 十三经注疏整理委员会《春秋左传正义》，第 543 页。

③ 十三经注疏整理委员会《春秋左传正义》，第 543 页。

④ [清]苏舆《春秋繁露义证》，钟哲点校，第 156 页。

⑤ 罗家湘《〈逸周书〉研究》，第 200 页。

另外值得注意的一点是，草不仅具有天人感应理论下所呈现的征兆意义，还在具体的人性淑恶象喻系统中承担着特定的角色，而草的善恶象征尽管分化为香草与恶草之对立，但恶草对代表美善一端的香草而言往往具有更为强势的危害性。著名的“郑伯克段于鄢”这一事件中，郑伯之母姜氏便被喻指为难以铲除之恶草。其曰：“姜氏何厌之有？不如早为之所，无使滋蔓，蔓难图也。蔓草犹不可除，况君之宠弟乎？”[①]这里生成象喻的基础来源于农业生产中对除草之事的客观经验认识，正因田间之杂草具有反复蔓延的特性，才用以指说庄公眼中姜氏所带来的潜在隐患。又如“一薰一莸，十年尚犹有臭”[②]，疏云：“薰是香草，莸是臭草，一薰一莸，言分数正等，使之相和虽积十年，尚犹有臭气。香气尽而臭气存，言善恶聚而多少敌，善不能止恶，而恶能消善。”[③]善恶两端尽管从性质而言是对立的，但实际上无论就生产实践而言或是人们主观上对善恶力量的分辨，都是以恶遏善，善恶之间不存在相互拮抗的平衡。这也就意味着草有善恶的象征分野，以香草为代表的美善体系与人的社会正向情感相结合，而以恶草或杂草为代表的邪恶一方是作为被批判和摒弃的对象。这种淑恶的分立也关乎作为个体的人在道德环境生活中的主体选择。“兰槐之根是为芷。其渐之滫，君子不近，庶人不服，其质非不美也，所渐者然也。”[④]环境的变化可以造就一个人的人格个性内质，就如同香草溺于污浊的环境中会损失其本性的美质而受其浸染，因而为君子庶人所弃。草的这种变化意味着人格在善恶之间的选择受到环境的影响，而维持君子之道

① 十三经注疏整理委员会《春秋左传正义》，第61页。
② 十三经注疏整理委员会《春秋左传正义》，第383页。
③ 十三经注疏整理委员会《春秋左传正义》，第383页。
④ ［清］王先谦《荀子集解》，沈啸寰等点校，第6页。

则应借助积极美善之境，这关乎主体道德选择的分辨与实践。

总体而言，以天人合一，自然与社会贯通协调为传统的思想价值体系中，草所具有的是一个较为轻微低等的文化身份，这是草的自然之性与农业实践中对草的基本态度所奠定的认知倾向。草至为平凡，也几乎对人类生活没有重要的实用价值，相对于从一开始就成为农业生产主体的五谷作物以及后来随着社会整体审美水平的提高与普遍化而逐渐定型的观赏类植物而言，草所具有的基本社会价值是十分单薄的。在传统文化视野中，草是拟喻微贱的专门物象，而在阶级化的社会关系中，被视为微贱之物的往往是为数众多的百姓。“臣闻，国之兴也，视民如伤，是其福也；其亡也，以民为土芥，是其祸也。楚虽无德，亦不艾杀其民。”[①]芥即为小草，以民为芥，则是将国之百姓视为最为低贱的阶层，自然将统治阶级与非统治阶级的矛盾加以激化，甚至常常推到非常态的对立面，这是传统以仁德治国的儒家思想所反对的。孟子曰：“天下大悦而将归己，视天下悦而归己，犹草芥也，惟舜为然。”[②]孟子所言草芥并非站在阶级政治的对立面而言，而是以草芥来喻指微不足道之事，因而天下归己这件事对舜来说并不值得一提，这是反映舜德之论，但同时也深化了草的这一基本喻意。孟子还说：“君之视臣如手足，则臣视君如腹心；君之视臣如犬马，则臣视君如国人；君之视臣如土芥，则臣视君如寇雠。”[③]在君臣关系，也就是统治阶级内部而言，同样存在着具有不同差异和性质的相对关系，君施贱于臣，在孟子看来，臣子应用同样的态度去回击。而所谓以臣为芥，则在君

① 十三经注疏整理委员会《春秋左传正义》，第1857页。

② ［清］焦循《孟子正义》，沈文倬点校，第535页。

③ ［清］焦循《孟子正义》，沈文倬点校，第546页。

臣关系中臣被视为了极轻微之物，从孟子的这一系列譬喻中可以看出草的文化身份所处的社会位置。以草喻民，不仅指出身份低微的属性，也包含着如草一般弱势的自然特点，因而常以草之从风来喻指民之从德。“夫所谓大丈夫者，内强而外明，内强如天地，外明如日月，天地无不覆载，日月无不照明。大人以善示人，不变其故，不易其常，天下听令，如草从风。”[①]相对于木质以及人工养护的其他植物，野生之草的形态往往是细弱无力的，随风所到之处，莫不被服，正如君子德正力强，自然可以使其精神力量化服天下之人。“英俊豪杰，各以大小之材处其位，由本流末，以重制轻，上唱下和，四海之内，一心同归，背贪鄙，向仁义，其于化民，若风之靡草。”[②]这里认为教化之道的前提在于国序安顺，人才适位，并因此呈现出符合德义的政治倾向，因此统帅天下之民自然如草随风，强力之下，必为所动。在儒家思想中，教民顺德，自然要以己为范，这是从己所不欲的个体规范衍化为社会政治范畴内的普遍原则。“子为政，焉用杀？子欲善而民善矣。君子之德风，小人之德草，草上之风必偃。”[③]何以草必偃，一方面草的弱势与风力相较有较大的差距，另一方面这种风势的形成自然需要仁德来赋予其无可阻绝的核心力量。而草作为民的指代物，在礼乐德教的政治思想中被搁置为一个被动接受与顺从的社会角色，尽管这种处于弱势的顺从是有条件限制的，但这种德治要求并非可以通过实际力量制衡的完备机制，因而从阶级对立的角度来看，民的社会身份与地位与思想视野中对草的自然性状的认识之间的距离要相对于理想的政治观

① 李定生等《文子校释》，第 93 页。
② 李定生等《文子校释》，第 465 页。
③ 十三经注疏整理委员会《论语注疏》，第 188 页。

念所呈现的上下关系是更为接近的。

第二节　咏草诗赋的基本创作情况

咏草诗赋是古代咏物文学创作的一个组成部分，而咏物一体又是古代文学在宏观内容题材划分中的一个重要类型。实际上咏物文学与传统的诗、词、文等体裁之间呈现为相互交叉的关系，咏物是以内容主题为主要侧重而形成的一个名类，可以在具体诗赋等不同文体中加以表现，而诗赋作为传统的文体形式则可以承载包括咏物在内的多种不同主题和内容的表达。对于咏物诗的界定这一问题，在现有的研究成果中都有不同程度的解释和阐发，因此本文试图以众多的研究成果为基础，对咏草诗、赋的具体内容和范围做一个基本的界定，进而对咏草诗赋的文本形式有一个较为明确的认识。

咏物在古代文学发展中的相当一段历史时期内并没有一个清晰明确的概念，直至元人谢宗可以咏物诗之名冠以诗集之前，都处于一个相对而言片面化、零散化的认识状态。“咏物”一词的出现可以上溯到先秦时期，《国语》所谓“文咏物以行之”，是申叔时回答楚庄王关于太子的教育问题时所提出的对策，意在说明以文辞作为教育手段的时候要通过托物讽喻的委婉方式加以教导劝说，来实现传统诗乐教育对人的有效影响。咏物在这里的含义体现为一种表达手段，即通过具体的物来进行形象譬喻的写作方式，这与先秦以《诗》为礼教教化的表达语境是相适应的。由此而发，在咏物诗作为一个明确的类别分立出来之前，咏物这一概念常常作为一种表达手段存在于人们的文学观念中。据今人研究所知，最早将作为诗歌的一个类别并在集作中予以标明的是宋刻本《李太白文集》[1]，这意味着咏物作为文学创作手段的基本概念开始具有了文学类别的属性，也说明了在宋代的文学观念中已经出现了对咏物诗作为一种诗歌类型的初步认识。宋人在其文论著作中也常提及“咏物”一词，并且在这一时期出现了“咏物诗”的明确称呼。范晞文《对床夜语》评郑谷《鹧鸪》诗云：“不用钩辀格磔等字，而鹧鸪之意自见，善咏物者也。”[2]胡仔《苕溪渔隐丛话》云：“凡诗之咏物，虽平淡巧丽不同，要能以随意造语为工。”[3]这里的“咏物”之意所指皆为诗歌创作过程中的一种特定手法的运用，并且宋人在对具体咏物诗的感知评价中，逐渐出现了与宋诗学整体话语特色相对应的对咏物诗艺术高下的评价和艺术价值的衡量。何溪汶《竹庄诗话》引《童蒙诗训》云：“鲁直作咏物诗，曲当其理。”[4]魏庆之《诗人玉屑》云：“咏物诗不待分明说尽，只仿佛形容，便见妙处。”[5]但“咏物诗”在宋代并非作为一个明确的诗歌类别而正式出现的，在具体的论诗语境中虽然体现出不同于其他诗作的类型化趋向，而实际上人们对咏物诗的认识所表现出的这种并列观念，更类似于处在一个由诗歌创作方式向诗歌类型模式的过渡演化中。自元代以后，特别是到了清代，咏物诗的概念方始逐渐加以明确和总结，主要的成就便是清代产生了两部较

---

① 这一论断由于志鹏《中国古代咏物诗概念界说》（《济南大学学报》2004年第2期，第49页）一文中提出，后如赵红菊《南朝咏物诗研究》（上海古籍出版社2009年版，第22页），杨凤琴《唐代咏物诗研究》（大众文艺出版社2008年版，第3页）等论著中皆持此论。

② ［宋］范晞文《对床夜语》，《历代诗话续编》本，第443页。

③ ［宋］胡仔《苕溪渔隐丛话（前集）》，廖德明校点，第189页。

④ ［宋］何溪汶《竹庄诗话》，第202页。

⑤ ［宋］魏庆之《诗人玉屑》，第137页。

为重要的咏物诗选著作，其一为《佩文斋咏物诗选》，另一为俞琰所编《咏物诗选》。前者上起汉魏，下迄明代，选诗达一万四千五百九十首，数量颇巨；后者则篇幅大为缩减，选诗以近体创作为标的，但其分类广富，较为全面，可以反映出这一时期学者对咏物诗概念较为成熟的认识。康熙曾为《佩文斋咏物诗选》作序，实际为查慎行代拟，其云："若天经、地志、人事之可以物名者，罔弗列焉。"[1]这里主要是对咏物诗之"物"的存在范畴作了一个基本界定，也从中可见在清人的认识中，咏物诗可以涉及的客观事物范围是极其广阔的。俞琰的《自序》中云："诗感于物，而其体物者，不可以不工，状物者，不可以不切，于是有咏物之体，以穷物之情，尽物之态。而诗学之要，莫先于咏物也。"[2]四库馆臣在谢宗可《咏物诗》前所作提要云："昔屈原颂橘，荀况赋蚕，咏物之作，萌芽于是。然特赋家流耳，汉武之天马，班固之白雉、宝鼎，亦皆因事抒文，非主于刻画一物。其托物寄怀见于诗篇者，蔡邕咏庭前石榴，其始见也。"[3]这里的两处对咏物诗的界定可谓是历来研究这一诗体的学者所必用之经典材料，对这两种观点，赵红菊认为："如果说俞琰的观点更多地着眼于咏物诗的艺术性，四库馆臣们的观点则更多强调了咏物诗的思想性。两者结合，咏物诗的内涵就概括得比较完整和全面了。"[4]也就是说，二者侧重点的不同恰为全面观照咏物诗的概念提供了机会和可能，同时也反映了咏物诗概念的发展并非单

① ［清］查慎行《恭拟〈佩文斋咏物诗选〉序》，《查慎行集》，张玉亮等点校，第 81 页。

② ［清］俞琰《咏物诗选》，第 2 页。

③ ［清］永瑢等《钦定四库全书总目》，《影印文渊阁四库全书》本，第 427—428 页。

④ 赵红菊《南朝咏物诗研究》，第 25 页。

线前进，而是在不同角度的反复认识下趋于完善。尽管对咏物诗的认识逐渐成熟，但实际上不同研究者对其界定并非一致吻合，但从历史发展脉络而言，其所具备的基本要素包括：第一，所用对象为某一物，并且物的选择范围较广，举凡自然事物中有生命或无生命的、人工造就的物品皆可成为咏物的对象；第二，对所咏之物或整体或某一方面的特征能够在一定程度上展开摹写，从而具有“穷物之情，尽物之态”的效果；第三，能够通过所咏之物来加以象征、借物抒情或言志，但表情达意的范围不可脱离这一物本身所关联的主题意义。同时具备这三个特征的诗歌，我们基本可以界定为是咏物诗。

相对于咏物诗而言，咏物赋的概念与创作实际并没有呈现出与之类似的长期而复杂的局面。屈原的《橘颂》是公认的第一篇咏物赋，也是文学史上第一篇植物赋，清人胡文英便称其“此赋物之祖也”①。赋中对橘树进行了较为细致的外形描写，同时又将自我的内心情志借橘树以发显，其中所呈现出的创作特征在于不仅将物作为一个独立对象加以叙述描写，并且在物与情之间建立了相互对应的关系，使赋在铺写客观对象的同时具有了透过具体之物展现丰富情志层次的艺术结构，为咏物赋艺术轨范的形成和创作模式的定型奠定了坚实的基础。这也意味着完整咏物赋的实际创作要远早于咏物诗，因而艺术形式的成型在时间维度上也自然获得了提前。咏物赋之称最早应在元代祝尧的《古赋辨体》中才正式提出，其云：“凡咏物之赋须兼比兴之义，则所赋之情不专在物，特借物以见我之情尔。”②从中可以看出在祝尧这里咏物赋是作为一个赋作类型而加以论述的，并且所论为咏物赋创作

① ［清］胡文英《屈骚指掌》，《续修四库全书》本，第598页。

② ［元］祝尧《古赋辨体》，《历代赋论汇编》，孙福轩等校点，第51页。

中处理物我关系的基本原则，也即从艺术规范的角度而言，咏物赋在此时已经有其较为明确的界定。但我们同时也可以发现，《橘颂》之作是基本满足这一艺术规范的，那么咏物赋的提出却历时颇久，笔者认为其原因当是从先秦肇始的咏物赋的艺术侧重点一以贯穿的自然结果。郑注《周礼 · 大师》云："赋之言铺，直铺陈今之政教善恶。"[①]这里所言之赋，是作为诗文创作中的铺陈手法而言的，赋之体物，所用最为普遍的手段即是铺陈，因而赋法的提炼与总结为咏物赋的创作理论提供了方法依据。刘勰《文心雕龙》曰："赋者，铺也，铺采摛文，体物写志也。"[②]郑氏之说，着眼于诗文的社会功能，强调政教讽喻的作用，而刘氏之说将赋法与体物联系起来，从理论上明确了文之铺陈是体物之作的必然手段，从而确立了二者之间的对应关系。进而刘勰对赋的文体特征给予了较为详尽的描述："至于草区禽族，庶品杂类，则触兴致情，因变取会，拟诸形容，则言务纤密；象其物宜，则理贵侧附。"[③]刘氏指出，赋作的取象范围极广，但皆来源于不同的具体之物，而对以物为主体的创作内容，则应加以细致描摹，即用赋法将描写对象的特征全面展开来呈现。陈绎曾在其《文筌 · 赋谱》中将体物作为铺叙的核心内容，并以体物为发端云："体壮物情，形容事意，正所谓赋，尤当极意摹写。"[④]并在其后列举七种不同的体物方式，皆围绕"物"来展开。由此可见，围绕赋的创作展开的论述是离不开体物与铺陈这两个关键内容的，因而在赋的实际创作中，尽管一部分赋作并非围绕某一物展开，但是以体物为核心并将此物细密铺写是从先秦以来

① 十三经注疏整理委员会《周礼注疏》，第 718 页。

② 杨明照《增订文心雕龙校注》，第 95 页。

③ 杨明照《增订文心雕龙校注》，第 96 页。

④ [元] 陈绎曾《文筌》，《历代文话》本，第 1282 页。

就存在的，于是在这种潜在的创作动机之下，赋的创作实践明确地展现出咏物的文体形式特征，而正因这种潜化在创作者意识之内的创作模式，使得咏物赋在相当的历史时期内并未得以明言，所以咏物作为赋的主要创作形式成为了历代创作者潜意识中的固定习惯。正如廖国栋先生所谓赋体："先天即带有咏物之倾向，古人既视赋之咏物为当然，遂不刻意收集咏物之赋以成专集，此殆咏物赋之总集付之阙如之故。"[①]由此我们也可以类比咏物诗而大致界定咏物赋所具有的要素为：第一，以某个客观事物为写作对象，对其物态特征进行较为详尽的描摹；第二，在对客观事物进行表现的同时具有主观情意的寄托或社会意义的象征。对具有这样要素的赋作，我们基本可视为咏物赋。

到此，结合咏物诗、咏物赋的界定，本文的研究对象咏草诗赋的考查范围应设立为：第一，以某种具体的草或草这一通类概称作为创作对象；第二，对所写的草应当具有较多篇幅的物态特征描写；第三，通过描写草来寄托作者的主观情志，或以草为象征来喻指某些特定的社会意义。当然，咏草诗赋的演进并非一蹴而就，而是在循序渐进的过程中不断成型，因此对于成熟咏草诗赋确立之前的作品，本文将视其具体表现内容加以确定，以便于充分顾及文体变化过程中的创作形态与审美价值。

从总体而言，尽管草的总名及不同品种的草意象在诗赋作品中出现频率极高，数量极多，然而专题咏草之作的数量并不可观，可以说在古代文学创作实际中，咏草诗赋的绝对数量并不突出。但另一方面，咏草诗赋并非数量极少的一类创作，特别是在整个古代文学的观照视野下，具备一定数目的咏草作品实际上呈现出了其独有的审美意蕴和

① 廖国栋《魏晋咏物赋研究》，第2页。

思想内涵，同时相对于草的意象而言，咏草诗赋的写作更能够深入贴近草的文学审美实质，从多角度、多层次以及深富表达空间的创作形式来塑造草的文学审美形象。据笔者的粗略统计，除去先秦时期没有咏草诗出现之外，由汉至唐之间共创作了约 186 首咏草诗，其中汉代 8 首，魏晋时期 17 首，南北朝时期 34 首，唐代 127 首，数量上呈现出逐渐递增的趋势。在这近两百首的咏草诗中，以总名草为咏写对象的有 66 首，占到全部数量的 35%，是咏草诗创作中占比最大的一类。宋代以后诗歌创作活动及诗歌艺术的发展持续高涨，仅《全宋诗》收录的宋代诗歌就达到 25 万首以上，而明清时期作家和别集数量更是难以计数，至今尚未能够编纂出类似《全唐诗》《全宋诗》之类的总集，可见诗歌的数量极其宏富可观。同时诗人的数量远超前代，且因造纸术、印刷术的进一步成熟，以科举为代表的选官制度的深刻变革，文化活动与成果不断普及化、市民化，诗歌的创作与诗集的刊刻更为广泛，留存的作品数量也更为宏巨。就宋代而言，咏草诗的绝对数量要多于前代，笔者粗略统计，宋代创作以“草”为对象的咏草诗约有 75 首，此外几种主要草类如芝草约 41 首，萱草约 41 首，芦苇约 34 首，苔藓约 30 首，浮萍约 18 首，其中依然以咏总名草为创作的主要对象，同时其他种类草的创作数量的提升也意味着宋人审美范畴的不断拓展和咏草诗题材对象的有意延伸，在不同的草品中展现了各自不同的审美特色。明清两代就咏总名草的诗歌而言，笔者统计明代约 83 人，涉及 84 部别集，共计 180 首咏草诗；清代约 210 人，涉及 212 部别集，共计 602 首咏草诗。由这些统计数据来看，咏草诗的数量是相对丰富的，并且以咏总名草一隅而言，数量随着时间的推移呈现出持续的增长，特别是到了清代，咏草诗的创作基本上达到了一个鼎盛时期。清初陈廷敬等人编选的《佩文斋咏物诗选》是我国古代咏物诗选本的集大成者，也是古代最完备的咏物诗选集。在这部选集中，共选入芝类、萱花类、杜若花类、菖蒲类、芦苇类、苔藓类、萍类、薜荔类、蒲类、草类等10类咏草诗，共计219首，其中咏总名草诗73首，占比为33%，居第二位的是芦苇，仅占约15%，因而可见在古代咏草诗的创作中，总名草的创作是最受关注的、核心的描写对象。另外，全书所选咏植物诗分为140类，共计3267首。其中咏木诗分为18类，计670首；咏花诗分为60类，计1460首。三者在分类上占比分别约为7%、13%、43%，在诗歌数量上占比分别约为6.7%、20.5%、44.7%，可见相对于古代其他主要植物题材的咏物诗，咏草诗无论是在人们的关注视野还是在创作实践上并不居于主要位置，这与其审美形象较为单一、文化属性的上升空间较小以及作者主观的文学表达选择是有密切关系的。咏草赋的创作情况与咏草诗有着相似的规律，据笔者的粗略统计，共计入古代咏草赋319篇，其中汉代1篇，六朝时期20篇，唐代30篇，宋代12篇，元代2篇，明代32篇，清代223篇，整体上咏草赋的创作绝对数量是较为丰富的。又根据《历代植物赋研究》[①]一文，其中唐前咏草赋在同期植物赋中占比约为11.5%，唐代占比约为27.5%，宋代占比约为8.5%，明代占比约为7.4%，清代占比约为9.1%，可见咏草赋的创作在历代植物赋中并不占主要地位，这与咏花赋相比较则最能突出这一情状，咏花赋在对应各时期所占比分别为唐前约29.7%，唐代约25%，宋代约41.6%，明代约44.2%，清代约49.4%，除唐代以外，各个时期咏花赋均远超咏草赋的数量，并且在宋以后咏花赋数量接近全部植物赋数量的一半，可以鲜明看出某一时期植物赋的题材倾

① 王婧之《历代植物赋研究》，湖南师范大学2015年博士学位论文。

向。在咏草赋中，咏总名草的赋作约69篇，占总数的21.5%，其他主要草类如兰草赋约48篇，苔赋约37篇，芝赋约25篇，浮萍赋约14篇，数量皆不及总名草类，因而在咏草赋中总名草的咏写依然是最主要的题材。

综上统计，我们可知，古代咏草诗赋在基本数量上是具备一定丰富度的，但与花类这一主要观赏性植物相比，远非古代咏植物诗赋中的主要对象，但它的存在无论是审美特性抑或主题表达方面又与观赏性植物有着较为鲜明的差异，因此在咏植物诗赋的整体作品中，具有其独立的审美和文学意义。同时，用植物诗赋相对于古代蔚为大观的意象体系而言，涉及的品类亦少了许多，更多的草类品种常作为诗赋意象出现在诗人笔下，而咏物诗赋的作品中是不包含以意象为主的作品的，因而在古代作家的视野中，能够作为独立题材进行描写表达的草类是相对较少的，其中又以咏总名草的诗赋占比最多，为最主要的一类题材，这些从统计中所得到的结论对于进一步展开对咏草诗赋的研究是有重要导向意义的。

第三节　咏草诗赋的创作发展历程

一、先秦：咏草诗赋的准备期

先秦时期最具代表性的文学作品《诗经》与屈赋开启了我国古代文学的不竭之源，一方面，它们作为诗赋这两种古代主要文学体裁的始发性、典范性文本为后世所推崇，被给予高度的评价；另一方面，两部作品集中奠定的艺术表现方式和思想情感内容都不断在后世得以发展、延伸和深化。前文已谈及《楚辞》中的《橘赋》作为第一篇咏物赋也是第一篇咏植物赋在文体特征和艺术形式上对咏物赋的定型起到的重要作用，而对于咏物诗的起源问题，是与《诗经》脱离不了关系的。清人俞琰在其《咏物诗选》的序言中说："古之咏物，其见于经，则'灼灼'写桃华之鲜，'依依'极杨柳之貌，'杲杲'为出日之容，'凄凄'拟雨雪之状，此咏物之祖也，而其体犹未全。"[①]俞氏将《诗经》作为咏物诗之始祖的观点是基于其中诗篇拟物之词对于客观物象的摹写及对其特征的表现，同时也正是着眼于"咏"的具体表达而言。但是俞琰看得很明白，《诗经》中用来形容所描写的自然事物的语句并不是完整的咏物体，仅仅是作为全诗中形容物态的一个部分。还有论者着眼于《诗经》中写物之语主要用于诗歌起兴，因而不能看作是咏物诗，如陈仅云："古人之咏物，兴也；后人之咏物，赋也。兴者借以抒其性情，诗非徒作，故不得谓之咏物也。"[②]也有人认为《诗经》中的景物描写并非专意对物本身的细致刻画，因而并不具备咏物诗的基本特征，朱弁云："诗人体物之语多矣，而未有指一物为题而作诗者，晋宋以来始命操觚而赋咏兴焉。"[③]当王夫之认为《鹤鸣》篇因其"俯仰物理"而将其视为咏物诗之后，沈德潜却持相反之论："《鹤鸣》本以诲宣王，而拉杂咏物，意义若各不相缀。难于显陈，故以隐语为开导也。"[④]所谓拉杂咏物，当是指诗篇中以鹤鸣起兴，却并未进一步展开描写，而是排列以不同类别的事物，因而本义相差甚远，难以有统一的事物形象。将上述几个角度加以整合，我们可以得出在《诗经》中，诗句的咏物

---

① ［清］俞琰《咏物诗选 · 自序 · 》，第 2 页。

② ［清］陈仅《竹林答问》，《清诗话续编》本，第 2245 页。

③ ［宋］朱弁《风月堂诗话》，《丛书集成初编》本，第 1 页。

④ ［清］沈德潜《说诗晬语》，《清诗话》本，第 527 页。

并不等于咏物诗本身，其指向或用于起兴，或用于譬喻，且描写的对象并非统一连续的固定事物，因而《诗经》中是没有完整意义上的咏物诗的。而作为咏物诗的一个组成部分，这对于其中含有咏草诗句的诗篇同样适用，尚没有标准性的咏草诗出现。

尽管《诗经》中并没有真正意义上的咏草诗，但咏草诗句对于诗歌史上咏草题材的发展是有先导意义的。刘勰认为上述《诗经》中“灼灼”“依依”等语“并以少总多，情貌无遗矣”[①]，也就是说，类似的咏物诗句在刻画事物形象，准确描摹客观对象这一方面积累了丰富的经验，也受到了论者的肯定。实际上这是就《诗经》中整体咏物诗句而言的，而咏草诗句则多在起兴艺术的运用以及采草行为的现实意义及其与抒情主体的思想情感联系这一方面有着较充分的体现，这是《诗经》中咏草诗句的主要表现特征，也为后世咏草诗歌创作中建立主客观关系以及寄寓象征意义的艺术手段起到了先导作用。

尽管《诗经》中大多篇目的作者已不可考，但其内容除了被用作礼乐系统的一种政治性话语表达之外，也成功地表现了个人化的情感志趣，无论是解释者倾向于哪一种角度阐释，都不可避免地要透过其基本艺术方式即赋、比、兴来进行疏解，其中兴是《诗经》咏草诗句中最为常见的艺术表达方式。“兴”即起兴，东汉郑众最早对兴做了解释：“兴者，托事于物也。”[②]刘勰指出：“兴，起也……起情者依微以拟议。”[③]将兴视为诗歌发端的艺术手段，并且看到寄意与物象之间的细微巧妙之联系。孔颖达在其对《毛诗》的疏解中云：“兴者起也，取譬引类，

① 杨明照《增订文心雕龙校注》，第566页。

② 十三经注疏整理委员会《周礼注疏》，第718页。

③ 杨明照《增订文心雕龙校注》，第456页。

起发己心，诗文诸举草木鸟兽以见意者，皆兴辞也。”[①]到了朱熹，则形成了文学史上经典的论断：“兴者，先言他物以引起所咏之词也。”[②]又云：“本要言其事，而虚用两句钓起，因而接续去者，兴也。”[③]这种对起兴方法的认识正是剥离了汉代以来经学解诗的浓厚政教传统而本于诗歌创作的基本艺术规律来进行的，遂广为认同，基本上从艺术本质的角度阐明了“兴”的基本意义。兴作为《诗经》借物发端的一种表现方式，不仅仅在于以物引起诗歌的开头，且与诗歌表现的形象内在具有联想、暗喻以及情绪色彩的关联，“是情感、想象、理解的综合统一体”[④]。《诗经》中的咏草起兴，有的勾起抒情主体对相关人事的联想，如《王风·中谷有蓷》：“中谷有蓷，暵其乾矣。有女仳离，嘅其叹矣。嘅其叹矣，遇人之艰难矣。”[⑤]蓷即益母草，诗以蓷草的枯萎起兴，抒情主人公看

图03　葛，引自［日］细井徇、细井东阳撰《诗经名物图解》，日本国立国会图书馆藏。

① 十三经注疏整理委员会《毛诗正义》，第14页。
② ［宋］朱熹《诗集传》，赵长征点校，第2页。
③ ［宋］黎靖德《朱子语类》，王星贤点校，第2067页。
④ 李泽厚《美的历程》，第60页。
⑤ 十三经注疏整理委员会《毛诗正义》，第306页。

到谷中毫无生机的景象，不由得联想到自己所遭受的苦难，不禁悲从中来。朱熹云："凶年饥馑，室家相弃，妇人览物起兴，而自述其悲叹之辞也。"[1]但实际上诗中女子所联想的自我遭遇乃是"遇人艰难""遇人不淑"，是遭到丈夫无情抛弃之后的自我叹息和伤感。《王风 · 葛藟》："绵绵葛藟，在河之浒。终远兄弟，谓他人父。谓他人父，亦莫我顾。"[2]方玉润谓其"沉痛语，不忍卒读"[3]，正是一个流浪者看到永续不断生长绵延的藤蔓野草而引发对自我命运之乖的感叹。还有的诗歌咏草起兴来渲染特定的情绪氛围，如《秦风 · 蒹葭》："蒹葭苍苍，白露为霜。所谓伊人，在水一方。溯洄从之，道阻且长。溯游从之，宛在水中央。"[4]男主人公对女子的思慕与追求尽管强烈却若即若离，难以实现，清冷的环境与萧瑟的景物为诗中表达其惆怅恍惚之情渲染了迷离凄冷的情绪氛围。有论者就此云："意境空旷，寄托元淡。秦川咫尺，宛然有三山云气，竹影仙风。"[5]此外，《唐风 · 葛生》中"葛生蒙楚，蔹蔓于野""葛生蒙棘，蔹蔓于域"[6]的起兴烘托了荒芜冷落之境，衬托出主人公悼亡之时孤独无依、充满无限思念的内心哀痛，而本诗也被推为开后世悼亡诗之先的经典作品。《小雅 · 菁菁者莪》中"菁菁者莪，在彼中阿""菁菁者莪，在彼中沚"，[7]以"莪"即萝蒿茂盛状起兴，渲染出主人公由内而外释放的轻松欢快的情绪氛围。还有的起兴或兼有比意，除了引发诗人特定的内心感受之外，也被用作所写事物喻体或隐含比喻因素，

① [宋]朱熹《诗集传》，赵长征点校，第58页。
② 十三经注疏整理委员会《毛诗正义》，第311页。
③ [清]方玉润《诗经原始》，李先耕点校，第199页。
④ 十三经注疏整理委员会《毛诗正义》，第494页。
⑤ [清]陈继揆《读风臆补》，《续修四库全书》本，第213页。
⑥ 十三经注疏整理委员会《毛诗正义》，第469页。
⑦ 十三经注疏整理委员会《毛诗正义》，第735—736页。

如《卫风·淇奥》以绿竹（绿为荩草，竹为萹蓄）来比卫武公道德才华之超卓，陈奂《诗毛氏传疏》云："诗以绿竹之美盛，喻武公之质美德盛。"[①]是为既兴且比。《卫风·芄兰》以芄兰之枝、叶比成人所佩之觿、韘，同时又似暗喻诗中二人如芄兰一般的亲戚关系因素[②]。《郑风·山有扶苏》以龙（即红蓼）作为写女子戏谑情人的兴发之物，同时借包括龙在内的扶苏、荷、松来喻指女子的情人，诗仅两章，但叠相吟咏，比物形象，颇具风致。

在《诗经》中被写到的草，有较多一部分是与当时的采草活动有关的。笔者根据潘富俊先生《诗经植物图鉴》和赵倩先生《〈诗经〉〈楚辞〉植物考》共统计《诗经》中属于草类之名70个，涉及草品种类66种[③]，其中有22种草皆于采草活动中提及，占所有品种的1/3，因此我们能够透过采草活动来观照出草的意象与现实生活和人物情感状态之间的关系。《诗经》中采草行为所包含的社会化行为主要呈现为以祭祀为主的社会活动和以婚恋为主的情感心理。《礼记·祭统》云："凡治人之道，莫急于礼。礼有五经，莫重于祭。"[④]《诗经》中的雅、颂之篇便直接关乎着宗庙祭祀活动的仪程文化，诗、乐、舞的统一形式又是祭祀礼仪的必然要求和体现，因而被视作诗礼系统的《诗经》文本

---

① ［清］陈奂《诗毛氏传疏》，《续修四库全书》本，第75页。

② 赵逵夫《诗经》，第74页。

③ 分别为：荇菜、葛、卷耳、芣苢、蒌、蘩、蕨、薇、蘋、藻、白茅、蓬、匏（瓠）、葑、菲、荼（苦）、荠、蕢、茨、唐、蝱、绿（荩草）、竹（萹蓄）、菼（萑）、芄兰、谖草、蓷、藟、龙（红蓼）、茹藘、兰（佩兰）、莠、莫、藚、蔹、苦、苓、蒹、葭（苇）、菅、苕、鷊、蒲、稂、萧、蓍、萑、苇、葽、果蠃、苹、蒿、芩、瓠、莱、莪、芑、蓫、葍、莞、蔚、茑、女萝、薹、蓝、堇、邕、蓼、芹、茆。参见潘富俊《诗经植物图鉴》，上海书店出版社2003年版；赵倩《〈诗经〉〈楚辞〉植物考》，中国环境出版社2015年版。

④ 十三经注疏整理委员会《礼记正义》，第1570页。

自然与祭祀是有密切关系的。有不少的采草活动直接关系着现实的祭祀活动，如《采蘋》《采蘩》等，被认为可用于祭祀的草如薇、荇、葑、芹、茆、萧、芑等。《左传 · 隐公三年》云："涧溪沼沚之毛，蘋蘩薀藻之菜……可荐于鬼神，可羞于王公。"[①]其中采集之物多为水生品种，意在取其洁净而荐宗庙，羞佳客。蘋、藻、蘩皆取于水中，《采蘩》言用于"公侯之事""公侯之宫"，《采蘋》言"有齐季女"奠于"宗室牖下"，皆在短短数语之间写明了女子教成之礼中祭祀的诸多要素。采荇同样可以用来荐祀宗庙，葑、茆为朝事之豆，芹为加豆之食，鲁僖公在泮宫祭祖之时曾用到。从《诗经》中采草诗句所关联的现实祭祀行为，展示的是礼乐制度下构建天人关系的传统方式，政治色彩的强化使其不具备多少审美色彩，但却深化了文学系统中社会与自然之间开展沟通的内在心理机制，同时这一类诗作又与其他表现祭祀风俗的作品共同构成了《诗经》有关献祭礼俗的丰富画面。另一方面，《诗经》采草诗句中所体现的婚恋心态与情感也是富有特色的，对于采集行为与婚恋关系的内在联系，有论者云："以采得某种植物，作为男女恋爱婚媾的象征，成了《诗经》的一个重要表现手法。"[②]可以说，无论是涉及男女爱情的采草思恋之作，还是凭借赠送植物以表其爱情的方式，都印证着植物与异姓之间发挥表意媒介的作用。如《周南 · 关雎》写男子对女子的爱慕，实际上是当时的一首民间表达爱慕之意的恋歌，诗中的荇菜用来作为追求过程的拟喻，男子辗转求之却不可得，"以荇菜喻其左右无方，随水而流，未即得也"[③]，衬托出一种浪漫而不失热烈

① 十三经注疏整理委员会《春秋左传正义》，第 85—87 页。
② 赵国华《生殖崇拜文化论》，第 238 页。
③ ［清］方玉润《诗经原始》，李先耕点校，第 74 页。

的爱慕心境。采草活动也常常衬托出女子思恋心上之人的惆怅与苦闷，《周南·卷耳》写一位女子“采采卷耳，不盈顷筐”，造成她心不在焉的原因是“嗟我怀人”，后三章极写对丈夫的苦闷思念却又无可奈何的心境，这一写法极具韵致，影响也非常大，论者有言：“后世杜甫‘今夜鄜州月’一首，脱胎于此”[1]，以及“唐人诗‘提笼忘采桑，昨夜梦渔阳’，似从此化出”[2]，可见一斑。同样，《召南·草虫》中采蕨、采薇的女子，其因相思而“忧心惙惙”“我心伤悲”，采摘而不得见的现实与相见欢悦的虚拟交错出之，更反衬出内心的焦灼。除此之外，在婚恋关系中，因男子变心、女子遭弃而产生的对命运不幸遭遇的悲怨和负心人的斥责也以采草的形式加以表达。《邶风·谷风》写“采葑采菲，无以下体”[3]，是为弃妇对负心人的道德谴责，葑与菲皆为根茎可食之物，因而并不能取其一端而终弃之，所谓“不可以颜色衰，弃其相与之礼”[4]，讲明不可重色轻德之义。《小雅·我行其野》提到“言采其蓫”“言采其葍”，无论是蓫或葍，在诗中都被称作一类恶草，这位被抛弃的女子内心极度决绝，视负心人为恶草恶木，形象地表明自己的遭弃被叛的处境与男子恶行决裂的强大意志。《诗经》中的这些咏草诗句以起兴的艺术形式和采草的活动内容加以表现，形成了独有的艺术表达形式，是咏草诗歌发展过程中的先导形态。

与《诗经》相并立的另一代表性创作成就屈赋，则在咏草题材的比德象征主题方面产生了深远的影响，其建立的香草美人文学传统对后世的咏草诗赋以草来托寓内情、象征不凡人格的文学表现提供了艺

① ［清］方玉润《诗经原始》，李先耕点校，第 78 页。

② 张洪海《诗经汇评》，第 14 页。

③ 十三经注疏整理委员会《毛诗正义》，第 171 页。

④ 十三经注疏整理委员会《毛诗正义》，第 171 页。

术源泉。王逸在《楚辞章句》中论《离骚》曰："善鸟香草，以配忠贞；恶禽臭物，以比谗佞；灵修美人，以媲于君；宓妃佚女，以譬贤臣。"[①]香草和美人在这里实际上只被认为是《离骚》诸多譬喻中的两类，并没有将其特殊的审美意义凸显化，但从这一阐释开始，便为屈原所写作的香草建立起一种喻指和象征的艺术体系，这与《诗经》中的咏草诗句的表达方式是有极大不同的，正如朱子所云："诗之兴多而比、赋少，骚则兴少而比、赋多。"[②]可以说，屈赋生成的香草象征体系是一个依然符号化的指代系统，它最突出地表现为道德化的人性美质与政治化的身份标志这样两种象征形态。屈原在《离骚》中自述云："纷吾既有此内美兮，又重之以修能。"[③]他从一开始提出的便是对自身内美的自信与不断增修的愿望，因此可以说，围绕着人格美所展开的象征意义，必然要遵循这一原则性的逻辑，这种好修精神也正是屈原在文化史上产生耀人光辉的不竭动力。有论者站在这个角度提出香草与人格象征的内在联系："如果屈赋的精神在于屈原人格形象的感召力，那么一再出现的'好修'当是屈原对自我本质的形容，而'香草'意象适为传达屈原好修精神的代表方式之一。"[④]于是，香草或以服饰的形式来映衬自我的美德，"扈江蓠与辟芷兮，纫秋兰以为佩"，"既替余以蕙纕兮，又申之以揽茝"[⑤]；或以种植收获的形式喻意对美质的坚守，"擣木兰以矫蕙兮，糳申椒以为粮。播江蓠与滋菊兮，愿春日以为糗

① ［宋］洪兴祖《楚辞补注》，白化文等点校，第 2—3 页。
② ［宋］朱熹《楚辞集注》，蒋立甫校点，第 6 页。
③ ［宋］洪兴祖《楚辞补注》，白化文等点校，第 4 页。
④ 吴旻旻《香草美人文学传统》，第 30 页。
⑤ ［宋］洪兴祖《楚辞补注》，白化文等点校，第 4—5、14 页。

芳”[1]；也有作为美好的装饰来作为人神沟通的努力，“采芳洲兮杜若，将以遗兮下女”[2]，“被石兰兮带杜衡，折芳馨兮遗所思”[3]，“令薜荔以为理兮……因芙蓉而为媒兮”[4]，通过这种男女爱情巫术的形式来娱神，从而构成男女君臣同构遇合的政治隐喻。另外，香草也作为屈原分辨政治属性，建立身份象征的标志，或以兰蕙等香草作为具有高洁人格的贤臣能士，“杂申椒与菌桂兮，岂惟纫夫蕙茝”，“余既滋兰之九畹兮，又树蕙之百亩。畦留夷与揭车兮，杂杜衡与芳芷”[5]；同时又以对立的形象来指证贤者若没有好修的精神动力，并不会永久保持其身份的稳定，极有可能发生质的改变，“兰芷变而不芳兮，荃蕙化而为茅。何昔日之芳草兮，今直为此萧艾也”[6]，一面是以培育香草的模式来培养未来的贤德之才，而另一面却呈现着随流俗不断变质而成为奸小之人的动态变化。宋人吴仁杰云：“《离骚》以香草为忠正，莸草为小人。荪、芙蓉以下凡四十又四种，犹青史氏忠义独行之有全传也。薋、菉、葹之类十一种，传著卷末，犹佞幸奸臣传也。”[7]这就言明了屈原在赋中所用香草以象征善恶忠奸这两类政治身份的分立，将香草赋予了从自我人格到社会角色的完整象征形态，从而在其理想信念的追求与现实阻碍之间塑造了一个孤独求索却矢志不渝的主人公形象，纵然“薋菉葹以

① ［宋］洪兴祖《楚辞补注》，白化文等点校，第127页。
② ［宋］洪兴祖《楚辞补注》，白化文等点校，第63页。
③ ［宋］洪兴祖《楚辞补注》，白化文等点校，第79页。
④ ［宋］洪兴祖《楚辞补注》，白化文等点校，第149页。
⑤ ［宋］洪兴祖《楚辞补注》，白化文等点校，第10页。
⑥ ［宋］洪兴祖《楚辞补注》，白化文等点校，第40页。
⑦ ［宋］吴仁杰《离骚草木疏后序》，《离骚草木疏》，《景印文渊阁四库全书》本，第494页。

盈室兮”，也要坚持“謇吾法夫前修兮……愿依彭咸之遗则”[①]。总的来说，屈赋在咏物诗赋发展史上，其确立的香草象征系统对后世咏草作品中人格象征主题的创作产生了重要影响，特别是以兰草为典型的佩饰意象，形成了以“纫兰为佩”的创作题材，乃至于在兰的发展史上，两种不同兰品的文化意义在屈原的精神象征系统下实现了几无痕迹的对接。另一方面，香草美人的象征又对整个古代文学的创作注入了强烈的人格精神魅力，建立了一种在精神美质与现实际遇之间独具张力的士大夫精神空间，形成了更为持久的文化意识。过常宝先生说：“‘香草美人’原型已经几乎作为一种先验的思维结构，沉淀在人们的心底了，只要有内在或外在的情感变化，就会激活这些原型，并通过各种形式表现出来，主动承担人们的社会压力，成为人们心灵的家园。”[②]可以说香草美人的象征系统所具有的深刻思想意义正是如此。

二、汉魏六朝：咏草诗赋的生成期

如果说魏晋时期进入了古代文学发展的自觉阶段，那么汉代则是通向这一阶段的过渡期。有汉一代，恢宏的社会政治气象造就了鸿篇大赋，这是汉代文学的突出标志。但无论是汉赋还是汉诗，都不可避免地笼罩在以大一统政治思想和经学文艺观念之下，被赋予了许多非文学性的历史色彩。其中，由经学到文学的思想框架对汉代文学的创作产生了深刻影响，在确立了以儒家政教体系为核心的政治伦理观念后，在文学创作领域亦随之打上了儒家经学的文化烙印。一方面，诗歌创作被视为礼乐教化体系下承续《诗经》现实精神的规范表达，重视诗歌的美刺讽谏功能。《诗大序》谓：“经夫妇，成孝敬，厚人伦，

① ［宋］洪兴祖《楚辞补注》，白化文等点校，第 13 页。

② 过常宝《楚辞与原始宗教》，第 150 页。

美教化，移风俗”，“主文而谲谏，言之者无罪，闻之者足以戒”[1]等，代表着汉儒温柔敦厚的政教诗学观。《乐记》云：“乐也者，圣人之所乐也，而可以善民心。”[2]董仲舒从政治策略的角度提出教化的重要性，他说：“圣人之道，不能独以威势成政，必有教化。”[3]可以说，这种具有共识性的正统思想已经被深入贯彻于诗歌的创作导向中，对汉代诗歌创作的精神指向划定了基本的意识情境。另一方面，赋的创作也同样面临着乐教经义的特定语境，尽管汉代创作的大赋往往辞气恢宏，汪洋浩瀚，但是几乎在这种博丽辞章的背后，都有着讽谏规劝的内在要求，这样一种创作现象被许结先生总结为“‘讽谏’与‘尚美’的矛盾”[4]。汉代赋家的一个重要身份就是皇帝的文学侍从，“登高能作赋，可以为大夫。感物造端，才知深美，可与国事，故举为列大夫”[5]，因而辞赋的创作往往非自发而为，而是多用以向帝王敬献，这种创作模式实际上是遵循礼教规范的一种制度化行为，那么赋家的创作就必然在主体层面有了颂美讽谏的身份要求。同时，在这种整体的文化氛围下，汉代的辞赋思想也遵从儒家教化机制所要求的基本倾向，王充论赋云：“文如锦绣，深如河汉，民不觉知是非之分，无益于弥为崇实之化。”[6]司马迁对《上林赋》评曰：“侈靡过其实，且非义理所尚，故删取其要，归正道而论之。”[7]汉人对赋作创作功能的要求可以说是达成了一个基本的理论认同。

---

① 十三经注疏整理委员会《毛诗正义》，第 12、15 页。
② 十三经注疏整理委员会《礼记正义》，第 1285 页。
③ [清]苏舆《春秋繁露义证》，钟哲点校，第 319 页。
④ 许结《汉代文学思想史》，第 15 页。
⑤ [清]严可均《全上古三代秦汉三国六朝文》，第 664 页。
⑥ 黄晖《论衡校释》，第 1117 页。
⑦ [汉]司马迁《史记》，第 3043 页。

从诗礼教化原则到讽喻规劝的文体功能，汉代整体的思想语境决定了咏物之作并没有得到创作者的过多彰显，因而这一时期咏物作品在数量上是相对较少的。汉代的咏草诗以严格的定义来说，并非完整的咏物作品，但相较于先秦而言，已经具备了针对草本身展开的咏写成分。如乐府诗《齐房》:“齐房产草，九茎连叶。宫童效异，披图案牒。玄气之精，回复此都。蔓蔓日茂，芝成灵华。”[1]诗中明显地对芝草外形进行了勾勒，虽然在物象的描绘上并没有多么细致，并且最终指向所归依然是对祥瑞征兆的歌咏，但表现出了对物进行描写的一些诗歌特质。张衡的《怨诗》则直承屈赋香草美人传统，以兰草为美人而代指贤士，其云:“秋兰，咏嘉美人也。”诗云:“猗猗秋兰，植被中阿。有馥其芳，有黄其葩。虽日幽深，厥美弥嘉。之子之远，我劳如何？”[2]从诗人的创作本义来说，目的在于抒写贤人见弃的郁愤，又明确以兰草为比而进行咏写，可以说咏物的特性更为鲜明，也为后来比体咏物的创作积累了经验。此外如郦炎创作的“灵芝生河洲”以及古诗“新树兰蕙葩”等，实际上其创作目的并没有集中于所咏之物本身，但用较多的文字描绘了所借之物的具体形象，蕴含着咏物的艺术基因。在赋的创作方面，汉代留存的咏物赋相对较少，其中咏草赋只有赵岐的《蓝赋》残句，仅存序言一篇和“同丘中之有麻，似麦秀之油油”[3]两句赋语，从中我们难以窥测赋篇的本来面貌以及具体内容，但无疑这一赋作作为咏草诗赋发展过程中的开端，能够反映出这一时期的咏草诗赋的创作面貌特征。

---

① 逯钦立《先秦汉魏晋南北朝诗》，第 153 页。

② 逯钦立《先秦汉魏晋南北朝诗》，第 179 页。

③ 马积高《历代辞赋总汇》，第 360 页。

从建安年间开始的魏晋时期是中国古代文学史上的一个富有活力又充满变化的关键阶段，从外部环境来讲，大一统帝国的衰灭极大地打破了建立在原有政治统治基础上的儒家经学思想体系，进而使人们面对着一个思想、观念、心态、行为都充满不定和变数的时代，这为这一时期的士人发现自我，进行自由的选择与表达提供了前提条件。在魏晋时期，从建安的慷慨悲歌，到玄学之风盛极一时，再到山水清音的题材转变，彰显着不同时期士人心态的起伏变化与审美观念的迭换重构。相比于经学时代政教化的理论导向，魏晋诗学更为关注文学本身的审美特性，在文学创作原理、作家作品风格以及文辞与情感的表现机制等方面都有创见。曹丕在其《典论·论文》中高呼“文章，经国之大业”，将文学创作的价值前所未有地提高，这种对文学的本质认识与其对现实的深刻感触是相对应的，曹丕在其《自序》中云：“家家思乱，人人自危……乡邑望烟而奔，城郭睹尘而溃，百姓死亡，暴骨如莽。”[①]在当时社会动乱的背景下，如曹丕一般的士人皆有对生命危浅，人生虚逝的感慨忧虑，因而如何实现自身的生命价值，获得生命的历史长度成为他们考虑的重要命题。因此，这一时期的士人在文章与自身意义的实现之间寻求关系，“惟立德扬名，可以不朽；其次莫如篇籍”[②]，杨修在答复曹植的书信中亦以此观点来反驳曹植，“若乃不忘经国之大美，流千载之英声，铭功景钟，书名竹帛……岂与文章相妨害哉”[③]，可见这一时期对文学的重视是较为普遍的观点。同时，在这种对理想与价值追求下的现实创作，也呈现出被后世称为“建安

① ［魏］曹丕《典论》，第2页。

② ［魏］曹丕《曹丕集校注》，魏宏灿校注，第283页。

③ ［汉］杨修《答临淄侯笺》，《文选》，萧统编，李善注，第1820页。

风骨”的作品风貌，刘勰总结建安文学的创作特征说：“观其时文，雅好慷慨，良由世积乱离，风衰俗怨，故志深而笔长，梗概而多气也。”[①]这一十分精辟的总结概括出了建安诗风的总体风貌。魏晋时期最重要的诗论之一《文赋》对诗歌创作的规律与审美取向做了新的阐释，其中较为重要的内容是对“感物”“缘情”诗学的理论建构。陆机认为创作冲动的发生除了阅读其他作品时可以产生之外，外物的感发生情也非常重要。《文赋》云：“遵四时以叹逝，瞻万物而思纷；悲落叶于劲秋，喜柔条于芳春。”[②]情感的激发需要客观外物，感物所生之情是创作表达的内在动力。所以感物动情，自然情由文表。于是陆机提出“诗缘情而绮靡”的重要观念，实际上也指出了感物、缘情与创作之间的联动关系。他在其《怀土赋序》中言：“余去家渐久，怀土弥笃。方思之殷，何物不感？曲街委巷，罔不兴咏；水泉草木，咸足悲焉。”[③]又在《思归赋》中云：“悲缘情以自诱，忧触物而生端。”[④]这不仅在反复阐释着感物而抒情的表达活动，同时也指出了赋作同样重视对情感的抒写，进而使这一感物缘情理论更趋于普遍化和规律化。

基于这样的理论背景，魏晋时期的咏草诗赋创作有了较大的发展。这一时期参与咏草诗创作的重要作家包括曹植、刘桢、繁钦、何晏、嵇康、张华、潘岳、陆机等，他们笔下咏草诗大多以比体的形式出之，或将人喻为草，以草的命运徙转来托寓人的情感心态，或将人的现实遭遇、心理与草进行类比，将自我的人生缩影投射于外物，进而表达主体的内心情怀。曹植所作的《吁嗟篇》所咏为转蓬，但全诗以自我

① 杨明照《增订文心雕龙校注》，第 541 页。
② ［晋］陆机《文赋集释》，张少康集释，第 20 页。
③ ［晋］陆机《陆机集》，金涛声点校，第 16 页。
④ ［晋］陆机《陆机集》，金涛声点校，第 19 页。

为喻，写转蓬即写自身，将自我现实遭际的不幸化作转蓬飘零流落之态，“东西经七陌，南北越九阡。卒遇回风起，吹我入云间……当南而更北，谓东而反西。宕宕当何依，忽亡而复存”[1]，写转蓬的飘摇不定，是将蓬草置于动态的情形下加以描绘，没有对物态细致的摹写，但诗人自我形象却透过转蓬的动态呈现于文字之间。以蓬草自喻的还有曹植《杂诗七首（其二)》、何晏《言志诗》，其中蓬草都含有诗人主体形象的类比在内。繁钦的两首诗歌《咏蕙诗》《生茨诗》同样是以比体方式写自我之伤怀，同时讽刺政道失序，当权者不辨忠奸黑白的行径。前者全篇以蕙草自比，极写托身失所与艰苦处境，又以“三光照八极，独不蒙馀晖。葩叶永凋瘁，凝露不暇晞”[2]表现深处困境之下势力小人的冷漠无情。后者以茨来比一时得势的奸小之人，“寄根膏壤隈，春泽以养躯。太阳曝真色，翔风发其旉”[3]，这暗示着蒺藜的生长壮大得益于黑暗混沌、贤佞不分的社会环境。这两首诗呈现出这一时期士人所遭遇的普遍现实困境与精神失落，所发的是“诸文士志不获聘，郁结幽怨之意”[4]。陆机的《塘上行》以江蓠暗喻己身，香草顺时而迁，气色终有凋谢，“四节逝不处，繁华难久鲜。淑气与时殒，馀芳随风捐”[5]，遂如同女子色衰而弃一般写自身不为所用的困顿，最后“愿君广末光，照妾薄暮年”的心愿是诗人内情的强烈抒发，但也从感情的波动中看出面对既成事实的无奈与悲痛。此外如张华《杂诗三首（其二)》写白蘋、朱草亭立池中而“王孙不归”的孤独寥落，感其景而发“谁与玩

---

① ［魏］曹植《曹植集校注》，第382—383页。
② 逯钦立《先秦汉魏晋南北朝诗》，第385页。
③ 逯钦立《先秦汉魏晋南北朝诗》，第385页。
④ 施建军《建安文学探微》，第192页。
⑤ ［晋］陆机《陆机集》，金涛声点校，第73页。

遗芳，伫立独咨嗟”的慨叹。魏晋咏草赋在数量上虽然不多，但相对于汉代所存之赋而言，有了很大的发展。现存魏晋咏草赋涉及迷迭、萱草、芸香、浮萍、蓍这几个种类，整体的创作形式为抒情小赋，同时呈现出注重对客观事物的刻画与自我情感的抒发倾向。曹魏邺下文人集团集中创作了数篇《迷迭赋》，今可见者有曹丕、曹植、王粲、应玚、陈琳的同题赋作，曹丕《序》云:“余种迷迭于中庭，嘉其扬条吐香，馥有令香，乃为之赋。”[①]则可推知另外几人的赋作当为应和之制。如王粲《迷迭赋》:“惟遐方之珍草兮，产昆仑之极幽……布萋萋之茂叶兮，挺冉冉之柔茎。色光润而采发兮，以孔翠之扬精。”[②]赋中似未蕴含明显的情感色彩，但作品对迷迭的形色姿态有较为详尽的描摹，当为饮宴之间的即席创作。夏侯湛的《浮萍赋》则感物生情，既有对浮萍生态及其环境的细致体察，又通过浮萍来寄托自我复杂而强烈的人生艰危之感，“内一志以奉朝兮，外结心以绝党。萍出水而立枯兮，士失据而身枉。睹斯草而慷慨兮，固知直道之难爽”[③]，内心的情感体验是复杂而又矛盾的。孙彦的《浮萍赋》与夏侯湛之作风格迥然不同，孙赋所作多受玄学思潮的影响，在短短的赋作中发以论理，“体任适以应会，亦随遇而靡拘。伊弱卉之无心，合至理之冥符”[④]，但总体上而言，这一时期赋作涉玄谈理的成分是较少的。

南朝时期的咏草诗既有对魏晋重比兴寄托和抒情化艺术风貌的继承，又产生了一些新的特色，其中最明显的是咏物作品中的自然审美意识更加明确，体现出摹物精工的艺术倾向，同时创作主体的身份与

---

① [魏]曹丕《曹丕集校注》，魏宏灿校注，第132页。

② 俞绍初《王粲集》，第23—24页。

③ 马积高《历代辞赋总汇》，第627页。

④ 马积高《历代辞赋总汇》，第843页。

经历以及创作旨趣的不同也造就了作品内容与风格的多样化趋势。入宋之后兴起的山水诗创作使得文人对自然审美的体验进一步加强，以谢灵运为代表的山水诗人在山水审美中不断开创体物新方式，这种在山水审美中对物的体察进一步转移到咏物的领域，使物的自然审美心态和方式都获得了一定的拓展和释放。刘勰论这一时期诗风云："宋初文咏，体有因革，庄老告退，而山水方滋。俪采百字之偶，争价一句之奇，情必极貌以写物，辞必穷力而追新，此近世之所竞也。"[①]而钟嵘在《诗品》中对南朝的诸多诗人都给予"巧似"的评价，这也意味着在南朝整体诗风的演进下，咏物诗进一步延伸"体物"的内涵，对外物进行具体形态的刻画并且融入主体意识成为一种较为突出的创作风貌。这一时期具有代表性的作品如谢惠连《塘上行》、王融《咏女萝诗》、谢朓《咏蒲诗》《咏菟丝诗》、刘绘《咏萍诗》、沈约《江蓠生幽渚》《咏青苔》、丘迟《玉阶春草》、庾肩吾《芝草诗》、《赋得兰泽多芳草诗》,刘删《赋松上轻萝诗》等。谢惠连诗中描绘了萱草的物色形貌,"垂颖临清池，擢彩仰华甍。沾渥云雨润，葳蕤吐芳馨"[②]，这种写法已经明显脱离了对事物外形的简单勾勒，而更重视从某一个片段和角度切入并展开。此诗则通过不同图像的组合来渲染萱草的神采，色彩明丽，笔致是较为细腻的。谢朓《咏蒲诗》虽依然有沿用比体的方式来抒发自我悲慨的痕迹，但从形式上看已经与魏晋的比体咏草诗距离较远，全诗共八句，前六句主写蒲草的整体物象，只有最后二句表明心迹,"所悲塘上曲，遂铄黄金躯"[③]，含有自我见弃的身影。刘绘的《咏萍诗》、

① 杨明照《增订文心雕龙校注》，第 65 页。

② ［南朝宋］谢惠连《塘上行》，《乐府诗集》，［宋］郭茂倩编，第 523 页。

③ 逯钦立《先秦汉魏晋南北朝诗》，第 1451 页。

沈约的《咏青苔》《咏杜若》等诗歌则在对物象进行展开描写的时候表现出物的人情化，或将人的主观情感投射于物，这是在自然体物过程中对人物关系进行表达的一个创造。如刘诗“微根无所缀，细叶讵须茎。漂泊终难测，留连如有情”[①]，浮萍在水中的漂荡动态使诗人仿佛感受到来自萍草流连不舍的情意，但实际上草本无情，有的只是诗人内心体验的向外投射与感知。沈约的《咏青苔》“长风隐细草，深堂没绮钱。萦郁无人赠，葳蕤徒可怜”[②]，《咏杜若》“生在穷绝地，岂与世相亲。不顾逢采撷，本欲芳幽人”[③]，其中描写的青苔和杜若皆是客观之物，但却包蕴了某种主观的情愫并在诗歌的结尾淡淡流露，这种情愫使得草具有了人的某种情态，这样的创作形式在南朝“声色大开”的咏物诗中表现出别具一种的蕴藉诗美。这一时期的咏草赋主要有江淹《青苔赋》、徐勉《萱草花赋》、萧子晖《冬草赋》、周弘让《山兰赋》。沈约有《愍衰草赋》一篇，但其文本与其《岁暮愍衰草》一诗几无差别，这是南朝时期典型的赋作诗化的表现。江淹的《青苔赋》与其《恨赋》《别赋》的创作手法具有相通之处，可以说后两篇赋中大量使用场景的转换铺设和情绪氛围的渲染之法已经在《青苔赋》中得到了创作的试验和积累。另外，《青苔赋》也寄托了江淹遭贬后内心深广的幽郁心结，特别是其中“痛百代兮恨多”与《恨赋》的情脉联结贯穿，反映了特定时代下作者遭遇的精神困境。萧子晖的《冬草赋》与周弘让的《山兰赋》皆着眼于所咏之草的品格象征，形式上篇幅都较为短小，语言简洁凝练，风格明豁清丽，对物象的表现或通过对比，或多层渲染，

① 逯钦立《先秦汉魏晋南北朝诗》，第 1469 页。
② ［南朝梁］沈约《沈约集校笺》，陈庆元校笺，第 410 页。
③ ［南朝梁］沈约《沈约集校笺》，陈庆元校笺，第 429 页。

紧依物象之核心特征展开叙写，前者咏冬草之“挺秀色于冰途，厉贞心于寒道”[1]，后者咏兰草之“挺自然之高介，屏幽山而静异”[2]，体物而能入物之神理，虽少用寄托之法却以象征出之，在南朝咏物作品渐少寄托和内蕴的风潮下，展现出了鲜明的审美价值。

三、唐宋：咏草诗赋的成熟期

入唐之后，文学的创作便迎来了一个高潮时期。无论是诗或赋，皆获得了极大的发展，特别是唐诗，在一代又一代文学的认识框架之下，确立了古代诗歌史上的巅峰地位。后世论者都对唐诗的全面兴盛和卓越成就予以高度的评价。胡应麟曰：“诗至于唐而格备，至于绝而体穷。”[3]胡震亨云:“诗自风雅颂以降，一变有离骚，再变为西汉五言诗，三变有歌行杂体，四变为唐之律诗，诗至唐，体大备矣。”[4]二人所言都指出唐诗在诗歌史演进过程中达到了艺术上的成熟境界。而唐诗的影响更为深远，宋以后的诗学发展路径，几乎都围绕着唐诗的艺术体系来展开，后代诗家但凡论诗作诗，都离不开对基于唐诗的学习和创造，正如刘壎所谓：“诗至于唐，光岳英灵之气，为之汇聚，发为风雅，殆千年一瑞世。为律、为绝、又为五言绝，去唐愈远而光景如新。”[5]唐诗对时代精神的显扬以及在艺术体制上的成熟是全面的，诗人的创作眼界不断开阔，各类题材意象进入诗歌，使得唐诗所反映的时代生活是十分深广的。尽管唐代的咏草诗数量相对不多，但在整体诗艺的发展中也逐渐在内容和形式上得到完善，进而出现了一批较为成熟的咏

① 马积高《历代辞赋总汇》，第 1018 页。
② 马积高《历代辞赋总汇》，第 1063 页。
③ ［明］胡应麟《诗薮》，第 1 页。
④ ［明］胡震亨《唐音癸签》，第 1 页。
⑤ ［元］刘壎《新编绝句序》，《全元文》（第 10 册），李修生主编，第 302 页。

草诗作。

唐诗的一大艺术特质便是重视诗歌的兴寄，兴寄之说是由陈子昂率先提出的，他在《与东方左史虬修竹篇序》中说："仆尝暇时观齐梁间诗，采丽竞繁，而兴寄都绝，每以咏叹。"[①]陈子昂所提兴寄是对齐梁以来及唐初承袭的繁艳绮靡文风提出的批评，并且试图通过以兴寄的方式来倡导一种新的诗美理想。兴寄与《诗经》以来的比兴是不同的，它并不着意于以物起兴的抒写方式，而是强调在艺术形象中抒发真挚感慨，强调"寄"的重要性，这也就意味着诗歌要以表达性情为主，诗之所写，是作者有感而发之语。明人屠隆云："夫诗由性情生者也，诗自《三百篇》而降，作者多矣，乃世人往往好称唐人，何也？则其所托兴者深也。非独其所托兴者深也，谓其犹有风人之遗也。非独谓其犹有风人之遗也，则其生乎性情者也。"[②]所谓兴寄，内涵深广，既有来源于诗骚风雅精神的艺术基础，但更充实于自我性情的包含与表达。与魏晋的感物和比体咏草以及南朝盛行的体物审美观不同，唐代的咏草诗蕴蓄了唐诗兴寄的艺术精神，进一步走出了对物进行描摹刻画的南朝诗风，在咏草的艺术形象之中寄托自我的真实感慨。陈子昂《感遇诗（其二）》："兰若生春夏，芊蔚何青青。幽独空林色，朱蕤冒紫茎。迟迟白日晚，袅袅秋风生。岁华尽摇落，芳意竟何成。"[③]兰草与杜若皆香草的代表，陈子昂写兰若历经春夏以至岁秋，芳华美盛一时，却不可避免地要随季节推移而凋没，后二句既写香草的必然命运，也是托寓了自我生命短暂、壮志难酬、才不见用的深切感慨。韦应物《对

① 陈伯海《唐诗汇评》，第344页。

② ［明］屠隆《唐诗品汇选释断序》，《由拳集》，《续修四库全书》本，第143页。

③ 中华书局编辑部《全唐诗（增订本）》，第888页。

萱草》一诗，与南朝咏萱诗作的铺排描写相比，仅仅对萱草忘忧的特质和外形进行了简洁的交代，“丛疏露始滴，芳余蝶尚留。还思杜陵圃，离披风雨秋”[①]，随即便由眼前的萱草转而抒发内心的思乡悲秋与宦游失意之感，使萱草的形象与作者主观性情浑然交融。类似如张旭《春草》、李白《古风（其三十八）》、杜甫《蒹葭》、白居易《江边草》、姚合《莓苔》、陆龟蒙《种蒲》等诗作，皆发于性情，长于寄托，在诸草的艺术形象之外可以见出诗人的精神气貌与内心世界。另外，初唐李峤曾创作了一组咏物诗，共计 120 首，几乎全部以所用对象的单字之名命题，其中有咏草诗 4 首，分别为《兰》《萱、《茅》《萍》，这组咏物诗刻画精工，体物细腻，并且每一句似皆有其独立性，意在多方面分类式地展现一物的整体形貌，这种创作特点可能与其作为宫廷文人编写类书的习惯是有关系的。李峤之诗在刻画描摹之外，极少寄情托意，略无遗韵，缺少唐人诗作普遍具有的性情内蕴，如《兰》：“虚室重招寻，忘言契断金。英浮汉家酒，雪俪楚王琴。广殿轻香发，高台远吹吟。河汾应擢秀，谁肯访山阴。”[②]《萱》：“屣步寻芳草，忘忧自结丛。黄英开养性，绿叶正依笼。色湛仙人露，香传少女风。还依北堂下，曹植动文雄。”[③]与前举陈诗、韦诗相比，差异是非常明显的。

唐代文学之所以获得前所未有的发展机遇，文人作家普遍带有积极的创作热情，这与唐代诗赋取士的科举措施是离不开的。唐代实施科举之初，主要考查的项目是试策，到唐高宗永隆二年（681 年），在试策的基础上新增杂文试，但此时的杂文中并不包含诗赋之作。徐松

---

① ［唐］韦应物《韦应物集校注》，陶敏校注，第 520 页。

② 中华书局编辑部《全唐诗（增订本）》，第 714 页。

③ 中华书局编辑部《全唐诗（增订本）》，第 714 页。

在《登科记考》中认为："开元间，始以赋居其一，或以诗居其一。"[①]但傅璇琮先生考订在武后垂拱二年（686年）颜真卿进士所作杂文便有《高松赋》[②]，因此试赋的最早出现当在开元之前。以诗赋取士最终是在天宝年间得以最终确立的，在这一国家制度的推动之下，唐代社会对于文学创作的热情更甚于前，营造了一个重视诗赋文学创作的社会环境，举凡科举、交游、赠答、游历等活动，无不有文学创作活动贯穿其间，而有进士考试所兴起的行卷风气也对文学创作产生了积极的影响。在唐代咏草诗中，有不少的应试诗，今可见者有：梁锽的《省试方士进恒春草》，于结、郑孺华的《赋得生刍一束》各一首，陆贽的《赋得御园芳草》，刘禹锡、陈璀、裴杞、陈祜、吴秘、张复元的《风光草际浮》各一首（另有徐铉拟作一首），宋迪、万俟造、陈翊的《龙池春草》各一首（另有李洞拟作一首），张友正的《春草凝露》，殷文圭、王毂的《春草碧色》各一首（另有郑谷拟作一首），无名氏的《礼闱阶前春草生》，这些应试诗（含拟作）共计20首，数量较为可观，这是科举考试对咏草诗创作的直接影响。这些应试诗在形式上是限韵的，包括限韵数和限韵字，以上诸诗皆限定为六韵，在韵字方面则全部要求题中用韵，所用之字既有规定的固定某字，也有在题字之中选择的情况，如《春草碧色》三首皆用"春"为韵，《风光草际浮》七首则用风、光、际、浮为韵，诸种形式上的规定加上皆以五言律为体，在深化唐律形式和推进律诗创作的完善方面起到了一定作用。另外，正因在形式上的限制，这一类诗歌需要有对物象的较高摹写技巧，并且要尽可能地兼顾题面和题意，如宋迪的《龙池春草》："凤阙韶光遍，龙池草色匀。烟波全

① ［清］徐松《登科记考》，赵守俨点校，第70页。

② 傅璇琮《唐代科举与文学》，第169页。

让绿，堤柳不争新。翻叶迎红日，飘香借白蘋。幽姿偏占暮，芳意欲留春。”[1]既有“龙池”这一具体环境的描写，通过环境中的其他事物衬托草的形象，还突出了春色之下特有的景物形态，基本上完全照应了题面。最后“已胜生金埒，长思藉玉轮。翠华如见幸，正好及兹辰”四句则含有明显的希冀赏识垂青之意，这种描写和表意体式在应试咏草诗中是非常普遍的。

在诗赋取士的背景下，除了诗的创作之外，另一重要的体裁就是赋。在唐代之前，赋的创作盛行骈体赋，进入唐代之后随着格律化在诗歌中的定型和科举考试的实际需要，一种新的诗赋体制呼之欲出。詹杭伦先生认为律赋的形成是“赋体自身格律化的结果……是由骈赋的句式加上骈文的句式，再加上限韵而构成的”[2]。律赋最大的特点限韵则被很好地用于科举考试中，通过与应制诗相似的形式要求而为科举考试提供了更为标准化的考评方式。对于这一演进过程，徐师曾概括道：“三国、两晋以至六朝，再变而为俳，唐人又再变而为律。”[3]对于唐律的形成，清人孙梅论道：“自唐、宋以赋造士，创为律赋，用便程式。新巧以制题，险难以立韵，课以四声之切，幅以八韵之风。”[4]律赋的形成与科举试赋的完善是相互促进的，并且因科试的需要推进律赋创作之风，尽管并非全无优秀作品，但从孙氏的语气来看，还是对此有所批评的。唐代咏草赋中属于试赋作品的有：程谏、吕諲的《蓂荚赋》，乔彝、陈有章、韩伯庸、李公进的《幽兰赋》，梁肃、沈封、郑辕的《指佞草赋》，共计 9 篇，占唐代咏草赋的约 1/3，可见科考对咏

① 中华书局编辑部《全唐诗（增订本）》，第 8921 页。
② 詹杭伦《唐代科举与试赋》，第 14—15 页。
③ ［明］徐师曾《文体明辨序说》，《历代赋论汇编》，孙福轩等校点，第 830 页。
④ ［清］孙梅《四六丛话》，《历代赋论汇编》，孙福轩等校点，第 903 页。

草赋创作影响之大。这类作品严守题面，多用力于对所咏之物基本特征的表现，语言凝练朗畅，层次结构集中紧凑，总体上是规范谨严的律赋创作。内容上基本以润饰宏业，颂美圣德为主，如程谏《蓂荚赋》："蓂之为应也博，蓂之为瑞也昭。赞睿主则太平在迩，测阴灵则时变不遥。"[①]沈封《指佞草赋》："所以彰吾君之睿圣，所以表吾君之德馨。"[②]而《幽兰赋》则多在文中渲染兰草之品格，或直以称赞之语褒扬兰之美质，或借幽谷深径荒草丛生而衬托兰质不移，但最终都落脚于希求汲引和器重之意。如韩伯庸《幽兰赋》："幽名得而不朽，佳气流而自远。既征之而见寄，愿移根于上苑。"[③]从文句中能够体会到文人积极仕进的心意以及对自我才华的自信。除去试律赋之外，唐代比较重要的咏草赋作还有王勃的《青苔赋》、杨炯的《幽兰赋》、《青苔赋》、萧颖士的《庭莎赋》、赵昂的《浮萍赋》、蒋防的《转蓬赋》、陆龟蒙的《苔赋》《书带草赋》等，这些赋作在表达上或托情寄意，或叙情说理，有较切近的现实指向和个人境遇之感，非同于试律赋作的法度谨严和情意寥寥。杨炯的《幽兰赋》在兰草的美质与境遇之间进行对比，抒写自我的不遇之悲，其中借屈原形象为喻之语，颇有古今同慨之境。萧颖士的《庭莎赋》感于"胥徒牒诉，杂沓乎其侧；游尘浮烟，蒙翳而不息。虽萧飒以自得，亦喧卑而见逼"[④]之政治环境的污浊纷杂，抒发内心"既无心于宠辱，又奚诱于亲疏"的洁身自好、淡然潇洒之姿。王勃《青苔赋》为其行旅之中见物生感，对于青苔的甘于幽寂，不问不争有所体悟，借而述其"耻桃李之暂芳，笑兰桂之不永。故顺时而不竞，每

① 马积高《历代辞赋总汇》，第 1460 页。
② 马积高《历代辞赋总汇》，第 1638 页。
③ 马积高《历代辞赋总汇》，第 1993 页。
④ 马积高《历代辞赋总汇》，第 1530 页。

乘幽而自整”[1]之理。陆龟蒙的《苔赋》有感于江淹之作无对现实的指摘讽喻之义而作，是一篇“借咏青苔抒写现实社会贵贱哀乐之循环变化”[2]的作品，既有基于现实的深刻感慨，亦有说理劝诫的成分，现实指向性较强。

入宋之后的咏草诗赋创作相对于唐代来说进入了一个较为平静的时期，但是其整体面貌依然随有宋一代的诗歌整体特色而具备独特性，因此这是一个在唐代已然成熟起来的诗赋体制的一个完善和转变。宋代诗歌创作量约为唐代的五倍，而粗略统计之下宋代咏草诗约数百首，咏草赋十多篇，从数量上来看咏草诗赋的创作依然处于诗赋创作题材的边缘。在创作特征上，宋代咏草诗体现出了宋诗重“意”重“理”的诗学精神，这是与宋前诗歌差异最为明显的地方。清人刘熙载说:“唐诗以情韵气格胜，宋苏黄皆以意胜。”[3]这一观点基本上代表了后人对唐宋诗差异的认识。缪钺先生认为：“宋诗以意胜，故精能，而贵深析透辟。”[4]宋人的“意”使诗歌充满理性化的色彩，体现为议论化的表达和理致化的意脉。刘克庄曾评价宋人诗歌云：“本朝则文人多，诗人少……诗各自为体，或尚理致，或负材力……要皆经义策论之有韵者尔，非诗也。”[5]这些评价实际上都源于宋人对诗歌学问化和理性化的自觉追求，黄庭坚谓“词意高胜，要从学问中来尔”[6]，“但当以理为主，理得而辞顺，文章自然出群拔萃”[7]，代表了宋代诗学的主流意见和创

① ［唐］王勃《王子安集注》，［清］蒋清翊注，第 42 页。
② 聂石樵《唐代文学史》，第 378 页。
③ ［清］刘熙载《艺概注稿》，袁津琥校注，第 327 页。
④ 缪钺《诗词散论》，第 31 页。
⑤ ［宋］刘克庄《竹溪诗》，《后村先生大全集》卷九十四，《四部丛刊初编》本。
⑥ ［宋］黄庭坚《论作诗文》，《黄庭坚全集》，刘琳等校点，第 1684 页。
⑦ ［宋］黄庭坚《与王观复书》，《黄庭坚全集》，刘琳等校点，第 470 页。

作取向。张毅先生对宋诗的理性化有一个很好的总结，他认为唐人所重视的兴象意境已在唐诗中发挥得淋漓尽致，“但在人文意象和词理思考方面,宋人以其多方面的知识准备和文化素养,自有优于唐人的地方。故唐诗重情，宋诗重意；唐诗重写境，宋诗重写心；唐诗以自然兴象见长，宋诗以人文意象取胜”[1]。宋代咏草诗的重意，集中于诗人对人生或事物的理解和感悟，唐人常在诗中寄情托怀，而宋人则将对物与人的理性化思考表达于诗中，甚至于使草带上了人格化的色彩，草的分布与呈现，仿佛就是诗人内心思理的流动。刘敞《春草》诗：“春草绵绵不可名，水边原上乱抽荣。似嫌车马繁华处，才入城门不见生。”[2]对于春草何以在城内外布局不一，诗人的思考颇为巧妙新奇，认为草有远离喧嚣的秉性，这是诗人对眼前所见的奇特思考，又将这种思考赋予草人格化心理，富有意趣。又如梅尧臣《寒草诗》：“寒草才变枯，陈根已含绿。始知天地仁,谁道风霜酷。”[3]诗歌短小精悍,却理蕴丰满，诗人从寒草新旧变化中悟到万物变动恒常之理，发而为诗，明人叶廷秀评此诗云：“可谓达盈虚消息之理有矣。”[4]张耒《幽草二首（其一)》写庭中幽草无顾外物而自拔，进而感受到时气朗顺之意，发出“世事休惊目，闲中且养恬。黄公有美酒，时得醉厌厌”[5]的人生见解。黄庭坚《次韵师厚萱草》不再延续前代对物展开摹写进而表达寄托的模式，而是在简单的铺垫之上发表自己对人生的认识：“人生真苦相，物理忌

① 张毅《宋代文学思想史》，第 92 页。

② 北京大学古文献研究所《全宋诗》，第 5917 页。

③ ［宋］梅尧臣《梅尧臣集编年校注》，朱东润校注，第 169 页。

④ ［明］叶秀廷《诗谭》，《四库全书存目丛书》本，第 248 页。

⑤ ［宋］张耒《张耒集》，李逸安等点校，第 342 页。

孤芳。不及空庭草，荣衰可两忘。”[①]所谓“物理”，正是由于观物所得，经历了融合人生境遇的思考，将这种可能是普遍化的认知透过物的存在而显露出来。正是在这样一种诗歌美学思潮之下，宋代咏草诗的创作呈现出形象与意趣相结合的特色。当然，也有一些诗作写得富有个性特色，显现出与以学问化为背景的尚理重意有所不同的风格。如王令《庭草（其一）》：“庭草绿毶毶，庭花闲自开。长鸿抱寒去，轻燕逐春来。时节看风柳，生涯寄酒杯。伤春欲谁语，游子正徘徊。”[②]诗写春来寒去，本是乐景，却不曾想愈是乐景伤情愈重，渲染出浓重的离思氛围，与前举重理趣的咏草诗截然不同。陆游《薙庭草》：“露草烟芜与砌平，群蛙得意乱疏更。微凉要作安眠地，放散今宵鼓吹声。”[③]中兴诗人作诗力求摆脱江西诗学的束缚，讲求活法，跳出对字句过于雕琢而丧失诗歌生气的窠臼，展现出浅近自然、说理色彩渐褪而情趣渐增的新诗风。陆游此诗便写得富有日常生活趣味，其薙草非写具体的活动情景，而是在精短的语言中道出薙草之缘由，轻松活泼，生趣盎然。杨万里《春草二首（其二）》更具新奇灵动的天机情趣：“年年春色属垂杨，金撚千丝翠万行。今岁草芽先得计，搀它浓翠夺它黄。”[④]诗歌不再说理悟理，而将诗人眼中的草化作活灵活现的生命主体，并赋予其情感心理，将草的形象塑造得灵动有致。

宋代咏草赋题材涉及草、苔、芝、兰、菖蒲几类，其中写菖蒲的赋作是宋代咏草赋中出现的新题材。在这几类题材之中，以兰与菖蒲为代表的咏草赋集中体现了宋人重视树立人格之美的主体精神诉求。

① ［宋］黄庭坚《黄庭坚全集》，刘琳等校点，第1058页。

② 北京大学古文献研究所《全宋诗》，第8164页。

③ ［宋］陆游《剑南诗稿校注》，钱仲联校注，第973页。

④ ［宋］杨万里《杨万里集笺校》，辛更儒笺校，第624页。

宋代士人处于一个文化昌盛，注重学问思想的时代，面对五代以来“礼乐崩坏，三纲五常之道绝，先王之制度文章于是扫地矣”[①]的历史局面，宋人以积极的心态参与到统一国家的文化复兴之中，在这一过程当中，文人人格精神的建立得到了士人群体一致的重视。以范仲淹为代表的人格精神范式得到了士人一致的认同，朱熹说他：“至范文正公时便大厉名节，振作士气，故振作士大夫之功为多。”[②]还有人谓：“感论国事，时至泣下，一时士大夫矫厉尚风节，自先生倡之。”[③]但范仲淹所体现的以天下为关怀的人格并非宋代士人唯一推举的精神风尚，以黄庭坚为代表的士人提出了以内在修养为根底的人格美学，他说：“春陵周茂叔人品甚高，胸怀洒落，如光风霁月。”[④]这种洒落明洁的人格风貌亦与黄氏主张的超逸绝尘之气是一致的，其谈书法“由晋以来，难得脱然都无风尘气似二王者，惟颜鲁公、杨少师仿佛大令尔”[⑤]，这种被黄氏强调的书法上的审美品格，自然是书法家人格精神境界的油然表现。苏轼评价黄庭坚云：“见足下之诗文愈多，而得其为人益详，意其超逸绝尘，独立万物之表，驭风骑气以与造物者游，非独今世之君子所不能用，虽如轼之放浪自弃与世阔疏者，亦莫得而友也。”[⑥]由此可见，重视士人人格精神的修养与自立，是宋人文化精神中重要的一部分。王炎《石菖蒲赋》一改菖蒲可以使人延年益寿，服食成仙的一般认识，提出了自己的质疑：“彭聃最寿终易逝兮，乔松飞升今安在哉？屑而饵

① ［宋］欧阳修《晋问》，《欧阳修全集》，李逸安点校，第 1876 页。
② ［宋］黎靖德《朱子语类》，王星贤点校，第 3086 页。
③ ［清］黄宗羲等《宋元学案》，陈金生等点校，第 137 页。
④ ［宋］黄庭坚《濂溪诗》，《黄庭坚全集》，刘琳等校点，第 308 页。
⑤ ［宋］黄庭坚《跋法帖》，《黄庭坚全集》，刘琳等校点，第 720 页。
⑥ ［宋］苏轼《答黄鲁直书》，《经进东坡文集事略》卷四十五，《四部丛刊初编》本。

之蒲何罪兮，毁璞雕刻玉不幸兮。”[①]世俗的做法是对菖蒲美质的摧残和破坏，而菖蒲“潜蓄幽馨如有德兮”，松、竹、兰、梅不如菖蒲之“精粹”，藻、荇、芙蓉不如菖蒲之“清癯”，因而在作者眼里，“彼美维蒲吾良朋兮，前有韦编后黄庭兮”，这样的精神品节，怎不值得共为友俦呢。李纲与高似孙的《幽兰赋》皆赞美兰草的孤高贞洁，并以其为砥砺自我的精神典范。李赋所言乃“耿介高洁不求闻达于人而风流自著者”，赞美其“耿介自许，芬芳谁与。久而不知其香，晦而不改其度，荣何谢于光风，瘁何伤于白露”[②]的精神美质。高似孙本人的名节因其为官贪酷，还曾谄谀韩侂胄而受到时人的非议，但其自己以兰草为品格的象征，以“陵高姿以吐妙兮，抱幽古而遐观。峭夷齐之特立兮，非盗跖之可奸”的高拔之节作为自己所追求的精神境界，面对世人的质疑和不解，从而发出“后五百年或有知予者焉”的无奈和希冀。

前文提及宋人文学创作倾向于学问化，盛行江西诗学的“点铁成金”与“夺胎换骨”法，这种创作风气是持续有宋一代的，尽管严羽曾批评宋诗“以学问为诗”，但他依然不否认作诗“非多读书、多穷理，则不能极其至”[③]。同样刘克庄以宋诗取书本事料而“不能仿佛风人之万一”[④]，提出了自己的批评意见，但对于诗歌精益求精之法，还是延续了江西诗学之轨范：“若欲做向上，则书其材料也，意其工宰也，必多读然后能妙，必精思然后能巧。”[⑤]对于赋作而言，学问化的创作之

① 马积高《历代辞赋总汇》，第 3673 页。
② 马积高《历代辞赋总汇》，第 3365 页。
③ ［宋］严羽《沧浪诗话校释》，郭绍虞校释，第 26 页。
④ ［宋］刘克庄《韩隐君诗》，《后村先生大全集》卷九十六，《四部丛刊初编》本。
⑤ ［宋］刘克庄《答赵检察书》，《后村先生大全集》卷一百三十四，《四部丛刊初编》本。

风亦体现其中，南宋沈作喆引淳化三年进士孙何《论诗赋取士》云:“惟诗赋之制，非学优才高，不能当也……观其命句，可以见学植之深浅；赜其构思，可以见器业之大小。”[1]欧阳修亦谓：“真宗好文，虽以文辞取士，然必视其器识。”[2]因此，赋作之学问化在于展示作者的器识和学养，是得到宋代文化阶层的认可的。宋代咏草赋的学问化体现在对于草的客观形象，不再如前代那样铺陈草的形貌特征以及环境形态，而是运用知识化的笔法，以与草有关的典故事料为其形容描述的素材。如文彦博《金苔赋》中诸句，“色焜朝日，宁同沈郎之钱；根覆轻漪，岂美陈王之阁”“东篱之菊兮,瞻我而失色;北堂之萱兮,对我而不芳”“虽薙氏之务去兮，不我芟夷；纵骚人之善咏兮，莫吾拟议”[3]，这些用典使事皆避开生僻之处，展现出平易通达的风格特征，能够在这种文化语境中呈现出所咏之物不同凡俗、高逸超拔的形象价值。此外还有吴淑的《草赋》是宋代使事之风的直接体现，这篇赋是其所作《事类赋》的一篇，而实际上这部赋集乃是以赋的形式创作出来的一部类书，它将其中所选事物分门别类，每种各立一篇，把事物所涉及的典故加以汇集，成为当时士人参加举业所用的参考书，它“标志着宋初赋由承袭平易婉媚的五代余风走向重视学殖深醇的转折”[4]。这篇赋无论对于赋作本身还是类书的形式而言都是一种创新，但全赋所取典实基本按照一句一典排列，没有集中的主题和情理倾向，文学审美色彩是较弱的。另外，从内容上来讲，这一时期的赋作也有其沉博深远的情感寄托，其中值得注意的是王令的《藏芝赋》。以芝为主题的咏物之作，往往皆

① ［宋］沈作喆《寓简》，《丛书集成初编》本，第 34 页。

② ［宋］欧阳修《归田录》，第 14 页。

③ 马积高《历代辞赋总汇》，第 2955 页。

④ 刘培《两宋辞赋史》，第 46 页。

因其为祥瑞之征而归于歌颂美德之作，但王氏之作却一反此态，寄托了对自我品节的坚守和对才华隐没的无奈。此赋序言极长，先言芝异于常草，但却不为人所称信，进而作者言及《诗》《骚》，纵然此二部经典之中所写草品众多，却不见芝草的影子，隐含了作者自我虽有美质而不被认可的相同境遇。作者对芝草品质的描述为“不为常生，特见挺出，芝则神兮。灵干不阿，众叶类附，不孤有邻兮”①，可见其是具备不凡才华与美质的，但是面对“困于不知，束于薪苏”的现实情境，个人的力量是难以得到伸展的，因此自身只能做到保持德操才学而不为世俗所变，“火炎木焚，投置不缩，知命有止兮。偶于自生，不祈见闻，吾与而已兮”，其中的无奈沉重之气，不难体会。

四、明清：咏草诗赋的持续期

明清时期是我国古代文学的整合与总结期，特别是清代，无论是在学术还是文学方面都呈现出很强的集成特征。郭绍虞先生在其《中国文学批评史》中指出：“清代学术有一特殊的现象，即是没有它自己一代的特点，而能兼有以前各代的特点。”②蒋寅先生在《清代文学论稿》中论及明清文学的这一特色云：“文学发展到明清两代，除了社会和精神内容的空前丰富外，创作格局上一个最明显的态势就是文学样式齐备，诗文辞赋、戏曲小说、弹词说唱和文学批评各部门都涌现数量可观的作品。”③明清时期诗赋作品在数量上可谓是空前的，在咏草这一题材上亦超过前代。但明清时期的咏草诗赋面对唐宋以来的创作局面，较少有主题和形式的创新，创造性多少是不显著的。特别是在明代以

① 马积高《历代辞赋总汇》，第 3096 页。

② 郭绍虞《中国文学批评史》（下册），第 11 页。

③ 蒋寅《清代文学论稿》，第 7 页。

来诗学论争不断的背景下，无论是提倡复古还是解放性灵，崇尚神韵还是注重格调，不免都围绕着前代所留下的遗产而反复展开，将对文学的注意力集中于理论的审视和建构方面。此外，通俗文学、世情文化的盛行改变了唐宋以来文学接受的层次和局面，尽管诗歌辞赋的创作仍然是文人阶层主要的文化表现手段，但在世俗文化的冲击和文人之间门户之争的激化，导致了诗赋创作内生动力的不足。明代的诗学思想或限于宫廷台阁，或盛行复古模拟，或主张纵情近俗，引领诗歌创作的思潮迭起更替，却于诗歌本身失去了自我本色。清代诗学本于自觉的反思和总结意识，从反思明代诗学流弊开始到重建诗统观念的树立，强调的是集大成的文化批判意识而非独树一帜的追求。叶燮在其《原诗》中说："吾愿学诗者，必从先型以察其源流，识其升降……吾纵其所如，而无不可为之，可以进退出入而为之。此古今之诗相承之极致，而学诗者循序反覆之极致也。"[①]又如黄承吉所谓："士生今日，必穷乎源流正变，而后诗学乃全。"[②]我们可以看到这种代表性观点中所注重的是全观与统括的诗学意识，这种普遍的文化意识决定了这一时期文学创作的主要倾向，而明清时期的咏草诗赋创作形态正是源于这样的文化心理，因而我们在这里将明清时期的咏草诗赋发展认定为整个历史演进的持续期。

明清时期在咏草诗赋创作上的一个重要特征是体现盛世格调与对政治功德的歌颂，这一点在咏草赋的创作上十分明显。明清时期是我国古代封建社会的高潮期，中央集权的封建专制得到了空前的强化。明清两代对于文人的控制是十分严格的，并且主要通过思想上的严格

---

① ［清］叶燮《原诗》，霍松林校注，第 35 页。

② ［清］黄承吉《梅蕴生诗序》，《梦陔堂文集》，《清代诗文集汇编》本，第 733 页。

规范和文化上的组织笼络来进行有效的制约和束缚。明朝开国之始便极其重视对思想意识形态的控制，一方面将理学作为国家思想形态之本，所谓“一宗朱氏之学，令学者非五经、孔、孟之书不读，非濂、洛、关、闽之学不讲”[①],同时还编著《四书大全》《五经大全》《性理大全》等，严思想之防，将思想自由的空间极尽压缩。同样清代的理学也给文人带来了思想上的禁锢，章太炎谓：“清世理学之言，竭而无余华；多忌，故歌诗文史楛；愚民，故经世先王之治衰。”[②]给文学创作带来了不良的效应。另一方面，明清时期大兴文字狱，给文人心理带来的创伤是很深的，著名文人高启便是死于文字之祸，“帝见启所作上梁文，因发怒，腰斩于市”[③]，还有郁鲁珍“竟以《题松石轩诗卷》被累，死狱中”[④]，而清代文字狱则更盛于明代，其“持续时间之长，文网之密，案件之多，打击面之广……都是超越前代的”[⑤]。另外，明清统治者皆有标榜昌明盛世之意，特别是清代，开设博学鸿儒，重视对文学的奖掖，编制大部头典籍与丛书，诸如《全唐诗》《历代赋汇》《四库全书》等，以此来笼络一批文人，借他们之手标举繁荣盛世。在这一背景之下，尽管明清文学创作风格多样，内容极其丰富，且“为统治者歌功颂德、粉饰现实的作品大量出现”[⑥]，并非现代研究者所重视的文学内容，但颂美德治、润饰鸿业的创作风气，或为一时之显，或内化为文人的内在意识，是贯穿于明清之世的。明清咏草赋中，诸多的以芝、蓍草、指

① ［明］陈鼎《东林列传》，《明代传记丛刊》本，第 136 页。
② 章太炎《章太炎全集》（三），第 473 页。
③ ［清］张廷玉等《明史》，第 7328 页。
④ ［明］瞿佑《归田诗话》，《历代诗话续编》本，第 1287 页。
⑤ 胡寄光《中国文祸史》，第 117 页。
⑥ 马积高《赋史》，第 586 页。

佞草、朱草、书带草等为题材的赋作都带上了颂美的思想色彩。如邹迪光《灵芝赋》的主体铺陈东城之隅所见灵芝“挺紫茎以耸翠，载黄叶而如云……灼若珊瑚之乘霞，璀如琅玕之耀日”[①]的外形之美，进而又描写其“濯玄浆而独润，拨幽霭以为光。接纷葩于若木，配奇干于扶桑”的传奇性形象，在这一系列铺陈中，把芝草的神奇和华美渲染得淋漓尽致，最后归结于“胡兹草之有灵，乃阐秀于斯邑。祝以长荣，戒以勿折。将奏瑞于君王，用告祥于八域”的颂美之辞。吴华孙《指佞草赋》一反唐人写指佞草注重其本身性质而赞美帝德，表达其愿政风清明之志的方式，一表其忠心不二，“挺节当庭，似抱孤忠于仙阙；承恩回辇，独标指佞之高名……向日有心，比倾阳之葵藿；布叶宫廷，非带雨之蘼芜”[②]，二表其品节高拔，“表贞操而风霜独任，抗高节而台阁同侪。伊媚色之全无，实清标之罕有”，三颂朝野清明，皆为忠直之士，“紫薇仙掖，已安焉益求其安；青琐朝班，将指之而实无可指”，这样一种写法既表明自己忠于朝廷的政治立场，又盛赞帝治之下士人皆忠良正直者，反用指佞草之性质来加以表现，可谓称颂之意溢于言表。《书带草赋》首创于唐陆龟蒙，乃借郑康成在不其山讲学所生之草来表现其人隐居自洁的旨趣，后之作者也在此意蕴之上又融入对郑康成儒者品节的赞美和崇尚。但清代的一些《书带草赋》则皆康成之典来颂美国家人才集聚，学风蔚然、文治昌明的景况，如赵新《书带草赋》虽亦以康成掌故铺陈儒者风雅之趣，但旨归却在于“圣朝才罗翰薮，士富经畬。示向学之途，屏浮华于盘蜕；崇培英之馆，合清选于簪裾……

① 马积高《历代辞赋总汇》，第7062页。
② 马积高《历代辞赋总汇》，第10870页。

将见青围学士之袍，共承恩于玉署；翠结侍臣之绶，并掞藻于瑶除”[①]。这一类润饰颂美之作还有如龙膺《九芝赋》、曹一士《景陵瑞芝赋》、颜传《黄芝赋》、周龙官《灵芝献瑞赋》、林令旭《瑞芝赋》、钱廷文《蓍草赋》、冯浩《朱草合朔赋》、叶兰筆《指佞草赋》等等，皆为这一时期具有美盛世、扬圣德特征的咏草赋创作之体现。

明清时期的咏草诗作在数量上要远超前代，参与咏草诗创作的作家也十分众多，因而呈现出的内容风格也丰富多彩，这正与前文提及这一时期诗学呈现总结性的倾向相同，并非某几种统一的类型所能概括。这一时期的咏草诗主要呈现为以下几个特点：

第一，咏草组诗的大量出现，并呈现出以近体为主，规模庞大的特征。唐之前几乎没有咏草组诗，唐代咏草组诗偶有出现，但形制规模都极小，或与其他题材共为一组，独立性不强。宋代以后咏草组诗较为常见，但其数量和规模都远不能与明清时期相比。明清时期的咏草组诗，少则四首一组，多则数十首一组，如张宁《春草四首》、戴澳《咏芳草八首》、何白《芳草八首》、胡承珙《秋草十首》、钮琇《春草诗十二首》、屈復《春草十二首》、沈德符《秋草廿四首》、杨锡绂《春草三十首》等等，这些咏草组诗一方面极大地丰富了咏草诗的内容，作者在组诗当中不再仅仅围绕草的基本形态进行加工，而可以将视野延伸至广阔的社会历史，将情感的触须连接不同的内心体验。另一方面在诗歌的意象组合与情景营造之中呈现出多样化的特点，在严格的律体形制中又富有变化性。如刘大绅《春草》组诗四首，其一、其二皆直写芳草蒙茸生新之景，“春风作态点芳菲，极目平芜接翠微。引雨斜侵流水浅，牵云小衬落花稀”，“直逐丰茸上大堤，青青不隔路东西。

① 马积高《历代辞赋总汇》，第18460页。

新烟缕细遮难尽，旧烧痕微望欲迷”[①]，而其三放眼历史，融合典故，以谢灵运“池塘生春草”，江淹“春草碧色”、梦笔以及七香车之典写春草之审美情韵，最后一首则围绕春草刻画富有色彩之境，碧岑、桃花、苍松、赤心、染黛、联茵等以草色为主的画面配置营造了春意油然的意境，同时诗人的情感意绪也随组诗内容的变化而迁移，由“出门游兴亦忘归”到“闲愁可倚青楼望”再到“欲报春晖岁月深”，呈现出喜忧交织而感怀自身生命的情意层次。

第二，咏草诗中次韵、投赠等作品十分普遍，突破了以往咏草诗人物单向的创作心理模式，从而具有了人物人之间开展交往的社会性功能。明清时期文人交往大盛于时，不同诗学观念的士人相与汇聚，文人之间的交往蔚然成风，当然也有基于诗学论证的门户之争，文人交往的形式主要体现为诗派的形成与文人结社。明清时期诗派众多，声名较大者如茶陵派、七子派、公安派、竟陵派、云间派、格调派、肌理派、性灵派等诗学流派，而明清时期文人结社之多，更超乎人们想象，仅就明代而言，李玉栓先生在其《明代文人结社考》一书中考得 930 家诗社，数目近千，且并非穷尽之数[②]。这种文人交往的风气助推了诗歌交游的创作活动，如王世贞记后七子之形成云：“十八举乡试，乃间于篇什中得一二语合者……已于鳞所善者布衣谢茂秦来，已同舍郎徐子与、梁公实来，吏部郎宗子相来，休沐则相与扬扢，冀于探作者之微，盖彬彬称同调云。而茂秦公实复又解去，于鳞乃倡为五子诗，用以纪一时交游之谊耳。”[③]其间或论“语合”“扬扢”“纪游”，

① ［清］刘大绅《寄庵诗文钞》，《清代诗文集汇编》本，第 236 页。
② 李玉栓《明代文人结社考》，第 672 页。
③ ［明］王世贞《艺苑卮言校注》，罗仲鼎校注，第 355—356 页。

则可见文人之间通过诗歌进行往来的普遍情形。咏草诗当中的次韵酬赠之作很多，如邓云霄《和吴允兆秋草诗十二首》、胡应麟《斋头春草和相国赵公》、吴节《赋得春草诗赠大参孙原贞之河南》、程敏政《题吴恺举人春草》、董斯张《咏草为徐生作》、陈昌图《春草次汪武部启淑韵》、程晋芳《和袁存斋春草二首》、王誉昌《赋得春草送钱临皋》等诸作，其中赠诗多见于送别之作，同时也不少鼓励后学的应题作品。将咏草与送别主题相融合的诗作，最经典的要数白居易《赋得古原草送别》，其基本模式可以概括为"上二联写物生之无间，下二联是草色之关情"[①]，是咏物与赠别双重诗歌主题的糅合。吴节《赋得春草诗赠大参孙原贞之河南》一诗承此主题模式，但意脉层次之间并非白诗之鲜明，而更呈现出融别情于造语之间的特色。其先写"东风一夕吹新律，万草纷纷尽凝碧。宛如剪出乱云丝，散与人间作春色"[②]的早春草生景致，接着又在草的青翠生意与桃李之色映衬之间道出"谁家池上生残梦，何处天涯人未归"与"一朝拜参辞上都，故人写赠春草图"的分别实际，最后结以"送君爱君不可留，目断郊原马蹄绿"，极望离人之去影，以绵绵春草衬托悠长不绝之离思。在明清众多的咏草次韵诗中与梁梦善的和诗现象较为突出，此人因赋《秋草诗》而得名"梁秋草"，一时和作甚多。梁绍壬在《两般秋雨盦随笔》中云："公讳梦善，文庄胞弟也。年十五举于乡，六上春官不第，出宰直隶蠡县，卒于官。著《木雁斋诗稿》。《秋草诗》最传诵，警句云：'马散玉关肥苜蓿，月明青冢冷琵琶'，时呼'梁秋草'。"[③]惜其集今难以得见，原诗全貌亦无从可知。

---

① 陈伯海《唐诗汇评》，第3195页。

② ［明］吴节《吴竹坡先生诗集》，《四库全书存目丛书》本，第511页。

③ ［清］梁绍壬《两般秋雨盦随笔》，庄葳校点，第144页。

此诗和作颇多，有杭世骏《秋草四首和梁孝廉梦善》、黄达《秋草次梁午楼孝廉韵》、沈大成《秋草和梁午楼孝廉韵四首》、丁敬《秋草四首和梁午楼元韵》等，从中可以见出梁诗之影响与时人积极应和的创作交往风气。次韵唱和之作中，还有以诗社为单元的集会作品，谭莹《乐志堂诗集》中所收《西园吟社第四集秋草四首》以及又作四首较受关注。历史上以“西园”为中心的雅集活动颇多，张衡《东京赋》便云：“岁维仲冬，大阅西园，虞人掌焉，先期戒事。”[①]曹植《公宴诗》：“清夜游西园，飞盖相追随。”[②]最著名的当属北宋时以苏轼为核心的西园集会，而到了清代，除此西园吟社之外，屈大均也曾组织过西园诗社，进行诗文创作，由此可见，以“西园”为雅集中心，自宋之后具有了较为明确的文人结社意识，尽管于诗学传承上并无明确的关系，但其中所具有的象征意义似更符合后世文人的结社心态。谭莹所作《秋草诗》除去一般的酬和之意外，是颇具较深的人生感触和现实意义的。其一起篇写“满目苍茫”之秋令物候之征，实际上传达出一种低沉的心情基调，紧接着用“君平巷”“仲蔚庐”之典借以说明自身的处境心态，“霜露顿令风景异，蓬蒿原与俗情疏。宵深偶作封侯梦，恐笑从无长者车”[③]，尽管久居草野，尚有修洁避俗之心，但内心的入世之志是难以舍弃的，可现实的境遇又令人十分惋惜无奈，由此展示了经过清代长盛时期后下层文人的内心矛盾。其四云：“蕙折兰摧孰重轻，肯为萧艾即敷荣。芜城惯触兴亡感，孤冢能同气数争。珠履愁添崔国辅，青袍妒杀庾兰成。出山原亦关时命，小草何曾博二名。”[④]这一首中多写荒芜萧瑟意象，

① ［南朝梁］萧统《文选》，李善注，第 120 页。

② ［魏］曹植《曹植集校注》，第 49 页。

③ ［清］谭莹《乐志堂诗集》，《清代诗文集汇编》本，第 321 页。

④ ［清］谭莹《乐志堂诗集》，《清代诗文集汇编》本，第 321 页。

引发诗人内心对世事兴亡的历史慨叹，崔国辅曾作《长信草》写宫女失宠，庾信则作《哀江南赋》叹息“青袍如草，白马如练。天子履端废朝，单于长围高宴”[1]，最后写其内心之志，而这志向尽管纯粹却无从实现，全诗皆寓诗人对自我命运和现实社会的伤怀忧虑，将咏物诗抒情写志的艺术内涵表达得较为成功。

第三，较之于前代的咏草诗，明清时期的咏草诗无论在抒情说理或是艺术风格上都呈现出多样化的特点，不同的作者所抒写的情感思想各异，表达的方式也有所不同，咏草诗在这样一种文学创作态势中逐渐完成了它的演进。以创作风格来看，有的诗作与诗人之诗学主张相契合，如茶陵派李东阳，其诗学思想主张追求诗歌意境的淡远超妙之美，“诗贵意，意贵远不贵近，贵淡不贵浓。浓而近者易识，淡而远者难知”[2]，他的咏草诗如《春草》：“过烟披雨见蒙茸，平野高原望不穷。同是一般春色里，年年各自领东风。”[3]以简淡之语出之，既烘托出春草的绵延形象，还寓生命之理于其中，显出淡而有意的特质。又如竟陵派追求幽情思绪，奇崛孤峭之作，钟惺云：“诗，清物也……其境取幽，杂则否。”[4]谭元春也说：“诗固幽深之器也。”[5]谭氏所作《庭前冬草同诸子咏》尽管尚不具备其所追求的含蓄幽深、孤高缥缈之境，但其中所言“茸茸一任林霜落，寂寂长无野火经……别将幽澹开天地，节候翻如向此停”[6]，也可看出其诗学心态的主要倾向。以诗歌内容来

① ［北周］庾信《庾子山集注》，倪璠注，许逸民点校，第 120 页。
② ［明］李东阳《麓堂诗话》，《历代诗话续编》本，第 1369 页。
③ ［明］李东阳《李东阳集》，周寅宾点校，第 456 页。
④ ［明］钟惺《简远堂近诗序》，《隐秀轩集》，李先耕等标校，第 249 页。
⑤ ［明］谭元春《环草小引》，《谭元春集》，陈杏珍标校，第 674 页。
⑥ ［明］谭元春《谭元春集》，陈杏珍标校，第 249 页。

看，或在对历史的沉思后而出之以恬淡优雅的心绪，如杨基《春草》："六朝旧恨斜阳里，南浦新愁细雨中……平川十里人归晚，无数牛羊一笛风。"[①]此诗为后世论者所盛赞，《夜航余话》谓："郑鹧鸪、鲍孤雁、谢蝴蝶、崔鸳鸯、袁白燕、杨春草等，以一首咏物而享盛名。"[②]说的即是此作。或借草的荣枯变化而寄托人世无常之感，如吴嵩梁《秋草》："南园胡蝶散，几日又西风。诗梦荒池外，离愁绝塞中。时时兼落叶，处处咽秋蛩。参透荣枯理，吾生亦断蓬。"[③]将自我比作孤飞零落之断蓬，又叠之以秋尽草枯的生命凋摧之境，烘托出内心的绝望无奈。或由草的清新自然之态感发内心归隐闲适的向往，如陈恭尹《春草》："春色来何处，南州得最先。萌芽依宿烧，鲜洁近幽泉。力弱犹穿土，光遥不隔天。自今归马后，随地醉须眠。"[④]此外还有表现诸如离情别绪、生命之思等情感内涵之作，后文有专题论述，此处不再赘述。

在明清咏草赋的创作中，除了前文提及的颂扬盛世、润色鸿业的题材之外，还有很多赋作逐渐在强大的封建文化语境之下发展出具有符合时代特征的宏博雅致、彩丽沉绝的风格特质。明代的咏草赋大多平和醇正，缺少了些许波澜奇崛的气息，但同时也有少许能够直写内心感怀，融入自我风格的作品。如乌斯道的《春草赋》，开篇即点出作赋之意在于慰己之怀，而心之所寓，似又关乎离人不尽之情，因而全篇由此展开："嗟嗟芳草兮愁春，芳草兮愁人。草随春而并丽，愁逐草而俱新……虽追欢兮在后，恐对景之匪昨。可怜哉！春日兮辉辉，春草兮依依，草生兮侵径，日落兮掩扉。池塘物色已如许，为问王孙归

① ［明］杨基《眉庵集》，杨世明等校点，第215页。
② 曹顺庆《东方文论选》，第823页。
③ ［清］吴嵩梁《香苏山馆诗集今体诗钞》，《清代诗文集汇编》本，第480页。
④ ［清］陈恭尹《独漉堂诗集》，《清代诗文集汇编》本，第533页。

不归。”[①]情感缠绵婉转，辞气清新蕴藉。又如陈子龙《幽草赋》，此赋极写作者沉郁跌宕、悲壮慷慨之内心，言语之间减少了对草的直接描写分量，而重在因草感怀，其意象之组合便能够反映出思绪的低沉哀痛。“枝分埋玉之光，根展殉香之路。泼碧水以逝愁，染云蓝而煎嫭……踏荒冢之冶魅，伴黄土之幻情。缉衣花而佩冷，飞裙蝶而神轻。莫不断魂沉叶，集感遥英。吊凄凄之芳死，淫漠漠之意倾。”[②]但萦绕于身的对人生历史辗转变迁、时不我待的复杂情绪是难以排遣的，尽管作者试图以齐悲欢、等万物的姿态获得内心的安宁，但终究“庶几忘情之士，涤我伤心之蔽者乎”，伤情忘而难尽，愁绪欲遣还生。清代的咏草赋尽管数量上远超明代，但在题材的开拓、艺术的创造以及审美特征的表现上并没有更为突出的呈现，而是继续沿着盛世之风不断推进。清代的赋作在审美风格上更加回归赋体之本色，特别是以律赋创作为主的形势之下，集中展现出博衍赡丽与清秀芊绵的风格特色。李调元在其《赋话》中云：“律赋雅近于四六，而丽则之旨，不可不知。则而不丽，仍无取也。宋人四六，上掩前哲，赋学则不逮唐人，良由清切有余，而藻绘不足耳。”[③]这是强调赋作应当呈现出“丽”的赋体本色。余丙照《赋学指南》则指出：“赋品首贵清秀，不以堆垛浓丽见长。盖辞气清新，最易豁人心目。风骨透逸，自能爽我精神。如此虽欠典博，亦觉动人。”[④]余氏将“清秀”列为赋品之首，从形式和内容上指出其内涵，尽管主张清秀足可弥补典博之憾，但依然可以推知其赋学主张二者并重的色彩。汪绂《春草碧色赋》以王孙之别引起，构织多个场

① 马积高《历代辞赋总汇》，第 4750 页。
② 马积高《历代辞赋总汇》，第 8125 页。
③ [清]李调元《赋话》，《历代赋论汇编》，孙福轩等校点，第 107 页。
④ [清]余丙照《赋学指南》，《历代赋论汇编》，孙福轩等校点，第 310 页。

景以铺写春草景况，或写草色蒙茸连绵，远接天际，或绘驿路见侵，园阶荒砌，或叙雁过烟平，霞光柔婉，草之色态融贯全篇，造景写意颇为精博工致。其写景如："盖夫值春日之芳和，草芊芊而茂薵。接树色以连天，共远波而争绿……既萋萋而菶菶，亦郁郁以菁菁。车辙鞣平，复蒙茸而乱发；马蹄踏遍，更丛杂以还生。"[1]其表情如："叹人生之有涯兮，独春草之无所不到也。欲问以为谁而绿兮，若含愁而不以告也……人生自足乎别离兮，又何必怨夫芳草也。"无论情景，皆婉丽有致，清新秀美，含蓄蕴藉。又如张云锦《书带草赋》围绕书带草远离世事，不沾风尘之姿来赞其品节孤秀，进而烘衬作者对康成里居治学精神的誉美和自我静心屏志、陶冶文章之情意。赋中用典博澹雅，不入僻涩之语，写景清明秀朗，叙意宁静悠远，呈现出盛世之风下的赋作艺术趋向。如："赋传鲁望，地属不其。兰蕙盈庭，含灵均之幽独；蓬蒿满径，忆仲蔚之居诸。清露资其披拂，和风任其卷舒。"[2]"坐称皋比，雅宜书库。或悠然心会，青在入帘之时；或邈尔神怡，绿看映阶之处。或相对而味元经，或独吟而搜谢句。"如此生活之态，风味懿雅，颇具神韵之美。清代咏草赋中，同题之赋甚多，又因律赋题韵之限，从侧面加深了这一时期赋作的风格取向，由以上所举之例，我们不难从一隅得窥清代咏草赋作之普遍风貌。

---

① 马积高《历代辞赋总汇》，第 10654 页。

② 马积高《历代辞赋总汇》，第 10891 页。

第二章　总名草的形象及文学表现

自然界中的草不同于各类花木，无论在形态或是色彩方面都表现得相对单一，它们既没有花的色儿彩斑斓、芳香四溢，也没有木的枝条横生、万千姿态，因此在文学的表现当中，草的描写往往是整体性、单纯化的，很少有过多的笔墨来铺陈草的形态之美。但在另一方面，与花木审美不同的方式与角度，也构成了草类描写的独特艺术形式，作者往往通过对其形态的简笔勾勒或场景渲染，营造出省净清丽、迷蒙轻盈或细密新警的境界，进而为寄托主体情意、抒发切身体悟打开富有层次的书写空间。

从整体上而言，总名草主要具有纤柔茂密、色泽青碧以及杂生荒芜等不同的形态特征，但这些形态特征在具体的描写过程中并不作为孤立的表现对象，它们一般作为主体情感表达的形象基础，与其他物象互相交织在不同的时空环境中，体现为随季节时序的转换而发生的生命变迁，以及依空间而形成的不同情感体验，呈现出富有立体性的画面感，正所谓“以形作画，以画写形，理在画中”[①]，草的形象与情感意趣都在这样一种画面式的表现中得到恰当的展示。

① ［清］释道济《石涛论画》，《中国画论类编》，俞剑华编著，第165页。

第一节　草的基本特点的文学表现

草生无极，几乎在自然界任何的环境中都会看到草的存在，其在覆盖率方面要远高于其他花木植物。草与木不同,草质相对于木质而言，更加柔软纤细，外形更易摧折，因此它们的生长常常密集成群，绵延不断,这一特点是历代文人咏草的基本共识。除此之外,草的生长姿态、视觉感受以及透过感官给人带来的情绪感知是作者在描写过程中不能忽视的重要方面。因此，在咏草诗赋的文学表现中，草的许多基本特点受到了作家们的普遍关注，而对草类基本特征的描写也是生发作品深层审美意蕴的必要过程。

一、东风送暖草芊芊：草生茂密

草的矮小荏弱决定了草生长的空间范围是较广的，同时在大部分特定自然区域范围内，其生长的密度又是较高的。因此，草生茂密，是对观察者而言展现出的显著特征，咏草诗赋作品几乎不曾对这一点有所忽略。多而密，是草作为生命所具有的生长属性而直观体现的物态特征，如陈翊《龙池春草》诗："因风初苒苒，覆岸欲离离。色带金堤近，阴连玉树移。"[①]作者的视野较为广阔，下笔随空间的转移而灵活变化，但无论视角怎样切换，主体都是草的姿态，如此可以给人双重的画面体验：一是单句之中对草进行直接的描述，二是正因视角变换的焦点皆是草，所以视点的变换实际上也形成了重叠的效果，草细

① 中华书局编辑部《全唐诗（增订本）》，第 3467 页。

密集中的生长情形被一再强调。

值得注意的是，对密草的直接描写，诗人往往使用一系列表示密集丛生的叠音词，如“苒苒”“离离”“芊芊”“密密”“萋萋”等等。叠音词的使用早在《诗经》中就已十分普遍，而“叠字的运用至杜甫已达到炉火纯青、登峰造极的地步”[1]，随着古代诗歌艺术的不断完善和成熟，叠音词的运用也成为一种为诗人赋家所常用的语言艺术手段。从功能上而言，叠音词大多适于“描摹声音、色彩、景物和情态，具有生动而细致的表现功能”[2]，它所能够产生的详尽细腻、生动形象的表达效果曾被刘勰在《文心雕龙》中总结为“以少总多，情貌无遗”[3]，正是叠音词在刻画物态方面语精韵远，易于联想的特点，使草本身在描写过程中受物态单一化束缚的不足得以冲和，形成富有情味的写景画面。这样的例子还有很多，邵雍《芳草长吟》诗：“密密嫩方布，茸茸绿已成。送回残照淡，引起晓寒轻。”[4]草已历经阳春，完成主要的生长阶段，自然绿得深密，暮色之下的清寒映衬其堆叠层积，给人一种成熟深邃之感。韦骧《咏草》诗：“萋萋广原上，苒苒曲江湄。人迹不到处，春风似有期。”[5]于无人处草自茂，叠字的使用使得草具有了人的感官与情绪，摇曳丛生的草似与春风暗自传语，画面空间广阔却无处不浮动着点滴情意。艾穆《赋得青青河畔草》诗：“东风摇百草，

---

① 罗琴等《李颀及其诗歌研究》，第362页。

② 沈祥源《文艺音韵学》，第139页。

③ ［南朝梁］刘勰在《文心雕龙·物色》篇中说：“写气图貌，既随物以宛转；属采附声，亦与心而徘徊。故‘灼灼’状桃花之鲜，‘依依’尽杨柳之貌，‘杲杲’为出日之容。‘瀌瀌’拟雨雪之状，‘喈喈’逐黄鸟之声，‘喓喓’学草虫之韵，并以少总多，情貌无遗矣。”见杨明照《增订文心雕龙校注》，第566页。

④ 北京大学古文献研究所《全宋诗》，第4507页。

⑤ 北京大学古文献研究所《全宋诗》，第8445页。

河畔更芊芊。为借汀花润，欲分堤柳妍。”[1]柔软纤密之草随风而摇，其相互联结延展之势在动态中更显分明，所到之处，连花缀柳，层铺遍布。汪绂《春草碧色赋》:“盖夫值春日之芳和，草芊芊而茂蔚”，“既萋萋而莑莑，亦郁郁以菁菁”[2]。赋中所用叠音词，多出《诗经》，且词语的分布极其密集，从节奏和音调上而言，是对草之细密繁茂这一特点更加直观的语言形容。

草的生长受空间范围的限制要比其他高大植物小很多，这意味着草的集聚不仅是单位区域内覆盖数量多，而且容易形成绵延不绝之势，因此草的丰茂绵密就体现为汗漫遐远的景状。徐铉《赋得风光草际浮》诗 :“耿耿依平远，离离入望长。映空无定彩，飘径有馀光。”[3]远郊地势空阔，时值清晨日出之际，日光随着草迹的延伸而变得摇荡闪烁，草顺随郊陌逐渐消失于观者的视野，诗人凭眺远望的动作间接地写出了草势的绵远。权德舆《送薛十九丈授将作主簿分司东都赋得春草》诗:“芊芊远郊外，杳杳春岩曲。愁处映微波，望中连净绿。”[4]茂密的草丛不断铺展，诗人目光所接实际上是离别之人要踏上的路途，但是布满了绵延不绝的芳草，一方面预示前路远长，另一方面暗示别情离离如丛草，远景和近景交织对举，草的密度与情感的密度实现了一种契合。

草的远生在诗中的描写除了常以旷野作为其空间背景之外，也有与天际相连，写其极尽远趋之态。如俞紫芝《咏草》诗 :“满目芊芊野渡头，不知若个解忘忧。细随绿水侵离馆，远带斜阳过别洲。”[5]满眼

---

① [明] 艾穆《艾熙亭先生文集》，《四库未收书辑刊》本，第 813 页。

② 马积高《历代辞赋总汇》，第 10654 页。

③ 北京大学古文献研究所《全宋诗》，第 81 页。

④ [唐] 权德舆《权德舆诗文集》，郭广伟校点，第 64 页。

⑤ 北京大学古文献研究所《全宋诗》，第 7374 页。

的草肆意错落杂生，在一瞬间这种“满”是静止的呈现，可当视线发生转移之后，草随水动，远伸天际，与斜阳相互映衬，又因它在空间上发生的巨大位移，使得草呈现为动态的错觉，因此画面具有较强的立体感。陈梦雷《赋得草色遥看近却无》诗：“极目郊原碧接天，茸茸一片漫晴川。阳回宿莽新浮翠，春到勾萌淡吐妍。”[①]举目遥望，茸茸细草漫生遍地，在视线的尽处似乎与天相接，诗中旷野与天际作为两个不同的背景画面，将草生之远反复渲染，于是从脚下的地面到头顶的天空无不被草所充溢，形成既远且满的效果，草的繁茂丛密得到夸张式的表现。王暭《春草赋》：“况夫平原一望，旷野千里。匝地黏天，绣壤错绮。”[②]同样以天地相接的空阔高远来赋予草极大的生长空间，同时也可以注意到，在诗赋中描写草的丛密远铺之景，其空间的塑造往往通过观察者“望”的动作来形成主客体之间的联结，而“望”亦有可见与不可见之分，所以在极目之景外尚有远于郊原天际的难望之处，其营造的意境颇为深邃幽远。晚唐司空图曾有“象外之象，景外之景”论，此论的一个重要基础就是诗人艺术创作过程中想象自由性的发挥，有论者认为这种“象”与“景”是“隐藏在诗歌直接描绘的形象、风景后面须由读者进一步寻绎体会的形象、风景”[③]，这种隐含的形象往往富有创作主体的情感寄托，进而营造出一个深远浑融的意境，于咏草诗赋在此处的描绘而言，不难看到的是它们的直观之象更加明显，但是诗人赋家却在描写眼前之景的同时间接创造了一定的想象空间，为形成最终所见之外的情境提供了架构的要素。

① ［清］陈梦雷《松鹤山房诗集》，《清代诗文集汇编》本，第 128 页。

② 马积高《历代辞赋总汇》，第 10715 页。

③ 王运熙等《隋唐五代文学批评史》，第 675 页。

草的密集生长往往还会造成“乱”的视觉效果。草生长的过程是自由无序的，如果不经有意的布置和修理，任其自然生长，则往往因长势蒙密交错而形成凌乱杂沓的直观形态。因此，诗人在描写草的外观时对这一明显特征往往有较为细致的体察。如陆贽《赋得御园芳草》诗：“拥杖缘驰道，乘舆入建章。湿烟摇不散，细影乱无行。”[①]“无行”的暗与路的修直乃至随行队伍的齐整形成对比，且不直言草势本身，而借影与之铺垫映衬，拓展了景物描写的画面空间，将草之“乱”写得富有层次感。有影则必有光，众草茂集于日光照耀之下的纷蕤之景则从另一个侧面突出群草交织的杂乱景象。刘禹锡《省试风光草际浮》诗：“熙熙春景霁，草绿春光丽。的历乱相鲜，葳蕤互亏蔽。”[②]雨霁天晴，草叶上光泽流转，从不同的角度看，去光色的深浅位移也随之变化，杂而无序的草姿相互掩映，光影交错间形成一种纷乱跳动的美感。草对自身的生长并不会有类似人类思维活动的感知，但是在文学作品中，因物以赋情，创作主体往往写出客观事物人格化的心理。王珪《草》诗：“袅如垂线软如茵，古渡蒙茸映烧痕。解憾有情迷雾雨，恣生闲地杂兰荪。”[③]雨落有情，草生纵意，在作者眼中，草的随意生长是其自身情感的一种释放，那么“恣”生无序正是其自发的选择，如同人的“疏狂”，急需用醉意和诗情来表达一样。此外，何白《芳草八首》(其二)诗：“渌波交映青袍乱，平隰斜分翠带齐。”[④]吴节《赋得春草诗赠大参孙原贞之河南》诗：“宛如剪出乱云丝，散与人间作春色。”[⑤]或写

---

① ［唐］陆贽《陆贽集》，王素点校，第786页。

② ［唐］刘禹锡《刘禹锡集》，卞孝萱校订，第555页。

③ 北京大学古文献研究所《全宋诗》，第6004页。

④ ［明］何白《汲古堂集》，《四库禁毁书丛刊》本，第215页。

⑤ ［明］吴节《吴竹坡先生诗集》，《四库全书存目丛书》本，第511页。

草与水混然相合，或写如云般既青且乱，我们可以从这些诗歌中看出，诗人们将草之“乱”视为草生长茂盛繁密的一种形态，并且它饱含生机，与周围环境的事物相互映衬，在作者的笔下摇曳生姿，无论从角度还是手法方面都呈现出刻画的鲜活多样。

二、望里江南随意绿：草色青碧

草的生长周期一般比较短，古人认为冬至后五十七日菖蒲始生，这是百草之中最早萌动的品种。因此绝大部分草生长周期的起点应当晚于这一时间，也即在二月仲春之后。此后草的生长速度和规模都会普遍提高，其趋势逐渐呈现为由少到多、由疏到密、由点到面的特点。然而在经历春夏的两季之后，大多数草会随大暑节气的推移逐渐开始枯萎凋落，清代《授时通考》在总论“天时”部分的记载中将大暑分为三候，分别为“一候腐草为萤”“二候土润溽湿”“三候大雨时行”[①]，其中所谓“腐草为萤”指的便是草开始枯萎腐化的自然现象。自《逸周书》“大暑之日腐草化为萤”[②]，以及《礼记》“季夏之月……腐草为萤”[③]的记载之后，后世对萤火虫发生的现象皆以此为基本认识。我们从中可以注意到，盛夏之末，入秋之际，一部分草开始走向一个生命周期的结尾，正因两种自然现象发生的时期相近，所以被人们认作是交替相续，以另外一种生命的新形式接替旧形式的衰亡，这其实是一种很美好的想象，在文学作品中具有一定超现实的色彩。它同时又是古代传统文化心理的反映，古人认为自然生命皆得气而生，因此不同的形式能够在符合特定之“气”的条件下得到转化，“若谓受气皆有一定，

① 马宗申《授时通考校注》，第18页。

② 黄怀信《逸周书汇校集注》，第597页。

③ 十三经注疏整理委员会《礼记正义》，第593—594页。

则……腐草为萤”[①],“有全是气化而生者,若腐草为萤是也,既是气化,到合化时自化”[②],这种朴素而略带神秘的解释是古人对于生命现象较为直观化的思考。从仲春之后到入秋之际,草的主要生命历程基本处于春夏二季,在这相对短暂的存在过程中,它们所呈现出的最主要的外观特征之一就是草色之青碧。

草色与节候的变化之间关系密切,四季之中以春为始,包括草在内的大部分植物开始新一轮的萌发和生长,作者面对自然界的植物景观,除了各色鲜花轮番绽放的景致之外,就属于逐渐从无到有、从少到多、从稀疏到普遍的绿色,它不仅是植物所共同具有的一致特性,也是自然界这一季节重要而显著的一种变化,因此草色之绿成为创作者吟咏草类时主要关注的色彩特征。春来草碧,时间的推移带来物态的变化,也带来作者心情的变化,如郭祥正《春草碧色》诗:“雪洗烧痕尽,春将碧色来。行人莫回首,渡口夕阳催。”[③]冰消雪融本是文学作品中常见的表达冬春接替的画面,而诗中草色的到来却并非自发,它是被春的自然力量所安排,

图 4 绿草如茵(网友提供)。

① 王明《抱朴子内篇校释》,第 14 页。

② [宋]程颐、程颢《二程集》,王孝鱼点校,第 199 页。

③ 北京大学古文献研究所《全宋诗》,第 9003 页。

田间人工烧过的草灰为雪水所洗同样呈现出草的被动形象，颇有一种仪式感。于武陵《早春山行》诗："江草暖初绿，雁行皆北飞。异乡那久客，野鸟尚思归。"[①]日暖草绿，不同感官的表达正衬托了内心滋生的情绪，草的绿可以是某种象征，时光流转，融入了对短暂与永恒二者对立的感受，两首诗借草色以抒怀，含思婉转。初生碧草的色泽也让人感到生命的鲜嫩美好，徐夤《草》诗："色嫩似将蓝汁染，叶齐如把剪刀裁。燕昭没后多卿士，千载流芳郭隗台。"[②]蓝汁是以蓝草为原料制成的染料，此处把草作为载体而将青出于蓝一语化入诗中，写草色的纯正鲜明，同时暗含双关，与作者所兴发的贤而见用之时代感怀相互映衬。

如果说春来草初生之时的色泽以青绿、浅碧为主，那么随着春气渐深，由春转夏，草的绿色也随之沉淀，因此在诗中常常以"深"来形容。草色的加深，对客观世界来说是生命的沉淀和成熟，但对于写作主体而言，往往意味着时光的消逝，常带有一定的人生感慨，如晏殊《草》诗："春尽江南茂草深，绕池萦树碧岑岑。长安官舍孤根地，一寸幽芳万里心。"[③]春日将去，草势愈加茂盛，"岑岑"即深沉貌，一写草的形态，一写草的颜色，同以"深"为诗人抓取的典型特征，萦绕满地之态如在眼前。到此诗句由草转人，茂草与孤馆的对比突出观草之人内心情感倾向与草的特定形象之间产生的巨大反差。成书《赋得芳草亦未歇得和字》诗："秀草馀深碧，芳辰韫至和。风来还淡宕，春去已蹉跎。"[④]时序和畅，草色深而不尽，营造出一种具有厚度的时间感，同时在纡

① 中华书局编辑部《全唐诗（增订本）》，第 6945 页。
② 中华书局编辑部《全唐诗（增订本）》，第 8257 页。
③ 北京大学古文献研究所《全宋诗》，第 1946 页。
④ ［清］成书《多岁堂诗集》，《续修四库全书》本，第 485 页。

徐柔缓的背景环境之外，是春去草长，这本易于引发人们对于时移世易的自我感受，但诗人却于此之后谈论悟道明理，正契合朱子所言："某今且劝诸公屏去外务，趱工夫专一去看这道理。……不知老之至此，也只理会得这些子。岁月易得蹉跎，可畏如此。"[1]如此可知草色实际在诗中乃是时间节点的符号，但于诗而言却在一定程度上显示出心与象之间艺术情趣的断裂。

青碧是草在颜色方面体现的最基本最显著的生物特性之一，但草的整体形象却难以使这一特征变得更为丰富，因此一味强调草色就有可能造成单调趋同的弊端，对此，诗人刻画草色常常选取其他的事物加以映衬，较为典型的是写草与水的相互搭配。如孙鲂《芳草》诗："何处不相见，烟苗捧露心。萋萋绿远水，苒苒在空林。"[2]水边常常是湿润泥沼之地，其环境多有利于草的丛生衍续，所以在视觉中草色与水色紧密相连，河湖之水本因对光的散射、折射而呈现出青绿色，并且水具有流动性，于是草与水的交接使得水因草而绿，其生命动态化为如水浮动的可视状态。文彦博《芳草》诗："绮节初抽翠，金塘久托根。……碧映龙池水，青迷楚泽魂。"[3]无论置于较为宽广的远水或生于空域有限的方塘，草色皆通过水色而显，实质上暂时充当了水色生成的来源，这种建立于生命与物质之间的巧妙联系，使生命本身的存在得到艺术性放大。甘汝来《御园春草》诗："向日随风偃，迎春带雨生。青迷烟柳暗，碧映绿波明。"[4]任端书《芳草赋》中也有许多类似的表达，"带龙池而翠痕交锁""迢递而碧萦堤杳""吟绿波于南浦，帆短亭

---

① ［宋］朱熹《朱子全书》，朱杰人等主编，第 3439 页。

② 中华书局编辑部《全唐诗（增订本）》，第 10089 页。

③ 北京大学古文献研究所《全宋诗》，第 3484 页。

④ ［清］甘汝来《甘庄恪公全集》，《清代诗文集汇编》本，第 35 页。

长”[1]，作为草与水的共性，绿是二者之间形成共同意象的纽带，草色的单调性因水所带来的灵活的想象空间而得以避免。草与水之间的关系基本确立为由草色向水色的浸染，这样的构思在我国古典诗歌中十分常见，如“绿草前侵水，黄花半上城”[2]，“草色遥侵水，山光翠逼人”[3]，“细草碧侵池，幽花亦满枝”[4]等，草本无意，有意的是诗人对于物象之间相关性的联系和组合，由此草色具有了一种主动的施发意愿，而水提供了承担拓展空间的艺术功能，最终在诗歌中将草色之绿写得较为丰富和立体，这与作者的创造性是有极大关联的，体现为文学创作独特的思维形式。“艺术家表面上只是在摹写外部对象，但他其实并不是在摹写对象的外观特征，而是拿这些特征当作他的想象力借以发挥的材料。”[5]草色这种相对单薄的意象特征正是因作者的艺术性描摹而生发出其独特的形象趣味。

在草较短的生长周期内，其色彩以青碧为主，然而草本身的生命消长和空间分布并不是完全独立隔绝的，由芽至叶，由嫩到老，由盛到衰，加之其分布由近及远，由岸至水，以及与其他植物的共同生存，给写作者提供了许多对草这一意象提炼重组的创作机会，因此咏草诗赋中对其历时变化与画面组合的描绘便表现出富有层次感的立体形象。如梅尧臣《草木》诗：“草木无处所，动摇知风形。今日万叶黄，昨

---

① 马积高《历代辞赋总汇》，第 12182 页。

② ［唐］司空曙《病中寄郑十六兄》，中华书局编辑部《全唐诗（增订本）》，第 3306 页。

③ ［宋］文彦博《雨后游华严川马上作》，北京大学古文献研究所《全宋诗》，第 3497 页。

④ ［宋］许景衡《寄张德祥》，北京大学古文献研究所《全宋诗》，第 15531 页。

⑤ 王德峰《艺术哲学》，第 42 页。

日万叶青。青既渐衰变，黄亦渐凋零。”[①]草的青与黄之间的转变客观而言是具备循环性的，可作者却将重点放于草色由青转黄的单线向度，显然对物象形色的选择是以表情为目的的。“夫诗以情为主，景为宾。景物无自生，惟情所化。情哀则景哀，情乐则景乐。”[②]这一角度从时间跨度上而言是较长的，正如“渐”字所体现，然而诗人将其缩放为目可视及的瞬间转换，将两种色彩层次近距离比较，以突出反映草色变化所带来的强烈内心体验。苏泂《咏草》诗：“芳草复芳草，青似青松树。今年见汝黄，明年复如故。”[③]与前诗强调不同的是，两个“复”字进一步申明草色变化的回环往复，如果说前诗给人的是事物不断趋向终点的宿命感，那么此诗揭示的乃是面对个体生命循环与衰亡必然之间巨大矛盾的无力感，这两种色彩层次的变化模式在诗人的叙述中能够透过对草所代表的自然规律而形成丰富的情感传达。在时间维度层面对草的刻画往往形之于生命变迁，而在空间维度的刻画上则关注整体环境的自然氛围，从而构成多维层次的艺术形象。如王毂《春草碧色》诗：“浅深千里碧，高下一时春。嫩叶舒烟际，微香动水滨。”[④]诗中有方位的转移，远近所视是草色的深浅差异，高低所观是草色的整体节候特征，同异之间连缀着在局部景象伴生下草的细节的描绘，对草色的多维描写使其显得更为活泼灵动。张熷《春草碧色赋》：“近挹山青，远混天碧。柳叶抽黄，蝶衣褪白。延松筠之积翠，落阴林皋；缀马足之飞红，芊绵绮陌。”[⑤]空间远近位移所呈现的草色差异借山与

---

① ［宋］梅尧臣《梅尧臣集编年校注》，朱东润校注，第 303 页。

② ［清］吴乔《围炉诗话》，《清诗话续编》本，第 478 页。

③ 北京大学古文献研究所《全宋诗》，第 33882 页。

④ 中华书局编辑部《全唐诗（增订本）》，第 8059 页。

⑤ 马积高《历代辞赋总汇》，第 11036 页。

天的对比来间接表现，句中诸色交织，不明写草而草色之“象”却处处存在，这是典型的以草色为中心而组织构成的层次多样、形象鲜明的立体图景，正如李东阳论《商山早行》颔联两句云：“止提缀出紧关物色字样，而音韵铿锵，意象具足，始为难得。”①

咏草作品中对草色多层次的立体描绘基于人们对其多样化的理解和联系，正是源于不同角度的观照和组合，并且融入主体情意抒发的需要，从而不断地拓展了这一题材的创作空间。陆机云：“遵四时以叹逝，瞻万物而思纷；悲落叶于劲秋，喜柔条于芳春。”②自然物色的形态及其变化易于引发诗人骚客的触目感怀，于草色而言，它更像是存储于草类形体之中一股变化的生命之气，与人的精神气息相互交缠激荡。草色与人之间所构成的亲密关系，大多以视觉的直接感知作为文学再现的途径，写其绿的色度特征、空间联结、阶段变化等，值得注意的是，在咏草诗赋中还常常将草色与人身所着青袍进行类比，这使得其与作品中抒情人物的形象关联更加贴近，描写多富情态。

最早将草色与青袍相联系的应当是相传为汉代所作古诗《穆穆清风至》，其诗云：“穆穆清风至，吹我罗衣裾。青袍似春草，长条随风舒。”③由此出发，后世写草与袍色的关系基本确立为草色似袍和袍似草色两种模式，二者之间的主要区别在于情感出发点的差异。此诗全用第一人称，将特定情境中的人物内心活动渐次叙说而出。诗中的主人公是一名女子，罗衣与青袍分别指代自己和她心目中的那位男子，清风徐至，袍色柔青，枝叶舒展，由此可见二人之间的关系应当较为亲密热烈。

---

① ［明］李东阳《麓堂诗话》，《历代诗话续编》本，第1372页。

② ［晋］陆机《文赋集释》，张少康集释，第20页。

③ 逯钦立《先秦汉魏晋南北朝诗》，第335页。

尽管这位男子不在眼前，但诗中的女子却对其青袍着身，青春潇洒的形象十分在意，其情感出发点在于女子心中对男子纯洁的爱慕，甚至以此为诗末男子久候不到发以幽怨做铺垫。

以草似袍色这一角度描写较为典型的诗作最早见于何逊，其《与苏九德别》诗云："踟躇暂举酒，倏忽不相见。春草似青袍，秋月如团扇。"[①]这是一首友人之间的送别诗，诗中情景当是举酒话别之时眼前所见,春草与秋月点明了二人分别的节候与时间点。自"王孙游兮不归，春草生兮萋萋"[②]之后，春草的离别喻意在文学创作中逐渐固定下来。此处草月并举，一写离别之时的相依不舍，一写离别之后遥寄思念，中心意象已然不是青袍，而是作者离别之际所见芳草，以草色似袍来表春深草长，恰至离别之际。因此，草似袍色这一模式主要以草的形象为中心，摹物的倾向要更多一些，如"庭前芳草绿于袍，堂上诗人欲二毛"[③]，"芳草似袍连径合，乱山如画带溪平"[④]，"青青岸草绿于袍，雨后江流数尺高"[⑤]等；袍色似草则主要从作者内心抒情感受出发，写青袍同时也暗含了一位主人公的形象，主观化寄托的成分较多，如"青袍似草年年定，白发如丝日日新"[⑥]，"驿路新袍欺草色，公筵大白醉榴花"[⑦]，"赐袍便欲欺芳草，贺酒犹能及落英"[⑧]等。此外，关于草与

① ［南朝梁］何逊《何逊集校注》，李伯齐校注，第 46 页。
② ［宋］洪兴祖《楚辞补注》，白化文等点校，第 233 页。
③ ［唐］韦庄《语松竹》，中华书局编辑部《全唐诗（增订本）》，第 8103 页。
④ ［宋］释绍嵩《安吉道中》，北京大学古文献研究所《全宋诗》，第 38638 页。
⑤ ［宋］释道璨《睡起》，北京大学古文献研究所《全宋诗》，第 41175 页。
⑥ ［唐］李商隐《春日寄怀》，《李商隐诗歌集解》，刘学锴等著，第 550 页。
⑦ ［宋］杨亿《李廷评昭迪使澠上》，北京大学古文献研究所《全宋诗》，第 1384 页。
⑧ ［宋］韩维《答张念七得科见寄》，北京大学古文献研究所《全宋诗》，第 5224 页。

青袍之间的描写，草色与袍色的联系是一个重要方面，但在诗赋作品中常多组合春季的季节环境来表现，笔者拟将于后文详述，此处不多赘言。

三、衰草萋萋野路漫：草迹荒芜

无论草的纤柔细密或蒙茸依远，还是流光碧色或翠态亲人，这样的形象大多时候是给人以美感的体验，且这种美感常常侧重于柔婉清丽、轻简明畅。但是草的客观形态决定了它本身的审美体验并不会是单一的，作为生命形式的一种，有生则意味着有死，有盛即必然的有衰，其本身的生长凋亡以及与其密切相关的环境组合，再加之创作主体对于意象的裁选，使其形象的审美塑造空间得以丰富，文学作品也能够从更多的侧面对草的基本特点加以表现，因此，题材角度的多样化是咏草作品具有较为丰厚艺术内涵的重要前提。于草而言，文学家所关注的大多还是其欣欣向荣、繁荣滋长的生存特征，它们的外在形态也基本同生命的积极状态所联系，在此前提下，草所展现的丰茂绵邈、青翠欲染的形象色彩是较为直观的、接近其生存本色的反映。然而，从早期农业生产所形成的经验传统而言，草又是多余的、杂蔓的，它对于正常农业生产而言，是一种干扰和破坏。从这一角度而言，草愈盛也意味着愈加激起人们的抵制。所谓“可怜万顷良田，一时变为荒草”[①]，正是感喟荒草与良田的对立关系。古人论述耕种应不失天时，提到“凡地除种麦外，并宜秋耕。秋耕之地，荒草自少，极省锄工”[②]，或论“彼时土生荒草荆棘，若人不劳力耕锄，灌溉艺种，则五谷百果

① ［宋］普济《五灯会元》，苏渊雷点校，第1158页。

② 马宗申《授时通考校注》，第200页。

不生”[1]，都从侧面指出荒草与土地生产之间突出的自然矛盾。其中情感经验的延伸，则使文学家注意到草的荒芜之征，从其与生产矛盾的方面而言，荒草形象是与人的需求或与其他形象对比生成的；从自然生命规律方面而言，草的荒芜指向其自身的凋灭消亡。实际上，无论其中哪一个方面，荒芜这一特征的触发本质在于“空”，或是草本身的枯槁形成的“空”，或是草的自由弥漫而反衬的其他物象的“空”。

就草本身的消长而言，经历了短暂的荣盛期之后，便开始逐渐走向衰落阶段。草的衰萎枯槁常伴随以荒寒萧瑟的底色，正如草生象征着自然界的生机初出，风和日暖;草衰意味着生气潜沉，或没落或消歇，荒凉之感便从以草为中心的画面中辐射而出。最早在诗赋作品中提出“衰草”意象的是沈约，其有《岁暮愍衰草》诗和《愍衰草赋》各一篇，其诗曰:“愍衰草，衰草无容色。憔悴荒径中，寒荄不可识。昔时兮春日，昔日兮春风……径荒寒草合，草长荒径微。园庭渐芜没，霜露日沾衣。”[2]这两篇近乎同题的诗赋在具体内容上也大同小异，赋作的篇幅要比诗作略短一些，反映了这一时期赋体、骚体和诗体之间有机的融合趋势。诗中写草衰径荒的清寒景象，草的身上褪去了往日鲜活的生命色彩，枯枝败叶的堆积与园庭的空洞寂寞、道路的荒废凄迷共同构成了诗人目中晚岁消歇之态，透露出自我晚景的沉痛感怀。陈羽《江上愁思二首》(其二）诗:“江上草茎枯，茎枯叶复焦。那堪芳意尽，夜夜没寒潮。”[3]潮水的升涨带上了寒冷的温度感，与之相呼应的是草的焦枯萎溺，诗句当中存在着草与水的交替过程，水漫则草尽，荒寒之感又如一层层

①［清］南怀仁《教要序论》。

② 逯钦立《先秦汉魏晋南北朝诗》，第1665页。

③ 中华书局编辑部《全唐诗（增订本)》，第3901页。

波涛冲荡着人的观感。在沈约之后,也有为数不多的以衰草为题的诗作,其多不同于沈约以春秋变迁为对比,重在突出面对草衰叶枯的情境氛围和内心情绪。如徐媛《赋得衰草诗用侵字韵》诗:“脉断清霜下,悠悠怅子衿。疏风等萧索,冻雨总难任。别殿萤飞冷,离宫灯影侵。舞茵虚佩带,瑶席黯华簪。荄老容非故,香枯色谢今。支离悲道远,寂寞委阶深。独绕高楼梦,偏伤楚客心。韶华能久待,芳径杳难寻。”[①]此诗题咏衰草,却写得层次备足,由草及人,草与人之间的形象界限时隐时现,物态与人心的交合彼此相应。霜飞风寒,是草衰落的直接动因;繁华暂歇,形容枯槁,正侧互为映衬,表现草衰离索之景;客心落寞枯寂,与衰草同趋萧瑟,命运的联结使草与人同气相挽,双重形象的构造更富感染力。再如单隆周《衰草》诗:“薄暮聊登王粲楼,可怜衰草被长洲。风吹野烧山如赭,木落平林月似钩。寒尽樵苏争负担,春来麋鹿漫遨游。云荒水阔悲秋意,仿佛征人在白沟。”[②]诗歌意境没有过分的萧瑟凄凉,但衰草所展现的荒芜境域在诗意的虚实转换中如线所穿连,一方面以动静分写衬托旷野空寂之象,另一方面情从中来,牵引着诗人眼中的历史虚空之感。

与草自身凋零湮没所形成的荒寒之感不同,草迹荒芜的另一种重要表现形式在于:一边是杂草纷繁芜乱、肆意蔓延的离离堆叠之景,而另一边则是人烟稀绝寂寥、故迹颓旧的物是人非之境。两种截然不同画面的对比和组合,使草原本摇曳生姿的形象渲染出沉寂荒芜的审美感受,且因其普遍的身份和具象的陈列造成更加紧凑迫近的艺术效果。刘长卿《春草宫怀古》诗:“君王不可见,芳草旧宫春。犹带罗裙

① [明]徐媛《络纬吟》,《四库未收书辑刊》本,第349页。
② [清]单隆周《雪园诗赋》,《四库未收书辑刊》本,第304页。

色，青青向楚人。”[①]俞陛云论此诗云：“楚宫台榭，久付消沉，废殿遗墟，剩有年年芳草，似依恋楚人……谁复踏青荒圃，凭吊故宫耶？”[②]当年楚国盛迹已不可见，旧宫墙院内外丛草芜生，诗意至此又更进一层，人见此景会自然怀想历史旧事，而草也不例外，百年来尚留牵恋，显隐之间的陈述加深了荒芜不堪的形象体验。又如齐己《春草》诗：“金谷园应没，夫差国已迷。欲寻兰蕙径，荒秽满汀畦。”[③]题为咏草，实乃怀古，又借古讽今，以草的荒秽兴发作者的古今感慨。释希昼《草》诗：“漠漠更离离，闲吟笑复悲。六朝争战处，千载寂寥时。阵阔围空垒，丛疏露断碑。不堪残照外，牧笛隔烟吹。”[④]时空跨度的广远暗示着草的生息繁衍规模之大，历时之久，和历史遗迹相比，春生秋亡的草反而是永不凋零的见证者，而眼前景则愈荒愈古愈苍凉。陈子龙《幽草赋》：“至若漳水荒台，骊山废殿。浥温泉以丰滋，膏红粉而葱倩。歇雄姿兮青芜，闭玉颜兮绿罥。当艳阳兮昼放，恣登临兮怀恋。没文砌而藏蜂，触绮窗而巢燕。拨玄丛之化衣，拾翠围之遗钿。伤故国兮荒莽深，追歌舞兮空睇眄。”[⑤]历史早已成为陈迹，遗留的也只剩下荒台废殿，唯有年年芳草生生不息，此处不仅写荒草丛生的空漠残敝，而且生灵的出处行藏与遗物的零落摧朽在同一时空为草所容纳，因此，草作为历史流动中相对固定的现实存在，最易引发人们对过往的追忆感慨。

当然，从作品选材的角度而言，这一类草的生长痕迹都相对比较宏阔，描写视野定位于整体轮廓的勾勒，如此安排也更适于较为宏大

① ［唐］刘长卿《刘长卿诗编年笺注》，储仲君笺注，第 322 页。
② 俞陛云《诗境浅说》，第 137 页。
③ 中华书局编辑部《全唐诗（增订本）》，第 9554 页。
④ 北京大学古文献研究所《全宋诗》，第 1444 页。
⑤ 马积高《历代辞赋总汇》，第 8125 页。

的历史怀古写作，但同时有的作品塑造草生荒芜的景观来抒发真切的生活体验，或是切取较小的视点以衬托个人现实境遇，也都取得了不错的效果。如杨杰《勿去草》诗:“君不见长安公卿家,公卿盛时客如麻。公卿去后门无车，惟有芳草年年佳。又不见千里万里江湖滨，触目凄凄无故人。惟有芳草随车轮。”[1]“去无”和“惟有”的对立是今昔巨变的突出写照，历史的规律与人世的规律在某种程度上存在惊人的相似，草在历史变迁中是没有意识没有意愿的，但回归到人的现实生活中之后，诗人通过拟人化的表达来赋予这一卑小生命真朴的意识，透过它所带来的寥落荒寂的氛围表达真切的生活感受。陆游《芳草曲》诗:“蜀山深处逢孤驿，缺甃颓垣芳草碧。家在江南妻子病，离乡半岁无消息。”[2]也许这只是诗人不经眼而注意到的细节，野宿山郊，从景观角度而言不会有大面积的丛草绵延，因此在石间墙底所见孤生碧草，更凸显举目无人的悄寂荒凉，将草的这种生命状态与诗人境遇关合，不难体会由物到人的遭遇言说。

前文有论，从不同类型的咏草作品中我们不难发现，草迹荒芜这一特点是历史人生或生命历程的“空”的深层表征，它往往暗含着时空的巨大流变和转移。同样，当更多的人将观照的对象迁移至自身的日常生活时，则选择以草的遍生芜乱对照庭空人稀之景，于是，面对家宅庭院的荒草，将之视作妨碍安居的反面因素并进而试图除之以求得到心理慰藉，是除草作品的主流趋势。如卢纮《刈草》诗 :“穷斋岂为此成荒,日见真如眼上芒。除去但留空径在,莫教繁翳障清凉。”[3]《子

① 北京大学古文献研究所《全宋诗》，第 7848 页。

② ［宋］陆游《剑南诗稿校注》，钱仲联校注，第 1488 页。

③ ［清］卢纮《四照堂诗集》，《清代诗文集汇编》本，第 631 页。

夏易传》有言曰："雷雨动而满盈，造物之始也。犹除草而为居也。"[1]说的本是象辞的应征之语，但是却道出了传统生活方式的一个侧面。屋宅周边丛草杂生，往往意味着所处之地的幽深荒远以及居室主人对生活的不同态度。因草生而感荒居者，笔下常常有人与自然接触的瞬时意向，心本无意但却在恍然间被荒草所迷乱，进而心生不适，最终以寄托除草后良好的生活心愿为结，这是与以草为中心所象征的时间消解机制而生成的主观对立。焦循《薙草》诗："一月不薙草，当门如乱丝。呼僮急芟尽，莫使稍留遗。"[2]荒草集于当门所形成的乱与极目所视而见草生之茂具有本质区别，它所带来的荒芜凌乱之象并非诗人所欢迎的生活场景，此处的除草兼具"急"与"绝"的诉求，欲以门庭之整净取代芜乱不治之观。李复《薙草》诗："众草费薙锄，回首已荒翳。随处竞芿冗，苟生无远意。"[3]造成荒草杂生的原因除去久不事除外，便是草盛难除，力不从心。诗写草多庭荒，未及具体的人物形象，但是物象聚焦视角却全从观察者而出，即可隐见其孤形怅立，目及生愁的情态，人迹不至、门庭寥落与荒草满眼之间形成了独特的情感张力。有限环境中的草所具备的极力茁拔之态可视为一种无限的情境拉伸之力，其力之劲反衬的恰是周身四围难以遏止的"空"，进而作者将视点落在草对其他卉木的侵蔓之上。刘敞《除草二首（其二）》诗："中庭不逾亩，百草何荒芜。绿叶间紫茎，薰莸互相渝。"[4]顾嗣协《除草》诗："满径荒芜五亩居，轩窗绿暗草离离。侵阶惯夺幽花艳，引蔓偏将老树欺。"[5]

① ［春秋］卜商《子夏易传》，《丛书集成初编》本，第 11 页。
② ［清］焦循《雕菰集》，《续修四库全书》本，第 135 页。
③ 北京大学古文献研究所《全宋诗》，第 12427 页。
④ 北京大学古文献研究所《全宋诗》，第 5749 页。
⑤ ［清］顾嗣协《依园诗集》，《四库未收书辑刊》本，第 464 页。

侵夺之势使诗歌所形成的意境空间充满一种冲勃之力，也正是其横肆无阻的恣态衬托出主体的无力感，矛盾冲突之中草的霸凌之势越显著，则其侧面流露的荒杂空幻之感也越强烈。草的形象在这种对立态势中不仅仅是主动的表现者，更是整体作品意蕴的生成动力。

方回在其《瀛奎律髓》怀古类诗歌前叙曰："怀古者，见古迹，思古人，其事无他，兴亡贤愚而已。可以为法而不之法，可以为戒而不之戒，则又以悲夫后之人也。"[①]前述草于历史遗迹中以往复消长之姿反观世事的盛衰兴亡，正是将时空变换的轨迹安置于宏观的历史场域之中进行厚重的描写。与此类似，在兴废存亡的角度展示时空变换的难以逆转，但却多置于个体存废的微观立场的描写模式则是草与墓的意象组合形式。《礼记·檀弓上》云:"朋友之墓,有宿草而不哭焉。"[②]"宿草"在这里被赋予承担礼制系统内时间标志的一个符号意义。因此可以说墓头生草既是自然化的结果，也是文化意义的结合媒介。它的悼亡意义的生成关联着时间与存在两个主要维度。从前者而言，草从无到有并进入一个循环，也是人情感的一个演化阶段，并且这种情感的表达被明确的规范所限制，是社会意识的共同判断。从后者而言，人没草生，作者的意识深处不免会将其视作生命的形式转化，但理智又会清晰地打破这种主观构筑的平衡，将人逝草荒的存灭现实呈现在理性认识的层面上来。因此，通过墓草意象组合的艺术画面，咏草作品中往往设置出荒凉悲沉的气象，来寄托作家多样化的情思感慨。如胡承珙《秋草十首（其五)》诗："陵晨添得几茎霜，回首芊绵祗自伤。

① ［元］方回《瀛奎律髓汇评》，李庆甲集评校点，第 78 页。

② 十三经注疏整理委员会《礼记正义》，第 203 页。

青冢可怜真薄命，朱门无处觅馀芳。”[①]王涣《悼亡》诗：“腰肢暗想风欺柳，粉态难忘露洗花。今日青门葬君处，乱蝉衰草夕阳斜。”[②]曾经个体的鲜活跃动已不复存在，化为一座座青冢，冢因草生而色青，草因人逝而渐芜，这种意象的组合实际上在其形象内部构成了一条个人历史书写的线索，所有来自外部的观感必须经由这条线索而进入特定的表达情境。基于这一创作原理，明妃冢的固定典故成为咏草作品中营造存没无序、荒芜悲慨意境的典型元素。黄达《秋草次梁午楼孝廉韵（其四）》诗：“众芳狼藉换年华，那复枯荄再吐花。塞外黄沙愁鬋栗，冢边白骨怨琵琶。”[③]陈锦《秋草（其二）》诗：“但容沙漠留青冢，空有池塘属谢家。借问游骢何处踏，平芜荒绝暮云赊。”[④]郭道清《春草明年绿赋》：“为报明妃冢上，将回边地之青。”[⑤]孤冢本是荒绝凄凉之景，而边塞也早失去曾经盛世煊赫之下的深博豪壮，转而成为铺垫孤冢的荒凉底色。明妃冢饱含着复杂的意蕴层次，它不仅透露着去国离绝的时空变换色彩，还延伸至盛衰兴亡的异代同触共感，以及个体生命典型化的文化心理寄寓。而郭赋虽仅二句，却婉转生动，把草的特征写之以人的情态，似给孤寂萧疏的悲绝亡魂留下一丝慰藉。“风吹旷野纸钱飞，古墓累累春草绿”[⑥]，草与墓的意象组合是打开作者情绪洪闸的集中性、标志性的聚焦点。李岳瑞曾记载光绪遇景泰陵而发感慨：“忽见西山麓有废寺一所，寺旁一古坟，松柏数株，樵采半已心空。

① ［清］胡承珙《求是堂诗集》，《续修四库全书》本，第16页。
② 中华书局编辑部《全唐诗（增订本）》，第7989页。
③ ［清］黄达《一楼集》，《四库未收书辑刊》本，第638页。
④ ［清］陈锦《补勤诗存》，《续修四库全书》本，第285页。
⑤ 马积高《历代辞赋总汇》，第19024页。
⑥ ［唐］白居易《寒食野望吟》，《白居易集》，顾学颉点校，第241页。

草深径没，耕者往往侵及墓侧。乃指问内侍谓：'何家墓道？何荒芜至此？'"[1]深草环绕与废置荒芜在这一组意象的缔构演进过程中形成了稳定的对应结构，成为咏草作品中表达草体形象的基本表征。

第二节　不同环境下草的形象及其表现

在中国传统的哲学价值体系中，作为主体的人所采取的看待世界的方式不是静止不变、绝对分立的，恰恰相反，中国哲学思维所秉承的"气"这一核心概念为我们揭示了一个浑然一体、变动不居、不断发展的世界形态。无论是"元气自然"还是"天人合一"，中国哲学思想从一开始就建立了天、地、人、物、我之间相互联系、交融、沟通的整体圆融的观念和思维模式。因此，在文学创作中，作者十分注重建立在不同时间和空间基础上的立体描摹与表现，而对时间和空间的关注也有着深刻的哲学心理根源。"如果说'阴阳'说偏重于解释世界的运动变化，从时间上来说明世界的存在；那么'五行'说则偏重于解释世界的结构组成，从空间上来说明世界的存在。而中国古人所谓的'宇宙'，意思也就是指世界在空间上的广延性和时间上的连续性的统一。"[2]于是作家关注草实际上也在关注着与草有关的自然和社会因素，特别是草作为一种外形较为单调的吟咏形象，更需要借助不同的背景和环境加以丰富和增润。当然对于时间和空间这两个维度的选择并非全然自发，一方面作为自然物象，草在文学表现中其形象的生成有着独特的客观基础；另一方面也是作者根据表达需要而主观提取和

① 李岳瑞《悔逸斋笔乘》，第163页。
② 徐克谦《轴心时代的中国思想》，第30页。

加工的结果，正如有研究者论艺术时空的概念特性时所指出的："艺术时空从本质上说是艺术家对现实时空的主观能动的审美把握，是客观再现因素与主观表现因素辩证统一的理想的时空意识，是合情合理的、富有生命的、高度自由的、在似与不似之间的心理时空。"①

一、一年一换翠茸茵：春草

春草这一题材包含了两个最基本的要素：一是草，一是春。这意味着春草在文学中的形象自然而然地挽合了草与春季这两组各具突出特征的审美客体。草与春季的组合所形成的是特定时间背景下植物形象发展演变的稳定状态。"开春始雷则蛰虫动矣,时雨降则草木育矣"②，"孟春，草木萌动；季春，生气方盛"③，春对于万物始发舒长的意义是再明确不过的。春草在文学中的出现最早是作为一个意象被写入作品中，即《楚辞》之《招隐士》中"春草生兮萋萋，王孙游兮不归"，尽管在春草刚刚进入诗人视野的阶段中，它的形象特征并没有得到进一步的挖掘和表现，但是这一句诗却为后世文学创作奠定了离别主题的典型象征意义。春草作为文学中的题咏对象，最早的作品是南朝梁丘迟所作的《玉阶春草诗》。诗中的描写基本呈现出春草初生的整体形态，以描摹客观物象为诗歌主体，诗人情感的融入以及一般意义上应当具有的想象空间、喻意系统在此时都还没有留下明显的痕迹，但是将春草作为一个独立的描写对象进行专题创作，是后世春草赋咏作品的一个开端。

草在春季最引人注目的现象就是它的长势，经过了秋季的衰萎和

① 孔智光《文艺美学研究》，第125页。
② 许维遹《吕氏春秋集释》，第581页。
③ ［宋］王与之《周礼订义》，《影印文渊阁四库全书》本，第20页。

冬季的隐没，春草以其敏锐的生命触感迎合着春季的再次来临。终春一季，草从萌芽之态逐渐生枝抽叶，经历着一个群物齐苏、借势助长的生命过程，这个过程中对草的描写多呈现以其长势茁盛为主的形象特点。唐彦谦《春草》诗："天北天南绕路边，托根无处不延绵。萋萋总是无情物，吹绿东风又一年。"[①]"无""不"这两个虚词架构起了全诗的诗意氛围，没有具象的地域范围的限制，同时也将眼前的、当下的春纳入到无限的时间循环中，在较短的篇幅中极大地拓展了草所生长的时空环境，因此诗中的草展示出的是一种无处不生、生息不止的生命动态。刘敞《春草》诗："春草绵绵不可名，水边原上乱抽荣。似嫌车马繁华处，才入城门不见生。"[②]在人迹稀少的野外是春草自由展示生命活力的开放空间，且不论水陆异处，春草对自我的安置一方面是不择地的，处处可生，时时尽力；另一方面这种自由蓬勃、拔茁有力的情态只有在远离人居乱市之地才更加突出，更富有自然情味。倪宗正《春草八首用俞北山韵（其八）》："塞北江南春不穷，春来无处不织秾。劲姿喜见当风力，狂态横生夺蚁封。"[③]"无处""无不"这样用来描绘和形容春草遍生无阻、生意强茁的词语屡有出现，正印证了春草在诗人作者群体中被一致感受到的长势壮茂的形态特征。诗歌的后二句突破了从宏观视野中抓取整体画面的写法，转而定睛于局部能够展示春草鲜活跳脱生命态势的重要细节，通过一二独特片段的描写呈现了春草在生长过程中风姿劲爽、形态跃动的动人样貌。类似的描写也很常见，祝德麟《陌上草薰》："当春百草尽欣欣，不是山蹊即水濆。

① 中华书局编辑部《全唐诗（增订本）》，第 7728 页。
② 北京大学古文献研究所《全宋诗》，第 5917 页。
③ ［明］倪宗正《倪小野先生全集》，《四库全书存目丛书》本，第 630 页。

已共柳条争霾靡，还随花气散氤氲。”[1]对于春草的这种勃发意态人们多采用动态化、主动性的表现方式来使其形象特征更为鲜明，草所具有的主动性也反映了在作者笔下人格化的艺术塑造和角度转变。李卿穀《春草碧色赋》:“若乃簇似锦屏，攒如翠缬，银甲轻挑，金钩暗结。绿意印之而犹浓，波光揩之而更彻。”[2]动态化的表现在这里依靠的助力方式是连续使用动词，在不同的动作变化中显示出春草旺茁的生命律动，并且使人感受到由内而外欲喷薄生机的强烈意愿。林藩《江南草长赋》:“今则绿甲齐抽，青条怒发。碧斗榆钱，翠迷苔发。”[3]同样如此，想要表现春草的强势生长之状，动作化的笔法则是作者共同一致的选择，通过具有力度的动词以及赋予春草明争暗斗之神态的方式，确有引人注目、激荡情思的艺术效果。

春草无疑是新的一轮时间流转中新生自然事物的主要代表之一，古人对春草的重视首先体现在它的生长对人们生产生活所产生的作用。《周礼》有云:“孟春焚牧。”注云:“孟春谓夏之孟春，建寅之月，草物将出之时，牧烧焚地，除陈草，生新草也。”[4]《周礼传》云:“孟春焚牧者，黄落之余焚之，使新草畅茂，至仲春，阴阳和，可以合马之牝牡也。”[5]可见相对于自然化成，开春之后新草的人工培育对提高生产的效率和生活的质量是比较可期的。同样，对于自然审美而言，文学作品中表现春草所体现的新旧交替色彩，正如人们在生活认识中所形成的对新草具有更深印象的潜在意识那样，受到了作者的广泛关注。

① ［清］祝德麟《悦亲楼诗外集》，《清代诗文集汇编》本，第 318 页。

② 马积高《历代辞赋总汇》，第 17721 页。

③ 马积高《历代辞赋总汇》，第 22562 页。

④ 十三经注疏整理委员会《周礼注疏》，第 1017 页。

⑤ ［明］王应电《周礼传》，《影印文渊阁四库全书》本，第 222 页。

对新草的描写所关涉的时间背景因素更加集中地压缩为一个时间节点或者仅仅成为时序推移规律的代表符号。在这样的语境之下，作者笔下的新草更倾向于表现春初之际浅淡柔婉的清新姿貌。范景文《新草》诗："春光吹到未全匀，偏是新青自可人。无力摇风因带雪，有情就雨怕沾尘。欲寻多处须临水，正趁柔时好作茵。乘晓踏青原上望，离离烟际辨曾真。"[①]全诗围绕着旖旎可人的新草进行了不同角度的形象开掘，其核心特征定格在草色清浅、草姿轻柔、草群疏离这样三个鲜明展现全"新"之草的统一物色层面。从叙述的角度而言，先以正面的直观感知言及草的稀疏、清净，接着将抒情主人公的视线托举向前，却又没有明白直言，在迷离惝恍之中也为新草的细小难辨蒙上了轻盈浮动的情境特质。倪宗正《春草八首用俞北山韵（其四）》诗："雪消冰泮已先芽，阵阵东风乱吐花。塞上烧痕应得地，江边春色半萦沙。"[②]新草初生不仅仅是草本身所发生的形态变化，与其相伴随的还有冰消雪融、烧痕渐隐、青烟薄笼等与草密切相关而富有春意的美感画面。纤芽轻吐，冰融雪消，春风之力在意象的组合中悄然转化，一长一消之间将草的崭新容颜衬托得纤尘不染。去岁夏秋之后枯草的烧痕逐渐淡去，从死寂中萌发的生意才更显生命的可贵。同样有如胡敬《春草》诗："茸茸犹带烧馀痕，一夜东风醒夙根。画舫夕阳桃叶渡，淡烟微雨杏花村。"[③]烧痕未尽而绿意已生，一种急迫的心态从点滴描绘中透露而出。崔国琚《春草碧色赋》："迷离雁齿长桥，烧痕都活；点缀鸭头新涨，淡影如无。"[④]前后不仅是赋中的对句，也是时间点的并列，春

---

① ［明］范景文《文忠集》，《影印文渊阁四库全书》本，第 587—588 页。
② ［明］倪宗正《倪小野先生全集》，《四库全书存目丛书》本，第 630 页。
③ ［清］胡敬《崇雅堂删馀诗》，《续修四库全书》本，第 314 页。
④ 马积高《历代辞赋总汇》，第 19658 页。

草新活，自然影淡烟疏，景物描写的留白，正是对想象空间的充分拓展。

四季交替是自然界的恒常之律，因此春的循环往复造就了草的来去有期。于是草的生长不只是“此时”眼前的短暂偶遇，从更宏阔的时间运行和历史变迁视域来看，它的消长更替要更为永久，是一个增损平衡而终期不竟的动态过程，所以春草之新是常理常态的心理认同之下每年每度必然再现的景观特征。沈寿榕《春草四首（其一）》诗：“一度春风一斩新，遥看如绣复如茵。缘何远志犹名草，已入穷山况送人。”[①]一度一斩，复又重生，作为抒情主体的诗人对此认识极其明确，而诗中欲借此表达的深重情感体验又与春草屡新、以绣茵称美的物色之丽相反相成，其抒情效果正合所谓“以乐景写哀，以哀景写乐，一倍增其哀乐”[②]的独特感染力。又如屈复《春草十二首（其三）》诗：“新晴已自含风露，野烧曾经照鼓鼙。花落花开多少恨，一年一度一萋萋。”[③]简明的四句诗中多处对比错落交织，新与旧是时态彼此的交汇，灭与生是感物悲喜的并存。年年新草从外表物态而言不会有大的改变，但浸染了面对时序轮回交替的作者主观生命体验的积累，以年年岁岁的时间条件为前提的新草不再是单纯的活力无限、柔姿丽彩的美好形象，而变成了作家兴发思绪感慨、吐露怀抱志意的寄托驱动所在，同时也正与作品中反映的创作实际一致，创作的构思集中采用反面相对而出的笔法，“正面不写写反面，本面不写写对面，须如睹影知竿之妙”[④]，虽不至全然只取一面而落笔，但确有因背面一隅而得以扩大意蕴之效。其他如李东阳《春草》诗：“过烟披雨见蒙茸，平野高原望不穷。同是

① ［清］沈寿榕《玉笙楼诗录》，《续修四库全书》本，第 214 页。

② ［清］王夫之《姜斋诗话笺注》，戴鸿森笺注，第 10 页。

③ ［清］屈复《弱水集》，《续修四库全书》本，第 88 页。

④ ［清］刘熙载《艺概注稿》，袁津琥校注，第 357 页。

一般春色里，年年各自领东风。”[①]在诗人的眼中，年年草生，寓目之景大抵皆为烟雨蒙茸、绵延不穷之状，没有渲染过多的心怀意绪，整体风貌较为清丽省净，年年之语所示更近于对春草安于自守、心性纯一个性的铺垫。钮琇《春草诗十二首（其一）》：“年年新绿到柴扉，偏是王孙未得归。明月清溪鸥独梦，疏帘微雨燕双飞。”[②]年年春草的发生此时已并非是催动强烈情感的牵引物，而更多地倾向于成为岁月沉淀入一种生活方式的见证。

相比于春花的争奇斗艳、熙攘烂漫，春草的物态美感并不具备对等的增饰空间，因此作者在题咏春草的作品中所抓取的物象形态是相对集中且欠缺丰富变化的，但尽管客观事物的限制如此，却没有妨碍作家创造力的发挥，他们抓住春草独特的风姿样态加以形容描绘，营构出柔婉妩媚、玲珑俏秀的审美韵味，并且，在这种美感表现中能够成功塑造春草形态的重要基础是将春草和细路两个意象加以组合，并运用裙腰这一独具特色的比喻。较早在文学作品中使用这一比喻的是白居易，其《杭州春望》诗云：“红袖织绫夸柿蒂，青旗沽酒趁梨花。谁开湖寺西南路，草绿裙腰一道斜。”[③]此诗原注：“孤山寺路在湖洲中，草绿时，望如裙腰。”乃是将眼中所见西湖长堤行道中草生夹道的景象拟作“裙腰”，想象丰富，极具少女或亭立或微步之意态。杨慎在其《升庵诗话》中论此句曰：“‘无端春色上苏台，郁郁芊芊草不开。无风自偃君知否？西子裙裾拂过来。’此初唐人诗也。白乐天诗‘草绿裙腰一道斜’，祖其意也。”[④]原诗所言之情景中，草与裙是分离的不同个体，

① ［明］李东阳《怀麓堂集》，《景印文渊阁四库全书》本，第213页。
② ［清］钮琇《临野堂诗集》，《清代诗文集汇编》本，第90页。
③ ［唐］白居易《白居易集》，顾学颉点校，第443页。
④ ［明］杨慎《升庵诗话笺证》，王仲镛笺证，第317页。

但二者通过这一奇特想象建立关系后所透露的青草细软轻柔、旖旎软媚的情态就已十分动人，后二句前句为实写，后句为虚笔，跨越时空的情境连接，使其画面极富诗意，为后世作家的创作多所吸纳。在此基础上，白诗对原诗进行了与实际所见之景更为贴切、比原作更富有优美姿态的艺术改造。白诗所写角度为远观，将草中狭长之路因势所成的“腰”形全貌收入眼底，且明确以裙腰喻之，是有意识的独特创造。值得体味的是，在这一组合意象之中，裙腰之“腰”是在道路两旁所生青草的间夹下形成明显的色泽形态差异效果而显现的，因此可以说，裙腰的喻象内部具有隐显双重结构的表达机制，即其“腰”是草中细路显性的直观外形效果,而“裙”恰恰是形成“腰”的必要前提，只有春草出芽生长，夹满道边，才可以衬托出细路的“腰”态，所以草实际上就是“腰”身上下的轻柔飘逸之“裙”，它在喻象中的构成与表达是隐性的，在逻辑上乃是由“腰”的反观才浮出的明确意象。因此白诗给人的联想要比原诗更有优美的整体画面感，其不仅仅可以使人回溯历史上吴国姑苏台畔西子裙裾的飘逸之美，更将沐浴春色之草与女子所着之裙进行关联之后所呈现的清婉明秀、妩媚多姿的情态刻画得意趣十足，还从特定的侧面赋予其女性青春秀丽的美好印象。后人评白居易此诗云：“有此妩媚，不可无此悲壮；有此悲壮，不可无此妩媚。”[1]尽管这一评论着眼于诗歌用典，却也道出了全诗的艺术氛围，原诗中提及的柳枝具有修长的外形，诗人以“藏”字将柳人格化，但同时也采用了女性化的比喻以写草，可以说诗中妩媚秀丽的艺术形象是贯穿始终的。

经过白居易的提升和创造，春草细路与裙腰之间的喻象关系逐步

① 陈伯海《唐诗汇评》，第3242页。

稳定下来，成为后世文学创作中刻画春草妩丽之态的典范形式，裙腰的意象内涵也定格在春草与路的组合方式之中。尽管从表面看，路是形成“腰”外在形体的主导物件，但草在其中所提供的物态形象烘托效果，是形成裙腰比喻审美艺术特质的主要动力。如桂馥《春草》诗：“销尽劫痕过野烧，春风吹上舞裙腰。芜城暮雨连三月，南浦新烟失六朝。”[①]裙腰之舞显然明确指称春草本身的风中动态之景，且“舞”与“腰”恰相构成动作的施受关系，缺少了春草之舞，那么细路之腰也几乎丧失了清秀灵动的艺术色彩。与其说二者是相辅相成的关系，不如说春草旖旎妩丽的特色高度成就了二者组合的整体形象风采。百龄《春草碧色分体得七律》诗：“花信风牵草色新，隔帘葱翠渐成茵。粘来屐齿三分染，衬出裙腰一带匀。”[②]对春草妩丽多姿的表现，除了以其本身以裙之美丽烘衬腰之细长外，作者还经常写及春草粘屐的缠绵意态，这种写法选取人的行迹与草相接触的部分为切入点，客观而言是春草滋生，鞋履踏过之处不免有旁草受碾，从而沾染些许草屑，然而诗句中却创造性地将此现象视作春草对人的依恋和缠傍，把春草塑造得富有心理活动与感知意识，这样细腻的表现写出了作者对春草妩媚多情的主观感受。此类作品还有陈文述《春草》诗：“踏来屐齿春无迹，望里裙腰绿有痕。曾过当时送行处，只应愁煞旧王孙。”[③]诗歌中这种将草在一定程度上主体化、人格化而采用的“粘齿衬腰”的意象组合和情态构造方式，使春草具有了接近人的外貌以及心理的虚拟形象特征。另外，更直接建立春草与人体之间比拟关系的写法是以眉黛喻春草，

① ［清］桂馥《未谷诗集》，《续修四库全书》本，第727页。
② ［清］百龄《守意龛诗集》，《续修四库全书》本，第102页。
③ ［清］陈文述《颐道堂诗外集》，《续修四库全书》本，第395页。

一方面，眉与草的形似构成本体喻体之间联系的客观基础；另一方面，作者的着眼点是超乎形似之上的神似追求，把女子特有的神情姿态转嫁于春草,使其富有窈窕风姿与婉媚之美。如王家相《春草碧色赋》:“点修眉于石黛，平添螺子之痕；曳长袖于春洲，恰映鸦雏之色。”[①]可见以眉喻草的形象并不只具备单一化的层次，其中既有眉生的细长之态，又有描眉之黛的色泽点染。李卿穀《东风已绿瀛洲草赋》:“瘦昨岁之裙腰，空思旧雨；横者番之眉态，又趁新晴。”[②]作品画面中重点凸显的喻象分别是“裙”和“眉”，如此集中地将独具女性之美的部位聚合一处，叠加强调了春草在作者眼中的柔姿婉态。又如崔国琚《春草碧色赋》:“借黛色之三分，遥看眉黛；界裙腰之一道，低映裙罗。”[③]这样极具创造性的写法无疑大大丰富了春草的形象美感。

前文论及草色与青袍之间在文学创作中的色彩类比及其所形成的应用模式，实际上青草与青袍在创作过程中积累发展的定型化语言模式主要反映了作者在两方面的认知：其一是出于对色彩感知而建立的直观联系，并且由此一点出发，进一步形成对春草与青袍之间色泽差异的情态化的生动勾勒；其二是基于较长历史时期社会心理对草的普遍认识与接受态势，将二者之间共同具有的底层、低微、渺小等身份定位相连匹，构成对自身社会性感知表达的物象媒介，从而生成一般化的意象寄托体式。在咏草诗赋中，对青草的外在形态描写多倾向于草色与青袍的物色联系，较少有因其触发的深广感触寄托其中。如罗邺《芳草》诗:“废苑墙南残雨中，似袍颜色正蒙茸。微香暗惹游人步，

① 马积高《历代辞赋总汇》，第 13643 页。
② 马积高《历代辞赋总汇》，第 17713 页。
③ 马积高《历代辞赋总汇》，第 19658 页。

远绿才分斗雉踪。”[1]句中语意的构成比较单一，主要是对芳草物象从不同的角度描摹其景观效果，以袍拟草直出以“颜色”之语，可见诗人主观的写作目的是直白明确的。赵抃《芳草》诗：“古渡班荆客，长堤走马人。芊芊似袍绿，一雨一番新。”[2]雨过草新，伴随着草的点滴外形变化，草色也会得以随势增染，因此其以袍色概称隐含变动状态下的草色，是草与袍之间形象关系进一步一般化、概括化的体现。当然以上还是对其在文学语境中形成的比较单纯化的表达，仅仅指向草与青袍之间颜色的相似性。随着作者对二者作为意象的表现力的逐渐发掘，文学中的描写也变得更富有情态意趣。对草色似袍这一单向感受的突破之一是春草与袍色的相映成趣，如此意味着创作者对草与青袍两个意象的关照不再局限于似与不似的层面，而开始注重其共同组成的审美艺术空间。李昌祺《春草二首（其一)》诗：“苒苒復萋萋，征袍映欲迷。暖烟秦苑北，寒食杜陵西。”[3]不言青袍而言征袍，一字之别而将离别之情境呈于目前，萋萋春草与征人青袍融为一体，营造了分别之际浑茫迷离的全景氛围。沈淮《春草碧色赋》：“别而已矣，情牵绿涨三篙；伤如之何，艳映青袍一色。”[4]同样言别，春草与青袍同色相映，以诗中的抒情主人公为支点，袍色是春草与人之情意的集合交汇，草色是青袍远行之迹的无限延伸，构筑的艺术想象空间是较为广远的。林藩《江南草长赋》：“试到吴公台畔，映一色于青袍；齐来短簿祠前，判群芳之彩榜。”[5]在袍色与草色交织相映中，包含着抒

① 中华书局编辑部《全唐诗（增订本)》，第 7575 页。

② 北京大学古文献研究所《全宋诗》，第 4135 页。

③ [明] 李昌祺《运甓漫稿》，《景印文渊阁四库全书》本，第 470 页。

④ 马积高《历代辞赋总汇》，第 22495 页。

⑤ 马积高《历代辞赋总汇》，第 22562 页。

情主体透过客观物象而求打破时空局限、沟通历史与现实的表达需要。继而对草、袍单一相似性表述向度的再次打破是将春草人格化，赋予其人化的性格情态，巧妙勾勒出春草活泼娇妒的特定形象。吴锡麒《春草四首（其四）》诗："梦醒池塘幽鸟鸣，满帘春色映新晴。青袍似我休相妒，白发如渠亦易生。"[①]此类表达多以"妒"字将春草拟人化，通过虚拟人情世界的内心心理活动来表现春草与青袍之间以争夺境色为标志的意象互动机制，使其外在形态通过类比人际的内部沟通形式而创造出审美艺术张力。祝德麟《草衔长带》诗："是草谁裁出，纷纶绕砌佳。映袍青欲妒，衔带翠如揩。"[②]胡天游《芳草赋》："已妒庾郎，照青袍而欲染；堪依江令，裁银绶而舒香。"[③]春草与青袍的组合式人格化表现，最终实现了对春草独特风姿的形象化刻画，展现出其婉媚多姿、娇态可人的动人风采。

此外，还应值得注意的是，咏草作品中对春草的描写塑造也通过与春花的对比方式来强化春季不同色彩交织的深刻印象以及因此而产生的强烈的画面感和视觉效果。其中的色彩类型以红绿二色为主，草与花之间的互动关系体现为春草衬落花的描写形式。如王家相《春草碧色赋》："绝怜一片青袍，迢迢陌上；正值连番红雨，隐隐河滨。"[④]"青袍"以代称春草，"红雨"以喻指落花，二者以喻体呈现，不仅将特定时空下春草落花的形态分别加以形象化概括，还突出了色彩之别。"红雨"又恰为动态景致，动静之间将春草与春花物象内部隐含的春天生气盎然、生命跃动的精神状态毕现眼前。来鸿瑨《春草碧色赋》："叹

① ［清］吴锡麒《有正味斋集》，《续修四库全书》本，第 393 页。
② ［清］祝德麟《悦亲楼诗外集》，《清代诗文集汇编》本，第 304 页。
③ 马积高《历代辞赋总汇》，第 10732 页。
④ 马积高《历代辞赋总汇》，第 13643 页。

此际落花蹴踏，已催鞭影之红；认前途细草迷离，又见裙痕之绿。”[1]崔国琚《春草碧色赋》：“听玉埒之齐嘶，碧侵游骑；看软茵之乍展，红衬落花。”[2]落花点点红出，软茵片片青铺，花以点缀春草之态构成一幅点面交错、红绿相衬的绚丽画面，中以马蹄意象贯穿赋句中各色形象的展开，声色具备，动静齐出，落花并未显露出传统意象塑造过程中所定型的深沉伤春基调，恰恰与春草的组合共同代表了春季鲜活贲张、极具生命昂扬姿态的动人形象。

二、疏烟残照总离离：秋草

秋天的物候色彩是以凋零消歇、萧索衰飒为主的，与春天相结合而言，是完成自然界消长更替、终始轮回的一个收尾阶段。在以农业为主的历史时期，人们对节令的更替极为重视，将其与自然社会的各个方面都联系起来，为人类的生产生活建立起一个严密的流程和组织系统。因此，古人对“三秋”有其基本的认识和总结，如“孟秋之月……凉风至，白露降，寒蝉鸣，鹰乃祭鸟，用始行戮”，“仲秋之月……是月也，日夜分，雷始收声，蛰虫坏户，杀气浸盛，阳气日衰，水始涸”，“季秋之月……是月也，草木黄落，乃伐薪为炭”[3]，且于“伐薪为炭”条下注“伐木必因杀气”，正与“仲秋”的“杀气浸盛”相呼应。在上述描述中可以看到古人对四季交替变化过程中所形成的自然现象的体察是很细致周到的，同时草作为在秋季会明显发生形色变化的事物也引起了人们的注意。在文学创作中，秋草类意象的发生也是很早的，可以上溯至《诗经》。《何草不黄》是公认的一首行旅征役诗，

① 马积高《历代辞赋总汇》，第 15475 页。

② 马积高《历代辞赋总汇》，第 19658 页。

③ 十三经注疏整理委员会《礼记正义》，第 606、608、611、618、622、631 页。

其由对草的状态变化发生感慨而起兴，诗中所言“何草不黄”“何草不玄”皆是秋草才具有的普遍特征。又如《汉广》诗所提及的“翘翘错薪，言刈其楚”，陈大章《诗传名物集览》引《月令》中的语句云：“季秋，草木黄落，乃伐薪为炭。季冬，命四监收秩薪柴，以供郊庙及百祀之薪燎。”[1]薪在此泛指柴草，其中可能混杂了许多杂草，可见其人也将这一祭祀仪礼的准备工作视为入秋之后所常见的行为。还有《蒹葭》主要以秋季水边芦苇兴起，《四月》写到“秋日凄凄，百卉具腓”，尽管所概括的植物范围较广，但是正包含了群草凋零的现象。因此可以说，从《诗经》的时代开始，秋草就已经进入了创作者的关注范围。之后，从屈原开始，对于秋这一特定季节风物的理解，逐渐衍化出以“悲秋”为主题的文学情怀，到宋玉时这一主题被加以深化，成为古代文人悲秋心理意识的正式发端。面对清寒凄寂的三秋氛围，草木摇落是诗人眼中最突出的标志性景象，也是兴起内心感怀、寄托幽思悲情的特定意象。“日月忽其不淹兮，春与秋其代序；惟草木之零落兮，恐美人之迟暮”，“鸟兽鸣以号群兮，草苴比而不芳”，“悲哉秋之为气也，萧瑟兮草木摇落而变衰”，秋气笼罩之下，草木的生命也走入暮境，这是无法避免的自然规律，由物及人，对于从“芳草萋萋”到“草木摇落”物态变迁的感知，实际上推动了诗人所具有的理性认知化为感性的表达，从而在由这一主题开始生发衍展的各类文学创作中，进一步塑造出秋草的特定形象。

入秋寒气渐盛，百草进入衰落凋零的时期，从绝大多数作品中来看，草的衰萎是历代作家面对秋季自然植物景象时最为直观的、明显的物态变化之一。正因它凝结着自然规律的恒常力量，打上了突出而普遍

---

① ［清］陈大章《诗传名物集览》，《丛书集成初编》本，第275页。

的深刻烙印，作家之文心也无不对其有细切的体察。有的对其凋零枯落直接形诸字句，如邓云霄《和吴允兆秋草诗十二首（其六）》诗："晚上平皋叹后凋，寒堤望去正迢迢。芳菲漫自疑蘅杜，零落谁能辨艾萧？"[①]从更延广的时间尺度而言，是秋的深长空阔，相对的设置则是诗人外出临望的暮色沉沉。两个时间节点的重叠掩覆，是对秋草所生之时空背景的深度渲染。香草与艾萧本自类属各异，格调高下不同，然同属秋之衰萎之物，并未因其本色而得丝毫生命眷顾。"夫以芳草而杂艾萧，以独清而汩泥滓，自迹而观，虽楚三闾大夫之洁，安能高飞远举，不在人间邪？"[②]尽管如此，衰秋之际，二草不辨，命运飘零的一致归宿则更能引发作者浓厚的思绪感慨。同一作者不同的作品中也从差别的角度将秋草衰落凋零的物态形诸字句，沈德符《秋草廿四首（其九）》诗："明河垂地雁连天，一例郊垌改旧妍。忍见残荄咀老骥，忽逢病木带寒蝉。"[③]此诗以细节描绘写秋草尽枯之象，枯露的草根宣示秋深空颓之景，草没原萧，与明旷高远的天地之象对比而言，残枝枯荄愈显秋草零落死寂之态。陆游诗云："身如病木惊秋早，心似鳏鱼

图 5　秋草离离（网友提供）。

① 中山大学中国古文献研究所《全粤诗》（第 15 册），第 357 页。
② ［元］吴澄《心远亭记》，《吴文正集》，《景印文渊阁四库全书》本，第 459 页。
③ ［明］沈德符《清权堂集》，《续修四库全书》本，第 146 页。

怯夜长。”[①]因此，残根病木之举亦使人有人生比况的多重感发。还有的诗以春秋异时之草所形成的差别景观对举而出，沈德符《秋草廿四首（其十六）》诗：“碧如罗荐想横陈，惆怅秾华委路尘。狼藉难娇堕马髻，萋迷似仆坠楼人。”[②]想象中的草绿如茵与现实眼前的化作轻尘形成鲜明的反差，自然规律的难以抗拒使这种反差之间形成了诗歌的情感张力，秋草在其中的形象则承载了更多的表达力度。以二季对比出之的咏草作品又如宝廷《秋草和文镜寰（其五）》诗：“东风吹出绿迢迢，接水连山入望遥。到处生机同活泼，几时芳意忽萧条。残花著雨香先尽，衰柳经霜叶渐凋。旧景不堪重注目，平芜独步暗魂消。”[③]直写秋草凋萎之句极少，却多述东风草绿之景，后以“几时”“忽”为诗意转捩，又并残花、衰柳烘托隐藏暗处的残草，明暗交织间出以不忍重见之感，草色的深绝之变引发不尽之意。

盛徵玙的《春草秋更绿赋》则别出心裁，写得极富特色。先言“讶群芳之未歇，值秋色之方新”，“吟春事兮匆匆，诉春情兮草草”[④]，物象尽展，春意滋生，但随之由春景联想而至身际秋色，“若夫秋风萧瑟，秋露沉浮。叶何秋而不落，草何岁而无秋”，句中“秋”字的重叠往复加深了春转秋来的迅捷之势，“而浓荫缤纷，皆应秋期而减绿；秋怀渐沥，忽惊晏序以添愁”，节岁之交恍然而至，使人意识到草色终将衰零的必然趋势，因草而生感，所谓“感兴势者，人心至感，必有应说，物色万象，爽然又如感会”[⑤]，这里的草在春秋季节变化中充当着激发感怀

① ［宋］陆游《雨夜感怀》，《剑南诗稿校注》，钱仲联校注，第 1172 页。
② ［明］沈德符《清权堂集》，《续修四库全书》本，第 147 页。
③ ［清］宝廷《偶斋诗草》，《续修四库全书》本，第 598 页。
④ 马积高《历代辞赋总汇》，第 14737 页。
⑤ ［日本］遍照金刚《文镜秘府论》，第 41 页。

的主要角色。尽管“绿复绿兮芊绵”，却“望平芜而色更”，颜华难以久持，春草至秋的绿是暂别与结束的标志，秋草色衰枯萎的来临隐于最后一抹翠色中，更显苍凉寒俭，不堪承负。谢玄晖《酬王晋安》一诗云：“春草秋更绿，公子未西归。”[①]谢诗用《古诗十九首》“秋草萋已绿”语，乃言春尽秋至，绿草更变，与凄然而失碧色语意一致。到《春草秋更绿赋》则将此直接抒告之语做了艺术表现以及语境升华的改造，将本是草色的自然变化拟为富有人情味的逗留迟滞，是文学创作中的进一步生发和创造。

秋气所至，寒意渐生，这是古今文人之所共感。凡写秋景抒秋意者，常常在意象的选取和构思中添染几分秋寒之色。“孟秋白露降，季秋霜始降。”[②]与冬雪严寒有所不同，秋寒的表现则往往于画面主体图景间点缀以霜露铺沾的寒凉之感，于秋草而言也不例外。如邓云霄《和吴允兆秋草诗十二首（其四）》诗：“秋来满目尽堪伤，叶冷枝斜不任霜。夜静荒原闻蟋蟀，风吹旷野见牛羊。”[③]“冷”字直写由秋草间接传递的冷冽触感，但并非作者发生实际的触摸动作，写其叶冷完全出于观察，因此两句暗用通感，看似表达显白简易，却利用不同的感官将草与秋寒写得浑整通贯。同时于叶冷之后又以“霜”加以点缀，使其寒意落在实处，将草之凄寒形象衬托得清晰可感。陈锦《秋草（其一）》诗：“三更溥露偎虫语，十里轻霜啮马蹄。惆怅沿街书带冷，有怀花径滑香泥。”[④]露冷霜寒，一写露的深重，一写霜的广延，两个物象的叠加象征着秋寒所至之处，其所覆盖之面遍及街亭远道的各个角落，而

① ［南朝梁］萧统《文选》，李善注，第 1213 页。

② ［清］杭世骏《续礼记集说》，《续修四库全书》本，第 397 页。

③ 中山大学中国古文献研究所《全粤诗》（第 15 册），第 357 页。

④ ［清］陈锦《补勤诗存》，《续修四库全书》本，第 285 页。

原本丛生的书带草也难以抵御寒意的层层渗透。对草之冷觉的物感描写，是秋草入诗独具特点的形象表现。董文涣《秋草次顾斋丈韵》诗："无边寒草接荒塘，染尽芊绵一片长。断港虫吟晨吸露，空山马龁夜嘶霜。"[①]杜甫诗言："马嘶思故枥，归鸟尽敛翼。"[②]马的嘶鸣之声多哀绝凄厉，况于空山之中更增其回响，如此铺设则使秋寒意绪浓度陡升。马之所嘶为空绝，马之所龁为寒草，秋草的衰冷征象表露欲尽。除去霜露之外，对秋草凄寒意态的勾勒也有并用秋雨、秋虫之类物象的作品。宝廷《秋草和文镜寰（其六）》诗："寒雨何须频浸润，春风那肯更吹嘘。朽枯未必无嘉种，寄语园丁莫尽除。"[③]此言寒雨浸润，表面看似又多了些许温情，但作者视寒雨对秋草的摧伤而发出"何须"之嗟，并以春风不再进行对举，实际上是对秋草"朽枯"之态的强烈烘托。宋祁《零雨被秋草赋》："既悲秋之变衰兮，复追天之阴雨。……然后散漫虚落，空濛阡陌。惨江蓠之馥销，泫疎麻之寒滴。"[④]雨落而寒气增劲，乃至一片汪洋之态，草际、雨际与疏原交织并现，图景转换之间没有使人迷失于苍茫渺漫的黯然之境，正以个体细节的凸现秋草香销体弱的物态形象。蔡殿齐所编《国朝闺阁诗钞》收《秋草》诗："萋萋连野陌，寂寂委平埃。落叶岂殊恨，寒虫相与哀。"[⑤]寒虫与寒草其共性所在是都属较为低等的生命形态，受季节变化的牵连影响较大，因此写寒虫其实预示着二者共同衰落的命运，且虫可以感寒，秋草的寂寞委尘与寒虫的孤冷哀鸣使草的形象表现在凄冷之外更添寂灭之意。陈大章《秋

---

① ［清］董文涣《岘嶕山房诗集》，《续修四库全书》本，第 493 页。
② ［唐］杜甫《别赞上人》，《杜甫全集校注》，萧涤非主编，第 1694 页。
③ ［清］宝廷《偶斋诗草》，《续修四库全书》本，第 598 页。
④ 马积高《历代辞赋总汇》，第 2927 页。
⑤ ［清］蔡殿齐《国朝闺阁诗钞》（第六册），《望云阁诗集》卷九。

草》:“鹍鸩声何暮，行行望欲迷。寸心知露折，野烧抹天低。古戍寒云重，荒林怪鸟啼。王孙归路晚，惆怅灞桥西。”[①]“声”“望”“寒”“惆怅”角度多变，既有听觉、视觉、触觉等外在感官的状态感受，也有内心情意的体会感发，以秋草为主体，连贯其所在之环境、景观，立体构建出诗歌中秋草形象的凋寒格调。

秋草零落欲尽，但其既作为自然生命形式的一部分，便也意味着其他花木虫兽也将陆续或凋谢枯损，或蛰伏潜藏，人类的活动也渐趋进入一个缓冲停歇期，因此写秋草的物象本身亦或联结有关秋草的其他种种现实存在加以表现，都不免写出一种空虚落寞的情境况味，也使得秋草的整体形象具有了孤寂寥落的形象特质。胡承珙《秋草十首(其一)》诗:“萋萋芳草满闲门，剩得秋来绿一痕。水冷池塘空入梦，日斜庭院易销魂。”[②]诗中无论写草或写人，孤寂意态在字句间流露无疑。若说写草是为了衬人，不妨看作草即人，彼此命运相关，境遇浑似，一痕草以一人对，孤绝之境逼人眼目。江淹赋云:“黯然销魂者，唯别而已。”[③]杜甫沿而用之，谓:“会面思来札，销魂逐去樯。”[④]因此，何以句中“销魂”，似乎透露出远人就别之情形，但却隐而不露，只以孤草铺设其中诗境。当然也有明确将秋草之孤与别意浮动相结合的写法，沈德符《秋草廿四首(其十一)》诗:“岁序峥嵘百卉腓，孤株宁得久芳菲。谩劳青女先期至，底事王孙不念归。”[⑤]“孤株”一笔直陈景状，

① ［清］陈大章《玉照亭诗钞》卷七。

② ［清］胡承珙《求是堂诗集》,《续修四库全书》本，第 16 页。

③ ［南朝梁］江淹《别赋》,《江淹集校注》，俞绍初校注，第 165 页。

④ ［唐］杜甫《冬晚送长孙渐舍人归州》,《杜甫全集校注》，萧涤非主编，第 5923 页。

⑤ ［明］沈德符《清权堂集》,《续修四库全书》本，第 146 页。

之所以称“孤”、乃因“百卉腓”的结果导致，因此他物的消弭凋散与秋草的落单是有内在规律关联的。此诗写别意则以事典出之，同孤株的实景形成虚实错落的艺术形貌，二者的结合将草的孤寂样态加以深化。宝廷《秋草和文镜寰》诗：“南浦迢遥空有梦，西风萧索太无情。王孙归去音书绝，极目天涯泪暗倾。”[①]诗言不及草，只用几笔勾勒出草生环境的整体轮廓。在抒写别情的创作语境中，南浦与春草碧色的组合情境为古人所熟知，而此处以南浦入诗，所提供的审美经验并非延续春草的经典模式，其背后使人清晰感知的是秋草空寂的审美感受。“西山带雨痕，南浦生秋草”[②]，赵贤《秋草》诗提及“南浦青青草，秋来色不同”[③]，《雪桥诗话续集》记载京师蒋氏学诗贾岛而作《咏秋草》，有句“南浦送君方几日，王孙归计已经年”[④]，这些都是将秋草与南浦相组合的新型运用样式。别意之外，因秋草纷纷零落匿迹而造成的道无旁草，加上孤城辽远的开阔境象，也为塑造秋草的形态提供了基础。宝廷《秋草和文镜寰（其一）》诗：“拚教烈火烧全尽，不向春风望再生。憔悴几丛连僻径，凄凉一片接孤城。”[⑤]此处孤草所成，并非节候的推促，而是野火焚地，其所余积不过零散几丛、凄凉少薄的枯败根枝，非但没有“野火烧不尽”的透纸之力，且与孤城遥相接连，其空芜黯淡情形不难想见。胡承珙《秋草十首（其二）》诗：“活色惯沾袍袖湿，芳心闲晕黛眉低。而今寂寞芜城路，只任残茵覆曲堤。”[⑥]前以城草相

① ［清］宝廷《偶斋诗草》，《续修四库全书》本，第 66 页。
② ［明］李先芳《江雨》，钱谦益《列朝诗集》，许逸民等点校，第 4402 页。
③ ［清］阮元《两浙輶轩录》，《续修四库全书》本，第 144 页。
④ 杨钟义《雪桥诗话全编》，雷恩海等校点，第 1152 页。
⑤ ［清］宝廷《偶斋诗草》，《续修四库全书》本，第 597 页。
⑥ ［清］胡承珙《求是堂诗集》，《续修四库全书》本，第 16 页。

接言表，此以草没道秃写之，曾经的“活色”与而今的“寂寞”相对比，正是秋草淡去不复生机活泼的突出写照。宝廷《秋草和文镜寰（其三）》诗：“十里晓霜孤客路，一抔残照故人坟。荒村寂寞埋蛩语，古道萧条下鸟群。”[①]古道孤客，更以主人公亲历其中，且合之以晓霜寒蛩，不仅形单孤旅的画面凸显人物的飘零，更浸染草色的凄冷孤寒，无以为伴，虫鸟的动态所烘托的是秋草失迹的空漠孤兀。因秋草寥落而追忆古人旧事，从历史的长流当中感受命运同况的现实人生，也有着多所言寓的深长境味。邵晋涵《秋草四首（其三）》诗：“沧江红豆书千里，古戍青烟梦六朝。一自使臣归去后，节毛零落影萧萧。”[②]回望六朝，影绰无形，与之同样无法追索痕迹的还有苏武归汉之后的旌节不再，草迹穷落所引发的是对历史终将湮没所有人踪世事的真切体悟。唐仲冕《次韵秋草二首（其一）》诗：“宋玉逢秋意自孤，况惊摇落到平芜。半生果被青袍误，此日真随绿发枯。”[③]此处所见秋草疏落之景催生对宋玉悲秋主题的异代同感意绪，古今人虽不同，却皆孤身无伴，何况平芜凋零，绿发本为仙翁容貌，暗与绿草的色衰枝枯相映衬，长生之道犹有终尽之时，人生又复何感。又如其《次韵秋草二首（其二）》诗：“六朝如梦蛬音集，三径全封蝶影凉。燕麦兔葵何处去，种桃人在待刘郎。”[④]此诗用典更甚，达到句句出典的程度。所用典故的聚合，皆与秋草消亡的趋势共相遇合，但其中虽有眼中秋草尽去，空漫寥寞的境会，但与燕麦兔葵、前度刘郎之消长相比而言，不啻更增消沉寂灭之感。

---

① ［清］宝廷《偶斋诗草》，《续修四库全书》本，第 597 页。
② ［清］邵晋涵《南江诗钞》，《续修四库全书》本，第 642—643 页。
③ ［清］唐仲冕《陶山诗录》，《续修四库全书》本，第 34 页。
④ ［清］唐仲冕《陶山诗录》，《续修四库全书》本，第 34 页。

三、不依朱户傍雕栏：不同空间之草

草与季节的关系呈现为物象与时间维度的切合共存，其所建立的基础是作为低等生命体的草所应遵循的取决于自然规律运动下的必然形体变迁。但是草作为一个真实的现实存在物，必须在真实的物质空间内占据一定的区域，来完成其生命历程中萌发、生长、成熟、枯老等或完整、或残缺的物态运行阶段。因此，在创作者的眼中，除去关注因时间维度的循环变动而引发物象整体风貌的改变外，也将目光移于空间维度下的不同界域内，其中观照对象通过形成稳定的结构来进一步生发微观世界里独特的审美趣味。具体而论，在诸多咏草作品中，草的空间形象往往是以其意象构成为基础来建立的。正如论者所言，“当意象被组织在一个构型严密有序的形式之中发挥固定效应时，它是一种内形式”，在这种结构前提下，“它的与其它意象之间关系所占的比重要大于它自身的涵义”，与此同时，从绝对的意象组层角度而言，“没有一种意象是不处在一定结构关系之内的”[①]，因此，从空间构成的角度来审视草的文学形象，它必然与其整体的空间形态共同建立起其具体而微的形象语境，从而形成相对差异的文学表现特征。

相对于大多数空间需求较大的木植以及观赏花卉而言，草是随处便生且多不入人眼目的一类植物，因此草存在的空间类型分布是极为广泛的，以“随处可见”来形容之也不为过分。所谓“夫十步之间，必有茂草；十室之邑，必有忠信”，并引《说苑》语云：“十步之泽，必有芳草。”[②]尽管以草为喻目的在于指明忠信者不乏其人，暗寓讽谏之义，但其喻体之选直接反映出人们心目中对草所生长范围的基本认

① 陈振濂《空间诗学导论》，第96—97页。

② ［南朝宋］范晔《后汉书》，李贤等注，第1638页。

识。较早引起人们注意的有河边所生之草，《诗经》中的《葛藟》篇就写到了生长在水边的蔓生草类植物，“绵绵葛藟，在河之浒”“绵绵葛藟，在河之涘”“绵绵葛藟，在河之漘”[1]，以行道河边之草兴发流落之哀。且草生于河边，往往有自然环境的便利，“葛也藟也，生于河之厓，得其润泽，以长大而不绝”[2]，“泽及百里而润草木者，唯江河也”[3]，“惟兹珍草，怀芬吐荣。挺河渭之膏壤，吸升井之元精”[4]，都指出了河畔优厚自然条件对草生存的重要作用。虽然《诗经》中对葛的描写并不是对草普遍形态的关注，不过由此发端，草生于河边的情状开始在文学作品中具有其意象生成的特定基础。汉代蔡邕《饮马长城窟行》对河边草的描写建立于整体视觉感知的前提下，用以兴发其时所生的离行感思，其诗云：“青青河边草，绵绵思远道。远道不可思，宿昔梦见之。”[5]眼前所见为河边绵绵不绝之草，而草之延伸不断正如思妇对丈夫的想念不绝如缕，诗歌触景生情，颇为自然舒放。《古诗十九首》中的《青青河畔草》对河边草意象的运用在古代文学创作中产生了较为深远影响，诗歌开篇即以河边青草兴端：“青青河畔草，郁郁园中柳。盈盈楼上女，皎皎当窗牖。”[6]实际上这一阶段除了诗中以河边草作为起兴对象之外，并没有更多关于河边草的描写，由物及人的转换比较直接，主题的表达也没有过多的铺垫，正如沈德潜所言：“初无奇辟之思，惊险之句。”[7]因此诗中草的形象并不具体完整。在六朝时期出现了许

① 十三经注疏整理委员会《毛诗正义》，第311—312页。
② 十三经注疏整理委员会《毛诗正义》，第311页。
③ 何宁《淮南子集释》，第984页。
④ ［南朝陈］虞繁《蜀葵赋》，《历代辞赋总汇》，马积高主编，第901页。
⑤ 逯钦立《先秦汉魏晋南北朝诗》，第192页。
⑥ 隋树森《古诗十九首集释》，第3页。
⑦ ［清］沈德潜《说诗晬语》，《清诗话》本，第520页。

多《青青河畔草》的拟作，如陆机《拟青青河畔草诗》、傅玄《青青河边草篇》、王融《青青河畔草》、沈约《拟青青河畔草》等皆为数不少，但其中并非将河边草作为一个独立的事物加以吟咏，其创作模式和内容大多在原作的基础上进一步衍扩，缺乏对草的形象的进一步开掘。

一方面，由于创作者所见之河边草多为须臾所观，或为道途偶然遇之，或为情思所牵而用以寄意，因此少有对其形态物色的细致观察；另一方面，后世作家受传统诗学取物起兴的影响较大，写河边草多类似于前所列举之作的表现方式。因此，在大多数作品中，河边草的形象多呈现出片段化、轮廓化的散点式描写特征。如白居易《江边草》诗："闻君泽畔伤春草，忆在天门街里时。漠漠凄凄愁满眼，就中惆怅是江蓠。"[①]诗句开篇入题，将胸中之情近乎直接吐露，最后以景结情，写眼前江蓠与泽畔春草所浸染的情绪色彩，情感化特色较强。还有写河畔春草水汽交混，轻烟迷蒙之景象，陈仪《春草碧色》诗："芊绵河畔淡烟萦，归路王孙倦眼惊。陌上佳人名玉是，楼头思妇看朱成。"[②]实际上这一春色图景容括了草与人两大主要形象，而草所呈现的景观也正是人之所见，这种紧密的联系可谓由点及面，易于烘染人物心态。塞尔赫《春草四首用王阮亭秋柳韵（其四）》诗："青青河畔剧堪怜，积翠连云总是烟。吹彻玉箫春寂寂，生当金谷恨绵绵。"[③]既写河畔草之色，亦将烟气水雾并青草色淡轻盈的姿容以积、连之语相合而创制出一幅河畔蒙茸之春景，虽然动人心目，却不禁悲从中来，其寓情之法依然继承古作。也有写河边秋草凋零减翠，举目难辨之景，陈锦《秋

① ［唐］白居易《白居易集》，顾学颉点校，第 385 页。
② ［清］陈仪《陈学士文集》，《清代诗文集汇编》本，第 527 页。
③ ［清］塞尔赫《晓亭诗钞》，《清代诗文集汇编》本，第 494 页。

草（其一）》诗："青青河畔迹初迷，满目秋痕一剪齐。凉雨乍零红蓼岸，西风初薙白沙堤。"[1]河边草虽多得自然条件之利，但秋气所至，依然齐遭摧落，给人更多空寂怅惘之感。且秋气之利，体现于河边草的形态变化之迅捷，因有河畔的水陆际线，则其沿水平齐之态似更突出。将河边草写得细致全面、形姿摇曳的当属艾穆《赋得青青河畔草》诗："东风摇百草，河畔更芊芊。为借汀花润，欲分堤柳妍。江湖春色满，烟雨物华偏。袅袅迎朝日，萋萋弄晚天。似同蓂荚发，应与蒹葭连。芳意溪云里，幽姿渚月边。净宜飞鹭立，暖趁浴凫眠。近浦青袍乱，亲人白发娟。王孙空有恨，游子转堪怜。一入池塘梦，新诗赖汝传。"[2]诗中既有类比相衬，也有连缀转换，把草的空间基本锁定在河岸一带，但是融合环境的切换与联系，河边草的形象显得愈发丰富。同时诗中的独具特色之处在于无论意象的如何转换，空间范围并不因此而变动跳荡，用来类比的花与柳皆在水边，蓂荚暗示节候之早，蒹葭表明水边之地，凫鹭的活动范围也与水域有关，就连青袍与草色相交之地也在河畔之所，因此诗歌中河畔草的形象是鲜明而突出的，不失为摹物紧密之作。

较之河边草，实际上人们在生活中所见更多的应当是路旁草，无论郊行征旅或是冶游观光，都不可避免地要踏上远近不同的道路，因此，诗人在特定的生活背景下因其即目所见而心有所感，再形诸笔下，使路旁草更多地受到创作者的关注。《诗经》之《小弁》篇有句云："踧踧周道，鞫为茂草。"[3]言昔日之煊盛大道，如今却荒草丛生，由此而

① ［清］陈锦《补勤诗存》，《续修四库全书》本，第 285 页。

② ［明］艾穆《艾熙亭先生文集》，《四库未收书辑刊》本，第 813 页。

③ 十三经注疏整理委员会《毛诗正义》，第 876 页。

推之，遍布道路之草实际上并非无中生有，而是经道旁之草不断横生蔓延所致。“道路皆蒿草，寥廓狼藉”[①]，句中所描绘的景象，当属《诗》所言一类，以路旁草之广聚而给人以乱离之感。当然在早期著作中也不乏路旁草生美好之景，如“茝兰桂树，郁弥路只”，此乃“言所行之道，皆罗桂树，茝兰香草，郁郁然满路”[②]。又如“皋兰被径兮斯路渐”[③]，路旁所生香草营造出一种芬郁盎然、纤秾披蒙的画面，也由此而烘托出诗人心目中剔透澄明的寻故恋君情怀。面对路旁所生之草，有时也会引起人们极富非凡色彩的殊异联想，如《搜神记》所载“路边生草，悉作人状，操持兵弩，牛马龙蛇鸟兽之形”[④]，以此非比寻常的异象作为社会动乱的征兆。以路旁草作为独立题咏的对象，作者常常抒写其所处情境的命运遭遇，如于邺《路傍草》诗：“春至始青青，香车碾已平。不知山下处，来向路傍生。每岁有人在，何时无马行。应随尘与土，吹满洛阳城。”[⑤]生于路旁之草所要面临的常常是行人往来频繁、车马辚辚的场景，因其人多车众，自然许多草枝草叶要受到蹴踏碾压，这也是我们在现实中所能见到的野外草土裸露而成径道的情景。但草的命运不仅仅遭碾压而平折，其中有不少断草残枝还随车马一路飘飞，其境遇如尘似土，全然不受自己的掌控。徐夤《路旁草》诗：“楚甸秦原万里平，谁教根向路傍生。轻蹄绣毂长相踏，合是荣时不得荣。”[⑥]此诗便借草之命运不由自主而类比于人，对人命运的冷遇乖差提出怀

① ［汉］桓谭《新论》，第 23 页。

② ［清］王闿运《楚辞释》，吴广平校点，第 170—171 页。

③ ［宋］洪兴祖《楚辞补注》，白化文等点校，第 215 页。

④ ［晋］干宝《搜神记》，《丛书集成初编》本，第 46 页。

⑤ 中华书局编辑部《全唐诗（增订本）》，第 8393 页。

⑥ 中华书局编辑部《全唐诗（增订本）》，第 8268 页。

疑与无奈。基于路旁草的惨淡遭遇，也有人就此而思考所见表象后的基本原因，并用对比的方式提出自我见解，邹浩《路傍草》诗："洪造初无私，物自生殊异。丛丛路傍草，枝叶一何悴。行人或陵践，牛羊肆残毁。纵能胜疾风，厥害还遭值。瞻彼山中兰，孤芳常茂遂。馨香动君子，采撷远而至。须知得失间，所托惟其地。"[①]山中兰之所以没有受到外物摧残，其中一个重要原因就是生地极少人迹，其受君子所重的先决条件在于生长环境和生命状态基本不受影响和破坏，从这一层面上将二者进行比较，道出生长条件不同，则境遇也会面临先天差异。路旁草遭受碾压践踏的情状揭示了此类草更为卑弱低贱的身份地位，由此将人生经历与其进行对比阐说，或可以草来创作颇具现实意义的作品，如方回《路傍草》诗："春风一披拂，颜色还媚好。如何被兵地，黎庶不自保。高门先破碎，大屋例倾倒。间或遇茅舍，呻吟遗稚老。常恐马蹄响，无罪被擒讨。逃奔深谷中，又惧虎狼咬。一朝稍苏息，追胥复纷扰。微言告者谁，劝我宿须早。人生值艰难，不如路傍草。"[②]宋元之际战火肆虐，对所及之地生产生活造成的破坏也十分严重，百姓多为流民，个人生活更是惊扰不堪，以至于发出"不如路傍草"的哀感悲叹，内心的沉重难以解脱。尽管在多数作品中路旁草被人们视为卑弱低微的一类形象，但是从其或生长不息、或环境改善之后的角度而言，却具有另外一番精神面貌。杨万里《道旁草木二首(其一)》诗："山无人迹草长青，异彩奇香不识名。只是苔花兼藓叶，也无半点俗尘生。"[③]诗中所言之道，不再是车马喧嚣的场面，反以人迹

① 北京大学古文献研究所《全宋诗》，第13926页。
② 北京大学古文献研究所《全宋诗》，第41461页。
③ [宋]杨万里《杨万里集笺校》，辛更儒笺校，第889页。

寥落来写道旁草的青郁，出之以清明脱俗之趣。姚广孝《路旁草》诗："绕径沿途集霭青，根深尘土到春萌。若教雨露濡应足，纵使轮蹄踏又生。"[1]此诗写路边春草萌生之状，因草色青势茂，使作者观而发出对春草刚强生命力的论述。汪绂《春草碧色赋》："车辙蹂平，复蒙茸而乱发；马蹄踏遍，更丛杂以环生。"[2]赋中则更直接地将草不畏蹂躏、残损而复增生的不屈之态加以表露，其生命之强大乃至于"侵纡回之驿路，蔓难除于荒砌"。

草生不择地，河边、路旁以其较为开阔宽广的空间优势为作者的创作提供了丰富的取材景观，这类草的分布位置可以概言之为厅堂之外，相对于此，生于厅堂之内，构成人们日常生活环境，可即目而见的草也较早地得到了相应的关注和表现，这类草在咏草作品中多以"庭草"题之。早期在非文学作品中对于庭草的关注集中于人们对谶纬之象的表现与判断。"山顶之溪，不通江湖，然而有鱼，水精自为之也；废庭坏殿，基上草生，地气自出之也。按溪水之鱼，殿基上之草，无类而出，瑞应之自至，天地未必有种类也。"[3]祥瑞或灾异兆象的发生通常都是不按常理的，于是所生之物自然而然带上一种奇异不凡的色彩。"甘露下，竹实满，流黄出而朱草生。"注云："满，成也。流黄，玉也。朱草生于庭，皆瑞应也。"[4]庭中所生之草，自有瑞草与恶草之分，象征政治清明或疾蔽。"鸲鹆来巢，夺阳之象，孔子睹麟而泣曰：'吾道穷矣！'其后季氏有逐君之变，孔子有两楹之殡。今非常鸟兽，

① ［明］姚广孝《逃虚子集》，《北京图书馆古籍珍本丛刊》本，第815页。
② 马积高《历代辞赋总汇》，第10654页。
③ 黄晖《论衡校释》，第732页。
④ 何宁《淮南子集释》，第557页。

品物非一，似凤翔屋，怪草生庭，不可不察也。”[1]由此可以判断，庭草最初进入人们关注的视野并非是因其普通而常见的特点，反是其不循常规，较少发生的特殊性而引发具有思想意识先验的关注。尽管在类似的不少论著中，庭草的意义并未展示出其特有的审美倾向，但是在此后文学作品中出现的庭草题材，则基本脱去了应候征兆的感应论色彩。较早在诗中提及庭草的是曹植，其《闺情（其一）》：“揽衣出中闺，逍遥步两楹。闲房何寂寞，绿草被阶庭。”[2]庭中绿草所衬托出的是一个孤身闲居的女子，她的身形活动范围是有限的，因此眼前之庭草引发了她无意的关注，庭草不仅仅只是一个陪衬，仿佛更是女子思夫的无声伴侣。张协的《杂诗七首（其一）》同以庭草作为思妇怀人的寂寥底色：“房栊无行迹，庭草萋以绿。青苔依空墙，蜘蛛网四屋。”[3]与曹植诗所呈现的人物形象和关注焦点有着相似的轨迹，不过此诗中有意将庭草恣意繁茂与庭中空无一人相对比，寂寥之境更为深重。庭草的专题吟咏之作始于杜甫，其诗云：“楚草经寒碧，逢春入眼浓。旧低收叶举，新掩卷牙重。步履宜轻过，开筵得屡供。看花随节序，不敢强为容。”[4]诗歌意脉精严有序，以直接写草入题，次言草的外形体态，新旧对举之间突出草的生新质弱，而怜草之感渐次出之，层层递进，以花期有限而草长无穷的悲慨之意蕴蓄终篇。诗中实写花容而虚构观草叹嗟心境，新奇别致却无刻凿之痕，后人评之曰：“味‘不敢强为荣’五字，憔悴可怜，乃公自写怀抱，与草无与。因草而及花，因看花而及看花之身，诗人情思流宕，触物牵情，往往若此。”写庭草细弱

① ［晋］袁宏《后汉纪校注》，周天游校注，第353页。
② ［魏］曹植《曹植集校注》，第514页。
③ 逯钦立《先秦汉魏晋南北朝诗》，第745页。
④ 萧涤非《杜甫全集校注》，第4371页。

纤薄而及于自身者，多为触物感怀之作。曹邺《庭草》诗："庭草根自浅，造化无遗功。低回一寸心，不敢怨春风。"[①]诗中以庭草自比，形象简洁分明，柔委含婉之态见出字外。诗中的草既是自然生命的外在展示，又融合诗人自身的生命体验，既是以草为化身，却又似为草而代言，寥寥几语间韵味流转不尽。同样借庭草写人生感怀，王令的诗作在形式变化和意脉递进方面则更进一步，其《庭草》诗为两首小型组诗，这是此类题材在形式上的一个开创，其一写冬春草换，春闲自生，庭草的空寞自如正与诗人内心惆怅失意的凝重心怀形成鲜明对比，其二则直接绕过对庭草的形态刻画，"客愁浑寄泪，野思不堪歌。独有诗心在，时时一自哦"[②]，在意脉上与前诗衔接紧密，组诗的形式又使其拓展了抒情的空间格局，不过因其情绪氛围的过度浓重，使得庭草的外在形象相应被削弱了。庭草的创作，多抒以主体较为浓厚的情感思绪，但也有作品集中表现对庭草的欣赏之意。姜特立的《庭草》诗也是两首合成的组诗，其一云："一簇墙阴绿正繁，不依朱户傍雕栏。竹光苔色深相映，只许闲人静处看。"[③]诗人的关注点定在庭草所生方位，没有依傍雕栏画栋而为之增色，只是静立于墙阴幽暗之处，不为人所注意，但作者正一反其意，此清幽通明之景似更宜于静观闲赏，且草在诗人的眼中也具有了一丝倔强的姿态。其二直接以动静相较："幽幽庭下草，悟悦有禅味。君看红紫场，纷纭乱人意。"[④]红紫之场实际乃指世俗争利的喧嚣场景，但庭草的清幽独立使人从中能够渐悟些许禅意，在一种禅悦之中获得内心的平静安宁。实际上从庭草的创作来看，多

① 中华书局编辑部《全唐诗（增订本）》，第6933页。
② 北京大学古文献研究所《全宋诗》，第8164页。
③ 北京大学古文献研究所《全宋诗》，第24126页。
④ 北京大学古文献研究所《全宋诗》，第24126页。

数作品皆紧关创作者的内在情怀以及个体感发，这正与庭草所处之空间有密切的关系。庭草一般生于家中外庭院落，相对于其他空间之草，庭草与作者的日常生活交集频多，也更容易引发作者基于现实生活对有关家世人生、现实境遇的思考。庭草在其中更多地起到了主体睹物兴感的媒介作用，因其常入诗人之眼，所承情感之重也就不足为奇了。

草的分布除了有非生命的客观场所空间外，还有一种特殊的分布形式，在古代文学作品中概言之“树中草”。从现代植物学的角度来看，实际上以这种生存方式来维持种群正常运行的植物主要是附生植物和寄生植物。附生植物生长于其他植物体的表面，其生存的物质能量需求和获取方式不同于土壤植物，最常见的附生植物主要是苔藓和蕨类植物。寄生植物则主要依靠寄主生存，常常从寄主植株中获取所需要的水和养分，因此会对被寄生的植物造成危害，常见的寄生植物如菟丝、女萝、列当、野茹等。菟丝与女萝在古代文学作品中出现较早，《诗经》中就提到了女萝绕松的寄生现象，其《頍弁》篇云：“茑与女萝，施于松柏。”[①]茑是一种寄生草，今名桑寄生，是一种常绿寄生小灌木。女萝或解释为菟丝子，或解释为松萝，在现代植物学分类中，菟丝子和女萝是两种不同的植物类型，古人也已辨明，但是此处所言女萝却不同于现代植物学中的女萝，因其生存环境多“寄生于田边、路旁的豆科、菊科蒿子、马鞭草科牡荆属等草本或小灌木上”[②]，即便偶有生于松柏者，也难以成为主要的寄生方式，而对于显著的生物现象，著录缺失的可能则几乎不存在，因此，古人所言女萝当指松萝，与现代植物学

① 十三经注疏整理委员会《毛诗正义》，第1015页。

② 中国科学院中国植物志编辑委员会《中国植物志》（第六十四卷第一分册），第145页。

中的女萝是不同的。在咏物作品中，菟丝与女萝常作为指代男女之间爱情美好的形象符号，如《古诗十九首(其八)》诗："冉冉孤生竹，结根泰山阿。与君为新婚，兔丝附女萝。"[①]尽管并不是专题咏物诗，但诗中对物象的运用为赋予特定

图6　女萝（引自[日]细井徇、细井东阳撰《诗经名物图解》，日本国立国会图书馆藏）。

的文学寓意奠定了基础。李白《古意》诗："君为女萝草，妾作兔丝花。轻条不自引，为逐春风斜。"[②]诗中用了大量篇幅描写菟丝与女萝之间的亲密关系，并以女萝附松，与菟丝难以并生来喻指夫妻分离、相见不易的情状。刘世教《女萝》诗："女萝附乔木，荣悴难自保。昔为合欢花，今为断肠草。"[③]纵然男女欢爱为一时之好，但是世事变易，倏忽即转，难以预料，因此像女萝一样柔弱无力的一方，常常承担着美好情感易缺难全的风险。也有将人生的感遇托之于菟丝、女萝的缠绕附生，如谢朓《咏兔丝诗》："安根不可知，萦心终不测。所贵能卷舒，

① 隋树森《古诗十九首集释》，第12页。

② [唐]李白《李太白全集》，王琦注，第453页。

③ [明]刘世教《研宝斋遗稿》，《四库未收书辑刊》本，第232页。

伊用蓬生直。”[1]人生处处充满危机，面对不可预知、祸福难测的政治环境，弃直从曲，随世委化，取其枝茎卷舒自如的特性以为自我安身立命之姿态。元稹《兔丝》诗:“人生莫依倚,依倚事不成。君看兔丝蔓，依倚榛与荆。”[2]以菟丝之枝蔓倚伏劝谏世人脱离趋附之心，人生应当尽量以一种“灵物”所具有的特达自立的姿态安身于世，从而不被命运的枷锁牵绊。耿汝愚《兔丝附女萝》诗:“托生本异质，相纠若同根。好傍松梢引，羞邻蓬叶翻。人应怜嫵婉，物恐妒婵媛。却畏风霜至，含怀不敢言。”[3]所生虽弱质，但心期松干之坚实有力，无奈本性之柔婉嘉良却恐横遭他妒，因此人生须臾一世，世间风霜吹打不可避免，是以谨言慎行为行世戒范。顾宗泰的《茑萝赋》则别出新意，突破过往传统的寄托意义，既非对两情缱绻的类比言说，也非对人生处境的比附论道，而是以女萝爬松的物理常态为核心，咏其二者之间的同气相感与追求不凡的超拔格韵。赋中分别摹写茑与女萝的不同物态，“而萝之为物也，金丝幂历，免缕丰茸。芋魁土掩，苓寔苔封。初抽苗而比附，渐得草而繁秾。缘碧岩而万叠，挂丹石以千重。系烟林之寂寂，绕云壑之淙淙。采唐忆风人之韵，扳葛怀仙客之踪”，以其繁辞丽藻极写女萝丰密缠绕、深幽纤茂之态，在此之后对女萝柔美之姿加以总结，“睇藤茑之天然,攀丝萝之美甚”,以一“美”字括写作者对女萝的盛赞。此赋有序云:“夫松柏孤生劲特,茑萝则柔条脆叶。其托乔木以附青云者，其气有相感召者乎。”[4]顾赋所写超离女萝依松的一般表象，而将思考的角度设置于对女萝向上攀缘目的的探讨，并贯之以传统同气相感、

① 逯钦立《先秦汉魏晋南北朝诗》，第 1452 页。

② ［唐］元稹《元稹集》，冀勤点校，第 4 页。

③ ［清］耿汝愚《江汝社稿》，《四库未收书辑刊》本，第 691 页。

④ 马积高《历代辞赋总汇》，第 12685 页。

同类相依的观物逻辑，将女萝的形象写得新颖脱俗。

对菟丝、女萝的咏写意味着作者聚焦于具象的形态及其感发作用，在实际生活中，出于树中草不止一种类型，或者因作者表达意愿的不同，还有不少泛写树中草的咏物作品。与对菟丝、女萝的观感相似，托生于树中的青草也凸显着一种弱小飘摇的无定状态。萧纲《树中草》诗："幸有青袍色，聊因翠幄凋。虽间珊瑚蒂，非是合欢条。"[①]尽管此草具有为所征用而无私献己的精神色彩，但并没有凭此而获得稳固的交互关系，甚至连"每风来辄相解，了不相牵"的合欢枝条都无法比照。李白的《树中草》诗则因其而生感，诗云："鸟衔野田草，误入枯桑里。客土植危根，逢春犹不死。草木虽无情，因依尚可生。如何同枝叶，各自有枯荣。"[②]草生于树一方面可表明草之生命力具有较强的韧性，但另一方面这种"因依可生"也存在着不确定性，又印证着树中草的脆弱本质。然而尽管草树并无交情，可其结局要比关系密切的一树同枝来得更为完美，因此此诗也被许多论者视作讥讽皇室内部的骨肉相残。相对于前代萧纲同题之诗，王注引胡震亨语云："此诗虽拟旧题，而借讽同根，辞意尤微，非复宫体物色初裁矣。"赵翼云："皆人所百思不到，而入青莲手，一若未经构思者。后人从此等处悟入，可得其真矣。"[③]李诗不仅在篇幅上有了扩展，使原诗题所涵盖的内容倾向进一步具体化，且其寓意精微，笔触自然蕴藉，使树中草的形象具有了更加丰满的意蕴。李白诗中之草的艺术功用主要通过以草树异类共生来反衬同类的紧张斗争，这一写法为此后的相同题材所借鉴。如

① ［南朝梁］萧纲《梁简文帝集校注》，肖占鹏等校注，第170页。

② ［唐］李白《李太白全集》，王琦注，第336页。

③ ［清］赵翼《瓯北诗话》，霍松林等校点，第5页。

张祜《树中草》诗："青青树中草，托根非不危。草生树却死，荣枯君可知。"[1]朱诚泳《树中草》诗："草木非同气，托根犹可生。如何兄与弟，同气却无情。"[2]前者进一步将草树联结之比变化为草与树不同情形的直接对比，突出生命无定、难以捉摸的咏叹。后者则剥离诗中原有的寄意深微、兴象含蕴之特点，直指所喻兄弟无情崩离的现实情境，诗意直截了当而具议论语势。出于对树中草生长依附本质的认识，引发人们更多关注的则是对这类草所形成之人生道路的思考。唐文凤《树中草》诗："野草附树青，蟠根空穴里。虽蒙雨露濡，柔叶易枯死。嗟尔亦何情，失地犹贪生。不如培厚土，芊芊自欣荣。"[3]在正统道德价值观中，寻找依附而求保得全生的生存路径是不被认可的。草的柔弱本质昭示了其依傍他物的无法持久，因此，回归厚土所代表的植根之地，独具本色自立之态，积累沉淀，挺立不屈，才能具有长久的生命价值。此类作品大抵都将树中草视作软弱无靠、难以自立的形象而出以反思规劝，高一麟《树中草》诗："青青之树何多情，霜降一夜朔风起。树自凋兮草自死，树凋明年青复青。草死根枯终已矣，何如托庇土德厚，纵死生机犹可理。"[4]诗中结合风霜意象道明了树中草悲剧命运的本质，其以依附借力的方式所换取的暂时繁荣并不会持久，与扎根实地的青草相比，难以经受严酷风霜的考验，极易受外在形势的变化而遭摧折。因此，对于这种不切实际的生存选择，诗人多发之以感叹而加以否定，王砻《树中草》诗："树中草，青且高，先沾雨露得天早。终傍他人恩，

① 中华书局编辑部《全唐诗（增订本）》，第5873页。
② ［明］朱诚泳《小鸣稿》，《影印文渊阁四库全书》本，第175页。
③ ［明］程敏政《唐氏三先生集》，《北京图书馆古籍珍本丛刊》本，第744页。
④ ［清］高一麟《矩庵诗质》，《清代诗文集汇编》本，第530页。

何如丸丸自立其身。”[1]自立相对于依附，是古代文人道德精神世界的不二选择。面对依附而生的对立现实，有的人质疑中略带惋惜，也有人直指其弊，贬弃之意露于言表。王世贞《树中草》诗："共承雨露恩，俱作青袍色。方朔与侏儒，根柢不相直。”[2]树与草之不同正如东方朔与其他优伶之异质，虽然从表面上而言，似乎皆是滑稽调笑之人，但东方朔的胸襟抱负与才华气质是其他优伶所不能相提并论的。当然，也有人感念自己遭遇的不幸生活而对树中草的苟且抱以同情，释函可《树中草》诗："微贱一茎草，寄生枯木中。客土本无多，安敢望丰茸。孤根藉纤露，暂此朝夕荣。不择栋梁材，秪贵空能容。”[3]此作缘情写景，以草的卑弱微贱和生存道路的狭窄逼仄而衬托其退让无助的形象。

① ［清］王砻《大愚集》，《清代诗文集汇编》本，第507页。
② ［明］王世贞《弇州四部稿》，《影印文渊阁四库全书》本，第90页。
③ ［清］释函可《千山诗集》，《续修四库全书》本，第29页。

第三章　咏草诗赋的情感思想及其艺术表现

咏物之作不仅应对事物的物态形色有着精细的刻画描摹，同时更要求在咏物之中有所寄托，在赋诗言志的诗学传统之下，我国古代的咏物作品往往有着深广的人生寄托和情感表达。在咏草诗赋中，作者的主题表达体现为两个部分：其一是以离别、相思为主要内容的多样化的情感投射，融入自我对时间、人生、命运、历史、现实等方面的思考和感慨；其二是延续自先秦以来所形成的以草比德和象征人格的表达体系，通过对草与人格修养、社会政治之间的联系，对具有代表性的特定草品以及除草活动中引申的人格善恶之别加以表现和阐发，形成了咏草诗赋中固定的象征体系。

第一节　离情别绪与相思之苦

离别是古代文学中的一个恒常主题，从客观角度而言，古代的交通和信息体系并不发达，大多时候的离别意味着长久的隔绝和音讯难通的困境，其中交织着不舍、担忧、告慰、伤怀等复杂情愫；从主观角度而言，家庭为主的社会单元和伦理道德意识下的士人心理，都显示着离别中存在的情与理的矛盾，折射着主体内心在传统意识形态影响下理想与情志的选择和表达。离别主题在中国古代文学创作历程中，具有较高的普遍性。文人不仅在情感上认同离别主题的表达效应，也发挥着各自的主观能动性，推动离别主题在意象运用、题材抉发、艺术表现以及情意彰显等方面的发展和进步。对于咏草文学作品来说，离别主题也是贯穿这一文学题材的重要思想内涵和情感寄寓，草的题材与意象作为一个抒情基本载体，在不断拓展情感内蕴的基础上也使自我形象的审美效果得到了丰富。

从古代诗歌的发展进程来看，早在《诗经》时代就已经产生了富于离情别思的诗歌作品。在《诗经》中或是表现因征役而分别，或是表现女子思夫，都从不同的内容中展示了离情所具有的朴厚动人之力。《诗经·东山》："我徂东山，慆慆不归。我来自东，零雨其濛。我东曰归，我心西悲。"[①]诗中的主人公外出征战，经久未归，因此倍加想念西向的家乡。归期难料使得以他为代表的背乡征夫心悲不已。此诗对离情的抒发是直接性的，表现的感情强度亦十分有力。同时在《诗经》中还有不少借用草来表现离情的诗作。如《诗经·卷耳》："采采卷耳，不盈倾筐。嗟我怀人，寘彼周行。"[②]《诗经·草虫》："陟彼南山，言采其薇。未见君子，我心伤悲。"[③]《诗经·伯兮》："自伯之东，首如飞蓬。岂无膏沐，谁适为容。"[④]卷耳、薇、蓬都是草类植物，其中卷耳和薇在《诗经》中也常作为野菜供人们日常食用。这类诗歌多以草类意象起兴，在一定的生活背景下揭示离思别情的发生。但此中以"蓬"为喻的诗句并非起兴，而是将其与诗中人物的形象加以联合，透过蓬草纷飞繁乱的印象，侧面展示了人物因离别思念而无心整容的生活状

① 十三经注疏整理委员会《毛诗正义》，第607页。
② 十三经注疏整理委员会《毛诗正义》，第44页。
③ 十三经注疏整理委员会《毛诗正义》，第84—85页。
④ 十三经注疏整理委员会《毛诗正义》，第286页。

态。由以上所举可见，《诗经》中多写女性别后之思，这在离情的基本内涵中又加入了一定的相思成分。另外，如《诗经·采薇》："采薇采薇，薇亦柔止。曰归曰归，心亦忧止。忧心烈烈，载饥载渴。我成未定，靡使归聘。"[①]此诗完整地呈现了作为征夫在离乡征战时忧国情怀与思家心切之间的矛盾，是《诗经》中不同于女子思夫的一类创作内容，这既展示了不同主体在同一主题表达意愿范围内的差异性，也丰富了咏草诗赋中不同情境下围绕草所兴感的情意表现模式。

在史诗序列中，《楚辞》是与《诗经》先后相承的另一重要成就，在古代文人的心目中，《诗》《骚》可以说为中国文学传统树立了最为经典的创作范式，同时更因《诗》的经学化而使其学术地位和文学价值凌越历代，它们共同构成了古代文学的发端和源泽。张戒《岁寒堂诗话》论诗史云："《国风》《离骚》固不论，自汉魏以来，诗妙于子建，成于李杜，而坏于苏黄。"[②]尽管其论不免针对于江西诗风，但宋人推举《诗》《骚》为文学传统的标准范式，还是普遍认可的。严羽在论及学诗次序的时候，独推《楚辞》为首："工夫须从上做下，不可从下做上。先须熟读《楚辞》，朝夕讽咏以为之本。"[③]严羽之所以将《诗经》略去不提并非忽视，而是将其视为经学代表。他的论述则更本于纯文学的色彩。可见，《楚辞》的重要性在文学传统中自不必说，并且其对咏草诗赋中表现离情别思的主题也有着深远的影响。关于离别，《九歌·少司命》的诗句最为古今传诵："悲莫悲兮生别离，乐莫乐兮新相知。"[④]不仅道出了离别之际人性真情的自然流露，也为后世文学创作

① 十三经注疏整理委员会《毛诗正义》，第690—691页。

② ［宋］张戒《岁寒堂诗话》，《历代诗话续编》本，第455页。

③ ［宋］严羽《沧浪诗话校释》，郭绍虞校释，第1页。

④ ［宋］洪兴祖《楚辞补注》，白化文等点校，第72页。

中离别主题之下常具的浓重悲剧色彩奠定了基调。相对于《诗经》,《楚辞》所突出发扬的艺术形式并非比兴，而是象征，其香草美人的象征系统开辟了后世文学创作中塑造审美形象的基本路径。这一象征的核心文本载体《离骚》，实际上并未以香草的形象如《诗经》般引发对离别的兴感，而是以其作为个体人格美好象征的指代。尽管如此，从《离骚》的整体意义上来看，诗中的主人公所经历的远离求索之过程，内心充满了矛盾与痛苦，但这种情绪已经脱离了个人亲情、友情等非政治性情怀的抒发，他的离思乃是在苦难中寻找新的出路，而这出路的方向又必然与香草的象征具有一致性。《楚辞》因与楚之巫文化有着密切的关系，因此往往其情思的指向又有着非人间的色彩，但人神之间试图交往沟通的努力，却别具真情之感。《山鬼》:“采三秀兮于山间，石磊磊兮葛蔓蔓。怨公子兮怅忘归，君思我兮不得闲。”[①]诗中的山鬼美丽动人，而她对情人的思念追寻更具感染力，她所见的葛草正如内心缠绵悱恻之忧思不断，别后难见，怅然若失，富有情境和人物形象感的诗句极为动人。草与离情的关联，实际上借《楚辞》的影响力进而最终形成了稳定的表意结构，也因此在古代文学的言情表意系统中开辟了更大的创作空间,推动草与离别主题发生这一关联的是《招隐士》篇中的千古名句 :“王孙游兮不归，春草生兮萋萋。”[②]《招隐士》此篇被刘熙载评为“骨之奇劲”,“韵趣高奇，词义旷远，嵯峨萧瑟，真不可言”[③]。尽管赋作主旨在历史上多有争论，多数人认为乃为刘安招揽隐者贤士之作，也有人认为是其宾客因其涉入政治危局而提醒刘安早

---

① ［宋］洪兴祖《楚辞补注》，白化文等点校，第 80—81 页。

② ［宋］洪兴祖《楚辞补注》，白化文等点校，第 233 页。

③ ［清］刘熙载《艺概注稿》，袁津琥校注，第 431 页。

日抽身的作品[1]。无论是什么主题，这二句所关乎的一种怅惘不归，相问无讯的难解之思，是历来所认同的。围绕着这两句广泛流传的诗，在古代咏草文学的发展演变中，形成了一个吟咏离别主题的经典模式。

以“春草王孙”咏叹离别的形式，逐渐发展为一个表现这一主题的文学典故，它的形成其实正标志着以草作为离思寄托媒介的定型化和成熟化。在创作实践中，人们最初的选择是以王孙为中心，借人的出游不归直接表现相思离别之情，如张华《杂诗三首（其二)》云:“王孙游不归，修路邈以遐。谁与玩遗芳，伫立独咨嗟。”[2]诗中所写，是思妇对游子远离之后久久不归的盼念，一个是借王孙言游子之远，一个是自叙倚路怅望的形象，离别相思之情在两个凝练简明的形象中明晰而自然地显现出来。以王孙为离别的特定形象，在诗歌中的反映便是产生了题为《王孙游》的诗歌。这一类诗歌虽写离别忧思，却依然将草作为了诗歌情境的主体意象，将王孙春草的象征意义进一步黏合发挥。如王融的《王孙游》诗:“置酒登广殿，开襟望所思。春草行已歇，何事久佳期。”[3]所思之人如王孙般久久不归，春草之生标志着时间的流逝，因此以一“久”字直接托出，对于春草意象的运用而言，是从时间的维度赋予其一层新的思想意义，深化了这一典故的形象内涵。又如谢朓的《王孙游》诗:“绿草蔓如丝，杂树红英发。无论君不归，君归芳已歇。”[4]谢诗中用草的变化来代表时间长度的意义已相对显著，而对王孙出游难归的思恋也正相融于诗歌时间性所表达出的想象空间之中。到了唐代王维《山中送别》，则更加将王孙与草的形象紧

① 马茂元《楚辞选》，第257页。

② 逯钦立《先秦汉魏晋南北朝诗》，第620页。

③ 逯钦立《先秦汉魏晋南北朝诗》，第1392页。

④ 逯钦立《先秦汉魏晋南北朝诗》，第1420页。

密关合起来:“山中相送罢，日暮掩柴扉。春草明年绿，王孙归不归。”[①] 如此一同连缀出现的形式，成为诗歌离别情意表达过程中极为凝练概括而具有普遍象征意义的重要意象，同时对咏草题材的拓展起到了积极的助推作用。唐代李中《赋得江边草》诗：“静宜幽鹭立，远称碧波连。送别王孙处，萋萋南浦边。”[②]“南浦”亦是古代文学中用以表现离情别意的特定意象，并且经过后世特别是江淹的发展，逐渐形成“江郎南浦”的文学典故。《楚辞·河伯》云：“与子交手兮东行，送美人兮南浦。波滔滔兮来迎，鱼邻邻兮媵予。”[③]尽管并未言及草木，却同样生成了离别主题中至为经典的一个固定意象，再加之王孙春草的典故，由此足以将《楚辞》视为古代文学离别主题创作发展的生命之源。江淹《别赋》:“春草碧色，春水渌波，送君南浦，伤如之何！”[④]经过此赋的推动，芳草与南浦用来表现忧离伤别的意象功能，获得了后世文人的情感共鸣，与王孙不归共同成为构织传统送别思归诗赋的一类核心题材和意象。黄居中《梦赋春草得不除阶砌怜生意忽感池塘起梦思之句因续成之（其二)》:“临书沃若文成带，醉酒颓然锦作茵。何事王孙归未得，汀洲一望转伤神。”[⑤]以汀洲寄寓别情的用法出于柳恽《江南曲》:“汀洲采白蘋，日落江南春……故人何不返，春华复应晚。”[⑥] 黄诗安排意象别出新意，汀洲生草而未直言，却暗含白蘋于诗意之中，而所送所忆之人又以王孙加以代替，既符合王孙春草固定形象的表现

① ［唐］王维《王维集校注》，陈铁民校注，第465页。

② 中华书局编辑部《全唐诗（增订本)》，第8592页。

③ ［宋］洪兴祖《楚辞补注》，白化文等点校，第78页。

④ ［南朝梁］江淹《江淹集校注》，俞绍初校注，第167页。

⑤ ［明］黄居中《千顷斋初集》，《续修四库全书》本，第490页。

⑥ ［南朝陈］徐陵《玉台新咏笺注》，穆克宏点校，第200—201页。

方式，又融入同类意象而扩展表现空间，这样的写法既具传统性又具创新性，似较出色。李佐贤《春草》诗："萋萋曾为送王孙，宛转多情绿绕门。小立东风才识面，不经南浦也销魂。"[①]王孙不归，春草萋萋，似以原句用之，却更是原句的一个注脚。春草在离别情境中，一方面起到引发人物触物兴感的作用，另一方面人们视其为离人伴途之物，在这一层，诗句将草人格化，以草作为送别情境中的主体，草也似人般具有了难以舍别的怅惘之情。这种"以我观物"的写法，是对诗歌形象内涵厚度的增润。在咏草之赋中，王孙春草的表意结构则转为对草赋咏的一重形象铺陈。汪绂《春草碧色赋》："离恨别兮怆神，何芳草兮青青。送王孙兮不返，独延伫兮深情……路杳杳其何之兮，生人别离行人去国以怀乡兮，亦惟草色之凄其满目。"[②]芳草青青正是行人离后空无涯际的眼前之景，今昔对比，送别之时的人事仿佛还历历在目。草色迷眼，如思绪纷乱无措，也如别离之悲愁层叠铺盖。赋中的铺陈与情感的表白密合无间，王孙春草的形象展现得较为丰满。崔国琚《春草碧色赋》："牵将游子深情，漠漠青连别浦；望断王孙归路，萋萋绿满天涯。"[③]由此可见，赋中的草多有创制特定场景的作用，连绵广布之草牵引着绵绵离思，王孙的形象勾连在当下时空之外，与草的渺远共同形成别久思切、情深意远的审美意蕴。

如草生之普遍，凡有草之处，它常常会被作者纳入诗文中，或成意象点缀烘托，或为形象集中刻画。但无论是何种形式的创作，在文人咏草之作中往往都会表现伤别怀归之意。从古人的生活现实来看，

---

① ［清］李佐贤《石泉书屋诗钞》，《续修四库全书》本，第 557 页。

② 马积高《历代辞赋总汇》，第 10653—10654 页。

③ 马积高《历代辞赋总汇》，第 19658 页。

相离出行是古代士子几乎都要经历的人生片段，因此文人群体中对羁旅之思、送别之情、别后之怅都有着集中而深刻的情感体验，这是以咏草写送别的主观性条件。文人出行，或行陆路，或行水路，因此既有原上山间之别，也有南浦汀洲之送，在此类分别场景之中，草是离别情境的主要衬托物，这为咏草诗赋中寄托、烘映离愁别绪准备了客观性条件。以离别为中心表达的情感意绪，在咏草诗歌中呈现为不同的表现视角和抒情模式。送别之际，游子与亲友故人之间往往情思交缠，难舍难分，依依惜别之情借草的形象渐次流露。皇甫冉《江草歌送卢判官》诗："江皋兮春草，江上兮芳草。杂蘼芜兮杜蘅，作丛秀兮欲罗生……吴洲曲兮楚乡路，远孤城兮依独戍。新月能分裛露时，夕阳照见连天处。问君行迈将何之，淹泊沿洄风日迟。处处汀洲有芳草，王孙讵肯念归期。"[1]别时之地，芳草丛生，想象别后之情形，难免使人有孤凄零落之感。而出发时间的一再推迟，是为友人之间真情挚怀的自然结果，丛草之环绕，更营造出不舍相别的环境氛围。这种写法，宋人郭祥正的《春草碧色》诗与之如出一辙，但更简练显明："雪洗烧痕尽，春将碧色来。行人莫回首，渡口夕阳催。"[2]相送之时道出惜别之情，而惜别与愿归又在不舍和祝愿中统一起来，如袁表所辑高棅《赋得春草碧色送丘少尹归四明》诗："春色有佳兴，送君惜别情。帐前见芳草，绿尽空江浔。千里霭晴翠，夕阳烟际深。遥分白鸥水，近映青枫林。萋萋满行衣，苒苒生别心。王孙行当归，蘼芜思越吟。"[3]芳草夕阳、远水枫林，乐景之中寄寓着相别的哀思，"思越吟"用庄舄仕楚

① ［唐］皇甫冉《唐皇甫冉诗集》卷二，《四部丛刊三编》本。

② 北京大学古文献研究所《全宋诗》，第9003页。

③ ［明］袁表等《闽中十子诗》，苗键青点校，第135页。

之典，既对友人抱之以良好期许，又语之以早归而勿忘乡之意。尽管离别之际的相送往往是居乡之人送别亲友离开，但另一种情况则为原本同是异地之人而送他人归家，其中所表达的又是另一番颇为不同情感天地。黄仲昭《芳草吟送李茂容归莆》诗："都门积雨晴，芳草增新翠。歧路送君行，感之发长喟。与君客京华，芳草几荣瘁。草色自年年，王孙归未遂。高堂伤别离，昕夕几行泪。客心自凄然，况与芳草对。君今别我去，所恨不同队。安能若芳草，处处随君骑。凭君向高堂，寄声一相慰。游子倦风尘，久动乡关思。早晚谢簪缨，归卧云中寺。众草歇芳时，行人会当至。"[①]诗中所言为送别之际的情景，其中虽有不舍相别之情，却并非因背乡而发，乃是有感于二人同客异地，艰辛共处的深挚情谊。全诗意脉转折有致，既有送别之时对人生感触的喟叹，又抒发自我淹留、无可同归的悲戚，最后以对友人的宽慰收束，颇具情感的波澜。诗中草的形象有着双重意蕴：一方面指代离乡时间之久，草之荣瘁代表着时间的轮回；一方面以追随者的形象为对比，悲叹人不如草的内心忧痛。咏草以写送别之诗还有如吴锡麒《春草四首（其二）》："塞北至今青冢在，江南相望绿波新。萋萋送别先愁我，不独江淹是恨人。"[②]朱黼《赋得春草赠别》："烧后一原频怅望，车前千里误相思。而今又踏裙腰去，辜负垂杨管别离。"[③]前者借江淹《别赋》以抒异代同感之情，后者借折柳之典以写不胜频别之叹，形式不拘一格，情感真挚动人，使草的审美效果在主题表达中得到了新的升华。

送别之诗多产生于互别之际，当然也有部分是忆别之作，但与其

① ［明］黄仲昭《未轩文集》，《景印文渊阁四库全书》本，第 499 页。
② ［清］吴锡麒《有正味斋集》，《续修四库全书》本，第 393 页。
③ ［清］朱黼《画亭诗草》，《四库未收书辑刊》本，第 89 页。

他情境的诗作最大的不同在于言别之诗具有对象指向性，也即诗歌主题并非仅以感慨人生世事为离别主调，且为特定对象所写，将自我与他人之间的情感关系融入诗中，表现出一定的互动特征。送别作为分离之始，在离别后的生活环境中，诗人或感离家远亲之羁愁，或抒思归忆亲之情愿，往往因草生感，情意所发多指向自我内心的人生体验。陆机《悲哉行》："幽兰盈通谷，长秀被高岑。女萝亦有托，蔓葛亦有寻。伤哉客游士，忧思一何深。目感随气草，耳悲咏时禽。寤寐多远念，缅然若飞沈。愿托归风响，寄言遗所钦。"[1]无论幽兰还是葛蔓，都有缠绕附生的特征，而人恰与草相反，为客异乡，见此物态自不免心生游离之悲，辗转愁思，言不尽意。尽管最后二句以寄人作结，却不掩诗中的深切羁愁。杜甫《遣兴其四》："蓬生非无根，漂荡随高风。天寒落万里，不复归本丛。客子念故宅，三年门巷空。怅望但烽火，戎车满关东。生涯能几何，常在羁旅中。"[2]此诗以飘蓬起兴，诗句源于曹植《杂诗七首（其二）》"转蓬离本根，飘飖随长风"，因此也被目为直承魏晋之风，如陈廷焯云："起四句，比而兴也。用比兴起是魏晋气格。结二句有多少叹息，多少愤惋。"[3]诗中贯穿对故乡亲人的关切思念，转及自身漂泊无归的叹恨，情思的流转慷慨沉着，羁思在对家国生民的忧念中显示出宽博气度，沉郁顿挫之致覆于全篇。王令的两首《庭草》诗，于病客他乡写就，抒发了不得归里的愁思与人生失意的悲慨，真切动人。其一诗："庭草绿毵毵，庭花闲自开。长鸿抱寒去，轻燕逐春来。时节看风柳，生涯寄酒杯。伤春欲谁语，游子正徘徊。"其

① ［晋］陆机《陆机集》，金涛声点校，第 74 页。

② 萧涤非《杜甫全集校注》，第 1200 页。

③ ［清］陈廷焯《白雨斋诗话》，彭玉平纂辑，第 135 页。

二诗："平时已多病，春至更蹉跎。恶土种花少，东风生草多。客愁浑寄泪，野思不堪歌。独有诗心在，时时一自哦。"[1]写庭草，既是身体空间移动的局限，又是客居悲苦的反映。草之多，是春生旺盛之势所至，也是无力除草造成的结果，春气冲勃而人身薄弱，况环境多劣，由此产生的游子困顿、客居愁苦之情也就更加深重，伤春亦是伤己之人生，无处派遣的无奈与矛盾纠结于主体内心。秦夔《题芳草图》："东风绿遍江南草，露叶缄春觉春早。点染谁将写作图，雪舟之人今已老。霜台先生发半华，十年游宦天之涯。乡园咫尺归未得，见尔青青应自嗟。"[2]题画的形式与咏草的内容合为一体，是咏物作品中较为新颖的表现方式。尽管诗中芳草非亲眼所见，亲身所临，但同由精神层面的思考模式出发，更为贴近创作主体的心理常态。宦游与身老，既是人生的统一进程，又是一对士人立身的矛盾体现。天涯漂泊，家园不归，自是心怀惆怅，更添此身渐老他乡的现实，不由得加深了失意无奈的个体情绪。

抒写客旅羁愁与身滞异乡之感，往往与文人的理想情怀、志向抱负以及身世遭遇结合在一起，面对现实的困境，难以摆脱飘零孤独的内心哀感，借诗歌以寄托愁绪。愁之无奈常不可解，人生的多重矛盾也非人力可控，于是思归期返常常成为文人内心中所希望、所安心的人生归宿。咏草诗歌中融入归思，草的形象是勾连作者对现实与期待之间情思关联的一个媒介。沈约《岁暮悯衰草》："风急崤道难，秋至客衣单。既伤檐下菊，复悲池上兰。飘落逐风尽，方知岁早寒。流萤暗明烛，雁声断才续……园庭渐芜没，霜露日霑衣。愿逐晨征鸟，薄

① 北京大学古文献研究所《全宋诗》，第 8164 页。

② ［明］秦夔《五峰遗稿》，《续修四库全书》本，第 171 页。

暮共西归。”[①]岁暮恰是归期之征，但实情却是无法得归。诗人因放任东阳，被现实境遇所困，正如芳草不得不为季候所变一样，草既是诗人的象征，它的变化也是诗人情感的化身。作者之外放实不得已，因此其祈愿思归之心便愈加强烈。思归的希望往往以不归的结局落空，因而内心之空惘与青草之广生构成了反差，以此结构张力来突出思归的深切。扈载《芳草》:“幽芳无处无，幽处恨何如。倦客伤归思，春风满旧居。”[②]欲归而不得，无处不生之芳草只能平添内心愁绪，并且借助想象还顾旧居，同为芳草所生之地，心境的巨大差异自现于字句之中。晏殊《草》:“春尽江南茂草深，绕池萦树碧岑岑。长安官舍孤根地，一寸幽芳万里心。”[③]方寸之间思乡之心便可产生，更何况萦绕不绝的萋萋碧草。少与多、小与大之间的反差，如此构筑在一幅画面之内，情感的凝聚力度是很大的。想象故乡庭院草生葳蕤，再铺叠以美景不得赏心之况，亦可谓横跨时空的一类反差对比。王兰升《和严秋槎春草原韵时客淮南》诗:“流水横桥碧柳斜，可堪怅望路三叉。夕阳巷口无飞燕，暮雨村中有落花。愁绝芜城还作客，春深梁苑不归家。故园风景多应好，绿满窗前衬笋芽。”[④]客居淮南之地，春深之际据常理而言并非景色不佳，但在诗人眼中似心念家中风景而无心赏眼前之物，作者对草的主观态度鲜明地透露了对家乡的浓厚怀念，对家园之草的审美情感投射越深，则意味着归情越挚。想象与现实、不同心境之间的对比结构，使诗歌的情感表达效果生新有力。

文人离乡在外有思归念亲之心，与此对应，未得征行的亲友则对

---

① 逯钦立《先秦汉魏晋南北朝诗》，第 1665 页。

② 中华书局编辑部《全唐诗（增订本）》，第 10104 页。

③ 北京大学古文献研究所《全宋诗》，第 1946 页。

④ ［清］孙雄《道咸同光四朝诗史》甲集卷四。

出离的游子同样抱有思念和关切。咏草以相怀相念，牵连着两端之人心，因草而引发的离情别绪在个体的交流过程中成为一种特定行为下普遍的社会心态。张旭《春草》诗："春草青青万里余，边城落日见离居。情知海上三年别，不寄云间一纸书。"[1]正是"万里"的青草，方才使彼此遥隔的空间距离有了连接传递的前提，但这亦只是作者主观上的情感投射，相比于更具现实期待的家书而言，空有万里青草，只能徒增对边塞友人的强烈思念。李洞《龙池春草》："浅得承天步，深疑绕御轮。鱼寻倒影没，花带湿光新。肯学长河畔，绵绵思远人。"[2]诗虽是应制而作，却于其中包含了咏草诗中的重要主题，并化用汉乐府"青青河边草，绵绵思远道"之句，将居人之思写得确然分明。李中《赋得江边草》："岸春芳草合，几处思缠绵。向暮江蓠雨，初晴杜若烟。静宜幽鹭立，远称碧波连。送别王孙处，萋萋南浦边。"[3]南浦是送别之处的代称，春草几多，连绵幽静，美好清丽之景却不能宽慰怀思远方游子之心，反因不得同俦而倍添愁思，缠绵辗转，思心不尽。王恭《赋得草色寄同袍友人》："色借罗衣绿更新，乐游原上几回春。只今烟雨河桥路，愁对青青忆远人。"[4]几番草新，暗示着分离时间之久，也将对友人复归的期盼逐层加深。草的生长枯萎往往被视为时间流动的标志，以人生迁转为底色的思远忆故，给以草写情的艺术表现方式增加了丰富的情思内蕴。

同样属于此类居人怀远之情的表达，诗中写女子对游子的相思既是传统文学爱情主题的一部分，也是咏草作品中较为特别的一类情感

① 中华书局编辑部《全唐诗（增订本）》，第1181页。
② 中华书局编辑部《全唐诗（增订本）》，第8370页。
③ 中华书局编辑部《全唐诗（增订本）》，第8592页。
④ ［明］王恭《白云樵唱集》，《景印文渊阁四库全书》本，第188页。

表达。相思之情建立于男女之间的特定情感，实际上是怀人与抒写爱情的双重表达，草既可作为触发情感的物象媒介，亦便于作为抒情主人的倾诉对象。以草为触媒，以汉魏古诗为其发始，并得到了文人们的集体接受。《古诗十九首（其二)》云："青青河畔草，郁郁园中柳。盈盈楼上女，皎皎当窗牖……昔为倡家女，今为荡子妇。荡子行不归，空床难独守。"[1]以青草起兴，本意并不在于塑造草的审美形象，但诗歌对推进草与相思之情表达之间的联系产生了重要的影响，直接派生了草作为触情媒介的艺术功能。后世多有此诗的拟作，融合以闺怨相思成为其固定的情感特征。周紫芝《拟青青河畔草》："春风入猗兰，光艳照罗绮……今织回文机，中有相思字。相思日夜切，尺书无雁寄。谁能知妾心，脉脉含远意。"[2]诗中以兰草为特定景象，光丽映人之表一方面以类比女子形象的芳洁，一方面衬托思心通透无杂，显现真情脉脉。句中反复提及"相思"，依次铺叠内心孤苦盘结的思恋意绪。何白《芳草八首（其七)》："织雨萦丝绿罽成，玉阶宁辩美人名。长门深锁歌台合，别殿无媒辇路平。露叶如啼萦画扇，烟荑含黛映桃笙。君恩愿与春风约，岁岁深宫吹又生。"[3]此一首所表的思情，第一层为相思，也是主人公最基本的情愿。但诗意所及非寻常人家，长门深怨又涉及陈皇后被废之典，人如孤草却又不堪为比，因此相思与宫怨合而为一，深诉女子在宫墙内的不幸命运。孙原湘《春草（其一)》："春来何物最先知，原上离离绿易滋。几日落花人去后，一番寒食酒浇时。西堂暗助神来句，南浦新添恨别辞。水国不须红豆子，芳洲处处是相思。"[4]

① 隋树森《古诗十九首集释》，第 3 页。
② 北京大学古文献研究所《全宋诗》，第 17093 页。
③ ［明］何白《汲古堂集》，《四库禁毁书丛刊》本，第 216 页。
④ ［清］孙原湘《天真阁集》，《清代诗文集汇编》本，第 81—82 页。

游子客行，春生草茂，相思之意随草之生而滋长无极。诗借女子内心之思表作者本我之意，颇见柔情萦绕之状。与男性诗人相比，女性诗人直接创作离合相思之作，则有助于透过文字来揣摩女子内心的真实情态。徐媛《又赋得芳草步深字》:“春光平野合，空翠步郊寻。色断王孙路，芳牵少妇心……葳蕤盈玉砌，葱茜耀华簪。日暖游蜂罥，烟浓塞马侵。常愁惊岁换，衰谢岂堪任。极望伤千里，空教忆子衿。”[①]女子心意的敏感在诗中展现无遗，芳草碧色，萦台绕阶，牵动着女子对情人的点滴关注。想象千里之外，感受春深岁晚，与自身年华之度并言，将相思不断而心无所安的情绪含婉出之。廖云锦《秋草次韵》:“盼来芳信总依稀，惆怅王孙去不归。平野云开鹰过疾，曲栏香散蝶游非。一鞭残照催征骑，几夜西风感授衣。无限红心销歇尽，黄昏庭院泾萤飞。”[②]廖氏为袁枚女弟子，颇具才华，长于诗词，近代论者称其“吟诗作画，脱去尘俗”，又谓其人“闺阁中雅才”[③]，可见其作多为认可。诗首言对离人的期盼，在期盼中随眼前之景游思域外，想象征人生活画面，最后以春暮落笔，芳草为所期之信的暗示，而落花与之映衬，可见在女子所作之诗中，对时光流逝的敏感突出地呈现在作品的整体情思之中，不仅将草所关联的离思写得缠绵不尽，又融入了女性独特的生命体验。

与诗歌咏草之作不同，辞赋无论在篇幅、字句、结构、意象组合乃至主题的安排等方面都与其有一定的差异。具体而言，咏草赋作一般篇幅较广，特别是在明清时期律赋盛行的背景下，其创作往往内容

① [明]徐媛《络纬吟》,《四库未收书辑刊》本，第349页。

② [清]蔡殿齐《国朝闺阁诗钞》(第七册),《织云楼诗稿》卷九。

③ 梁乙真《清代妇女文学史》，第84页。

较多，篇幅较长。在意象的描写上，通常多有铺陈，不似诗歌中用以点带面，突出最能表现草之形象的特点的写作方式。主题安排则具有多重化、一般化的倾向，诗歌往往因物因事而发，与作者主观表达的目的一致，有较为明确的主题指向，而赋作因其篇幅之大、铺陈之多，且草之形象相对单一，因此或以多重主题表现草的整体形象感，或将主题泛化，在对草的具体描摹中形成主体性明显的隐性对话特征。王暭《春草赋》是咏草赋主题多重化的明显体现，此赋先写春至草生的荣发之景，“亦心醉而神迷”①，此情此景，不可谓不赏心悦目，此一节为乐春。“若乃天涯羁旅，从军关外。青送马蹄，绿映衣袂……三春肠断，于斯为最。”此一节为伤别，且人与物皆为泛化概念，几句之间，但见离别意象的叠聚，实际上更类似于以草思别的文学阐解。“乃有长门空守，永巷常扃。建章新发，长信愁生。”由叹别而转为相思闺怨，愁随草生，典故的浓缩凝练使句内意蕴丰富，同时又使诗意所指更趋于一般化，情思的表现呈现出理性特质。后一节写隐士孤臣，草代指隐居之所与清拔之风，也以香草衬托忠贞孤介之质，是为对草相关特定形象人格的延伸论赞。可见，赋中所写主题，首先体现为多重并列结构，其次主题内部并没有具体的指向，抑或抒情性相较于诗歌而言已然削弱，而更多地显示出理性化、叙述化的表达特征。以草抒写离情既作为赋篇的内在思维结构的组成部分，还因其具有较为深重的抒情色彩而显示出由走向叙情模式所带来的明显变化。

也有咏草赋作的主体把离情别绪作为核心加以铺陈，此类作品既与一般咏草赋所具有的特征一致，同时在写法上有着因铺陈而带来的隐性对话的形式风格。所谓隐性对话，一方面在于赋中的主体与客体

① 马积高《历代辞赋总汇》，第 10715 页。

之间界限分明，意象的主体化色彩偏弱。另一方面其并非直接在赋中展开对话，而是主体与客体、历史、现实、读者之间因其叙情与理性而形成的审视与接受张力，这与诗歌中或直接或间接的抒情模式截然不同。和渐鲁的《春草碧色赋》即为此类作品中的一例,此赋开篇云:“绮丽兮韶华，芊绵兮古道。爱春色兮撩人，寄春情于芳草。”[1]春和景丽，芳草在作者眼里乃是应春寄意之物，赋中所言之“情”是展开多线铺陈的心理基础。“情深旧雨，魂销亭短亭长；人去今年，望断江南江北。问离情于思妇，河畔多愁；留诗意于高人，梦中得句。迥思天外之鸿声乍送，江干之木叶初雕。”几句之间，未有名言春草，着眼点集中于对现实与历史的沉思和回顾，但隐含草于具体的画面片段中。赋句以前人语意入篇，实际上是作者“寄情”之需，也即意味着即使春草在一定程度上引发主体的离情别绪，但将心意发于赋中，则演化为对历史和古人心态的理解、反视，加之作者无意实指，于是咏草诗歌中所展示的身处其中的特定环境在这里被高度虚化，从而更加剥离出抒情主体与历史之间的沟通意图。结合赋中铺陈的物态情景，其云：“怨春风于荡子，目断天涯；看新草以含新，颜如芳槿……离绪方殷，幽怀无著。送君南浦，泪洒青袍;别我东郊，怡情翠阁……何如此陌上香薰，丽春光于意可；窗前绿满，写春意于文无。”春情萦绕，而赋中春情的主调是离别。但将离别置于赋中所设置的情景画面中来看，作者所要铺陈的，乃是对春草所关联的不同情境的观照与审视。可以说，越是对象与心态的泛化，文中所写则越趋近一般化的感知体验，于是赋之所言,更像是对有关春草别情情形的重新理解,对历史经验的反观体察。文末云“写春意于文无”，在一定程度上与文首的写作目的相呼应，也

① 马积高《历代辞赋总汇》，第 22552 页。

正是如此，使其通过文本以实现对客观离情别意的反观成为实际的创作选择，而这种反观心理正是通过主客体之间以主体一方基于文本结构的内在对话而达成的。

基于咏草赋作在表达离情别绪主题上具有的独特表现方式，从赋作的艺术功能以及现实意义而言，其与诗歌表达个体内心思绪以及生命情怀的主要功能也具有较大的差异。一部分咏草赋在反观客观物象与历史语境的基础上生发出对一般现实的反思和评价，成为对日常生活的判断与期待。毕子卿《春草碧色赋》云："伊渺渺兮水滨，羌离离兮愁新。千里万里客路，长亭短亭憾人。是谁留此相思种，触我于今未了因。"[1]语似因心有所感而起，但此感的前提则是历来寻常之离别之事，因而此"触"实则关乎作者内心对生活中离别现象的主体观照，而并非一意抒情。"年年愁透别愁人，别愁不替愁人扫。拥别愁兮偏多，芟别愁兮无策。草何色而不春，色何春而不碧……十步五步兮邮程，三分二分兮春色。胡握手而流连，伫分襟而片刻。"由此观之，作者所叙之离愁，非一时一地之愁，也非一人一物之愁，而是普遍存在于个体生活背景中的必然境遇。诸多情景的铺陈，具有贴近现实人物寄寓的情感效果，但更以特定情形的镜像将现实与想象勾连起来，既具有情感的亲和力，又推动赋中叙情的客观化、普遍化。"愿天下有情人，毋续江文通之别赋"一句，使赋篇的艺术功能展现无遗，这也有力地说明了作者之情非个人特定体验的排遣之作，而是基于对生活与历史的感知与理解，将赋的功能推进于对现实生活的规律认识，与此类赋作对历史追溯与眼前体认的创作形态相吻合，共同形成了个体理性评价与社会基础心理之间的某种契合，这也是咏草赋在艺术功能上所具

① 马积高《历代辞赋总汇》，第 19078 页。

有的实际意义的进一步发展延续。

第二节　情感主题的多样表达

面对纷繁复杂的大千世界，任何事物都有可能引发创作者的表达欲望，在中国古代文学的抒情机制当中，外物基本特性与主体内在情感恰到好处的牵合是一篇优秀作品形成所必不可少的创作过程。草在自然界中有着不同的生命形式、生长历程、集聚形态以及季候特征，它们处于一个时刻变化的整体生态体系，因此随着自然节律的轮序，草在外观上也会呈现出具体的形态变化，这些都构成了咏草诗赋感物、体物、取象等艺术创作机制运行的客观基础。草的物色形态可以引发作者对美好景致的欣赏，进入审美愉悦的追求；草的生长衰落在人们眼中是生命存灭过程的缩影，代表了自然规律的普遍法则，也暗示了命运的常态与走向；草在特定环境下的生命变化以及整体物态，对于人们感受生活和体验自我情绪，观照人生历史和生命态度都有着丰富的启示意义。因此，借咏草以表达创作主体对人生、自我、现实、历史以及生命情怀的感悟和体察，是其重要的文学表现功能和审美内涵。

美好的事物一向是为人所乐见与欣赏的，尽管审美的内在结构机制决定了并非事物客体生来便是审美对象，而是在主客体之间建立起一种意识活动的交流联系，才能形成审美活动的基本要素，正如童庆炳先生所言："只有在适当的'语境'关系中，有与审美主体建立起某种关系，才可能是美的对象。"[①]但是草之于主体的审美视野来说，也

① 童庆炳《文学活动的审美维度》，第60页。

常常具有物色美、形态美以及情境美的具体感受，这些审美体验都建立在对草客体物态属性的主观体验基础之上，它构成了创作者观物体物的基本情感倾向，是咏草诗赋表现主观情感体验的重要方面。这一类作品集中体现人们对春草之美的愉悦感受和乐赏之情，如郑谷《曲江春草》诗："花落江堤簇暖烟，雨馀草色远相连。香轮莫辗青青破，留与游人一醉眠。"[1]草色是动人春色的突出表现，赏春与赏草具有内在情感的同一性。但春草与人之间的亲密关系在于可借与游人作茵，相比于寻常的游赏活动，更直接地展示了诗人对此春景草色的流连沉醉。徐积《春草》："日暖郊前雪尽时，东风吹起绿初齐。人来花下禽偷避，客到山前路已迷。洛邑少年金作弹，杜陵骄马玉为蹄。歌楼酒市无寻处，踏遍青青日已西。"[2]诗中尽写春来草茁之际游人公子赏玩踏青的画面，尽管风貌所现，与春景春色密切相关，但其活动场景都涉及春草之地。特别是春草之景不唯文人雅士所乐赏，也是富贵公子少年的游乐所在，《西京杂记》云："韩嫣好弹，常以金为丸，所关者日有十余。长安为之语曰：'苦饥寒，逐金丸。'京师儿童，每闻嫣出弹，辄随之，望丸之所落，辄拾焉。"[3]金弹之玩为豪奢之征，但也体现出人们于春草中游乐悦心的普遍性。陈恭尹《春草》诗："春色来何处，南州得最先。萌芽依宿烧，鲜洁近幽泉。力弱犹穿土，光遥不隔天。自今归马后，随地醉须眠。"[4]一面是早春所至，草生鲜洁青翠的生动景象，一面是青草穿地向光的生命毅力，它与诗人退居远忧的放旷心绪都一致地展示了对新生的向往和期待，并借此抒发了内心因草色之动人而滋

① ［唐］郑谷《郑谷诗集笺注》，严寿澄笺注，第 212 页。
② 北京大学古文献研究所《全宋诗》，第 7690 页。
③ ［汉］刘歆《西京杂记校注》，向新阳等校注，第 170—171 页。
④ ［清］陈恭尹《独漉堂诗集》，《清代诗文集汇编》本，第 533 页。

生的愉悦心境。刘大绅《春草（其一）》:“春风作态点芳菲，极目平芜接翠微。引雨斜侵流水浅，牵云小衬落花稀。不须塞比怜孤冢，何事江南叹落晖。坐爱窗前生意满，出门游兴亦忘归。”[①]落花流水乃春色明媚之景，孤冢落晖似为春景下的黯淡一面，但诗中语意将其加以否定，将自身全意投入春草美景的现实态度直接呼出，全篇气力由此一振，在波澜转换间增进了全诗的情感强度。李卿穀《东风已绿瀛洲草赋》:“则有寻春偶住，访胜闲游，斗草人归，余香满袖。携柑客至，新景盈眸。寻来春色三分，微泛鸳鸯之渚；待过清明几日，更侵翡翠之楼。”[②]游春赏景，斗草嬉戏，一派欢乐之象。不同画面的铺陈是对赏春玩草场景的组合式描绘，当然作者更为重视的是由新草之生气所带来的内心舒畅之感，客至新气愈佳，随时间的推移，草的蒙茸遍野，自会给人带来更丰富的欢愉情感体验。魏兰汀《春草碧色赋》:“夫以春日暄蒸，春风暖扫，莩甲含华，蓄辛扬藻。踏青曾快遨游，拾翠亦征玩好。”[③]春生遍地草发，是为踏青良辰佳候，亦为饶有闲趣的赏乐之景。或忆往昔，或征当下，不定的空间场域与时间范围的延展构成表现佳兴逸趣的多面图景。

基于对以草之美为代表的自然性美好事物的情感趋近，一些创作者并未局限于对春草物态美的欣赏，他们在其作品中抒发对草这一生命形式的关怀和怜爱，其中包含有对特定生活情境的认同与顾惜。徐熥《咏雨中新草》诗:“烧痕才转绿，含雨未萋萋。且缓佳人斗，方闻玉勒嘶。苔深看莫辨，柳亚望初齐。为语寻春者，无令踏作泥。”[④]春

① ［清］刘大绅《寄庵诗文钞》，《清代诗文集汇编》本，第 236 页。

② 马积高《历代辞赋总汇》，第 17713 页。

③ 马积高《历代辞赋总汇》，第 18025 页。

④ ［明］徐熥《幔亭集》，《景印文渊阁四库全书》本，第 66 页。

草初生，皆为弱质，人们为春草之新所吸引，但作者眼光一转，寻常的以草供游乐的方式不啻为是对草的一种伤害，因此发以呼愿，将内心的惜草之情与对生命态势的认同结合而发，颇为动人。叶观国《春草和吴解元颉云鸿八首（其三）》诗："随花并柳占春光，极望粘天古道长。红雨聚边藏蛱蝶，绿阴垂处卧牛羊。鞭丝自飏行时影，裙幄犹馀去后香。为爱窗前幽意在，不教人迹损庭芳。"[①]此处所言春草，不再是旷野共生之草，而将空间范围凝聚于庭内，表达对庭草陪伴的爱惜和珍视，这也是对自我生活状态的肯定和期待。诗中并未渲染春草所居环境的春盛喧然之况，其所描绘，更意在突出春草营造的闲逸幽远的生活情境。这类作品所占数量并不为多，但其情感内涵却是对草态之美体验的深化，是将草的审美内涵进一步内化为个人情感体验的成功之作，草与生活本色相结合，再以主体的情感视角改造抒写，从而形成更为动人的艺术感染力。

尽管此类咏草作品多展现对草色之美的欣赏悦乐之情，但在具体的表达中所透露的心理基础是出于惜春乐生的积极情感取向。不过在中国古代文学传统中，放情喜乐的情感表达并非具有普遍社会认同和深远影响力的文学主题内蕴，所谓"治世之音安以乐，其政和；乱世之音怨以怒，其政乖；亡国之音哀以思，其民困。声音之道，与政通矣"[②]，即便和乐主题在文学创作中是一个必要的组成部分，也是建立在强大的道德伦理和礼教框架下的"乐而不淫"，带有积极社会性的道德人性化色彩。古代文学创作主题的主要方面及内在驱动力，则是以"悲""忧"为核心命题的主体情感的生成和表达。孔子提出"诗"可

① ［清］叶观国《绿筠书屋诗钞》，《四库未收书辑刊》本，第177页。

② 十三经注疏整理委员会《礼记正义》，第1254页。

以兴、观、群、怨，具有四个方面的社会功能，其中兴、观、群倾向于孔子强调的对自然社会的认识和对人的教育作用，而怨则指出了文学审美表现机制中最核心的创作心态和社会文化心理的主要趋向。它与孔子对社会现实的关注并不冲突，同时与社会个体的思想意识表达需求更为贴近。从《诗经》《离骚》始，论家以“大抵贤圣发愤之所为作也”①，“信而见疑，忠而被谤，能无怨乎？屈平之作《离骚》，盖自怨生也”②，作为对这两部具有文学之源性质的作品分别提出的广为接受的评价，而司马迁本人作《史记》亦是出于“发愤著书”的主观立言需要。此后历代文人多有所论，他们关注的中心皆集中于以忧患悲怨发之于文学而形成的动人艺术价值，钟嵘的“托诗以怨”举出诸种令人伤离悲逝的人生情景，认为凡此种种，“非陈诗何以展其意，非长歌何以骋其情”③，强调抒发悲怨之情对流导个体内心深慨的艺术效用，也是文学创作中极为重要的表达机制。韩愈主张“不平则鸣”，欧阳修承其绪，认为诗“穷而后工”，这些经典的论断，无一不将悲与忧的表达作为诗歌创作成功的艺术评价标准。严羽评价唐诗，谓“唐人好诗，多是征戍、迁谪、行旅、离别之作，往往能感动激发人意”④，以欧阳修为标志，这一倾向在宋人的意识中是非常普遍的，宋人认为广大士人“其胸中愤怒不平之气，无所舒吐，未尝不形于篇咏而见于著述者也”⑤，以文学为其不平之气的重要倾托之道。明人桂颜良云：“(士)至于畸穷不偶，略无所见于世，颇自意世之人既不我知，则奋其志虑

① [汉] 司马迁《史记》，第3300页。
② [汉] 司马迁《史记》，第2482页。
③ [南朝梁] 钟嵘《诗品集注》，曹旭集注，第47页。
④ [宋] 严羽《沧浪诗话校释》，郭绍虞校释，第198页。
⑤ [宋] 黄彻《䂬溪诗话》，《历代诗话续编》本，第345页。

于文字之间，上以私托于古之贤人，下以待来世之君子。”[1]由此可见，以忧悲为情感外现的主题书写，是古代文人进行文学创作的重要原发性动力，也是成就文学作品艺术价值，获得异代通感和历史认同的一个核心的创作内涵要素。

在咏草诗赋的创作中，草的盛衰、柔弱、卑微等往往成为作者们重点关注的形象特征，而正是这类特征，使得咏草诗赋更多地被寄寓了面对生命消长、人生穷达、历史升沉之时所引发的生命易逝、人生失意、往昔消歇等文人感受至为深刻的思想情怀。人生不同阶段的遭遇总是易于触动文人内心的敏感神经，面对草的萧疏离落、孤寂委弱，作者不禁要联想自我的人生境况，因此不免对草与自我皆有同悲共叹、低落沉吟之绪。繁钦《咏蕙诗》:“蕙草生山北，托身失所依。植根阴崖侧，夙夜惧危颓。寒泉浸我根，凄风常徘徊。三光照八极，独不蒙馀晖。葩叶永凋瘁，凝露不暇晞。百卉皆含荣，已独失时姿。比我英芳发，鶗鴂鸣已哀。”[2]兰蕙作为传统文化中典型的香草意象，往往象征着品节超俗的贤士才人，而诗中恰以兰蕙所生失时，为世所弃作为隐喻，来暗示自我人生的不平遭遇。情意哀感连绵，却蕴刚茁之气于其中，颇有意气鼓荡之效。繁钦还有咏茨之作一首，此二首诗皆同一关捩，都指向共同的人生心境。“钦有《咏蕙诗》，托兴于失时也”[3]，“后汉繁钦伤世道剥丧，贤愚隐情，上之人用察不至，而小人得志，君子伏匿，于是赋《生茨》之诗”[4]，可见对于草的认知和感受，与个体现

① ［明］桂彦良《九灵山房集序》，程敏政《皇明文衡》卷三十九，《四部丛刊初编》本。

② 逯钦立《先秦汉魏晋南北朝诗》，第385页。

③ 郭国平《汉魏六朝诗选》，第157页。

④ ［唐］佚名《灌畦暇语》，《丛书集成初编》本，第3页。

实的境遇和社会环境的态势是紧密联结的。曹植《吁嗟篇》:“吁嗟此转蓬，居世何独然。长去本根逝，宿夜无休闲。东西经七陌，南北越九阡。卒遇回风起，吹我入云间……宕宕当何依，忽亡而复存。飘飖周八泽，连翩历五山。流转无恒处，谁知吾苦艰。愿为中林草，秋随野火燔。糜灭岂不痛，愿与根荄连。”[1]曹植的一生可谓辗转坎坷，在社会动荡与政治风波中徙转流离，身不由己。此诗借蓬草随风飘摇之特性来自喻，写其命运历经迁折、人生动荡不居、身处艰难险阻的重重遭遇，进而述以骨肉相背，亲情断阻之痛，其中哀婉叹息的悲歌不绝于耳。李白《古风（其五十二)》:“青春流惊湍，朱明骤回薄。不忍看秋蓬，飘扬竟何托。光风灭兰蕙，白露洒葵藿。美人不我期，草木日零落。”[2]时序推移所带来的青春凋摧、壮才见弃所受历的孤身飘零，多重情感的慷慨怅叹，皆托之以众草的流离折谢。诸草年华的谢幕是人生走向衰萎的典型象征，怜草更悲己，是李白此诗要呼出的深层主题内涵。萧士赟评此诗:“时不我用，老将至矣。怀才而见弃于世，能不悲夫！”[3]此诗是以草写人生悲况的经典之作，印证着草与人生体验之间更为深层的情感联系。董平章《春草四律次研因韵（其二)》诗:“剪翠裁蓝遍被皋,东风始信快如刀。香飘堂下新书带,色夺宫中旧锦袍。多识景纯笺尔雅，好奇正则咏离骚。孤芳不是无人赏，根托春城怪太高。”[4]诗中以春草所生而无人赏识为特定情景，喻指人虽负才抱志却横遭排挤，不被任用的现实遭遇。《尔雅》与《离骚》之中皆多言及香草，特别是屈赋创造的香草美人象征系统，在咏草情感主题的表达机

① ［魏］曹植《曹植集校注》，第382—383页。

② ［唐］李白《李太白全集》，王琦注，第149页。

③ ［唐］李白《李太白全集》，王琦注，第150页。

④ ［清］董平章《秦川焚馀草》，《续修四库全书》本，第168页。

制中有着广泛的应用,在此亦代指贤才,所托之悲,古今同慨。冯询《秋草(其三)》诗:“裙屐佳游遂寂寥,重来河畔感飘萧。漫同浮梗终何着,偶托幽林得后凋。射隼天高尘莽莽,牧羊地僻巷条条。秋蓬忽下书生泪,不遇华风壮志消。”[①]秋草凋零萧条,使人在萧疏之中感受到生命价值的现实意义,并进一步悲慨人生失落的消沉心境。草的总体态征是凋疏的,而诗人借萍梗、飞蓬更具象地比拟自我生命历程,使诗作内在的情感张力更具力度,更为真切动人。林大谔《春草赋》:“胡笳四起,空悲草色连山;羌笛三声,不见春风入户。吊屈子行吟之畔,目断蘅芜;访祢生作赋之洲,魂销鹦鹉……是皆十年蓬梗,经许多烟雨迷离;万里萍踪,受无限风霜辛苦者矣……夸富贵于春婆,有恨同嗟朝露;巧繁华于仲翁,无言独对斜阳。”[②]赋中无论写边塞空荒悲苦,或是写人生流离之艰,皆是因草生感,触及对人生命运的深虑与嗟慨。屈子、祢衡皆有志而难伸,富贵繁华亦随生而转逝,瞬息之间,历史变幻无情,人草同悲,此情何极。张澍《孤蓬赋》:“有似忠臣被谪,而上下无交。若乃旷野凄迷,狂飙振荡……有似孽子见逐,而啼号无养。至于枯槁憔悴,零乱飘摇……叹生涯之断梗,慨年岁之昙花。听饥鸟之哀响,骇古戍之惊沙……人生富贵草头露,百代光阴树上风。”[③]见飞蓬飘转,叹人生悲落。古人所崇之道,唯忠孝立其首,而行忠无途,表孝不达,岁月倏忽,繁华飘零,都是人生苦难之境遇。人与草的相遇,是烘衬内心悲己慨生的命运共结之图景。

中国古代文人对于草的生歇消长与人的衰老消亡之间最突出感受

① [清]冯询《子良诗存》,《续修四库全书》本,第16页。

② 马积高《历代辞赋总汇》,第21269页。

③ 马积高《历代辞赋总汇》,第14159页。

便是循环无尽与去不复还的生命本质矛盾，因此人们面对草的生命凋零阶段，往往基于这一矛盾而抒写对草衰亡残萎的哀感同情，又因草的生命垂暮而体会到自我生命的流逝难返，进而将创作的情感体验进一步推进到考查人类命运的悲剧性价值，具有深刻的生命意识和忧生情怀。杜甫《蒹葭》诗："摧折不自守，秋风吹若何。暂时花戴雪，几处叶沉波。体弱春风早，丛长夜露多。江湖后摇落，亦恐岁蹉跎。"[1]蒹葭即芦苇，秋至而芦苇渐衰，生芦花为白色，因此在诗人眼中恰似人至暮年而头白如霜雪的外貌特征。尽管诗人谓其"后摇落"，但"此物无后凋之节，虽暂时自植，岁晚终难自保耳"[2]，因此诗人之意，不在于蒹葭晚落之宽慰，而是对其终将凋萎之命运的忧恐，深怀自伤之思。宝廷《秋草和文镜寰（其一）》："四野韶华转眴更，荒原翘首剧伤情。拚教烈火烧全尽，不向春风望再生。憔悴几丛连僻径，凄凉一片接孤城。知心赖有寒蛩在，代尔深宵诉不平。"[3]从芳草萋萋到残枝荒原，草的生命形态转换非常迅速，由此带来的是令人伤情的生命之感。不仅自然的摧灭有浩大之力，人为烧草亦推进了凄凉荒芜之境的生成，生命的枯凋之势，似无理可循，唯有不平之意借寒蛩而发，寄寓着诗人的同情之心。孙士毅《青草》："一痕草色上庭隅，报道东风一夜苏。不信东风吹得绿，何曾吹绿白髭须。"[4]此诗写得晓畅明达，短短四句之间将春草可绿而人老难壮的生命矛盾寄于诗中，虽无悲情流露，但这一认识却是古代文人内心的一致共识，颇有感岁无奈之意。梁逸《春草》："青青墙下草，春到含华滋。雪霁土膏润，重以东风吹。达人感

---

① 萧涤非《杜甫全集校注》，第1551页。

② ［清］黄生《杜诗说》，徐定祥点校，第129页。

③ ［清］宝廷《偶斋诗草》，《续修四库全书》本，第597页。

④ ［清］孙士毅《百一山房诗集》，《续修四库全书》本，第459页。

物化，对镜增遐悲。始知天地间，荣悴各有时。”[①]荣是草之荣，而悴却是人的老却。万物生存消亡之理皆遵循自然规律，因此视草如视自我，但草与自我的命运反差不禁令人为己伤怀。屈复《秋草十首（其五)》："苍凉日日唤愁生，不雨阴寒不拟晴。纵有腰镰伤岁暮，曾无烈火懒山行。恼侬揽结三春事，悲此凋残万古情。多病游人头白尽，百年容易暮云平。”[②]诗人在句中对秋来之后丛草凋残，四野苍凉的悲愁之苦进行了直接的表达。但纵然诗言生命易朽，头白生悲，却将审视生命规律的视线置于百年、万古的历史长河中，中有对盛年不再的慨然，也有对生命代续的宽慰之怀。李楷《涧草赋》："匪岁暮之衰颓，归秽落于不犹。即龙簪书带之瑞，蓳莆芝房之奇，比于蓂落而就晦，又何能菽蔓以生偷。此则草之所为悲感也。”[③]随时之变，即使瑞草亦不可豁免，蓂荚之草可计日，它的变化最切合时令的迁移。瑞草不免，而于人言，则贤愚皆可应时而没，思及于此，不免悲从心生。此赋独辟角度，非以寻常草生草长之变作为抒慨的基本物象，而是特取祥瑞之草，以其受自然节律的限制而深入阐明生命消长的必然性。俞天清《春草碧色赋》："昔也芊绵古道，今也萧索芳时。碧何为而五色，春何为而空悲。嗟韶华之逝矣，岂寤寐而见之。”[④]今昔之比，非是场景本身形成了巨大差异，而是历经岁月留下了令人感怀无尽的生命刻痕。韶华不再，离人重见不得，这双重的苦闷无疑增添了赋作之中伤春悲己的情感厚度。

草有凋零枯槁，亦有来春新发，作者的着眼点不仅在于对草之生命流逝的睹物伤情，嗟叹身老命颓，同时也关注草的轮回新生，为其

① ［清］梁逸《红叶村稿》，《四库未收书辑刊》本，第676页。

② ［清］屈复《弱水集》，《续修四库全书》本，第101页。

③ 马积高《历代辞赋总汇》，第9148页。

④ 马积高《历代辞赋总汇》，第22812页。

生命力的刚茁强韧而生敬赞，对生命的延续与重生充满希望，为人生积极旷达、心怀美好期愿的内心情怀而勉励慰藉。梅尧臣《寒草》诗："寒草才变枯，陈根已含绿。始知天地仁，谁道风霜酷。"[①]风霜难阻小草的坚劲之力，其生命可贵之处在于视霜寒为等闲之物，依旧舒展自己鲜活的生命力，在诗人眼中，虽以天地之恩泽相比附，但生命内质之中所历经的寒苦是毋庸置疑的。冰寒之草如此，炎赫之下的草亦凭借坚韧不拔之力保持着生命的昂扬之姿，张耒《堂下幽草》诗："烈日三万里，所至坏金石。嗟哉庭中草，独不改佳色。日中虽暂萎，晨露发鲜碧。深根通九地，变化有微测。应知一气移，不得常炎赫。"[②]金石本是极刚极坚之物，却不及柔弱绿草对酷热的耐力与韧性。暂萎是一时的挫折，但生命的不竭之力使其生机不掩，避日之锋而壮己势，虽非生命智慧的有意标举，却展示了对生命不竭、生意长兴的殷勤期待。谢肇淛《赋得闲门草》："野火烧残春又生，东风何地不青青。马蹄行破车轮辗，输与闲门绿满庭。"[③]草的生命力最为典型的体现便在于摧毁不尽，来春再生的循环特性，这也是引发创作者对自身有限生命叹惋的基本原因。但在诗人看来，尽管草的生命力之强为人共知，但不免横遭践踏，满庭之意不仅是对草得护全生的一种欣慰，也是对自我生命远避纷争的释然。受草这种生命不竭、生生不息精神的感染，许多文人面对人生困境与生命消逝的必然现实，皆借草以获得内心疏解宽慰，乐于表现萧然旷达的心怀。沈周《青草吟》："青草年年多，白发日日少。青草催白发，似恐人不老。发落白有尽，草生青不了。我

① ［宋］梅尧臣《梅尧臣集编年校注》，朱东润校注，第 169 页。

② ［宋］张耒《张耒集》，李逸安等点校，第 188 页。

③ ［明］谢肇淛《小草斋集》，《四库全书存目丛书》本，第 4981—499 页。

是乐天人，梳头对青草。”[1]白发代表衰老，人见己之老却，往往哀感生命无多，青春不返；而诗人却见草之重生心感乐天旷然之趣，是对生命自然规律的一种体认。陆游《霜草》：“入冬已两旬，泽国霜始霣。可怜青青草，一夕生意尽。嗟予蒲柳姿，去日若飞隼。草衰有复荣，我发宁再鬒。微官虽置散，束带终自悯。渐退用妇言，千载付一哂。”[2]尽管内心有所失意，以霜草有重生之日与自我生命渐老相对言，但经过思想的进退，则视以一笑，过往与现实之中的遗憾都得以释然，获得了超达的生命感会。华长卿《秋草（其四）》：“黄云惨淡暮天低，苦雨凄风路转迷。野烧未乾心已死，严霜初染醉成泥。茫茫世界皆萤火，草草功名问马蹄。寄语美人莫惆怅，春来依旧绿萋萋。”[3]秋草已然进入草的凋零期，生命将逝引发了文人直观性的伤怀嗟悲，也使人联想到人生短暂易逝的现实境遇。然而诗人的心境并未一筹莫展，而是迸发昂扬可期的积极意识，显示了对生命循环理解的豁然通达。郭道清《春草赋》：“况夫草之为物也，瘦而能伸，直而不屈。本自萎而自生，原无宠而无辱。根以旧而还新，势以断而仍续……幻梦影兮如尘，抱心香兮绝俗。”[4]赋中并无特定场景的铺陈，语言更似说理，将草之生机不断、生命不息的一般化情状铺叙而出，而在对草这一特定生命的强韧性的认知前提下，将其生命特质升华为超凡绝俗的珍贵品质，是对其生命价值的高度认可。盛徵玙《春草秋更绿赋》则以对比的方式来表现草之生命力的顽强：“若夫秋风萧瑟，秋露沉浮。叶何秋而不落，草何岁而无秋……而浓荫缤纷，皆应秋期而减绿；秋怀淅沥，忽惊晏

① ［明］沈周《石田诗选》，《景印文渊阁四库全书》本，第 705 页。

② ［宋］陆游《剑南诗稿校注》，钱仲联校注，第 1825 页。

③ ［清］华长卿《梅庄诗钞》，《续修四库全书》本，第 582 页。

④ 马积高《历代辞赋总汇》，第 19025 页。

序以添愁。兹则绿复绿兮芊绵，春非春兮掩映。疑新水之痕拖，望平芜而色更。”[①]若按照常理，秋草当无不随季候的推移而委于尘土，人之感物，愁绪所发也正当此际。但眼前却惊于草色更绿、水色更新的焕然之景，惊疑之下，深为秋草生机的勃发所动。同时，赋作的语言构造空间更为广阔，这种以对比凸显虚实不同之态的笔法，在咏草诗中是较为少见的。

草的生命形式因其具有周期性的辩证意义，使一些咏草作品在创作角度上将关注的视线投射到较为宽广的历史空间之内。草作为今昔之间印证历史变化的背景式物象，在专题咏物的写作中则被借以兴感时怀古之意，在咏叹历史与现实的时物变迁中将无限情意寄托于萋萋群草。刘长卿《春草宫怀古》:“君王不可见，芳草旧宫春。犹带罗裙色，青青向楚人。”[②]空宫无人之处，唯有青草依然，仿佛去日宫人，遥有所待。草的形象与忆念中人的形象合为一处，在悲慨古今兴废的托寓中有着淡淡的自伤生意之情。对于此诗，前人多有赏评，或曰其“亦吊古之词”，“回环入妙”[③]，或凭诗歌内容而认为“此作可称郁伊善感”[④]，其借物抒感之妙独具意蕴，是咏草诗赋中与怀古主题相结合的成功之作。为君之繁华不得久长，个人风华亦会随历史的前进而成为深沉追忆的遗事过往。陈润《赋得池塘生春草》:“谢公遗咏处，池水夹通津。古往人何在，年来草自春。色宜波际绿，香异雨中新。今日青青意，空悲行路人。”[⑤]谢灵运以草的意象入诗，得千古名句“池

① 马积高《历代辞赋总汇》，第 14737 页。
② ［唐］刘长卿《刘长卿诗编年笺注》，储仲君笺注，第 322 页。
③ 陈伯海《唐诗汇评》，第 724 页。
④ 俞陛云《诗境浅说》，第 137 页。
⑤ 中华书局编辑部《全唐诗（增订本）》，第 3056 页。

塘生春草”，这也成为后世咏草创作的一个重要典实。此诗从反面着眼，跳过谢诗的本义，而将春草的自生之态作为映衬古人已逝，风神不再的背景存在，并围绕其生歇不断的特质致以对古今变易，人世倏忽的深切悲叹。咏草以怀古，其中最突出的感怀对象便是六朝。胡敬《春草》：“茸茸犹带烧馀痕，一夜东风醒夙根。画舫夕阳桃叶渡，淡烟微雨杏花村。遥峰婥约青当户，暗水弯环绿到门。赢得六朝无限恨，倚楼人望易消魂。”[①]青草随春而醒，本应是一派生机触动观者的赏悦之心，但诗人面对融融春草，却感叹六朝兴衰无迹，唯有草色依然。青草萦绕，如同愁绪盘桓不尽，而何以生愁，正是对六朝历史的无限感怀。华长卿《秋草（其一)》：“芊绵芳草顿惊秋，衰柳斜阳水畔楼。远志难酬千里恨，春晖莫报寸心愁。东皇无意垂青眼，南浦何人吊白头。金粉六朝成底事，隋堤梁苑尽荒邱。”[②]前为春至草生，此为秋来草却，春生以愁为底色，秋到用恨以成景。无论草盛草衰，这样一种轮回往复的生命过程是历史过往无法呈现的。六朝奢华一时,终化为丛草荒壤，人生壮志沉沦之恨，又怎不令人惊惶怆叹。六朝繁华销声匿迹，为怀古之作所多咏，而能够代表六朝演替的固定空间标志便是金陵。朱芾煌《金陵芳草行》：“短短茸茸又馥馥，摇风荡日开游目。石城气色自鲜妍，六代繁华旧芬郁。南朝僧寺四百八,六代离宫三十六。到处啼莺映落红，几行走马披新绿……惜别怜香碾莫侵，每于对此觉情深。春风著处皆相似，南国芳华别样心。既与前朝重金粉，多为词客助歌吟。风流豪贵终流水，只有青青共古今。”[③]芳草是抒情主人公的情感载体，

---

① ［清］胡敬《崇雅堂删馀诗》，《续修四库全书》本，第 314 页。

② ［清］华长卿《梅庄诗钞》，《续修四库全书》本，第 581 页。

③ ［明］朱芾煌《文嘻堂诗集》，《四库全书存目丛书》本，第 30—31 页。

而金陵是今昔对比之下推动诗人睹物写志的历史象征。尽管在咏草中结合六朝意象多以其繁华不再、唯余青草来写世事变迁、物换星移的沧桑凝重，但也融入人生的切实体验，将自我个体、青草生命与历史无常的立体内涵加以整合，营造出沉勃悲郁的情境氛围。然而诗人在咏草中糅入怀古的深沉，但赋作却多以情感色彩并不浓厚的铺叙几笔带过，因此其抒情价值和感染力则多有逊色。张鸿藻《春草赋》："舞榭至今怀沁水，荒台何处是平泉。可怜金谷园，美人葬玉；可怜五陵道，游侠埋烟。春寂寂兮路迢迢，村头陌上几魂销。"[①]有似怀古之处，也如用典增润，这与赋的内在容量和用笔特色是一致的。而其中所蕴含的情意，也因此而得以削弱，更近于对春草光景的引发下联结不同时空的画面陈述。但总体而言，咏草诗赋中怀古成分的加入为两种不同题材的融合以及创作主题的深化都起到了推动作用。

与多种观赏性植物相比，多数草并没有斑斓的色彩与巧丽的身姿，因此无论从创作的角度还是数量而言，对草的体察与描写并不是人们关注的中心，也难以与众多的观赏性植物相提并论。但正是如此，草的审美形象边缘化意味着它在人们的眼中则可以静居一隅而与世无争，保持自我的生命完整与清新淡泊之味。从这一审美特质出发，其在咏草诗赋中常被寄予隐逸超俗的胸襟意趣。潘岳《河阳县作诗二首（其一）》："幽谷茂纤葛，峻岩敷荣条。落英陨林趾，飞茎秀陵乔……譬如野田蓬，斡流随风飘。昔倦都邑游，今掌河朔徭。登城眷南顾，凯风扬微绡。"[②]虽非专意咏草，但诗中意象皆以草为核心，对草的塑造亦颇为下力。眼前所见为幽隐之景，而自身恰如飞蓬飘摇，颇有身不由

① 马积高《历代辞赋总汇》，第 21027 页。

② 逯钦立《先秦汉魏晋南北朝诗》，第 633 页。

己之意。但无疑诗人是欲摆脱如蓬命运，对纷扰现实感到厌倦而向往归隐之乐的。对于潘岳的隐逸情思，有论者认为："在潘岳的思想性格里，处在隐性层面的是其'江湖山薮'的隐逸思想。"[①]因此显现在诗中的归隐之心，并非一时一刻的心迹突现，而是有其一贯的心理趋向的。唐代归隐成风，许多文人都经历过一段隐士的生活，而归隐以求仙，则是隐居生活的重要追求。张籍《寄菖蒲》："石上生菖蒲，一寸十二节。仙人劝我食，令我头青面如雪。逢人寄君一绛囊，书中不得传此方。君能来作栖霞侣，与君同入丹玄乡。"[②]此诗写菖蒲非绘其形态以兴感，而是因菖蒲作为服食求仙之物，关联诗人内心的隐居求仙愿望，进而表达自我欲归隐修炼、追求神仙的人生态度。中唐时期的文人，不再有盛唐自信扬厉、雄健昂扬的气度，因此其归隐求仙更多的是寻找一种对生活失落的安慰。这一时期，不仅求仙之风极盛，且相比于以隐作为仕进的捷径而言，从思想上已然发生了本质性转变。对此，论者有云："当时人们对神仙的追求，不仅未消褪，反而更加炽盛剧烈，而达到迷信沉溺的地步……对于神仙的追求，也是希望得到内心的平静安顿而已，而不是怀有什么梦想。"[③]张籍的这首咏菖蒲诗，正是这一时期文人求仙心态的一种反映。当然，时代性是形成隐逸诗风的一个重要因素，除此之外，更多的咏草诗赋则通过写作者置身草野而得到归隐生活的乐趣。杨冠卿《庭草》："庭草凄馀碧，江风吹早寒。带围愁里减，诗律病中宽。隐几闲留客，迎门懒不冠。萧然有真处，未易俗人看。"[④]生长在自身周围的草常常是引发隐居者关注的重要物象，

---

① 高胜利《潘岳研究》，第59页。

② 中华书局编辑部《全唐诗（增订本）》，第4304页。

③ 林雪铃《唐代文人神仙书写研究》，第255页。

④ 北京大学古文献研究所《全宋诗》，第29635页。

也恰是因人与草在远离嚣尘、归于自在闲逸这一方面有其共性，才能够形成草的主观形象与人内心向往隐逸情怀的互通。诗中除以庭草指其闲隐之所外，还颇有高蹈脱尘之趣。傅仲辰《屋草》："雨积经旬屋草生，垂垂却似曼胡缨。虽非书带含香长，还聚吟虫向耳清。漏月亦呈荇藻象，迎风稍动薜荔情。傍人莫讶芟除懒，仲蔚蓬蒿径自盈。"[①]以薜荔指代隐逸，从《山鬼》篇中引申而出。孟郊诗云："身披薜荔衣，山陟莓台梯。"[②]这是典型的借代用法，以隐士之衣借以喻指归隐之事。仲蔚之典载于《高士传》："张仲蔚者，平陵人也，与同郡魏景卿俱修道德，隐身不仕。明天官博物，善属文，好诗赋，常居素穷，所处蓬蒿没人，闭门养性，不治荣名，时人莫识，惟刘、龚知之。"[③]仲蔚之事是最为典型的代指隐逸的典故之一，诗中所塑造的隐者便是有慕于仲蔚之风，而不剪除屋草，任其自由生长，借此来烘托抒情主人公内心的清旷之意。黎简《细草》："昨夜西堂春水平，池光天影碧泠泠。行行汝为苦吟瘦，剪剪吾惭衰鬓青。径絮如烟浮荡漾，檐花随雨缀丁星。眼明仲蔚关门内，菜色苔痕共一庭。"[④]细草青碧，但又构成了隐居环境的清泠氛围。清幽之草与鬅鬓之人形成对比，但诗人并未叹老嗟卑，而是将视角投射到园内青葱之景，以幽隐之意出之，对平居清净的生活感到愉悦适意。郝懿行《小草赋》："写出一奁罨画，半亩荒园；排来几树珊瑚，千层锦里。于是周容未去，陶令来归。开蓬蒿之径，被薜荔之衣。小隐而鹤猿与共，掩关则车马方稀。莫不览中庭之晚翠，

① ［清］傅仲辰《心孺诗选》，《清代诗文集汇编》本，第643页。
② ［唐］孟郊《送豆卢策归别墅》，《孟郊集校注》，韩泉欣校注，第305页。
③ ［晋］皇甫谧《高士传》，《丛书集成初编》本，第77页。
④ ［清］黎简《五百四峰堂诗钞》，《清代诗文集汇编》本，第274页。

寄逸兴于芳菲。”[1]此段为咏草赋作中对隐逸之怀的代表性抒写，熟典与当下情怀的结合，恰给幽隐之情增添了几分新雅意味，这与一味铺排典故与场景的赋作在艺术标下效果上有着极大的不同。词句中所显现的作者主体情怀显豁明达，将自我的逸兴托寓于翠草之中，隐境与隐情相得益彰，突出了草的情感烘衬作用。李士彬《草色入帘青赋》："琴音甫歇，倦开北牖高眠；诗梦不成，闲向西塘小立。此地数行草长，未化萤飞；其中一抹帘疏，欲偕燕入……铸乾坤于有象，草自帘生；映风月以无边，帘教草护。碧云无恙，依草径以吟诗；青锦长铺，坐帘栊而作赋。”[2]赋中闲隐自适的生活皆借草以生发，草与帘营造了隐逸生活的独特情致，而作者玩味诗赋，颇得归隐生活之乐趣。草既与帘、径等共同构成隐士居所的自然环境，又在一定程度上与主体构成抒情的交流，物象皆出于自然，具有清新简拔之境。

第三节　比德象征与人格之拟

中国古代文学和哲学体系中向来有以物比德的传统，它基于儒家君子人格和道德伦理的精神价值，以其为德义象征的核心，进而形成古人对人类社会与自然世界之间主客观统一的、具有天人合一思想内质的意识表现方式。一般认为古代比德观念生成于儒家对玉与君子之道之间象征关系的认识和阐发，与此同时在人与山水、草木的象征关系方面，也逐渐形成了比德的话语叙述方式。《荀子》引孔子语云："夫

① ［清］郝懿行《郝懿行集》，安作璋主编，第5416页。
② 马积高《历代辞赋总汇》，第19285页。

玉者,君子比德焉。温润而泽,仁也;栗而礼,知也;坚刚而不屈,义也。”[1]以仁义思想寓于美玉，并且根据玉石的不同质性对应具有一定共性的道德品节，既从文化意义上定格了玉与人格美的固定关系，也从文本操作上形成了比德意识具体化的基本方式。又如孔子的经典论说“智者乐水，仁者乐山”，是以山水为比德象喻。“君子之德风，小人之德草，草上之风，必偃”[2]，这是与草直接相关的比德论述，传统中政治伦理强调以上化下，通过礼乐政教来理顺阶级关系，风之力为强，草之形为弱，恰符合草的基本客观形态特点，主客观的契合为比德模式的建立提供了基本条件。比德之形成方式重在“比”，“比者，附也……附理者，切类以指事”[3]，这就意味着需要有一个表现共性的提取过程和内涵意义的类别定向。而比德的原理，在于将伦理道德之义推及于广泛的普遍性事物，董仲舒云:“能说鸟兽之类者，非圣人所欲说也。圣人所欲说，在于说仁义而理之，知其分科条别，贯所附，明其义之所审，勿使嫌疑，是乃圣人之所贵而已矣。”[4]此言意味着古之圣贤以德义观物，视仁义性理为万物之所附，也即人的道德理性是可以用直观的事物加以类比解释的,因此有学者着眼于比德的主客体思想关联,认为“它实际是寻找主体思想情态与客体自然形态之间的形式同构”[5]，而在后世的部分文学创作实践中则可见作者又力求将比德意识融入文学表达的主客交融机制之中。另外，从文学的角度而言，比德模式最初进入文学写作过程的集中体现在于《离骚》，屈原几乎将客观事物的各色存

① ［清］王先谦《荀子集解》，沈啸寰等点校，第535页。
② 十三经注疏整理委员会《论语注疏》，第188页。
③ 杨明照《增订文心雕龙校注》，第456页。
④ ［清］苏舆《春秋繁露义证》，钟哲点校，第147—148页。
⑤ 庄严等《中国诗歌美学史》，第51页。

在都赋予其比德的象征意义，而其中对于咏草诗赋影响最大的在于对香草美人审美传统的形成。所谓“扈江离与辟芷兮，纫秋兰以为佩”，便是最为典型的以香草喻指个体品行高洁的象征之一。对此，王逸论之云：“佩，饰也，所以象德。故行清洁者佩芳，德仁明者佩玉，能解结者佩觿，能决疑者佩玦。”[①]佩饰作为象德之物，也即意味着所佩之人具有相应的德行内质。一方面，“佩”是形成比德象征的一个关键途径；另一方面，不同的事物在对应所佩类型也具有不同的品质。由此，在屈赋的集中推动下，使得比德模式成为古代文学创作系统中抒写主观思想意趣的重要形式。

在比德象征视野下，古代咏草诗赋也呈现出特定的道德象征主题。以屈原“香草美人”的象征系统为典型，从中确立了草的德义分类以善恶双方的二元对立为主要表现形式，并且具体而言体现为香草和恶草的并生共存。从《离骚》的意义结构来看，香草与恶草的对立恰是生成文本内部比德象征艺术张力的必要成分，因以香草指美好追求与嘉善人格，那么恶草所代表的邪恶奸佞与卑劣群小便使一个象征化的世界具有了深刻的现实批判精神。对于这一点，有论者认为：“《离骚》中出现的香草是自成体系的……香草在一定程度上就是‘美’和善。并且它还极容易启发屈原去创造另一组意象——恶草，使这个冥冥中的巫术世界被投入现实社会的阴影中。”[②]因此《离骚》全篇中由香草与恶草组成的对立结构对于深化全篇的社会意义，反映在当时特定社会环境下政治力量的碰撞和个人人生价值的思考、选择都有着无可替代的作用。随着时代的发展和文学的演进，香草美人系统的艺术原则

① ［宋］洪兴祖《楚辞补注》，白化文等点校，第 5 页。

② 过常宝《楚辞与原始宗教》，第 104 页。

被不断地继承和发展，在咏草诗赋的创作中也有相应的体现。但是从古代咏草诗赋比德象征的总体创作情势来看，则在受到香草与恶草二元对立形式的启发下形成了瑞草与恶草的形象分化与主题书写。瑞草是在古人看来具有祥瑞之征兆的草类，它们的发生往往预示或印证着圣德之世、祥仁之治的出现。咏草诗赋当中出现的主要祥瑞之草如芝草、蓂荚、屈轶、朱草等，它们在创作者的笔下常常生发出德被瑞应的美盛色彩。《宋书·符瑞下》载:“芝草，王者慈仁则生。”[①]《淮南子》云：“甘露下，竹实满，流黄出而朱草生。”[②]注云：“满，成也；流黄，玉也；朱草生于庭，皆瑞应也。”《宋书·符瑞上》云：“天下既定，圣德光被，群瑞毕臻。有屈轶之草生于庭，佞人入朝，则草指之，是以佞人不敢进。”[③]凡此种种，古人对祥瑞之草的记载不仅紧密对应社会性的嘉祥之事，并且于不同种类的瑞草都有着相应的符征功能，由此可见瑞草在古代社会政治、伦理教化以及文化意识整体系统中是被广泛关注且发挥着特定政治文化作用的。与瑞草相对之恶草，在咏草诗赋创作中主要体现于除草类作品的象征抒写，所除之草往往意味着君子贤人所痛恶之失德浊秽的谗佞小人，它们的存在或扰乱香草的正常生存，或对整体环境造成危害，而除去恶草则体现了有德正义之士的美好愿望与愤疾之情。当然除草作品也并非一味以象恶为其主题倾向，有不少作者反其意而作之，立有草不除为出发点，一方面是对传统以杂草为恶隐喻的背反，另一方面并没有将后续的视角继续定格为德义范畴，而更多地趋于对生命意识的观感和体悟。

① ［南朝梁］沈约《宋书》，第 860 页。

② 何宁《淮南子集释》，第 557 页。

③ ［南朝梁］沈约《宋书》，第 760 页。

芝草是古代瑞草类别中最主要的品种之一，它的出现往往被人们视为为政有德、化泽天下的重要象征，同时又因民受上德化下观念的影响，因此对于社会个体来说，又意味着个人德行修养的深厚并成为预示其因德而受嘉惠的祥瑞征兆。芝草的品种极多，《抱朴子》云："五芝者，有石芝，有木芝，有草芝，有肉芝，有菌芝，各有百许种也。"[①]这一说法基本上代表了古代对芝草基本情况的一个认识。李时珍曰："芝类甚多，亦有花实者，《本草》惟以六芝标名，然其种属不可不识。"[②]可见对芝草的关注和分类，从我国历史的较早时期就开始了，并且芝草品种的多样化也为文学领域的意象化、题材化奠定了客观基础。作为祥瑞出现的代表性自然符征，芝草在古代文化视野中被赋予至德之化的道德意义，并以芝的出现指代人世德义高度的具体体现，因德而生瑞，是围绕芝草形成的基本意识逻辑。《论衡》云："今上嗣位，元二之间，嘉德布流，三年零陵生芝草五本。"[③]《艺文类聚》引《孝经援神契》："德至于草木，则芝草生……善养老，则芝茂。"[④]在传统观念看来，一方面统治者具有仁德是芝草生发的必然条件，另一方面以孝为先的伦理观念强调了孝在德行内涵中的重要地位，将孝与芝草的有无密切联系起来。《瑞应图》曰："王者敬事耆老，不失旧故，则芝草生。"[⑤]这显示了为孝之德所产生的强大感化作用，并且立足于具体的德行内容则使比德物化色彩更为贴近社会实际，无论是从官方政治意识的建立还是文学现实功能的发挥而言，都具有更为明确的指向性。

① 王明《抱朴子内篇校释》，第 197 页。

② ［明］李时珍《本草纲目》，第 1709 页。

③ 黄晖《论衡校释》，第 830 页。

④ ［唐］欧阳询《艺文类聚》，汪绍楹校，第 1700 页。

⑤ ［汉］班固《汉书》，第 193 页。

芝草应瑞而生的现象在历代史料中多有记载，较为经典的是汉代甘泉宫与函德殿所生芝草的记录，《汉书 · 武帝纪》:“甘泉宫内中产芝，九茎连叶，上帝博临，不异下房，赐朕弘休。”[①]《宣帝纪》:“金芝九茎，产于函德殿铜池中。”[②]这一历史记载不仅影响了芝草“九茎三秀”典故的形成，也更多地为后世作者所用，以表祥瑞之征的发生和文学比德象征的依据。如龙膺《九芝赋》:“甘泉呈秀而汉德焯。”[③]刘敞《化成殿瑞芝赋》:“铜池以九茎夸德。”[④]对汉芝历史典故的运用是建立文学比德内容的直接体现，也是强化其中所代表的文化意识以及对天人合一哲学理念下体现的应谶方式中所蕴含思想价值的进一步体认。

咏芝诗赋中对比德象征的运用是极为普遍的。或尊上德，以瑞物应祥而现的方式表其称美和颂扬；或寓目生活，对瑞草生发的道德意义以及指向个体经历的美好预示表达赞誉和感欣。德义的诉求与祥瑞的应征之间所具有的关联，在这类作品中被广泛强化，体现为具有因果属性的主观性情理判断，从而在一定程度上使作品的情感厚度也得到了加强。张孝祥《进芝草（其二)》:“煌煌瑞彩映金铺，元气回旋即此都。太史连年书盛事，近臣更日奏新图。璇宫荐祉宁虚应，玉叶流芳已兆符。早晚清尘款原庙，临观敢请驻前驱。”[⑤]瑞草神采不凡，从结果上看国事日新、政治昌明，实际上在诗人潜意识中是对圣明之德广被的回应，尽管诗中不免多有一味颂美之意，但其中象征形式的运用是熟悉而成型的。邹迪光《灵芝赋》:“挺紫茎以耸翠，载黄叶而如云。

① ［汉］班固《汉书》，第 193 页。
② ［汉］班固《汉书》，第 259 页。
③ 马积高《历代辞赋总汇》，第 7092 页。
④ 马积高《历代辞赋总汇》，第 3033 页。
⑤ ［宋］张孝祥《于湖居士文集》，徐鹏校点，第 47 页。

分两茎兮，具二仪而为德。并一叶兮，肖四气之调均……若乃理民茂宰，守土明牧，睇而皇皇，白惭弗职。宫匪甘泉，殿匪函德。胡兹草之有灵，乃阐秀于斯邑。祝以长荣，成以勿折。将奏瑞于君王，用告祥于八域。”[①]从内容上看，前诗除去对德政瑞兆的讴颂誉美之外，还有一定的希求自进之意，也即寄托着在暂时的熹平之世下能够有所作为之志。相比而论，此赋则多倾向于祝美称赞的总体态度，既兆祥瑞，则芝草本身物色必定不凡，因此赋中描绘以挺拔秀密之姿，且所颂对应指向主体为君王，因而以天地并称，顺应天地即上德所宗，这也是对芝草一般化的常规铺写。具体到生于己所之芝，其颂美方式通过对比呈现，为臣者所承君德，自然芝草也具有同样的象征;则己所不足，当呈祝于上，并寄以期美之意，是此赋称美颂德的主要表达形式。着眼于个体生活，则通过切换芝草象征意义的具体内涵，对个体化才德加以书写。赵抃《西湖吴中允坟生芝草》:“中允寿龄尊，人亡德尚存。无根彼芝草，为瑞此松坟。往行称乡井，遗荣付子孙。灵苗岂虚设，所应在高门。”[②]坟旁所生之芝草，在诗人看来，是逝者德义感应所至，而其人格精神又经瑞草之现所彰显，遗泽乡里后人。诗既是通过象征个体德性之美来咏芝草所生瑞异，又将怀人褒举的情意融入其中。赵抃的另一首诗《次韵梁浃瑞芝》则为见自己读书之所有生芝草，进而回想及第之事与此之间的关系:“圣旦求贤野不遗，如公诸子定逢时。默期苑里留丹桂，喜向门前获紫芝。香已与兰盈一室，饵当同术有三枝。昔年书牖曾呈瑞，报为登科众所知。”[③]芝草生于户牖意味着会有嘉祥之事出现，且诗中

① 马积高《历代辞赋总汇》，第 7062 页。

② 北京大学古文献研究所《全宋诗》，第 4152 页。

③ 北京大学古文献研究所《全宋诗》，第 4207 页。

又似未提及芝草与学子之德的关联，但我们可以注意到作者实际上将及第这一幸事与统治者求贤的圣德之政这二者通过芝草来实现宏观社会与微观个体的联系，从而将比德之义贯穿于个体命运与时代环境的对应之中。何三畏《瑞芝赋》："产其一二兮，且犹以志喜……肆皇天之眷吾子兮，亦何用而不臧。辟舍傍之隙地兮，其祥未易以相当。瑞有开而必先兮，固宜兰玉之成行。"[①]实际上无论是诗歌还是赋作，在关乎个人生活境遇的描写时明确的比德色彩是有所削弱的，而更多地作为一种应瑞的象征，进而延伸至自我生活的幸然经历与特定期待的独特感触。但即使如此，其所包含的依旧是芝草物象与德行概念之间的必然喻指关系，何赋有句"纵芝草之为异，余何德以能堪"，所言正是依循这样的一种固定关系。当然也有创作尽管对芝草比德象征的传统逻辑表示认可，但更重视政治实践的效应而非一味称美颂德。陆游《馆中营缮方一新而右文殿生芝草甚异》："丹碧参差盛一时，殿楹三秀见金芝。汉庭漫道多才杰，天马何劳作颂诗。"[②]芝草所生被视为圣德隆广、国事和盛的象征符号，但对于凡兆必颂的群体化行为，陆游是持反对意见的，他在《题梁山军瑞丰亭》一诗中也写道："圣朝尚实抑虚文，纵产芝房非上瑞。"[③]《建炎以来系年要录》云："比年四方奏祥瑞，皆饰空文，取悦一时……若汉武作《芝房》、《宝鼎之歌》，奏之郊庙，非为不美，然何益于事。"[④]虽说宋高宗已对表奏祥瑞以饰太平的文章明令停作，但依然难以彻底改化已然形成的强大风气。陆游对这一原则是极为认可的，在他的政治思想当中，面临国家内有外患，形式上的

---

① 马积高《历代辞赋总汇》，第 7244 页。

② ［宋］陆游《剑南诗稿校注》，钱仲联校注，第 3104 页。

③ ［宋］陆游《剑南诗稿校注》，钱仲联校注，第 215 页。

④ ［宋］李心传《建炎以来系年要录》，第 2834 页。

润色鸿业对国家扶弱强干是没有用处的，还可能陷入一种自我蒙蔽的危机之中。陆游清晰的忧患意识使其将施政观念的重点落在切实补救时弊、恢复国力的行动上来，进而对于文学创作中以芝草咏盛德祥瑞的创作实践采取了更具实际意义的态度，这是与一般比德之作所不同的另一番创作意识和主题倾向。

芝草的文学表现在几种瑞草之中最具普遍性和代表性，它将文人思想形态中以比德为典型模式的表意系统突出地呈现于文学的政教与审美功能之下。相对于此，在人格象征方面，以兰草为主要标志物象而形成的人格象喻系统则更深刻、更具精神意义地成为咏草作品中影响较为深远、有着广泛认同的象征性主题表达。早在《诗经》中就已提到了兰草，《溱洧》篇云："溱与洧，方涣涣兮。士与女，方秉兰兮。"[①]"兰"即泽兰，诗中所写是上巳节时青年男女于春郊放怀游乐的情景，其中有一个重要的活动就是在游春活动中借持拿或佩戴兰草以祓除不祥。郑笺对此则云："男女相弃……托采芬香之草，而为淫逸之行。"[②]但此说过于拘泥政教伦理，观其诗意本身实际上并未在双方持兰、佩兰的过程中借兰以表现男女情感的交流，而在诗末所谓"赠之以芍药"才是直接进行具有男女交往意义上的礼赠行为。《韩诗注》云："郑国之俗，三月上巳之辰，往溱洧两水之上，招魂续魄，秉兰草祓除不祥，时人愿与所说者俱往也。"[③]也就是说，取兰草在上巳进行祈求祯祥的形式已然是时人的一种习惯性、规律性活动，而兰草作为重要的道具，即使不排除有情意相通者借兰草抒发心志的意愿，但从

① 十三经注疏整理委员会《毛诗正义》，第 376 页。

② 十三经注疏整理委员会《毛诗正义》，第 376 页。

③ ［宋］李樗《毛诗集解》，《景印文渊阁四库全书》本，第 224 页。

兰草本身的活动意义来说，并非是供悦情者传递爱慕之物。在常规的生活价值观念中，兰草的核心功能是凭其芬香来帮助人们去除恶瘴，求得祯福。类似的功能还被用于兰汤沐浴之事,《大戴礼记》谓五月“蓄兰为沐浴也”[1]，即是在端午前后使用兰草所煮之水灌沐其身，有驱疾辟邪之效。当然，在历史文献的记载中，这些都属于着眼兰草的现实生活功能所形成实际的利用，但其中被视为必不可少的关键要素“香”则成为进一步建立兰草象征意义的物质基础和心理前提。《左传 · 宣公三年》云：“以兰有国香，人服媚之如是。”[2]因有不凡之香而心生喜爱，因喜爱而佩戴于身，虽此语其意在指喻燕姞将如兰受重，但也恰恰是在无目的的表达中展露了时人对于兰草芬香的特殊喜好。与其他草木之香不同，因兰草所生往往在于幽深之地，因此兰香在人们看来并不具备引人注意的环境条件，而正是如此，兰生香却不为身份位置所改变的物性特征转变为人格象征体系中君子之节不受环境影响而改变的对应表征，基于这一原理，兰草被赋予了象征君子人格品节的独特内涵，在古代咏草诗赋比德艺术之外建立起人格比附的艺术创作表现机制。一般认为，对兰草君子象征模式的奠定者是孔子，子曰：“芝兰生于深谷，不以无人而不芳；君子修道立德，不为穷困而改节。”[3]兰草之香不为任何缘故、目的所发，这本是自然生物规律，而儒家对于君子品节的期待，与此表现形式恰恰吻合，即君子之节不为外物所动，不因利害所变，也不受私情所张，这样一种独立不移、坚守自我的精神风貌从个体的外在表现而言，是与兰草的生命运行有其共同性

① ［清］王聘珍《大戴礼记解诂》，王文锦点校，第 39 页。

② 十三经注疏整理委员会《春秋左传正义》，第 695 页。

③ 陈士珂《孔子家语疏证》，第 135 页。

的。《文子》云:“兰芷不为莫服而不芳……君子行道,不为莫知而止。”[①] 所谓行道，乃是自身道德操守的外化显现，不以特定目的为驱动，正是传统话语体系中对君子人格的定位。《荀子》中也对此表示了相同的观点，其云：“夫芷兰生于深林，非以无人而不芳，君子之学，非为通也。”[②]“通”乃通达、显达之意，君子为学养德，如果以求仕宦显达、名利双收，那么就失去了持守品节的初衷，因此在人格象征体系中，强调兰草自为芬芳，不主欲求，正是古代士人对人格修养的一种精神砥砺，更是借兰草来强化君子品格的一种重要的表达途径。

文学中将兰草物象推进为典型的人格象征意象的作品当属《楚辞》，其中尤以屈原的《离骚》影响最大,泽及最深。结披香草是屈原在《离骚》中独创的抒情主人公所具备的显著特点之一，以被服的形式在主体与香草之间建立起一种既有外在形态组织又具内质连附结构的共生并存体。兰草是其中主人公身形结饰的一个重要部分，其云：“纷吾既有此内美兮，又重之以修能。扈江离与僻芷兮，纫秋兰以为佩。”[③]之所以以蘼芜、白芷为衣披，以秋兰为佩饰，正是与自我的内美和外修相对应的质性组合，其中以香草象征人物品节的基本模式通过草的香洁明净与人的美善兼修相得益彰的形象结构得以确认和深化。但屈原的现实遭遇已经指明，并未身具美质而人皆可识，“户服艾以盈要兮，谓幽兰其不可佩。览察草木其犹未得兮，岂珵美之能当”[④]，香草与恶草在角色选择的混乱中是会被颠倒乃至将香草摒弃的，以兰艾之不分对指珵美之未辨，反面象征的运用十分明确。此外，屈原还说：“余既滋兰

---

① 李定生等《文子校释》，第 227 页。

② ［清］王先谦《荀子集解》，沈啸寰等点校，第 527 页。

③ ［宋］洪兴祖《楚辞补注》，白化文等点校，第 4—5 页。

④ ［宋］洪兴祖《楚辞补注》，白化文等点校，第 36 页。

之九畹兮，又树蕙之百亩。”[1]此二句之意一般解为对于贤才明士的培育，而为屈原所认可的贤士则具备其所推举的修明美质，因此物、人与德在这里实际上通过兰草的象征性描写得以在人格意义上实现贯穿，在扩展了象征形式的同时，又对尚洁远佞的人格之美给予了充分的肯定。但实际上屈原对美质的构建更善于在毁灭中显示出其坚守不易与操守可贵："兰芷变而不芳兮，荃蕙化而为茅。”[2]此处没有再次明确申明和对举兰草与人格美，经过一系列的明确象喻，实际上其象征意义已然明晰。品节的持守与变易在诗人看来是一对巨大的矛盾，兰草变质使其形象化，但从本质而言正是这一对持久的人性矛盾给诸多的咏兰之作蕴蓄了较大的情感张力。

在屈原深化的兰草象征体系下，后世的咏兰之作一方面对兰草与君子高洁人格之美间的固定关系不断进行艺术化书写，另一方面在承续屈原以兰为佩的形象刻画模式基础上生发出具有更多艺术联想空间的表达结构。崔涂《幽兰》："幽植众宁知，芬芳只暗持。自无君子佩，未是国香衰。白露沾

图 7　佩兰（引自《中国在线植物志·中国植物图像库》）。

① ［宋］洪兴祖《楚辞补注》，白化文等点校，第 10 页。

② ［宋］洪兴祖《楚辞补注》，白化文等点校，第 40 页。

长草，春风到每迟。不如当路草，芬馥欲何为。”[①]诗以反面立意，写志士难以见用的无奈和慨叹，但是在这一情绪之外，傲然屹立的是暗香幽兰的不屈形象，兰草的孤高自守是士人理想中高洁人格的具体呈现，路草为俯仰随风、曲意逢迎的钻营机巧之辈，二者的比较看似对幽兰遭弃而无为的否定，其实是意脉沉潜流转之后对兰草贞刚之节的反衬。王十朋《种兰有感》:“芝友产岩壑，无人花自芳。苗分郑七穆，秀发谢诸郎。世竞怜春色，人谁赏国香。自全幽静操，不采亦何伤。”[②]一般认为唐宋之际古兰和今兰的分歧始出，唐末之前的文学作品中所描述的基本上是由诗骚发展而来的菊科兰草，而唐末之后出现了兰科兰花，这本是两种不同的植物，但在宋代以后二者发生混淆而共用“兰”为其概称。但实际上从文学的形象象征角度而言，无论古兰草还是今兰花，它们都延续了由兰草而生成的以人格象征为主要题旨的思想内涵，从而实现了二者在兰草传统认知语境下文学创作的对接。王诗所谓花芳，且更作为观赏植物加以人工栽培，似为今兰。而又所谓“七穆”“谢兰”“国香”，则直承古兰的文化语境，这种交互错通式的对接痕迹在诸多诗文中都有体现。兰于无人处自在幽香，不迎合，不献媚，全节而处，正是以其操行作为诗人自我的精神砥砺。刘子翚《次韵六四叔兰诗》:“疏疏绿发覆清浔，漠漠微香起夕阴。无复风流追九畹，空馀烟雨暗深林。谁分秀色来幽室，独写遗声入素琴。还似高人远尘俗，争辉玉树亦何心。”[③]人的幽独自处与兰之微香自发在诗人看来是同一种心境的一致展现，兰生幽谷亦恰似人隐逸于世外，不为名利所动，

① 中华书局编辑部《全唐诗（增订本）》，第 7848 页。

② 北京大学古文献研究所《全宋诗》，第 22617 页。

③ 北京大学古文献研究所《全宋诗》，第 21434 页。

以内心的旷世心怀与高逸之姿获得精神的勃张之力。赵友直《咏兰》:“晓来一雨忽初收，九畹分香绕碧流。裛露灵苗凝浅翠，迎风素质拂轻柔。自甘深谷同巢许，不羡巍阶并管周。物类尚知羞媚世，污名秽节岂吾俦。”[①]兰草风拂轻柔、暗香萦绕的优美意境是对抒情主体人格向往的渲染烘托，仰慕高士、远避凡尘的志节在香兰的铺垫下一并呼出。草的人格化是其象征意义的具体表现，主体抵制与污秽并同的决心借兰草的坚决以达志。李纲《次韵陈介然幽兰翠柏之作（其一）幽兰》:“纫佩美屈子，披风快襄王。秋高白露下，摧折增感伤。愿与菊同瘁，羞随莸并长。收根归旧林，肯改无人芳。”[②]诗中塑造的兰草形象一改孤守自立的情状，极写面对秋风摧折时的坚毅无畏，士人之高节不唯在面对权势利益之时坚持自我本色和正直道义的原则，还在于面对现实摧击而不畏缩,昂扬挺立不屈从于污流的决心和毅力。李公进《幽兰赋》:“绿叶紫茎，偶贞士而必佩；深林绝壑，挺奇质而独芳……兰之幽兮芳可折，幽无人兮芳不绝。兰之生兮美自丰，生得地兮美无终。故虽败于凉飙，谅有嘉于前古。”[③]佩于贤德、质洁独芳，于人而言则可折可佩，代表了一种精神身份的价值对应。无人应会则孤芳自秀,既不忤于外物，亦不媚于时风,美质无人见赏并非生命意义的沦灭,自有历史为其正名，飘芬芳于千古。在赋作中对兰草象征进行叙写的方式除了直接的铺写描摹之外，还以秋兰为佩之典实为其创作生发的中心，不仅将兰草置于《离骚》香草比人的传统语境之下构建其象征意义，同时将兰草的形象从自然引入人文活动环境，使其在历史和经典的接续中获得文化

① 北京大学古文献研究所《全宋诗》，第 43965 页。

② 北京大学古文献研究所《全宋诗》，第 17550 页。

③ 马积高《历代辞赋总汇》，第 1993 页。

意义的深入呈现。如吴鸣璜《纫兰为佩赋》:“梦绕三湘，喜琼芳之触手；香移九畹，拟玉德之彰身……尔乃托根空谷，散影芳洲，江蓠作伴，沅芷为俦。比美人之高洁，怀君子之好修……琼琚不饰，腰间之素质信芳；兰麝羞陈，怀里之幽姿自爱。”[①]屈原以九畹之兰喻指其所愿培育之贤才，而赋移用于此，又谓德以彰身，则贤者以德为先，是有着君子人格的理想群体。兰与芳草为伴，皆以象美人出尘之姿，而美人与君子相对，深契屈赋之意境，同时将美质于中的主体寄托表达得更为鲜明。兰草幽芳，无论是历史上的屈子个体风采，抑或是创作者心中的理想形象刻画，都贯穿着不为世俗所共赏，亦不逢迎顺从于世俗，唯有坚守自爱、笃力持修，方为贤达高士人格的精神途径。

以芝草为代表的瑞草和以兰草为代表的香草确立了咏草诗赋中比德内涵与人格象征的主题表达，德的内容集中表现为国家顺天应民之祥瑞与个体风被草木之典范，人格象征则以香草的高洁自守、狷介不移为士人精神实质的体现。与此类正向比德象征体系相对，在咏草作品中亦有将草作为污秽邪恶之物的象征内容，并通过“除草”为核心命题的方式来表达对这一象征形式的思想观点。在草的道德形象意义形成的过程中，不只是传统伦理思想的文学化呈现，还更多地融合了主体对人生历史、社会价值的感物与判断，具有丰富的思想内蕴和审美效果。从自然基础性质而言，在农业生产中，除草是保证田间作物正常生长、实现作物收获预期的必要条件，杂草没有限制地任意生长，一方面会破坏农田的稳定生态环境，另一方面会与作物直接竞争阳光养分，且常常因此使作物收成锐减，严重者可致作物无法生存，因此，除草在古人的生活视野中是非常重要的一项农事活动。《齐民要术》中

① 马积高《历代辞赋总汇》，第15589页。

便有强调除草的经验表述："苗出垄则深锄，锄不厌数，周而复始，勿以无草而暂停。"[①]这是要求除草要时时进行，因为草生长的速度是极快的，少有停歇就不免会对庄稼造成新的影响。又云："瓜生，比至初花，必须三四遍熟锄，勿令有草生，草生胁瓜无子。"[②]种瓜必须要保证将杂草清除干净，否则会使瓜苗不生子，造成劳而无获的结果。又如唐代《种树书》中所云："种诸豆子、油麻、大麻等，若不及时去草，必为草所蠹耗，虽结食亦不多。"[③]可见田间所生之草对农业生产的危害具有直接而普遍的特点，一旦在农业活动中没有及时完善地做好除草工作，往往就会对农业的收成造成直接的影响，进而使人们的生活遭受威胁，因此从其自然属性以及农业生产生活来看，除草是人们极为重视的一项农业措施。

从除草这一活动本身为出发点，其本质是去除有害之物以利农田，维护农业生产的正常进行。而这种除害利善的行为被人们经验化地从实际生活中抽象出一定的文化意义之后，便具有了以草象喻蠹害忠良、生性邪恶的观念意识，同时以除草这一具象概念来象征维护社会正义、斩除奸邪的道德原则和社会理想。《左传·隐公六年》："为国家者，见恶，如农夫之务去草焉。"[④]以草指"恶"，则对待恶需要像农夫除草一般视其为良善的祸患，从而务求除之。《管子》云："草茅弗去，则害禾谷；盗贼弗诛，则伤良民。夫舍公法而行私惠，则是利奸邪而长暴乱也。"[⑤]从维护社会安定的角度来说，国家应当推行公正严明的法治，否则盗

① ［后魏］贾思勰《齐民要术校释》，缪启愉校释，第 44 页。

② ［后魏］贾思勰《齐民要术校释》，缪启愉校释，第 111 页。

③ ［明］俞宗本《种树书》，康成懿校注，第 22 页。

④ 十三经注疏整理委员会《春秋左传正义》，第 118—119 页。

⑤ 黎翔凤《管子校注》，第 1211 页。

贼群起，百姓难安，社会也就难以在良好的秩序下运行畅通，尽管此说以法家思想为出发点，将除草喻为去盗，但实际上具象化为盗贼之属亦是恶害之流，是除草象征内涵的具体化。类似的论述还有很多，如王充云:“士未入道门，邪恶未除，犹山野草木未斩刈，不成路也。”[①]此说脱离了农业生产中的除草情境，而以辟路斩草为象征形式，因而邪恶非止危害良善之效，还有蒙蔽心志之疾。《后汉书 · 范滂传》言：“臣闻农夫去草，嘉谷必茂；忠臣除奸，王道以清。”[②]臣子为王道尽心竭智，正如农民为种田历尽辛劳，其目的在对应的语境下有其一致性。与前言去盗贼、开心智有所不同,具体而言士人入仕乃为彰行王道，以立国安民为其本心，以草象征为奸邪，在忠奸对立的议论中写其作为人臣的佐治讽谏之道。《后汉纪》对这一观念再次加以申明：“臣闻农勤于除草，故谷稼丰茂；忠臣务在除奸，故令德道长。”[③]还值得注意的是，在《周礼》中，出于除草在农事活动中的重要性，因此置“薙氏”这一职务来“掌杀草”，而后又将其归入秋官之下，对此注云:“在此者，案其职云掌杀草，亦是除恶之义，故在此也。”[④]所谓“在此”，即解释薙氏被纳入秋官之中的原因，而在《周礼》中，秋官的职能正是掌国之刑罚,维护国之治安稳定,“乃立秋官司寇,使帅其属而掌邦禁,以佐王刑邦国”[⑤]，因此所谓除草者正以其生活化形象而指代除奸铲恶之意，负有防避邪患、除奸治乱之责。从总体上看，由农事活动的除草行为出发，以其斩除邪恶、维护良善为本质原则，形成了在政教文

① 黄晖《论衡校释》，第 552 页。
② ［南朝宋］范晔《后汉书》，李贤等注，第 2204 页
③ ［东晋］袁宏《后汉纪校注》，周天游校注，第 618—619 页。
④ 十三经注疏整理委员会《周礼注疏》，第 1053 页。
⑤ 十三经注疏整理委员会《周礼注疏》，第 1042 页。

化体系中的特定象征意义，同时对于个体社会责任意识、道德伦理观念的象征性抒写，亦建构了以除草喻制恶的基本文化语境，这是咏草作品中比德象征主题以反向立意为其内容结构的思想基础。

最早以除草作为独立主题写入诗歌的是杜甫，也正是依凭杜甫胸中灌注的仁民爱物的儒家仁义思想以及其诗歌中呈现的涵博沉厚之儒者气度，使得其非止对此一题材具有首创开拓的新辟意义，同时更以其人格精神底蕴为价值先导，树立了除草诗歌所应具有的道德象征范式。其《除草》诗云："草有害于人，曾何生阻修。其毒甚蜂虿，其多弥道周。清晨步前林，江色未散忧。芒刺在我眼，焉能待高秋。霜露一沾凝，蕙叶亦难留。荷锄先童稚，日入仍讨求。转致水中央，岂无双钓舟。顽根易滋蔓，敢使依旧丘。自兹藩篱旷，更觉松竹幽。芟夷不可阙，疾恶信如雠。"[①]此诗的核心思想历来皆具共识，认为其实质是借诗咏铲除乱草之患以托现实中意欲拔奸除恶的心志期愿。稍有不同的如鲁一同论曰："非借除草以喻除奸，乃本意除草，而其道通于疾恶，小中见大耳。"[②]前者之意，则谓杜诗专意抒写除恶去奸之心，后者乃谓杜诗本身及于对荨麻草的痛恶，但此情与对痛疾奸邪小人之理相通，因而具有微言大义之效。但无论是何种解释，其中所蕴含的诗人痛惜国之衰乱、欲竭心铲肃为害之人以求荡清国寇、恢复明治之世的胸怀是得到一贯彰显的。诗中虽未鲜明直言草即为现实奸邪恶乱的象征意象，但为后世创作提供了具有象征可能的意义关联，对成熟时期的除草诗赋创作有着重要的推动作用。赵蕃《除草》诗："入门空榛芜，半死犹未槁。清霜且零落，纵蔓那得保。奈何刺吾眼，快意思一

① 萧涤非《杜甫全集校注》，第 3342 页。

② 萧涤非《杜甫全集校注》，第 3342 页。

扫。童来乃钝锸，兀兀日又了。兰枯艾长壮，乱多治则少。君子小人欤，幽忧挂怀抱。”[①]庭中所生杂草无论是从外在形态还是从可能引发的内心联想而言，都是诗人眼中的芒刺之物。而无论杜诗或此诗，对除草缘由的一个重要解释皆立足于杂草对香草的摧害与障蔽。因此诗人后言“君子”“小人”，则显现出与除草内在意义结构相似的人性社会道德范畴概念的对立，因此诗虽重在表其忧怀之意，但依然嵌入了草与道德分野之间的象征意义。焦竑《除草》诗：“如何旬日内，恶草忽以繁。芒刺在我目，荒秽盈丘樊……呼童荷锸往，诛锄勿辞烦。滋蔓非难图，要在去顽根。顽根随手尽，恶类焉能蕃。籓篱顿清旷，始觉松桂尊。因知除恶本，古人非空言。吁嗟世固然，吞声复何论。”[②]所谓古人言正乃《左传》所论“务去草”的必要性，而诗意显然由除草的具体行为喻指与世道一致的除恶去邪之原则，明确将现实社会的伦理法则对接于其所言之除草行为，以这一象征形式来抒发除恶保善的现实意义以及似个人无法实现社会图治的无奈叹息。李𬴂的《除草》诗则直接在诗中指出草所喻指即寡善鲜德之小人：“恶草盈庭生，蔓藤交相附。譬彼众小人，势在争来助。孤立伤仁贤，肯容挺然树。旷览古与今，感兹常瞿瞿。芟蕴绝其根，无滋兰茝惧。”[③]奸恶与贤人相对，而恶者往往如草势强涌，对贤者造成无情的摧折与伤害。诗以香草代拟贤才，则与楚骚形成的象喻系统相承而言，诗之首尾颇具杜诗劲拔力度，与前举例诗叹嗟忧郁之倾向截然不同，从中可见诗人精神内质的决然刚毅。

① 北京大学古文献研究所《全宋诗》，第30436页。

② ［明］焦竑《焦氏澹园续集》，《四库禁毁书丛刊》本，第147页。

③ ［清］李𬴂《虬峰文集》，《四库禁毁书丛刊》本，第66页。

此外，以除草为主要内容的咏草诗将杂草的象征意义定位为具有社会危害性的奸恶小人，尽管这一象征早在先秦时期的文学作品中就已存在，但以去除恶草的方式进而表明建立在儒家君子道德思想体系基础上的社会政治情感，并形之于专门的咏草作品，是杜甫之后的创作表现。值得一提的是，尽管基本不涉及道德人格的象征，但在“除草”的相对面还出现了有草不除的专咏作品，这类作品所要表达的意旨并不在于对具体人性的象征，而是传达主体内心对草木生意的顾惜赏爱，而这一旨意的生成实际上来源于宋代理学家周敦颐。《宋元学案》载：“周茂叔窗前草不除，去问之，云：与自家意思一般。”[①]又云：“明道书窗前有茂草覆砌，或劝之芟，曰：不可，欲常见造物生意。”[②]于是从周濂溪的角度出发，观丛草而不除乃是对万物生命形式与状态的深刻体察，其中既包括对自我生命运行与外物生机气象的一体化观照，也有着对自然造物所化成的生息存续的德义关怀。周氏的思想观念在王阳明这里得到了进一步的阐明和发展，王阳明一方面对前代以来以草象征邪恶的主流认识加以辨正，另一方面将濂溪体物重生的思想做了更为深刻的发扬，凸显了这一精神内在广阔的儒家仁博襟怀。他说：“天地生意，花草一般。何曾有善恶之分？子欲观花，则以花为善，以草为恶。如欲用草时，复以草为善矣。此等善恶，皆由汝心好恶所生，故知是错。”[③]之所以有善恶之分的现实对立，皆因人的主观需求而致，因此善恶的界限不在于客观事物的性质状态，决定善恶之分的乃是人心的欲望。他还对其弟子说：“此须汝心自体当。汝要去草，是什么心？

① ［清］黄宗羲等《宋元学案》，陈金生等点校，第520页。
② ［清］黄宗羲等《宋元学案》，陈金生等点校，第578页。
③ ［明］王守仁《王文成公全书》卷一，《四部丛刊初编》本。

周茂叔窗前草不除，是什么心？”[1]这是王阳明以通达透观之心对前贤体生之意作精微观照之后得出的看法，即寻常之人皆有万物好恶之分，也皆来自于程度不同的偏狭之心，但周茂叔所持，是为以平视万物之态对造化生机充满沉博“至善”之心的。尽管从政教伦理角度而言，草的反面象征是为儒家思想作用于观物象喻的一个比附结果，但从儒家仁义性理施泽于草的生息不绝而言，是以厚生仁善为核心的仁德理念出发生成的生命哲学概念。左东岭先生论及王阳明之说云：“阳明之无善无恶则是仁溥万物而无私的积极态度，最终是以成己成物为目的的。”[2]己与物皆自然造化生成，是周濂溪至王阳明一系立场的认识基础，而对善恶之念的消解则是其内向观照与对生命意识本原性的探索，这一意义系统对文学创作也产生了一定的影响。

尽管以反对除草为主题的创作数量较少，亦非咏草诗中的主流，但其在哲学性质上所体现的认识价值是较高的，同时亦在除草诗的反面道德象征之外形成了不同的审美面貌。姜特立《除草篇》：“芳草有佳色，难与俗士订……吾家北窗下，旷土勿畦町。花草随意生，红绿同一盛。晨露共明躅，夕烟相掩映。既傍竹阴清，又连苔色静。微薰入衣屦，馀润侵筑磬。终日坐其间，心清神气定。诗酒颇相关，世事不足听。从渠笑吾痴，此意未易竟。”[3]随意同盛的生意盎然自然使诗人顿觉神气饱满，在此间借花草之放体味天地生气同一的自然精神之美。这种自然之境更促进了自我幽深静处的自得情怀，虽并未将生意之感放大扩展，但亦呈现了对生命姿态与人生情势的深入思考。胡季

① ［明］王守仁《王文成公全书》卷一，《四部丛刊初编》本。

② 左东岭《王学与中晚明士人心态》，第159页。

③ 北京大学古文献研究所《全宋诗》，第24100页。

堂《赋得绿满窗前草不除》诗:“芳草当时发,菁菁映碧幢。化机融大地,生意满晴窗……漫道质原薄，休言力易降。和风拂钓艇，带雨润吟艭。体物观新色，摊书引旧腔。托根依上苑，葱茜动人腔。”[①]草满不除的原因正在于作为平凡生命之草的蓬勃生意，在这生命滋长的背后，诗人谓其质薄而力强,颇有坚韧挺立、倔强不屈的人格气质。但除此之外，能够吸引创作主体赏爱的因素还有其包含造化生机之气的曼妙美姿，与前文所论春草之美相对而言，这一创作是集中于草的审美形象内部两个要素的统一结合体。陆进《赋得茂叔窗前草不除》诗：“空阶雨后晓烟轻，窗外青青草自横。生意静含天地气，化机动见古今情。春风拂处间舒绿，旭日曛时暖向荣。最是濂溪偏着眼，早将太极理相迎。”[②]此类诗歌所贯穿的一个重要意识便是树立天地自然生气化成的观念前提，而这也正是宋明以来儒家哲学观念文学化的一个表现，体物达理与审美特质在诗歌中融为一体，咏物中兼具了传情与认识的创作意义。另外，此诗独将茂叔的除草之论引入诗中，并对其中所蕴含的哲学理念借草之茁茂予以生动表现，“太极”之说乃濂溪关于世界本原讨论中最为核心的思想，而生意所由，恰处于造物之化，自然被纳入万物生息交替的循环过程之中，其云：“无极而太极……太极，本无极也。五行之生也，各一其性。无极之真，二五之精，妙而合凝。乾道成男，坤道成女，二气交感，化生万物。万物生生而变化无穷焉。”[③]从此太极之观出发，将万物皆视为生生不息之运动形态，自然走向了物我一体的生命等观模式。吴铨《绿满窗前草不除赋》是此类咏草作品中较

① ［清］胡季堂《培荫轩诗集》,《续修四库全书》本，第 273 页。
② ［清］陆进《巢青阁集》,《四库未收书辑刊》本，第 214 页。
③ ［清］黄宗羲等《宋元学案》，陈金生等点校，第 497—498 页。

为典型的赋作，其中云："寂复寂兮茀斋，幽复幽兮芸馆。睹花水兮成文，约林禽兮为伴。对兹钟爱兮余情芳，命仆不除兮生意满……拾翠人多兮，不到阶边；踏青客至兮，不碍窗前。爰开樽而啸傲兮，时把卷而流连。流连兮舒怀抱，对草色兮裙腰一道。宜閤閤兮蛙鸣，任翩翩兮婕老。"[①]此赋亦从对草之生意体察写及自我的潇洒生活态度，也可以说，这种生活态度的生成正是隐含在普遍生机中物我情态相通相合的自然一气联结所使然，对草本身抹去善恶的伦理道德色彩正是其中万物一体之仁思想内核的鲜明表示。

① 马积高《历代辞赋总汇》，第22288页。

第四章　萱草、苔藓、浮萍的文学表现

在人们的观念认识中，自然界的草一方面是一个大的植物物群集合，另一方面这个集合体当中，也有着许多不同种类的专名品种。从生物特征来说，尽管不同的草有其共性的属类特征，但不同种类在枝干、花叶以及果实等具体的形体部分方面则有各自的独特性，这也是构成植物审美的重要的客观基础和书写层次。从生存环境而言，有的草生于陆地，有的草生于水中，有的草生存范围极其广阔，在不同的环境中都能够发现其踪迹，有的草则更多地被人圈入与生活密切相关的领域，成为具有特定观赏意义的品类。

在具体的文学题咏过程中，对特定草品的选择往往体现文学创作心理对某一类题材的主观选择及其具体观念的实践。由此出发来看，萱草是最为典型的能够反映传统文学文化中主体观念的表达及其嬗变的草类题材之一。萱草自古有忘忧之意的表达，但在实际的意义生成中逐渐形成了忘忧、代母、宜男三类不同而又相关的主题倾向，且呈现出较为规律的线性发展特征。此外，在本文所统计的古代咏草赋中，有苔类赋作 37 篇，萍类赋 14 篇，其总和超过了全部统计数量的六分之一，是古代咏草赋作中的大类，并且苔与萍都在古代文人的文学书写中形成了特定的形象以及象征主题，是发掘咏草诗赋中内在审美意蕴和文人审美心态的重要品类。

第一节　世间何草可忘忧：萱草

中国古代文学和文化生成演变过程中，在天人合一观念的强大语势之下，人与自然之间的关系被加以强化，体现在文学创作过程中，则是比兴象喻和意象寄托系统的艺术方式、表意体系的高度成熟。可以说，四时之景、万物之态都无不与作者的情思意趣有着这样或那样的关联，进而推动文学创作以积累态势向深闳富博的方向前进。

在这样的传统文学文化背景之下，萱草属于中国古代文学意象系统中常见的草木物象里较为富有社会生活和群体心理内涵的一类品种。萱草进入文学创作而被赋予一定主体意蕴的过程始发于《诗经》,《伯兮》篇云："焉得谖草，言树之背。愿言思伯，使我心痗。"[1]其中对谖草的理解，疏云："君子既过时不反，己思之至甚，既生首疾，恐以危身，故言我忧如此,何处得一忘忧之草,我树之于北堂之上,冀观之以忘忧。"这是历史上对萱草赋以忘忧之意的开端，又因其处于经学传统的经典地位，因此这一说法对后世萱草的文学创作和文化演变产生了深远的影响，萱草的忘忧主题也成为古代文化体系中具有代表性的固定文化现象之一。

当然忘忧的前提是萱草的可"观"，这是从视觉层面来对萱草的功能予以辅助说明。李时珍在《本草纲目》云："'萱'本作'谖'，谖，忘也。诗云：焉得谖草，言树之背。谓忧思不能自遣，故欲树此草玩味，

① 十三经注疏整理委员会《毛诗正义》，第287页。

以忘忧也。”[①]品其“玩味”一词，则意下将萱草视作可观可赏之物，在赏玩中忘却暂时的烦扰。实际上萱草的自然属性被人们进一步认识并逐渐加以利用之后，已经部分承担着观赏性植物的功能。现代人认为：“萱草栽培容易，管理粗放，春季萌发甚早，绿叶成丛，极为美观。”[②]基于萱草的这一特征，古人也常于自家庭中植萱而供赏玩助兴。如项安世《方太君生朝四首（其四）》诗：“天边历草记年华，一日东风一荚花。春到平分争一英，庭萱吹出碧云芽。”[③]这是在祝寿诗歌中以萱草的物态美作为青春美好的形象加以颂赞。吴稼竳的《嘉秀堂宴集》一诗则直接以宴娱活动为背景来写萱草的赏玩之状：“修篁荫绿渚，高墉吐苍岫。园葵发红彩，庭萱组丹绣。

图8　萱草（引自［日］细井徇、细井东阳撰《诗经名物图解》，日本国立国会图书馆藏）。

① ［明］李时珍《本草纲目》，第1036页。
② 胡正山等《花卉鉴赏辞典》，第839页。
③ 北京大学古文献研究所《全宋诗》，第27335页。

丝竹间清响，埙篪合奇奏。”[1]饮宴之欢乐，场面秀姿雅态，而萱草作为其中之一景，为宴会活动增添了观赏色彩。黄图珌《家兄夏珍迁居东郊》诗："晚风绿荫庭萱茂，朝雨红迎仙杏开。最是文疆传孝友，无惭江夏素相推。”[2]一方面写其迁居新地的景致之美，画面以萱草和红杏相映衬，一方面推赞其兄之人德高品馨，此中庭院萱杏不仅是其所以欣赏之景观，还从侧面烘托人物形象。因此，以人们普遍的审美认知规律而言，不仅萱草的外在物色形态美感应当作为兴发创作感思的基础和前提，而且在实际的咏萱作品中，对萱草物态的描写并没有缺省，但由于萱草在文化心理系统中强大的象征意义所造成的语势强力，因此历来对萱草形貌的讨论很少，且在一定程度上形成了具象存在与抽象概念的脱离。

通用的萱草概念在现代植物学分类下属于百合科萱草族萱草属，据《中国植物志》，这一属群下共约有 14 个品种，其中有 11 种分布于我国，且因其“长期栽培，在园艺上又很容易杂交，故品种极多，可能还有一些天然杂种”[3]，所以萱草品种的断定与统计并非易事。古代关于萱草常见品种和形态的记载，《广群芳谱》记其“有黄、白、红、紫、麝香、重叶、单叶、数种”，且分别引《格物丛话》和《学圃馀疏》另补二种，名曰“凤头”“金台”[4]，由此观之，书中所记未必是作者亲眼见之，有的品类的记述应是从当时的植物学讨论或是文献中记载而得。明人高濂所著《遵生八笺》言萱草“有三种，单瓣者可食，千瓣者食之杀人。惟色如蜜者，香清叶嫩，可充高斋清供，又可作蔬食之，

① ［明］吴稼竳《玄盖副草》，《四库全书存目丛书》本，第 555 页。

② ［清］黄图珌《看山阁集》，《四库未收书辑刊》本，第 315 页。

③ 中国科学院中国植物志编辑委员会《中国植物志》（第十四卷），第 52 页。

④ ［清］汪灏《广群芳谱》，第 1114 页。

不可不多种也”[1]。可见在日常生活中人们所多见者为三种萱草，且都与人们的饮食经验有关。清人陈淏子所辑《花镜》中对萱草的形态有进一步的描述：“茎无附枝，繁萼攒连，叶弱四垂，花初发如黄鹄嘴，开则六出，色黄微带红晕。”此言枝叶花形，后言萱草有三种，一千叶，一单叶，一种色如蜜者，而“惟千叶红花者不可用，食之杀人”[2]，因此前所谓千瓣即此言千叶者，开红色花。综合此类材料的描述，可以从中得知日常生活中人们所见之萱草品种不是很多，一般未达《谱》所言数种，且人之所见皆本于其一定的用途，或以食用，或以观赏，开花者基本以红、黄二色居多。

在咏萱的文学创作中，因物写情、情景交融的文学创作艺术范式也受到了萱草象征性主题话语权的一定影响，这导致许多作者在创作的时候对物形态的表现有所弱化。当然这也仅仅是从不同题材内部大体相对而言，对于不同时期、不同作家以及不同的创作趋向，不少作品描写萱草的外在形象也十分富有特色，将萱草的自然美感形诸于文字一端。因萱草生长期较早，花色也并不单调，因此作者关注的重点往往集中于萱草的枝叶和花色之美。如魏澹《咏阶前萱草诗》：“绿草正含芳，靃靡映前堂。带心花欲发，依笼叶已长。”[3]萱花未发而草叶延展，花与叶之间的美正在于如此相互映衬中得以体现。花的欲发还待与叶的舒展迎光，呈现出萱草含而不露又生气浓郁的形态美感。另外还可以看到，在实际的作品塑造中，花与叶常常是作为组合出现在对萱草的文学描写中，很少有作品将萱草的某一部分进行专门独立的

① ［明］高濂《遵生八笺校注》，赵李勋校注，第628页。
② ［清］陈淏子《花镜》，伊钦恒校注，第337页。
③ 逯钦立《先秦汉魏晋南北朝诗》，第2647页。

描写。朱松《记草木杂诗七首·萱草》:“纷敷翠羽丛,绛英烂如赭。诸孙绕银鹿,采摘动盈把。谁言壶中春,在此眉寿斝。”[①]草的枝叶分披繁茂,丛聚密集,花开为红色,灿烂光冶,在此铺陈之下才有诸孙随意采摘皆可满把的鲜活生动之景。而翠与红两种色彩的并构,在诗中并没有以严格的对仗来加以强调,但是色彩的对比却透过画面给人以深刻的美感印象。陆游《冬暖园中萱草翁然海棠亦著花可爱作路浚井皆近事也》诗:“暖景变严冬,谁知造化功。少留萱草绿,探借海棠红。”[②]此诗句中以色彩相对,使萱草的形象在独具的画面感中摇曳生姿,且花色的相对非萱草本身的形态对比,而是将色彩的观察移至海棠,在建构出物象立体感同时也富有生新活泼的艺术效果。将花叶之色彩对比写得更为集中而着意突出花色的是夏侯湛的《宜男花赋》:“远而望之,灼若丹霞照青天;近而观之,炜若芙蓉鉴渌泉。萋萋翠叶,灼灼朱华,晔若珠玉之树,焕如锦绣之罗。”[③]视角由远及近,对比的层次由草及天,于双重对比中反衬花色之深红艳丽,恰如锦绣织就。同时写其草体在近观角度下鉴照柔波的明亮之色也富有独特景致。相较于此,薛章宪的《萱草花赋》则对花本身进行了细致的描写:“其敛萼也,疑黄鹄之俛啄;其舒花也,俨丹凤之将翔。”[④]句中特意选取萱草花开的两个首尾阶段,未开之时收束敛合,体格较小,呈浅黄色,以黄鹄之嘴形容之;舒放之后花色具染“红晕”,其姿形有似将飞之丹凤。以鸟喻花,不仅在色泽上达到一致贴切,还呈现出欲动还静的艺术效果。还可以注意到的是,对于萱草物象的择取,作者一般以春季之草为重

① 北京大学古文献研究所《全宋诗》,第 20723 页。

② [宋]陆游《剑南诗稿校注》,钱仲联校注,第 4041 页。

③ 韩格平等《全魏晋赋校注》,第 164 页。

④ 马积高《历代辞赋总汇》,第 5267 页。

点描绘对象，将盎然春意润贴于葳蕤盛草中，成为统一于特定节候下的美好风物。张良臣《萱草》诗："雪色侵凌绿剪芽，枝抽寒玉带金葩。北堂回首伤心处，却复令人恨此花。"[①]尽管春息将至，但仍有雪色寒风的催压，但终究无法抵挡芽抽花发的生命趋势，在雪光风影之中凸显了萱草生发之早，透露出春意在花草体内的强大积蓄。周复元《萱草》诗："嫩叶初擎金凤花，盈盈玉砌蹴春芽。东风殿后还应觉，自是偏承雨露赊。"[②]嫩叶初展，金花清新的初春萱草，纤柔俏立于庭阶之间，惹人怜爱，乃至于雨露所至皆有偏意。

萱草之花叶代表了主题观照过程中的视觉物色效果，并常以花叶之色泽之鲜明对比来相互映衬草体的色彩美感。人们在萱草的题咏之中还提到了麝香萱，因其香味入鼻而颇能引起注意。麝香萱其实就是金萱，《农政全书》注"焉得谖草"下云："又有一种，以色言之，则名金萱，以香言之，名麝香萱，五月开花，姿韵可爱，今田野间，处处有之。"[③]花色与花香的结合，将立体的观赏画面塑造得富有花韵神采。王炎《麝香萱草》诗："秾绿丛中出嫩黄，折来时吐麝脐香。朝开夕谢休惆怅，我已无忧不待忘。"[④]从视觉中黄绿交融再到以动作引出花香怡人，萱草的形象在简单的勾勒中变得贴近可感。后言"无忧不待忘"，则可见出抒情主人公已然沉浸于萱花开放、香气动人的美感之中了。许及之《麝香萱》诗："南薰吹麝馥，背树染鹅黄。里许香为德，中央色自庄。"[⑤]此诗写色嫩香馥并不同于其他诗人，花色花香皆以为

① 北京大学古文献研究所《全宋诗》，第 28460 页。
② ［明］周复元《栾城稿》，《四库未收书辑刊》本，第 170 页。
③ ［明］徐光启《农政全书校注》，石声汉校注，第 1122 页。
④ 北京大学古文献研究所《全宋诗》，第 29804 页。
⑤ 北京大学古文献研究所《全宋诗》，第 28336 页。

德之正来进行考量，视其为道德意义上的心正之草。《左传·桓公六年》有言:“其上下皆有嘉德而无违心也,所谓馨香,无谗慝也。”[1]因此可见，在时人的眼中，萱花具有的是符合传统道德价值评判标准的形象特质，这实际上在内部为萱草所象征和寄托的主题取向建立了思想伦理基础。在花色中添以花香，实际上将萱草更多地视作一类观赏花卉，从而预设其文学审美条件，突出花之于人的美感体验。此外，以花、叶、香等多个方面进行的整体组合描写对萱草形象的塑造而言，具有使其立体化、形象化的美感铺陈效果。如李峤《萱》诗 :“屣步寻芳草，忘忧自结丛。黄英开养性，绿叶正依笼。色湛仙人露，香传少女风。”[2]从草之结丛的整体观感到露湛异色，观察逐步收缩聚焦，由整体而局部，将细节的画面刻画得色彩分明。从体物的角度而言，这首短短的咏物之作可以说将萱草的形态描画得足够全面细致。张邦基时评御制题咏之作有言 :“‘玉液乍凝仙掌露，绛纱初脱水晶丸。’盖体物之工矣。”[3]诗写仙露之细节，与李诗极为形似，而被评之为工细也正反映出诗歌所体现出的摹物精细之状。张羽《咏萱草花》诗 :“丹华丽晴日，翠叶艳朱光。盈盈列芳挺，淡淡发轻香。”[4]花色的艳丽本应将物色所渲染的气氛引入繁闹奔放一类，然而诗人后转写萱草挺拔俊俏之姿，并以淡淡清香的嗅觉感受结篇，笔势转换之间使萱草的形象完成了浓淡皆宜的平衡塑造。俞允文《谖草赋》:“总修茎兮，綷若翠羽腾绿波；舒丛葩兮，灼若雕霞晃朝日。引崇兰而泛景，转芳蕙而凝碧。香摇少女

① 十三经注疏整理委员会《春秋左传正义》，第 202 页。
② 中华书局编辑部《全唐诗（增订本）》，第 714 页。
③ ［宋］张邦基《墨庄漫录》，孔凡礼点校，第 125 页。
④ ［明］张羽《静居集》，《北京图书馆古籍珍本丛刊》本，第 745 页。

之风，露湛仙人之液。”[①]相比于其他赋作，俞赋对萱草的外在形态描写铺陈要更显全面集中、立体可观，茎、叶、花、香乃至于花叶上之露水都被纳入具体细微的描写之中，同时还与兰蕙香草进行类比，无论是色态还是香风皆不输于他草。在此类整体描绘萱草的诗赋作品中，最能传神体现萱草轻盈飘逸、柔缓流动的内容当属以“少女风”来喻指花香的笔法，此典出于六朝时期，梁简文帝萧纲《咏风诗》云：“欲因吹少女，还将拂大王。”徐陵注引《管辂传》谓：“辂曰：‘今夕当大雨，树上已有少女微风，若少女反，风其应至矣。’”[②]但实际上《三国志》本传中管辂所言乃出于裴松之注引《辂别传》[③]，萧纲以其写入咏风之作，有意描摹突出轻风慢拂之态，并透露出宫廷咏物之作的旖旎之风。后王之道《秋兴八首追和杜老（其七）》诗言：“宦情薄似贤人酒，诗思清于少女风。”[④]则全然写风所形成的轻微细摇之感，已然脱去与女子相关联而产生的轻艳色彩。因此，在这样的语境转换背景之中以“少女风”来写风中所传萱草花香，则将其似有还无、缥缈清绵的柔细之感生动传神地表现出来，所构成的语意想象空间极富韵致。

萱草美感形象的塑造，不仅是文人创作过程中审美观感的接受和表达，同时也是构建萱草主题意蕴的重要基础。前文所述萱草之可观的操作性方式，实际上起到了连通不同主题间心物体验的关键纽带作用，正因其可观并结合以早期意象传统的发生动向，才构成了萱草主

① 马积高《历代辞赋总汇》，第6803页。

② ［南朝陈］徐陵《玉台新咏笺注》，穆克宏点校，第320页。

③ 其谓：“至日向暮，了无云气，众人并嗤辂。辂言：‘树上已有少女微风，树间又有阴鸟和鸣。又少男风起，众鸟和翔，其应至矣。’须臾，果有艮风鸣鸟。”见［晋］陈寿《三国志》，第826页。

④ 北京大学古文献研究所《全宋诗》，第20227页。

题持久丰富的内部表现张力。萱草被赋以忘忧的意义自《诗经》中发端，而后逐渐被人们所认可和申说，到嵇康之时已然作为一种常识存在于人们的认识中，即所谓“合欢蠲忿，萱草忘忧，愚智所共知也”[①]。可见这一说法在中国历史上较早的时期已经得到了普遍和广泛的体认。与此同时，前文所引毛传与嵇康的说法对后世所产生的影响也很大。宋人洪刍认为“焉得谖草”并非实指萱草,而将其解作忘忧之草的泛称，胡仔引毛、嵇二条予以反驳：“笺云：‘忧以生疾，恐将危身，欲忘之。’又嵇康《养生论》云：‘合欢蠲忿，萱草忘忧。’李善引毛苌诗传与诗注同然，则驹父之言真误矣。”[②]据此可知，胡氏所引二论对于萱草忘忧的这一主要认识实际上具有权威定型的意义，因其所产生的广泛影响和推动，尽管此后的文化史上对萱草是否真正忘忧有所质疑和争论，但是它作为一个固定的文化意义已经根深蒂固，成为积淀于传统文化中的一个鲜明象征符号。

从萱草本身的物理特性来看，除了其所独具的挺立清拔、鲜彩脱逸的物色形象能够通过观赏娱玩给人以消忧之用外，其食用之效也是古人所关注的一个方面。李时珍引李延寿语云：“嫩苗为蔬，食之动风，令人昏然如醉，因名忘忧。”[③]萱草虽然可以食用，但是往往需要通过蒸、晒来进行一定的加工，其新鲜时不可多食，否则会在人体内发生氧化进而导致不良反应，此处所言“昏然如醉”可能是因为鲜苗多食的缘故，因身体不适而难以作为，似被人视为萱草所以名为忘忧的一个原因。《六家诗名物疏》引《本草图经》云:“萱味甘而无毒，主安五藏，利心志，

---

① ［魏］嵇康《养生论》，《嵇康集校注》，戴明扬校注，第148页。
② ［宋］胡仔《苕溪渔隐丛话（后集）》，廖德明校点，第100页。
③ ［明］李时珍《本草纲目》，第1036页。

令人好欢乐无忧，轻身明目。五月采花，八月采根用。今人多采其嫩苗及花跗作菹，云利胸膈，甚佳。”[①]从药理角度而言，萱草“煮食，治小便赤涩，身体烦热，除酒疸。消食，利湿热”[②]，在一定程度上具有清热利尿、凉血止血的功效，因此施之于人体则能够起到镇定安神、消烦去躁的生理作用，这也是人们对于萱草忘忧之效在物理范畴内进行的探讨和解释。

回归于具体的文学创作而言，其作为文化表现系统的重要组成结构，实际上对萱草所发挥的物理效用少有书写，而更多地体现于作者书写个人感怀、体物写志的表达过程和目的。“思君如萱草，一见乃忘忧”[③]，“唯君比萱草，相见可忘忧”[④]，人与草之间的喻体联结不仅代表了形式上萱草入诗的表情功能，同时暗含着萱草与平素生活之间在文学心态上的密切联系。“托阴当树李，忘忧当树萱”[⑤]，“总使榴花能一醉，终须萱草暂忘忧”[⑥]，两诗均与人世迁徙的现实活动有关，因身之所遇而郁结于心，因此自然联想到萱草可解忧的传统标志，进而自觉用于诗中，展露出抒情主人公内在心态的矛盾与寻求解脱的努力。因此，从实际的创作表达我们可以看出，萱草更多地被视为一种文化符号，并连同其文化意义一起作为文学创作过程中随时可以调用的意识储备，通过文学的表现来不断将一种现时的文化心态诉诸于寄情托意的物象抒写过程中。尽管萱草文学实践中所围绕的主题基本以忘忧

① ［明］冯复京《六家诗名物疏》，《景印文渊阁四库全书》本，第 211 页。
② ［明］李时珍《本草纲目》，第 1036 页。
③ ［南朝齐］王融《秋胡行》（其三），《乐府诗集》，［宋］郭茂倩编，第 533 页。
④ ［唐］白居易《酬梦得比萱草见赠》自注，《白居易集》，顾学颉点校，第 784 页。
⑤ ［唐］李白《送鲁郡刘长史迁弘农长史》，《李太白全集》，王琦注，第 791—792 页。
⑥ ［唐］沈颂《卫中作》，中华书局编辑部《全唐诗（增订本）》，第 2116 页。

为中心，但是在文化外围的讨论中，对于萱草忘忧的命题则时有论争。最主要的质疑应当是来自于孔颖达为《诗》正义所提出的观点，其云："谖训为忘，非草名，故传本其意，言焉得谖草，谓欲得令人善忘忧之草，不谓谖为草名。"[1]这一观点从萱之字义出发，谓用以"忘"义而非草名，则从语意生成的角度对萱草和忘忧意义的关联进行了解构。后宋人袁文对此论做了进一步演发："萱草岂能忘忧也！《诗》云'焉得谖草，言树之背'者，谖训忘，如'终不可谖兮'之谖，盖言焉得忘忧之草而树之北堂乎。背，北堂耳。其谖字适与萱字同音，故当时戏谓萱草为忘忧，而注诗者适又解云'谖草令人忘忧'，后人遂以为诚然也。"[2]袁氏之解在贯承孔氏的基础上，又增以偶然性作为其中质疑的一个依据来剥离萱草与忘忧之间的关联。对于孔氏、袁氏从字义的生成现象出发所提出的质疑，大体与袁文同时代的王观国则并不支持，其言："萱草之萱亦作蕿，亦作蘐。然《伯兮》诗曰：'焉得谖草。'而不用上三字。按字书，谖音暄，诈也，忘也。古人假借字，取其意而已。桑葚用黮字，取其色也。萱，忘忧草也，用谖字，取其忘也。字虽假借，而意则不失也。"[3]王氏的说法所指出的是古人用字之中的假借问题，实则就考字本身而与前二人的说法正面相对，并以字的通假和义的取用作通达之说，是符合古人用字习惯和通假现象的，此说似更合理。王氏所论并非孤立，基于此说，明代郎瑛也作出了类似的驳论，以通假之

① 十三经注疏整理委员会《毛诗正义》，第287页。
② ［宋］袁文《瓮牖闲评》，李伟国校点，第2—3页。
③ ［宋］王观国《学林》，田瑞娟点校，第288页。

实而宽其字之所用[1]。在此之后，清人焦循引证数种材料对孔氏之说加以直接批判，说云："循按：崔豹《古今注》引董仲舒云：'欲忘人之忧，赠之以丹棘。'《说文》：'藼，令人忘忧草也。'诗曰：'焉得藼草。'重文作萱。《文选》注引诗作'焉得萱草'。以忘忧得有谖名，因谖而转为藼、萱。谓萱取义于谖可也，謂谖草非草名不可也。……若谖仅训为忘，则忘草为不辞。至于经义，正以忧之不能忘耳。笺言'恐危身，欲忘之'，殊失风人之旨，非毛义也。"[2]焦氏所论本于字源与实际用字之间的源流关系以及释义疏证的内在学理，于通假理论之上又兼之以原文旨意的推断，以考论的结合全面地进行反驳。除此之外，清人陈启源则基于《诗经》中两处谖字的并考，从注经释义的学理探讨萱字相通的根本规律，也对孔氏的论说进行了驳斥[3]。观其诸种反对之说，无论从解释经典的历史和学理角度而言还是从古汉语通假通用的现象去证明，相对于质疑者之论断而言，都更为充实和合理。且抛开争论孰对孰错不言，从两个对立面的论证来看，都足以反映出萱草忘忧主题在传统文化中所打下的深刻烙印和鲜明痕迹。它作为一种民族文化

① 其谓："如萱草一物也，《毛诗》用谖字，《韩诗外传》、嵇康《养生论》用萱字，阮籍《咏怀》诗用諠字，《说文》用藼、蕿、萲此三字。至于后世俗儒往往训释又差者，秦昌朝字谱故云：'案五方之俗，言语不同，历时既久，则有不相通晓者，毋足怪也。'"见［明］郎瑛《七修类稿》，第 328 页。

② 晏炎吾等《清人诗说四种》，第 289 页。

③ 其谓："毛传云：谖草令人忘忧。孔疏申其意，以为谖非草名，引尔雅释训及孙氏注证之。然据传文义，明是以谖为草。释训：萲，谖，忘也。郭注云：义见《伯兮》、《考槃》诗。又明是《伯兮》字作萲，《考槃》字作谖矣。若非草名，则释谖足矣，何必兼释萲乎。又《说文》引诗作藼草，云令人忘忧草也。或作蕿，或作萱。韩诗亦作萱草。薛君云：萱草忘忧也。则以谖为草名。先儒之说皆然，孔安得独为异乎。"见［清］陈启源《毛诗稽古编》，《景印文渊阁四库全书》本，第 390—391 页。

心理的镌刻，在文学创作的环境中是持久存在的，文人们将其逐渐固化为一种常用的文学表现意象形式，通过多种表达需求和特定内涵的连接，使其在文学中具有更为鲜活的生命力。特别是在古代文学中有一种忧世伤情的普遍创作心态与之契合更为密切，萱草的存在加强了这一创作心理的深化与表达，也提供了不同文学形式变化的特定条件，有研究者对此总结道："文人用敏感的心灵体味现实人生，体现深重的忧患意识与感伤情绪，这是文学中一个永恒的主题。这种在文学中表现忧愁感伤的创作传统便是萱草意象作为忘忧草可以长期存在的最重要的原因。"[①]而出于主题的相互印证贴合之外，于艺术创作规律而言，萱草的忘忧之意成为古人兴发或寄托内心情意的一个重要渠道，明人谢肇淛言其"合欢蠲忿，萱草忘忧，此寄兴之言耳"[②]，确为透过物象表面而见出的创作实践经验的概括。

宋人叶适言："立志不存于忧世，虽仁无益也。"[③]中国古代文学创作的传统以抒情文学见长，而以不同文学形式所表达的"忧"一直都是抒情传统中的核心要素，它扎根于以儒学为基石的文化意识下用世保身的矛盾以及血缘社会体系中人伦关系内部所形成的普遍秩序。而"忧"这一内涵广泛、包容众博的文化心态延展到社会生活和文学艺术的各个领域，与不同的具体事物、环境、心理等相联结，构成了形态丰富的表意系统。其中与萱草的结合不仅是早期文化意识中具有始发性的表达结构，更是后世文学创作系统中意义拓展的丰富源泉。萱草是否可以忘忧，是古人发生过争论的一个命题，在咏萱诗歌中，这一

① 付梅《论古代文学中的萱草意象》，《阅江学刊》2012 年第 1 期，第 144 页。
② ［明］谢肇淛《五杂俎》，傅成校点，第 182 页。
③ ［清］黄宗羲等《宋元学案》，陈金生等点校，第 1802 页。

命题的成立与否已经并不显得重要，而转化为与诗人内心感发所贴合的一个表达机制。宋祁所作的《西斋新植萱草甚多作问答绝句二首》是两首问答诗，颇有意味，其一云："腻花金英扑，纤莛玉段抽。萱如解荣悴，争合自忘忧。"此问提出对萱草生而无忧的疑惑并给出主观的猜想，其二诗云："我有忘忧号，君为忧世人。欲忧忧底事，胡不暂怡神。"[①]对萱草的不解中实际上含有忧心难释的固结，而从回应来看，尽管借萱草发声，但其中自我无奈而求宽慰的情愫则显为人见。当然结合萱草以抒发无忧自适、澄心味景的诗作，也能够将心境和外物融为一体而具超妙之趣，陆游《冬暖园中萱草蓊然海棠亦著花可爱作路浚井皆近事也》："少留萱草绿，探借海棠红。筑路横塘北，疏泉小岭东。欣然得佳处，忘却岁将穷。"[②]此诗作于开禧三年诗人致仕居家之时，尽管时事不安，友人也多所离世，但诗人暮年见此佳景，怡心悦目，难得暂时忘却时世老迈之忧，人情物态皆爽适朗畅。范成大《题赵昌四季花图·葵花萱草》："卫足保明哲，忘忧助欢娱。欣欣夏日永，媚我幽人庐。"[③]简单的几笔勾勒，也使得诗人的心情变得轻简明媚，萱草入诗不再是忘忧功能的重申，而具有"助娱"的进阶效用。意象运用中一个细小的改变，反映出诗人心境的极大不同。此外还值得注意的是家铉翁的《萱草篇》，此诗在一定程度上开启了明清时期以萱草代母而表祝的文学功能："诗人美萱草，盖谓忧可忘。人子惜此花，植之盈北堂。庶以悦亲意，岂特怜芬芳。使君有慈母，星发寿且康。……抚俗时用乂，事亲日尤长。萱草岁岁盛，此乐安可量。"[④]诗中明确指

① ［宋］宋祁《景文集》，《丛书集成初编》本，第 277 页。
② ［宋］陆游《剑南诗稿校注》，钱仲联校注，第 4041 页。
③ ［宋］范成大《范石湖集》，第 357 页。
④ 北京大学古文献研究所《全宋诗》，第 39941 页。

出萱有两重意义:一以植萱悦亲，一以萱来代母。萱草之盛即母寿安康，因此于母于子皆无忧可虑，这样一种表现机制在明代以后逐渐成为咏萱的主流。由此可见，萱由忘忧以至娱母，再至成为母亲的象征，在宋代已经出现了完整的发展链条。

萱草与忘忧主题的联结，重点并不在“忘”，在文学表现的实践中，作者更多地将欲忘难忘、忧从中来作为思理内部纠结剥落而形成的逻辑关注重点。梅尧臣《和石昌言学士官舍十题 · 萱草》诗 :“人心与草不相同，安有树萱忧自释。若言忧及此能忘，乃是人心为物易。”[①]此诗说理论辩色彩很浓，但所论述的问题在于萱草忘忧的原理机制，通过这一机制可以看到萱草实际上是被视为脱去象征色彩的自然存在，而忧的心理状态其实直接关系到创作主体的主观感受，因此萱的本质在一定程度上被界定为沟通心物之间诗意建构的桥梁。蒋薰《萱花》诗:“绿叶因风起，黄茸乱蝶飞。忧来常不断，何自满岩扉。”[②]见物而忧不退,乃至萱草的多生更增添了几分忧思的分量。沈赤然《小园萱花戎葵盛开各赋一绝句 (其一)》诗 :“朵朵黄花似凤头，瘦茎尖叶护阶稠。频年看尔开还落，不疗先生半日愁。”[③]诗意简洁明朗，无助疗愁的萱草景象内含作者无法调和的情绪矛盾，本是忘忧却反使忧心更加凸显，是作者创作咏萱诗歌之时最常见的营构形式。欲求忘忧而不得，辗转之间尽管没有明显的心理落差，但是隐入其间的无奈之感也颇为令人困扰。刘秉恬《题萱草石竹二首 (其一)》诗 :“向闻萱草可忘忧，果得忘忧是上筹。惟是人间诸事业，难从安乐个中求。”[④]

① ［宋］梅尧臣《梅尧臣集编年校注》，朱东润校注，第 451 页。
② ［清］蒋薰《留素堂诗删》，《四库未收书辑刊》本，第 250 页。
③ ［清］沈赤然《五研斋诗钞》，《清代诗文集汇编》本，第 315 页。
④ ［清］刘秉恬《公馀集》，《续修四库全书》本，第 614 页。

本对萱草有所期怀，却又明知忧情难去，不免心生慨叹，万事烦扰与人生安乐之间的矛盾令人深感无奈，因此所谓忘忧消叹确是可望而不可即的虚幻印证。周紫芝《种萱》诗：“万事全归两鬓霜，新愁尽属少年场。如今乞得忘忧草，已自无忧可得忘。”[1]实际上诗人所言并非年少不得萱草，显言背后所指，乃是说忧的消磨并非萱草之功，恰恰因为年岁的增长，兀傲倔强之气渐渐一去不返，暗含着人生沧桑归于平淡的唏嘘和久伴忧随的隐隐无奈。具体而微，以咏萱而表忧心，涉及文人现实生活与心态内涵的许多方面。韦应物《对萱草》诗：“何人树萱草，对此郡斋幽。本是忘忧物，今夕重生忧。丛疏露始滴，芳馀蝶尚留。还思杜陵圃，离披风雨秋。”[2]居所孤独幽冷，恰逢秋生风雨，眼前所见之萱一反催人忘忧之态，令人忆念远端的故乡。在此悲秋和忘忧的主题于意象精描之中合为一体，萱草似乎也因“树之北堂”的关联而引发亲故之思，意蕴层次展现得非常丰富。以萱草写忧，非仅有个人生活经验的叙述，因忧之广及于人伦天地，因此忧国伤民的表达寄托使得萱草这一小型题材承载了较为深广的社会意义。石延年《题萱花》诗：“移萱树之背，丹霞间金色。我有忧民心，对君忘不得。”[3]直写胸襟，心怀民瘼的急切之心不仅忘不得，更要时时省察。季芝昌《萱花》：“问名多说可忘忧，争柰开当五月秋。……时艰丰稔为先策，民力东南仅数州。膏雨不来心百结，对花翻觉动生愁。”[4]忧民的心情随萱草的开放而愈显深重，一面是花枝摇动的无忧之景，另一面是民生艰难的时事之忧，对比之中将忧情写得促迫真挚。石介的《植萱》则

① ［宋］周紫芝《太仓稊米集诗笺释》，徐海梅笺释，第188页。
② ［唐］韦应物《韦应物集校注》，陶敏校注，第520页。
③ ［宋］陈景沂《全芳备祖》，程杰点校，第536页。
④ ［清］季芝昌《丹魁堂诗集》，《清代诗文集汇编》本，第388页。

用语刚健有力，用亢劲的语声为国而呼："一人横行，武王则羞。今西夷之鬼，抗中国而敌万乘。西夷之服，升黄堂而骄诸侯。尊于天子，满于九州。王法不禁，四民不收。植萱于阶兮，庶忘吾忧。"[①]元昊称帝后，西夏与宋的对立紧张局势有增无减，战争频发，导致北宋王朝对外交困的局面也进一步加重。此诗创作之际正值宋与西夏之间屡屡兵败，使得朝廷内外不安情绪愈加浓重，危机重重之下文人将内心的国忧发诸诗文，辞气激荡，忧心日积。石介在诗中期望萱草可解忧心，实际上暗示着忧无可解，只好寄托于此的深切无奈，同时也抱着果真忧患解除，国危消弭的祈愿渴望，因此此诗在这一时期对体现宋夏关系下的士人心态具有重要意义。此外，如前所述，宋代在以萱草关联母亲的创作趋向已然形成，而除去代母颂仰之作外，写忧亲的诗篇也常真情流溢，颇有动人之处。刘应时《萱花》诗："碧玉长簪出短篱，枝头腥血耐炎晖。北堂花在亲何在，几对薰风泪湿衣。"[②]花可重开而人不可重生，无疑是面对萱草之时诗人内心所产生的最大悲慨，而以萱写母之题之所以能够进一步演化并成为一时主流，与此种真情寄托表达的方式不无关系。

萱草忘忧的主题在文学文化历史脉络中经历了较长时期之后，在思想文化环境以及主体创作取向的推动下，衍生了新的意象变革和意义建构。忘忧主题从广泛的社会生活领域暂时抽身，弱化了更具诗美意义和广阔生活基础的表现，而集中向萱草代母、写母的中心命题靠拢，产生了一系列与母亲有关的祝告、祈愿、赞美、忆念等作品，并且在这一语境的强势影响下，萱草作为中国母亲花的象征意义被特别强化。

---

① ［宋］石介《徂徕石先生文集》，陈植锷点校，第 30 页。

② 北京大学古文献研究所《全宋诗》，第 24236 页。

这一文学现象在明清时期尤为显著，以明代为高潮，清代则使之得以延续。

以萱代母反映在语汇的使用中则体现为萱堂、椿萱等此类含有萱字的词语组合，在这些词汇中萱含有指代母亲的语义，且椿萱一词中还以父母并列，把椿作为父亲的代称。在咏萱之作中体现最为典型的当属萱堂一词，萱堂的出现最早是在宋代，并且所提及的主要功能当是养母，如“先生方婆娑泉石之间，作萱堂以养母，未暇出也”[1]，这与前文所论通过萱草来写母亲的主题完成于宋代是一致的。尽管以萱代母入于文学作品，但关于萱的主题象征内涵的发生和演变，从宋人开始便产生了怀疑与争论。宋人王楙言：“今人称母为北堂萱，盖祖毛诗《伯兮》诗‘焉得萱草，言树之背’……盖北堂幽阴之地，可以种萱。初未尝言母也，不知何以遂相承为母事。借谓北堂居幽阴之地，则凡妇人皆可以言北堂矣，何独母哉。”[2]随后戴埴在其著作《鼠璞》中也发表了类似的质疑[3]。从中可以得知，萱草的指代性发生转换的一个重要依据就是萱草意象的生成之源，即《伯兮》诗中提到的树萱于北堂，因北堂为主妇之所居，因此以其指代母亲成为一种通识的看法。但二人皆认为树萱北堂并未特指母亲，因此对将萱作为母亲的称呼是持否定态度的。从思想意识的角度而言，对萱与母之间关系的生成辩证是一个概念分析的问题，是学术思想和态度这一维度的重要讨论，而文学创作中实际上已经多有直接的运用和表现，并逐渐在不同的表意层

① ［宋］陈傅良《止斋先生文集》卷四十八，《四部丛刊初编》本。

② ［宋］王楙《野客丛书》，郑明校点，第141页。

③ 其谓：“注云：‘皆北堂也。’笺云：‘忧以生疾，恐将危身，欲忘之。’是诗既以君子行役为王前驱而作，以忘忧解之极通，于母有何干预？”见［宋］戴埴《鼠璞》，《丛书集成初编》本，第43页。

次上有所发展，如“萱堂有慈母，淑德可为师”[1]，何以谓之为萱堂，其实已经指明萱的特殊意义，诗中的母亲也成为一个道德垂范的形象。基于萱草与母亲关系的逐步确立，萱草的角色在创作实践中也常常转换于自然、社会身份属性的两端，如“萱草满阶堪寿母，梅花绕屋可名仙”[2]，“萱麋半黄宜寿母，箨笼新绿见孙枝”[3]，以萱草植于庭阶而为母称寿在宋以后是一个创作的主流内容，从诗意而言，萱草的形象尚停留于自然属性之物：但从文化形态而言，已然由忘忧而转为具有寿母的社会功能，这是根植于萱草象征意义转换的基础上的。

明代官方思想的系统网络与理论体系从明开国之时就着手构建，这一意识形态领域的行动形成的主要成果，便是以儒家伦理道德为价值核心的一套《大全》著作[4]，呈现出典型的以理学为其立国思想的本质特征。负责编纂其书的朱棣在序言中说：“窃思帝王之治，一本于道。所谓道者，人伦日用之理，初非有待于外也。”[5]究其所倡导的所谓道，其实就是围绕着纲常伦理所展开的道德规范法式。由此，在统治集团的大力倡导之下，明代以伦理道德规范社会秩序并引导文人思想轨迹的社会意识形态得以确立，这其中，忠孝理念是主流意识话语的一个突出表现。明代理学家宋濂将忠孝视为做人的根本，其云：“濂闻忠孝者，天地之间大经大法也，为子克尽其孝，为臣克尽其忠，始合乎物则民

① ［宋］王十朋《女子生日》，北京大学古文献研究所《全宋诗》，第22724页。

② ［宋］董嗣杲《李勉之摄广济尉》，北京大学古文献研究所《全宋诗》，第42648页。

③ ［宋］项安世《寿邱安抚二首（其二）》，北京大学古文献研究所《全宋诗》，第27306页。

④ 包括《四书大全》《五经大全》《性理大全》。

⑤ ［清］朱彝尊《经义考》，《景印文渊阁四库全书》本，第306页。

彝之正。无是者，非人也。”[1]另一位理学家刘基也盛言孝行之道：“孝，百行之首也。为人子而志于孝，夫奚为而不淑哉。”[2]因此，在这种社会思想态势之下，诗文创作贯穿忠孝意识是与政治形态统一的必然表现，因而以萱草言母进而嵌入孝亲的主题，在明代以后实为主要的发展路向。明代文人对以萱代母创作实践的关注空前提高，并从理论前提的高度为萱草的主题象征转换寻求合法性。在明人的论述中，主要形成了三种维护萱草代母这一时代主题的依据：一是对忘忧主题加以延伸而得，体现为以萱草孝亲的情态表达。龚敩在其《寿萱堂记》中说：“尝读卫风《伯兮》之诗，有曰：焉得谖草，言树之背。由昔人久别怀思，视谖草以忘吾忧，如见其人耳。然情爱之钟，莫切于子母也。若虚之心，岂不以出处不常，恐贻线衣之念，欲其亲视萱草无恙，以忘其惟疾之忧，而寓之斯耶。”[3]龚氏明确指出《伯兮》之篇是以怀思而欲忘忧乃托于萱草，肯定了萱草主题早期的发生事实，但他认为今日强化伦理孝亲之义，以其为人伦根本，则萱草所树乃欲释母之忧而表达为子之敬孝。二是依据北堂为母之所居，因此自然有代母之义。金实《椿萱堂记》云：“诗曰：‘焉得谖草，言树之背。’背，北堂也。萱草能忘忧，而北堂又奉母之所，故以之况母。”[4]汪舜民《思萱图记》云：“诗云：‘焉得萱草，言树之背。’背乃堂北，妇人之所主也，呼母为萱堂，其以是与。”[5]此论将北堂视为后人侍奉其母的居所，而母亲又为亲子之主，因此二者相合，自为萱堂之称。三是以宜男之义出发，因子由母所生，宜男

① ［明］宋濂《忠孝堂铭》，《宋濂全集》，黄灵庚校点，第1141页。
② ［明］刘基《养志斋记》，《刘伯温集》，林家骊点校，第152页。
③ ［明］龚敩《鹅湖集》，《景印文渊阁四库全书》本，第663页。
④ ［明］金实《觉非斋文集》，《续修四库全书》本，第88页。
⑤ ［明］汪舜民《静轩先生文集》，《续修四库全书》本，第89页。

实得子之象征，所以自然将宜男所言母子关系逆向疏通，则可得萱草为母之义。林弼《怡萱堂记》:“萱有宜男之名，故为子者托以为母之义焉。”[1]又其《寿萱堂记》云:“余闻萱佩之宜男，有母之义焉；食之忘忧，有乐之义焉。故树萱于北堂，而朝夕致培植之力，犹事亲于高堂，而晨昏谨定省之节也。”[2]其中所言树萱以求事亲，是明清时期文人文化心态的一个普遍写照，并且其中所包含的实际内涵，不仅以萱代草获得了根本认可，且以这一逻辑为中心，牵合忠孝思潮的影响，又进而形成基于以萱写母模式下的孝亲文学的主题表现。

尽管清代在考据之学兴盛的前提下，不少人对前代所提出的思想观念、名物释证等进行重新探究而欲返归和还原客观真学，但实际上如同对萱草忘忧的质疑之声相类，传统意象内涵的生成与兴盛，逐渐内化为一种文学创作的群体心理和记忆，欲以使用其他手段实现本质的改变并非易事。袁枚重新观照前人疑说，并指出“萱草称母之讹”，其云:“《珍珠船》言:‘萱草，妓女也，人以比母，误矣。’此说盖本魏人吴普《本草》。然《毛诗》:‘焉得萱草，言树之背。’注背，北堂也，人盖因北堂而傅会于母也。《风土记》云:‘妇人有妊，佩萱则生男，故谓之宜男草。’《西溪丛语》言:‘今人多用北堂萱堂于鳏居之人，以其花未尝双开故也，似与比母之义尚远。’”[3]从北堂至宜男，袁枚基本将明代以来形成的主要依据加以反驳，否认萱草比母的客观性与合理性。清人俞樾则基于宋人之说，推举宋学观念，谓“宋人犹不以

① ［明］林弼《林登州集》，《景印文渊阁四库全书》本，第131页。
② ［明］林弼《林登州集》，《景印文渊阁四库全书》本，第137页。
③ ［清］袁枚《随园随笔》，《袁枚全集新编》，王志英编撰，第317页。

北堂萱堂称母”[①]，实际上宋人并非不以萱作母之代称，只不过数量相对而言要少很多，俞氏之意实在取前人否定之说而对时下的文学实践进行纠偏。赵翼则对萱堂代母之说提出了支持，其言：“俗谓母为萱堂，盖因诗‘焉得萱草，言树之背’，注云，背，北堂也。……按古人寝室之制，前堂后室，其由室而之内寝，有侧阶，即所谓北堂也，见《尚书·顾命》注疏及《尔雅·释宫》。凡遇祭祀，主妇位于此。主妇则一家之主，母也。北堂者，母之所在也，后人因以北堂为母，而北堂既可树萱，遂称曰萱堂耳。”[②]赵翼之说本于文献之证，对萱堂称母的来源进行了考证，并认可了这一象征指代意义的生成。对此争论，明人刘基之说深入探究了时人心态，其从社会心理方面加以调和的努力，或可代表这一时期萱草主题改换所显示的一种文化心理。其说云：“按萱，草名也。诗曰：焉得谖草，言树之背。谖与萱同音，而谖之义为忘，故草名萱，亦取其能忘忧。北堂谓之背，妇洗在北堂，见于《昏礼》之文。而萱草忘忧出于嵇叔夜之论，后世相承以北堂喻母道，而又有萱堂之称，盖不知其何所据。若唐人堂阶萱草之诗，乃谓母思其子，有忧而无欢，虽有忘忧之草，如不见焉，非以萱比母也。又按医书，萱草一名宜男，以萱谕母，意或出此，盖不可知。然萱能忘忧，既寿矣，又无忧焉，人之所愿欲遂矣。子之奉母，不过欲其如是，则寿萱之名，不必其有所据亦可也。”[③]因此，萱草代母之说实际上并非无稽

① 其谓：“宋姚宽《西溪丛语》云：‘毛诗《伯兮》篇：焉得谖草，言树之背。注云：谖草令人亡忧，背，北堂也，今人多用北堂、萱堂于鳏居之人。然伯之暂出，未尝死也，但其花未尝双开，故有北堂之义。’按此则今人以萱堂、北堂称母，宋人犹不然也。且以其花不双开，故以称鳏居之人，则非令名矣。”见［清］俞樾《茶香室三钞》，《丛书集成三编》本，第164页。

② ［清］赵翼《陔余丛考》，第963—964页。

③ ［明］刘基《寿萱堂记》，《刘伯温集》，林家骊点校，第160页。

之论，其蕴含着深层的文化心理和现实诉求。从外部而言，明清以来以理学为社会意识的整体舆论环境助推了这一主题转换的加速和泛化；从内部而言，文人孝义亲情的表达以及艺术形象的新变需要也应时代之催化不断演进。宋代形成的孝母之作已然情韵饱满，富有艺术感染力，到明清时期尽管文学表现的集中化产生了许多应时和景的僵化篇什，但其中寄寓作者真实内心情愫的表白之作，其动人之处亦有客观的艺术审美价值。

从咏物作品的概念出发而言，这一时期以萱写母的作品实际上难以严格归入咏物序列。尽管如此，从创作主题的丰富与拓展以及意象形式的外延而言，这一主题之下的创作实际上为传统的咏萱作品提供了更为多样化的艺术表现途径。与此同时，萱草与母二者在诗赋作品中的合璧，从实践中看，也易于形成固定化的表现模式，逐渐失去意象内涵的演化所带来的诗歌新意，在艺术成就上并没有形成更为持久的生命力。萱草娱母的功能是基于忘忧主题之下而具化为使母心乐无忧的主观意愿，成为作品表达中发之为孝亲之义的一个侧面。薛章宪《萱草花赋》谓之“子树背兮怡母，母服膺兮宜男”，“俨慈颜之可悦，信幽忧之能忘”[①]，实际上中国古代论孝是极富层次的，奉养家亲是其一，但更受重视的还是对父母应当顺气悦色。林弼《怡萱堂记》云:“亲一体也，非承颜色养，不足尽人子之道。子之以萱名堂，而以怡名萱也，意在斯乎。记曰：孝子之有深爱者，必有和气，必有愉色，必有婉容，怡萱堂之名，殆庶几也。”[②]因此在表达孝母之义的主观创作要求下，以萱草悦母的功能模式就受到了创作者的欢迎。柯潜《寿萱堂

① 马积高《历代辞赋总汇》，第 5267 页。

② ［明］林弼《林登州集》，《景印文渊阁四库全书》本，第 132 页。

为城东顾彦真知事题》诗："庭前不肯种凡草，种得萱花长自好。欲教慈母百忧忘，期与萱花同不老。画堂沉沉春昼长，母有欢颜花有香。"[①] 萱花的美好是作者期以使母忘忧的客观基础，而悦母忘忧正符合社会价值观对忠孝之义的要求，同时以萱花孝母进一步衍生出期愿母亲久寿不老的伦理意义，使得萱草与孝义主题的联结具有更多的现实层次感。当然特别值得注意的一点是，此一时期文人的创作形式多表现为代题诗或题画诗，一方面孝母行为是整个社会普遍的文化情结，特别是适逢母寿之时，文人之间写文作诗以表庆贺便成为风尚；另一方面因萱草与母亲之间的特殊联系，于是画萱为图成为为母庆寿时独具特色和渐趋普遍的一种表达心意的礼物。在萱草图上题写诗作，以图文并茂的形式为母祝寿，是当时较为流行的孝母方式。因此许多诗歌或为题赠，或为题画，数量一时俱增，如王世贞《题萱寿太医邢生母》、宗臣《萱草词四章为伊母夫人赋》、王士祯《题松萱图四首寿姜节母西溟之母》、翁方纲《丁小疋奉萱图二首》等等，可见潮流所及，一些声名威望显著的作者也参与其中，但此类诗作围绕孝亲庆寿立题也常常陷入颂美、称好、良祝等创作模式固化的弊端，艺术成就相对有限。从以萱比母的角度来看，这类主题的作品往往能够直接体现萱草与母亲之间所形成的象征观念的具体实践，如杨荣《寿萱堂为王都御史题》："高堂有母今垂老，鹤发慈颜喜长好。爱日惟存慰母心，阶前多种忘忧草。愿将此草喻慈亲，一度春风一度新。……慈亲安乐萱长茂，九天雨露栽培厚。有待他年昼锦还，拜舞花前庆亲寿。"[②]不仅萱草比母在诗中被直接提及，且亦可见萱草的悦母功能与比母方式二者在创作中

① ［明］柯潜《竹岩集》，《续修四库全书》本，第260页。
② ［明］杨荣《文敏集》，《景印文渊阁四库全书》本，第67页。

的密切结合，这是萱草主题性诗歌创作进一步常规化所形成的必然现象。在以萱草发孝母之作以外，较能流露作者真实情意并具备一定感染力的作品是丧母之后对母亲的忆念感怀。程通《梦萱吟》诗："有梦到门间，宛然见萱草。秋风忽披拂，颜色宁复好。觉来坐蓬窗，忧心有如捣。泪坠沾衣裳，天空月正皎。"[①]此类诗歌的思维脉络多以萱草久在而母亲逝去形成的对比来抒发怀母之悲，并且比母的方式在诗中亦一以贯穿，诗题写梦萱乃言梦母无疑，并且诗中的萱草意象并非指向现实的萱草存在，而是托以梦境，梦中所见之萱，亦萱亦母，萱与母的结合似更为紧密。张宁《梦萱八韵》诗:"萱亲不可作,魂梦每相随。寂寞知何自,苍茫忽见之。虚中闻叹语,空里见容仪。……莫说忘忧事，年来鬓已丝。"[②]诗中直以萱来称母，却一定程度上摆脱一味比母的创作束缚，将悲母之怀与人生老迈之忧融为一体，将萱与母结构的象征回归于忘忧传统，较为深沉有致。在辞赋的创作方面，因咏萱赋作数量极少，但有限的几篇作品中对慈母的怀念亦发于铺叙，其中以徐泰然的《萱草忘忧赋》最为典型。此赋借鉴主客问答的体式而以对话分为鲜明的两个层次，客之所问基于萱草忘忧的题旨，"羁人骚客，浏览澄观。荐酒榼,进冰盘。撷琼蕤以飞斝,咽珊蕊以为餐。沁清芬之馥馥，却烦襟之溥溥"，对此，主人一以概之，"子但知旅兴之可遣，而不识孺慕之难蠲也"，前者只是为了排遣羁旅愁怀而发的慨叹之词，而此言则恰与之形成意脉的转折，其表明主人所要申发的乃是对母亲的悼忆怀念。"云山绵邈，道路几千。慨寝帷兮不见，集苞栩兮流连。胡为觞我以翩反，动我以芊绵。物犹如此，人何以堪"，逝母不见的悲慨竟无

---

① ［明］程通《贞白遗稿》，《景印文渊阁四库全书》本，第 777 页。

② ［明］张宁《方洲集》，《景印文渊阁四库全书》本，第 277 页。

以排遣，内心不堪忍受如此亲子离散之痛，萱草之现于眼前，只能徒增痛楚的忆念。与诗歌创作的径向相同，忆母不仅因萱草而发，引动作者内心的深层悲慨，同时娱母也作为基本的功能元素呈现于忆念思维的过程之中，其云："开萱室以张筵，奉萱觞以娱老。寿觞既倾，慈颜皞皞。"[①]悦母以承颜，期母寿考无忧是作者内心的基本诉求，赋以忆母与奉母并举，一方面承续了萱草代母主题创作的主流，另一方面亦虚亦实的艺术表现也为营造主体意蕴丰富的内心世界提供了基本的形式媒介。

对于萱草的主题象征，统观其创作历史的形成变化，除了萱草忘忧、以萱代母这两种主题的表达之外，还有一种就是萱草宜男这一象征意义。萱草宜男主题的建立尚处于萱草主题发展演变的早期，即魏晋时期，特别是晋代，现存的以宜男为题的赋作及赋序全部出现于此时，包括傅玄《宜男花赋》、夏侯湛《宜男花赋》以及嵇含的《宜男花赋序》。但是萱草宜男的象征并没有像前两种主题意义那样受到持久重点的关注，而仅仅在后世的创作中流为一个简单且不具备较多深层内涵的指代符号，对此笔者以为其原因主要有三：其一是人们其草本身性状认识有一个逐渐经验化、客观化的过程。早期人们大多认为萱草客观上具有宜男之效，陈大章《诗传名物集览》引述云："《本草》注：一名鹿葱，花名宜男，妇人怀胎，佩其花生男……《风土记》：宜男，妊妇佩之必生男。嵇含《宜男序》：可以荐俎，世人多女求男，服之尤良。"[②]但在实际问题的解决过程中以萱花服食得子的实践和结果并不多见，即便在南北朝时期，人们欲以解决求子疑难，也常常从

① 马积高《历代辞赋总汇》，第 22876 页。

② ［清］陈大章《诗传名物集览》，《丛书集成初编》本，第 199 页。

女性本身出发来探其根本，如褚澄《褚氏遗书》所记："建平王妃姬等皆丽而无子，择良家未笄女入御，又无子。问曰：求男有道乎……然妇人有所产皆女者，有所产皆男者，大王诚能访求多男妇人，谋置宫府，有男之道也。"[①]此外，经过长期的经验积累以及传统科学的进步，后世对萱草宜男的功能基本不予认可，谢肇淛云:"萱草一名鹿葱，一名宜男。然鹿葱，晏元献已辨其非矣，宜男自汉相传至今，未见其有明验也。"[②]李渔云："萱花一无可取，植此同于种菜，为口腹计则可耳。至云对此可以忘忧，佩此可以宜男，则千万人试之，无一验者。书之不可尽信，类如此矣。"[③]基于对萱草宜男功能的经验性、客观性认知的进步，后世对此一主题没有显著的发扬，有其客观的事实基础。其二是作为一个文学创作的题材和意象，萱草宜男的说法并未在文学作品中消失，但并非如忘忧、代母一样成为一种主流，在萱草宜男象征的文学实践过程中，出现了两种演化：第一，如前文所引材料之论述，萱草宜男的象征意义发生了向代母主题的转变，前所详论，此处不再重复。第二，萱草宜男的象征演化为女子对美好爱情和幸福生活的期待向往。萧绎《宜男草诗》："可爱宜男草，垂采映倡家。何时如此叶，结实复含花。"[④]于鹄《题美人》："秦女窥人不解羞，攀花趁蝶出墙头。胸前空带宜男草，嫁得萧郎爱远游。"[⑤]此二诗为论者所常引，无论是哪一首，诗中的主角实际上并非萱草，尽管萱草宜男的意义在诗中明显存在，但其主要作用在于衬托女子对生活的无限憧憬和期待，

① ［南朝齐］褚澄《褚氏遗书》，许敬生校注，第25页。

② ［明］谢肇淛《五杂俎》，傅成校点，第183页。

③ ［清］李渔《闲情偶寄》，单锦珩校点，第265页。

④ 逯钦立《先秦汉魏晋南北朝诗》，第2057页。

⑤ 中华书局编辑部《全唐诗（增订本）》，第3504页。

也透露出女子情感命运坎坷的无奈失落，以写女子形象为主而兼及萱草宜男的指代义是这类作品的表现主要方式。其三是古代女子形象以及男子关注视野的变化。陆淳《春秋集传微旨》云："初，卫侯游于郊，子南仆。公曰：'余无子，将立女。'不对。他日又谓之，对曰：'郢不足以辱社稷，君其改图。'"[①]由此可见，在宗法制社会系统前提之下，膝下无子而立女，其社会身份是不会被承认的，甚者认为此行涉及辱国的程度，因此女子身份之地位卑贱是其求子需求产生的社会本因。至唐宋时期，女子的社会身份在较大程度上脱离了传宗接代的唯一特质，尽管其身份地位在传统封建体制下并非发生根本改变，但此一时期思想的活跃以及不同思想领域的交融，使得伦理纲常并未在关联纲纪治乱的一面被高度强调，社会思想呈现出自由化和活跃化的特色，女子本身的独立性有所增强，男性对女性身上体现的审美特性较历史上有了集中的关注，女子形象的审美化在一定程度上削弱了生育象征的强势语境。明代将理学上升为国家意识形态，于是文人对女子的关注也发生了较大的变化。明人极其重视对贞女形象的树立，今人对明代贞烈女子的统计显示，其数目远超前代[②]，且明人吴国伦认为，即便身份极其地位的女子，但有奇节，都应当予以记载示人："若所谓男而胥婢，女而妇奴，即有奇节，不得负青云之士以传，岂贱其人而羞称之乎？"[③]这代表了明人基于其对妇女的关注中心所形成的主流看法。除此之外，明清时人都十分关注女性所表现的文学才华，此一时期所留存的女性诗文集在数量上超过前代，并且集子的刊刻融入

① ［唐］陆淳《春秋集传微旨》，《丛书集成新编》本，第 218 页。
② 董家遵《中国古代婚姻史研究》，第 246 页。
③ ［明］吴国伦《甔甀洞稿》卷四十四。

了男性文人的参与，这样一种对女性的支持欣赏心态，是先前社会实际中所罕有的。明人叶绍袁云："丈夫有三不朽：立德，立功，立言；而妇人亦有三焉：德也，才与色也，儿昭昭乎鼎千古矣。"[①]由此观之，无论男女，对其德行的要求始终是居于首位的，但对女子才华的关注，烨然进入广大文人的视野，成为一种常规的社会心理状态。正因为在文学文化发展不同阶段对女性的关注愈加丰富多样，女性的身份属性也逐渐剥离的为子而存的狭隘性，这是萱草宜男象征在后世弱化的又一原因。

第二节　绕径玲珑撒绿钱：苔藓

在现代植物学研究范畴中，苔藓植物是一个十分重要的门类，不仅其下的种类极多，且分布也极广。它的分布范围，除了海洋之外，举凡地球上的几乎任何一个地点，都可以发现苔藓的痕迹，因此它对于我们整个生态以及生物多样性的组成及作用是非常重要的。除了分布之外，苔藓对环境的适应性也非常强，尽管我们日常所见的苔藓植物大多生长于阴暗潮湿的环境，但是也有不少品种可以生长在极度干旱的地带。有研究者认为:"它对干旱环境的忍受能力仅次于地衣,因此，苔藓和地衣常被生态学家誉为大自然的拓荒者。"[②]因此，无论从苔藓本身的生命力、衍生力还是适应力来讲，在较长的历史时期内都是人类生活中普遍而常见的一类植物，这不仅与人们空间上的距离是接近的，而且从文学创作的实践发展来看，它和人们的精神世界也有着相

① ［明］叶绍袁《午梦堂集》，冀勤辑校，第 3 页。

② 胡人亮《苔藓植物学》，第 1 页。

互契合的内在关联。

苔藓植物被古人视作泛草一类的植物，在古人的描述中，有直接将其呼为苔草的，如任昉《述异记》:“苔草，谓之泽葵，又名重钱，亦呼为宣藓。南人呼为妡草。”[1]并且在文本中与苔草条先后并列的有葳蕤草、悬肠草、萱草、睡草等等，可见在南朝时期基本上将苔视为了一类草型植物。李时珍在《本草纲目》中明确将苔分类为“草”，列于“草之十”，共提及十六种苔，并且在释“陟釐”条时云:“郭璞曰:藫，水草也，一名石发。江东食之。案:石发有二，生水中者为陟釐，生陆地者为乌韭。”[2]“藫”就是水苔，是一种藻类植物，并非苔藓，因此古人所说的苔可能包含水中的某些藻类植物，因其外形与地表苔藓植物较为相似，遂并称之。石发是生于潮湿石上的苔藻植物，苔藻混成，但都被归为水草类。生于水中的陟釐是一种蕨类植物，其可以用来造纸，古人有诗所咏苔纸当是以此加工而成的，乌韭则是主要生于潮湿陆地的一类苔藓植物。由此可见，从现代植物种类角度而言，苔藓、蕨类和藻类植物中的一些品种皆被古人视作苔，并没有十分明确而细致的区分。除此之外，《全芳备祖》也将苔藓分入“草”的类别中，并且与萍、荇、蒲等集于一组，显然顾及到了苔藓植物的生存环境特色。此处所述，皆为古代植物学范畴的物种分类讨论，在诗歌的描述中，也有将苔呼为草的，如皇甫冉《杂言无锡惠山寺流泉歌》:“土膏脉动知春早，隈隩阴深长苔草。”[3]释宗演《行者化苔脯》:“琉璃田地无根草，信手拈来属老卢。”[4]当然，在实际的文学创作中，苔与草常常是诗句中并称的两个不同的形

① ［南朝梁］任昉《述异记》，第 23 页。

② ［明］李时珍《本草纲目》，第 1405 页。

③ ［唐］皇甫冉《唐皇甫冉诗集》，《四部丛刊三编》本，第 9 页。

④ 北京大学古文献研究所《全宋诗》，第 20058 页。

象，一方面，作者着眼于苔与草的物理形态的区别而加以对比，这样的写法在写其他具体植物品类时皆有涉及，是较为普遍的创作形式。另一方面，一部分作者开始从客观上进一步认识苔藓的生物性质，并不明确认可其为草型植物，但在实际的写作中并没有抛开传统写草诗赋的基本特征和表达结构，因此，苔入诗文实际上更为体现草作为一个观念形态的事物在人们认识和表达世界中的主观特质。

尽管苔在较长的历史时期内具有极广的分布范围，但是在早期并没有集中引起古人的注意。与前文所论萱草相比，后者不仅早在《诗经》中就出现了意象的身影，更为重要的是它近乎从《诗经》中直接完成了形象象征的构建。苔在魏晋六朝前不见于文学作品中，最早提到苔这一事物的当是《庄子》。《庄子·至乐》篇谓“得水土之际则为蛙蠙之衣”[①]，其中“蛙蠙之衣”历来被认为即是青苔，同时庄子的提法也切合了青苔生长的环境特征。《淮南子》则以喻指人心之化的必要性而指出青苔的物质生长条件：“水之性淖以清，穷谷之污，生以青苔。”[②]这两种提法实际上并未涉及青苔本身的生长状态以及它的样貌体征，因此早期对青苔的认识不仅从物理形态角度而言尚不全面，且对青苔的审美形象的发现还没有起步。对青苔的基本认识一方面逐渐体现为在苔的种类、形状、生态等诸方面的完善，并且于常见范围内形成对苔品类的较为固定的认识，如郑樵《通志·昆虫草木略》的“草类”目下云：“有数种：生于屋上曰屋游。生于屋阴曰垣衣。在石上谓之乌韭。在地上谓之地衣。在井中谓之井中苔。在墙上抽起茸茸然者谓之土马鬃。生于水中谓之陟釐，水中苔也，生海中者可食。又

① ［清］郭庆藩《庄子集释》，王孝鱼点校，第 624 页。

② 何宁《淮南子集释》，第 1042 页。

有生于石上连缘作晕者，谓之石花，石花生于海中石上，谓之紫萸，即紫菜也。松上之衣曰艾纳香，以和香烧则烟气直上。”[1]从古代科学分类及特征认识的角度而言，其中涉及了苔的不同种类及其生存环境，并且对于某些品种的描述带有形态特征的概括，同时郑樵对苔基本生物特性的认识与后世同类的总结也基本一致，可以说古人对苔的认识在这一时期形成了较为稳定的知识构造。从生活经验的朴素认识视角来看，古人更为关注苔及其生长环境的统一性，并且这种认识更为符合文学创作中意象生成的心理和实践规律，如《广群芳谱》引《格物总论》曰:“苔生于地之阴湿处，阴湿气所生也。初生其处渐青成晕，斑斑点点，久则堆积渐厚，如尘埃然。又久则微有根叶，又能傍缘树木阶砌砖瓦柱础而上。”[2]这一描述基于青苔的生长过程，但仅为生活经验所及，重在对苔形态特征形成状态的勾勒，其中所折射的感物方式与文学创作的观察效果是较为接近的。对苔进行集中整理并形成全面总结的是清代汪宪所作的《苔谱》，此书共六卷，卷一为“释名”，集中列举苔的不同名称，间有考证，对“海藻”“侧梨”“夜明苔”等考证较详。卷二为“总叙苔”，主要集缀历代咏苔诗文作品，值得注意的是，此卷在列举历代作品之前以前引《格物总论》文字为首，据此亦可见前文所论此段与文学创作内在感物形式的关联。卷三“诸品苔”及其补遗共对十二种苔品加以说明和考订。卷四、卷五集中对苔的诸多生存处所进行集录，如“宫中苔”“地上苔”“阶前苔”等，多录有关诗文以证。最后一卷为“杂录”及其补遗，对苔的特殊形态、用途乃至书画中的“点苔”技法加以基本的整理说明。此一书可视为

① ［宋］郑樵《通志二十略》，王树民点校，第 1984 页。

② ［清］汪灏《广群芳谱》，第 2200 页。

对历代有关苔的生物及文化知识的一次综合性的汇集整理，对研究古人对苔的基本认识以及苔在古代科学文化实践中的独特性质具有重要意义。

苔意象最早出现于文学作品的时间应当是西晋，这一时期有两位著名的文学家都在其诗中提到了苔藓，一是陆机的《班婕妤》诗，诗中写班婕妤失宠后所居殿院灰冷萧瑟的环境氛围："春苔暗阶除，秋草芜高殿。黄昏履綦绝，愁来空雨面。"[①]苔满阶除，给人最明确的信息便是班姬所居之地人迹杳然，寂然空旷，因此通过环境来给人以清冷黯然的情绪感受。另一首是张协的《杂诗十首（其一）》："房栊无行迹，庭草萋以绿。青苔依空墙，蜘蛛网四屋。"[②]诗句由外到内，视线从环顾中逐渐收回，也暗示着抒情主人公由所见而生所感的心迹路向。墙生绿苔，屋挂蛛网，孤寂之景烘托思妇内心的哀感愁怨。以上二作都是在表现其他主题的同时涉及青苔意象，以青苔连缀其他同质性事物来架构情感表现的媒介。将青苔作为专题吟咏的诗歌最早应为南朝沈约的《咏青苔诗》，该诗对青苔的物态描写精细微密："缘阶已漠漠，泛水复绵绵。微根如欲断，轻丝似更联。长风隐细草，深堂没绮钱。"[③]写苔一般都无法脱离与其所生之处的关联，因此常见咏苔诗中随着地点的转移，或台阶、水面，或石壁、墙垣，不仅环境错落而使整体观感生动灵变，且亦足以见苔生之广，文学表现也因此在空间范畴上拓展了书写的组合选择，同时也弱化了青苔本身物象单调、变化不足而可能导致的文学表现力的程度缺失。诗中地点与青苔的出现并非是连

① ［晋］陆机《陆机集》，金涛声点校，第 78 页。

② 逯钦立《先秦汉魏晋南北朝诗》，第 745 页。

③ ［南朝梁］沈约《沈约集校笺》，陈庆元校笺，第 410 页。

续式的，中间间隔了对青苔细弱柔微物态特性的描写。可以说沈约的这首诗不仅贯穿了南朝咏物诗中精细描写的诗歌风格，在青苔这一特定题材上也开启了精细化描写的题材艺术手段。与沈约大致同时的江淹则以其细腻笔触与壮怀之心写下了第一篇专咏青苔的赋作，他的这篇《青苔赋》作时正值刘宋政治集团内部争斗最为激烈的时候，江淹因与刘景素之间的矛盾激化而导致被贬于建安吴兴，因此在这样一种心境与精神状态之下产生的创作，一方面青苔作为物象自觉地被赋予主观精神意绪的浸染，带有萧疏凄寂的感性色彩；另一方面青苔又是甘于寂寞、坚意自守的，在作者沉闷的精神压力宣泄中释放出一种宽博的人格力量。其赋开篇云："嗟青苔之依依兮，无色类而可方。必居闲而就寂，以幽意之深伤。"[①]写苔而以"幽""寂"总括其物色生态，恰与作者此时的内心体验正相契合，也正是这种触物而生的创作灵感和冲动带给了后来人有益启示，于是以幽寂为核心的情感特质成为了继后咏苔作品的内在基调。苔之所生，极历险境，"绝涧俯视，崩壁仰顾，悲凹险兮，唯流水而驰骛"，但青苔不以险患而所动，历崎岖而愈茂，生发出一种标挺坚贞的自我形象，因此为修行之人所赞，"异人贵其贞精，道士悦其迥趣"。苔之趣高，苔之美隽，尽管"游梁之客，徒马疲而不能去；兔园之女，虽蚕饥而不自禁"，为苔的美好而铺陈实际上是为后文表达对美好事物弃置无视的悲哀而作文势积蓄。赋中写美人面对青苔的永夜空长、孤自唏嘘之态，进一步发展了《班婕妤》诗中苔的形象与女性姿态之间形成的意向联系，苔与美人共有幽姿清韵，却无人推赏，寂寥终老。在此过渡之下，情感的洪涛冲决而出，"寂兮如何？苔积罗网。视青蘼之杳杳，痛百代兮痕多……至哉青苔无用，吾孰知

① ［南朝梁］江淹《江淹集校注》，俞绍初校注，第 203 页。

其多少”。百代之间，人命多化为冢土，视青苔之无恙，感喟良多。在历史的滚动中，人事变幻无定，然青苔多不见赏，纵有美质却被归入“无用”之类，恰似人生命运的捉弄难测。反之，无论一时雄杰或是姣好佳人，终将要以行迹的磨灭为其归宿，因此青苔之无用却又是人生出处的一种注脚。如此，看似矛盾的背后，实际上是以青苔为寄托之物抒发郁愤之情，同时暗表对青苔本质的认同，对人格襟怀的坚定立场。这篇赋在吟咏青苔的历史上具有重要的影响，从内容形象来说，一定程度上奠定了咏苔文学的基本体貌；从创作实践来说，此后多有因此赋而兴发之作，可见江赋颇得后世文人的感同。

咏苔诗赋中对苔形象特征的描写，既是苔藓植物物态审美的直接表达，也是个体情思与具体物象相融合的基础属性。从艺术联想和想象的角度来说，不同植物的审美焦点及其引发审美想象的特质也是不同的，这种差异从宏观到微观的物象观察中都普遍存在。青苔既不是高大林木植物，不具备枝干花叶的物质审美基础，也与通常而言的草质植物非属一类，因此咏苔诗赋的创作中所关注的审美元素往往转移到苔的集合体貌，并且或言整体，或言部分，从而在这一层面形成了多样化的弹性表现。从苔的个体形态而言，多数品种并不具有明显的茎叶分化，

图9　青苔（网友提供）。

因此创作主体对其物态审美的关注点主要集中在色彩以及整体形态两个方面。在作品所体现的作者的观物经验中，苔色以翠为主，或又因其种类的差异以及色态的变化，也有色泽深化后的苍绿色。宋祁《咏苔》诗："雨墙苍晕合，烟渚碧纹通。赋阁并尘掩，诗阶伴药红。"[①]苔生依托之地与苔色分别对举，既显现环境变化之下特定画面的不同形象感，又以苔色的差异呈现出画面转换中的色调点缀之美。尾句的写法与前文所论春草落花相衬的表达具有相似性，皆以两种显著不同的色彩进行对比，构织出具有层次错落感的审美图景。此种写法还有如朱玉蛟《咏苔和方东华》诗："风剪垣衣薄，泉梳石发新。独怜三径里，花落藉为茵。"[②]草聚而成茵，此处化草为苔，花落苔承，更显清丽明净。除以"碧""苍"言苔色外，还有"青""黛"等易于引发有关人之容态联想的摹状。曹于汴《青苔》诗："阶除经积雨，匝地铺莓苔。隐隐青痕薄，茸茸黛色堆。"[③]"薄"与"堆"的轻重对比恰与"青""黛"的色彩对比在特征表现上保持了用笔力度的一致，在空间视线变化中展现出形、色两方面的形象美感。在苔的整体形态表现内容上，大多作品突出对其连缀不断、铺叠而生之物形情状的细致化描写。赵时韶《扫苔有感》诗："阶前叠叠碧成团，微雨新来洗几番。猛省呼童都扫却，怕人地上作钱看。"[④]苔形重叠堆垒，聚而成团，生长呈群落式的特点。胡天游《绿苔赋》："窈窕兮幽庭，绿苔兮滋生。含翠兮琴瑟，糁碧兮英英。乍一片兮如结，铺幽阶兮欲平。"[⑤]苔之团聚或疏或密，但又占

① ［宋］宋祁《景文集》，《丛书集成初编》本，第107页。

② ［清］朱玉蛟《白松草堂诗钞》，《四库未收书辑刊》本，第20页。

③ ［明］曹于汴《仰节堂集》，《景印文渊阁四库全书》本，第819页。

④ 北京大学古文献研究所《全宋诗》，第35898页。

⑤ 马积高《历代辞赋总汇》，第10736页。

有很广的覆盖面,赋中将苔生的主要形态刻画得较为全面。也正是如此,苔之“铺”“叠”并非是截然成为块落的，而是连绵不断，互有联结，如于若瀛《苔》诗:“研上碧於染，鬖髿满绿钱。根微踏未断，丝细势相联。……绵绵缘阁上，漠漠没阶前。”[①]这种绵延不断的长势体现为两种不同的状态：一是因其个体之间粘连不断的脉络所形成，二是着眼于整体的蔓延与行进,将青苔的连绵之状表现得更为具体。蔡琳《苔赋》:“渗淫布濩，鬖髿狎猎。斑驳如锦接焉，琐细如钱叠焉。阘者倒披，发者森著。纸者绵延，抰者句倨。”[②]此赋所言苔之绵延互接不仅是广布遍覆的，而且色彩的不同使之斑驳变花，在静态中显现出变动的趋向和意态。且接连也不是简单固定的拼接，而是姿态多样，互为映衬，富有新奇错落之趣。

苔的外在形态之观感给了人们审美的真切体验，这有赖于作者对苔这一小微植物的细致观察和用心体会，以及主观上对植物审美意识的认同。当然外在形貌具有其直观的审美作用，但实际上它更多的是通往更进一层情感意绪的一个基本载体和媒介。同样，尽管苔本身的生长环境对其限制是较少的，然而环境的存在也具有一定的内在感受共性，也即环境氛围的一致特征。这一点，在作品中的表现集中于苔之所生状态及其环境的幽寂清绝。白居易《山中五绝句 · 石上苔》诗：“漠漠斑斑石上苔，幽芳静绿绝纤埃。路傍凡草荣遭遇，曾得七香车辗来。”[③]苔与路旁之草相比，似乎少了面对尘杂喧嚣的意愿，甘于静守孤直,作者对这样的一种生存状态是持有称赏态度的。梅守箕《咏青苔》

① ［明］于若瀛《弗告堂集》,《四库禁毁书丛刊》本，第 77 页。

② 马积高《历代辞赋总汇》，第 18814 页。

③ ［唐］白居易《白居易集》，顾学颉点校，第 805 页。

诗："非微依古砌，寂寞抱寒林。不近秋风苦，能含夜雨深。承霜散轻翠，带月引浮阴。为有幽人赏，因知静者心。"[①]这里不仅是苔的生存状态所透出的空寂萧寒之感，更由苔而及人，抒情主体并不因此而感到怆然惆怅，反是赏幽味静，这是面对幽苔的一种独特心境。齐己《秋苔》诗："独怜苍翠文，长与寂寥存。鹤静窥秋片，僧闲踏冷痕。月明疏竹径，雨歇败莎根。别有深宫里，兼花锁断魂。"[②]此诗全篇都笼罩着在清冷幽寂的诗美基调之中，一方面与诗人个体诗风有其一致性，另一方面苔生之幽意也常引发作者在作品中的禅思兴味。以禅入诗的范畴是十分广泛的，于咏苔之作中集中体现为一种静默的观照，正如苏轼诗所言："欲令诗语妙，无厌空且静。静故了群动，空故纳万境。"[③]文学之静观是吸收禅宗证悟妙法的一个体现，其作为艺术思维的原理在苏诗中已言明确。从美学观念的层面而言，宗白华先生说："禅是动中的极静，也是静中的极动，寂而常照，照而常寂，动静不二，直探生命的本原。"[④]静是排除一切非关要物的干扰而达到空彻显明的内心境界，也是客观万物不生不灭的恒常定律的主观映像。万物之动与静，实际上皆观照于本体之心的定与止。苔生之静在一定程度上催生了禅思的观悟触机，以禅心写苔，将寂静超尘之韵引入了禅悦的空明境域。又如释智圆《苔》："与僻偏饶分，苍苍称静吟。闲阶经雨遍，峭壁度秋深。色冷分禽迹，痕幽入树阴。衡门终岁在，车马绝相侵。"[⑤]一切如心止入定，人物之间的界限似于观证中得以消泯，沉浸于禅悦的幽隐之趣中。

---

① ［明］梅守箕《梅季豹居诸二集》，《四库未收书辑刊》本，第476页。

② 中华书局编辑部《全唐诗（增订本）》，第9535页。

③ ［宋］苏轼《送参寥师》，《苏轼诗集》，孔凡礼点校，第906页。

④ 宗白华《美学散步》，第131页。

⑤ 北京大学古文献研究所《全宋诗》，第1522页。

苔生之幽，印证的是主体兴发所致的幽情意绪。作者之兴建立在对苔形象的感发前提之下，并且对青苔生态的幽冥寂静保持了意识上的认同，同时文学发展的内部规律也决定了在文学形式和表达内容的的深化过程中使得咏苔文学内涵发展也在逐步推进。从苔本身的幽寂生态出发，作品中常常表现对于客观景物所带来的幽情闲趣的欣赏以及心绪的淡泊自适。包何《同舍弟佶班韦二员外秋苔对之成咏》诗:“每看苔藓色，如向簿书闲。幽思缠芳树，高情寄远山。”[①]对苔所生，虽人之履迹与尘世同在，而精神的维度却是幽情渺远的，自有内心超尘的高拔向往。文彦博《咏苔》诗 :“绵绵上钓矶，漠漠拥闲扉。石面风梳发，垣根雨濯衣。不将凡卉杂，还与俗尘违。谢砌曾成咏，深严近紫微。”[②]前诗以含蕴有致的方式曲折表达因苔而引发的超俗之意，此诗则直接表达自我观点，语势直白明确，将远避流俗的意愿借青苔的形象加以表达，具有双重的形象意蕴和情感抒发效果。陈大章《秋苔》:“点的萦霜切，髿髿覆曲碕。幽禽时下啄，俗客到来稀。”[③]俗人的远离不至正意味着庭中交流的双方乃是志行笃契的高士，不仅将青苔形象暗中人格化，且以俗衬雅，颇有韵致。金濂《苔花赋》:“多青子之送迎，少白丁之往来。结庐买夏，竹里张弦；课仆浇泉，花边策杖。茁新苔兮井干，润旧苔兮柱磉。笔曾入梦，仁看五色毫抽；室倘镌铭，记取一阶痕上。”[④]此赋与其他长于铺排的律赋相比，在语言风格上清简明畅，没有过多的着色，偏向淡雅一格。除此之外，赋中人物形象的高格远韵并非通过类比抑或直抒心迹来表达，而是将相关的情景生活

① 中华书局编辑部《全唐诗（增订本）》，第 2172 页。

② ［宋］文彦博《文潞公文集》，《宋集珍本丛刊》本，第 278 页。

③ ［清］陈大章《玉照亭诗钞》卷七。

④ 马积高《历代辞赋总汇》，第 16930 页。

化，对寻常生活画面的展现，正映衬着抒情主体内心的平静自适与闲雅姿态。从作品的内部发展规律而言，对青苔形象的认知，有其人格情志的反思递进和人生出处的价值观念。王勃《青苔赋》："契山客之奇情，谐野人之妙适。及其瑶房有寂，琼室无光。霏微君子之砌，蔓延君侯之堂……故顺时而不竞，每乘幽而自整。"[①]赋中既有对世外闲情的肯定，同时又向君子淡泊守志的价值思考所过渡。相比于此，杨炯的《青苔赋》则于道德立言较多，赋云："苔之为物也贱，苔之为德也深……重扃秘宇兮，不以为显；幽山穷水兮，不以为沉。有达人卷舒之意，君子行藏之心。"[②]将苔由生至死、寂寞向终的一生看作是与世无争之道德品节的自觉循范。儒家在出世和入世之间坚守其伦理道德的原则，并且以此来缓和出入之间的价值矛盾。孔子谓"用之则行，舍之则藏"，但其实在这行藏之间表露的是保持特定人际关系和世界观、价值观的取舍，也即孔子以"仁"心始终的君子风范。此外，儒家思想体系又对个人的修身之业提出了相应的要求，以期从个人的不断完善中达到与社会之间的关系平衡。《近思录》云："君子之需时也，安静自守。志虽有须，而恬然若将终身焉，乃能用常也。"[③]实际上君子所要达成的，不仅是用世的现实关怀，同时也必须能够在人事变动中保持己志不移，待时而进。因此，苔之德之所以被作者看作君子的象征，也正是从其身上看出了淡然隐世却不忘修持、贞强怀质的一种自我修养的道德气度。此二赋之所以能够立足于出处抉择的思想范畴，有其内在的文学演进脉络。江淹赋云："余凿山楹为室，有青苔焉，意之所

---

① ［唐］王勃《王子安集注》，［清］蒋清翊注，第 41 页。

② ［唐］杨炯《杨炯集》，徐明霞点校，第 8 页。

③ 程水龙《〈近思录〉集校集注集评》，第 656 页。

之，故为是作云。”[①]江赋以苔之无用而抱以内心的不平之气，同时对苔之内美予以称赏。王勃赋序云："嗟乎苔之生于林塘也，为幽客之赏；苔之生于轩庭也，为居人之怨。斯择地而处，无累于物也，爱憎从而生。”[②]由此可见，王赋所发兴感之由，其中包含着阅读江赋之后的情感体验，无论是幽赏庭怨，抑或无累于物的体物之感，都在江赋中有所表现。并且赋中基于历史经验而进一步向德义的角度做了延伸，到杨炯赋中，明确把道德概念提升到赋咏青苔的价值取向层面。陆龟蒙的苔赋则有意识地将这种联系明确化，其赋序云："江文通尝著青苔赋，尽苔之状则有之，征劝之道，雅未闻也。如此则化下风上之旨废。因复为之，以嗣其声云。”[③]陆氏对江赋评价的出发点是儒家文艺思想中政教讽谏功能的实现程度，从反面来说，对江赋中所表达的愤郁之气是不认可的，因此陆氏发表了自己的认识："彼失宠以亡家者，鲜不恸哭。则必林塘倚薄，衡泌萧条，茅茨上古，机格南朝……浪求名而蠖屈，虚卜命而龟焦。窗倚瘿枕，树挂风瓢。山无价买，隐有词招。”[④]其核心思想是不争而隐，节制感情的失范，对人生持有开放接纳的态度，同时保持自我操行的修持。如此，从江淹之赋开始的咏苔内涵的发展脉络层层递进，演化出一条守节笃志、隐而自高的价值取向，使青苔这一简单的物象在文学内部演进中得到了深化。后世如周沐润《绿苔赋》:"不择地以自处，乃彬蔚乎天涯。境居悴以能贞，志在幽而弥显。”[⑤]可以较为明显地看出这条精神路径的具体实践。

---

① ［南朝梁］江淹《江淹集校注》，俞绍初校注，第 203 页。

② ［唐］王勃《王子安集注》，［清］蒋清翊注，第 41 页。

③ 何锡光《陆龟蒙全集校注》，第 803 页。

④ 何锡光《陆龟蒙全集校注》，第 804 页。

⑤ 马积高《历代辞赋总汇》，第 16006 页。

在咏苔诗赋中颇为值得注意的是以“苔钱”为吟咏对象的艺术表现，如果前文所论写苔之价值倾向为咏苔一类作品的基本前提的话，那么苔钱形象实际上在表现严肃主题的同时具有了一种反讽的谐趣。最早以苔钱为题的作品出现在唐代，其中郑谷之诗写得较有情趣：“春红秋紫绕池台，个个圆如济世财。雨后无端满穷巷，买花不得买愁来。”①注云：“苔圆形似钱。”首先，以钱作为圆苔的联想，是一种生活化、世俗化的创作思维，使咏苔文学的风格呈多样化的形式。其次，苔与钱尽管在外形上易于引发联想，但实际上苔与钱的本质不同为创作主体涵泳其中妙处创造了基本条件。郑谷此诗将苔写作济世之财，已有反讽之意，苔本身便以无用为其本色，即便如钱也是不能改变的，何况言之“济世”，因而诗人之穷愁便不是简单的个人生活之穷困，而有着忧世悯人的底色。叶绍翁《苔钱》诗：“家贫地上却钱流，朽贯年深不可收。若使用之堪买爵，等闲门巷亦封侯。”②诗中的讽刺之意比前诗更有过之，直指朝中为官风气之腐败，却在与自我贫寒及苔钱如流的反讽中深化了内心的不屈之性。从咏苔的基本主题走向而言，这一类苔钱诗虽以苔之无用为出发点，但并没有回到清净自守的既定道路上来，这是对咏苔作品的一定发展。另外，以苔的基本审美特色为基点，将钱的功能艺术化为虚拟之用，从而避免将视线纠结于现实困惑，注重掘发个体内在精神的自我认同和幽情格调，是咏苔诗赋主线之内的进一步延伸。赵福元《苔钱》诗：“绕径玲珑撒绿钱，田田成百又成千。未知买得春多少，草带不妨长短芊。”③此一种诗作中嗟贫之气已然不

① ［唐］郑谷《郑谷诗集笺注》，严寿澄等笺注，第239页。

② 北京大学古文献研究所《全宋诗》，第35141页。

③ 北京大学古文献研究所《全宋诗》，第45208页。

复存在，从中透露的是面对苔钱丛叠而生发自足之乐，具有一种审美的愉悦清境。梁以壮《苔钱》诗："苔钱因雨长，春富薄朱门。翠浅晨加色，圆添夜见痕。岂能化蝴蝶，飞去恋花魂。自足娱幽寂，谁将势利论。"[①]后二句是全诗的升华之句，在幽情静寂中得以自足，正是青苔无害于他物而反求诸已这一形象背景的逻辑呈现，更在此之上摒弃世俗势利的众庸之趋，人物二者的形象光彩相映。还有的诗作巧用金钱典故,借此来写对世俗好利之风的不屑。释智圆《苔钱三首（其一）》："夷甫不言非尔类，鲁褒为论偶同名。秋来自满虚闲地，不用良工鼓铸成。"[②]关于"夷甫"，《世说新语》记载："王夷甫雅尚玄远，常嫉其妇贪浊，口未尝言钱字。妇欲试之，令婢以钱绕床不得行。夷甫晨起，见钱阂行，呼婢曰：'举却阿堵物！'"[③]此典亦是"阿堵物"之源典，身不近钱，口不言钱，对钱财的蔑视和好钱之人的趋避，正是名士风度的一个侧面。"鲁褒"典出《晋书》，其本传曰："鲁褒字元道，南阳人也。好学多闻，以贫素自立。元康之后，纲纪大坏，褒伤时之贪鄙，乃隐姓名，而著《钱神论》以刺之。"[④]智圆所用典故皆转向对因钱而生之好利不正之风的指斥，在感怀历史人物美行懿范的同时投身于苔钱自然工妙的赏玩趣味。又如陆宝《苔钱》诗："散漫土阶中，圆纹颗颗同。春阴融入冶，雨气妙为工。驳借虫成字，青疑石化铜。闲行随地有，岂惜杖头空。"[⑤]此处所用"杖头钱"典出《世说新语》："阮宣

① ［清］梁以壮《兰扃前集》，《四库未收书辑刊》本，第 314 页。
② 北京大学古文献研究所《全宋诗》，第 1534 页。
③ 徐震堮《世说新语校笺》，第 307 页。
④ ［唐］房玄龄等《晋书》，第 2437 页。
⑤ ［明］陆宝《霜镜集》，《四库禁毁书丛刊》本，第 63 页。

子常步行，以百钱挂杖头，至酒店便独酣畅。虽当世贵盛，不肯诣也。”[1]从后世用典之源来看，出于魏晋之际的名士之行者占据主体，不仅是对高行耿性的风度之美的另一重发现，也是借此申发异代同感，标举人苔形象脱略超俗、安诸己志的经典范式。在咏苔史上，共有两篇《苔钱赋》，其中以张步瀛之作稍具清雅之姿。赋中多次发明任情自然，剥离世俗的主体追求，“尽可评量，明月清风之价；不堪持赠，深林返照之时”“铸成宿雨，买得春光”“偏供贫士，奇之又奇；试问阿兄，似乎不似”[2]。一方面，价值衡量的内容在赋中体现出不同于世俗的形式，苔钱不仅不为现世所用，更是主观上的不愿为其所用，进而成为无价自然美的标尺。另一方面，作者以贫士安于自身的孤介为幸，以苔钱人格化之情感偏向加以衬托，内心之志趣颇为雅健。

第三节　莫怪生来无定迹：浮萍

“萍”在我国汉语的词汇系统中是一个十分常见的语词，举凡含有“萍”字的词组以及典故可谓极其丰富，譬如萍踪、萍迹、萍水、漂萍、萍聚、萍身、萍飘、转萍、萍踪浪迹、萍飘蓬转、萍水相逢、断梗浮萍等等，都是人们较为熟悉的且使用频率较高的语词。从其语义的内容来看，与“萍”组合而成的词语几乎都与漂泊不定、行止无常的含义有关，因此可见在汉语文化系统中，“萍”所指代的语义不仅仅是一类水生漂浮植物的名称，更蕴含了人们长期积淀和形成的内在心理意识的寄托。从这一点出发来看，浮萍作为古代文学中的一种常见植物意象和题材，

① 徐震堮《世说新语校笺》，第 396 页。
② 马积高《历代辞赋总汇》，第 9796 页。

它与文学传统中言志寄托的模式有着一种较为深层的契合度，并且随着文学创作的不断发展和演变，浮萍这一题材的内涵也逐渐定型，并在此基础上生发出适合不同情境的艺术样式与表达机制。

在植物这一极大的群体概念中，草是其中分布极其广泛的一个集合体，草的分布条件根据地理形貌的不同，可以分为陆生与水生，而浮萍正是自然界常见的一种水生漂浮植物，在绝大部分地区的水田、池沼以及其他的静水水域几乎都可以看到它的身影。也正是因其广布，常出现于从事农业生产生活的人们视野中，才较早地使人注意到萍的形态、种类、环境以及生长规律等基本的生物特性。对于萍的发生时间，古人直接以农业生产所重视的时令节候来进行描述，如《礼记·月令》云："季春之月……萍始生。"[1]《月令》一篇是古代记载四时物候的重要著作，为后来总结与农业密切相关的节气提供了经验的积累和一定的客观依据。因此，篇中以浮萍作为季春时节的特定物候现象，则可知浮萍的生长节律对于提示农业生产的节奏功能已经被人们所应用，因此浮萍的出现从人们农业生活的角度而言是有其重要性的。又《逸周书》言："谷雨之日，萍始生。"[2]则较之《月令》所言更为明确，将具体的节气和实际的物候现象直接联系在一起，可见早期人们对浮萍的关注是以其作为特定生活内容的标志为主要出发点的。罗愿《尔雅翼》则将前两篇的描述加以整合，谓之"季春谷雨之日，萍始生，号为一夕而七子。无根，但有小须，垂水中而已"[3]，此处对浮萍整体特征的概括比较简洁全面，主要有三：一是点明萍所生的时间节点，

---

① 十三经注疏整理委员会《礼记正义》，第 562—564 页。

② 黄怀信《逸周书汇校集注》，第 589 页。

③ ［宋］罗愿《尔雅翼》，石云孙点校，第 54 页。

二是指出萍生长的速率极快，三是将萍无根的生物特点加以说明。萍生无根是古人对萍进行观察后的一致结论，许慎在《说文》中说："荓也，无根浮水而生者。"[①]陆佃《埤雅》云："苹，一名荓，无根而浮，常与水平，故曰苹也。"[②]又董斯张《广博物志》："浮萍，一名荓，无根而浮，江东谓之薸。浮于水，一夕生九子，故名九子萍。"[③]从浮萍的实际形态来看，并非无根，萍根的外形正如罗愿所言，是极其细微的，且较短，垂落于水中，粗略观之，较难发现。前引罗愿之言是对萍基本形态的认识经验的总结，随后罗愿引《淮南子》说："然《淮南》云'萍植根于水，木植根于地'，盖萍以水为地，垂根于中，则所垂者乃是根。"这是对浮萍须细之根存在的较为明确的认识，但从古代文学及文化的接受实际来看，浮萍无根的观念形态已经相对深入人心，对浮萍题材的创作也多以此为基本立足点。除了对萍无根的生物性状形成一定的共同认识之外，从以上记载中也可以看到，人们对萍的生存状态的关注明显集中于萍草之"浮"。《淮南子 · 地形训》云："海闾生屈龙，屈龙生容华，容华生蔈，蔈生萍藻，萍藻生浮草。凡浮生不根茇者，生于萍藻。"[④]注谓："海闾，浮草之先也。"也就是说此处所举皆为浮于水中的草类，而其中以浮萍为典型，在确认无根的前提下，将浮于水这一特性扩展开来，用线性承续的阐释思维将漂浮的特性归根于浮萍。因萍而浮的客观现象引发古人连类式的象征性应用，体现在《周礼》对官制的界定中。其云："萍氏掌国之水禁，几酒，谨酒，禁川游

① ［汉］许慎《说文解字注》，［清］段玉裁注，第 25 页。
② ［宋］陆佃《埤雅》，王敏红校点，第 161 页。
③ ［明］董斯张《广博物志》，第 915 页。
④ 何宁《淮南子集释》，第 374 页。

者。”[1]之所以是“萍氏”来掌管水禁之事,乃是由于“萍之草无根而浮，取名于其不沉溺”，以及“取萍水草无根而浮不沉，禁人使不沉溺如萍也”[2]。至于后所言限制民众用酒也归于萍氏的职责范围,乃是因其“萍氏几酒者，酒亦水之类故也”。因此，作为漂浮于水面的一类常见植物，人们根据其独特的生长规律，将其浮水不沉的特质引入到文化观念系统中，借此喻意来代指政治文化生活中特定的功能愿求，这是浮萍物象进入文化体系的一个重要途径。

此外，早期对浮萍的认识，常常出现“萍”“苹”“蘋”三者混淆的情况，这一情况在《诗经》和《左传》中皆有反映。《诗经 · 采蘋》篇曰：“于以采蘋，南涧之滨。”[3]注曰：“蘋，大蓱也。”《左传 · 隐公三年》曰：“蘋蘩蕰藻之菜……可荐于鬼神，可羞于王公。”[4]注引《释草》：“苹，蓱，其大者蘋。”又“舍人曰：‘苹，一名蓱，大者名蘋。’”并引陆机《毛诗义疏》云：“今水上浮蓱是也。其粗大者谓之蘋，小者曰蓱。”对此中各种说法进行观照，不难发现问题的焦点集中于萍与蘋之间的相似性，也即从外观形态的角度对两种不同的植物类型进行的辨别。这一时期普遍认为萍与蘋之间是小大之别，即小者为萍，大者为蘋，并且同时视苹萍为一物。实际上，从现代植物学中来看，萍与蘋是两种完全不同属类的植物，萍为被子植物门浮萍科浮萍属的一种，而蘋为蕨类植物门苹科苹属的一种，并且这一分类体系中，苹即古代的蘋，又称之为“田字草”“破铜钱”“四叶菜”等。尽管萍与蘋在形态上确实有相似性，但古人并未普遍认可蘋即大萍的观点，这在后世

① 十三经注疏整理委员会《周礼注疏》，第 1142 页。

② 十三经注疏整理委员会《周礼注疏》，第 1049 页。

③ 十三经注疏整理委员会《毛诗正义》，第 86 页。

④ 十三经注疏整理委员会《春秋左传正义》，第 85—87 页。

皆有辩证，郑樵《通志·昆虫草木略》云："藻生乎水中，萍生乎水上，萍之名类亦多，易相紊也。《尔雅》云：'苹，萍，其大者蘋。'又云：'苹，藾萧。'足以惑人。蓱者，水中浮萍也，江东谓之薸是也。蘋，水菜也，叶似车前，《诗》所谓'于以采蘋'是也。苹，蒌蒿也，即藾萧，《诗》所谓'呦呦鹿鸣，食野之苹'是也。按萍亦曰水花，亦曰水白。"[①]藾萧即今所谓艾蒿，古人将其又称为苹。郑氏之辨明确指出萍、苹、蘋为三种不同的植物，且萍、蘋之间的本质不同并不是个体小大与生长先后之别，这是符合客观实际的。李时珍在《本草纲目》中则对萍、蘋加以区别："本草所用水萍，乃小浮萍，非大蘋也。陶、苏俱以大蘋注之，误矣。萍之与蘋，音虽相近，字却不同，形亦迥别……小雅'呦幼鹿鸣，食野之苹'者，乃蒿属。陆佃指为萍，误矣。"[②]又于"蘋"目下指出萍、蘋相混的原因，李时珍首先认为"诸家本草皆以蘋注水萍，盖由蘋、萍二字，音相近也"，但二字从音韵学的角度看又是完全不同的，"按韵书：蘋在真韵，蒲真切。萍在庚韵，蒲经切。切脚不同，为物亦异"；其次，正如历来学者所认同的一点，白蘋在形态上与浮萍具有相似性，因此不免引起混淆，这一原因李时珍是同意的，其云："(白蘋)其叶攒簇如萍，故尔雅谓大者如蘋也。"[③]所以，对于萍的认识，在古人早期的认知体系中虽然有所混淆，但是经过对此类植物更为客观的观察和分析，不仅对于浮萍的认识进一步清晰起来，也深化了文学创作内容中对浮萍审美形象的开掘。

与陆生草相比，水生并且浮于水面的草种，自然会带来许多不一

① [宋]郑樵《通志二十略》，王树民点校，第1985页。

② [明]李时珍《本草纲目》，第1367页。

③ [明]李时珍《本草纲目》，第1370页。

样的形体特征，文学创作对浮萍外在形态的关注，形成了艺术化描写中独特的情景画面和审美韵味。萍无根而浮，是古人对浮萍的一个固定的基本认识，并且这一点并未由于对萍个体生理性状的进一步认识而发生彻底的改变，无论在常识性的承续还是在文学作品的经验性表述中，萍因无根而呈现的漂浮之态是人们最普遍也是最直接关注的一个特征。对浮萍漂浮的文学化描写是咏萍诗赋中展现浮萍审美特质的重要内容。具体而言，浮萍在水面上常随水而动，或因水面其他事物的经途而随之开合，或随风浪的自然发生而漂移浮动。如吴均《萍诗》:“可怜池里萍，芬氲紫复青。工随浪开合，能逐水低平。”[1]萍虽浮于水上，但在诗人眼里，其敏锐的视觉抓住的往往不是静态的浮萍姿态，而更多的是处于变动不居中的萍。这与前文所论青苔恰恰相反，可见不同草品生物特征以及生存环境的差异对创作主体的审美角度有着很大的影响。王维《皇甫岳云溪杂题五首 · 萍池》诗 :“春池深且广，会待轻舟回。靡靡绿萍合，垂杨扫复开。”[2]王诗中的描景成分往往给诗歌带来一种扫却尘杂的澄净和胸无繁扰的空透，透过文字可以看到诗人胸次境界的深层韵致。王维

图 10　浮萍（网友提供）。

① ［南朝梁］吴均《吴均集校注》，林家骊校注，第 189 页。
② ［唐］王维《王维集校注》，陈铁民校注，第 640 页。

的这首咏萍五绝正是如此，春深而有待，却不因待而生闲，无论是闲趣乃至闲愁，都在景物的明净之中消散无踪，留给人的只有开合摇曳的浮萍与诗人之间所间隔的一种波澜不惊的玄远意味。后人评王维诗云："摩诘五言绝，意趣幽玄，妙在文字之外……心中滓秽净尽，而境与趣合，故其诗妙至此耳。"[①]说的就是王诗文字之间呈现的主体内在气格与外在物象的交融和提升。徐熥《萍》诗："有叶无根不用栽，还疑水面长苍苔。游鱼吹浪重重乱，彩鹢冲波两两开。"[②]浮在水面的萍在游鱼和水鸟的移动下不时开合，使其浮动之景与自然界其他生物融为一体，凸显了浮萍动态景象自由活泼和随意任适的审美特色。也正是由于浮萍不仅漂浮于水上，它们还聚集而生，这种时开时合的动态景观也正是其群聚征态所独具的生动画面。沈清凤《浮萍赋》："群鸭浴罢，随碧水而纷披；鱼队游时，顺绿波而聚散。"[③]以开合语之尽管直接简明，但若熟用，则不免显得僵化板滞，因此此赋在语言的活用及组合上极富灵性，写群鸭扰动浮萍，则勾画出萍身纷乱错杂的情貌，写游鱼穿破萍伍，则绕过萍之开而直写萍之合，两个不同画面恰恰形成两个具有先后性质的过程，由动趋静，情状活现。陈仁言的《萍根赋》则视浮萍为具有主观意志之物："流而就下，时随钓客之船；断而还连，不比花英之落。"[④]萍随船动，原本是被动使然，但作者思维转换，视其为主动追随，浮萍的动态情姿就此喷薄欲出。

除去水鸟、游鱼、木船等经水之物的外力影响，萍的浮动形貌也存在于清风细浪的自然波动之中，相较于前者的情境，自然动态更显

① ［明］许学夷《诗源辩体》，杜维沫校点，第 162 页。
② ［明］徐熥《幔亭集》，《影印文渊阁四库全书》本，第 101 页。
③ 马积高《历代辞赋总汇》，第 14228 页。
④ 马积高《历代辞赋总汇》，第 15574 页。

浮萍的轻盈之色。李峤《萍》诗："二月虹初见，三春蚁正浮。青蘋含吹转，紫蒂带波流。"[1]前二句用《月令》之物候征象来暗示萍的发生，实际上点出了浮萍始生的柔细清嫩之状。但从全诗来看，李峤似将萍与蘋二者混淆，因此既出现了蘋这一意象，又有着浮萍的物态及文化特征。但实际上从其物候的描述以及基本特征的表现来看，此处所写应属浮萍无疑。诗人的关注点在萍从静到动之间因风和水波的推动进而打破先前静态的物态转换，且静为虚而动为实，展现出浮萍轻盈随动的形姿。于若瀛《萍》诗："渡江曾有实，浮水总无根。巧逐微风散，轻随细浪翻。"[2]"轻"和"巧"直接写出萍草的自然动态，其所言微风、细浪的画面组合也透露出诗人在细微体察基础上的审美想象。张镃《南湖上观萍》诗："风掠浮萍水面来，翠绡成段接还开。无情却似多情物，不到诗中不肯回。"[3]风拂萍草，而本平铺水面的浮萍随风漾开，却并不急于合拢，这一简单的动作使作者诗兴大发，甚至认为浮萍情思执着，要主动入诗方才归位，写得活泼自如，情趣盎然。夏侯湛《浮萍赋》："乃逸荡乎波表，散圆叶以舒形兮，发翠彩以含缥……既澹淡以顺流兮，又雍容以随风。"[4]此赋与前张镃诗都关注到浮萍平铺水面的特点，因此皆将萍草喻为青色丝织品，既显示了其铺织水面的生长状态，又暗含其轻柔细弱的风姿体态。并且在微风细流的推动背景下，作者以浮萍的轻移缓动视作其具有淡泊随适的主体气度，使浮萍具有了初步的象征意义。此外沈清凤的《浮萍赋》对萍草的自然动态给予了较为全面的描述和总结："乍分乍合，迎风而摇曳晴波；自西自东，逐浪而浮

① 中华书局编辑部《全唐诗（增订本）》，第 715 页。

② ［明］于若瀛《弗告堂集》，《四库禁毁书丛刊》本，第 77 页。

③ ［宋］张镃《南湖集》，《丛书集成初编》本，第 148 页。

④ 马积高《历代辞赋总汇》，第 627 页。

沉古渡……每因末上风生，泛出半蒿之绉縠；倘使溪头雨急，涌成一片于澄泓。”[①]从开合移转到罗织雨打，形态多样，写出浮萍独具的立体美感。

动态的浮萍在创作者的眼中是生动活泼、摇曳生姿的，微风、绿水、波浪、游鱼、凫鸟等不同意象的组合为其增添了极富生机的自然情趣。从浮萍的个体形态而言，一方面，较小的叶面面积使其在聚合而生的常态下引发人们对其与丝绸罗缎之物的相关联想，赋予萍草主观上轻盈纤小的物态感受；另一方面，浮萍点状的分布以及密集型连缀铺排又在相对静止的状态下呈现出错落斑驳之美，这一点在咏萍诗赋中也有集中体现。如徐尔铉《剪萍》诗:“云随聚散疏疏映,星作圆匀点点攒。一自竹枝勾引去，沉鱼徐得上虚滩。”[②]既从整体密铺水上的角度写其疏散离披之象，又把视角凝聚于局部星点丛聚、斑驳点缀之形，对萍浮生水面的错落之美进行了较为细致的刻画，疏密有间之中流露出浮萍清圆可爱的审美观感。沈清凤《浮萍赋》:“杂青菱于曲沼，映翠盖于平池。层层兮荡漾，点点兮参差。”[③]萍叶一般呈对状展开，且叶缘由中心向外发散的部分有近似圆的弧线，因此直观来看不仅极类蘋草的一半，且其大略呈圆的形状也有一种俏美之感。这里层层从纵向写，点点从横向写，乍觉纷乱无章，却又铺叠分明，点缀于他物之间，颇有弱小依人而又点缀空白的画面美。范士采《新萍泛沚赋》:“黛染则鲜姿得雨，波生则碎点零星。剧怜乳鸭难胜，平铺绰约；最喜轻鲦不隔，疏映玲珑。”[④]浮萍的斑驳疏落不只是相对静态的景物描写，也有

① 马积高《历代辞赋总汇》，第14228页。
② ［明］徐尔铉《核庵集》，《四库未收书辑刊》本，第748页。
③ 马积高《历代辞赋总汇》，第14228页。
④ 马积高《历代辞赋总汇》，第22797页。

在动态摇摆中因位移的变化而形成与微波交错相映的层次间隔。当然，最为生动且富新意的写法应是写透过水面浮萍看到水下游鱼形影间错，玲珑剔透的身姿，从而从侧面写出浮萍错落相间的“不隔”布局。实际上所谓不隔，乃是相对浮萍密铺的常态而言，此时或水面间隙较大，抑或有外因使之暂时不均，因而能够看到水下鱼群穿梭于萍叶之间的清丽景象。也有的作者在浮萍错落布置之间看到光影交织，使其与萍草在笔下共同形成斑驳透亮的物色光彩。徐夤《萍》:“为实随流瑞色新，泛风萦草护游鳞。密行碧水澄涵月，涩滞轻桡去采蘋。”[1]月光洒到地面往往类似于白雾一般,有时也形容为轻纱,但落于浮萍铺生之水，则或照于萍叶，或间洒于叶隙，二者通过反射呈现的光色是不一致的。因此，句中所言实乃月色入萍间而映照出的细碎铺盖之景，月光一面广布于萍水之上，一面又似与萍间错相邻，以此写浮萍错落之姿，别有韵致。王苣孙《风约半池萍得萍字》诗:“桥分中渡月，灯漏隔湖星。簇簇吹还皱，层层漾未停。落花文有涣，吟赏惬清泠。”[2]同样写月光下的萍池，但此处的月并非直接出现在萍池中，而是作为景物描写的整体背景存在，并且它同时是拥簇层缀之萍与光线交合之间的一个媒介，这样的写法营造出的想象空间要更为丰富，月下萍的光影斑驳因不同的艺术想象而得到独特的理解。光线之外，雨也是同浮萍相互组合以表现斑驳错落的特定意象，雨同萍的最为相似之处便是都以点状为基本形态，二者的伴随从整体环境中看，似对水面更为丰富的点缀。陶澍《新萍泛泚》诗:“嫩浮波泛泛，轻帖沼鳞鳞。叶小星初聚，姿清

① 中华书局编辑部《全唐诗（增订本）》，第 8259 页。
② [清] 王苣孙《渊雅堂全集》，《续修四库全书》本，第 291 页。

雨乍匀。”[①]萍本形体较小，所以此处以“星”来形容新生之萍。本应丛生叠聚于水面之萍，在春雨击打下分散开来，雨打在水面上的痕迹与点点浮萍互为映衬，颇有相生相宜之趣。张际亮《池萍赋》：“疏若星陈，密如毳布。一番绿意，夕阳翡翠之天；万点红根，暮雨鹅凫之路。”[②]张赋对浮萍的铺陈既顾及光线与萍的错织与交接，也联系到了雨下浮萍点滴漂动的荡漾，对画面的概括更为简洁，所融合的意象更为丰富。此外，清人高士奇在其描述中说：“小池风定，一望几成绿茵，飞花点之，斑驳如绣。”[③]萍与飞花相衬，不仅有形态点滴斑驳之美，更从色彩上构成了突出的对比差异，萍铺成茵，飞花落之，这种共同产生的唯美之境颇具艺术感染力。

形态特征的抽象和审美表现的经验往往为特定题材的象征意义建构客观的形式基础和依据，同时作者主体的情志寄托也必须以具体、特定的形象而加以匹配，如此才能在主客融合的要求下趋于完善的文本呈示。对于植物审美中的情志表达，程杰先生予以准确的界定：“‘情意美’则主要是人的思想情感、品德趣味的渗透与寄托，有着鲜明的主观色彩，属于人的情感意识的‘对象化’，是花卉美的主观内容。”[④]其中所谓人的主观“对象化”，是实现植物审美创造的必然对接过程和表现力水平的决定性因素。指向于浮萍这一题材而言，无论无根漂浮的生物形态还是斑驳交错的群体性征，在创作者主题寄托的实践中都集中地走向漂泊不居、离索逐流的象征性主题。尽管专题咏萍文学的创作要晚于萍的意象的出现，但二者之间却有着主题上的延续发展关

---

① ［清］陶澍《陶文毅公全集》，《清代诗文集汇编》本，第445页。

② ［清］张际亮《思伯子堂诗文集》，王飙校点，第1428页。

③ ［清］高士奇《北墅抱瓮录》，《丛书集成初编》本，第42页。

④ 程杰：《论花卉、花卉美和花卉文化》，《阅江学刊》2015年第1期，第114页。

系。早在魏晋时期的歌辞中就已经有了浮萍漂泊无居的形象表现。《拂舞歌诗三首·独漉篇》:“翩翩浮萍，得风摇轻。我心何合，与之同并……父冤不报，欲活何为。猛虎斑斑，游戏山间。虎欲齿人，不避豪贤。”[1]从歌词内容来看，篇中的主人公当是因父屈死而欲为父报仇，漂泊于外，见浮萍漂荡于水，有似自己命运的不幸，于是感由心生。时期相去不远的司马彪有诗句云：“泛泛江汉萍，飘荡永无根。”[2]此诗今日所见仅此两句，直接对浮萍的漂荡不止感喟发叹，能够产生的感情共鸣空间是较广的，这或许也是此二句仅存的原因之一。南朝吴均首次在专咏浮萍的诗作中赋予这一题材漂泊离散的主题象征，其诗云：“微根无所缀，细叶讵须茎。飘荡终难测，流连如有情。”[3]无茎无根之萍，如同失去了所有的立足和依靠，只得随波逐流，飘散无终，缓慢的漂游似留恋不舍，却又无法抵抗命运的必然，如此自然使诗人联想起自己的人生遭遇，从而形成咏萍诗赋主客观之间一般化的意义联结机制。徐媛《浮萍》诗：“逐浪依芳渚，凭风泛野溃。浮踪应赖我，飘薄倍怜君。”[4]与前诗在情感呈现角度上有所不同，前者赋情于物，使物具有人格化的情态；后者则建立起人与物之间的亲近关系，以人的主观同情怜爱勾连起对自我的反视，这种近乎对话式的表达亦别具一格。费锡璜《萍》:“江上浮萍草，无根亦自生。飘飖万里客，栖泊一同情。”[5]命运同构是这一主题书写的一条主要途径，也正是创作主体将自我的命运感受视作外物同样具有的心理活动，才使得浮萍的生存状态具有

① 逯钦立《先秦汉魏晋南北朝诗》，第 846 页。
② 逯钦立《先秦汉魏晋南北朝诗》，第 729 页。
③ ［南朝梁］吴均《萍》，《吴均集校注》，林家骊校注，第 189 页。
④ ［明］徐媛《络纬吟》，《四库未收书辑刊》本，第 346 页。
⑤ ［清］费锡璜《掣鲸堂诗集》，《清代诗文集汇编》本，第 91 页。

了丰富的寄托价值和象征意义。在赋作中，以杨云鹤的《浮萍赋》所表达的漂泊无定之感最为丰富深沉，赋云："有似乎边塞征人，关河客子。去国辞家，流行坎止。意忽忽以何之，惟苍苍之默使。感兹萍实，怅此萍踪。慨他乡之萍梗，怜知己之萍逢。有如一枝暂栖，两心密契。不约而联，无根而蒂。始宛转而密依，忽参商而遥逝。"[①]浮萍的形象在作者看来就是历来征夫客子所具共性的一个缩影，萍踪没有固定的方向，相对于广阔的时代与历史的长河，游子的人生处境往往如同辽远水面上的浮萍，因此物与人的相遇之间，感情意志从潜意识的层面被物象激发，并投射于客观事物，形成深相契会的情感呼应。

与萍的漂泊相关，其成因之一便是无根立足于水下，而古人对于萍无根之由的推想，集中在杨花化萍这一观念上。"杨花化萍"之说的产生，《杜诗详注》注《丽人行》谓《广雅》所言，而王念孙《广雅疏证》则谓"其说始于陆佃《埤雅》及苏轼《再和曾仲锡荔枝诗》"[②]，陆佃与苏轼生活时期几乎相同，因此可见这一说法在宋代生成并由苏轼写入诗中而使其影响进一步扩大。东坡诗《予少年颇知种松手植数万株皆中梁柱矣都梁山中见杜舆秀才求学其法戏赠二首》诗云："为问何如插杨柳，明年飞絮作浮萍。"[③]基于宋人的这一认识，后世多以杨花化萍的联想来阐解浮萍无根漂泊的成因，同时这一种阐释中，文学性的强度要超过一般的客观知识性，因而在作者的主观意识中，人的辗转无归和浮萍的漂泊无依在找不到现实出路之后，只得无奈将其归因于生来具有的"缺陷"，这亦成为作者对漂泊之感的一种内敛态度。

① 马积高《历代辞赋总汇》，第 8106 页。

② ［清］王念孙《广雅疏证》，第 322 页。

③ ［宋］苏轼《苏轼诗集》，孔凡礼点校，第 1903 页。

杭淮《春日滁阳怀献吉复用乍合水上萍忽散风中云为韵十绝（其五）》：“别君两见杨花落，杨花落水作青萍。萍生无根风不定，飘泊海中如散星。”[①]显然此诗的创作动机出于诗人在刹那间的触物感会，将杨花落水、浮萍散海的片段写得连贯流畅，正是来时无形、去也无迹的生命形态悲剧的生动展示，透过这一画面，传达出诗人对人生际会的体味。胡奎《浮萍词》诗："半随波浪半黏沙，漂泊东西不恋家。莫怪生来无定迹，只缘根本是杨花。"[②]虽未直写浮萍无根的事实，但在来往始终之间的片段切换中，充分暗示了浮萍漂泊生涯的必然性。谢元淮《萍》诗："春雨模糊下远汀，随风两叶太飘零。早知一样无根蒂，我替杨花悔化萍。"[③]本题为萍，却更似咏杨花，后二句足见作者巧心，以一"悔"之似言杨花离于树干只欲安身水中，却不想化萍亦无根而摆脱不去流散的命运。在杨花化萍的运用中，两个不同物象的对接更揭示了主体对命运必然无法抗拒的无限感慨。

在赋予浮萍人生漂泊无定这一象征性主题的过程中，由前文所论可见，一方面创作者在感受浮萍与自我比况之间形成了一种默契的精神沟通机制，另一方面则探讨浮萍无根漂泊的原发成因，并发之以面对命运无力抗拒的唏嘘。此外，早在《楚辞》之中，浮萍意象的发生牵引的是抒情主体对自身悲情的哀叹失落："顾念兮旧都，怀恨兮艰难。窃哀兮浮萍，泛淫兮无根。"[④]内心无限的悲感哀思诉之于眼前所见浮萍，对其无根见弃之遭遇无比同情的同时，痛已怆然之情溢于言表。这一抒情模式相对于前二者而言，对自我的指向性更为明确，在物我

① ［明］杭淮《双溪集》，《景印文渊阁四库全书》本，第275页。
② ［明］胡奎《斗南老人集》，《景印文渊阁四库全书》本，第397页。
③ ［清］谢元淮《养默山房诗稿》，《清代诗文集汇编》本，第401页。
④ ［宋］洪兴祖《楚辞补注》，白化文等点校，第275页。

关系的构建中一定程度上打破了双方的平衡状态，更突出主体世界在咏物体式中的存在作用。此后夏侯湛著名的《浮萍赋》便以物我之间的类比突出自我意识中对耿介之士为人所忌，难以立身的悲愤。赋云："流息则宁，涛扰则动。浮轻善移，势危易荡。似孤臣之介立，随排挤之所往。内一志以奉朝兮，外结心以绝党。萍出水而立枯兮，士失据而身枉。睹斯草而慷慨兮，固知直道之难爽。"[①]自身欲立正远邪、忠直自立，却被权势排挤而进退失据，飘摇将摧，正与无根之萍难以抵受外界环境的冲击类似。尽管其"羌孤生于灵沼"，无意利益的纷争，却也难免风浪的迅猛之势，因而发以荡愤之语，直抒已臆。面对险恶的政治环境，文人遭受其中残酷的人生体验之后，无不为此感到心惊，东魏冯元兴"世寒，因元乂之势，托其交道，相用为州主簿"，但好景不长，随着元乂在权力斗争中失败，元兴被牵连，"乂既赐死，元兴亦被废，乃为浮萍诗以自喻曰：'有草生碧池，无根水上荡。脆弱恶风波，危微苦惊浪。'"[②]面对政治势力的交锋和消长，个人的存在如同浮萍一般随时可能被激流冲决而去，使人不得不发以深切感叹。卢纮《水萍》诗："飙轻扶绿上，锋利借青持。故拟他乡客，相逢漫作悲。"[③]萍本是无意识的客观事物，然作者内心潜沉的客子溜滞之悲在外物的感发下形成强烈的情感冲动，自我形象与主体性的突出是其最明显的表达效果。吴兆骞《萍赋》："似逐臣之去国，同迁客之辞家。漫衔悲于故壤，空骋目于浮查。萍托水而靡宁，士违时而失据。嗟人物之异心，胡悲欢之同遇。睹斯草之所如，徒慷慨于予慕。"[④]吴兆骞的一生经历了诸

① 韩格平《全魏晋赋校注》，第 236 页。

② ［唐］李延寿《北史》，第 1707 页。

③ ［清］卢纮《四照堂诗集》，《清代诗文集汇编》本，第 470 页。

④ ［清］吴兆骞《秋笳集》，麻守中校点，第 13 页。

多坎坷，曾因科场案而被逐流放二十多年，对此悲情人生，吴赋中也产生了颇多情绪的纠缠转折。人与萍遇，萍更似人，不过终究都回到了自我人生命运浮沉的悲慨，尽管对浮萍无知无觉自由流转抱有歆羡之心，但如此写法更凸显了作者身无所凭又无力把握自身的悲剧情怀。咏萍诗赋中的这一部分作品，皆有着更浓厚的主观化表达色彩，集中于对自我遭遇的反观审视，进而将自我的悲情形象构筑于句中，而对浮萍的整体塑造则起到了关键的衬托作用。

同样是对人物形象的塑造，在咏萍作品中，还值得注意的是一类体现为以比的手法赋予浮萍古代女性身份特征的创作。作为意象的浮萍，因其浮于水面的特征，被创作主体视为依附于水，加之古代社会女性对男性具有很强的依附性，因此在许多女性代言诗、闺怨诗等作品中，偶有使用浮萍意象来代指其中的特定女性。如曹植《闺情》:“佳人在远道，妾身单且茕……寄松为女萝，依水如浮萍。”[①]傅玄《历九秋篇》:“贱妾如水浮萍，明月不能常盈。”[②]李白《去妇词》:“女萝附青松，贵欲相依投。浮萍失绿水，教作若为流。”[③]不难看出，此类诗中的指代意义皆相对明显。咏萍诗赋当中，尽管指代女性的诗作数量较少，但其作为切合浮萍审美特征的一种写作模式，亦有其独特的文学价值。曹植的《浮萍篇》是最为著名的一首诗作，此诗尽管是通过塑造一位被变心男子抛弃的女子形象来寄托作者自身的不幸遭遇，但其中对女性与浮萍之间关系的书写是非常贴切而富有审美意味的。诗歌先写女子嫁人后家庭的和乐生活，“浮萍寄清水，随风东西流。结发

① [魏] 曹植《曹植集校注》，第 515 页。

② 逯钦立《先秦汉魏晋南北朝诗》，第 562 页。

③ [唐] 李白《李太白全集》，王琦注，第 368 页。

辞严亲，来为君子仇”[1]，以浮萍随水象征女子从夫。尽管女子本身没有什么错误，但无法阻止男子的变心，“恪勤在朝夕，无端获罪尤……新人虽可爱，无若故所欢”。女子一再期望男子能够回心转意，但事与愿违，孤身无依的她只能暗自伤怀，悲慨命运，“日月不恒处，人生忽若寓。悲风来入怀，泪下如垂露”，女子的形象正如浮萍般，无法自主个体的生活和命运。这种咏物模式一方面使得浮萍与女性柔弱依附的形象契合无间，将其共性与内涵进行充分的呈现，展示出男权社会下婚姻制度的不合理与女性悲剧的必然；另一方面女性的形象也是作者自身投射，她更像是浮萍与作者之间的一个间接性媒介，三者的命运相似，在这一连锁式的表达中增强了作品含蓄蕴藉和潜气深沉的艺术效果。陈廷敬的《蒲生行·浮萍篇》以浮萍为喻，写出了一个良家女子的命运悲欢转换之间的苦闷心路历程，与曹植之作有异曲同工之妙。“浮萍东西流，离离青蒲间。小年事君子，不知心所欢。”[2]萍既比兴，又以蒲喻家，初嫁之女心中充满新婚之喜。“恪勤在妇道，冰雪洒肺肝。霜天弄机杼，缲丝织缣纨。”同曹植笔下的女子一样，诗中主人公恪尽妇道，忠心不二，勤勉持家，展示了古代劳动妇女善良朴素的基本风貌。“慊慊三十载，一日无欢颜”，“人谁不娶妇，君家妇良难。新人不待故，闻声发永叹”，但男子变心之快令女子无力面对，“蒲生何离褷，浮萍何汍澜。此曲不可竟，曲竟增悲酸”，当初满怀欣喜的女子，转而为日日以泪洗面的弃妇形象，诗中透露着对女子不幸人生的悲叹及其命运悲剧的同情，同时在有关浮萍的这一类少数主题的生成中形成了富有深刻意蕴和艺术感染力的作品审美内涵。

---

① ［魏］曹植《曹植集校注》，第 311 页。

② ［清］陈廷敬《午亭文编》，《清代诗文集汇编》本，第 25 页。

征引文献

说　明：

1. 凡本文所征引各类专著、文集、资料汇编等著作类文献均在此列，因论文类文献征引极少，其著者、刊名、卷次、页码等信息详注于引用当页，此处不再增列。

2. 所征引文献按书名首字汉语拼音排序。

1.《艾熙亭先生文集》，[明]艾穆撰，《四库未收书辑刊》（第5辑21册），北京出版社2000年版。

2.《白居易集》，[唐]白居易撰，顾学颉点校，中华书局1979年版。

3.《白松草堂诗钞》，[清]朱玉蛟撰，《四库未收书辑刊》（第10辑22册），北京出版社2000年版。

4.《白雨斋诗话》，[清]陈廷焯撰，彭玉平纂辑，凤凰出版社2014年版。

5.《白云樵唱集》，[明]王恭撰，《景印文渊阁四库全书》（第1231册），台湾商务印书馆1986年版。

6.《百一山房诗集》，[清]孙士毅撰，《续修四库全书》（第1433册），上海古籍出版社2002年版。

7.《宝坻劝农书》，[明]袁黄撰，郑守森等校注，中国农业出版社

2000 年版。

8.《抱朴子内篇校释》，王明撰，中华书局 1985 年版。

9.《北史》，[唐] 李延寿撰，中华书局 1974 年版。

10.《北墅抱瓮录》，[清] 高士奇撰，《丛书集成初编》，商务印书馆 1937 年版。

11.《本草纲目》，[明] 李时珍撰，人民卫生出版社 1975 年版。

12.《补勤诗存》，[清] 陈锦撰，《续修四库全书》（第 1548 册），上海古籍出版社 2002 年版。

13.《沧浪诗话校释》，[宋] 严羽撰，郭绍虞校释，人民文学出版社 1983 年版。

14.《曹丕集校注》，[魏] 曹丕撰，魏宏灿校注，安徽大学出版社 2009 年版。

15.《曹植集校注》，[魏] 曹植撰，人民文学出版社 1984 年版。

16.《茶香室三钞》，[清] 俞樾撰，《丛书集成三编》（第 75 册），新文丰出版公司 1997 年版。

17.《巢青阁集》，[清] 陆进撰，《四库未收书辑刊》（第 8 辑 20 册），北京出版社 2000 年版。

18.《掣鲸堂诗集》，[清] 费锡璜撰，《清代诗文集汇编》(第 213 册)，上海古籍出版社 2010 年版。

19.《陈旉农书校注》，[宋] 陈旉撰，万国鼎校注，农业出版社 1965 年版。

20.《陈学士文集》，[清] 陈仪撰，《清代诗文集汇编》（第 225 册），上海古籍出版社 2010 年版。

21.《崇雅堂删馀诗》，[清] 胡敬撰，《续修四库全书》（第 1494 册），上海古籍出版社 2002 年版。

22.《楚辞补注》，[宋] 洪兴祖撰，白化文等点校，中华书局 1983 年版。

23.《楚辞集注》，[宋] 朱熹撰，蒋立甫校点，上海古籍出版社 2001 年版。

24.《楚辞释》，[清] 王闿运撰，吴广平校点，岳麓书社 2013 年版。

25.《楚辞选》，马茂元选注，人民文学出版社 1958 年版。

26.《楚辞与原始宗教》，过常宝著，中国人民大学出版社 2014 年版。

27.《褚氏遗书》，[南朝齐] 褚澄撰，许敬生校注，河南科学技术出版社 2014 年版。

28.《春秋繁露义证》，[清] 苏舆撰，钟哲点校，中华书局 1992 年版。

29.《春秋集传微旨》，[唐] 陆淳撰，《丛书集成新编》，新文丰出版公司 1985 年版。

30.《春秋左传正义》，十三经注疏整理委员会整理，北京大学出版社 2000 年版。

31.《徂徕石先生文集》，[宋] 石介撰，陈植锷点校，中华书局 1984 年版。

32.《大戴礼记解诂》，[清] 王聘珍撰，王文锦点校，中华书局 1983 年版。

33.《大愚集》，[清] 王砻撰，《清代诗文集汇编》(第 24 册)，上海古籍出版社 2010 年版。

34.《丹魁堂诗集》，[清] 季芝昌撰，《清代诗文集汇编》(第 571 册)，上海古籍出版社 2010 年版。

35.《甗甀洞稿》，[明] 吴国伦撰，明万历刻本。

36.《道咸同光四朝诗史》，[清] 孙雄撰，清宣统二年刻本。

37.《登科记考》，[清] 徐松撰，赵守俨点校，中华书局 1984 年版。

38.《典论》，[魏] 曹丕撰，《丛书集成初编》，商务印书馆 1936 年版。

39.《雕菰集》，[清] 焦循撰，《续修四库全书》（第 1489 册），上海古籍出版社 2002 年版。

40.《东方文论选》，曹顺庆主编，四川人民出版社 1996 年版。

41.《东林列传》，[明] 陈鼎撰，《明代传记丛刊》，明文书局 1991 年版。

42.《斗南老人集》，[明] 胡奎撰，《景印文渊阁四库全书》（第 1233 册），台湾商务印书馆 1986 年版。

43.《读风臆补》，[清] 陈继揆撰，《续修四库全书》（第 58 册），上海古籍出版社 2002 年版。

44.《独漉堂诗集》，[清] 陈恭尹撰，《清代诗文集汇编》（第 125 册），上海古籍出版社 2010 年版。

45.《杜甫全集校注》，萧涤非主编，人民文学出版社 2013 年版。

46.《杜诗说》，[清] 黄生撰，徐定祥点校，黄山书社 2014 年版。

47.《对床夜语》，[宋] 范晞文撰，《历代诗话续编》，丁福保辑，中华书局 1983 年版。

48.《多岁堂诗集》，[清] 成书撰，《续修四库全书》（第 1483 册），上海古籍出版社 2002 年版。

49.《鹅湖集》，[明] 龚敩撰，《景印文渊阁四库全书》（第 1233 册），台湾商务印书馆 1986 年版。

50.《尔雅集解》，[清] 王闿运撰，黄巽斋点校，岳麓书社 2010 年版。

51.《尔雅翼》，[宋] 罗愿撰，石云孙点校，黄山书社 1991 年版。

52.《二程集》,[宋]程颐、程颢撰,王孝鱼点校,中华书局1981年版。

53.《范石湖集》,[宋]范成大撰,上海古籍出版社1981年版。

54.《方洲集》,[明]张宁撰,《景印文渊阁四库全书》(第1247册),台湾商务印书馆1986年版。

55.《风月堂诗话》,[宋]朱弁撰,《丛书集成初编》,中华书局1991年版。

56.《弗告堂集》,[明]于若瀛撰,《四库禁毁书丛刊》(集部第46册),北京出版社1997年版。

57.《赋史》,马积高著,上海古籍出版社1987年版。

58.《陔余丛考》,[清]赵翼撰,中华书局1963年版。

59.《甘庄恪公全集》,[清]甘汝来撰,《清代诗文集汇编》(第256册),上海古籍出版社2010年版。

60.《高士传》,[晋]皇甫谧撰,《丛书集成初编》,商务印书馆1937年版。

61.《公馀集》,[清]刘秉恬撰,《续修四库全书》(第1457册),上海古籍出版社2002年版。

62.《碧溪诗话》,[宋]黄彻撰,《历代诗话续编》,丁福保辑,中华书局1983年版。

63.《古诗十九首集释》,隋树森编著,中华书局1955年版。

64.《管子校注》,黎翔凤撰,中华书局2004年版。

65.《灌畦暇语》,[唐]佚名撰,《丛书集成初编》,中华书局1991年版。

66.《广博物志》,[明]董斯张撰,岳麓书社1991年版。

67.《广群芳谱》,[清]汪灏撰,上海书店出版社1985年版。

68.《广雅疏证》，［清］王念孙撰，江苏古籍出版社 1984 年版。

69.《归田录》，［宋］欧阳修撰，中华书局 1981 年版。

70.《归田诗话》，［明］瞿佑撰，《历代诗话续编》，丁福保辑，中华书局 1983 年版。

71.《国朝闺阁诗钞》，［清］蔡殿齐编，清道光嫏嬛别馆刻本。

72.《汉代文学思想史》，许结著，南京大学出版社 1990 年版。

73.《汉书》，［汉］班固撰，中华书局 1962 年版。

74.《汉魏六朝诗选》，邬国平选注，上海古籍出版社 2005 年版。

75.《郝懿行集》，［清］郝懿行撰，安作璋主编，齐鲁书社 2010 年版。

76.《核庵集》，［明］徐尔铉撰，《四库未收书辑刊》（第 6 辑 27 册），北京出版社 2000 年版。

77.《何逊集校注》，［南朝梁］何逊撰，李伯齐校注，齐鲁书社 1989 年版。

78.《红叶村稿》，［清］梁逸撰，《四库未收书辑刊》（第 8 辑 16 册），北京出版社 2000 年版。

79.《后村先生大全集》，［宋］刘克庄撰，《四部丛刊初编》，商务印书馆 1919 年版。

80.《后汉纪校注》，［晋］袁宏撰，周天游校注，天津古籍出版社 1987 年版。

81.《后汉书》，［南朝宋］范晔撰，［唐］李贤等注，中华书局 1965 年版。

82.《花卉鉴赏辞典》，胡正山等主编，湖南科学技术出版社 1992 年版。

83.《花镜》，［清］陈淏子撰，伊钦恒校注，农业出版社 1962 年版。

84.《画亭诗草》,[清]朱黼撰,《四库未收书辑刊》(第10辑27册),北京出版社2000年版。

85.《怀麓堂集》,[明]李东阳撰,《景印文渊阁四库全书》(第1250册),台湾商务印书馆1986年版。

86.《淮南子集释》,何宁撰,中华书局1998年版。

87.《皇明文衡》,[明]程敏政编,《四部丛刊初编》,商务印书馆1919年版。

88.《黄庭坚全集》,[宋]黄庭坚撰,刘琳等校点,四川大学出版社2001年版。

89.《悔逸斋笔乘》,李岳瑞撰,山西古籍出版社1997年版。

90.《嵇康集校注》,戴明扬校注,人民文学出版社1962年版。

91.《汲古堂集》,[明]何白撰,《四库禁毁书丛刊》(集部第177册),北京出版社1997年版。

92.《寄庵诗文钞》,[清]刘大绅撰,《清代诗文集汇编》(第421册),上海古籍出版社2010年版。

93.《建安文学探微》,施建军著,花木兰文化出版社2013年版。

94.《剑南诗稿校注》,[宋]陆游撰,钱仲联校注,上海古籍出版社1985年版。

95.《建炎以来系年要录》,[宋]李心传撰,中华书局1956年版。

96.《江汝社稿》,[清]耿汝愚撰,《四库未收书辑刊》(第6辑24册),北京出版社2000年版。

97.《江淹集校注》,[南朝梁]江淹撰,俞绍初校注,中州古籍出版社1994年版。

98.《姜斋诗话笺注》,[清]王夫之撰,戴鸿森笺注,人民文学出版社 1981 年版。

99.《焦氏澹园续集》，[明] 焦竑撰，《四库禁毁书丛刊》(集部第 62 册)，北京出版社 1997 年版。

100.《教要序论》，[清] 南怀仁撰，清同治六年慈母堂刻本。

101.《晋书》，[唐] 房玄龄等撰，中华书局 1974 年版。

102.《〈近思录〉集校集注集评》，程水龙撰，上海古籍出版社 2012 年版。

103.《经进东坡文集事略》，[宋] 苏轼撰，《四部丛刊初编》，商务印书馆 1919 年版。

104.《经义考》，[清] 朱彝尊撰，《景印文渊阁四库全书》(第 680 册)，台湾商务印书馆 1986 年版。

105.《景文集》，[宋] 宋祁撰，《丛书集成初编》，商务印书馆 1936 年版。

106.《静居集》，[明] 张羽撰，《北京图书馆古籍珍本丛刊》(第 97 册)，书目文献出版社 2000 年版。

107.《静轩先生文集》，[明] 汪舜民撰，《续修四库全书》(第 1331 册)，上海古籍出版社 2002 年版。

108.《矩庵诗质》，[清] 高一麟撰，《清代诗文集汇编》(第 138 册)，上海古籍出版社 2010 年版。

109.《觉非斋文集》，[明] 金实撰，《续修四库全书》(第 1327 册)，上海古籍出版社 2002 年版。

110.《看山阁集》，[清] 黄图珌撰，《四库未收书辑刊》(第 10 辑 17 册)，北京出版社 2000 年版。

111.《空间诗学导论》，陈振濂著，上海文艺出版社 1989 年版。

112.《孔子家语疏证》，陈士珂辑，上海书店出版社 1987 年版。

113.《兰扃前集》，[清] 梁以壮撰，《四库未收书辑刊》（第 8 辑 29 册），北京出版社 2000 年版。

114.《乐志堂诗集》，[清] 谭莹撰，《清代诗文集汇编》（第 606 册），上海古籍出版社 2010 年版。

115.《离骚草木疏》，[宋] 吴仁杰撰，《景印文渊阁四库全书》（第 1062 册），台湾商务印书馆 1986 年版。

116.《李东阳集》，[明] 李东阳撰，周寅宾点校，岳麓书社 1984 年版。

117.《礼记正义》，十三经注疏整理委员会整理，北京大学出版社 2000 年版。

118.《李颀及其诗歌研究》，罗琴等著，巴蜀书社 2009 年版。

119.《李商隐诗歌集解》，刘学锴等著，中华书局 2004 年版。

120.《李太白全集》，[唐] 李白撰，[清] 王琦注，中华书局 1977 年版。

121.《历代辞赋总汇》，马积高主编，湖南文艺出版社 2014 年版。

122.《历代赋论汇编》，孙福轩等校点，人民文学出版社 2016 年版。

123.《梁简文帝集校注》，[南朝梁] 萧纲撰，肖占鹏等校注，南开大学出版社 2015 年版。

124.《两般秋雨盦随笔》，[清] 梁绍壬撰，庄葳校点，上海古籍出版社 2012 年版。

125.《两宋辞赋史》，刘培著，山东人民出版社 2012 年版。

126.《两浙輶轩录》，[清] 阮元撰，《续修四库全书》（第 1684 册），上海古籍出版社 2002 年版。

127.《列朝诗集》，[清] 钱谦益撰，许逸民等点校，中华书局 2007 年版。

128.《林登州集》，［明］林弼撰，《景印文渊阁四库全书》（第1227册），台湾商务印书馆1986年版。

129.《临野堂诗集》，［清］钮琇撰，《清代诗文集汇编》（第165册），上海古籍出版社2010年版。

130.《刘伯温集》，［明］刘基撰，林家骊点校，浙江古籍出版社2011年版。

131.《刘长卿诗编年笺注》，［唐］刘长卿撰，储仲君笺注，中华书局1996年版。

132.《留素堂诗删》，［清］蒋薰撰，《四库未收书辑刊》（第7辑19册），北京出版社2000年版。

133.《刘禹锡集》，［唐］刘禹锡撰，卞孝萱校订，中华书局1990年版。

134.《六家诗名物疏》，［明］冯复京撰，《景印文渊阁四库全书》（第80册），台湾商务印书馆1986年版。

135.《陆龟蒙全集校注》，何锡光撰，凤凰出版社2015年版。

136.《陆机集》，［晋］陆机撰，金涛声点校，中华书局1982年版。

137.《麓堂诗话》，［明］李东阳撰，《历代诗话续编》，丁福保辑，中华书局1983年版。

138.《陆贽集》，［唐］陆贽撰，王素点校，中华书局2006年版。

139.《栾城稿》，［明］周复元撰，《四库未收书辑刊》(第5辑22册)，北京出版社2000年版。

140.《论衡校释》，黄晖撰，中华书局1990年版。

141.《论语注疏》，十三经注疏整理委员会整理，北京大学出版社2000年版。

142.《络纬吟》，［明］徐媛撰，《四库未收书辑刊》（第7辑16册），北京出版社 2000 年版。

143.《吕氏春秋集释》，许维遹撰，中华书局 2009 年版。

144.《绿筠书屋诗钞》，[清] 叶观国撰，《四库未收书辑刊》（第 10 辑 15 册），北京出版社 2000 年版。

145.《幔亭集》，[明] 徐熥撰，《景印文渊阁四库全书》（第 1296 册），台湾商务印书馆 1986 年版。

146.《毛诗稽古编》，[清] 陈启源撰，《景印文渊阁四库全书》（第 85 册），台湾商务印书馆 1986 年版。

147.《毛诗集解》，[宋] 李樗撰，《景印文渊阁四库全书》（第 71 册），台湾商务印书馆 1986 年版。

148.《毛诗正义》，十三经注疏整理委员会整理，北京大学出版社 2000 年版。

149.《眉庵集》，[明] 杨基撰，杨世明等校点，巴蜀书社 2005 年版。

150.《梅季豹居诸二集》，[明] 梅守箕撰，《四库未收书辑刊》（第 6 辑 24 册），北京出版社 2000 年版。

151.《梅尧臣集编年校注》，[宋] 梅尧臣撰，朱东润校注，上海古籍出版社 1980 年版。

152.《梅庄诗钞》，[清] 华长卿撰，《续修四库全书》（第 1533 册），上海古籍出版社 2002 年版。

153.《美的历程》，李泽厚著，生活·读书·新知三联书店 2009 年版。

154.《美学散步》，宗白华撰，上海人民出版社 2005 年版。

155.《梦陔堂文集》，[清] 黄承吉撰，《清代诗文集汇编》（第 502 册），上海古籍出版社 2010 年版。

156.《孟郊集校注》，[唐] 孟郊撰，韩泉欣校注，浙江古籍出版社

1995 年版。

157.《孟子正义》，[清] 焦循撰，沈文倬点校，中华书局 1987 年版。

158.《闽中十子诗》，[明] 袁表等撰，苗键青点校，福建人民出版社 2005 年版。

159.《明代文人结社考》，李玉栓著，中华书局 2013 年版。

160.《明史》，[清] 张廷玉等撰，中华书局 1974 年版。

161.《墨庄漫录》，[宋] 张邦基撰，孔凡礼点校，中华书局 2002 年版。

162.《南朝咏物诗研究》，赵红菊著，上海古籍出版社 2009 年版。

163.《南湖集》，[宋] 张镃撰，《丛书集成初编》，商务印书馆 1936 年版。

164.《南江诗钞》，[清] 邵晋涵撰，《续修四库全书》（第 1463 册），上海古籍出版社 2002 年版。

165.《倪小野先生全集》，[明] 倪宗正撰，《四库全书存目丛书》（集部第 58 册），齐鲁书社 1997 年版。

166.《农说》，[明] 马一龙撰，《丛书集成初编》，商务印书馆 1936 年版。

167.《农政全书校注》，[明] 徐光启撰，石声汉校注，上海古籍出版社 1979 年版。

168.《瓯北诗话》，[清] 赵翼撰，霍松林等校点，人民文学出版社 1963 年版。

169.《欧阳修全集》，[宋] 欧阳修撰，李逸安点校，中华书局 2001 年版。

170.《偶斋诗草》，[清] 宝廷撰，《续修四库全书》（第 1562—1563 册），上海古籍出版社 2002 年版。

171.《潘岳研究》，高胜利著，中国文史出版社2015年版。

172.《培荫轩诗集》,[清]胡季堂撰,《续修四库全书》(第1447册)，上海古籍出版社2002年版。

173.《埤雅》,[宋]陆佃撰,王敏红校点,浙江大学出版社2008年版。

174.《七修类稿》，[明]郎瑛撰，中华书局1959年版。

175.《齐民要术校释》，[后魏]贾思勰撰，缪启愉校释，农业出版社1982年版。

176.《千顷斋初集》,[明]黄居中撰,《续修四库全书》(第1363册)，上海古籍出版社2002年版。

177.《千山诗集》，[清]释函可撰，《续修四库全书》（第1398册)，上海古籍出版社2002年版。

178.《钦定四库全书总目》,[清]永瑢等撰,《景印文渊阁四库全书》(第4册)，台湾商务印书馆1986年版。

179.《秦川焚馀草》,[清]董平章撰,《续修四库全书》(第1537册)，上海古籍出版社2002年版。

180.《清代妇女文学史》，梁乙真著，山西人民出版社2015年版。

181.《清代文学论稿》，蒋寅著，凤凰出版社2009年版。

182.《清权堂集》，[明]沈德符撰，《续修四库全书》（第1377册)，上海古籍出版社2002年版。

183.《清人诗说四种》，晏炎吾等点校，华中师范大学出版社1986年版。

184.《秋笳集》，[清]吴兆骞撰，麻守中校点，上海古籍出版社1993年版。

185.《虬峰文集》,[清]李驎撰,《四库禁毁书丛刊》(集部第131册)，北京出版社 1997 年版。

186.《求是堂诗集》,[清] 胡承珙撰,《续修四库全书》(第 1500 册),上海古籍出版社 2002 年版。

187.《屈骚指掌》, [清] 胡文英撰,《续修四库全书》(第 1302 册),上海古籍出版社 2002 年版。

188.《权德舆诗文集》, [唐] 权德舆撰, 郭广伟校点, 上海古籍出版社 2008 年版。

189.《全芳备祖》, [宋] 陈景沂撰, 程杰点校, 浙江古籍出版社 2014 年版。

190.《全上古三代秦汉三国六朝文》, [清] 严可均校辑, 中华书局 1958 年版。

191.《全宋诗》, 北京大学古文献研究所编, 北京大学出版社 1991—1998 年版。

192.《全唐诗(增订本),中华书局编辑部点校,中华书局 1999 年版。

193.《全魏晋赋校注》, 韩格平等校注, 吉林文史出版社 2008 年版。

194.《全元文》, 李修生主编, 江苏古籍出版社 1999 年版。

195.《全粤诗》, 中山大学中国古文献研究所编, 岭南美术出版社 2013 年版。

196.《弱水集》, [清] 屈复撰,《续修四库全书》(第 1424 册), 上海古籍出版社 2002 年版。

197.《三国志》, [晋] 陈寿撰, 陈乃乾校点, 中华书局 1959 年版。

198.《沈约集校笺》, [南朝梁] 沈约撰, 陈庆元校笺, 浙江古籍出版社 1995 年版。

199.《升庵诗话笺证》, [明] 杨慎撰, 王仲镛笺证, 上海古籍出版社 1987 年版。

200.《生殖崇拜文化论》，赵国华著，中国社会科学出版社 1990 年版。

201.《诗词散论》，缪钺撰，陕西师范大学出版社 2008 年版。

202.《诗集传》，[宋]朱熹撰，赵长征点校，中华书局 2011 年版。

203.《诗经》，赵逵夫注评，凤凰出版社 2011 年版。

204.《〈诗经〉〈楚辞〉植物考》，赵倩编著，中国环境出版社 2015 年版。

205.《诗经汇评》，张洪海辑著，凤凰出版社 2016 年版。

206.《诗经原始》，[清]方玉润撰，李先耕点校，中华书局 1986 年版。

207.《诗经植物图鉴》，潘富俊著，上海书店出版社 2003 年版。

208.《诗境浅说》，俞陛云著，天津人民出版社 2011 年版。

209.《诗毛氏传疏》，[清]陈奂撰，《续修四库全书》(第 70 册)，上海古籍出版社 2002 年版。

210.《诗品集注》，[南朝梁]钟嵘撰，曹旭集注，上海古籍出版社 1994 年版。

211.《诗人玉屑》，[宋]魏庆之编，上海古籍出版社 1978 年版。

212.《诗薮》，[明]胡应麟撰，上海古籍出版社 1979 年版。

213.《诗谭》，[明]叶秀廷撰，《四库全书存目丛书》(集部第 418 册)，齐鲁书社 1997 年版。

214.《诗源辩体》，[明]许学夷撰，杜维沫校点，人民文学出版社 1987 年版。

215.《诗传名物集览》，[清]陈大章撰，《丛书集成初编》，商务印书馆 1937 年版。

216.《石泉书屋诗钞》，[清]李佐贤撰，《续修四库全书》（第1534册），上海古籍出版社2002年版。

217.《石田诗选》，[明]沈周撰，《景印文渊阁四库全书》（第1249册），台湾商务印书馆1986年版。

218.《史记》，[汉]司马迁撰，中华书局1959年版。

219.《世说新语校笺》，徐震堮撰，中华书局1984年版。

220.《守意龛诗集》，[清]百龄撰，《续修四库全书》（第1474册），上海古籍出版社2002年版。

221.《授时通考校注》，马宗申校注，农业出版社1991年版。

222.《鼠璞》，[宋]戴埴撰，《丛书集成初编》，商务印书馆1939年版。

223.《述异记》，[南朝梁]任昉撰，中华书局1985年版。

224.《霜镜集》，[明]陆宝撰，《四库禁毁书丛刊》（集部第143册），北京出版社1997年版。

225.《双溪集》，[明]杭淮撰，《景印文渊阁四库全书》（第1266册），台湾商务印书馆1986年版。

226.《说诗晬语》，[清]沈德潜撰，《清诗话》，[清]王夫之等撰，中华书局1963年版。

227.《说文解字注》，[汉]许慎撰，[清]段玉裁注，上海古籍出版社1981年版。

228.《说文通训定声》，[清]朱骏声撰，中华书局1984年版。

229.《思伯子堂诗文集》，[清]张际亮撰，王飙校点，上海古籍出版社2007年版。

230.《四时纂要校释》，[唐]韩鄂撰，缪启愉校释，农业出版社1981年版。

231.《四照堂诗集》,［清］卢纮撰,《清代诗文集汇编》(第 19 册),上海古籍出版社 2010 年版。

232.《松鹤山房诗集》,［清］陈梦雷撰,《清代诗文集汇编》(第 179 册),上海古籍出版社 2010 年版。

233.《宋代文学思想史》,张毅著,中华书局 2006 年版。

234.《宋濂全集》,［明］宋濂撰,黄灵庚校点,人民文学出版社 2014 年版。

235.《宋书》,［南朝梁］沈约撰,中华书局 1974 年版。

236.《宋元学案》,［清］黄宗羲等撰,陈金生等点校,中华书局 1986 年版。

237.《搜神记》,［晋］干宝撰,《丛书集成初编》,商务印书馆 1937 年版。

238.《苏轼诗集》,［宋］苏轼撰,孔凡礼点校,中华书局 1982 年版。

239.《隋唐五代文学批评史》,王运熙等主编,上海古籍出版社 1994 年版。

240.《随园随笔》,［清］袁枚撰,《袁枚全集新编》,王志英编撰,浙江古籍出版社 2015 年版。

241.《岁寒堂诗话》,［宋］张戒撰,《历代诗话续编》,丁福保辑,中华书局 1983 年版。

242.《苔藓植物学》,胡人亮撰,高等教育出版社 1987 年版。

243.《太仓稊米集诗笺释》,［宋］周紫芝撰,徐海梅笺释,江西人民出版社 2015 年版。

244.《谭元春集》,［明］谭元春撰,陈杏珍标校,上海古籍出版社 1998 年版。

245.《唐代科举与试赋》，詹杭伦著，武汉大学出版社 2015 年版。

246.《唐代科举与文学》，傅璇琮著，陕西人民出版社 1986 年版。

247.《唐代文人神仙书写研究》，林雪铃著，花木兰文化出版社 2011 年版。

248.《唐代文学史》，聂石樵撰，北京师范大学出版社 2002 年版。

249.《唐代咏物诗研究》，杨凤琴著，大众文艺出版社 2008 年版。

250.《唐皇甫冉诗集》，[唐] 皇甫冉撰，《四部丛刊三编》，商务印书馆 1936 年版。

251.《唐六典》，[唐] 李林甫等撰，陈仲夫点校，中华书局 1992 年版。

252.《唐诗汇评》，陈伯海主编，上海古籍出版社 2015 年版。

253.《唐氏三先生集》，[明] 程敏政撰，《北京图书馆古籍珍本丛刊》(第 115 册)，书目文献出版社 2000 年版。

254.《唐音癸签》，[明] 胡震亨撰，上海古籍出版社 1981 年版。

255.《陶山诗录》，[清] 唐仲冕撰，《续修四库全书》(第 1478 册)，上海古籍出版社 2002 年版。

256.《陶文毅公全集》，[清] 陶澍撰，《清代诗文集汇编》(第 530 册)，上海古籍出版社 2010 年版。

257.《逃虚子集》，[明] 姚广孝撰，《北京图书馆古籍珍本丛刊》(第 100 册)，书目文献出版社 2000 年版。

258.《天真阁集》，[清] 孙原湘撰，《清代诗文集汇编》(第 464 册)，上海古籍出版社 2010 年版。

259.《苕溪渔隐丛话 (后集)》，[宋] 胡仔纂集，廖德明校点，人民文学出版社 1962 年版。

260.《苕溪渔隐丛话 (前集)》，[宋] 胡仔纂集，廖德明校点，人民文学出版社 1962 年版。

261.《通志二十略》,[宋]郑樵撰,王树民点校,中华书局1995年版。

262.《王粲集》，俞绍初校点，中华书局 1980 年版。

263.《王维集校注》,[唐]王维撰,陈铁民校注,中华书局1997年版。

264.《王文成公全书》，[明]王守仁撰，《四部丛刊初编》，商务印书馆 1919 年版。

265.《王学与中晚明士人心态》, 左东岭著, 商务印书馆 2014 年版。

266.《王祯农书》, [元]王祯撰, 王毓瑚校, 农业出版社 1981 年版。

267.《王子安集注》，[唐]王勃撰，[清]蒋清翊注，上海古籍出版社 1995 年版。

268.《围炉诗话》，[清]吴乔撰，《清诗话续编》，郭绍虞编选，上海古籍出版社 1983 年版。

269.《韦应物集校注》，[唐]韦应物撰，陶敏校注，上海古籍出版社 1998 年版。

270.《未谷诗集》，[清]桂馥撰，《续修四库全书》(第 1458 册)，上海古籍出版社 2002 年版。

271.《魏晋咏物赋研究》，廖国栋著，文史哲出版社 1990 年版。

272.《未轩文集》，[明]黄仲昭撰，《景印文渊阁四库全书》(第 1254 册)，台湾商务印书馆 1986 年版。

273.《文赋集释》，[晋]陆机撰，张少康集释，人民文学出版社 2002 年版。

274.《文镜秘府论》，[日本]遍照金刚撰，人民文学出版社 1975 年版。

275.《文潞公文集》，[宋]文彦博撰，《宋集珍本丛刊》(第 5 册)，线装书局 2004 年版。

276.《文敏集》,［明］杨荣撰,《景印文渊阁四库全书》(第 1240 册)，台湾商务印书馆 1986 年版。

277.《文筌》，［元］陈绎曾撰，《历代文话》，王水照编，复旦大学出版社 2007 年版。

278.《文嘻堂诗集》，［明］朱芾煌撰，《四库全书存目丛书》（集部第 194 册），齐鲁书社 1997 年版。

279.《文选》，［南朝梁］萧统编，［唐］李善注，上海古籍出版社 1986 年版。

280.《文学活动的审美维度》，童庆炳著，高等教育出版社 2001 年版。

281.《文艺美学研究》，孔智光著，中国戏剧出版社 2002 年版。

282.《文艺音韵学》，沈祥源著，武汉大学出版社 1998 年版。

283.《文忠集》，［明］范景文撰，《景印文渊阁四库全书》（第 1295 册），台湾商务印书馆 1986 年版。

284.《文子校释》，李定生等校释，上海古籍出版社 2004 年版。

285.《瓮牖闲评》，［宋］袁文撰，李伟国校点，上海古籍出版社 1985 年版。

286.《吴均集校注》，［南朝梁］吴均撰，林家骊校注，浙江古籍出版社 2005 年版。

287.《吴文正集》，［元］吴澄撰，《景印文渊阁四库全书》（第 1197 册），台湾商务印书馆 1986 年版。

288.《吴竹坡先生诗集》，［明］吴节撰，《四库全书存目丛书》（集部第 33 册），齐鲁书社 1997 年版。

289.《五百四峰堂诗钞》，[清]黎简撰，《清代诗文集汇编》(第417册)，上海古籍出版社2010年版。

290.《五灯会元》，[宋]普济撰，苏渊雷点校，中华书局1984年版。

291.《五峰遗稿》，[明]秦夔撰，《续修四库全书》(第1330册)，上海古籍出版社2002年版。

292.《午梦堂集》，[明]叶绍袁撰，冀勤辑校，中华书局1998年版。

293.《午亭文编》，[清]陈廷敬撰，《清代诗文集汇编》(第153册)，上海古籍出版社2010年版。

294.《五研斋诗钞》，[清]沈赤然撰，《清代诗文集汇编》(第411册)，上海古籍出版社2010年版。

295.《五杂俎》，[明]谢肇淛撰，傅成校点，上海古籍出版社2012年版。

296.《西京杂记校注》，[汉]刘歆撰，向新阳等校注，上海古籍出版社1991年版。

297.《先秦汉魏晋南北朝诗》，逯钦立辑校，中华书局1983年版。

298.《闲情偶寄》，[清]李渔撰，单锦珩校点，浙江古籍出版社1985年版。

299.《岘嶕山房诗集》，[清]董文涣撰，《续修四库全书》(第1559册)，上海古籍出版社2002年版。

300.《香草美人文学传统》，吴旻旻著，里仁书局2006年版。

301.《香苏山馆诗集今体诗钞》，[清]吴嵩梁撰，《清代诗文集汇编》(第482册)，上海古籍出版社2010年版。

302.《小草斋集》，[明]谢肇淛撰，《四库全书存目丛书》(集部第175册)，齐鲁书社1997年版。

303.《小鸣稿》，[明]朱诚泳撰，《景印文渊阁四库全书》（第1260册），台湾商务印书馆1986年版。

304.《晓亭诗钞》，[清]塞尔赫撰，《清代诗文集汇编》（第238册），上海古籍出版社2010年版。

305.《新论》，[汉]桓谭撰，上海人民出版社1977年版。

306.《心孺诗选》，[清]傅仲辰撰，《清代诗文集汇编》（第235册），上海古籍出版社2010年版。

307.《续礼记集说》，[清]杭世骏撰，《续修四库全书》（第101册），上海古籍出版社2002年版。

308.《玄盖副草》，[明]吴稼竳撰，《四库全书存目丛书》（集部第186册），齐鲁书社1997年版。

309.《学林》，[宋]王观国撰，田瑞娟点校，中华书局1988年版。

310.《雪桥诗话全编》，杨钟义著，雷恩海等校点，人民文学出版社2011年版。

311.《雪园诗赋》，[清]单隆周撰，《四库未收书辑刊》（第8辑17册），北京出版社2000年版。

312.《荀子集解》，[清]王先谦撰，沈啸寰等点校，中华书局1988年版。

313.《研宝斋遗稿》，[明]刘世教撰，《四库未收书辑刊》（第6辑25册），北京出版社2000年版。

314.《弇州四部稿》，[明]王世贞撰，《景印文渊阁四库全书》（第1279册），台湾商务印书馆1986年版。

315.《杨炯集》，[唐]杨炯撰，徐明霞点校，中华书局1980年版。

316.《杨万里集笺校》，[宋]杨万里撰，辛更儒笺校，中华书局

2007 年版。

317.《仰节堂集》，［明］曹于汴撰，《景印文渊阁四库全书》（第1293 册），台湾商务印书馆 1986 年版。

318.《养默山房诗稿》，［清］谢元淮撰，《清代诗文集汇编》（第546 册），上海古籍出版社 2010 年版。

319.《野客丛书》，［宋］王楙撰，郑明校点，上海古籍出版社1991 年版。

320.《一楼集》，［清］黄达撰，《四库未收书辑刊》（第 10 辑 15 册），北京出版社 2000 年版。

321.《依园诗集》，［清］顾嗣协撰，《四库未收书辑刊》（第 8 辑26 册），北京出版社 2000 年版。

322.《颐道堂诗外集》，［清］陈文述撰，《续修四库全书》（第1505 册），上海古籍出版社 2002 年版。

323.《艺概注稿》，［清］刘熙载撰，袁津琥校注，中华书局 2009 年版。

324.《艺术哲学》，王德峰著，复旦大学出版社 2015 年版。

325.《艺文类聚》，［唐］欧阳询撰，汪绍楹校，上海古籍出版社1982 年版。

326.《艺苑卮言校注》，［明］王世贞撰，罗仲鼎校注，齐鲁书社1992 年版。

327.《逸周书汇校集注》，黄怀信撰，上海古籍出版社 2007 年版。

328.《〈逸周书〉研究》，罗家湘著，上海古籍出版社 2006 年版。

329.《隐秀轩集》，［明］钟惺撰，李先耕等标校，上海古籍出版社1992 年版。

330.《瀛奎律髓汇评》，［元］方回撰，李庆甲集评校点，上海古籍出版社 1986 年版。

331.《咏物诗选》，[清] 俞琰选编，成都古籍书店 1987 年版。

332.《由拳集》，[明] 屠隆撰，《续修四库全书》（第 1360 册），上海古籍出版社 2002 年版。

333.《有正味斋集》,[清] 吴锡麒撰,《续修四库全书》(第 1468 册)，上海古籍出版社 2002 年版。

334.《于湖居士文集》，[宋] 张孝祥撰，徐鹏校点，上海古籍出版社 1980 年版。

335.《庾子山集注》，[北周] 庾信撰，[清] 倪璠注，许逸民点校，中华书局 1980 年版。

336.《寓简》，[宋] 沈作喆撰，《丛书集成初编》，商务印书馆 1937 年版。

337.《玉台新咏笺注》，[南朝陈] 徐陵编，穆克宏点校，中华书局 1985 年版。

338.《玉笙楼诗录》,[清] 沈寿榕撰,《续修四库全书》(第 1557 册)，上海古籍出版社 2002 年版。

339.《玉照亭诗钞》，[清] 陈大章撰，清乾隆九年陈师晋刻本。

340.《渊雅堂全集》,[清] 王芑孙撰,《续修四库全书》(第 1481 册)，上海古籍出版社 2002 年版。

341.《原诗》，[清] 叶燮撰，霍松林校注，人民文学出版社 1979 年版。

342.《元稹集》，[唐] 元稹撰，冀勤点校，中华书局 1982 年版。

343.《乐府诗集》，[宋] 郭茂倩编，中华书局 1979 年版。

344.《悦亲楼诗外集》，[清] 祝德麟撰，《清代诗文集汇编》（第

402册)，上海古籍出版社2010年版。

345.《运甓漫稿》，[明]李昌祺撰，《景印文渊阁四库全书》(第1242册)，台湾商务印书馆1986年版。

346.《增订文心雕龙校注》，杨明照校注拾遗，中华书局2000年版。

347.《查慎行集》，[清]查慎行撰，张玉亮等点校，浙江古籍出版社2014年版。

348.《张耒集》，[宋]张耒撰，李逸安等点校，中华书局1990年版。

349.《章太炎全集》，章太炎撰，上海人民出版社1982—1986年版。

350.《贞白遗稿》，[明]程通撰，《景印文渊阁四库全书》(第1235册)，台湾商务印书馆1986年版。

351.《郑谷诗集笺注》，[唐]郑谷撰，严寿澄笺注，上海古籍出版社1991年版。

352.《止斋先生文集》，[宋]陈傅良撰，《四部丛刊初编》，商务印书馆1919年版。

353.《中国古代婚姻史研究》，董家遵著，广东人民出版社1995年版。

354.《中国画论类编》，俞剑华编著，人民美术出版社1986年版。

355.《中国农史与环境史研究》，王星光著，大象出版社2012年版。

356.《中国诗歌美学史》，庄严等著，吉林大学出版社1994年版。

357.《中国文化概论》，张岱年、方克立主编，北京师范大学出版社2004年版。

358.《中国文祸史》，胡寄光著，上海人民出版社1993年版。

359.《中国文学批评史》，郭绍虞著，商务印书馆2010年版。

360.《中国植物志》，中国科学院中国植物志编辑委员会编，科学出版社 1979 年版。

361.《种树书》，[明] 俞宗本撰，康成懿校注，农业出版社 1962 年版。

362.《周礼订义》，[宋] 王与之撰，《景印文渊阁四库全书》（第 94 册），台湾商务印书馆 1986 年版。

363.《周礼注疏》，十三经注疏整理委员会整理，北京大学出版社 2000 年版。

364.《周礼传》，[明] 王应电撰，《景印文渊阁四库全书》(第 96 册)，台湾商务印书馆 1986 年版。

365.《轴心时代的中国思想》，徐克谦著，安徽文艺出版社 2000 年版。

366.《朱子全书》，[宋] 朱熹撰，朱杰人等主编，上海古籍出版社 2002 年版。

367.《朱子语类》，[宋] 黎靖德编，王星贤点校，中华书局 1986 年版。

368.《竹林答问》，[清] 陈仅撰，《清诗话续编》，郭绍虞编选，上海古籍出版社 1983 年版。

369.《竹岩集》，[明] 柯潜撰，《续修四库全书》（第 1329 册），上海古籍出版社 2002 年版。

370.《竹庄诗话》，[宋] 何汶撰，常振国等点校，中华书局 1984 年版。

371.《庄子集释》，[清] 郭庆藩撰，王孝鱼点校，中华书局 1961 年版。

372.《子良诗存》，[清] 冯询撰，《续修四库全书》（第 1526 册），上海古籍出版社 2002 年版。

373.《子夏易传》，［春秋］卜商撰，《丛书集成初编》，中华书局 1991 年版。

374.《遵生八笺校注》，［明］高濂撰，赵李勋校注，人民卫生出版社 1994 年版。

375.《作物栽培学》，唐湘如主编，广东高等教育出版社 2014 年版。